Felderhoff, Leistungselektronik

Lernbücher der Technik

herausgegeben von Dipl.-Gewerbelehrer Manfred Mettke,
Oberstudiendirektor an der Schule für Elektrotechnik in Essen

Bisher liegen vor:

Bauer/Wagener, Bauelemente und Grundschaltungen der Elektronik
Band 1: Bauelemente
Band 2: Grundschaltungen

Bauckholt, Grundlagen und Bauelemente der Elektrotechnik

Felderhoff, Elektrische Meßtechnik

Felderhoff, Leistungselektronik

Fischer, Werkstoffe in der Elektrotechnik

Freyer, Meßtechnik in der Nachrichtenelektronik

Freyer, Nachrichten-Übertragungstechnik

Richard, Datenverarbeitung mit Mikroprozessoren
Teil 1: Hardware
Teil 2: Software

Schaaf/Schröder, Digitale Datenverarbeitung

Weinert, Schaltungszeichen in der elektrischen Energietechnik

Weinert, Aufgaben zum Schaltungszeichnen in der elektrischen Energietechnik

Weinert, Fachzeichnen für Starkstromanlagen und Elektronik

HANSER

Carl Hanser Verlag München Wien

Leistungselektronik

von Rainer Felderhoff

mit 540 Bildern sowie zahlreichen Beispielen, Übungen und Testaufgaben

HANSER

Carl Hanser Verlag München Wien

Dipl.-Ing. Rainer Felderhoff
Schule für Elektrotechnik, Essen

Der Abschnitt Leistungshalbleiter wurde unter Mitarbeit von Herrn Dipl.-Ing. Jürgen Rumberg, Siemens AG München, verfaßt, insbesondere der Abschnitt 2.1 Thyristoren und Dioden.

CIP-Kurztitelaufnahme der Deutschen Bibliothek

Felderhoff, Rainer:
Leistungselektronik / von Rainer Felderhoff. –
München, Wien: Hanser 1984. –
(Lernbücher der Technik)
ISBN 3-446-13830-7

Gesamtherstellung: Druckerei E. Spandel, Nürnberg

Printed in Germany

Vorwort des Herausgebers

Was können Sie mit diesem Buch lernen?

Wenn Sie dieses Buch durcharbeiten, dann erhalten Sie umfassende Kenntnisse über die Leistungselektronik. Der Umfang dessen, was wir Ihnen anbieten, orientiert sich einerseits an der „Rahmenvereinbarung über Fachschulen“ der Kultusministerkonferenz sowie den entsprechenden Lehrplänen der Fachschulen für Technik in den Bundesländern und andererseits an den Anforderungen der beruflichen Praxis in den verschiedensten Gebieten.

Sie werden systematisch mit den Grundlagen, der Leistungselektronik, den Steuersätzen sowie den fremd- und selbstgeführten Stromrichtern vertraut gemacht. Jeder Problemkreis ist dabei praxisgerecht aufbereitet. Das heißt, Sie gehen stets folgenden Fragen nach:

- Welche Gesetzmäßigkeiten gelten?
- Welche Funktionsprinzipien werden wirksam?
- Welche schaltungstechnischen und/oder technologischen Problemlösungen gibt es?
- Wo liegen die Anwendungsmöglichkeiten und ihre Grenzen?

Wer kann mit diesem Buch lernen?

Jeder, der
- logisch denken kann
- Grundlagen der Mathematik beherrscht
- mit den Grundlagen der Elektrotechnik vertraut ist
- grundlegendes Verhalten elektrischer Maschinen und elektrischer Antriebe kennt

Das können sein:
- Studenten an Fachhochschulen, Fachrichtung Elektrotechnik
- Schüler an Fachschulen für Technik, Fachrichtung Elektrotechnik
- Technische Assistenten der Elektrotechnik
- Facharbeiter, Gesellen und Meister, während und nach der Ausbildung
- Umschüler
- Teilnehmer an Fort- und Weiterbildungskursen
- Autodidakten

Wie können Sie mit diesem Buch lernen?

Ganz gleich, ob Sie mit diesem Buch in Schule, Betrieb, Lehrgang oder zu Hause im „stillen Kämmerlein“ lernen, es wird Ihnen letztlich Freude machen.
Warum?

Ganz einfach, weil Ihnen hier ein Buch vorgelegt wird, das in seiner Gestaltung die Gesetze des menschlichen Lernens beachtet. Deshalb werden Sie in jedem Kapitel zuerst mit dem bekannt gemacht, was Sie am Ende können sollen, nämlich mit den Lernzielen.
– Ein Lernbuch also!

Danach beginnen Sie sich mit dem Lerninhalt, dem Lehrstoff, auseinanderzusetzen. Schrittweise dargestellt, ausführlich beschrieben in der linken Spalte jeder Seite und umgesetzt in die technisch-wissenschaftliche Darstellung in den rechten Spalten der Buchseiten. Die eindeutige Zuordnung des behandelten Stoffes in beiden Spalten macht das Lernen viel leichter, Umblättern ist nicht mehr nötig. Zur Vertiefung stellt Ihnen der Autor Beispiele vor.

– Ein unterrichtsbegleitendes Lehrbuch. –

Jetzt können und sollten Sie sofort die Übungsaufgaben durcharbeiten, um das Gelernte zu festigen. Den wesentlichen Lösungsgang und das Ergebnis der Übungen hat der Autor am Ende des Buches für Sie aufgeschrieben.

– Also auch ein Arbeitsbuch mit Lösungen. –

Sie wollen sicher sein, daß Sie richtig und vollständig gelernt haben. Deshalb bietet Ihnen der Autor zur Lernerfolgskontrolle lernzielorientierte Tests an. Ob Sie richtig geantwortet haben, können Sie aus den Lösungen am Ende des Buches ersehen.

– Lernzielorientierte Tests mit Lösungen. –

Trotz intensiven Lernens durch Beispiele, Übungen und Bestätigung des Gelernten im Test, als erste Wiederholung, verliert sich ein Teil des Wissens und Könnens wieder, wenn Sie nicht bereit sind, regelmäßig und bei Bedarf zu wiederholen!

Das will Ihnen der Autor erleichtern.

Er hat die jeweils rechten Spalten der Buchseiten so geschrieben, daß hier die wichtigsten Lerninhalte als stichwortartiger Satz, als Formel oder als Skizze zusammengefaßt sind. Sie brauchen deshalb beim Wiederholen und auch Nachschlagen meistens nur die rechten Spalten lesen.

– Schließlich noch Repetitorium! –

Für das Aufsuchen entsprechender Kapitel verwenden Sie bitte das Inhaltsverzeichnis am Anfang des Buches, für die Suche bestimmter Begriffe steht das Sachwortregister am Ende des Buches zur Verfügung.

– Selbstverständlich mit Inhaltsverzeichnis und Sachwortregister. –

Sicherlich werden Sie durch die intensive Arbeit mit dem Buch auch Ihre „Bemerkungen zur Sache“ in diesem Buch unterbringen wollen, um es so zum individuellen Arbeitsmittel zu machen, das Sie auch später gerne benutzen. Deshalb haben wir für Ihre Notizen auf den Seiten Platz gelassen.

– Am Ende ist „Ihr“ Buch entstanden. –

Möglich wurde dieses Lernbuch für Sie durch die Bereitschaft des Autors und die intensive Unterstützung des Verlages mit seinen Mitarbeitern. Ihnen sollten wir herzlich danken.

Beim Lernen wünsche ich Ihnen viel Freude und Erfolg.

Manfred Mettke

Vorwort des Verfassers

Das vorliegende Buch entstand aus meiner Unterrichtserfahrung im Fach Leistungselektronik an der Fachschule für Technik. Es werden also die dort angestrebten Lernziele abgedeckt, darüber hinaus jedoch noch einige Ergänzungen vorgenommen, um die technische Entwicklung zu berücksichtigen.

Elementare Kenntnisse zur Halbleitertechnologie und zu Grundschaltungen mit Dioden, Thyristoren und Transistoren werden vorausgesetzt.

Das erste Kapitel berichtet anfangs über die Anwendungsgebiete der Leistungselektronik und bearbeitet die statischen Schalteigenschaften von Leistungsdioden, -thyristoren und -transistoren soweit, wie es für das Verständnis von Kap. 1 notwendig ist. Danach werden Grundlagen der Leistungselektronik anhand der einfachen Einwegschaltung und der Brückenschaltung B 2 behandelt: Strom- und Spannungsmittelwerte, Gleichrichter mit induktivem Energiespeicher, Lückbetrieb und kontinuierlicher Betrieb, Grundschwingungs- und Verzerrungsblindleistung, Gleichrichter mit Gegenspannung. Bei der Dimensionierung der Thyristoren werden in Kap. 1 Überspannungen nicht berücksichtigt.

Im Kapitel 2 folgen die Leistungshalbleiter ausführlich mit ihrem dynamischen Schaltverhalten, Verlustleistungsbetrachtungen usw. Kapitel 3 beschäftigt sich mit den Steuerschaltungen für Thyristoren. Grundschaltungen wie die Dimmerschaltung oder die UJT-Schaltung sind weggelassen, da sie in jedem Elektronik-Grundkurs enthalten sind.

In Kapitel 4 werden dann ausführlich die verbreiteten Schaltungen der fremdgeführten Stromrichter erläutert. Diese nehmen den größten Raum des Buches ein, was ihrem derzeitigen Anteil an installierten Stromrichteranlagen durchaus entspricht.

Kapitel 5 ist schließlich den selbstgeführten Stromrichtern gewidmet.

Bei der Erläuterung der Vorgänge konnte auf die Differential- und Integralrechnung fast völlig verzichtet werden. Differentialgleichungen werden nicht verwendet. Induktionsgesetz und Ladestromgesetz werden in den entsprechenden Differenzenformen benutzt, ferner werden angewendet Energiebetrachtungen, Liniendiagramme und Zeigerdiagramme. Lediglich das Flächenintegral kommt bei den Mittelwerten zum Einsatz, allerdings wird auch in diesem Falle eine Alternative mit vorgegebener Grundgleichung angeboten.

Damit schließt das Buch die Lücke unterhalb der reinen Hochschulliteratur. Es dient aber sicher auch dem Hochschulstudenten als plausibler Einstieg, auf den er die präzisierende Höhere Mathematik anschließend aufsetzen kann.

Rainer Felderhoff

Inhalt

Verzeichnis der wichtigsten Formelzeichen

A	Fläche
B	magnetische Flußdichte
B_A	Ankerflußdichte
B_L	Luftspaltflußdichte
B_{W1}	Flußdichte eines Wicklungsstranges 1
C	Kapazität Maschinenkonstante
C_K	Kapazität des Kommutierungskondensators
D	Verzerrungsleistung
D_X	absolute induktive Spannungsänderung
d_X	relative induktive Spannungsänderung
d_R	relative ohmsche Spannungsänderung
d_V	relative Spannungsänderung durch die Ventilspannung
f	Frequenz
f_1	Ständerfrequenz
f_2	Läuferfrequenz
f_d	Eigenfrequenz
f_I	Formfaktor
f_N	Nennfrequenz
f_0	Kennfrequenz
f_p	Pulsfrequenz
f_S	Frequenz auf der Stromrichter-Wechselstromseite
$f_{u_{d\sim}}$	Frequenz des Wechselspannungsanteils
I	Elektrische Stromstärke (in Wechselstromkreisen Effektivwert)
$\bar{i}$	arithmetischer Mittelwert eines Stromes
$i_\sim$	Wechselstromanteil eines Stromes
i	Strommomentanwert
i_{eff}	Stromeffektivwert (wenn Verwechslungen möglich)
$i(t)$	Strom als Funktion der Zeit
$i(\omega t)$	Strom als Funktion des elektrischen Winkels
$\underline{I}$	Stromzeiger
$\hat{i}$	Stromamplitude
I_1	Primärstrom Ständerstrom Eingangsstrom
I_{1Str}	Primärer Strangstrom
I_{11}	Grundschwingung des Stromes I_1
I_{13}	Dritte Oberschwingung des Stromes I_1

I_2	Läuferstrom Ausgangsstrom
I_A	Ankerstrom
I_a	Ausgleichsstrom
I_B	Basisstrom
I_{Bsat}	Basisstrom, um den Transistor in die Sättigung zu steuern
I_C	Kondensatorstrom Kollektorstrom
I_{CE0}	Kollektor-Reststrom
I_{CM}	Zulässiger Kollektorstrom
I_{Csat}	Strom, der sich bei I_{Bsat} ergibt
I_D	Positiver Sperrstrom des Thyristors
I_d	Strom auf der Stromrichter-Gleichstromseite
I_e	Eingeschwungener Strom
I_F	Durchlaßstrom (Diode)
I_{FAVM}	Zulässiger Dauer-Durchlaßstrom einer Diode (arithmetischer Mittelwert)
I_G	Gatestrom
I_{GT}	Zündstrom
I_H	Haltestrom
I_K	Kommutierungsstrom
I_K^*	Rechenwert aus der Kommutierungsstromkurve
I_{Kr}	Kreisstrom
I_{LC}	Umschwingstrom
I_N	Nennstrom
I_R	Negativer Sperrstrom
I_{RM}	Überhöhter Sperrstrom
I_S	Strom auf der Stromrichter-Wechselstromseite
I_{S1}	Grundschwingung von I_S
I_T	Durchlaßstrom (Thyristor)
I_{TSM}	Zulässige Einschaltstromspitze des Thyristors
I_{TAVM}	Zulässiger Dauer-Durchlaßstrom des Thyristors (arithmetischer Mittelwert)
I_{TRMSM}	Zulässiger Dauer-Durchlaßstrom des Thyristors (Effektivwert)
I_V	Ventilstrom
I_Z	Zweigstrom
k	Maschinenkonstante Sicherheitsfaktor

k_p	Parallelschaltungsfaktor
k_r	Reihenschaltungsfaktor
L	Induktivität
L_d	Glättungsdrossel auf der Gleichstromseite
L_K	Kommutierungsinduktivität
L_{Kr}	Kreisstromdrosselinduktivität
L_p	Parallel-Ersatzinduktivität
L_r	Reihen-Ersatzinduktivität
L_S	Saugdrosselinduktivität
M	Drehmoment
m	Phasenzahl
N	Windungszahl
n	Drehzahl Anzahl
n_0	Leerlaufdrehzahl
n_1	Synchrondrehzahl
n_N	Nenndrehzahl
P	Wirkleistung
p	Pulszahl Polpaarzahl
P_1	Aufgenommene Wirkleistung
p_1	Ständer-Polpaarzahl
P_2	Abgegebene Wirkleistung
P_{CuA}	Ankerverlustleistung
$P_{CuA\sim}$	Ankerverlustleistung, durch den Wechselstromanteil hervorgerufen
P_D	Drehfeldleistung
P_d	Gleichstromleistung
P_{di}	Ideelle Gleichstromleistung
P_{el}	Elektrische Leistung
P_F	Durchlaß-Verlustleistung einer Diode
P_{mech}	Mechanische Leistung
P_T	Durchlaß-Verlustleistung eines Thyristors
P_V	Verlustleistung
Q	Blindleistung
Q_1	Grundschwingungsblindleistung
R	ohmscher Widerstand
R_i	Innenwiderstand
r_F	Dynamischer Durchlaßwiderstand einer Diode
R_K	Kurzschlußwiderstand
R_{Kr}	Ohmscher Widerstand der Kreisstromdrossel
R_p	Parallel-Ersatzwiderstand
R_r	Reihen-Ersatzwiderstand
r_T	Dynamischer Durchlaßwiderstand eines Thyristors
R_{thJC}	Wärmeleitwiderstand der Halbleitertablette
R_{thCA}	Wärmeleitwiderstand des Kühlkörpers
S	Scheinleistung
S_1	Grundschwingungsscheinleistung
$S_{1\,Tr}$	Bauleistung der Primärwicklung
$S_{2\,Tr}$	Bauleistung der Sekundärwicklung
S_{Tr}	Bauleistung des Transformators
S_{zul}	Zulässige Stromdichte
s	Schlupf
s_N	Nennschlupf
T	Periodendauer
T_1	Periodendauer der Ständerspannung
T_a	Impulspausenzeit
T_e	Impulsdauer
t_d	Einschaltverzugszeit
t_c	Schonzeit
t_f	Fallzeit
t_{gd}	Zündverzugszeit
T_{LC}	Periodendauer eines Umschwingvorganges
T_K	Periodendauer eines Kommutierungsvorganges
t_{on}	Einschaltzeit
t_{off}	Ausschaltzeit
t_r	Anstiegszeit
t_s	Speicherzeit
t_{sp}	Zündausbreitungszeit
t_q	Freiwerdezeit
U	Elektrische Spannung (in Wechselstromkreisen Effektivwert)
$\bar{u}$	Arithmetischer Mittelwert einer Spannung
$u_\sim$	Wechselspannungsanteil
u	Spannungsmomentanwert Überlappungswinkel
u_0	Überlappungswinkel bei $\alpha = 0$
$\hat{u}$	Scheitelwert einer Spannung
$\underline{U}$	Spannungszeiger
u_{eff}	Effektivwert einer Spannung (wenn Verwechslung möglich)
$u(t)$	Spannung als Funktion der Zeit
$u(\omega t)$	Spannung als Funktion des elektrischen Winkels
U_{11}	Grundschwingung der Spannung U_1
U_{13}	Dritte Oberschwingung der Spannung U_1
U_{Str}	Strangspannung
U_2	Sekundärspannung, Ausgangsspannung, Läuferspannung

U_{12}, U_{23}, U_{31} Leiterspannungen
U_0 Induzierte Spannung, Urspannung, Gegenspannung
U_{0q} Induzierte Spannung
U_{AK} Anoden-Kathoden-Spannung
U_B Batteriespannung
U_{BE} Basis-Emitter-Spannung
$U_{(BO)}$ Kippspannung
$U_{(BO)0}$ Nullkippspannung
$U_{(BR)}$ Durchbruchspannung
U_C Kondensatorspannung
U_{C0} Anfangswert der Kondensatorspannung
U_{CE} Kollektor-Emitter-Spannung
U_{CE0sus} Zulässige Kollektor-Emitter-Spannung ohne negative Basisspannung
U_{CEsat} Kollektor-Emitter-Restspannung im Falle der Sättigung
U_{CEV} Zulässige Kollektor-Emitter-Spannung bei negativer Basisspannung
U_D Positive Sperrspannung
U_{DRM} Zulässige periodische Vorwärts-Sperrspannung
U_d Spannung auf der Gleichstromseite des Stromrichters
U_{di} Ideeller Gleichspannungswert
$U_{di\alpha}$ Mittelwert der Gleichspannung bei Anschnittsteuerung
U_F Durchlaßspannung einer Diode
U_G Gatespannung
U_{GT} Zündspannung
U_{Kr} Spannung an der Kreisstromdrossel
U_L Selbstinduktionsspannung
U_{LC} Spannung aufgrund einer selbständigen Schwingung
U_N Nennspannung
U_{RRM} Zulässige periodische Spitzensperrspannung in Rückwärtsrichtung
U_S Spannung auf der Wechselstromseite des Stromrichters
U_{St} Steuerspannung
U_{syn} Synchronisierspannung
U_T Durchlaßspannung des Thyristors
$U_{(T0)}$ Schleusenspannung
U_V Ventilspannung
U_Z Spannung an einer Z-Diode
$ü$ Übersetzungsverhältnis
W Elektrische Energie
W_a Verlustarbeit während der Transistor-Sperrphase
W_C Kapazitive Energie
W_e Verlustarbeit während der Transistor-Einschaltphase
W_L Induktive Energie
W_{off} Ausschalt-Verlustarbeit
W_{on} Einschalt-Verlustarbeit
W_V Verlustarbeit
X Blindwiderstand, Reaktanz
X_C Kapazitiver Blindwiderstand
X_L Induktiver Blindwiderstand
X_K Kommutierungsreaktanz, Kurzschlußreaktanz
X_d Synchronreaktanz
Z Scheinwiderstand
Z_{th} Transienter Wärmeleitwiderstand

α Anschnittwinkel
α_N Anschnittwinkel im Nennbetrieb
α_{max} Maximaler Anschnittwinkel
β Voreilwinkel
Stromverstärkung
β_{sat} Stromverstärkung, um den Transistor in der Sättigung zu betreiben
γ Löschwinkel
δ Elektrischer Winkel
δ_i Stromflußwinkel
δ_a Strompausenwinkel
δ_L Zusätzlicher Stromflußwinkel über 180° hinaus
φ Phasenverschiebungswinkel
Elektrisches Potential
φ_A Anodenpotential
φ_K Kathodenpotential
φ_e Phasenverschiebungswinkel des eingeschwungenen Stromes
φ_1 Phasenverschiebungswinkel der Grundschwingung
Φ Magnetischer Fluß
λ Leistungsfaktor
Tastgrad
ν Ordnungszahl der Oberschwingungen
τ Zeitkonstante
τ_a Zeitkonstante des Ausgleichsstromes

ω	Kreisfrequenz
ω_K	Kreisfrequenz eines Kommutierungsvorganges
ω_0	Kreisfrequenz einer Resonanzschwingung
Θ	Magnetische Durchflutung
ϑ	Temperatur
ϑ_j	Sperrschichttemperatur
ϑ_A	Umgebungstemperatur
η	Wirkungsgrad
η_G	Gleichrichterwirkungsgrad
η_M	Motorwirkungsgrad
η_W	Wechselrichterwirkungsgrad
ψ, ψ_u	Spannungszeitfläche
ψ_i	Stromzeitfläche
ψ_{Dx}	Spannungszeitflächenverlust bei einer Kommutierung
Δ	Kleiner Unterschied

1 Grundlagen der Leistungselektronik

1.1 Einführung

Lernziele

Der Lernende ...

- nennt die Grunddefinition der Leistungselektronik,
- erläutert das statische Schaltverhalten der Diode anhand der Kennlinie,
- erläutert das statische Schaltverhalten des Thyristors (kathodenseitig gesteuerter, rückwärts sperrender Thyristor) anhand der Kennlinie,
- erläutert das statische Schaltverhalten des Triac anhand der Kennlinie,
- erläutert das statische Schaltverhalten des bipolaren Transistors anhand des $I_c = f(U_{CE})$ Kennlinienfeldes,
- nennt Kenn- und Grenzdaten der aufgeführten Schalt-Halbleiter,
- teilt die Stromrichter nach ihrer äußeren Wirkungsweise ein,
- nennt Anwendungen für Gleichrichter,
- nennt Anwendungen für Wechselrichter,
- nennt Anwendungen für Wechselstromumrichter,
- nennt Anwendungen für Gleichstromumrichter.

1.1.1 Schalten, Steuern, Umformen

In der Leistungselektronik geht es um das Schalten, Steuern und Umformen elektrischer Energie mit Hilfe elektronischer Bauelemente. Als Beispiele seien genannt: Lichtdimmer gestatten die stufenlose Leistungssteuerung in Glühlampen; mittels Elektrolyseanlagen, zu deren Speisung Gleichstrom notwendig ist, der mit Gleichrichtern aus dem Drehstromnetz gewonnen wird, lassen sich Metalle und Gase gewinnen; Notstromanlagen können bei Netzausfall wichtige Verbraucher weiterversorgen, wobei mit Hilfe von Wechselrichtern die Gleichspannung von Akkumulatoren in Wechselspannung umgeformt wird.

1.1.2 Schaltende Halbleiterbauelemente

Für den Aufbau solcher und anderer Stromrichter werden heute vor allem Siliziumdioden, -thyristoren und -transistoren eingesetzt.

Bild 1.1 – 1 zeigt Schaltzeichen und Kennlinie einer Si-Diode. Anschluß A ist die Anode, K die Kathode. Die Kennlinie zeigt: wenn das Potential der Kathode größer als das der Anode ist ($U_{AK} > 0$, $U_{AK} = -U_R$), fließt nur ein sehr geringer Sperrstrom I_R.

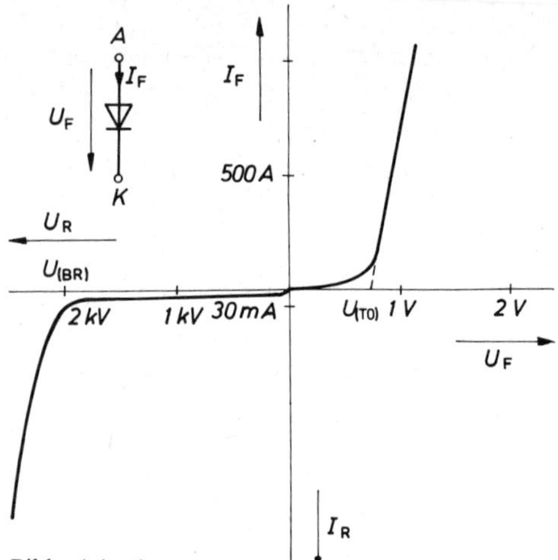

Bild 1.1 – 1

Sperrbereich, Rückwärtsrichtung

$U_{AK} = -U_R$

Die Diode wirkt in diesem Falle fast wie ein offener Schalter. Die Sperrfähigkeit in dieser Rückwärtsrichtung bleibt jedoch nur erhalten, wenn die anliegende Spannung unterhalb der Durchbruchspannung $U_{(BR)}$ bleibt. Ein Arbeitspunkt auf dem Durchbruchast der Kennlinie führt zur Zerstörung der Diode.

Sperrstrom

$I_R = 1 \dots 100$ mA

Durchbruchspannung

$U_{(BR)}$

Bei Betrieb einer Diode im Wechselstromkreis wird diese periodisch in Rückwärtsrichtung mit dem Netzspannungsscheitelwert beansprucht. Die Hersteller geben für diesen Fall einen Wert U_{RRM} an. Die Indizes bedeuten:

1. $R \mathrel{\hat=}$ Reverse = Rückwärtsrichtung, 2. $R \mathrel{\hat=}$ Repetitiv = wiederholt, 3. $M \mathrel{\hat=}$ Maximal.

$U_{RRM} = 1\,500$ V ... 3 000 V ... 5 000 V

Ist das Anodenpotential größer als das Kathodenpotential ($U_{AK} > 0$, $U_{AK} = U_F$), fließt bis zur Schleusenspannung $U_{(T0)}$ ebenfalls nur ein kleiner Strom; bei $U_{AK} > U_{(T0)}$ fließt ein großer Durchlaßstrom I_F. Die Diode wirkt für $U_{AK} = U_F > U_{(T0)}$, also wie ein geschlossener Schalter.

Durchlaßbereich

$U_{AK} > U_{(T0)}$

In Stromrichteranwendungen werden die Dioden mit zeitlich veränderlichen Durchlaßströmen beansprucht. Die Hersteller geben für diesen Fall einen Wert I_{FAVM} an. Die Indizes bedeuten: $F \mathrel{\hat=}$ Forward = vorwärts, $AV \mathrel{\hat=}$ Average Value = Mittelwert, $M \mathrel{\hat=}$ Maximal.

I_{FAVM} bis 2 200 A

Bild 1.1 – 2 zeigt Schaltbild und Kennlinie des in der Leistungselektronik vorwiegend eingesetzten rückwärts sperrenden, kathodenseitig gesteuerten Si-Thyristors. Neben Anode und Kathode, zwischen denen auch im Thyristor der Hauptstrom fließt, ist ein dritter Anschluß vorhanden: das Gate (*G*).

In Rückwärtsrichtung verhält sich der Thyristor wie eine Diode. Bis zur Durchbruchspannung $U_{(BR)}$ fließt nur ein geringer Sperrstrom I_R (Sperren in Rückwärtsrichtung). Überschreiten der Durchbruchspannung führt zur Zerstörung.

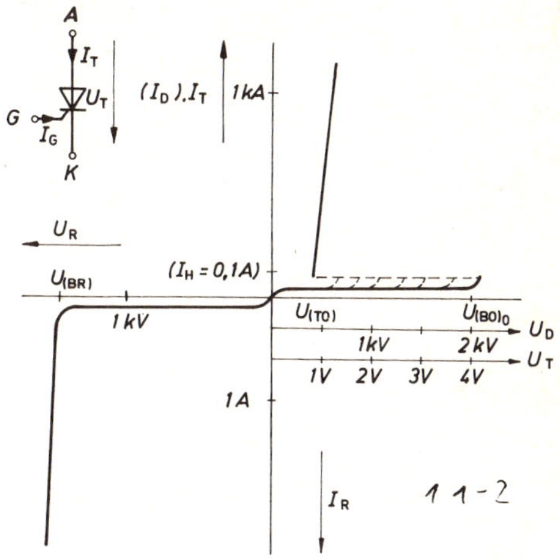

Bild 1.1 – 2

In Vorwärtsrichtung sperrt das Bauelement mit $I_G = 0$ bis zur Nullkippspannung $U_{(BO)0}$ (Vorwärts-Sperrbereich). Bei periodischer Spannungsbeanspruchung werden Kenndaten U_{RRM} und U_{DRM} angegeben. Index *D* steht für den Vorwärts-Sperrbereich (Blockierbereich).

$U_{RRM} = U_{DRM} = 600\ V \ldots 1\,500\ V \ldots 3\,500\ V$

In Rückwärtsrichtung fließt ein sehr kleiner negativer Sperrstrom I_R, in Vorwärtsrichtung der ebenfalls sehr kleine positive Sperrstrom I_D.

Sperrströme

$I_R \approx I_D = 1{,}5 \ldots 150\ mA$

Über den Gateanschluß besteht die Möglichkeit, den Thyristor vom vorwärts-sperrenden in den leitenden Zustand zu bringen (Zünden des Thyristors). Bild 1.1 – 3 zeigt die Grundschaltung und die Polaritäten für den üblichen kathodenseitig gesteuerten Thyristor. Die notwendige Zündleistung liegt im Bereich μW bis mW. Nach dem Zünden bleibt der Thyristor auch ohne weitere Zufuhr von Zündenergie leitend. Deshalb verwendet man meist Impulszündschaltungen. Unterschreitet der Anodenstrom den Wert des Haltestromes I_H, sperrt der Thyristor wieder. Als Strombelastbarkeitsangabe dient der Wert I_{TAVM} (*T* ≙ Thyristor, *AV* ≙ Average Value = Mittelwert, *M* ≙ Maximal).

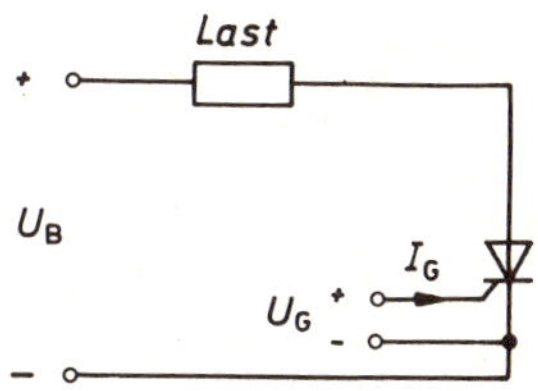

Bild 1.1 – 3 Zündleistung: μW ... mW

$I_H = 100\ mA$ bei einem 500-A-Thyristor

I_{TAVM} bis 2 000 A

Ein Triac ist ein Zwei-Richtungs-Thyristor. Ohne Steuerstrom sperrt das Bauelement bis zu den Nullkippspannungen $U_{(BO)012}$ bzw. $U_{(BO)021}$ für beide Richtungen der anliegenden Sperrspannungen U_{D12} und U_{D21}. Es fließen geringe Sperrströme I_{D12} und I_{D21}. Durch Zündströme über das Gate kann der Triac je nach Polarität der anliegenden Spannung in

$U_{(BO)012} = U_{(BO)021}$
$= 400\ V \ldots 900\ V$

beiden Richtungen in den leitenden Zustand gebracht werden (U_{T12}, I_{T12}; U_{T21}, I_{T21}).

Der Zündstrom kann positiv oder negativ sein, und zwar bei ein und demselben Triac. Der Steuerleistungsbedarf ist dabei allerdings unterschiedlich und insgesamt größer als beim Thyristor.

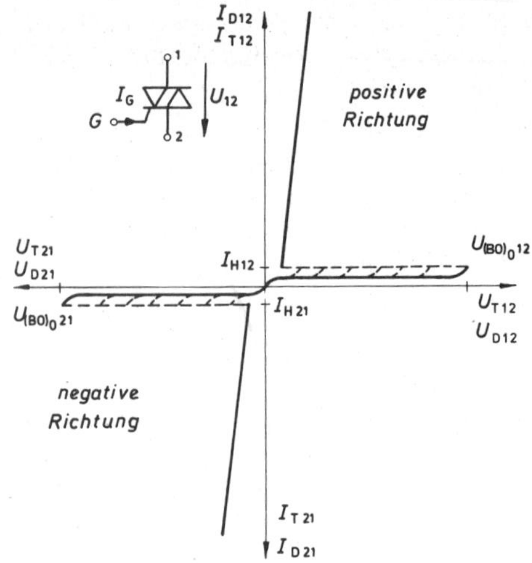

Bild 1.1 – 4

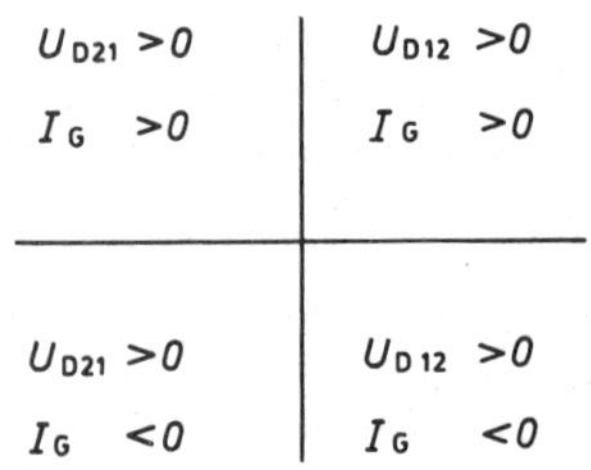

Bild 1.1 – 5

Da Triacs für Ströme bis ca. 50 A gebaut werden, ist deren Anwendungsgebiet begrenzt. Sie werden überwiegend als Lichtdimmer und Wechselstromsteller kleinerer Leistung verwendet. Sollen große Leistungen gesteuert werden, greift man auf die Antiparallelschaltung von Thyristoren zurück.

I_{TRMSM} bis 50 A
RMS (root mean square)
= Effektivwert

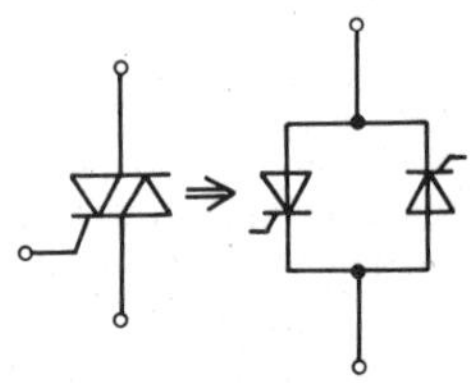

Bild 1.1 – 6

Bipolare Transistoren werden in der Leistungselektronik ebenfalls ausschließlich im Schaltbetrieb eingesetzt. Bild 1.1 – 7 zeigt das Prinzip eines pulsgesteuerten Gleichstrommotors. Der Kollektorkreis wird durch Ein- und Ausschalten des Basisstromes periodisch ein- und ausgeschaltet. U_2 ist also rechteckförmig und kann in ihrem Tastverhältnis geändert werden.

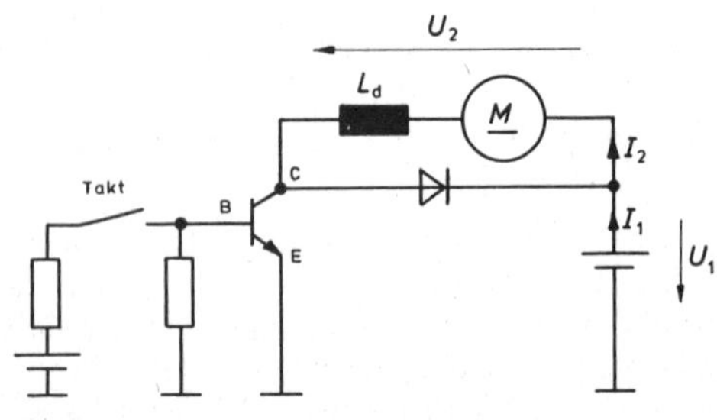

Bild 1.1 – 7

Bild 1.1 – 8 zeigt das Ausgangskennlinienfeld eines Leistungs-Schalttransistors mit EIN- und AUS-Kennwerten.

Im EIN-Zustand soll die noch verbleibende Kollektor-Emitter-Spannung möglichst klein sein, damit die Durchlaß-Verlustleistung klein ist. Dazu wird der Transistor in der Sättigung oder in der Quasi-Sättigung betrieben.

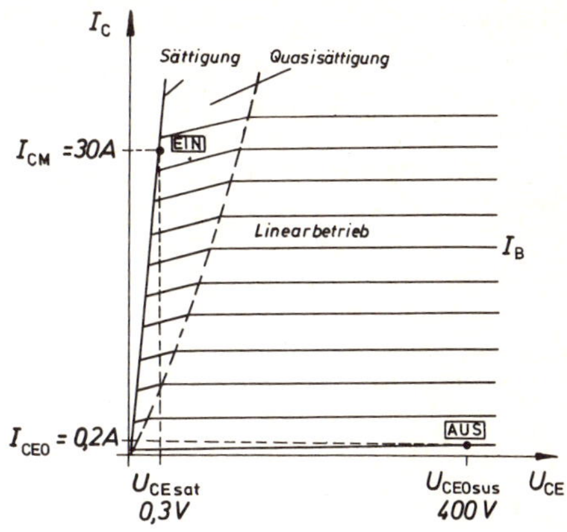

Bild 1.1 – 8

Um den Transistor in der Sättigung zu betreiben, ist ein relativ großer Basisstrom I_{Bsat} notwendig, der mit der Sättigungsstromverstärkung β_{sat} aus dem Kollektorstrom berechnet werden kann. I_{CM} ist der zulässige Kollektorstrom im Schaltbetrieb. Die Steuerleistung des Leistungstransistors ist gegenüber einem Thyristor also wesentlich größer, zusätzlich auch deshalb, da der Steuerstrom ja während der gesamten Einschaltzeit fließen muß und nicht nur impulsförmig zu deren Anfang.

I_{CM} bis 250 A

$U_{CEsat} = 0{,}2 \ldots 0{,}3$ V

$$I_{Bsat} = \frac{I_{CM}}{\beta_{sat}}$$

$\beta_{sat} \approx 10$

Vorteilhaft kann der Transistor in Stromrichterschaltungen mit Gleichstromeingang sein, da dann die für den Thyristor notwendigen Löschschaltungen eingespart werden.

Im AUS-Zustand soll der noch fließende Kollektorreststrom möglichst klein sein, damit die Sperrverluste klein sind. Der Transistor muß in diesem Zustand die Batteriespannung schadlos aufnehmen können.

$I_{CE0} = 0{,}2$ A
bei einem 30-A-Transistor

Der Wert U_{CE0sus} gibt die maximal zulässige Kollektor-Emitter-Spannung an, wenn keine negative Basis-Emitter-Spannung zum Sperren verwendet wird.

U_{CE0sus} bis 1 000 V

Das Verhalten der Leistungstransistoren in Rückwärtsrichtung braucht nicht aufgeführt zu werden, da in den in Frage kommenden Schaltungen solche Belastungen durch Freilauf- bzw. Blindstromkreise abgefangen werden.

1.1.3 Stromrichtergrundfunktionen

Für die Betrachtung der Wirkungsweise der Schaltungen in der Leistungselektronik genügt es meist, Dioden, Thyristoren und Transistoren als ideale Stromventile aufzufassen: In der Sperrphase wird der Sperrstrom, in der Leitendphase der Spannungsabfall vernachlässigt.

Die Leistungssteuerung geschieht meist über Anschnittsteuerungen, selten über Periodengruppensteuerungen.

Mit Hilfe dieser Stromventile sind nun eine Vielzahl von Aufgaben der elektrischen Energietechnik lösbar. Für einen Überblick können folgende Kategorien unterschieden werden:

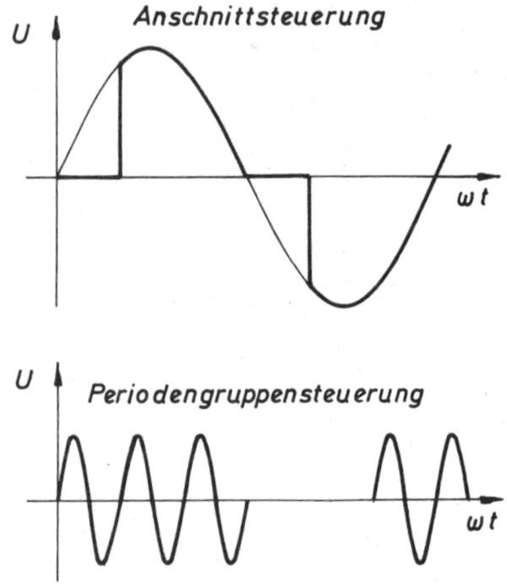

Bild 1.1–9

1. Gleichrichter

Gleichrichter formen Wechselstromenergie in Gleichstromenergie um. Schaltungen mit ein- und dreiphasigem Eingang sind gebräuchlich. Wird der Gleichrichter mit Dioden aufgebaut, ist die Ausgangsspannung im Gleichrichter selbst nicht veränderbar und man erhält einen ungesteuerten Gleichrichter. Bei Verwendung von Thyristoren ist über die Anschnittsteuerung kontinuierliche Veränderung der Gleichspannung möglich (gesteuerter Gleichrichter).

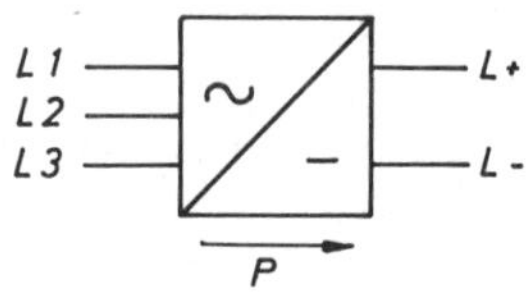

Bild 1.1–10

2. Wechselrichter

Wechselrichter formen Gleichstromenergie in Wechselstromenergie um. Je nach Anwendung können die Ausgangsgrößen Spannung und Frequenz konstant oder veränderbar sein. Ein- und dreiphasige Ausgänge sind möglich.

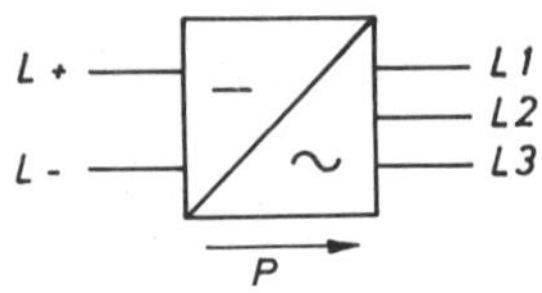

Bild 1.1–11

3. Gleichstromumrichter, (Gleichstromsteller)

Gleichstromumrichter erzeugen aus Gleichstromquellen (Akkumulatoren, U-Bahn Fahrleitung) eine stufenlos stellbare Gleichspannung.

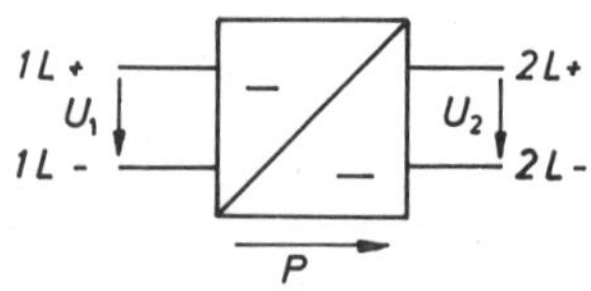

Bild 1.1–12

4. Wechselstromumrichter

Der Sinn eines solchen Gerätes besteht meistens in der Frequenzumformung. Dazu wird oft mit einem Gleichrichter zunächst ein Gleichstromzwischenkreis gespeist, aus dem dann ein

Wechselrichter die gewünschte Ausgangsspannung formt. Es gibt dabei die unter 1. und 2. erwähnten Möglichkeiten.

Wesentlich für alle diese Stromrichter ist, daß die Energieumformungen nahezu verlustlos geschehen, da es sich immer um die Umformung großer bis sehr großer Energien handelt.

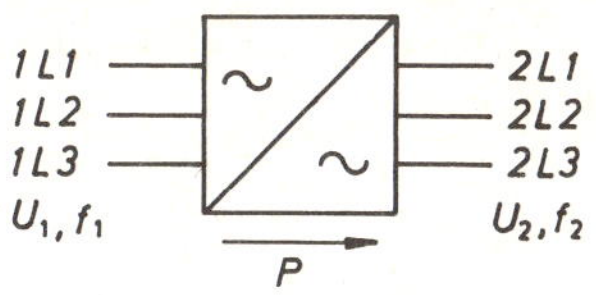

Bild 1.1 – 13

1.1.4 Anwendungen

Ungesteuerte Gleichrichter werden z. B. in Elektrolyseanlagen zur Aluminium-, Kupfer-, Zink-, Chlor-, Wasserstoffgewinnung usw. eingesetzt. Bei Ausgangsgleichspannungen bis 1 kV (Leerlaufspannung) werden Gleichströme bis 150 kA erzeugt (Al-Gewinnung).

Eine weitere Anwendung ungesteuerter Gleichrichter ist die Speisung von Gleichstromnetzen vor allem für Straßen-, U- und Vollbahnen.

Der Spannungsbereich solcher Netze liegt zwischen 400 V und 3 kV; die Strecken werden unterwegs mehrmals über sogenannte Unterwerke eingespeist, deren Leistungen bis zu mehreren MW betragen.

Größte Leistungen müssen bei der Hochspannungs-Gleichstrom-Übertragung (HGÜ) beherrscht werden. Beispielgebend ist die HGÜ Sambesi – Johannesburg. Dort wird in Wasserkraftgeneratoren Drehstrom erzeugt; über einen Transformator wird ein Gleichrichter gespeist, der wiederum die Fernleitung einspeist. Am Ende der Übertragungsstrecke wird über Wechselrichter und Transformator das Verbrauchernetz angeschlossen. Der Vorteil liegt im Wegfall der Leitungsblindwiderstände und der Stromverdrängung. Der Stromrichteraufwand lohnt sich natürlich nur bei langen Strecken (ab ca. 1 500 km).

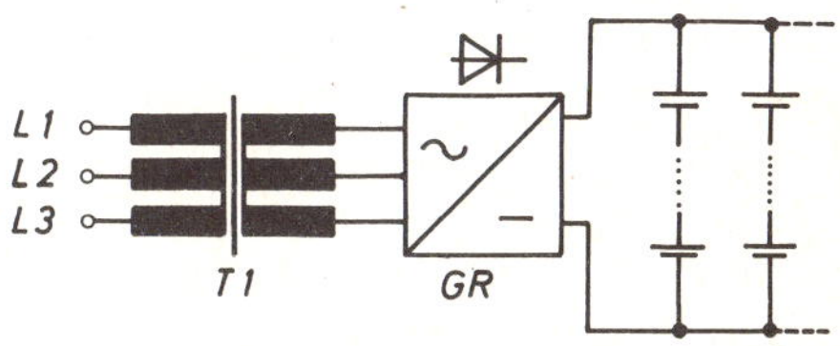

T1 Transformator
GR Gleichrichter, ungesteuert
Elektrolysezellen

Bild 1.1 – 14

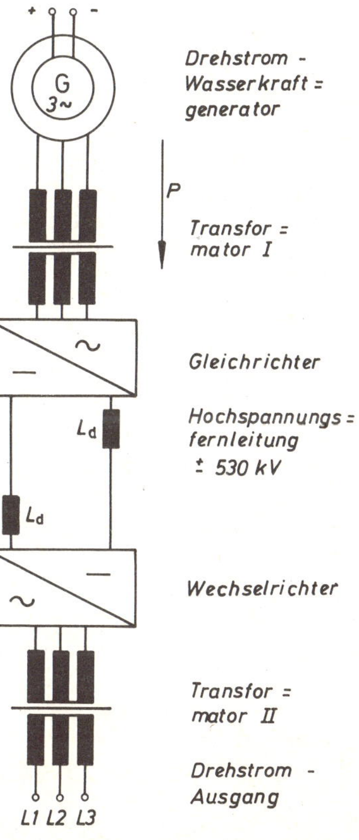

Bild 1.1 – 15

Gesteuerte Gleichrichter haben ihre größte Bedeutung in der Antriebstechnik mit Gleichstrommaschinen bis zu mehreren hundert kW; diese können über Veränderung der Ankerspannung stufenlos in ihrer Drehzahl gesteuert werden. Es können drehzahl- oder momentengeregelte Antriebe realisiert werden. Solche Antriebe haben große Bedeutung und Verbreitung, obwohl die G-Maschine erheblich teurer, größer, schwerer und wartungsbedürftiger ist als eine Drehstrommaschine gleicher Leistung. Eine ordentliche Drehzahlstellung bzw. -regelung ist beim D-Motor jedoch nur über kontinuierliche Frequenzänderung möglich (siehe Umrichter), was entsprechend aufwendige Stromrichteranlagen erfordert. Gleichrichtergespeiste Gleichstromantriebe findet man in Großkränen, Walzwerken, Pumpen, Lüftern, Werkzeugmaschinen, Pressen u. a.

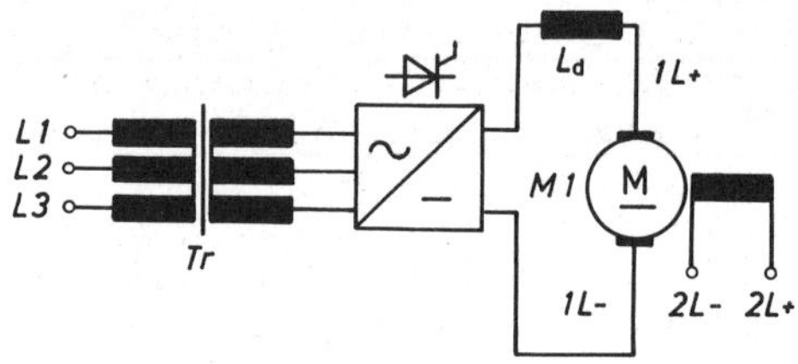

Tr Transformator
GR Gleichrichter, gesteuert
L_d Glättungsdrossel
M1 Gleichstrommotor

Bild 1.1 – 16

Die Schaltung nach Bild 1.1 – 16 gestattet auch eine Energieumkehr. Soll z. B. ein Kran die Last in kontrollierter Weise absenken, so wird die Gleichstrommaschine als Generator betrieben. Antriebskraft ist dabei die sinkende Hakenlast. Der erzeugte Gleichstrom wird durch netzsynchrones Schalten der Thyristoren in Drehstrom umgeformt. Da so mechanische Energie in elektrische Energie umgewandelt wird, die ins Netz zurückgespeist wird, handelt es sich um eine Nutzbremsung. Das netzsynchrone Schalten der Thyristoren geschieht dabei durch die weiterhin anliegenden Spannungen des Drehstromnetzes und das netzsynchron arbeitende Impulssteuergerät. Deshalb spricht man von einem netzgeführten Wechselrichter.

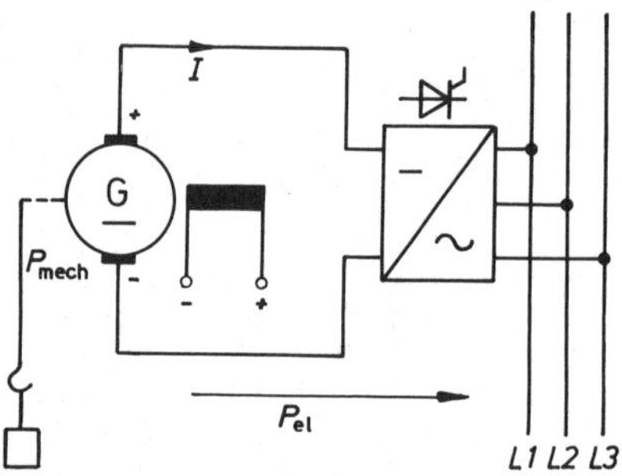

Bild 1.1 – 17

Dagegen geschieht das Schalten der Thyristoren in einem selbstgeführten Wechselrichter unabhängig von der Netzspannung. Es sind eine Reihe verschiedener Schaltungen mit Dreh- und Wechselstromausgang bekannt. Anwendungen sind vor allem Notstromanlagen und drehzahlgeregelte Antriebe mit Drehstrommaschinen. Es kommen Synchron- und Asynchronmaschinen zur Anwendung.

Wegen der Einfachheit, Betriebssicherheit und Preiswürdigkeit des D-Motors gegenüber dem G-Motor finden solche Antriebe bei sehr großen Leistungen oder wo Wartung nicht möglich ist (Speisewasserpumpen im Atomkraftwerk) allmählich Eingang. Auch Drehstromlokomotiven sind bereits im Einsatz, wobei der Drehstrom mit einem Wechselrichter aus einem Gleichstromzwischenkreis erzeugt wird. Der Gleichstromzwischenkreis erhält seine Energie über Gleichrichter aus dem Einphasenwechselstrom des Fahrdrahtes. Leistungen bis 1,5 MW pro Achse werden gebaut.

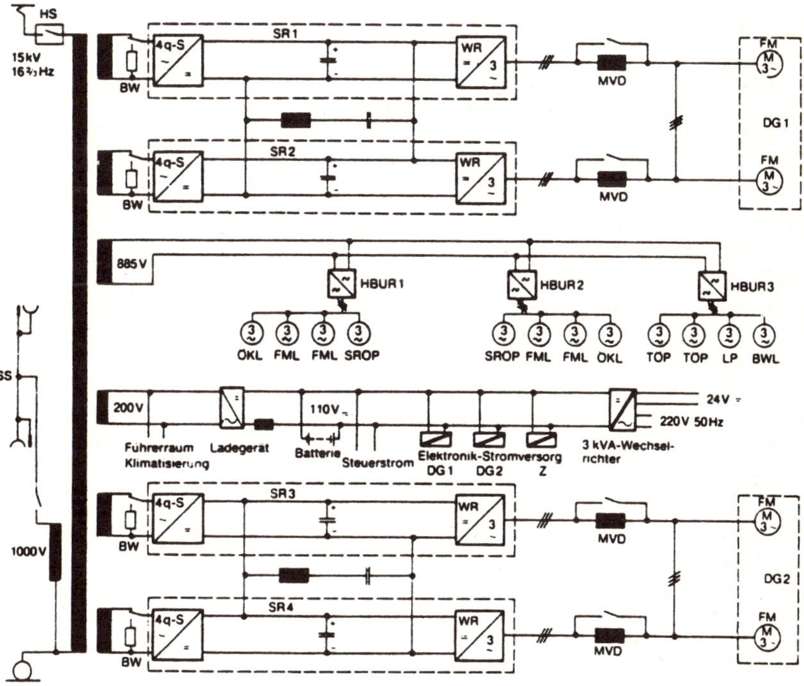

Bild 1.1–18
nach Dipl.-Ing. Rolf Gammert
Brown Boveri und Cie AG
Übersichtsschaltplan
DB Lokomotive BR 120

Hauptstromkreise:

HS	Lokomotivhauptschalter
BW	Bremswiderstand
4q-S	Eingangssteller (Vierquadrantensteller)
WR	Wechselrichter
SR	Stromrichter
MVD	Motorvordrossel
FM	Fahrmotor
DG	Drehgestell

Hilfsbetriebe:

HBUR	Hilfsbetriebeumrichter
ÖKL	Ölkühlerlüfter
FML	Fahrmotorlüfter
SRÖP	Stromrichterölpumpe
TÖP	Transformatorölpumpe
LP	Luftpresser
BWL	Bremswiderstandslüfter
ZSS	Zugsammelschiene

Notstromanlagen werden dort eingesetzt, wo Netzunterbrechungen nicht auftreten dürfen: EDV- und Fernmeldeanlagen, Flugplatzbefeuerung, Teilbereiche in Krankenhäusern, Steuerung großtechnischer Prozesse (Chemie, Kernkraftwerke) u. a.

Bild 1.1–19 zeigt eine Notstromanlage mit Batterie und Wechselrichter, welche beide ständig die Versorgung bewirken, so daß bei Netzausfall keine Unterbrechung auftritt. Die Batterien sind für einige Minuten ausgelegt. Bei längerem Netzausfall muß ein Dieselaggregat zugeschaltet werden.

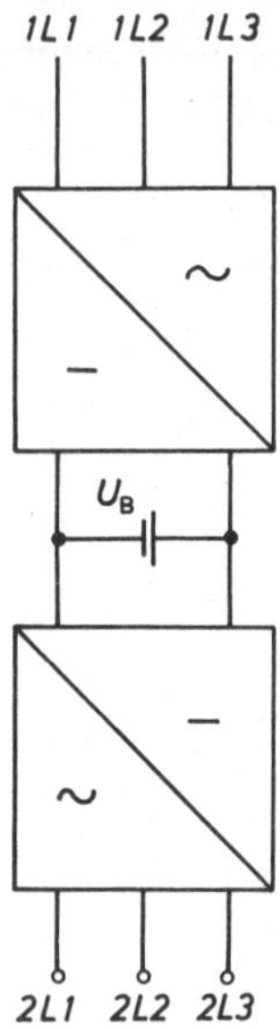

Bild 1.1–19

Schwingkreiswechselrichter werden zur Speisung von Induktionsöfen für das Metallhärten eingesetzt. Die am Ausgang des WR entstehende Rechteckspannung wird auf den durch Kondensatoren zu einem Schwingkreis komplettierten Induktionsofen geschaltet. Frequenzen von 25 Hz bis 25 kHz und Leistungen bis zu einigen Hundert kW sind üblich.

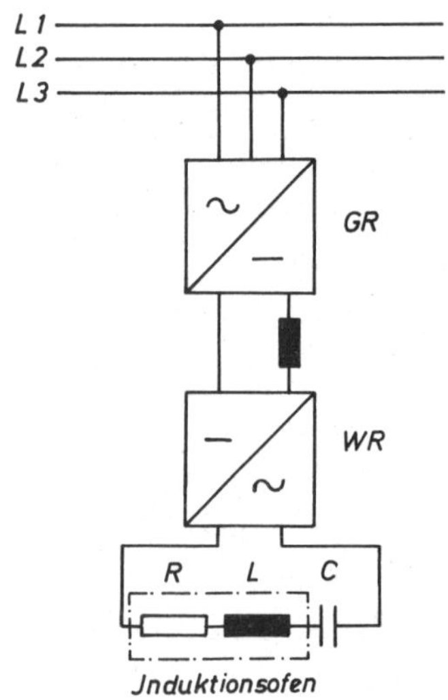

Bild 1.1–20

Gleichstromumrichter werden vor allem zum Antrieb von Bahnen in Gleichstromfahrleitungsnetzen und in batteriegetriebenen Straßen- und Schienenfahrzeugen benutzt. Auch hierbei ist Energieumkehr (Nutzbremsung) möglich, was bei den batteriebetriebenen Fahrzeugen eine wesentliche Vergrößerung des Aktionsradius einbringt, in jedem Falle eine Energieersparnis und Verminderung des Wartungsaufwandes an den mechanischen Bremsen bewirkt. Die modernste Lösung sieht jedoch auch für diese Problemstellung Wechselrichter und Drehstrommotoren vor.

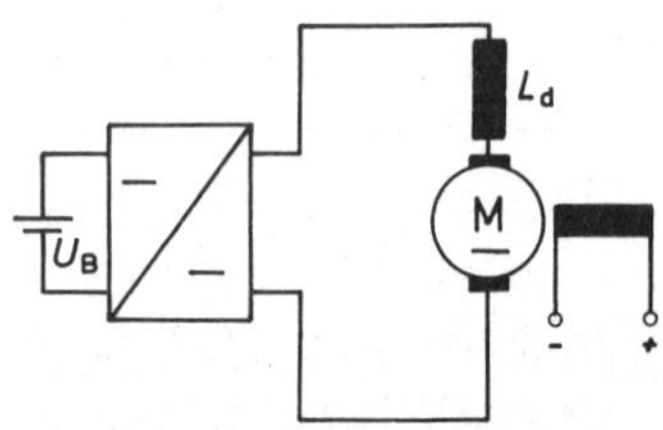

Bild 1.1–21

Lernzielorientierter Test zu Kapitel 1.1

1. Welche Aussage beschreibt das Schaltverhalten von Leistungsdioden richtig?
   - O Im Sperrbereich fällt an der Diode nur eine Spannung von etwa 0,7 V ab (Si-Diode).
   - O Im Sperrbereich ist die Anode negativ, die Kathode positiv vorgespannt.
   - O Die Diode wirkt wie ein Schalter, der in Abhängigkeit der Spannung U_{AK} schaltet.
   - O Die Diode benötigt eine nur sehr geringe Zündleistung.
   - O Die Sperrfähigkeit in Vorwärtsrichtung besteht bis $U_{(BR)} \approx 2$ kV.

2. Welche Aussage beschreibt die Eigenschaften des Thyristors nach Kap. 1.1 richtig?
   - O Wenn die Anoden-Kathoden-Strecke in Vorwärtsrichtung vorgespannt ist, kann der Thyristor durch einen Zündstromimpuls in den leitenden Zustand gebracht werden.
   - O Der Thyristor hat vier Anschlüsse: Anode, Kathode, Zündelektrode, Abschaltelektrode.
   - O Anodenströme bis 2 kA sind möglich.
   - O Bei $I_G = 0$ sperrt der Thyristor auch in Vorwärtsrichtung.
   - O Der Thyristor sperrt bei Unterschreiten des Haltestromes, der einen bestimmten Wert des Zündstromes darstellt.

3. Welche Eigenschaften hat ein Triac?
   - O Ein Triac hat zwei Hauptanschlüsse und ein Steuergate.
   - O Ein Triac hat im Hauptstromkreis das Verhalten zweier antiparalleler Thyristoren.
   - O Die Steuerleistung ist kleiner als bei einem entsprechenden Thyristor.
   - O Ein Triac sperrt in Rückwärtsrichtung solange Zündstrom fließt.
   - O Triac's werden besonders für Zweiweg-Gleichrichter eingesetzt.

4. Wo werden ungesteuerte Gleichrichter eingesetzt?
   - O Batterieladen
   - O Drehzahlgeregelte Antriebe mit Gleichstrommaschinen.
   - O U-Bahn-Netzeinspeisung
   - O Batteriebetriebene Fahrzeuge
   - O Elektrolyse

5. Was ist ein gesteuerter Gleichrichter?
   - O Statt Dioden werden Thyristoren verwendet.
   - O Die Thyristoren werden immer im Nulldurchgang der speisenden Wechselspannung mit einem Zündstromimpuls versorgt, damit sie durchschalten können.
   - O Die Ausgangsspannung ist einstellbar.
   - O Der Gleichrichter wird durch einen Transformator mit Anzapfungen versorgt.

6. Was ist ein netzgeführter Wechselrichter?
   - O Formt den Netzwechselstrom in Gleichstrom um.
   - O Das Impulssteuergerät wird vom Netz synchronisiert.
   - O Zur Funktion muß als Anodenspannung die Netzwechselspannung anliegen.
   - O Durch Verändern der Zündimpulsfrequenz kann die Frequenz der erzeugten Wechselspannung verändert werden.
   - O Die Frequenz der Ausgangsspannung ist immer gleich der Netzfrequenz.

7. Wo werden Wechselstromumrichter verwendet?
   - O Elektrolyse
   - O U-Bahnen
   - O Drehstrom-Lokomotive mit Fahrdraht-Wechselspannung
   - O Bei Motoren größer als 2 MW
   - O Für drehzahlgeregelte D-Motoren

8. Welche Vorteile haben stromrichtergespeiste D-Antriebe gegenüber solchen mit G-Maschinen?
   - O Die Anlage ist immer billiger.
   - O Der Motor ist wartungsarm.
   - O Der Motor ist kleiner.
   - O Der Stromrichter ist billiger, da der Wechselstrom nicht erst in Gleichstrom umgeformt werden muß.
   - O Es braucht nur die Spannung und die Frequenz der Motorspannung verändert werden.

9. Wo werden Gleichstromumrichter angewendet?
   - O Elektrolyse
   - O U-Bahnen
   - O Vollbahnen mit Wechselstrom-Fahrdraht, wenn G-Motoren verwendet werden sollen (hohe Anzugskraft)
   - O Bei Motoren größer als 2 MW
   - O Batteriegespeister Gabelstapler

1.2 Gesteuerte Ein- und Zweiweggleichrichter

Lernziele

Der Lernende ...

- skizziert die gesteuerte Einwegschaltung (E) und vollgesteuerte Brückenschaltung (B 2),
- begründet, daß bei durchgeschalteten Thyristoren die Netzspannung an der Last liegt,
- begründet, daß bei gesperrten Thyristoren die Netzspannung an den Thyristoren liegt,
- konstruiert den zeitlichen Verlauf der Lastspannung bei gegebenem Anschnittwinkel,
- ermittelt den zeitlichen Verlauf der Thyristorspannungen bei gegebenem Anschnittwinkel,
- konstruiert den zeitlichen Verlauf des Laststromes bei gegebenem Anschnittwinkel,
- begründet das Vorhandensein von Stromlücken,
- berechnet die Sperrspannungsbeanspruchung der Thyristoren (ohne Überspannungen),
- berechnet den Spitzenstrom in den Halbleitern,
- skizziert den Einweggleichrichter mit Glättungskondensator,
- erläutert die Glättungswirkung eines parallel zur Last geschalteten Kondensators,
- erläutert, daß bei stärkerer Belastung des Gleichrichters die Welligkeit des Laststromes zunimmt,
- führt an, daß in Anlagen der Leistungselektronik aufgrund der erforderlichen Größe Kondensatoren zur Glättung nicht verwendet werden,
- skizziert den Einweggleichrichter mit ohmscher Last und Glättungsdrossel,
- begründet, daß sich in einer Induktivität der Strom nicht sprunghaft ändern kann,
- erläutert den Stromverlauf qualitativ aufgrund der Lenz'schen Regel,
- konstruiert den Stromverlauf durch Überlagerung von eingeschwungenem Strom und Ausgleichsstrom,
- konstruiert den Verlauf der Thyristorspannung (ohne Abschaltüberspannung),
- konstruiert den Verlauf der Spannungen am ohmschen Lastwiderstand und an der Induktivität,
- erläutert, warum das Strommaximum zeitlich mit dem Nulldurchgang der Blindspannung zusammenfällt,
- erläutert, warum die positiven und negativen Spannungs-Zeit-Flächen der Blindspannung gleich groß sind,
- erläutert das Zustandekommen negativer Spannungs-Zeit-Flächen im Diagramm der Ausgangsspannung des Gleichrichters $U_d(\omega t)$,
- begründet die Abhängigkeit $U_d = f(I_d)$ bei lückendem Strom,
- skizziert die B 2-Schaltung mit ohmscher Last und Glättungsdrossel,
- konstruiert den Laststrom und die Gleichrichterspannung bei Lückbetrieb,
- konstruiert Laststrom und Gleichrichterspannung an der Lückgrenze,
- skizziert Laststrom und Gleichrichterspannung im nicht lückenden Betrieb,
- erläutert, daß im nicht lückenden Betrieb U_d unabhängig von I_d ist,
- erklärt qualitativ die natürliche Kommutierung am Beispiel der B 2-Schaltung.

1.2.1 Gesteuerte Ein- und Zweiweggleichrichter ohne Energiespeicher

In ohmschen Widerständen wird elektrische Energie in Wärmeenergie umgewandelt. Jedoch haben solche Widerstände keine Speichereigenschaft für elektrische Energie. Strom und Spannung können sich deshalb auch sprunghaft ändern. Das für Gleichstrom bekannte Ohmsche Gesetz gilt so auch für Momentanwerte.

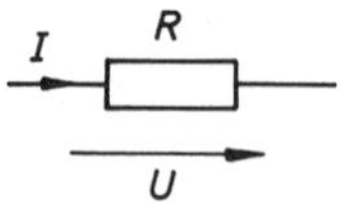

Bild 1.2 – 1

$$I = \frac{U}{R} \tag{1.2-1}$$

$$i = \frac{u}{R} \tag{1.2-2}$$

$$i(t) = \frac{u(t)}{R} \tag{1.2-3}$$

Beispiel 1.2 – 1

Stromverlauf in einem ohmschen Widerstand bei rechteckförmiger Spannung.

Lösung:

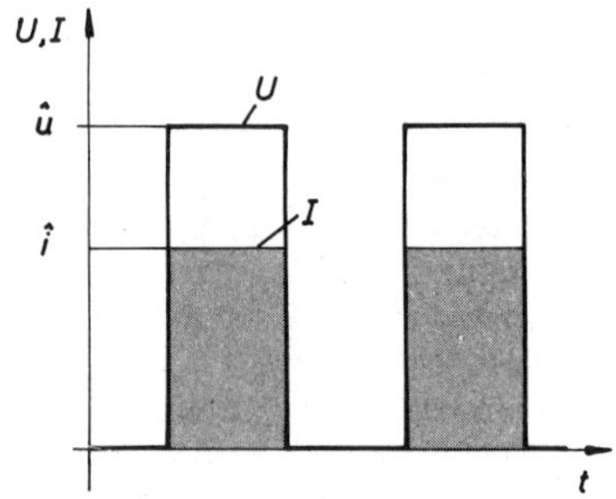

Bild 1.2 – 2

Bild 1.2 – 3 stellt als einfachste gesteuerte Gleichrichterschaltung die Einwegschaltung (E) dar. Durch eine besondere Steuerschaltung (Kap. 3) wird dem Gate netzsynchron, jedoch zeitlich verschiebbar, ein impulsförmiger Zündstrom zugeführt. Dadurch wird der Thyristor während jeder positiven Halbwelle von U_S bei einem vorher bestimmbaren elektrischen Winkel, dem Steuerwinkel α, durchgeschaltet.

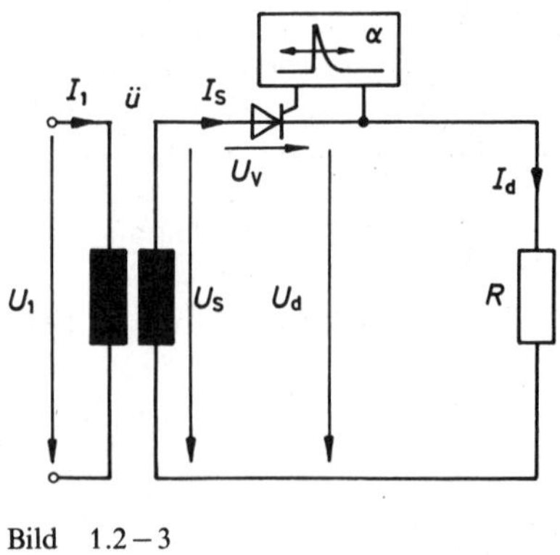

Bild 1.2 – 3

Durch Verändern von α kann die Leistung im Verbraucher gesteuert werden (Anschnittsteuerung).

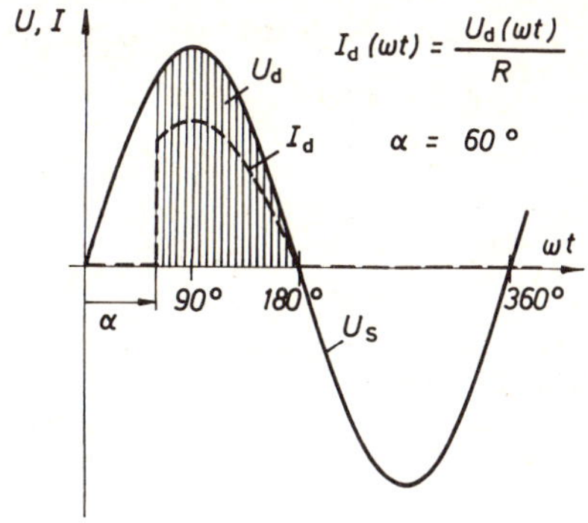

Bild 1.2–4

Thyristor und Lastwiderstand sind in Reihe geschaltet. Ist der Thyristor gesperrt, muß die Netzspannung an ihm liegen, da der sperrende Thyristor viel hochohmiger als der Lastwiderstand ist; ist der Thyristor leitend, liegt die Netzspannung am Verbraucher. Am Ende der Halbperiode wird im Thyristor der Haltestrom unterschritten und das Bauelement sperrt wieder.

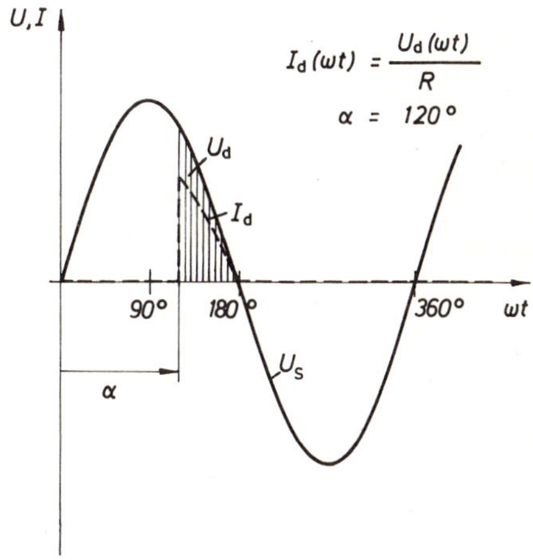

Bild 1.2–5

Übung 1.2–1

Konstruieren Sie den Verlauf der Thyristorspannung $U_V(\omega t)$ der Schaltung Bild 1.2–3 für $\alpha = 60°$. Mit welchem maximalen Wert wird der Thyristor in Rückwärts- und Vorwärtsrichtung spannungsmäßig belastet? $U_S = 220\,V$.

Übung 1.2–2

Einwegschaltung, ohmsche Last, $R = 12{,}5\,\Omega$, $U_S = 380\,V$. Wie groß ist der maximale Strom im Thyristor?

In der Einphasenbrückenschaltung B 2 können während der positiven Halbwelle von U_S die Thyristoren V 1 und V 4 gezündet werden, da die Ventilspannungen U_{V1} und U_{V4} positiv sind; während der negativen Halbwelle von U_S können V 2 und V 3 gezündet werden.

Bild 1.2 – 7 zeigt $U_d(\omega t)$ für $\alpha = 60°$.

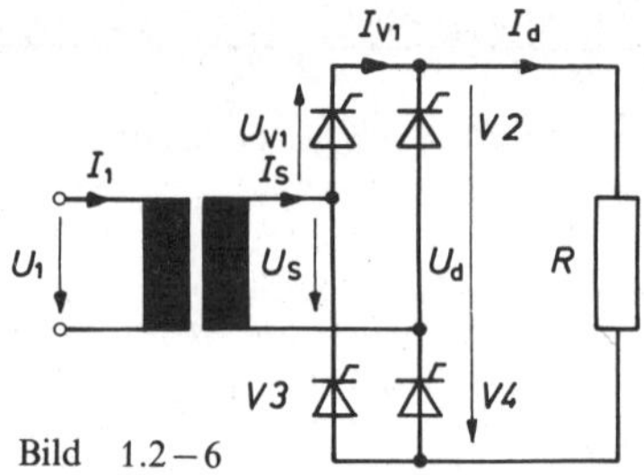

Bild 1.2 – 6

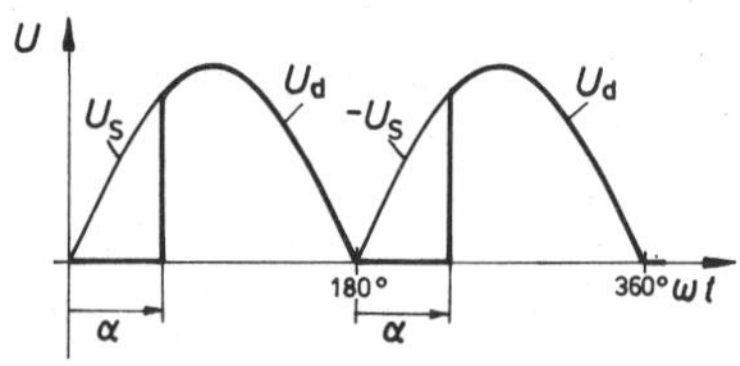

Bild 1.2 – 7

Übung 1.2 – 3

Konstruieren Sie zu Bild 1.2 – 7 die Ventilströme $I_{V1}(\omega t)$ bis $I_{V4}(\omega t)$.

Übung 1.2 – 4

Vergleichen Sie die Stromlücken der E- und B 2-Schaltung.

Übung 1.2 – 5

Konstruieren Sie zu Bild 1.2 – 7 $I_S(\omega t)$.

Den Verlauf der Ventilspannung U_{V1} zeigt Bild 1.2 – 8.

Im Intervall $0 \leqslant \omega t < \alpha$ sind alle Ventile gesperrt. V 1 und V 2 liegen in Reihe an U_S. Also ist $u_{V1} = \frac{u_S}{2}$*).

Im Intervall $\alpha \leqslant \omega t < \pi$ ist V 1 leitend, also $u_{V1} = 0$. Im Intervall $\pi \leqslant \omega t < \pi + \alpha$ sind alle Ventile gesperrt. Wie im ersten Intervall ist $u_{V1} = \frac{u_S}{2}$*).

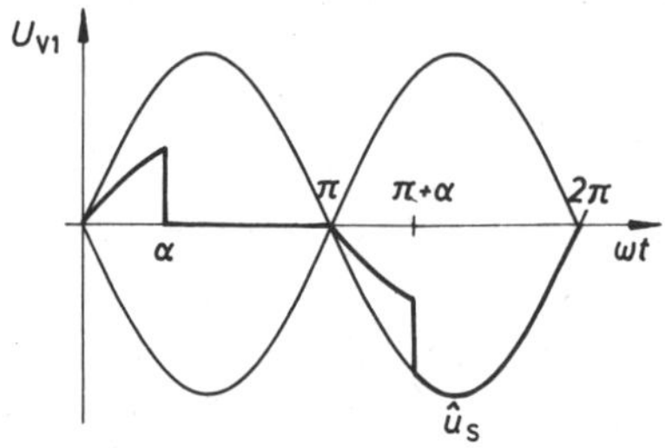

Bild 1.2 – 8

Im Intervall $\pi + \alpha \leqslant \omega t < 2\pi$ sind V 1 und V 4 gesperrt und V 2 und V 3 leitend. Denkt man sich V 2 überbrückt, erkennt man, daß an V 1 die volle Spannung $U_S(\omega t)$ anliegt. Als Maximalwert der Rückwärtsspannung erhält man $\hat{u}_S$.

$$\hat{u}_V = \hat{u}_S \tag{1.2-4}$$

*) Die halbe Speisespannung erhält man als Ventilspannung nur dann, wenn die Sperrwiderstände aller Thyristoren in Vorwärts- und Rückwärtsrichtung wirklich gleich sind.

1.2.2 Gleichrichter mit kapazitivem Energiespeicher

Die in 1.2.1 behandelten Schaltungen haben – entgegen ihrer Bezeichnung – die Eigenschaft, keine Gleichgrößen U_d und I_d, sondern Mischgrößen mit mehr oder weniger großer Welligkeit zu erzeugen. Für die Funktion der anzuschließenden Geräte wären jedoch Gleichgrößen besser. Man versucht daher, durch Einbau von Energiespeichern den Stromverlauf im Verbraucher zu glätten bzw. den Stromflußwinkel im Verbraucher zu vergrößern. Die Schaltung nach Bild 1.2–9 bewirkt z. B., daß während der Leitendphase von V 1 Energie im Kondensator gespeichert wird, die in der Sperrphase von V 1 an den Verbraucher R 1 abgegeben wird.

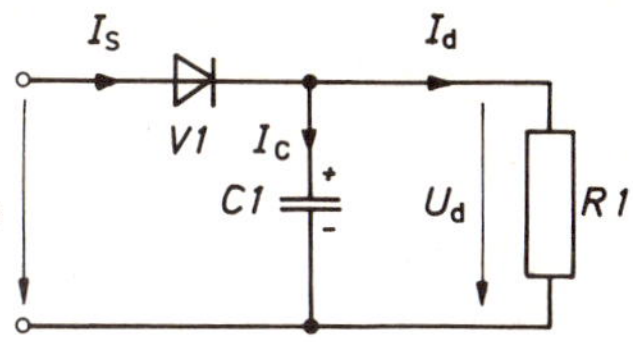

Bild 1.2–9

Die im Kondensator gespeicherte Energie hängt von der Kapazität und dem Quadrat der Spannung ab. Während also der Kondensator Energie an den Lastwiderstand abgibt, muß nach Gl. (1.2–5) die Spannung abnehmen. Daher rührt die Welligkeit der Verbraucherspannung. Wird ein stärkerer Strom entnommen, muß demnach die Welligkeit größer werden. Während des Energieaufbaues bricht durch den großen Ladestrom die Transformator-Ausgangsspannung gegenüber der Leerlaufspannung U_{S0} etwas zusammen. $U_C(\omega t)$ verläuft deshalb etwas unterhalb $U_{S0}(\omega t)$.

$$W_C = \frac{1}{2} C u_C^2 \qquad (1.2-5)$$

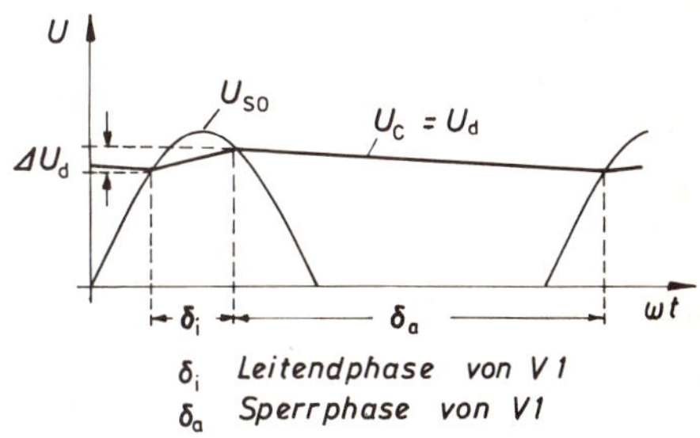

Bild 1.2–10

Beispiel 1.2–2

In Bild 1.2–10 beträgt $U_d = 220$ V (Mittelwert), $I_d = 30$ A (Mittelwert), $\delta_i = 20°$, $\delta_a = 340°$, $f_S = 50$ Hz. Zu berechnen ist C für eine Welligkeit $\frac{\Delta U_d}{U_d} = 10\%$ und der Ladestrom während des Energieaufbaues.

Lösung:

Aus dem Ladungsverlust des Kondensators während δ_a folgt:

$$C \cdot \Delta U_d = I_d \cdot \Delta t \qquad (1.2-6)$$

$$C = \frac{I_d \cdot \Delta t}{\Delta U_d}$$

$$= \frac{30\,\text{A} \cdot \frac{340°}{360°} \cdot 20\,\text{ms}}{0{,}1 \cdot 220\,\text{V}}$$

Für I_d wird der Mittelwert eingesetzt:

$$\underline{\underline{C = 26\,\text{mF}}} \quad \text{(Näherung)}$$

Während der Zeit $\frac{\delta_i}{\omega}$ gilt Gl. 1.2 – 6 analog:

$$I = \frac{C \cdot \Delta U_d}{\Delta t}$$

$$= \frac{26\,\text{mF} \cdot 22\,\text{V}}{\frac{20°}{360°} \cdot 20\,\text{ms}}$$

$$\underline{\underline{I = 515\,\text{A}}} \quad \text{(Näherung)}$$

Übung 1.2 – 6

Welche maximale Sperrspannung tritt an V 1 in Bild 1.2 – 9 allgemein auf?

Aus Beispiel 1.2 – 2 folgt, daß für die Leistungselektronik – es wird mit noch viel größeren Strömen gearbeitet – eine Glättung mit Kondensatoren nicht in Frage kommt.

Nachteile der Schaltung mit Glättungskondensator:
1. unrealisierbar große Kapazitäten
2. stoßstromartige Belastung der Halbleiter
3. größere Welligkeit bei größerer Belastung

Übung 1.2 – 7

Zu berechnen ist die Energie, die während des Zyklus jeweils gespeichert und entzogen wird (zu Beispiel 1.2 – 2).

1.2.3 Gleichrichter mit induktivem Energiespeicher

Bild 1.2 – 11 zeigt die zweite Möglichkeit eines Gleichrichters mit Energiespeicher. Wird während der positiven Halbwelle von U_S der Thyristor gezündet, so beginnt über die Spule und den Lastwiderstand ein Strom zu fließen.

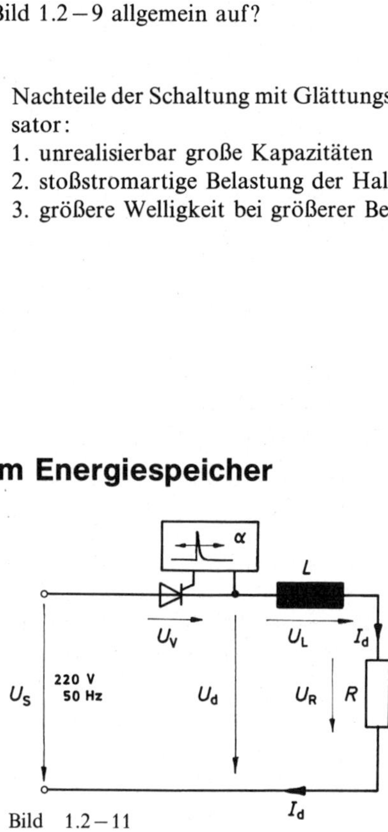

Bild 1.2 – 11

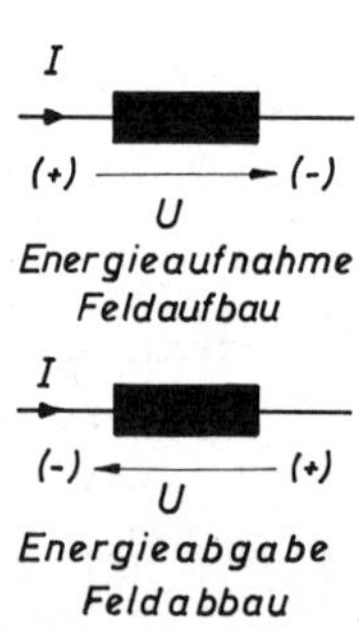

Bild 1.2 – 12

Dabei wird in der Spule magnetische Energie W_L gespeichert.

$$W_L = \frac{1}{2} L i^2 \qquad (1.2-7)$$

Ändert sich die Stromstärke, muß sich auch die Energie des Feldes ändern.

Nach Gl. 1.2 – 10 kann sich Energie nur mit einer endlichen Geschwindigkeit ändern. Eine schlagartige Änderung der Energie ($\Delta t = 0$) könnte nur durch den Einsatz unendlicher Leistung erreicht werden! Mit Gl. (1.2 – 7) und Gl. (1.2 – 10) ist klargestellt, daß sich in einem Stromkreis mit Induktivität die Stromstärke nur mit endlicher Geschwindigkeit ändern kann.

$$W = P \cdot t \qquad (1.2-8)$$

$$\Delta W = P \cdot \Delta t \qquad (1.2-9)$$

$$\frac{\Delta W}{\Delta t} = P \qquad (1.2-10)$$

Übung 1.2 – 8

Wie kann mit Hilfe des Induktionsgesetzes die endliche Stromänderungsgeschwindigkeit in einer Spule erklärt werden?

$$U_L = L \cdot \frac{\Delta I}{\Delta t} \qquad (1.2-11)$$

Beispiel 1.2 – 3

An eine Spule der Induktivität $L = 10$ mH, $R = 20\ \Omega$ wird eine Rechteckspannung mit $\hat{u} = 30$ V gelegt. Wie groß ist die Stromanstiegsgeschwindigkeit im Zeitpunkt $t = 0$ und $t = \tau$? (Siehe Bild 1.2 – 13.)

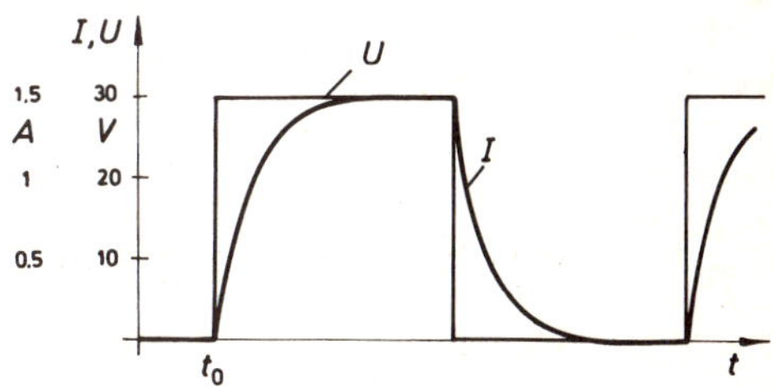

Bild 1.2 – 13

1. $t = 0$; im ersten Augenblick ist $i = 0$, so daß die Induktionsspannung gleich der anliegenden Spannung $\hat{u}$ ist. Nach Gl. (1.2 – 11) folgt:

$$\hat{u} = L \cdot \frac{\Delta I}{\Delta t}$$

$$\frac{\Delta I}{\Delta t} = \frac{\hat{u}}{L} = \frac{30\,\text{V}}{10 \cdot 10^{-3}\,\frac{\text{VS}}{\text{A}}}$$

$$\underline{\underline{\frac{\Delta I}{\Delta t} = 3\,\frac{\text{A}}{\text{ms}}}}$$

2. $t = \tau$; nach $t = \tau$ sind nur noch 37% von $\hat{u}$ als Induktionsspannung wirksam.

$$\frac{\Delta I}{\Delta t} = \frac{11{,}1\,\text{V}}{10\,\text{mH}}$$

$$\underline{\underline{\frac{\Delta I}{\Delta t} = 1{,}11\,\frac{\text{A}}{\text{ms}}}}$$

Übung 1.2 – 9

Wieviel Energie hat die Spule aus Beispiel 1.2 – 3 zur Zeit $t = t_0 + 1$ ms gespeichert? Linearer Stromanstieg darf im betrachteten Zeitraum angenommen werden.

Übung 1.2 – 10

Eine Spule mit $R = 10\ \Omega$ und $L = 10$ mH wird an einer Rechteckspannung mit $f = 80$ Hz und $\hat{u} = 30$ V betrieben. Stellen Sie die Gleichungen des Stromverlaufes während des Magnetisierens und während des Entmagnetisierens der Spule auf.

Übung 1.2 – 11

Eine Spule mit $R = 8{,}2\ \Omega$ und $L = 19$ mH wird an eine Sinusspannung $u_{\text{eff}} = 220$ V, f = 50 Hz angeschlossen. Zeichnen Sie ein Diagramm mit $u(\omega t)$ und $i(\omega t)$ maßstäblich. Wie groß ist $\frac{\Delta I}{\Delta t}$ im Stromnulldurchgang?

Bild 1.2 – 14 zeigt die Richtungen der Spannungen und des Stromes nach dem Zünden des Thyristors. Der ansteigende Strom verursacht in der Spule eine Gegenspannung. Gleichzeitig wird magnetische Energie gespeichert.

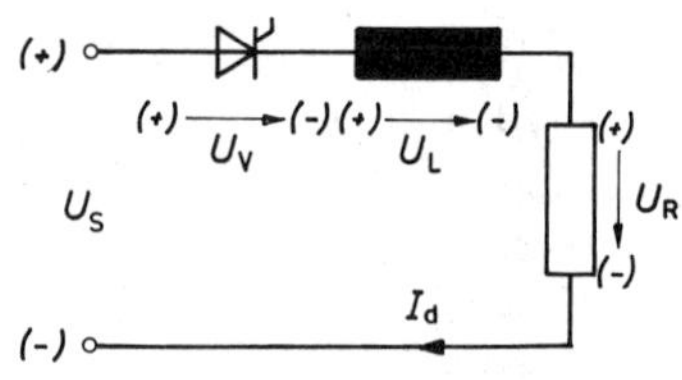

Bild 1.2 – 14

Da U_S eine Wechselspannung ist, wird irgendwann I_d seinen Höchstwert erreichen und wieder kleiner werden müssen. Die magnetische Energie der Spule wird dann abgebaut, d. h. wieder in elektrische umgewandelt. Die Induktionsspannung kehrt sich dabei um.

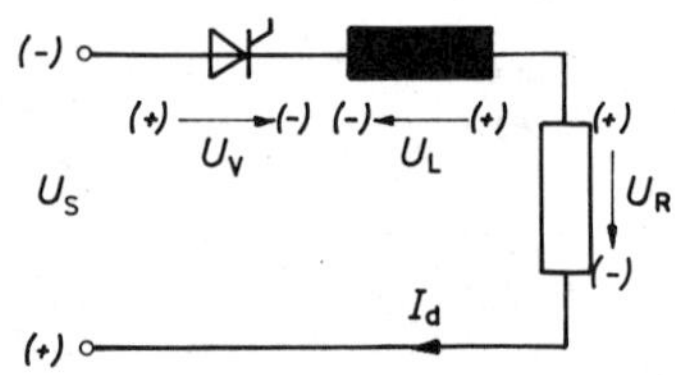

Bild 1.2 – 15

Aus Bild 1.2 – 15 folgt:

$$u_V - u_L + u_R + u_S = 0$$

$$u_V = u_L - u_R - u_S \qquad (1.2-12)$$

U_V kann also positiv sein, obwohl U_S bereits die gezeichnete negative Halbwelle beschreibt. Der Thyristor ist über $\omega t = 180°$ hinaus leitend.

Der Stromflußwinkel im Lastwiderstand wird über $\omega t = 1\,80°$ hinaus verlängert.

Zur exakten Konstruktion von $I_d(\omega t)$ müssen die Methoden von Beispiel 1.2 – 3 und Übung 1.2 – 11 kombiniert werden. Bild 1.2 – 16 zeigt die Spannung U_S und den phasenverschobenen Strom I_e, wie er sich bei ohmschem-induktivem Verbraucher ohne die ständigen Unterbrechungen durch den Thyristor ergeben würde. Wird z. B. in einer Einwegschaltung der Thyristor mit $\alpha = 30°$ gezündet, kann I_d aufgrund der Induktivität (und der Ventilwirkung) nicht auf den

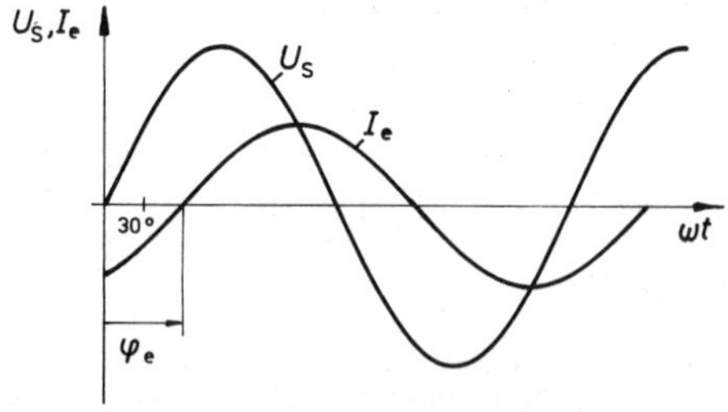

Bild 1.2 – 16

gerade vorhandenen Wert von $I_e(\omega t)$ springen. Statt dessen beginnt der Strom mit dem Wert 0 positiv anzusteigen und erst nach Ablauf eines Einschwingvorganges wird sich $I_e(\omega t)$ einstellen. Der Einschwingvorgang ergibt sich als Addition des sinusförmigen eingeschwungenen Stromes $I_e(\omega t)$ und eines exponentiellen Ausgleichsstromes $I_a(\omega t)$.

$$I_d(\omega t) = I_e(\omega t) + I_a(\omega t) \qquad (1.2-13)$$

Beispiel 1.2 – 4

Bild 1.2 – 11 soll der Stromverlauf bei $\alpha_1 = 0°$ und $\alpha_2 = 120°$ mit R = 8,2 Ω und L = 19 mH ermittelt werden. $U_S = 220\,\text{V}$, 50 Hz.

Lösung:

1. Eingeschwungener Strom $I_e(\omega t)$:

$$Z = \sqrt{R^2 + X^2}$$

$$= \sqrt{(8{,}2\,\Omega)^2 + \left(314\,\frac{1}{\text{s}} \cdot 19 \cdot 10^{-3}\,\frac{\text{Vs}}{\text{A}}\right)^2}$$

$$\underline{\underline{Z = 10{,}14\,\Omega}}$$

$$\varphi_e = \arctan \frac{X_L}{R}$$

$$= \arctan \frac{314\,\frac{1}{\text{s}} \cdot 19\,\text{mH}}{8{,}2\,\Omega}$$

$$\underline{\underline{\varphi_e = 36°}}$$

Für sinusförmige Spannung gilt: $\hat{u}_S = U_S \cdot \sqrt{2}$

$$\hat{i}_e = \frac{\hat{u}_S}{Z}$$

$$= \frac{311\,\text{V}}{10{,}14\,\Omega}$$

$$\underline{\underline{\hat{i}_e = 30{,}7\,\text{A}}}$$

2. Ausgleichsstrom:

Der Ausgleichsstrom beginnt bei $\omega t = \alpha$ mit einem Wert $i_{a\alpha}$, der negativ gleich ist dem gerade vorhandenen Momentanwert $i_{e\alpha}$ des eingeschwungenen Stromes. Die Zeitkonstante der e-Funktion berechnet sich mit:

$$i_{a\alpha} = -i_{e\alpha} \qquad (1.2-14)$$

$$\tau_a = \frac{L}{R} \qquad (1.2-15)$$

$$= \frac{19\,\text{mH}}{8{,}2\,\Omega}$$

$$\underline{\underline{\tau_a = 2{,}32\,\text{ms}}}$$

Der Ausgleichsstrom ist nach 5τ abgeklungen.

Im Winkelmaßstab entspricht das:

$$\omega \cdot 5\tau = 314\,\frac{1}{s} \cdot 5 \cdot 2{,}32\,\text{ms}$$

$$\omega \cdot 5\tau = 3{,}64 \quad \text{(Bogenmaß)}$$

$$\omega \cdot 5\tau = 208°$$

$\alpha_1 = 0°$:

Der tatsächliche Stromverlauf ergibt sich durch Addition des Ausgleichsstromes mit dem eingeschwungenen Strom:

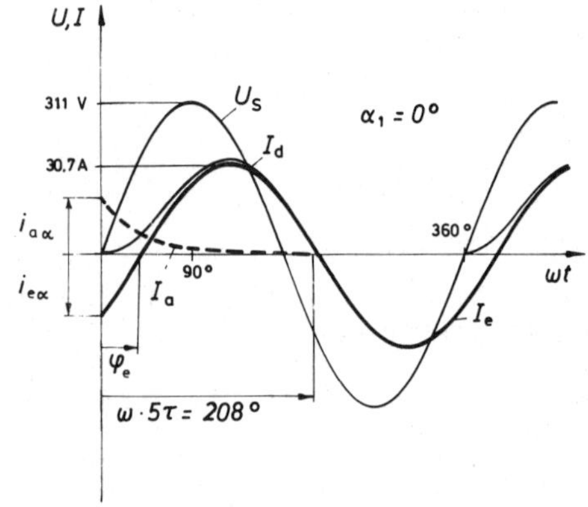

Bild 1.2–17

$\alpha_2 = 120°$:
Wegen der großen Zeitkonstanten erreicht $I_d(\omega t)$ den eingeschwungenen Strom nicht, da der Thyristor jeweils vorher im Stromnulldurchgang den Einschaltvorgang unterbricht.

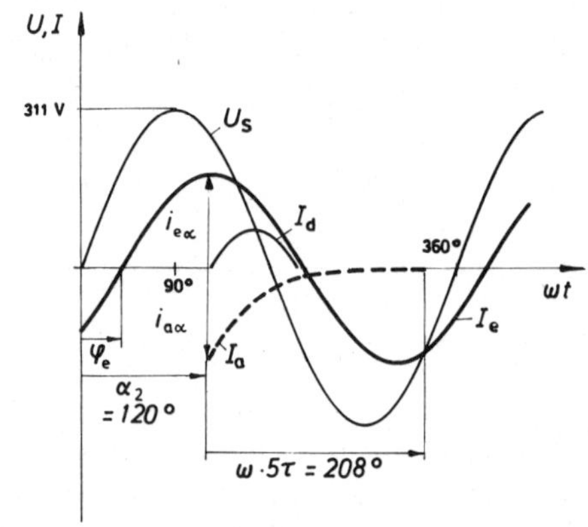

Bild 1.2–18

Übung 1.2–12

Konstruieren Sie wie in Beispiel 1.2–4 den Stromverlauf, jedoch mit $R = 2\ \Omega$, $L = 19$ mH, $\alpha_1 = 0°$ und $\alpha_2 = 120°$.

Übung 1.2–13

Wie Übung 1.2–12, jedoch $L = 19$ mH, $R = 0$ (theoretischer Fall), $\alpha_1 = 0°$, $\alpha_2 = 60°$.

Bild 1.2 – 19 zeigt die Verläufe von $I_d(\omega t)$, $U_d(\omega t)$ (nach Beispiel 1.2 – 4). Solange der Strom I_d fließt, ist $u_d = u_S$. Im Verlauf von $U_d(\omega t)$ sind besonders die negativen Spannungs-Zeit-Flächen zu beachten. Dadurch wird der Mittelwert der Spannung U_d bei der Schaltung mit Induktivität gegenüber dem rein ohmschen Belastungsfall geringer.

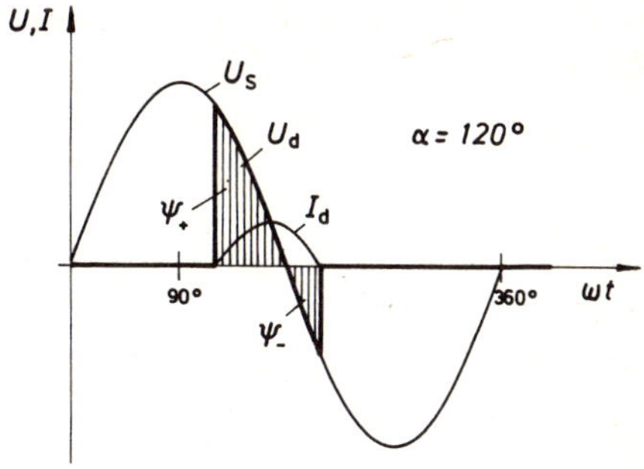

Bild 1.2 – 19
Allmählicher Stromanstieg, negative Spannungszeitflächen

Übung 1.2 – 14

Konstruieren Sie in Fortsetzung zu Bild 1.2 – 19 den Verlauf $U_V(\omega t)$ der Thyristorspannung. Welche maximale Spannung tritt am Thyristor bei $U_S = 380$ V auf?

Übung 1.2 – 15

Ermitteln Sie aus Beispiel 1.2 – 4, Übung 1.2 – 12 und Übung 1.2 – 13 den maximalen Strom.

In Bild 1.2 – 20 ist der Stromverlauf aus Beispiel 1.2 – 4 für $\alpha = 0°$ übernommen worden. Außerdem sind die zeitlichen Verläufe $U_R(\omega t)$ und $U_L(\omega t)$ konstruiert worden.

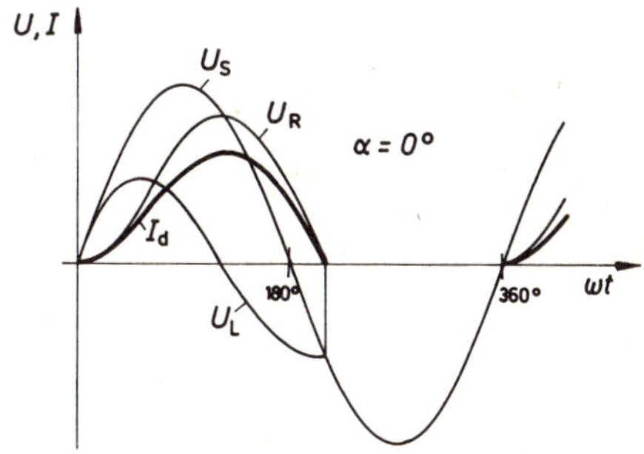

Bild 1.2 – 20

Die Spannung am ohmschen Widerstand ermittelt sich nach Gl. (1.2 – 3) durch punktweises Multiplizieren. Die Induktionsspannung ergibt sich durch einen Maschenumlauf in Bild 1.2 – 11.

$$U_R(\omega t) = I_d(\omega t) R \quad (1.2-16)$$

$$-U_S(\omega t) + U_L(\omega t) + U_R(\omega t) = 0$$

$$U_L(\omega t) = U_S(\omega t) - U_R(\omega t) \quad (1.2-17)$$

Bild 1.2 – 20 zeigt so einige grundsätzliche Zusammenhänge bezüglich der Ströme und Spannungen in der Schaltung. Während des Stromanstieges ist $U_L(\omega t)$ positiv. Der Nulldurchgang von $U_L(\omega t)$ fällt zeitlich mit dem Strommaximum zusammen. Wenn der Strom sinkt, kehrt sich die Polarität von $U_L(\omega t)$ um.

$$U_L = L \frac{\Delta I_d}{\Delta t}$$

$$\Rightarrow U_L > 0 \text{ für } \frac{\Delta I_d}{\Delta t} > 0$$

(Stromanstieg)

$$\Rightarrow U_L = 0 \text{ für } \frac{\Delta I_d}{\Delta t} = 0$$
(Maximum)

$$\Rightarrow U_L < 0 \text{ für } \frac{\Delta I_d}{\Delta t} < 0$$
(Stromabfall)

Positive und negative Spannungs-Zeit-Flächen der Induktionsspannung sind gleich groß; $U_L(\omega t)$ ist eine Wechselspannung. An der Induktivität kann eben keine Gleichspannung abfallen.

Übung 1.2 – 16 (zu Beispiel 1.2 – 4 und Übung 1.2 – 12)

Konstruieren Sie $U_d(\omega t)$ und vergleichen Sie.

Übung 1.2 – 17

Eine ohmsche-induktive Last liegt über eine Einwegschaltung an einer Wechselspannung $U_S = 500$ V, $R = 18\ \Omega$, $L = 2{,}8$ mH. Berechnen Sie das Strommaximum, wenn bekannt ist, daß dieses bei $\omega t_1 = 106°$ auftritt.

1.2.4 Netzführung (Natürliche Kommutierung)

Beispiel 1.2 – 5

Zu konstruieren ist der Stromverlauf der Schaltung 1.2 – 21 mit $U_S = 198$ V, $R = 8\ \Omega$ und $L = 0{,}8$ H, $\alpha = 120°$.

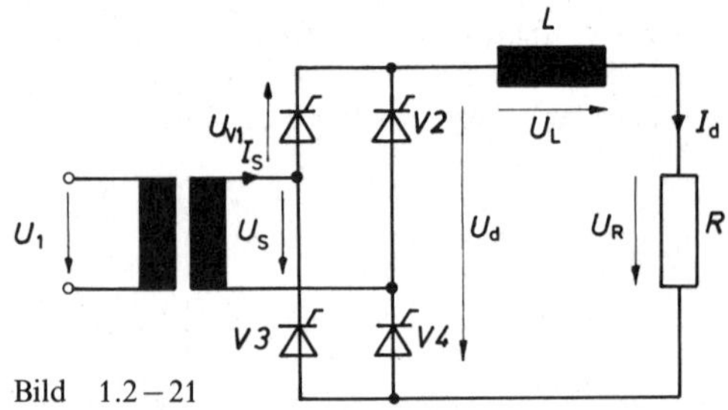

Bild 1.2 – 21

Lösung:

Die für die Einwegschaltung erläuterte Konstruktion wird bei der B 2-Schaltung gleichermaßen in beiden Halbwellen durchgeführt.

$$Z = \sqrt{R^2 + X^2}$$

$$= \sqrt{(10\ \Omega)^2 + \left(314\ \frac{1}{s} \cdot 0{,}8\ \text{H}\right)^2}$$

eingeschwungener Strom:

$$\underline{Z = 252\ \Omega}$$

$$\varphi_e = \arc\tan \frac{314\ \frac{1}{s} \cdot 0{,}8\ \text{H}}{10\ \Omega}$$

$$\underline{\varphi_e = 88°}$$

$$\hat{i}_e = \frac{\hat{u}_S}{Z}$$

$$= \frac{198\,V \cdot \sqrt{2}}{252\,\Omega}$$

$$\underline{\hat{i}_e = 1{,}11\,A}$$

Ausgleichsstrom:

$$\tau = \frac{L}{R}$$

$$\underline{\tau = 80\,ms}$$

Addition von eingeschwungenem Strom und Ausgleichsstrom ergibt:

Der Strom im 1. Stromweg ist erloschen, wenn der 2. Stromweg zündet. Es treten Stromlücken von etwa 65° auf.

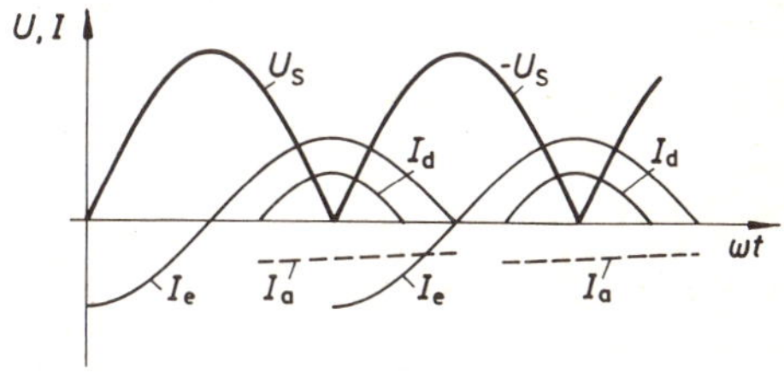

Bild 1.2 – 22

Übung 1.2 – 18

Konstruieren Sie zu Beispiel 1.2 – 5 $U_d(\omega t)$, $I_S(\omega t)$, $U_{V1}(\omega t)$.

Beispiel 1.2 – 6 (zu Beispiel 1.2 – 5)

Zu konstruieren sind $I_d(\omega t)$, $U_d(\omega t)$ bei $\alpha = 88°$.

Lösung:

Nach Aufgabenstellung ist $\alpha = \varphi_e$; es findet also kein Einschwingvorgang statt ($I_a = 0$). $I_d(\omega t)$ besteht aus Sinusbögen. Die Stromlücken schrumpfen auf Null.

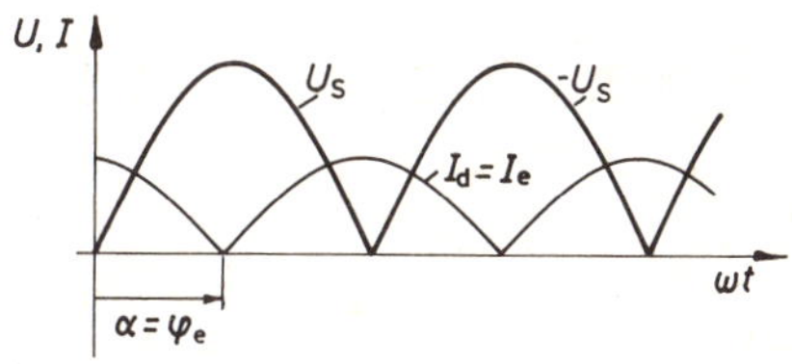

Bild 1.2 – 23

Übung 1.2 – 19

Konstruieren Sie zu Beispiel 1.2 – 6 $U_d(\omega t)$, $I_S(\omega t)$, $U_{V1}(\omega t)$.

Wird der Anschnittwinkel weiter verkleinert, so daß $\alpha < \varphi_e$ wird, kommt es zur Überschneidung der Stromverläufe. Der Strom im Stromweg 1 ist noch nicht Null, wenn die Ventile im Stromweg 2 zünden. Es sind dann kurzzeitig alle vier Ventile leitend. Stromlücken sind nicht mehr vorhanden (kontinuierlicher Betrieb). Das Foto zeigt den Stromverlauf in einer B 2-Schaltung mit $R = 100\,\Omega$ und $L = 0{,}35$ H bei $\alpha = 0°$. Die Sinuskurve ist die Eingangsspannung U_S.

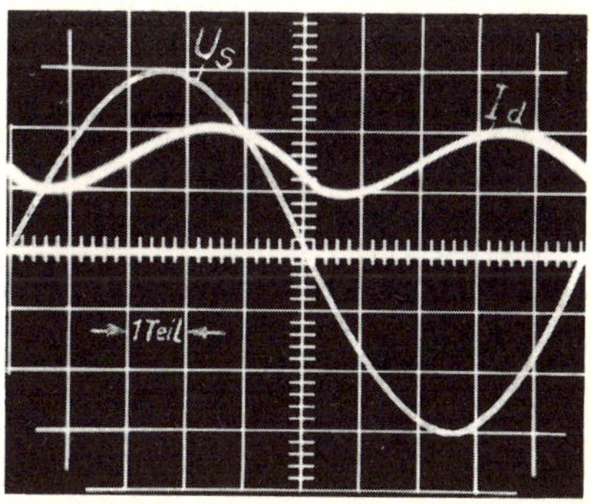

Bild 1.2 – 24 $\quad$ Y: $1\,\frac{A}{Teil}$; X: $2\,\frac{ms}{Teil}$

Den Stromübergang von einem Stromweg auf einen anderen, ohne daß vorher der Strom im abgebenden Ventil Null geworden ist, bezeichnet man als Kommutierung. Werden für die Kommutierungen die Netzspannungen ausgenutzt – dies ist bei den bisher erläuterten Schaltungen der Fall – spricht man von netzgeführten Stromrichtern (Netzkommutierung). Es können auch von der Last induzierte Spannungen für die Kommutierung herangezogen werden (Lastführung, Lastkommutierung). Netzgeführte und lastgeführte Stromrichter bilden zusammen die Gruppe der fremdgeführten Stromrichter.

Fremdgeführte Stromrichter:

Übergang des Laststromes von einem Stromweg auf einen anderen durch die Netzspannung oder durch eine in der Last entstehende Induktionsspannung

In Bild 1.2 – 25 sollen zunächst V 1 und V 4 den Laststrom I_d führen (Stromweg 1). Durch die Glättungsdrossel L_d fließt I_d über den Nulldurchgang von U_S hinaus.

V 2 und V 3 werden gezündet, bevor der Strom Null geworden ist. U_S hat inzwischen die gezeichnete Polarität. Es fließen nun kurzzeitig Kommutierungsströme I_K, die die Ströme in V 2 und V 3 aufbauen, in V 1 und V 4 abbauen. In V 1 und V 4 fließen dann resultierende Ströme aus I_d und I_K. Hat der ansteigende Kommutierungsstrom den Wert des Laststromes erreicht, so schaltet der ursprüngliche Stromweg ab. Der Kommutierungsstrom kann also nie größer als I_d werden.

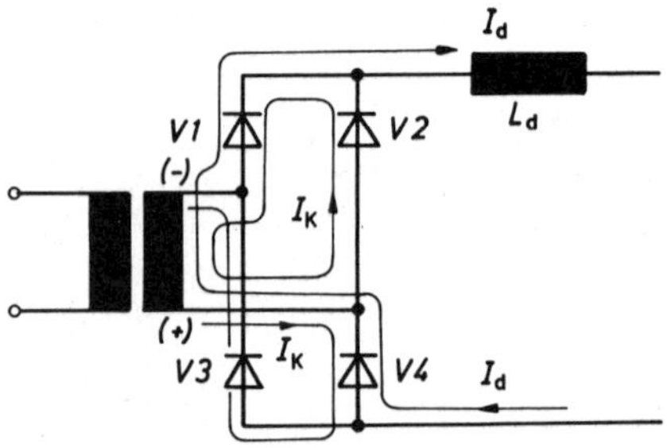

Bild 1.2 – 25

Fremdführung findet man vor allem bei den netzgeführten Gleich- und Wechselrichtern (Kap. 4). Dort wird der Kommutierungsvorgang eingehend behandelt.

Betrachtet man Bild 1.2 – 24, so wird klar, daß der Mittelwert von $U_d(\omega t)$ sich mit größer oder kleiner werdendem Strom nicht mehr ändert, da der gesamte Verlauf von $U_S(\omega t)$, sei es als positive, sei es als negative Spannungszeitfläche, aufgezehrt ist. U_{di} ist also konstant, es sei denn, der Strommittelwert wird so gering, daß wieder Lückbetrieb einsetzt.

Kommutierender Betrieb = lückfreier Betrieb

$\Rightarrow U_d \neq f(I_d)$

(Spannungsänderungen durch den Transformator unberücksichtigt)

Übung 1.2 – 20

Eine B 2-Schaltung hat eine Glättungsdrossel von 0,9 H. Bei welchen Lastwiderständen tritt Lückbetrieb, bei welchen kontinuierlicher Betrieb auf? $\alpha = 20°$.

Lernzielorientierter Test zu Kapitel 1.2

1. Wie verhalten sich in der Einwegschaltung mit ohmscher Last die Spannungen?
   - O Ist der Halbleiter durchgeschaltet, liegt die Netzspannung an diesem selbst.
   - O Ist der Halbleiter gesperrt, liegt die Netzspannung an diesem selbst.
   - O Im durchgeschalteten Zustand des Halbleiters liegt die Differenz von Netzspannung und Thyristorspannung an der Last.
   - O Am Thyristor liegen immer negative Spannungen (Anode negativ, Kathode positiv), wenn er nicht leitet.
   - O Am Lastwiderstand liegt eine Gleichspannung.

2. Mit welcher Spannung wird ein Thyristor in der Einwegschaltung belastet?
   - O Spitze-Spitze-Wert der Eingangswechselspannung
   - O Effektivwert der Eingangswechselspannung
   - O Mittelwert der Eingangswechselspannung
   - O Scheitelwert der Eingangswechselspannung. In Vorwärts- und Rückwärtsrichtung mit dem gleichen Wert

3. Wieviel Grad el. betragen die Stromlücken in einer Einwegschaltung mit ohmscher Last bei $\alpha = 60°$?

   O 60° O 120° O 30° O 300° O 240°

4. Wie 3., jedoch für B 2-Schaltung.

   O 60° O 30° O 150° O 120° O 15°

5. Welche Stromart ist in der Sekundärwicklung des Transformators einer B 2-Schaltung vorhanden?
   - O Wechselstrom
   - O Gleichstrom
   - O Mischstrom

6. Mit welcher maximalen Spannung wird ein Thyristor in der B 2-Schaltung periodisch belastet?
   - O $\hat{u}_S$
   - O $2\,\hat{u}_S$
   - O $\frac{1}{2}\,\hat{u}_S$

7. Wie wirkt eine Induktivität im Lastkreis einer Gleichrichterschaltung?
   - O Wirkt beim Stromanstieg der Netzspannung entgegen.
   - O Erzeugt am Lastwiderstand eine Wechselspannung.
   - O Die Spannung an der Drossel ist immer entgegengesetzt zur Netzspannungspolarität.
   - O Die Stromlücken werden verringert.
   - O Der Stromverlauf wird geglättet.

8. Wie kann der Stromverlauf in einer Gleichrichterschaltung mit ohmschem-induktivem Lastkreis ermittelt werden?

   O Der Stromverlauf ist sinusförmig und kann mit den bekannten Gesetzen des Wechselstromes berechnet werden.

   O Der Stromverlauf ist eine e-Funktion.

   O Der Strom hat einen sinusförmigen Anteil, der 90° induktiv gegen die Netzspannung phasenverschoben ist.

   O Der Strom beginnt bei $\omega t_1 = \varphi_e$ und endet bei $\omega t_2 \approx 180° + \varphi_e$.

   O Der Strom beginnt bei $\omega t_1 = \alpha$ und endet bei $\omega t_2 > 180° + \varphi_e$.

9. Welche Strom- und Spannungsverhältnisse der Einwegschaltung mit ohmscher-induktiver Last sind richtig beschrieben?

   O Das Strommaximum liegt über dem Nulldurchgang der Induktionsspannung.

   O Der Strom steigt nach dem Zünden des Thyristors nur allmählich an.

   O Der Strom fließt über den Nulldurchgang der Eingangswechselspannung hinaus.

   O Die Spannung am ohmschen Lastwiderstand ist eine Mischspannung.

   O Die Spannung an der Induktivität ist eine Wechselspannung.

10. In einer Einwegschaltung mit R-L-Last betragen die Daten des eingeschwungenen Stromes: $i_e = 25$ A, $\varphi_e = 63°$, $\alpha = 15°$. Mit welchem Wert i_a beginnt der Ausgleichsstrom?

   O 25 A

   O 22,3 A

   O 6,5 A

   O 18,6 A

   O 0

11. Wann geht die B 2-Schaltung vom kontinuierlichen in den lückenden Betrieb über?

   O Beim Übergang vom Stromrichter mit Kommutierung zum Stromrichter ohne Kommutierung.

   O Bei Vergrößerung des Anschnittwinkels ($\alpha > \varphi_e$).

   O Bei Verkleinerung der Glättungsdrossel

   O Bei Vergrößerung des Lastwiderstandes.

   O Bei Verkleinerung des Laststromes durch Änderung von R.

12. Welche Eigenschaft hat der Gleichrichter im Kommutierungsbetrieb gegenüber dem im Lückbetrieb?

   O Die Ausgangsspannung bei Anschnittsteuerung ist kleiner (Mittelwert).

   O Die Ausgangsspannung ist unabhängig vom Lastwiderstand R.

   O Die Sperrspannungsbeanspruchung ist geringer.

   O Die negativen Spannungs-Zeit-Flächen sind größer.

   O Zeitweise sind alle vier Halbleiter gesperrt (B 2-Schaltung).

1.3 Der arithmetische Mittelwert

Lernziele

Der Lernende ...

- nennt Geräte bzw. Anlagen, für deren Funktion der arithmetische Mittelwert von Strom und/oder Spannung bestimmend ist,
- begründet die Abhängigkeit des Drehmomentes der Gleichstrommaschine vom Mittelwert des Mischstromes,
- begründet die Abhängigkeit der Drehzahl der Gleichstrommaschine vom Mittelwert der Mischspannung,
- beschreibt den arithmetischen Mittelwert als Ersatz-Gleichspannungswert,
- stellt die Komponenten einer Mischgröße zeichnerisch dar,
- berechnet den Mittelwert von Strömen und Spannungen der Einweg- und Zweiwegschaltung bei ohmscher und gemischter Last,
- berechnet den Mittelwert von Rechteckströmen und -spannungen bei verschiedenen Einschaltverhältnissen,
- nennt geeignete Meßgeräte zur Messung des Mittelwertes,
- definiert den Begriff ideelle Gleichstromleistung,
- erläutert die praktische Bedeutung der ideellen Gleichstromleistung.

1.3.1 Bedeutung des arithmetischen Mittelwertes

Wird eine Gleichstrommaschine über einen Gleichrichter gespeist, so wird sich aufgrund der welligen Spannung U_d sicher auch ein welliger Strom I_d einstellen, z. B. wie in Bild 1.3 – 2.

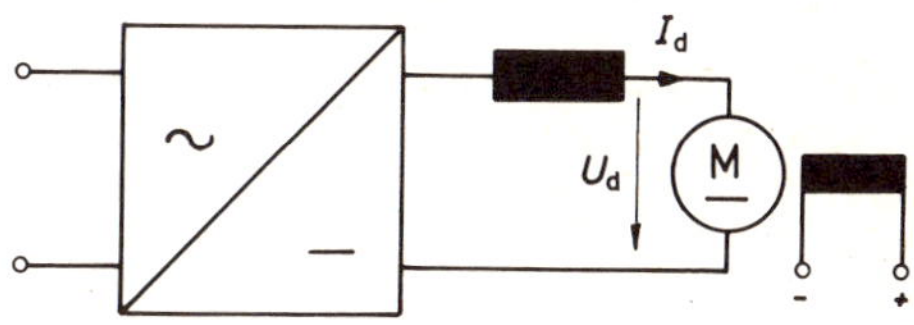

Bild 1.3 – 1

Das von der Maschine erzeugte Drehmoment (genau: das innere Drehmoment) ist nach Gl. 1.3 – 1 von der Maschinenkonstante C, dem vom Ankerkreis unabhängigen Fluß und dem variablen Ankerstrom I_d abhängig. M ist bei der gezeichneten fremderregten Maschine proportional I_d.

$$M = C \cdot \Phi \cdot I_d$$

$$M(\omega t) = C \cdot \Phi \cdot I_d(\omega t) \qquad (1.3-1)$$

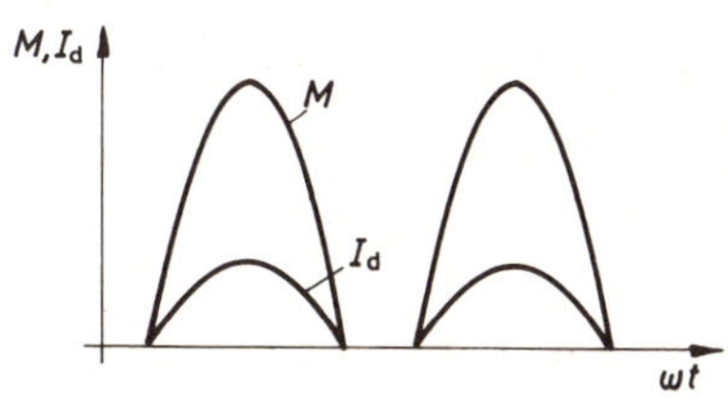

Bild 1.3 – 2

Bei zeitlich veränderlichem Ankerstrom muß das im zeitlichen Mittel erzeugte Moment, also der zeitliche Strommittelwert bekannt sein. Ist das mittlere Moment bekannt, kann nach Gl. 1.3 – 2 auch die mittlere mechanische Leistung des Motors berechnet werden. Zur deutlichen Unterscheidung vom quadratischen Mittelwert heißt dieser Mittelwert exakt: der arithmetische Mittelwert.

$$P_2 = 2\pi \cdot n \cdot M \qquad (1.3-2)$$

Der arithmetische Mittelwert wird allgemein mit überstrichenen Kleinbuchstaben bezeichnet. Bei Gleichrichtern verstehen sich Großbuchstaben auf der Gleichstromseite (Mischstromseite) als arithmetische Mittelwerte. Der Index *i* bedeutet: ideeller Wert ohne Berücksichtigung der Spannungsabfälle an Stromventilen und der Spannungsänderung des speisenden Netzes und Transformators.

$\bar{u}, \bar{i}$

$U_d, U_{di}, U_{di\alpha}, I_d$

In den Halbleiter-Datenblättern findet sich im Hinblick auf die Strombelastbarkeit meist der Index AV (Average Value ≙ Mittelwert), siehe 1.1.

I_{FAVM}, I_{TAVM}

Übung 1.3 – 1

Erläutern Sie, analog zur Strombetrachtung der G-Maschine, warum auch bei der Spannung der arithmetische Mittelwert für die Leistung P_2 maßgebend ist.

Auch bei elektrochemischen Anwendungen ist der arithmetische Mittelwert des Mischstromes maßgebend. Nach Gl. 1.3 – 3 erkennt man, daß die Ladungsmenge – und damit der chemische Prozeß – proportional der Stromstärke ist.

$$Q = I \cdot t$$

$$Q(t) = I(t) \cdot t \qquad (1.3-3)$$

1.3.2 Berechnung des arithmetischen Mittelwertes

Bild 1.3 – 3 zeigt den arithmetischen Mittelwert $\bar{u}$ der Mischspannung $U(\omega t)$. Die Spannungs-Zeit-Fläche ψ ist in eine gleichgroße Rechteckfläche verwandelt worden. So ist ein Ersatz-Gleichspannungswert entstanden.

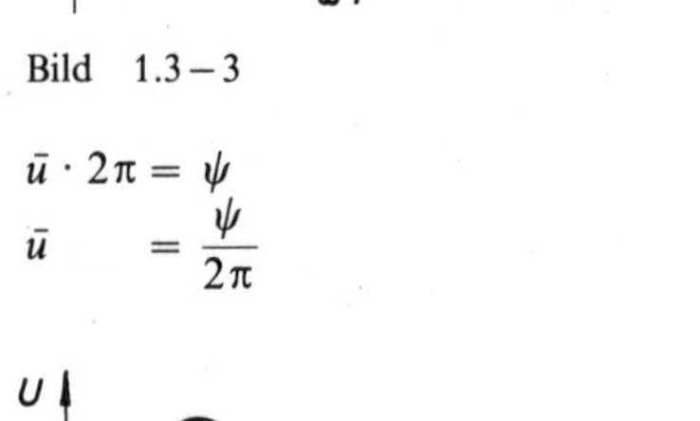

Bild 1.3 – 3

$$\bar{u} \cdot 2\pi = \psi \qquad (1.3-4)$$

$$\bar{u} = \frac{\psi}{2\pi} \qquad (1.3-5)$$

Umgekehrt kann man sich eine Mischspannung als Addition (Überlagerung) einer Gleichspannung $\bar{u}$ und einer Wechselspannung $u_\sim$ vorstellen.

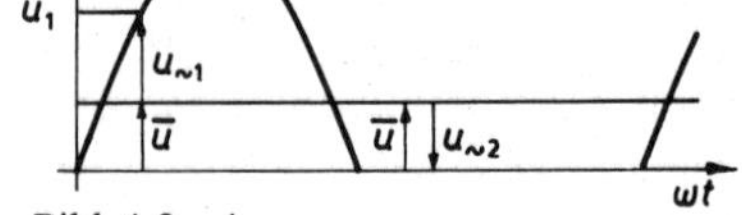

Bild 1.3 – 4

$$u = \bar{u} + u_\sim \qquad (1.3-6)$$

Zur angenäherten Berechnung des Mittelwertes wird die Sinuskurve in eine Ersatz-Treppenfunktion verwandelt. Die Fläche ψ kann mit Hilfe der so entstandenen Rechtecke leicht berechnet werden.

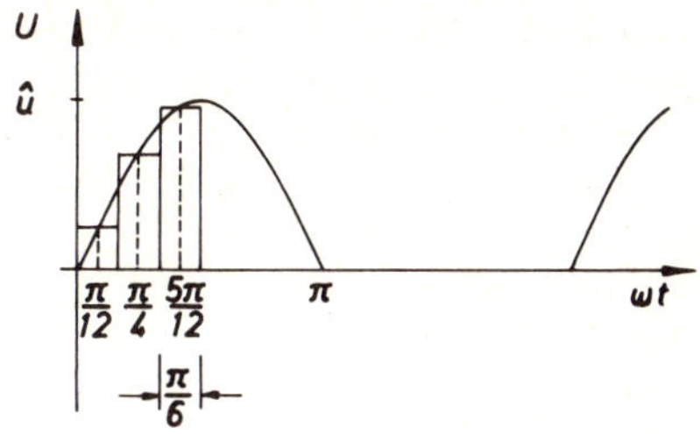

Bild 1.3 – 5

$$\psi = 2\left(\frac{\pi}{6}\sin\frac{\pi}{12} + \frac{\pi}{6}\sin\frac{\pi}{4} + \frac{\pi}{6}\sin\frac{5\pi}{12}\right)\cdot \hat{u}_S$$

$$= \frac{\pi}{3}\left(\sin 15^\circ + \sin 45^\circ + \sin 75^\circ\right)\cdot \hat{u}_S$$

$$\psi = 2{,}02 \cdot \hat{u}_S$$

$$\bar{u} = \frac{\psi}{2\pi}$$

$$\underline{\underline{\bar{u} = 0{,}32 \cdot \hat{u}_S}}$$

Schneller und genauer geschieht die Flächenbestimmung durch das bestimmte Integral. Gleichung (1.3 – 7) liest man: ψ = Integral α_1 bis α_2 f von $(\omega t)\mathrm{d}(\omega t)$. Die Bedeutung dieser Rechenoperation zeigt Bild 1.3 – 6. Man ermittelt so die schraffierte Fläche zwischen Abszisse und dem Graphen der Funktion $f(\omega t)$ in den Grenzen α_1 und α_2.

$$\psi = \int_{\alpha_1}^{\alpha_2} f(\omega t)\,\mathrm{d}\,\omega t \qquad (1.3-7)$$

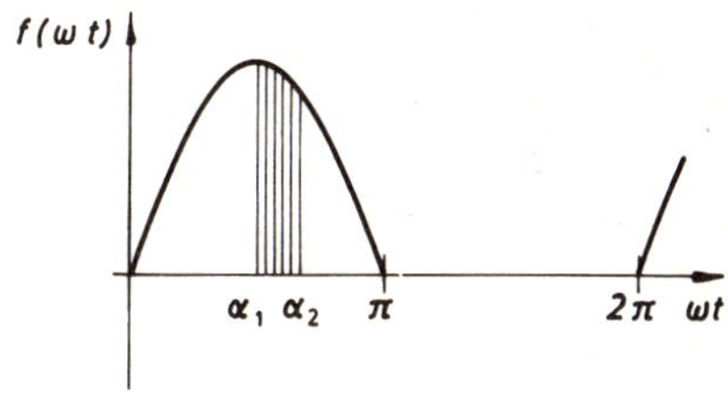

Bild 1.3 – 6

Mit Gl. 1.3 – 5 und – 7 ergibt sich schließlich:

$$\bar{u} = \frac{1}{2\pi}\int_0^{2\pi} f(\omega t)\,\mathrm{d}\,\omega t \qquad (1.3-8)$$

Die Lösung der Integraloperation kann als sogenannte Stammfunktion in mathematischen Tabellen nachgeschlagen werden. In der Leistungselektronik hat man es meist mit Sinus- oder Kosinusfunktionen zu tun.

$$\int \sin \omega t\,\mathrm{d}\,\omega t = -\cos \omega t \qquad (1.3-9)$$

$$\int \cos \omega t\,\mathrm{d}\,\omega t = \sin \omega t \qquad (1.3-10)$$

Beispiel 1.3 – 1

Zu berechnen ist der Mittelwert U_{di} einer Dioden-Einwegschaltung, die von einer Wechselspannung mit $\hat{u}_S = 311\ \text{V}$ gespeist wird.

Lösung:

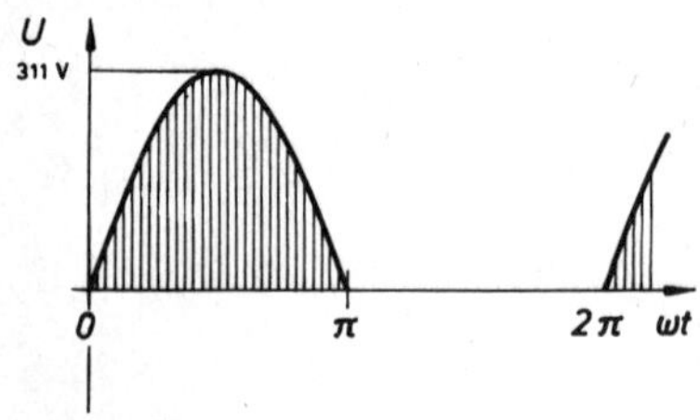

Bild 1.3 – 7

$$U_{di} = \frac{1}{2\pi}\int_0^{\pi} f(\omega t)\,\mathrm{d}\,\omega t \qquad (1)$$

$$f(\omega t) = \hat{u}_S \cdot \sin \omega t \qquad (2)$$

(2) → (1)

$$U_{di} = \frac{1}{2\pi}\int_0^{\pi} \hat{u}_S \cdot \sin \omega t\,\mathrm{d}\,\omega t$$

Konstanten dürfen vor das Integralzeichen gezogen werden:

$$U_{di} = \frac{\hat{u}_S}{2\pi}\int_0^{\pi} \sin \omega t\,\mathrm{d}\,\omega t$$

Mit Gl. 1.3 – 9 ergibt sich:

$$U_{di} = \frac{\hat{u}_S}{2\pi}\left[-\cos \omega t\right]_0^{\pi}$$

Man setzt zunächst die obere Grenze „π" in die Stammfunktion ein und subtrahiert davon den Wert der Stammfunktion an der unteren Grenze „0".

$$= \frac{\hat{u}_S}{2\pi}\left[-\cos \pi - (-\cos 0)\right]$$

$$= \frac{\hat{u}_S}{2\pi}\left[+1 - (-1)\right]$$

$$U_{di} = \frac{\hat{u}_S}{\pi} \qquad (1.3-11)$$

Einwegschaltung, ohmsche Last

Anmerkung: In Gl. (1) sind die Grenzen des Integrals 0 und π, da nur in diesem Bereich die Mischspannung vorhanden ist. Die Mittelwertbildung geschieht jedoch immer über die ganze Periode, also wird in jedem Fall mit 2π dividiert.

Vergleichen Sie Gl. (1.3 – 11) mit dem Näherungsverfahren nach Bild 1.3 – 5.

Übung 1.3 – 2

Zu berechnen ist der Mittelwert U_{di} einer ungesteuerten Zweiwegschaltung mit ohmscher Last und einer Eingangsspannung $U_S = 24\ \text{V}$. Leiten Sie zuerst eine allgemeine Gleichung wie Gl. 1.3 – 11 her. Vergleichen Sie die Gleichungen. Notieren Sie Ihre Gleichung an dieser Stelle als Gl. 1.3 – 12!

Zweiwegschaltung ohmsche Last: (1.3 – 12)

Beispiel 1.3 – 2

Zu berechnen ist der Mittelwert $U_{di\alpha}$ einer Einwegschaltung allgemein mit α und $\hat{u}_S$ als Variable.

Lösung:

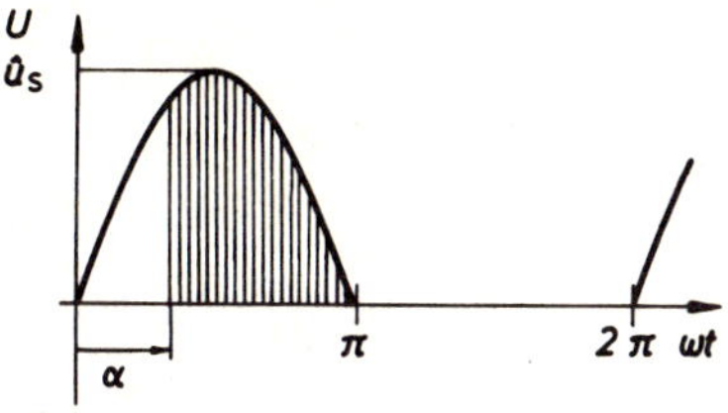

Bild 1.3 – 8

$$U_{di\alpha} = \frac{1}{2\pi} \int_{\alpha}^{\pi} \hat{u}_S \cdot \sin \omega t \, d\,\omega t$$

$$= \frac{\hat{u}_S}{2\pi} \left[-\cos \omega t \right]_{\alpha}^{\pi}$$

$$= \frac{\hat{u}_S}{2\pi} \left[-\cos \pi - (-\cos \alpha) \right]$$

$$U_{di\alpha} = \frac{\hat{u}_S}{2\pi} (1 + \cos \alpha)$$

Übung 1.3 – 3

Stellen Sie Gleichungen zusammen:

1.3 – 13	$U_{di\alpha} = f(\hat{u}_S,)$	Einwegschaltung, ohmsche Last
1.3 – 14	$U_{di\alpha} = f(U_{di},)$	Einwegschaltung, ohmsche Last
1.3 – 15	$U_{di\alpha} = f(\hat{u}_S,)$	Zweiwegschaltung, ohmsche Last
1.3 – 16	$U_{di\alpha} = f(U_{di},)$	Zweiwegschaltung, ohmsche Last

Einwegschaltung, $U_{di\alpha} = \frac{\hat{u}_S}{2\pi}(1+\cos\alpha)$ (1.3 – 13)

ohmsche Last: $U_{di\alpha} = \frac{U_{di}}{2}(1+\cos\alpha)$ (1.3 – 14)

Zweiwegschaltung, $U_{di\alpha} = \frac{\hat{u}_S}{\pi}(1+\cos\alpha)$ (1.3 – 15)

ohmsche Last: $U_{di\alpha} = \frac{U_{di}}{2}(1+\cos\alpha)$ (1.3 – 16)

Beispiel 1.3 – 3

Zu berechnen ist der Mittelwert $\bar{i}$.

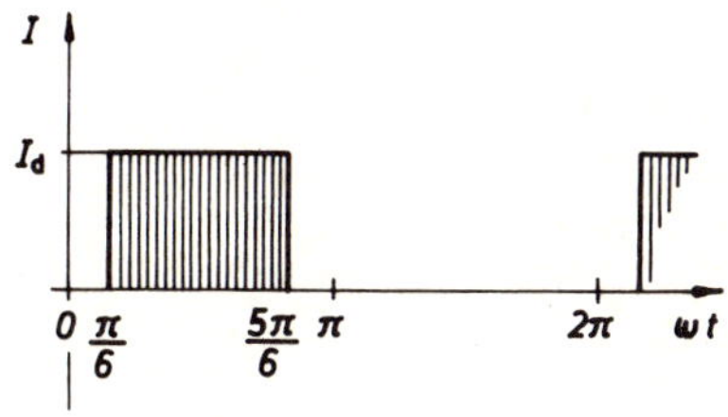

Bild 1.3 – 9

Lösung:

$f(\omega t) = I_d$ im Intervall

$$\frac{\pi}{6} \leqslant \omega t \leqslant \frac{5\pi}{6}$$

$$\bar{i} = \frac{1}{2\pi} \int_{\frac{\pi}{6}}^{\frac{5\pi}{6}} I_d \, d\,\omega t$$

I_d ist konstant:

$$\bar{i} = \frac{I_d}{2\pi} \int_{\frac{\pi}{6}}^{\frac{5\pi}{6}} d\,\omega t$$

$\int \mathrm{d}\omega t = \omega t$:
$$= \frac{I_d}{2\pi}\,[\omega t]_{\frac{\pi}{6}}^{\frac{5\pi}{6}}$$
$$= \frac{I_d}{2\pi}\left[\frac{5\pi}{6} - \frac{\pi}{6}\right]$$
$$= \frac{I_d}{2\pi}\,\frac{4\pi}{6}$$
$$\bar{i} = \frac{I_d}{3}$$

Übung 1.3 – 4

Berechnen Sie $\bar{i}$ von Beispiel 1.3 – 3 einfach mit Gl. 1.3 – 5!

Beispiel 1.3 – 4

Zu berechnen ist $U_{di\alpha}$ einer Einwegschaltung bei ohmscher-induktiver Last mit einem Zündwinkel $\alpha = 60°$ und einem Winkel $\delta_L = 30°$. $\hat{u}_S = 60$ V.

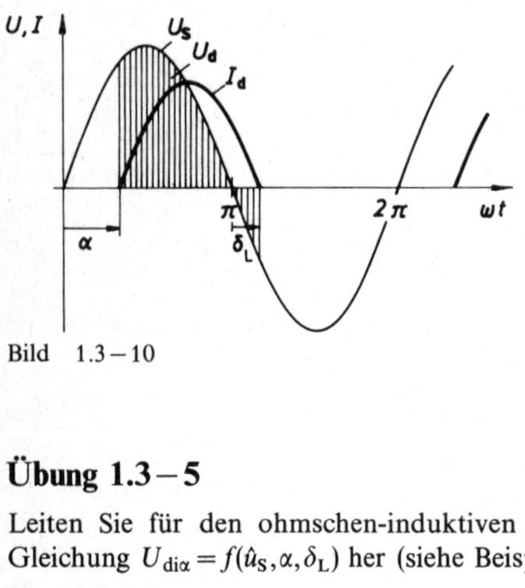

Bild 1.3 – 10

$$U_{di\alpha} = \frac{1}{2\pi}\int_{60°}^{210°} \hat{u}_S \sin\omega t\,\mathrm{d}\omega t$$
$$= \frac{\hat{u}_S}{2\pi}\,[-\cos\omega t]_{60°}^{210°}$$
$$= \frac{60\,\mathrm{V}}{2\pi}\,[-\cos 210° - (-\cos 60°)]$$
$$U_{di\alpha} = 13{,}04\,\mathrm{V}$$

Übung 1.3 – 5

Leiten Sie für den ohmschen-induktiven Belastungsfall der Einwegschaltung eine allgemeine Gleichung $U_{di\alpha} = f(\hat{u}_S, \alpha, \delta_L)$ her (siehe Beispiel 1.3 – 4). Tragen Sie die Gleichung hier ein:

Einwegschaltung,
ohmsche-induktive Last: (1.3 – 17)

Im lückfreien Betrieb z. B. der Brückenschaltung B 2 wird $\delta_L = \alpha$. Verdoppelt man den Proportionalitätsfaktor gegenüber Gl. (1.3 – 17) wegen der zwei Stromwege, erhält man Gl. (1.3 – 18).

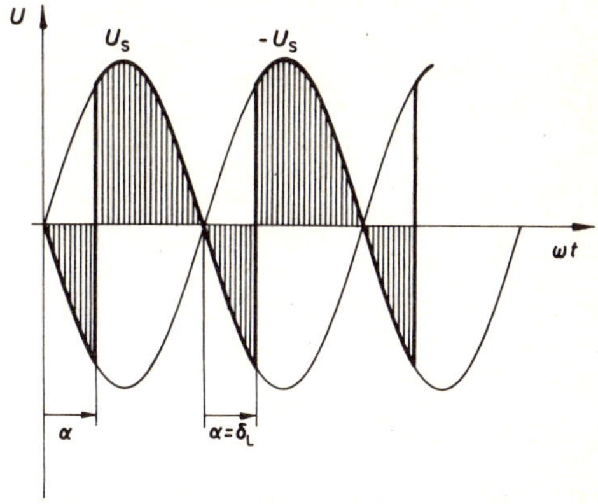

Bild 1.3 – 11

Ersetzt man $\frac{2\,\hat{u}_S}{\pi}$ durch U_{di}, ergibt sich Gl. (1.3 – 19), die für große Bereiche der gesteuerten Gleichrichter Allgemeingültigkeit besitzt.

$$U_{di\alpha} = \frac{2\,\hat{u}_S}{\pi} \cos\alpha \qquad (1.3-18)$$

$$U_{di\alpha} = U_{di} \cdot \cos\alpha \qquad (1.3-19)$$

Kontinuierlicher Betrieb

Da im Falle der ohmschen-induktiven Belastung an der Gleichstromdrossel kein Gleichspannungsanteil abfällt, sind die Mittelwerte von $U_d(\omega t)$ und $U_R(\omega t)$ gleich.

$$U_{di\alpha} = \bar{u}_R \qquad (1.3-20)$$

Übung 1.3 – 6

Eine B 2-Schaltung mit $U_S = 220$ V und $R = 8\ \Omega$ hat eine genügend große Glättungsdrossel, so daß lückfreier Betrieb vorliegt. Berechnen Sie I_d bei $\alpha = 60°$.

1.3.3 Ideelle Gleichstromleistung

Die ideelle Gleichstromleistung ist das Produkt der Mittelwerte der ideellen Gleichspannung und des Gleichstromes.

$$P_{di} = U_{di} \cdot I_d$$
$$P_{di} = U_{di\alpha} \cdot I_d \qquad (1.3-21)$$

P_{di} kann bei Stromrichtern mit ohmscher Last berechnet werden, hat dort aber nur theoretische Bedeutung. Technische Bedeutung hat P_{di} bei den typischen Gleichrichteranwendungen: Gleichstromantriebe und Elektrochemie (siehe 1.3.1).

Arbeitet eine Gleichrichterschaltung wirklich auf eine ohmsche Last (Laborversuche), muß P mit Effektivwerten berechnet werden (1.4). Das so berechnete Ergebnis für P steht dann auch im Einklang mit der Anzeige eines Leistungsmessers.

$$P = u_{deff} \cdot i_{deff} \qquad (1.3-22)$$

Beispiel 1.3 – 5

Ein gesteuerter Einweggleichrichter wird mit $U_S = 85$ V bei $\alpha = 80°$ betrieben. $R = 12\ \Omega$. Gesucht wird: $U_{di\alpha}$, I_d, P_{di}, I_{TAVM}, U_{RRM}.

Lösung:

U_{di} nach Gl. 1.3 – 11:

$$U_{di} = \frac{U_S \cdot \sqrt{2}}{\pi} = \frac{85\,\text{V} \cdot \sqrt{2}}{\pi}$$

$$\underline{U_{di} = 38{,}3\,\text{V}}$$

$U_{di\alpha}$ nach Gl. 1.3 – 14

$$U_{di\alpha} = \frac{U_{di}}{2}(1 + \cos\alpha) = \frac{38{,}3\,\text{V}}{2}(1 + \cos 80°)$$

$$\underline{\underline{U_{di\alpha} = 22{,}5\,\text{V}}}$$

I_d:

$$I_d = \frac{U_{di\alpha}}{R} = \frac{22{,}5\,\text{V}}{12\,\Omega}$$

$$\underline{\underline{I_d = 1{,}87\,\text{A}}}$$

P_{di}:

$$P_{di} = U_{di\alpha} I_d = 22{,}5\,\text{V} \cdot 1{,}87\,\text{A}$$

$$\underline{\underline{P_{di} = 42\,\text{W}}}$$

I_{TAVM} muß bei $\alpha = 0°$ berechnet werden:

$$I_{TAVM} > \frac{U_{di}}{R} > \frac{38{,}3\,\text{V}}{12\,\Omega}$$

$$\underline{\underline{I_{TAVM} > 3{,}19\,\text{A}}}$$

U_{RRM}:

$$U_{RRM} > \hat{u}_S > 85\,\text{V} \cdot \sqrt{2}$$

$$\underline{\underline{U_{RRM} > 120\,\text{V}}}$$

Bei Stromrichterschaltungen mit mehreren Stromwegen ist der Mittelwert der Ventilströme nicht gleich dem Mittelwert des Laststromes. Z. B. ist in der B 2-Schaltung wegen des halbierten Stromflußwinkels in den Ventilen der Strommittelwert nur halb so groß wie in der Last.

$$\bar{i}_V = \frac{1}{2} I_d \qquad (1.3-23)$$

(B2-Schaltung)

Übung 1.3 – 7

In einer B 2-Schaltung werden Thyristoren mit $U_{RRM} = 3$ kV und $I_{TAVM} = 1\,500$ A am Netz 15 kV betrieben. Berechnen Sie: die maximale Leistung P_{dimax}, $ü$, R, P_{di} bei $\alpha = 120°$, ohmsche Last.

1.3.4 Messung des arithmetischen Mittelwertes

Entsprechend den Erkenntnissen aus 1.3.1 kann der arithmetische Mittelwert mit Meßwerken gemessen werden, deren Zeigerausschlag proportional dem Meßstrom I ist.

$$\alpha \sim I \qquad (1.3-24)$$

Hierzu eignen sich sehr gut Drehspulmeßgeräte. Bei Vielfachmeßgeräten sind die DC-Bereiche zu benutzen! Schalttafelinstrumente sind auch mit symmetrischen Skalen erhältlich. So ist die Polarität von z. B. U_d gut darstellbar.

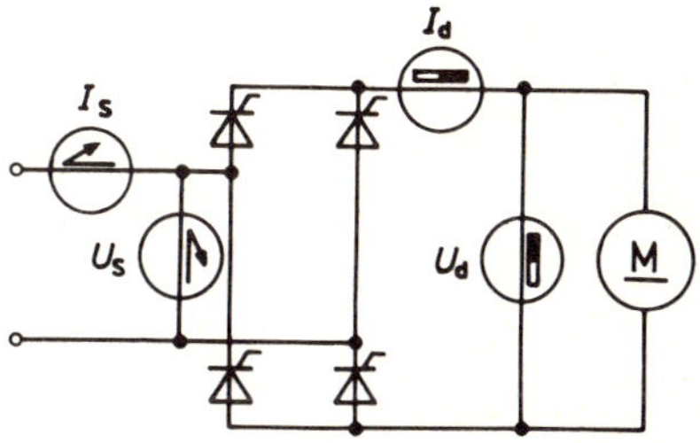

Bild 1.3 – 12

Übung 1.3 – 8

In einer B 2-Schaltung mit ohmscher Last wird mit einem Drehspulinstrument in einem Brückenzweig bei $\alpha = 75°$ ein Strom von 23 A gemessen. Berechnen Sie I_{TAVM}.

Welche maximale Gleichstromleistung P_{dimax} kann die Brücke mit $U_1 = 220$ V und ü = 0,33 abgeben?

Lernzielorientierter Test zu Kapitel 1.3

1. Für welche Geräte bzw. Anlagen ist der arithmetische Strommittelwert maßgebend?
   - O Gleichstrom-Nebenschlußmaschine
   - O Fremderregte Gleichstrommaschine
   - O Batterieladegerät
   - O Galvanikbad
   - O Ohmscher Widerstand

2. Warum ist das Drehmoment der Gleichstrommaschine gerade vom Mittelwert des Ankerstromes abhängig?
   - O Weil das Drehmoment dem Ankerstrom proportional ist.
   - O $M = C \cdot \dfrac{\Phi}{I_A}$.
   - O Weil sich der Fluß proportional mit dem Ankerstrom ändert.
   - O $M = k \cdot n \cdot \Phi$.

3. Beschreiben Sie die Größen der angegebenen Spannung:
   - O $U_d(\omega t)$ ist eine Wechselspannung.
   - O u_1 ist ein Momentanwert der Wechselspannung.
   - O $\bar{u}$ ist Momentanwert der Mischspannung.
   - O Die schraffierte Fläche hebt die Spannung $u_\sim(\omega t)$ hervor.
   - O Die Momentanwerte der Mischspannung sind in diesem Falle sämtlich positiv.

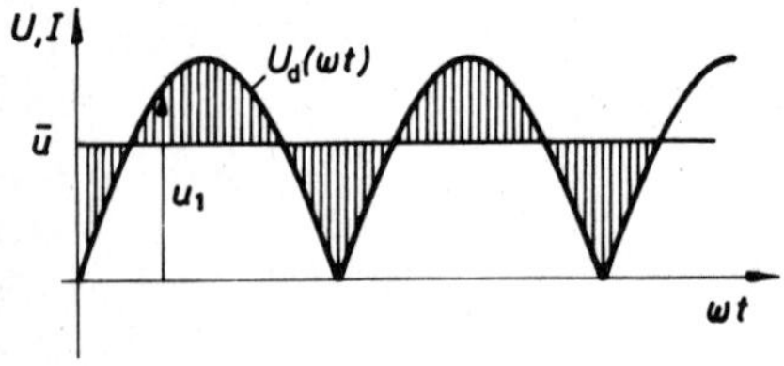

4. Wie groß ist U_{di}?
   - O 24 V
   - O 33,9 V
   - O 21,6 V
   - O 7,64 V
   - O 10,8 V

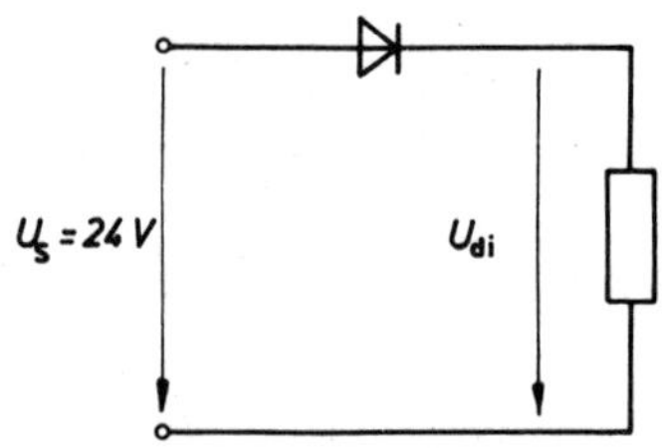

5. Wie groß ist I_d?
   - O 11,65 A
   - O 16,5 A
   - O 36,6 A
   - O 8,25 A
   - O 22 A

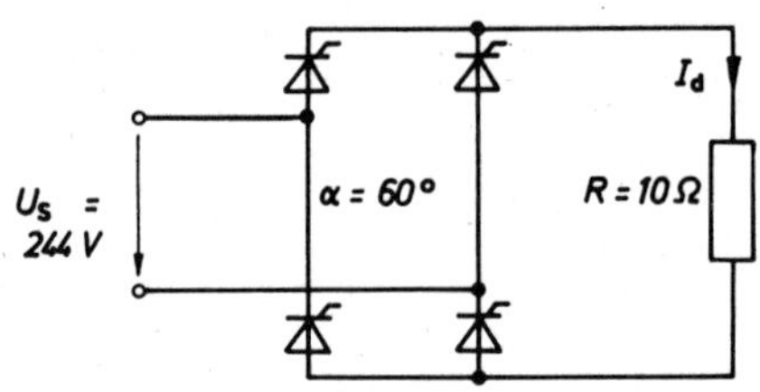

6. Berechnen Sie $U_{di\alpha}$,
   a) allgemein als Funktion von $\hat{u}_S$ und α,
   b) allgemein mit U_S und $\alpha = 30°$.

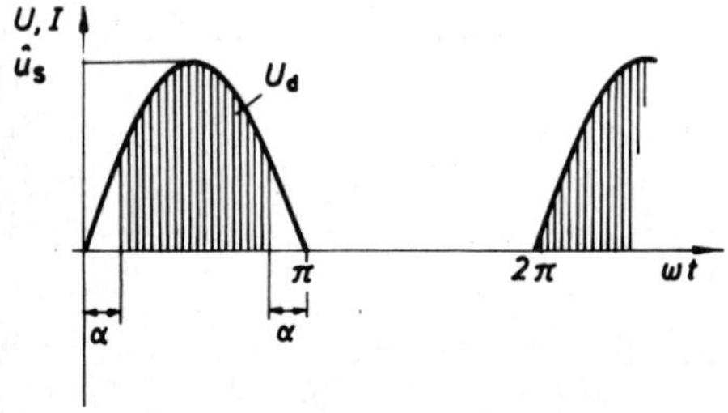

7. Berechnen Sie I_d.

   O $I_d = 6{,}66$ A
   O $I_d = 10$ A
   O $I_d = 6{,}37$ A
   O $I_d = 5$ A
   O $I_d = 20$ A

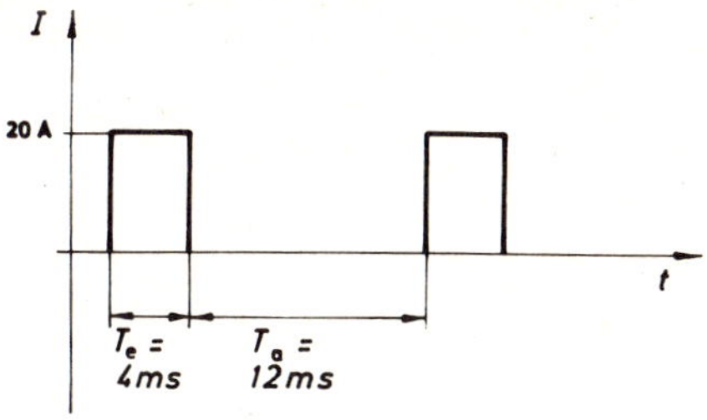

8. Mit einem Drehspulmeßgerät werden bei $\alpha = 120°$ 3,5 A gemessen. Für welchen Wert müssen die Thyristoren ausgelegt werden?

   O $I_{TAVM} > 14$ A
   O 3,5 A
   O 1,75 A
   O 10,5 A
   O 7 A

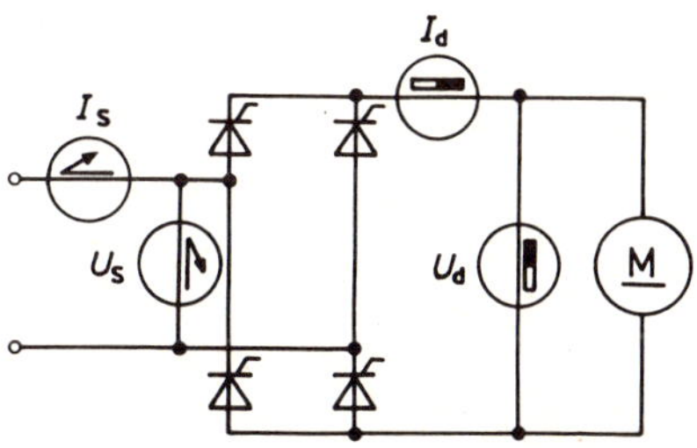

9. Lösen Sie Übung 1.3 – 5 ohne Integration mit Hilfe Gl. (1.3 – 13).

10. Lösen Sie Testfrage 6 ohne Integration mit Hilfe bereits bekannter Gleichungen.

11. Was versteht man unter der ideellen Gleichstromleistung?

   O Ausgangsleistung eines Gleichrichters mit Berücksichtigung der Stromrichterverluste, Anzeige eines Leistungsmessers.

   O Gleichstromleistung, die z. B. von einer Gleichstrommaschine unter Berücksichtigung des Wirkungsgrades in mechanische Leistung umgesetzt wird, Produkt der Anzeige zweier Drehspulinstrumente.

   O $U_{di\alpha} \cdot I_d$

   O $\bar{u}_R \cdot \bar{i}_R$

   O $u_{Reff} \cdot i_{Reff}$

1.4 Der Effektivwert

Lernziele

Der Lernende ...

- nennt technologische Problemstellungen, für deren Berechnung der Effektivwert von Strom oder Spannung maßgebend ist,
- begründet die Verwendung des Effektivwertes,
- berechnet den Effektivwert von Spannungen und Strömen der Einweg- und Brückenschaltung sowie des Wechselstromstellers,
- berechnet den Effektivwert rechteckförmiger Strom- und Spannungsverläufe.

1.4.1 Bedeutung des Effektivwertes

In linearen Schaltkreisen ist aufgrund des ohmschen Gesetzes die Leistung vom Quadrat der Spannung bzw. des Stromes abhängig. Sind *U* und *I* periodisch zeitabhängige Größen, so ist also für die Berechnung der Leistung der quadratische Mittelwert einzusetzen. Dieser quadratische Mittelwert heißt Effektivwert.

$$P = \frac{u^2}{R} \quad (1.4-1)$$

$$P = i^2 \cdot R \quad (1.4-2)$$

Beispiel 1.4 – 1

Zu berechnen ist der quadratische Mittelwert einer sinusförmigen Spannung.

Lösung:

Bild 1.4 – 1 zeigt, wie bei Sinusgrößen der Mittelwert der quadrierten Spannungskurve gerade die Hälfte von $\hat{u}^2$ beträgt. Ordnet man diesem Mittelwert das Quadrat des gesuchten Effektivwertes zu, erhält man die bekannte Gleichung 1.4 – 4 für Sinusgrößen.

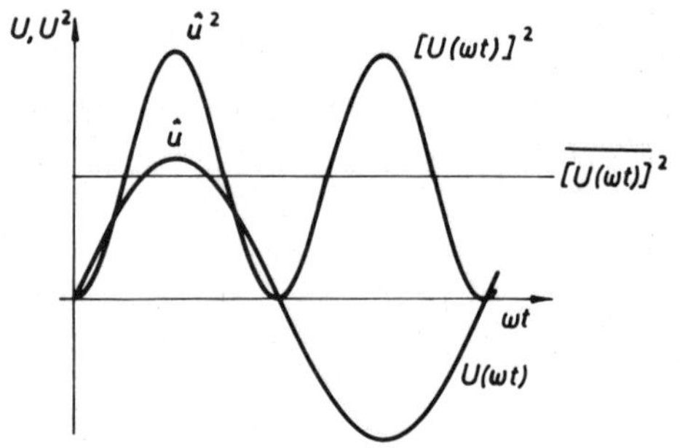

Bild 1.4 – 1

$$\overline{[U(\omega t)]^2} = \frac{\hat{u}^2}{2} \quad (1.4-3)$$

$$u_{eff}^2 = \overline{[u(\omega t)]^2}$$

$$u_{eff}^2 = \frac{\hat{u}^2}{2}$$

$$u_{eff} = \frac{\hat{u}}{\sqrt{2}} \quad (1.4-4)$$

Im Wechselstromkreis, auch auf der Eingangsseite von Gleichrichtern, verstehen sich Großbuchstaben als Effektivwerte. Sind Verwechslungen möglich, wird der Index *eff* hinzugefügt.

U, U_S, U_1, u_{deff}

In Datenblättern findet man für die Strombelastbarkeit der Halbleiter häufig die Bezeichnung I_{TRMSM} bei der Angabe des Effektivwertes; $T \triangleq$ Thyristor, $R \triangleq$ root (Wurzel), $M \triangleq$ mean (Mittel), $S \triangleq$ square (Quadrat) $M \triangleq$ max.

I_{TRMS}, I_{FRMS}
I_{TRMSM}, I_{FRMSM}

In der Leistungselektronik wird mit Effektivwerten bei der Berechnung der Netzbelastung, bei der Transformatorauslegung z. B. von Gleichrichtern, bei der Wärmebelastung der Halbleiter und bei der Berechnung der Ausgangsleistung bei Wechselrichtern gerechnet.

1.4.2 Berechnung des Effektivwertes

Beispiel 1.4 – 2

Zu berechnen ist der Effektivwert u_{deff} der Spannung nach Bild 1.4 – 2.

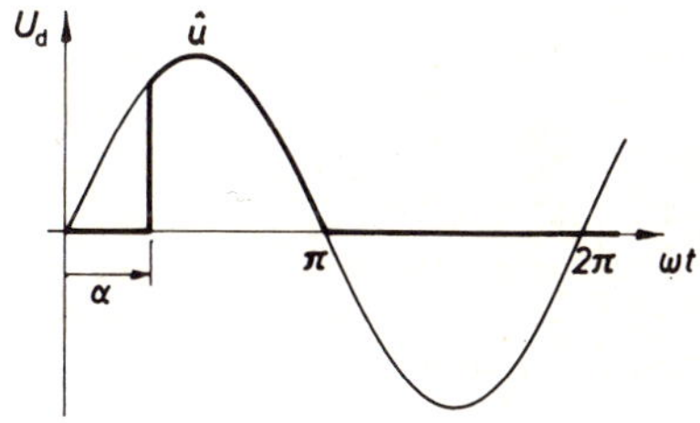

Bild 1.4 – 2

Lösung:

Nach Beispiel 1.4 – 1 erhält man den Effektivwert, indem man das Quadrat der Funktion bildet → $u^2 \sin^2 \omega t$ – die Fläche unter der Kurve berechnet → $\int_\alpha^\pi$ – den Mittelwert bildet → $:2\pi$ – und die Wurzel zieht.

$$u_{\text{deff}} = \sqrt{\frac{1}{2\pi} \int_\alpha^\pi \hat{u}_S^2 \sin^2 \omega t \, d\,\omega t} \qquad (1.4-5)$$

$$= \sqrt{\frac{1}{2\pi}\, \hat{u}_S^2 \left[-\frac{1}{2} \sin \omega t \cos \omega t + \frac{\omega t}{2} \right]_\alpha^\pi}$$

$$= \sqrt{\frac{1}{2\pi}\, \hat{u}_S^2 \left[\frac{\pi}{2} + \frac{1}{2} \sin \alpha \cos \alpha - \frac{\alpha}{2} \right]}$$

$$= \sqrt{\frac{\hat{u}_S^2}{2\pi} \left[\frac{\pi}{2} - \frac{\alpha}{2} + \frac{\sin 2\alpha}{4} \right]}$$

$$u_{\text{deff}} = \frac{\hat{u}_S}{\sqrt{2}} \sqrt{\frac{1}{2} - \frac{\alpha}{2\pi} + \frac{\sin 2\alpha}{4\pi}} \qquad (1.4-6)$$

Einwegschaltung, ohmsche Last
α in Bogenmaß

$$u_{\text{deff}} = \frac{\hat{u}_S}{\sqrt{2}} \sqrt{\frac{1}{2} - \frac{\alpha}{360^\circ} + \frac{\sin 2\alpha}{4\pi}} \qquad (1.4-7)$$

α in Gradmaß

Für die Herleitung wurden noch folgende Gleichungen benutzt:

$$\int \sin^2 \omega t \, d\,t = -\frac{1}{2} \sin \omega t \cos \omega t + \frac{\omega t}{2} \qquad (1.4-8)$$

$$\sin 2\alpha = 2 \sin\alpha \cos\alpha \qquad (1.4-9)$$

Übung 1.4 – 1

Berechnen Sie für die Einwegschaltung mit ohmscher Last die Wirkleistung. $U_S = 150\,\text{V}$. $\alpha = 135°$. $R = 10\,\Omega$

Beispiel 1.4 – 3

Zu berechnen sind die Effektivwerte des Laststromes und des Thyristorstromes in einer B 2-Schaltung mit ohmscher Last bei $\alpha = 0°$. $U_S = 220\,\text{V}$. $R = 10\,\Omega$.

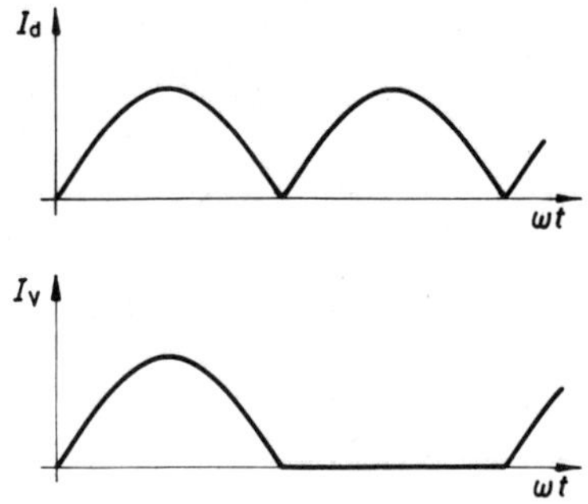

Bild 1.4 – 3

Lösung:

Der Effektivwert des Laststromes berechnet sich genauso wie bei Sinusgrößen, da negative und positive Strom-Zeit-Flächen wegen der Quadrierung die gleiche Wirkung auf den Effektivwert haben. Der Effektivwert des Thyristorstromes läßt sich bestimmen aufgrund folgender Überlegung: Strom I_V würde in einem Widerstand die halbe Leistung wie Strom I_d hervorrufen. Halbe Leistung bedeutet nach Gl. (1.4 – 2) $\frac{1}{\sqrt{2}}$-fachen Strom!

$$i_{deff} = \frac{u_{deff}}{R} = \frac{U_S}{R} = \frac{220\,\text{V}}{10\,\Omega}$$

$$\underline{\underline{i_{deff} = 22\,\text{A}}}$$

$$i_{Veff} = \frac{i_{deff}}{\sqrt{2}} \qquad (1.4-10)$$

B 2-Schaltung, ohmsche Last

$$i_{Veff} = \frac{22\,\text{A}}{\sqrt{2}}$$

$$\underline{\underline{i_{Veff} = 15{,}6\,\text{A}}}$$

Übung 1.4 – 2

Berechnen Sie den Effektivwert des Thyristorstromes in Beispiel 1.4 – 3 mit Gl. 1.4 – 7.

Übung 1.4 – 3

Leiten Sie die Gleichung zur Berechnung des Effektivwertes von $U_d(\omega t)$ für die B 2-Schaltung bei ohmscher Last als Funktion von α her. Tragen Sie die Gleichung hier ein.

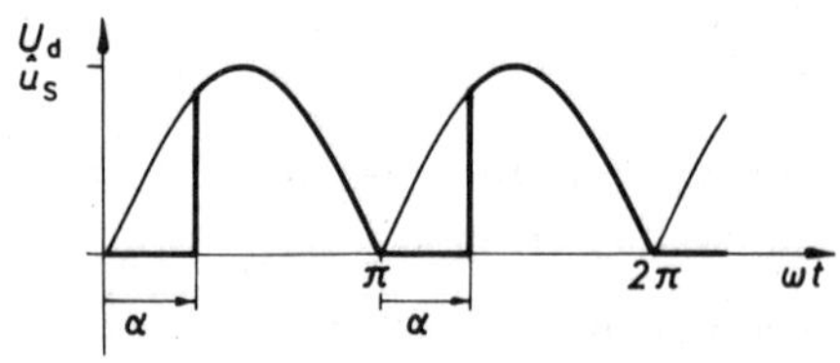

Bild 1.4 – 4

$$U_{deff} = \hat{u}_S \sqrt{\frac{1}{2} - \frac{\alpha}{360°} + \frac{\sin 2\alpha}{4\pi}}$$

Zweiwegschaltung, ohmsche Last (1.4 – 11)

Beispiel 1.4 – 4

Zu berechnen ist der Effektivwert des Stromes nach Bild 1.4 – 5.

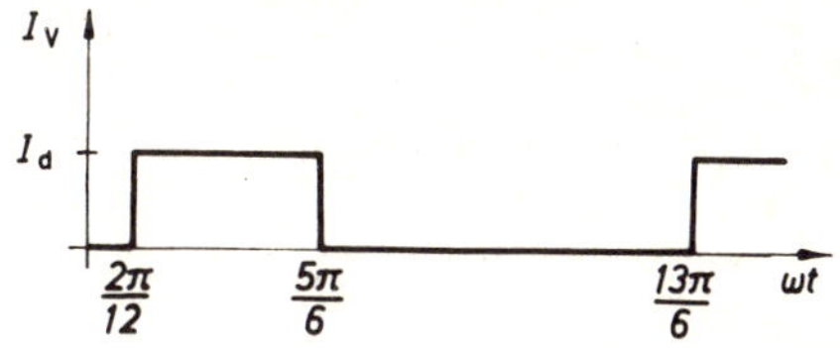

Bild 1.4 – 5

Lösung:

In einer Periode fließt ein Stromblock von $\frac{2}{3}\pi$ Länge:

$$i_{V\text{eff}} = \sqrt{\frac{1}{2\pi} I_d^2 \cdot \frac{2}{3}\pi}$$

$$i_{V\text{eff}} = \frac{I_d}{\sqrt{3}}$$

Übung 1.4 – 4

Berechnen Sie den Effektivwert des Stromes in Bild 1.4 – 6.

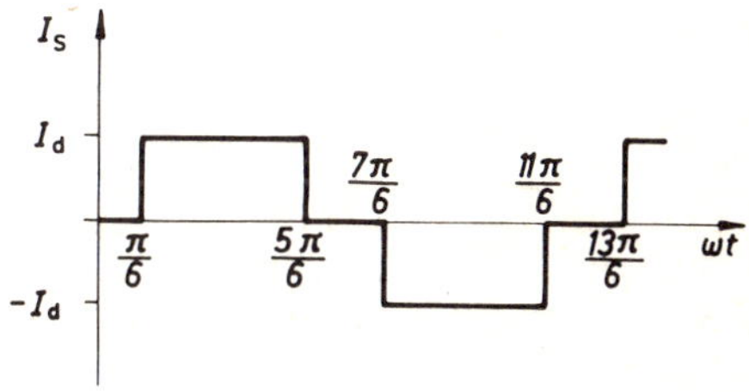

Bild 1.4 – 6

1.4.3 Messung des Effektivwertes

Entsprechend Gl. 1.4 – 2 zeigen Meßwerke den Effektivwert kurvenformunabhängig an, deren Zeigeranschlag proportional dem Quadrat des Meßwerkstromes ist. Dazu eignen sich Dreheisenmeßwerke, Hitzdrahtmeßwerke, Drehspulmeßwerke mit Thermoumformer, elektro-dynamische Meßwerke mit in Reihe geschalteten Spulen. Ferner gibt es aufwendige Meßgeräte, die mit Hilfe elektronischer Rechenverfahren den Effektivwert wie in Gl. 1.4 – 5 regelrecht berechnen und zur Anzeige bringen können.

Lernzielorientierter Test zu Kapitel 1.4

1. Wann kann mit Effektivwerten gerechnet werden?

   ○ Leistung der G-Maschine, (P_{auf}).
   ○ Leistung eines D-Motors, (P_{auf}).
   ○ Leistung einer Glühlampe.
   ○ Wenn $p \sim u^2$ ist.
   ○ Nur bei ohmschen Widerständen.

2. Wie berechnet man den Effektivwert?

   ○ Als quadratischen Mittelwert.
   ○ Als arithmetrischen Mittelwert.
   ○ Als geometrischen Mittelwert.
   ○ $\sqrt{\frac{1}{\pi} \int_{\omega t_1}^{\omega t_2} [u(\omega t)]^2 \, d\,\omega t}$.
   ○ Allgemein $\frac{\hat{u}}{\sqrt{2}}$.

3. Gegeben: $U = 220\,V$, 50 Hz
H1 bis H4: 220 V, 100 W
Welche Antworten sind richtig?

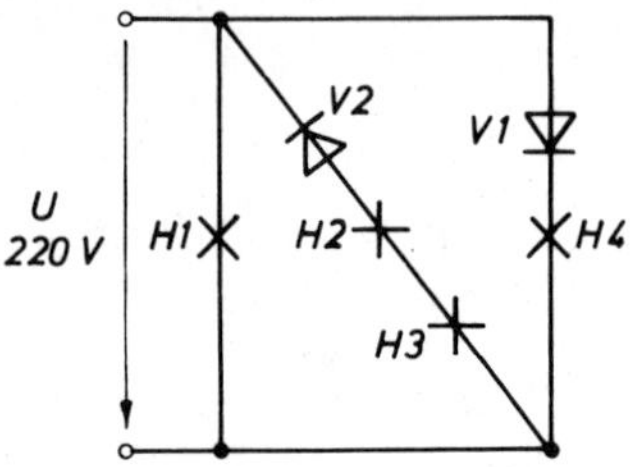

○ $U_{H4} = \frac{1}{2} U_{H1}$ (Effektivwert)

○ $U_{H2} = \frac{1}{2} U_{H1}$ (Effektivwert)

○ $P_{H2} = \frac{1}{8} P_{H1}$

○ $P_{H2} = \frac{1}{4} P_{H4}$

○ $P_{H1} = 2\,P_{H4}$

4. Wie groß ist der Effektivwert des gegebenen Stromes?

○ $\frac{I_d}{6}$

○ $\frac{I_d}{\sqrt{6}}$

○ $\frac{I_d}{7}$

○ $\frac{I_d^2}{6}$

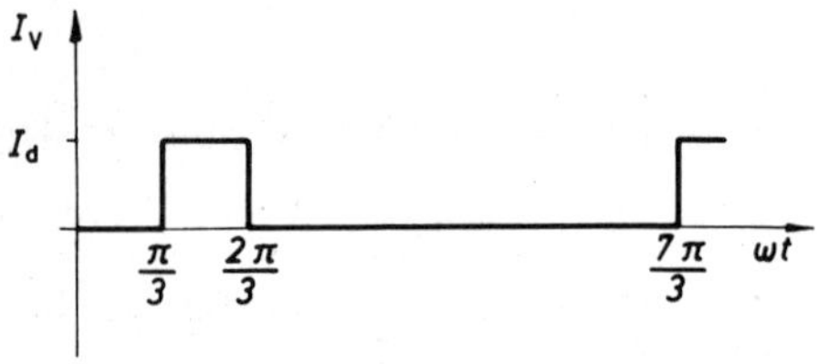

5. Mit welchen Meßgeräten kann der Effektivwert bei jeder Kurvenform gemessen werden?
○ Hitzdrahtmeßgerät
○ Drehspulmeßgerät
○ Dreheisenmeßgerät
○ Drehspulmeßgerät mit Gleichrichter
○ Drehspulmeßgerät mit Thermoumformer

6. An einer B2-Schaltung mit ohmscher Last werden gemessen:
$u_{deff} = 82\,V$ bei $\alpha = 40°$; $I_V = 5{,}2\,A$ bei $\alpha = 40°$ (Drehspulinstrument),
Zu berechnen ist: U_S, R_L, U_{RRM} und I_{TAVM}

7. Berechnen Sie den Effektivwert

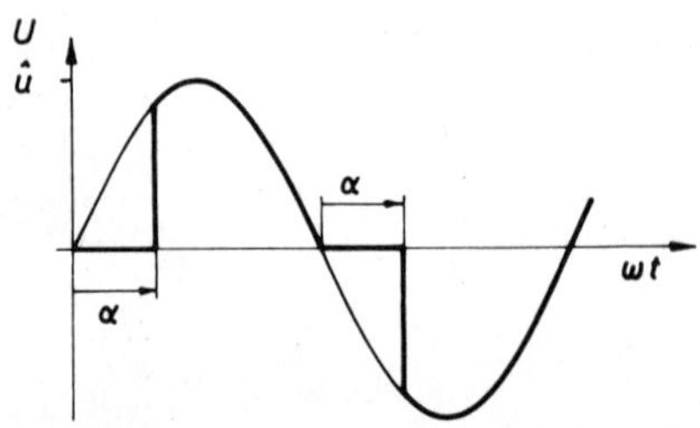

○ $U = 0$

○ $U = \frac{\hat{u}}{2\pi}(1 + \cos\alpha)$

○ $U = \frac{2\hat{u}}{\pi}(1 + \cos\alpha)$

○ Wie bei B2-Schaltung

1.5 Der Leistungsfaktor

Lernziele

Der Lernende ...

- beschreibt Ausgangspunkt und Zielrichtung der Fourier-Zerlegung eines nichtsinusförmigen periodischen Vorgangs,
- erklärt die Begriffe Grundschwingung und Oberschwingung anhand einer vorgegebenen Fourier-Reihe,
- erläutert im Falle der Phasenanschnittsteuerung, daß nur die Grundschwingung des Stromes Wirkleistung erzeugt,
- erläutert die Entstehung der Steuerblindleistung,
- erläutert die Entstehung der Verzerrungsleistung,
- erläutert die Messung des Leistungsfaktors bei einer Phasenanschnittsteuerung,
- erläutert den Begriff der Bauleistung eines Transformators,
- begründet die spezielle Dimensionierung von Stromrichtertransformatoren anhand der Einwegschaltung.

1.5.1 Schein-, Wirk- und Blindleistung, Leistungsfaktor

Jeder elektrische Verbraucher belastet die vor ihm liegenden elektrischen Anlagenteile (Leitungen, Transformatoren, Schalter usw.) mit seinem Strom i_{eff} und seiner Spannung u_{eff}. Für die Erwärmung des Transformators in Bild 1.5–1 ist es z. B. gleichgültig, ob I gegen U phasenverschoben ist oder nicht. Deshalb setzt man als Scheinleistung S fest:

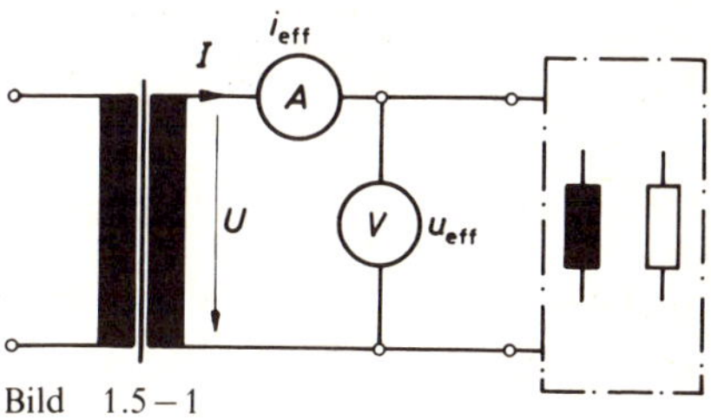

Bild 1.5–1

$$S = u_{eff} \cdot i_{eff} \quad (1.5-1)$$

Sind Spannung und Strom phasenverschoben, zeigt sich, daß die im Verbraucher umgesetzte Wirkleistung (das Ziel der elektrischen Energieübertragung) kleiner als die Scheinleistung ist. Das Verhältnis von Wirk- und Scheinleistung ist der Leistungsfaktor λ.

$$\lambda = \frac{P}{S} \quad (1.5-2)$$

Sind Spannung und Strom sinusförmig, so ist λ gleich dem Cosinus des Phasenverschiebungswinkels φ zwischen U und I.

$$\lambda = \cos \varphi \quad (1.5-3)$$

sinusförmige Größen

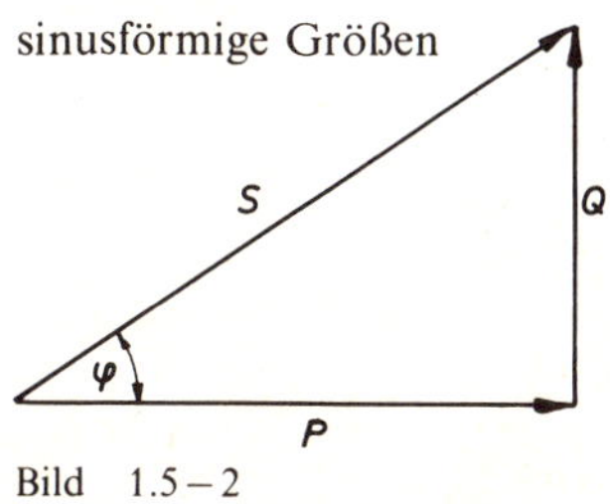

Bild 1.5–2

Aus dem Leistungsdreieck folgen ferner die Gleichungen:

$$S^2 = P^2 + Q^2 \qquad (1.5-4)$$

$$P = S \cdot \cos\varphi \qquad (1.5-5)$$

$$Q = S \cdot \sin\varphi \qquad (1.5-6)$$

Gl. 1.5 – 3, Gl. 1.5 – 5 und Gl. 1.5 – 6 gelten nur für sinusförmige Größen, da zunächst nur in diesem Fall von einem Phasenverschiebungswinkel die Rede sein kann.

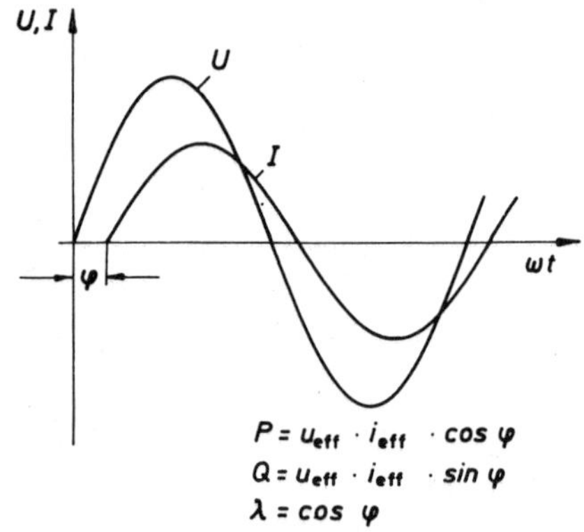

Bild 1.5 – 3

In der Stromrichtertechnik hat man es dagegen meist mit nichtsinusförmigen Strömen und Spannungen zu tun.

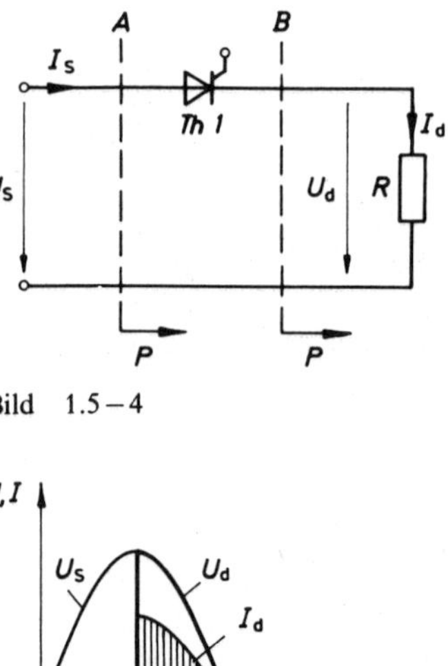

Bild 1.5 – 4

Bei der Einwegschaltung ist z. B. die Spannung U_S sinusförmig, die Größen U_d, I_d und I_S sind jedoch nicht-sinusförmig.

Beispiel 1.5 – 1

In Bild 1.5 – 5 beträgt $\hat{u}_S = 311$ V, $R = 8\ \Omega$ und $\alpha = 90°$. Gesucht sind S, P, Q und λ.

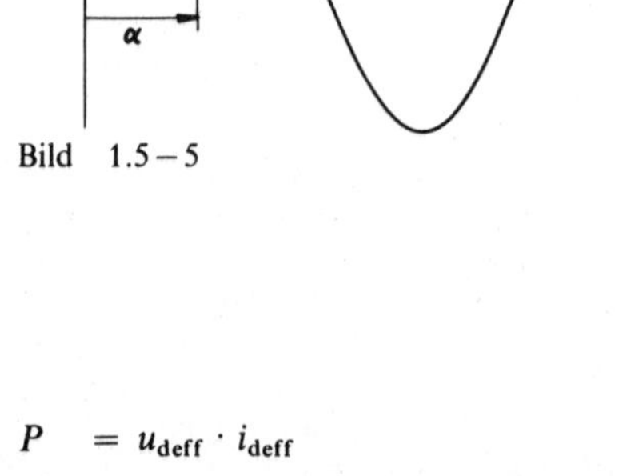

Bild 1.5 – 5

Lösung:

1. Wirkleistung

Die Wirkleistung ist an den beiden „Schnittstellen" A und B der Schaltung 1.5 – 4 aufgrund des Energieprinzips gleich, wenn der Thyristor als verlustlos angesehen wird. Da es sich um einen ohmschen Verbraucher handelt, ergibt sich die Wirkleistung als Produkt der Effektivwerte:

$$P = u_{\text{deff}} \cdot i_{\text{deff}}$$

Nach Gl. 1.4 – 7 errechnet sich der Effektivwert u_{deff}:

$$u_{deff} = \frac{\hat{u}_S}{\sqrt{2}} \sqrt{\frac{1}{2} - \frac{\alpha}{360^\circ} + \frac{\sin 2\alpha}{4\pi}}$$

$$= \frac{311\,V}{\sqrt{2}} \sqrt{\frac{1}{2} - \frac{90^\circ}{360^\circ} + \frac{\sin 2\alpha}{4\pi}}$$

$$\underline{u_{deff} = 110\,V}$$

Mit u_{deff} errechnet sich i_{deff}:

$$i_{deff} = \frac{u_{deff}}{R}$$

$$= \frac{110\,V}{8\,\Omega}$$

$$i_{deff} = 13{,}74\,A$$

$$P = 110\,V \cdot 13{,}47\,A$$

$$\underline{\underline{P = 1\,512\,W}}$$

2. Scheinleistung

Nach Bild 1.5 – 4 ist die Netzbelastung gleich dem Produkt der Effektivwerte von U_S und I_S:

$$S = U_S \cdot I_S$$

$$I_S = i_{deff}$$

$$S = 220\,V \cdot 13{,}74\,A$$

$$\underline{\underline{S = 3\,022\,VA}}$$

3. Blindleistung

Die Blindleistung errechnet sich durch Übernahme der Gl. 1.5 – 4 auch für nicht-sinusförmige Größen (Begriffserweiterung):

$$Q = \sqrt{S^2 - P^2}$$

$$= \sqrt{(3\,022\,VA)^2 - (1\,512\,W)^2}$$

$$\underline{\underline{Q = 2\,617\,var}}$$

4. Leistungsfaktor

$$\lambda = \frac{P}{S}$$

$$= \frac{1\,512\,W}{3\,022\,VA}$$

$$\underline{\underline{\lambda = 0{,}5}}$$

Übung 1.5 – 1

Ermitteln Sie Wirk-, Schein- und Blindleistung sowie den Leistungsfaktor in Bild 1.5 – 4 bei $\alpha_1 = 0^\circ$, $\alpha_2 = 30^\circ$, $\alpha_3 = 60^\circ$, $\alpha_4 = 120^\circ$, $\alpha_5 = 150^\circ$ und $\alpha_6 = 180^\circ$ und zeichnen Sie ein Diagramm $\lambda = f(\alpha)$. $\hat{u}_S = 311\,V$, $R = 8\,\Omega$.

1.5.2 Fourier-Zerlegung

Wie kann die Entstehung einer Blindleistung erklärt werden, wo sich doch nur eine ohmsche Last im Stromkreis befindet?

Zur Erklärung kann die Fourier-Reihe dienen (Fourier = franz. Mathematiker um 1800). Danach kann jede nicht-sinusförmige, in T periodische Funktion, z. B. eine Spannung $u_1(t)$, in eine unendliche Zahl sinusförmiger Teilschwingungen zerlegt werden. Handelt es sich bei $u_1(t)$ nicht um eine Wechselspannung, entsteht bei der Zerlegung auch ein arithmetischer Mittelwert $\bar{u}_1$. Die Frequenzen der Teilschwingungen sind immer Vielfache der Grundfrequenz. Die Amplituden sind mit der höheren Frequenz stets abnehmend.

$$u_1(t) = \bar{u}_1 + \hat{u}_{11} \sin(\omega_1 t - \varphi_1) + \hat{u}_{12} \sin(\omega_2 t - \varphi_2) + \hat{u}_{13} \sin(\omega_3 t - \varphi_3) + \dots + \hat{u}_\nu \sin(\nu\omega_1 t - \varphi_\nu) + \dots$$

$$\omega_1 = \frac{2\pi}{T}, \quad \nu = 1,2,3,4 \dots \qquad (1.5-7)$$

Amplitude und Phasenwinkel der Teilschwingungen ergeben sich durch mathematische Verfahren, die im Rahmen dieses Buches nicht vorgeführt werden sollen. Statt dessen soll die Fourier-Reihe anhand eines Beispiels dargestellt werden.

Beispiel 1.5 – 2

Die Fourier-Zerlegung einer Rechteckpulsspannung mit $\frac{T_e}{T} = 0{,}5$ ist zu diskutieren.

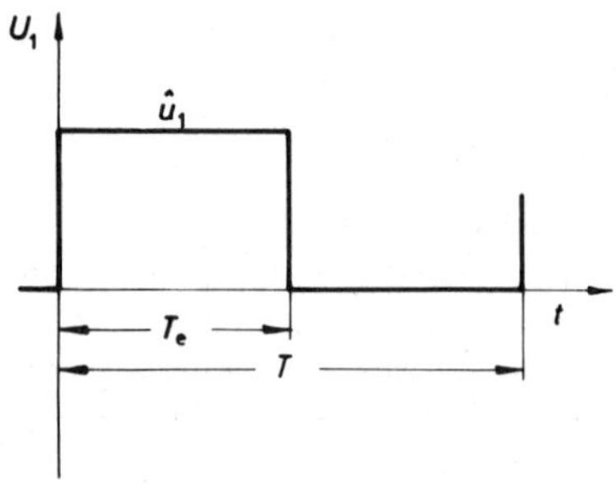

Bild 1.5 – 6

Lösung:

Im Falle der Rechteckspannung nach Bild 1.5 – 6 ergeben sich für die Koeffizienten der Fourier-Reihe folgende konkreten Zahlenwerte:

1. alle Winkel φ_ν sind Null. Die Teilschwingungen beginnen also mit ihrem positiven Anstieg im Punkte $t = 0$.
   $$\varphi_\nu = 0$$
2. der arithmetische Mittelwert $\bar{u}_1$ beträgt:
   $$\bar{u}_1 = \frac{1}{2} \hat{u}_1$$
3. der Scheitelwert $\hat{u}_{11}$ beträgt:
   $\hat{u}_{11}$ ist der Scheitelwert der Spannung U_{11}, die in ihrer Frequenz mit der vorgegebenen Rechteckspannung übereinstimmt. U_{11} heißt deshalb Grundschwingung.
   $$\hat{u}_{11} = \frac{2}{\pi} \hat{u}_1$$
4. die Amplituden der Teilschwingungen mit den Frequenzen $2\omega_1$, $4\omega_1$, $6\omega_1$ usw. sind Null. Es treten also keine geradzahligen Oberschwingungen auf.

5. die Amplituden der ungeradzahligen Oberschwingungen betragen:

$$\hat{u}_{13} = \frac{2}{3\pi}\,\hat{u}_1$$
$$\hat{u}_{15} = \frac{2}{5\pi}\,\hat{u}_1 \ldots$$

Faßt man alle Punkte zusammen, ergibt sich für die Rechteckspannung die Gleichung:

$$u_1 = \hat{u}_1 \left(\frac{1}{2} + \frac{2}{\pi}\sin\omega_1 t + \frac{2}{3\pi}\sin 3\,\omega_1 t \;\ldots + \frac{2}{(2k+1)\pi}\cdot\sin\,(2k+1)\,\omega_1 t\; + \ldots\right)$$
$$k = 0,1,2,3\ldots \qquad (1.5-8)$$

Zeichnet man $\bar{u}_1$, u_{11}, u_{13} und u_{15} in ein Diagramm und addiert die Momentanwerte, so erkennt man, daß die vorgegebene Rechteckpulsspannung bereits durch die ersten vier Glieder der Fourier-Reihe recht gut angenähert wird.

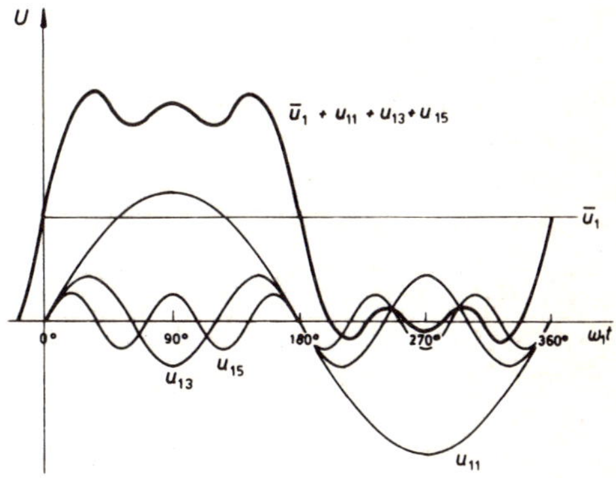

Bild 1.5 – 7

Übung 1.5 – 2

Tragen Sie das Ergebnis der Fourier-Zerlegung aus Beispiel 1.5 – 2 in nebenstehendes Frequenzspektrum ein, d. h. tragen Sie die Amplituden der Spannungskomponenten als senkrechte Striche über der jeweiligen normierten Frequenz ein. $\hat{u}_1 = 50\,\text{V}$.

Bild 1.5 – 8

1.5.3 Steuerblindleistung

Auch der Strom I_S in Bild 1.5–9 kann in eine Fourier-Reihe zerlegt werden. Eingetragen ist nur die Grundschwingung I_{S1}, die der Spannung U_S um einen Winkel φ_1 nacheilt, so als ob dieser Strom durch einen ohmschen-induktiven Verbraucher hervorgerufen würde.

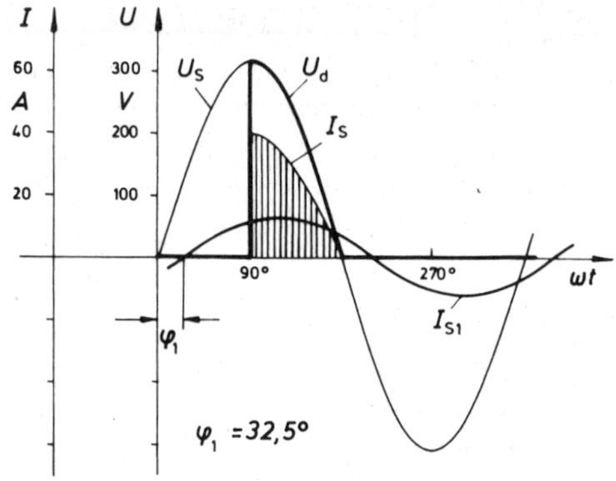

Bild 1.5–9

Die Rechnung ergibt die Zeitfunktion der Grundschwingung zu:

$$i_{S1} = \hat{i}_{S1} \cdot \sin(\omega_1 t - \varphi_1) \qquad (1.5-9)$$

$$i_{S1} = 11{,}52\,\mathrm{A} \cdot \sin(\omega_1 t - 32{,}5°)$$

Da der Stromkreis sich so verhält, als sei die gezeichnete Grundschwingung (und die Oberschwingungen) tatsächlich vorhanden, können wir in Bild 1.5–9 Leistungen berechnen. Zuerst wird die Leistung der Grundschwingung an der „Schnittstelle" A in Bild 1.5–4 berechnet:

$$P = U_S \cdot I_{S1} \cdot \cos\varphi_1 \qquad (1.5-10)$$

$$P = 220\,\mathrm{V} \cdot \frac{11{,}52\,\mathrm{A}}{\sqrt{2}} \cdot \cos 32{,}5°$$

$$\underline{\underline{P = 1\,512\,\mathrm{W}}}$$

Ein Vergleich mit Beispiel 1.5–1 zeigt, daß die Wirkleistung des Verbrauchers nur durch die Grundwelle des Stromes erzeugt wird.

Die Grundschwingung erzeugt aufgrund ihrer Phasenverschiebung gegenüber der Spannung auch eine Blindleistung, die Grundschwingungsblindleistung Q_1. Da die Phasenverschiebung der Grundschwingung durch die Anschnittsteuerung zustande kommt, heißt diese Blindleistung auch Steuerblindleistung. Der Vergleich mit Beispiel 1.5–1 zeigt, daß die Grundschwingungsblindleistung zur Erklärung der Blindleistungsentstehung im Stromrichter nicht ausreicht.

$$Q_1 = U_S \cdot I_{S1} \cdot \sin\varphi_1 \qquad (1.5-11)$$

$$= 220\,\mathrm{V} \cdot \frac{11{,}52\,\mathrm{A}}{\sqrt{2}} \cdot \sin 32{,}5°$$

$$\underline{\underline{Q_1 = 962\,\mathrm{var}}}$$

Übung 1.5–3

Wie groß ist die Grundschwingungsblindleistung der Einwegschaltung, wenn $\alpha = 0$ ist oder wenn der Thyristor durch eine Diode ersetzt wird?

1.5.4 Verzerrungsleistung

Die Oberschwingungen tragen zwar zum Stromeffektivwert und damit zur Scheinleistung bei; andererseits können die Stromoberschwingungen aber im Produkt mit der Spannung U_S keine Wirkleistung erzeugen.

Beispiel 1.5 – 3

Zu ermitteln ist in Bild 1.5 – 10 der zeitliche Verlauf der momentanen Leistung $p = u_S \cdot i_{S2}$ der Spannungsgrundschwingung (sinusförmige Netzspannung) und der zweiten Stromoberschwingung. Wie groß ist demnach die Wirkleistung?

Lösung:

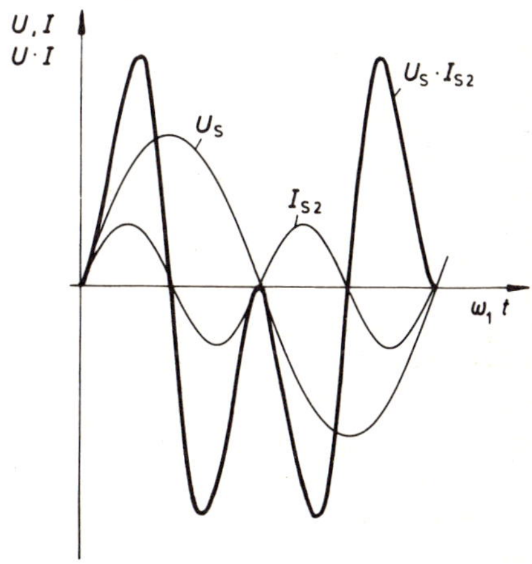

Bild 1.5 – 10

Es zeigt sich, daß die Fläche der Kurve $p(t)$ oberhalb und unterhalb der Nullinie gleich groß ist.
Damit ist $P = 0$!

Übung 1.5 – 4

Beweisen Sie, daß eine Spannung der Frequenz f_1 mit einem Strom der Frequenz $3f_1$ keine Wirkleistung erzeugt!

Die Oberschwingungen des Stromes mit der sinusförmigen Netzspannung erzeugen nur Blindleistung.

$$P_v = 0 \qquad (1.5-12)$$

Diese Blindleistung, die ja durch die Abweichung des Stromes von der Sinusform zustande kommt, heißt Verzerrungsleistung D. Sie läßt sich für jede Oberschwingung getrennt berechnen, wenn die Oberschwingungen nach einer Fourier-Analyse bekannt sind. Für alle Oberschwingungen zusammen läßt sie sich mit Gl. 1.5 – 14 berechnen:

$$S_v = D \qquad (1.5-13)$$

$$D = \sqrt{Q^2 - Q_1^2} \qquad (1.5-14)$$

Übung 1.5 – 5

Berechnen Sie die Verzerrungsleistung zu Beispiel 1.5 – 1!

Übung 1.5 – 6

Berechnen Sie die Verzerrungsleistung der Einwegschaltung mit $\hat{u}_S = 311$ V, $R = 8\ \Omega$, $\alpha = 0°$.

1.5.5 Messung der Leistungen und des Leistungsfaktors

Die Wirkleistung kann mit einem elektrodynamischen Meßwerk (Leistungsmesser) gemessen werden. Die Stromoberschwingungen können nach Beispiel 1.5 – 3 und Übung 1.5 – 4 kein Drehmoment im Meßwerk hervorrufen. So schlägt das Meßwerk entsprechend Gl. (1.5 – 10) aus.

Die Scheinleistung ergibt sich aus dem Produkt $U_S \cdot I_S$ zweier effektivwertanzeigender Instrumente durch Rechnung; ebenfalls durch Rechnung erhält man die Blindleistung:

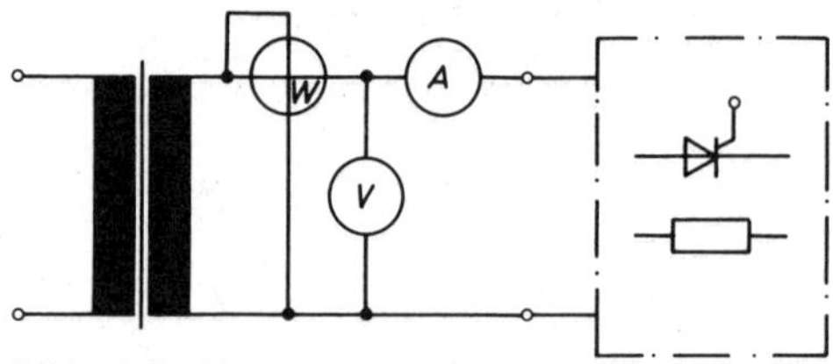

Bild 1.5 – 11

Meßwerte: P, U_S, I_S

Rechnung: $S = U_S \cdot I_S$

$Q = \sqrt{S^2 - P^2}$

Beispiel 1.5 – 4

An einem Stromrichter wird nach Bild 1.5 – 11 gemessen.

Meßwerte: $U_S = 220$ V, $I_S = 6{,}5$ A, $P = 900$ W.

Ermitteln Sie S, Q und λ.

Lösung:

$$S = U_S \cdot I_S = 220\,\text{V} \cdot 6{,}5\,\text{A}$$

$$\underline{\underline{S = 1\,430\,\text{VA}}}$$

$$Q = \sqrt{(1\,430\,\text{VA})^2 - (900\,\text{W})^2}$$

$$\underline{\underline{Q = 1\,111\ \text{var}}}$$

$$\lambda = \frac{900\,\text{W}}{1\,430\,\text{VA}}$$

$$\underline{\underline{\lambda = 0{,}629}}$$

Eine Möglichkeit, Grundschwingungsblind- und Verzerrungsleistung zu bestimmen, besteht in der Kompensation der Grundschwingungsblindleistung. Am Kondensator liegt die Spannung U_S mit ω_1, so daß ein kapazitiver Strom I_C mit ebenfalls ω_1 fließt. In den Stromrichter hinein fließt u. a. die induktive Komponente des Grundschwingungsstromes I_{S1b} mit ω_1. Durch Abgleich der Kondensatorbatterie ist es nun möglich, $I_C = I_{S1b}$ zu machen. Die Blindleistung der Grundschwingung ist damit kompensiert.

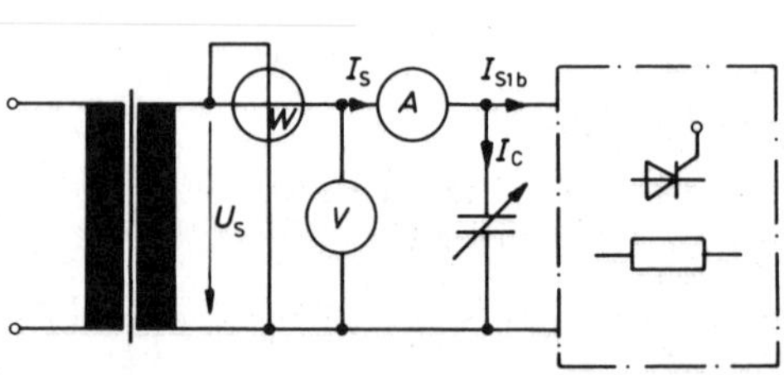

Bild 1.5 – 12

Der Strommesser zeigt ein Minimum an. Die jetzt noch zu berechnende Blindleistung kann nur noch die Verzerrungsleistung sein.

$$S_{min} = U_S \cdot I_{S\,min} \qquad (1.5-15)$$

$$D = \sqrt{S_{min}^2 - P^2} \qquad (1.5-16)$$

Übung 1.5 – 7

Nach Bild 1.5 – 12 werden folgende Meßwerte aufgenommen:

1. ohne Kondensatorabgleich
   $U_S = 220$ V, $I_S = 6{,}5$ A, $P = 600$ W.
2. mit Kondensatorabgleich
   $U_S = 220$ V, $I_{S\,min} = 4{,}2$ A, $P = 600$ W.

Berechnen Sie S, Q, D und Q_1.

1.5.6 Transformatorbauleistung

Unter der Bauleistung eines Transformators versteht man den Mittelwert von primärer und sekundärer Scheinleistung. Bei Speisung mit sinusförmigen Größen gelten unter Vernachlässigung der Verluste die Gleichungen:

$$S_{Tr} = \frac{S_{1\,Tr} + S_{2\,Tr}}{2} \qquad (1.5-17)$$

$$\frac{u_{1\,eff}}{u_{2\,eff}} = ü \qquad (1.5-18)$$

$$\frac{i_{1\,eff}}{i_{2\,eff}} = \frac{1}{ü} \qquad (1.5-19)$$

Setzt man Gl. 1.5 – 18 und 1.5 – 19 in Gl. 1.5 – 17 ein, so ergibt sich in Primär- und Sekundärwicklung die gleiche Scheinleistung und man erhält:

$$S_{Tr} = \frac{u_{1\,eff} \cdot i_{1\,eff} + u_{2\,eff} \cdot i_{2\,eff}}{2}$$

$$S_{Tr} = u_{1\,eff} \cdot i_{1\,eff} = u_{2\,eff} \cdot i_{2\,eff} \qquad (1.5-20)$$

sinusförmige Größen

Im Falle eines Stromrichters können in Primär- und Sekundärwicklung jedoch erheblich voneinander abweichende Scheinleistungen auftreten.

Beispiel 1.5 – 5

Zu berechnen ist die Bauleistung des Transformators in der Einwegschaltung mit $U_S = 220$ V, $ü = \frac{N_1}{N_2} = 1$ und $R = 8\ \Omega$ sowie das Verhältnis $\frac{S_{Tr}}{P_{di}}$.

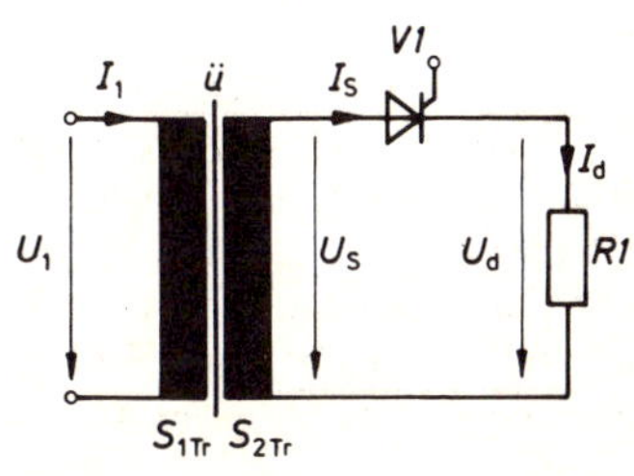

Bild 1.5 – 13

Lösung:

Der Transformator muß für die maximale Belastung, also bei $\alpha = 0°$ berechnet werden.

1. Sekundäre Scheinleistung $S_{2\,Tr}$:

$$S_{2\,Tr} = U_S \cdot I_S$$

$$I_S = \frac{u_{deff}}{R}$$

$$I_S = 19{,}44\,A$$

$$S_{2\,Tr} = 220\,V \cdot 19{,}44\,A$$

$$S_{2\,Tr} = 4\,280\,VA$$

2. Primäre Scheinleistung $S_{1\,Tr}$:

Ein Transformator kann keine Gleichströme, auch keine Gleichstromanteile, übertragen. So erscheint der Primärstrom als Sekundärstrom mit unterdrücktem Gleichstromanteil.

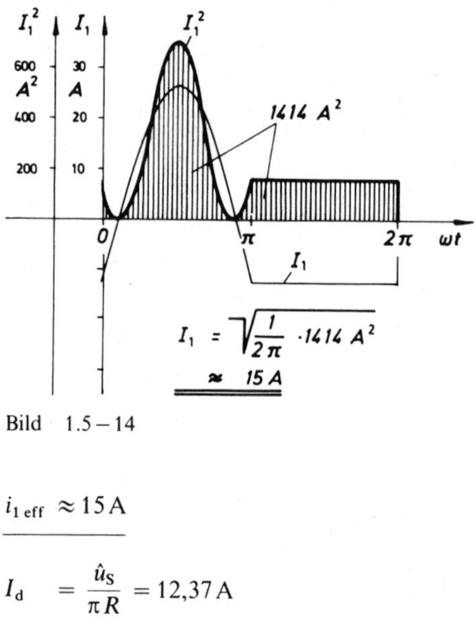

Bild 1.5 – 14

Mit Hilfe der Flächenauszählung nach Bild 1.5 – 14 erhält man:

$$i_{1\,eff} \approx 15\,A$$

$$I_d = \frac{\hat{u}_S}{\pi R} = 12{,}37\,A$$

Für die Einwegschaltung mit ohmscher Last erhält man die Dimensionierungsgleichung:

$$\frac{i_{1\,eff}}{I_d} = 1{,}21 \qquad (1.5-21)$$

Die Primär-Scheinleistung beträgt also:

$$S_{1\,Tr} = u_{1\,eff} \cdot i_{1\,eff}$$

$$S_{1\,Tr} = 3\,300\,VA$$

Damit ergibt sich für die Bauleistung S_{Tr}:

$$S_{Tr} = \frac{S_{1\,Tr} + S_{2\,Tr}}{2}$$

$$= \frac{4\,280\,VA + 3\,300\,VA}{2}$$

$$S_{Tr} = 3\,790\,VA$$

Der Transformator muß also eine wesentlich größere Bauleistung als die Gleichstromleistung haben. Das Verhältnis lautet:

$$\frac{S_{Tr}}{U_{di} \cdot I_d} = 3{,}09 \qquad (1.5-22)$$

Einwegschaltung, ohmsche Last

Beispiel 1.5 – 6

Eine Einwegschaltung nach Bild 1.5 – 13 soll bei $\alpha = 0°$ eine Wirkleistung von 1 kW in einem Widerstand $R = 6\ \Omega$ erzeugen. Netzspannung: 380 V.

Zu berechnen sind:

i_{deff}, I_S, I_1, u_{deff}, U_S

Übersetzungsverhältnis des Transformators $ü$,

Bauleistung S_{Tr},

Leiterquerschnitte der Wicklungen A_1 und A_2 mit der Stromdichte $S_{zul} = 11\ \frac{A}{mm^2}$.

Lösung:

$$i_{deff} = \sqrt{\frac{P}{R}} = \sqrt{\frac{1\,kW}{6\,\Omega}}$$

$$i_{deff} = 12{,}91\,A$$

$$I_S = i_{deff}$$

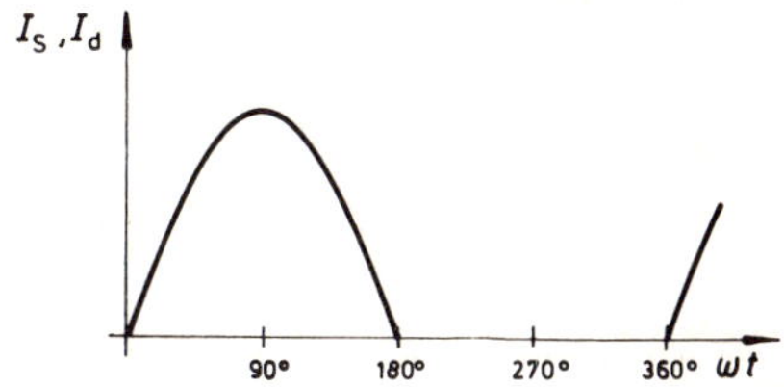

Bild 1.4 – 15

$$\hat{i}_S = 2 I_S$$

$$\hat{i}_S = 25{,}82\,A$$

$$u_{deff} = i_{deff} \cdot R = 12{,}91\,A \cdot 6\,\Omega$$

$$u_{deff} = 77{,}46\,V$$

$$\hat{u}_d = 2\,u_{deff}$$

$$\hat{u}_d = 154{,}9\,V$$

$$U_S = \frac{\hat{u}_S}{\sqrt{2}}$$

$$U_S = 109{,}5\,V$$

$$ü = \frac{U_1}{U_S} = \frac{380\,V}{109{,}5\,V}$$

$$ü = 3{,}47$$

Gl. (1.5–21):

$$I_1 = I_d \cdot 1{,}21 \cdot \frac{1}{ü}$$

$$\underline{I_1 = 2{,}87\,\mathrm{A}}$$

Bauleistung:
Gl. (1.5–23)

$$S_{Tr} = U_{di}^2 \cdot \frac{1}{R} \cdot 3{,}09$$

$$= (49{,}3\,\mathrm{V})^2 \cdot \frac{1}{6\,\Omega} \cdot 3{,}09$$

$$\underline{\underline{S_{Tr} = 1\,252\,\mathrm{VA}}}$$

Kontrolle:

$$S_{Tr} = \frac{U_1 I_1 + U_S I_S}{2}$$

$$= \frac{380\,\mathrm{V} \cdot 2{,}87\,\mathrm{A} + 109{,}5\,\mathrm{V} \cdot 12{,}91\,\mathrm{A}}{2}$$

$$\underline{\underline{S_{Tr} = 1\,552\,\mathrm{VA}}}$$

Primärquerschnitt A_1:

$$A_1 > \frac{I_1}{S_{zul}}$$

$$> \frac{2{,}87\,\mathrm{A}}{11\,\frac{\mathrm{A}}{\mathrm{mm}^2}}$$

$$\underline{\underline{A_1 > 0{,}26\,\mathrm{mm}^2}}$$

Sekundärquerschnitt A_2:

$$A_2 > \frac{I_S}{S_{zul}}$$

$$> \frac{12{,}91\,\mathrm{A}}{11\,\frac{\mathrm{A}}{\mathrm{mm}^2}}$$

$$\underline{\underline{A_2 > 1{,}17\,\mathrm{mm}^2}}$$

Die Dimensionierung des Stromrichtertransformators hängt außer von der Schaltung auch vom zeitlichen Verlauf des Stromes ab. Im Kapitel 4. wird auf die Dimensionierung im Zusammenhang mit technischen Stromrichterschaltungen erneut eingegangen.

Stromrichtertransformatoren müssen besonders dimensioniert werden.

Übung 1.5 – 8

Berechnen Sie R, u_{deff}, i_{deff}, I_1, S_{Tr}.

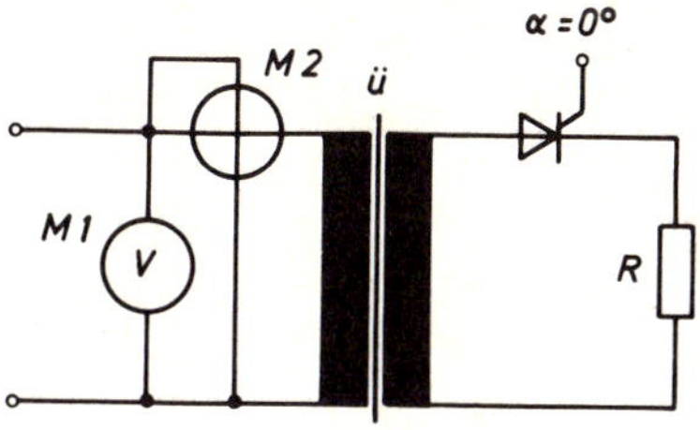

Bild 1.5 – 16

Übung 1.5 – 9

In einer Brückenschaltung B 2 werden am Lastwiderstand bei $\alpha = 30°$ mit Drehspulinstrumenten 86,3 V und 25 A gemessen. Berechnen Sie die Bauleistung des Transformators im Verhältnis zu P_{di}, sowie I_S im Verhältnis zu I_d.

$$\frac{I_S}{I_d} = \qquad (1.5-23)$$

$$\frac{S_{Tr}}{P_{di}} = \qquad (1.5-24)$$

B2-Schaltung, ohmsche Last

Übung 1.5 – 10

Für eine B 2-Schaltung sind bekannt:
$U_S = 220$ V, $R = 10\ \Omega$, $\alpha = 90°$, $\hat{i}_{S1} = 18{,}5$ A, $\varphi_1 = 32{,}5°$

1. Zeichnen Sie ein Diagramm mit $U_S(\omega t)$, $I_S(\omega t)$, $I_{S1}(\omega t)$, $U_d(\omega t)$.
2. Berechnen Sie P, Q, Q_1, D, λ.

Lernzielorientierter Test zu Kapitel 1.5

1. Welchen Sinn hat eine Fourier-Zerlegung?
   - O Analyse des Verhaltens von ohmschen Widerstandsschaltungen, die mit sinusförmigen Spannungen betrieben werden.
   - O Analyse des Verhaltens von ohm'schen Widerstandsschaltungen, die mit sinusförmigen Spannungen betrieben werden.
   - O Analyse des Verhaltens von RCL-Schaltungen, die mit sinusförmigen Spannungen betrieben werden.
   - O Analyse des Verhaltens von Schaltungen, die mit nicht-sinusförmigen Spannungen betrieben werden.
   - O Weiterverwendung von Methoden der Wechselstromberechnung auch für nicht-sinusförmige Größen.
   - O Ersatz mehrerer Sinusspannungen durch eine nicht-sinusförmige Spannung.

2. Was versteht man unter einer Grundschwingung?
   - O Teil der Fourier-Reihe, deren Frequenz gleich der Frequenz der vorgegebenen Zeitfunktion ist.
   - O Teil der Fourier-Reihe, deren Frequenz gleich dem Dreifachen der Frequenz der vorgegebenen Zeitfunktion ist.
   - O Größter Wechselstrombestandteil einer nicht-sinusförmigen Pulsgröße.
   - O Gleichstromanteil einer Pulsgröße.
   - O Teil der Fourier-Reihe, dessen Effektivwert gleich dem Effektivwert der vorgegebenen Größe ist.
3. Welche Aussage(n) über Oberschwingungen ist (sind) richtig?
   - O Oberschwingungen sind nicht-sinusförmige Bestandteile einer nicht-sinusförmigen Spannung.
   - O Oberschwingungen sind sinusförmig.
   - O Oberschwingungen haben mit zunehmender Frequenz zunehmende Amplituden.
   - O Oberschwingungen entstehen bei nicht-sinusförmiger Ausgangsgröße.
   - O Die Summe aller Oberschwingungen ist gleich der Grundschwingung.
4. Warum erzeugen die Stromoberschwingungen einer Gleichrichterschaltung nur Blindleistung?
   - O Ihre Frequenz stimmt nicht mit der Speisespannung überein.
   - O Der arithmetische Mittelwert des Produktes $u_S(t)\, i_{S\nu}(t)$ ist Null.
   - O Die Stromoberschwingungen sind gegenüber der Speisespannung um 90° phasenverschoben.
   - O Die Oberschwingungen entstehen durch die Kompensationskondensatoren und stellen deshalb einen Blindstrom dar.
   - O Die Oberschwingungen haben einen schlechten Wirkungsgrad.
5. Welche Art Blindleistung entsteht bei einem Diodengleichrichter?
   - O Verzerrungs- und Steuerblindleistung.
   - O Nur Grundschwingungsblindleistung.
   - O Nur Verzerrungsleistung.
   - O Nur Steuerblindleistung.
   - O Verzerrungs- und Grundschwingungsblindleistung.
6. Für eine Einwegschaltung sind bekannt: $U_S = 156$ V, $R = 10\ \Omega$. Berechnen Sie den Effektivwert der Stromgrundschwingung bei $\alpha = 0°$.

7. Wie mißt man die Blindleistung einer Stromrichterschaltung?

- O Mit einem Blindleistungsmesser.
- O Mit Wirkleistungsmesser, Strom- und Spannungsmesser.
- O Mit Strom- und Spannungsmesser, wenn die Wirkleistung kompensiert wurde.
- O Mit Strom- und Spannungsmesser, wenn die Steuerblindleistung kompensiert wurde.
- O Mit einem $\cos\varphi$-Messer, Strom- und Spannungsmesser.

8. Welche Bedingungen sind für einen Stromrichtertransformator zu beachten?

- O Die Scheinleistung kann in Primär- und Sekundärwicklung verschieden sein.
- O Die Bauleistung ist auch bei ohmscher Last größer als die Nennleistung des Verbrauchers.
- O Die Drahtquerschnitte in Primär- und Sekundärwicklung verhalten sich wie: $\frac{A_1}{A_2} = \frac{I_S}{I_1}$.
- O Die Drahtquerschnitte verhalten sich wie: $\frac{A_1}{A_2} = \frac{U_S}{U_1}$.

9. Ein Wechselstromsteller mit $U_S = 220$ V und $R = 10\ \Omega$ wird bei $\alpha = 90°$ betrieben. Skizzieren Sie ein Diagramm mit U_S, U_R, I_R sowie mit der Stromgrundwelle I_{R1}. Die Grundwelle der Spannung U_R kann durch folgende Gleichung beschrieben werden:

$u_{R1} = \hat{u}_R \cdot 0{,}593 \sin(\omega_1 t - 32{,}5°)$.

Berechnen Sie: S, Q, Q_1 und D!

10. Welche Art der Leistung ist kompensierbar?

- O Verzerrungsleistung D
- O Verzerrungsleistung und Grundschwingungsblindleistung
- O Grundschwingungsblindleistung Q
- O Wirkleistung P
- O Steuerblindleistung Q_1

1.6 Wirkung einer Freilaufdiode

Lernziele

Der Lernende ...

- skizziert die Einwegschaltung mit Glättungsdrossel und Freilaufdiode,
- erläutert den zeitlichen Verlauf des Laststromes und die Verkleinerung der Stromlücken,
- erläutert und interpretiert den zeitlichen Verlauf der Ventilspannung,
- erklärt den zeitlichen Verlauf der Spannung $U_d(\omega t)$ und der Spannung $U_R(\omega t)$,
- erläutert die Verbesserung des Leistungsfaktors,
- beschreibt den Aufbau der halbgesteuerten B 2-Schaltung und stellt sie als Schaltung mit Freilaufdiode dar.

1.6.1 Strom- und Spannungsverlauf

Durch eine Freilaufdiode nach Bild 1.6 – 1 kann der Stromflußwinkel im Lastwiderstand vergrößert werden.

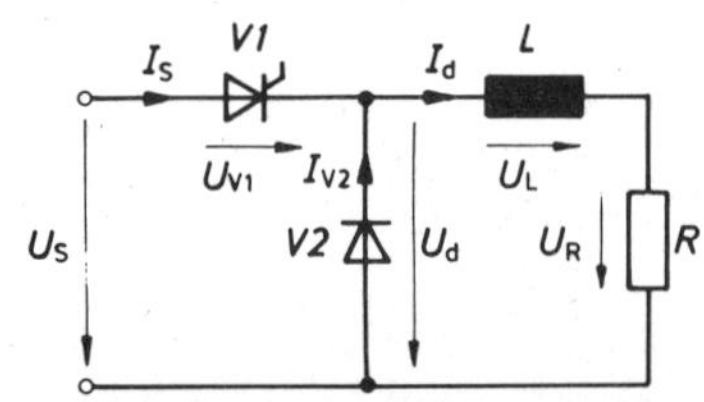

Bild 1.6 – 1

Bild 1.6 – 2 zeigt die Oszillogramme $U_S(\omega t)$ und $I_d(\omega t)$ mit $U_S = 165$ V, $R = 100\ \Omega$, $L = 0{,}35$ H, $\alpha = 90°$. Gegenüber der Schaltung ohne Freilaufdiode sind die Stromlücken kleiner.

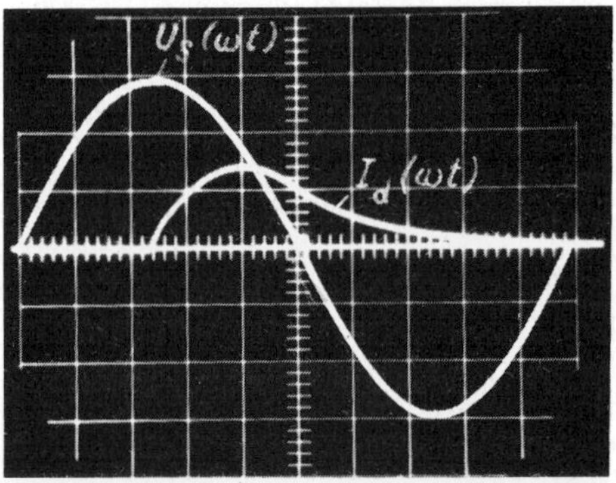

$2\ \frac{\text{ms}}{\text{Teil}}\quad 1\ \frac{\text{A}}{\text{Teil}}$

Bild 1.6 – 2

Bild 1.6 – 3 zeigt die gleichen Größen zum Vergleich ohne Freilaufdiode.

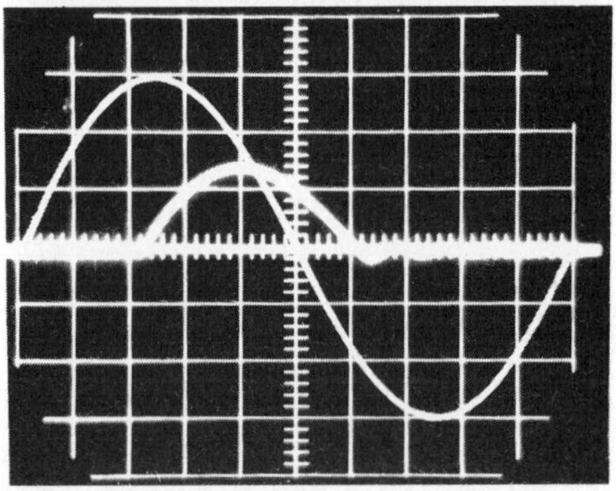

$2\ \frac{\text{ms}}{\text{Teil}}\quad 1\ \frac{\text{A}}{\text{Teil}}$

Bild 1.6 – 3

In der positiven Halbwelle von U_S ist nach dem Zünden von V 1 V 2 gesperrt. Die Spannungs- und Stromverläufe sind daher zunächst wie im Falle der ohmschen-induktiven Last (Kap. 1.2.). Polt sich U_S bei $\omega t = 180°$ um, wird V 2 leitend und V 1 gesperrt. Zu diesem Zeitpunkt ist in der Drossel noch magnetische Energie gespeichert, da $I_d \neq 0$. Zum Abbau dieser Energie induziert das zusammenbrechende Magnetfeld die Spannung U_L mit der angegebenen Polarität. Dadurch wird V 2 leitend gehalten, und es fließt ein nach einer e-Funktion abklingender Strom I_2.

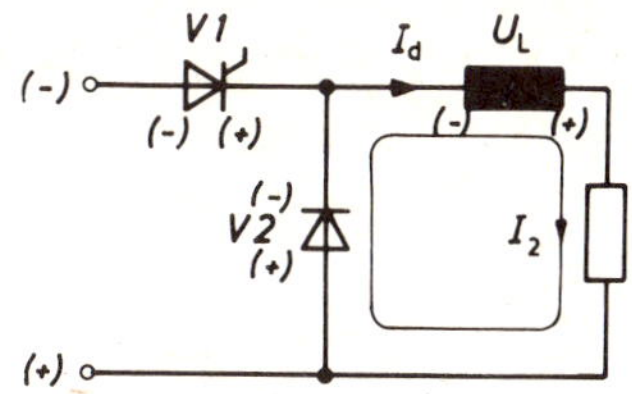

Bild 1.6 – 4

Übung 1.6 – 1

Konstruieren Sie zu Bild 1.6 – 2 die Verläufe $U_d(\omega t)$, $U_{V1}(\omega t)$.

Übung 1.6 – 2

Ein Widerstand von 10 Ω wird nach Bild 1.6 – 1 betrieben. Wie groß muß L mindestens sein, damit bei $\alpha = 0°$ keine Stromlücken mehr auftreten? f = 50 Hz.

Übung 1.6 – 3

Konstruieren Sie den Stromverlauf $I_d(\omega t)$ der Einwegschaltung mit ohmscher-induktiver Last und Freilaufdiode mit den gegebenen Größen: $U_S = 220$ V, $R = 120$ Ω, # 0,16 H, $\alpha = 60°$.

Übung 1.6 – 4

Stellen Sie eine Gleichung zur Berechnung von $\bar{u}_R$ für die E-Schaltung mit Freilaufdiode auf.

1.6.2 Leistungsverhältnisse

Beispiel 1.6 – 1

Zur Bestimmung des Leistungsfaktors dient die Schaltung 1.6 – 5. Es wurden folgende Meßwerte aufgenommen:

1. ohne Freilaufdiode
   $U_S = 216$ V, $I_S = 1{,}15$ A, $P = 134$ W
2. mit Freilaufdiode
   $U_S = 216$ V, $I_S = 1{,}11$ A, $P = 142$ W

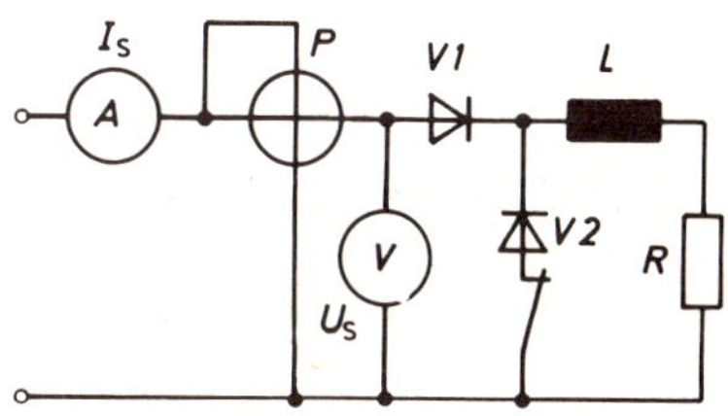

Bild 1.6 – 5

Damit betragen Q, S und λ

1. ohne Freilaufdiode

$$S = U_S \cdot I_S$$
$$= 216\,\text{V} \cdot 1{,}15\,\text{A}$$
$$S = 248\,\text{VA}$$

$$Q = \sqrt{S^2 - P^2}$$
$$= \sqrt{(248\,\text{VA})^2 - (134\,\text{W})^2}$$
$$\underline{\underline{Q = 209\,\text{var}}}$$
$$\lambda = \frac{P}{S}$$
$$= \frac{134\,\text{W}}{248\,\text{VA}}$$
$$\underline{\underline{\lambda = 0{,}54}}$$

2. mit Freilaufdiode

$$S = U_S \cdot I_S$$
$$= 216\,\text{V} \cdot 1{,}11\,\text{A}$$
$$\underline{\underline{S = 240\,\text{VA}}}$$
$$Q = \sqrt{S^2 - P^2}$$
$$= \sqrt{(240\,\text{VA})^2 - (142\,\text{W})^2}$$
$$\underline{\underline{Q = 193{,}5\,\text{var}}}$$
$$\lambda = \frac{P}{S}$$
$$= \frac{142\,\text{W}}{240\,\text{VA}}$$
$$\underline{\underline{\lambda = 0{,}59}}$$

Übung 1.6 – 5

Begründen Sie die Erhöhung von P und die Verringerung von S durch die Freilaufdiode in Beispiel 1.6 – 1 anhand des Stromverlaufes.

Bild 1.6 – 6 zeigt eine Brückenschaltung B 2, bei der die Ventile 3 und 4 durch Dioden ersetzt wurden, die sogenannte halbgesteuerte Brükkenschaltung. Sobald bei positiver Spannung U_S V1 gezündet wird, leitet V 4, und es fließt der Strom i_1 wie in der vollgesteuerten Brücke.

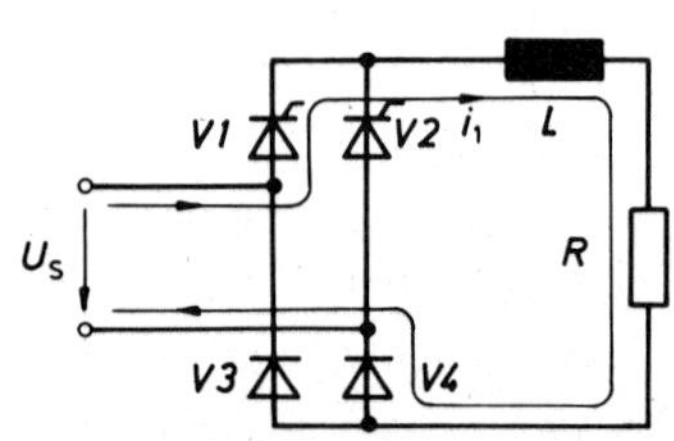

Bild 1.6 – 6

Polt sich U_S um, wird V 4 gesperrt und V 3 leitend. Da zu dieser Zeit der Laststrom schon wieder abklingt, hat U_L die gezeichnete Polarität, so daß V 1 und V 3 leitend gehalten werden. V 1 und V 3 bzw. V 2 und V 4 wirken also zu bestimmten Zeiten wie Freilaufkreise.

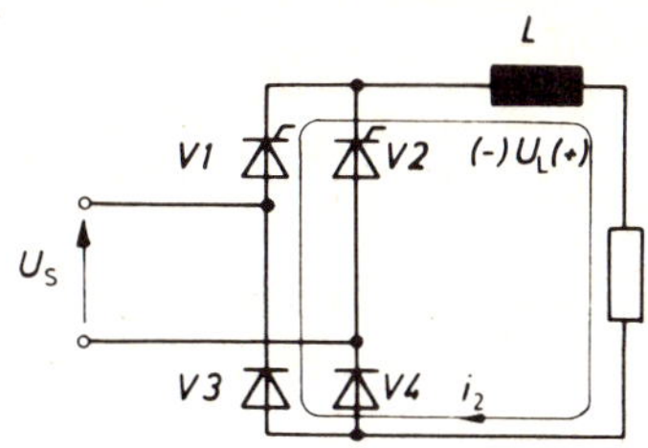

Bild 1.6 – 7

Halbgesteuerte Brücken enthalten Freilaufkreise und weisen daher die genannten Vorteile auf.

Lernzielorientierter Test zu Kapitel 1.6

1. Welche Eigenschaften hat die Einwegschaltung mit Freilaufdiode?
   - O Der Wirkungsgrad ist gegenüber der Schaltung ohne Freilaufdiode größer.
   - O In der Netzleitung fließt nur Strom von $\omega t_1 = \alpha$ bis $\omega t_2 = 180°$.
   - O Man kann auch ohne teure Glättungsdrossel einen großen Stromflußwinkel erzielen.
   - O $U_d(\omega t)$ ist Null, wenn die Freilaufdiode leitet.
   - O Das Verhältnis $\frac{S}{P_{di}}$ ist gegenüber der Schaltung ohne Freilaufdiode größer.

2. Welche Eigenschaften der Schaltung mit Freilaufdiode haben Einfluß auf den Leistungsfaktor?
   - O Im Netz fließt ein kleinerer Strom.
   - O Im Verbraucher fließt ein größerer Strom.
   - O Die Ventilspannung ist größer.
   - O Der Anschnittwinkel ist kleiner.
   - O Die e-Funktion klingt langsamer ab als die Summe $i_e(t) + i_a(t)$.

3. Welche Antworten zu folgendem Diagramm sind richtig?

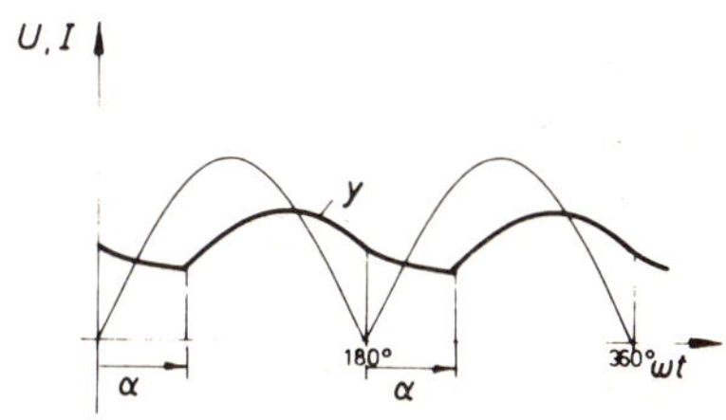

Bild 1.6 – 8

   - O Der Graph $y(\omega t)$ zeigt den Verlauf $U_R(\omega t)$ einer halbgesteuerten B 2-Schaltung.
   - O Die e-Funktion des Stromes im Freilaufkreis ist noch nicht abgeklungen, wenn die jeweils andere Ventilgruppe leitend wird.
   - O Bei $\omega t = \alpha$ findet ein Kommutierungsvorgang zwischen den Thyristoren statt.
   - O Bei $\omega t = 180°$ findet ein Kommutierungsvorgang zwischen den Dioden statt.
   - O Im Intervall $\alpha < \omega t < 180°$ hat $y(\omega t)$ sinusförmigen Verlauf.

4. Wodurch geht bei Verwendung der Freilaufdiode der Gleichrichter vom lückenden in den nicht lückenden Betrieb über?
   - O Vergrößerung des Lastwiderstandes
   - O Vergrößerung der Glättungsdrossel
   - O Vergrößerung des Anschnittwinkels
   - O Verwendung einer größeren Diode

5. Welche Eigenschaften hat eine halbgesteuerte Brücke gegenüber einer vollgesteuerten?
   - O U_{di} ist größer.
   - O I_V ist kleiner.
   - O Der Leistungsfaktor ist größer.
   - O Ein Thyristor schaltet immer gleichzeitig mit einer Diode.
   - O $U_d(\omega t)$ hat niemals negative Spannungszeitflächen.

1.7 Gleichrichter mit Gleichstrommaschine

Lernziele

Der Lernende ...

- nennt Anwendungen des Gleichrichters mit Gegenspannung,
- skizziert eine Schaltung mit fremderregter G-Maschine, B 2-stromrichtergespeistem Anker, ohne Glättungsdrossel,
- erläutert das Verhalten und die Steuerung der Maschine im Leerlauf,
- berechnet Leerlaufdrehzahlen in Abhängigkeit von α,
- erläutert das Auftreten unregelmäßigen Zündens der Thyristoren,
- erläutert das Verhalten und die Steuerung der Maschine bei Belastung,
- berechnet Drehzahlen unter Belastung,
- erläutert das weiche Drehzahlverhalten der Maschine bei lückendem Stromrichter,
- skizziert eine Schaltung mit fremderregter G-Maschine, B 2-stromrichtergespeistem Anker und Glättungsdrossel,
- erläutert die Aufteilung der Mischspannung,
- erläutert die Verbesserung des Drehzahlverhaltens durch die Glättungsdrossel,
- berechnet Drehzahlen bei lückfreiem Betrieb,
- erläutert das Auftreten zusätzlicher Ankerverluste, wenn der Anker mit welligem anstelle von ideal geglättetem Strom gespeist wird.

1.7.1 Gleichrichter mit Gegenspannung

Der Gleichrichter mit zeitlich konstanter Gegenspannung hat seine technische Realisierung

1. in der stromrichtergespeisten Gleichstrommaschine mit Anschnittsteuerung zur Drehzahlsteuerung,
2. in stromrichtergespeisten elektrochemischen Anlagen (Elektrolyse, Batterieladen usw.) als ungesteuerter Gleichrichter.

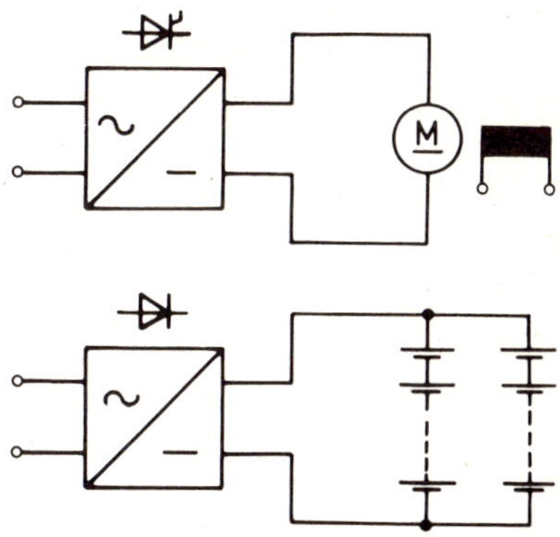

Bild 1.7 – 1

Es soll in Bild 1.7 die Problematik des gesteuerten Gleichrichters mit Gleichstrommaschine dargestellt werden. Bild 1.7 – 2 zeigt den Ankerstromkreis, der aus einer Brückenschaltung gespeist wird. U_0 ist die im Motor induzierte Gegenspannung. Aufgrund der Maschinenschwungmasse ist U_0 zeitlich konstant und in seiner Größe proportional der Drehzahl.

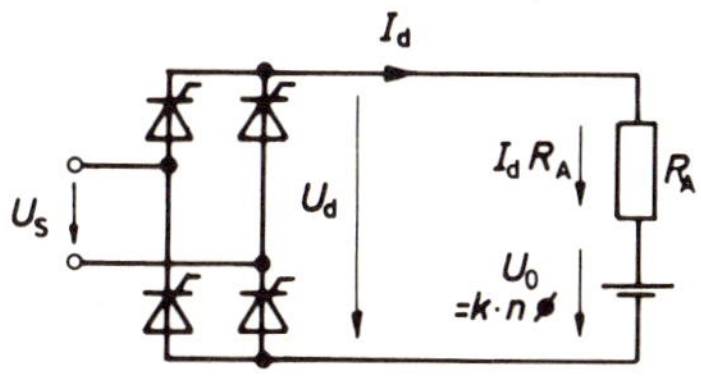

Bild 1.7 – 2

$$U_0 = k \cdot n \cdot \Phi \qquad (1.7-1)$$

k Maschinenkonstante

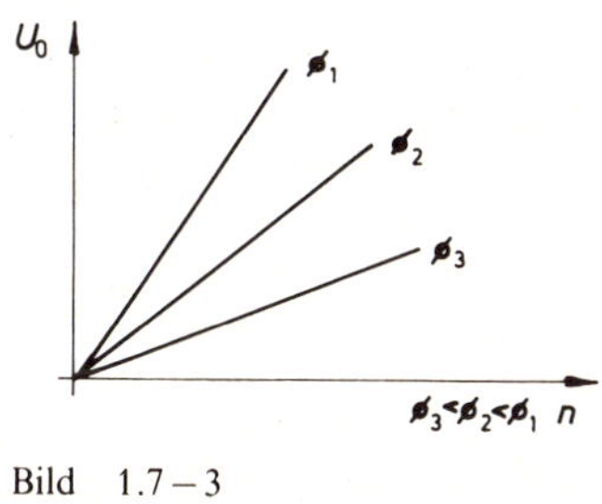

Bild 1.7 – 3

Aus Bild 1.7 – 2 folgt außerdem:

$$U_d(\omega t) = I_d(\omega t) \cdot R_A + U_0 \qquad (1.7-2)$$

und daraus:

$$I_d(\omega t) = \frac{U_d(\omega t) - U_0}{R_A} \qquad (1.7-3)$$

Die treibende Spannung für den Ankerstrom ist also nur die Differenz $U_d(\omega t) - U_0$. Grundsätzlich kann nur Strom fließen, wenn $U_d(\omega t) > U_0$ ist. Auch die Thyristoren können nur mit dieser Bedingung gezündet werden. Wenn einer der Stromwege durchgeschaltet ist, ist bekanntlich $U_d(\omega t) = U_S(\omega t)$. Sind alle Thyristoren gesperrt, ist $I_d(\omega t) = 0$ und damit $U_d(\omega t) = U_0$.

In Bild 1.7 – 4 sind die treibende Spannung und der sich ergebende Ankerstrom schraffiert.

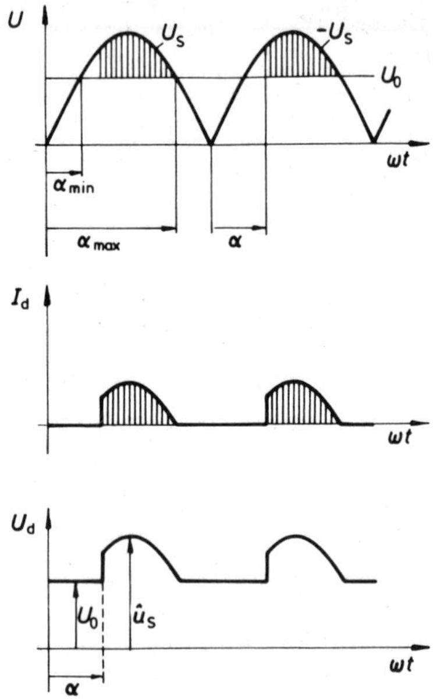

Bild 1.7 – 4

Beispiel 1.7 – 1

Zu berechnen sind der mögliche Zündbereich und der momentane Ankerstrom bei

$\omega t_1 = \alpha_{min}$,

$\omega t_2 = 90°$, $\omega t_3 = 120°$,

$\omega t_2 = 90°$, $\omega t_3 = 120°$,

$\omega t_4 = 150°$ mit den Daten:

$U_S = 220$ V, $U_0 = 215$ V, $R_A = 0{,}8\ \Omega$

1. möglicher Zündbereich:

$$\hat{u}_S \cdot \sin \alpha_{min} = U_0$$

$$\alpha_{min} = \arcsin \frac{U_0}{\hat{u}_S}$$

$$= \arcsin \frac{215\text{ V}}{220\text{ V} \cdot \sqrt{2}}$$

$$\underline{\underline{\alpha_{min} = 43{,}7°}}$$

$$\alpha_{max} = 180° - 43{,}7°$$

$$\underline{\underline{\alpha_{max} = 136{,}3°}}$$

2. Momentanstrom bei $\omega t_1 = \alpha_{min}$:

$$\underline{\underline{i_{d1} = 0, \text{ da } u_{S1} - U_0 = 0}}$$

3. Momentanstrom bei $\omega t_2 = 90°$:

$$i_{d2} = \frac{220\text{ V} \cdot \sqrt{2} - 215\text{ V}}{0{,}8\ \Omega}$$

$$\underline{\underline{i_{d2} = 120\text{ A}}}$$

4. Momentanstrom bei $\omega t_3 = 120°$:

$$i_{d3} = \frac{220\,\text{V} \cdot \sqrt{2} \cdot \sin 120° - 215\,\text{V}}{0{,}8\,\Omega}$$

5. Momentanstrom bei $\omega t_4 = 150°$:

$$i_{d3} = 68\,\text{A}$$

Der Strom i_{d4} ist Null, da i_d bereits bei $\omega t = \alpha_{max}$ den Haltestrom der Thyristoren unterschritten hat.

Übung 1.7 – 1

Mit den Daten aus Beispiel 1.7 – 1 soll berechnet werden

1. der Einschaltstrom der Thyristoren, wenn $\alpha = 82°$ ist
2. U_d für $\alpha_1 = 43{,}7°$, $\alpha_2 = 60°$, $\alpha_3 = 120°$

1.7.2 Verhalten der Maschine im Leerlauf

Es soll der ideelle Leerlauf betrachtet werden, d. h. der Ankerstrom I_{d0} wird vernachlässigt.

Bei $\alpha = 180°$ ist $U_d = U_0 = 0$ und damit die Drehzahl 0. Wird der Anschnittwinkel verkleinert, fließt kurzzeitig ein Ankerstrom. Dadurch wird die Maschine beschleunigt; U_0 steigt, bis der Ankerstrom wieder Null geworden ist. Bei $\alpha = 90°$ stellt sich die maximale Drehzahl ein.

ideeller Leerlauf:

$$I_{d0} = 0$$

$$U_d(\omega t) = U_0 \qquad (1.7-4)$$

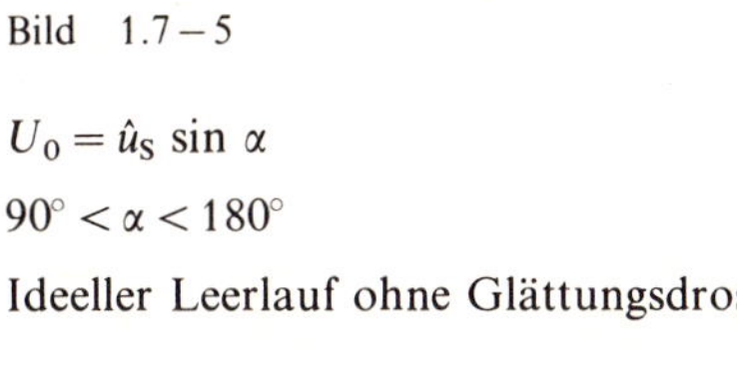

Bild 1.7 – 5

$$U_0 = \hat{u}_S \sin \alpha \qquad (1.7-5)$$

$$90° < \alpha < 180°$$

Ideeller Leerlauf ohne Glättungsdrossel

Übung 1.7 – 2

Eine G-Maschine mit $U_N = 220$ V und $n_0 = 1\,800\ \text{min}^{-1}$ soll über eine B 2-Schaltung mit $U_S = 220$ V eine Leerlaufdrehzahl $n_{01} = 1\,000\ \text{min}^{-1}$ erhalten. Berechnen Sie α.

Wie groß wird die Drehzahl bei $\alpha = 90°$ im Leerlauf?

Wird der Anschnittwinkel weiter verkleinert, tritt das unerwünschte „Pumpen" der Maschine auf. In Bild 1.7 – 6 ist α durch das Steuergerät festgelegt und konstant. In der ersten Halbwelle sind die Verhältnisse so dargestellt, daß eine Zündung der zugehörigen Thyristoren erfolgen kann. Im Zündaugenblick ist das Anodenpotential $U_S(\omega t)$ größer als das Kathodenpotential U_0. Die Maschine erhält den gezeichneten Ankerstromimpuls $I_d(\omega t)$, wird schneller, U_0 steigt. Bei $\omega t = \alpha$ ist in der zweiten Halbwelle U_0 größer als $U_S(\omega t)$. Für mehrere Perioden erfolgt keine Zündung, bis U_0 infolge der Reibung wieder genügend abgesunken ist.

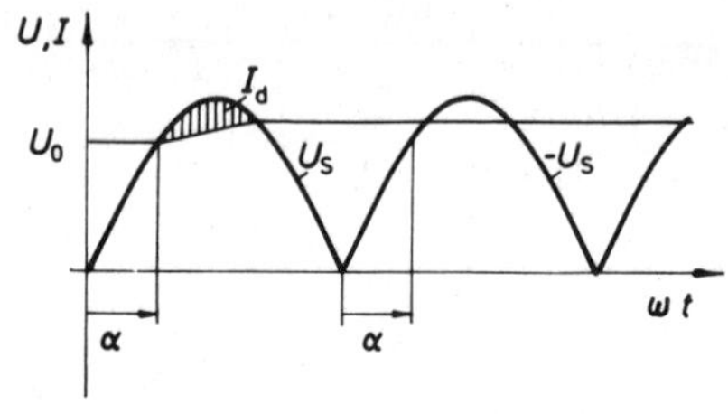

Bild 1.7 – 6

Bei kleinen Anschnittwinkeln und geringer Last tritt unregelmäßiges Zünden der Thyristoren auf; dadurch entsteht ein unregelmäßiger „pumpender" Betrieb.

Übung 1.7 – 3

Bei welchen Drehzahlen kann bei der Maschine von Übung 1.7 – 2 eine Zündung erfolgen, wenn $\alpha = 66°$ ist?

1.7.3 Maschine bei Belastung

Soll die fremderregte G-Maschine ein Drehmoment M abgeben, muß sie einen dem Drehmoment M proportionalen Ankerstrom I_d aufnehmen.

$$M = C \cdot \Phi \cdot I_d \qquad (1.7-6)$$

C Maschinenkonstante

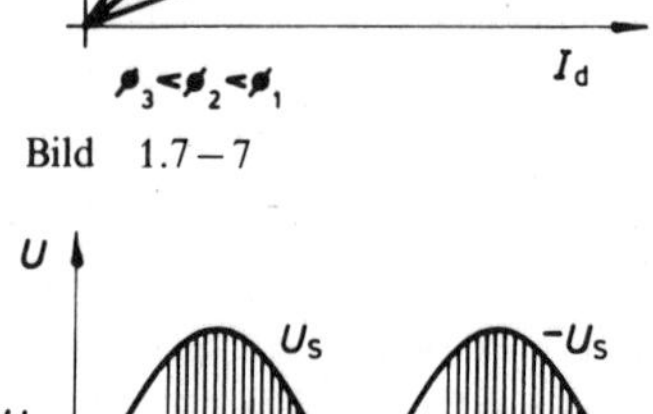

Bild 1.7 – 7

Bild 1.7 – 8 zeigt die Verhältnisse für einen regelmäßigen Betrieb. U_0 hat aufgrund der Schwungmasse einen zeitlich konstanten Wert. Die entstehende Stromzeitfläche ist so groß, daß sie gerade den richtigen Wert für das benötigte Drehmoment nach Gl. 1.7 – 6 hat.

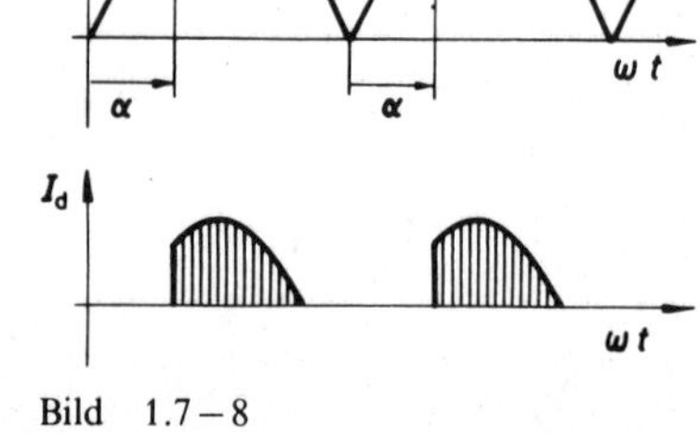

Bild 1.7 – 8

Wird die Maschine, von Bild 1.7 – 8 ausgehend, weiter belastet, so muß U_0 so weit absinken (und damit die Drehzahl), daß eine genügend große Strom-Zeit-Fläche entsteht.

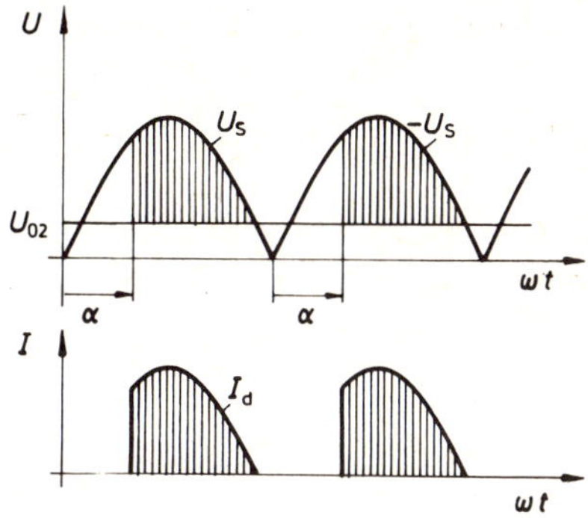

Bild 1.7 – 9

Beispiel 1.7 – 2

Die Verhältnisse in Bild 1.7 – 8 sollen durch folgende Zahlenverhältnisse konkretisiert werden: $U_{01} = 10\,\text{V} \mathrel{\hat{=}} n_1 = 1\,800\,\text{min}^{-1}$, $\hat{u}_S = 24\,\text{V}$, $\alpha = 60°$.

1. Berechnen Sie den durchschnittlichen Ankerstrom I_d mit $R_A = 2{,}5\,\Omega$.
2. Berechnen Sie analog Drehzahl und Ankerstrom zu Bild 1.7 – 9, $U_{02} = 6\,\text{V}$.
3. Berechnen Sie die Drehzahlsteifigkeit $\dfrac{\Delta n}{\Delta I_d}$ für Stromrichterbetrieb und Gleichstrombetrieb der gleichen Maschine.

Lösung zu 1:

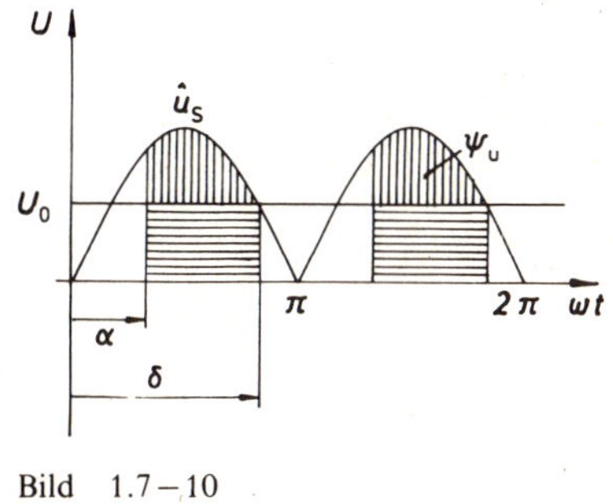

Bild 1.7 – 10

Der Winkel δ_1 beträgt:

$$\delta_1 = \arcsin \frac{U_{01}}{\hat{u}_S} = \arcsin \frac{12\,\text{V}}{24\,\text{V}}$$

$\delta_1 = 180° - 30°$!

$$\delta_1 = 150° = \frac{5\pi}{6}$$

Damit erhält man für die wirksame Spannungszeitfläche nach Gl. (1.3 – 7):

$$\psi_{u1} = 2\hat{u}_S[-\cos\omega t]_{\alpha}^{\delta_1} - 2U_0(\delta_1 - \alpha)$$

$$= 2 \cdot 24\,\text{V}\left[-\cos\frac{5\pi}{6} - \left(-\cos\frac{2\pi}{6}\right)\right] - 2 \cdot 12\,\text{V}\left(\frac{5\pi}{6} - \frac{2\pi}{6}\right)$$

$$= 27{,}9\,\text{V}$$

Die Strom-Zeit-Fläche beträgt dann:

$$\psi_{i1} = \frac{\psi_{u1}}{R_A} = \frac{27{,}9\,\text{V}}{2{,}5\,\Omega}$$

$$\psi_{i1} = 11{,}1\,\text{A}$$

Damit beträgt der Strom I_{d1}:

$$I_{d1} = \frac{\psi_{i1}}{2\pi}$$

$$I_{d1} = 1{,}77\,\text{A}$$

Lösung zu 2:

Die Drehzahl beträgt (Gl. 1.7−1):

$$n_2 = n_1 \frac{U_{02}}{U_{01}} = 1\,800\,\text{min}^{-1} \frac{6\,\text{V}}{12\,\text{V}}$$

$$n_2 = 900\,\text{min}^{-1}$$

Der Winkel δ_2 beträgt:

$$\delta_2 = \arcsin \frac{U_{02}}{\hat{u}_S} = \arcsin \frac{6\,\text{V}}{24\,\text{V}}$$

$$\delta_2 = 165{,}5° = 2{,}89$$

Spannungs-Zeit-Fläche:

$$\psi_{u2} = 2 \cdot 24\,\text{V} \left[-\cos 2{,}89 - \left(-\cos \frac{2\pi}{6} \right) \right] - 2 \cdot 6\,\text{V} \left(2{,}89 - \frac{2\pi}{6} \right)$$

$$\psi_{u2} = 48{,}4\,\text{V}$$

Strom-Zeit-Fläche:

$$\psi_{i2} = \frac{\psi_{u2}}{R_A}$$

$$\psi_{i2} = 19{,}36\,\text{A}$$

$$I_{d2} = \frac{\psi_{i2}}{2\pi}$$

$$I_{d2} = 3{,}08\,\text{A}$$

Lösung zu 3:

Stromrichterantrieb:

$$\frac{\Delta n}{\Delta I_d} = \frac{1\,800\,\text{min}^{-1} - 900\,\text{min}^{-1}}{1{,}77\,\text{A} - 3{,}08\,\text{A}}$$

$$\frac{\Delta n}{\Delta I_d} = -687\,\frac{\text{min}^{-1}}{\text{A}}$$

Gleichstromantrieb:

Die Klemmenspannung ist konstant,
$U = U_0 + I_{d1} \cdot R_A$

$$U = U_{01} + I_{d1} \cdot R_A$$
$$= 12\,\text{V} + 1{,}77\,\text{A} \cdot 2{,}5\,\Omega$$
$$U = 16{,}4\,\text{V}$$

Beim Strom I_{d2} ergibt sich ein U_{02}:

$$U_{02} = U - I_{d2} \cdot R_A$$
$$= 16{,}4\,\text{V} - 3{,}08\,\text{A} \cdot 2{,}5\,\frac{\text{V}}{\text{A}}$$
$$U_{02} = 8{,}7\,\text{V}$$

Damit ergibt sich eine Drehzahl:

$$n_2 = n_1 \cdot \frac{U_{02}}{U_{01}}$$
$$= 1\,800\,\text{min}^{-1}\,\frac{8{,}7\,\text{V}}{12\,\text{V}}$$
$$n_2 = 1\,305\,\text{min}^{-1}$$

Drehzahlsteifigkeit bei Gleichstromspeisung:

$$\frac{\Delta}{\Delta I_d} = \frac{1\,800\,\text{min}^{-1} - 1\,305\,\text{min}^{-1}}{1{,}77\,\text{A} - 3{,}08\,\text{A}}$$
$$\frac{\Delta n}{\Delta I_d} = -378\,\frac{\text{min}^{-1}}{\text{A}}$$

Vergleicht man die Ergebnisse für $\frac{\Delta n}{\Delta I_d}$, so erhält man:

Bei Stromrichterspeisung und Lückbetrieb ist das Drehzahlverhalten der G-Maschine weniger hart als bei Gleichstromspeisung.

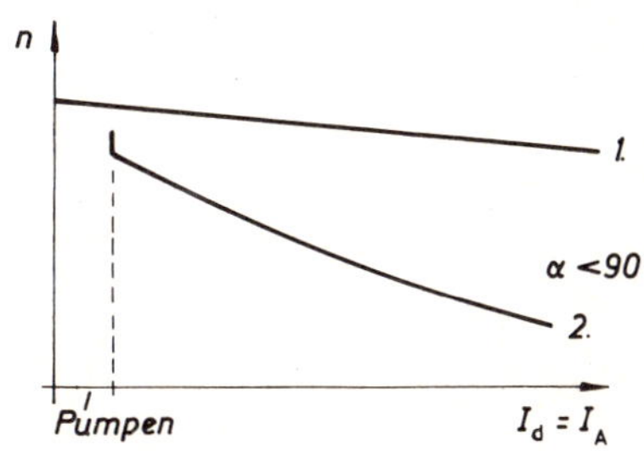

Bild 1.7 – 11
1. Gleichstrombetrieb
2. Stromrichterbetrieb ohne Glättungsdrossel

Übung 1.7 – 4

Berechnen Sie zu Beispiel 1.7 – 2
1. den maximalen Strom bei Gleichrichterspeisung und bei Gleichstromspeisung (Mittelwerte),
2. die Größe des Ankerstromes, unterhalb derer die Maschine in den unerwünschten Pumpbetrieb eintritt. $\alpha = 60°$

1.7.4 Einbau einer Glättungsdrossel

Beide Effekte, das „Pumpen“ und der starke Drehzahlabfall können vermieden werden, wenn in den Ankerkreis eine Glättungsdrossel eingebaut wird. Der Stromflußwinkel kann dann auf 180° vergrößert werden.

$U_d(\omega t)$ wird dann unabhängig von I_d (siehe 1.2.)

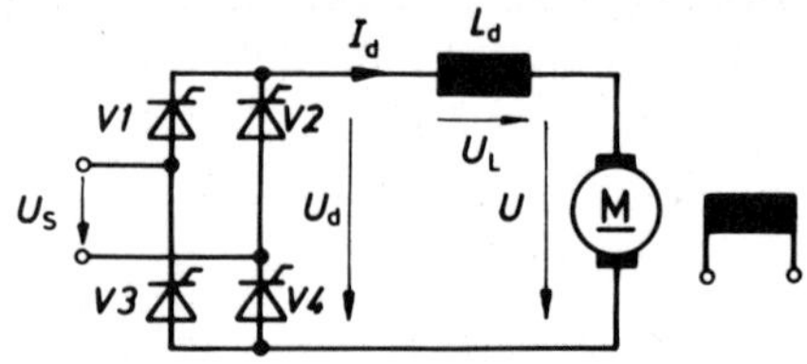

Bild 1.7 – 12

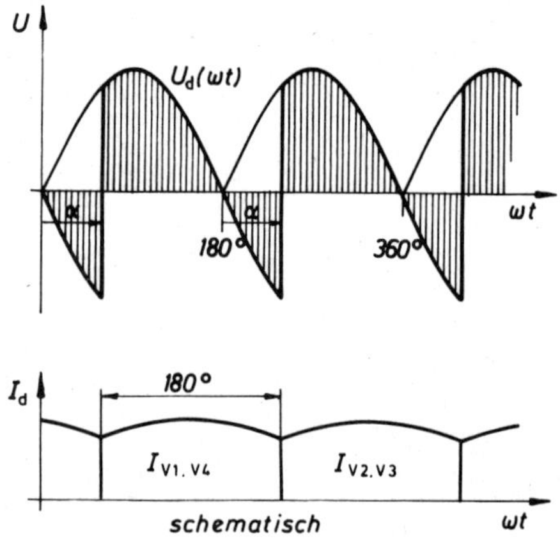

Bild 1.7 – 13

Der Mittelwert U_d stellt eine Gleichspannung dar und fällt daher vollständig am Anker ab. Die Drossel nimmt den Wechselspannungsanteil von $U_d(\omega t)$ auf.

$$U_d = U \qquad (1.7-7)$$

$$U_L(\omega t) = u_{d\sim}(\omega t) \qquad (1.7-8)$$

Übung 1.7 – 5

Begründen Sie den Spannungs- und Stromverlauf in Bild 1.7 – 13.

Übung 1.7 – 6

Skizzieren Sie analog zu Bild 1.7 – 13 die Spannung $U_d(\omega t)$ bei sehr kleinem Ankerstrom, so daß wieder Lückbetrieb einsetzt und erläutern Sie das dann wieder einsetzende weiche Drehzahlverhalten.

Übung 1.7 – 7

Berechnen Sie die Motordrehzahl zu Bild 1.7 – 13 mit $U_S = 220$ V, $I_d = 7{,}8$ A, $R_A = 0{,}64\ \Omega$, $U_N = 220$ V (Nennspannung der Maschine), $n_0 = 1\,800\ \text{min}^{-1}$ (Leerlaufdrehzahl der Maschine bei Nennspannung).

Übung 1.7 – 8

1. Warum tritt bei nicht lückendem Ankerstrom kein Pumpen auf? Erklärung anhand Bild 1.7 – 12.
2. Erläutern Sie das Entstehen von Zündaussetzern bei lückendem Ankerstrom anhand eines Liniendiagramms mit U_S, U_d, I_d, U_0.

Bild 1.7 – 14 zeigt die Drehmoment-Drehzahl-Kennlinien des fremderregten Motors bei Stromrichterbetrieb mit Glättungsdrossel.

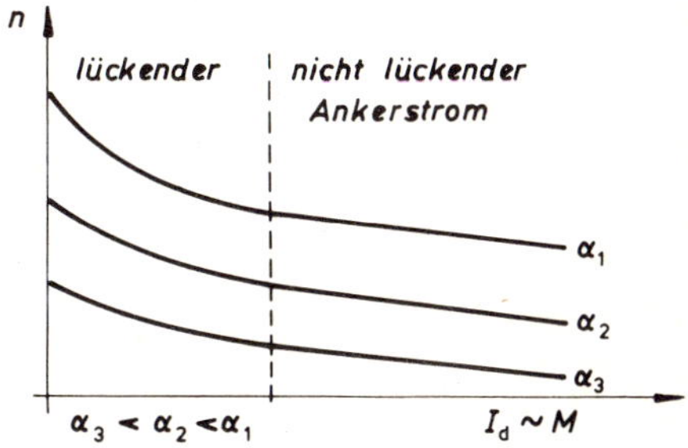

Bild 1.7 – 14

1.7.5 Leistung und Verluste

Ein Einweg-Gleichrichter speist eine Gleichstrommaschine, die durch das Ankerersatzschaltbild dargestellt ist.

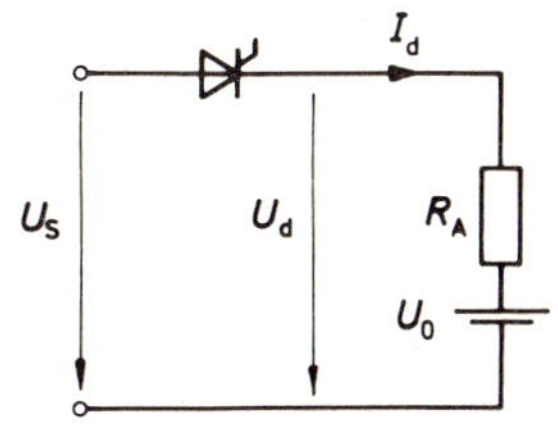

Bild 1.7 – 15

Die Momentanleistung auf der Gleichstromseite beträgt:

$$P = u_d \cdot i_d \quad (1.7-9)$$

$$u_d = U_0 + i_d \cdot R_A \quad (1.7-10)$$

Mit Gl. (1.7 – 10) folgt:

$$P = (U_0 + i_d \cdot R_A) \cdot i_d$$

$$P = U_0 i_d + i_d^2 \cdot R_A \quad (1.7-11)$$

Der Mittelwert der momentanen Leistung ist die Wirkleistung P. Da U_0 und R_A konstant sind, ergibt sich im ersten Teil der Gleichung bei der Mittelwertbildung I_d, im zweiten Teil der quadratische Mittelwert i_{deff}:

$$P = U_0 I_d + i_{deff}^2 R_A \quad (1.7-12)$$

i_{deff} setzt sich nach Gl. (1.7 – 13) aus I_d und $i_{d\sim eff}$ zusammen:

$$i_{deff}^2 = I_d^2 + i_{d\sim eff}^2 \quad (1.7-13)$$

Ferner gilt nach Gl. (1.7 – 10):

$$U_d = U_0 + I_d R_A \quad (1.7-14)$$

Gl. (1.7 – 13) und Gl. (1.7 – 14) in Gl. (1.7 – 12) eingesetzt, ergibt:

$$P = U_d I_d + i_{d\sim eff}^2 R_A \quad (1.7-15)$$

Der erste Teil der Gleichung ist die Gleichstromleistung. Diesen Teil nimmt die Maschine auch bei Gleichstromspeisung auf.

Der zweite Teil tritt nur bei Stromrichterspeisung auf, wenn I_d nicht ideal geglättet ist. Die Maschine wird zusätzlich erwärmt. Man muß dann die Maschine geringer belasten, oder verstärkt kühlen, oder den Ankerstrom besser glätten, damit $i_{d\sim eff}$ möglichst klein wird.

wenn $i_{d\sim eff} = 0$

$$\Rightarrow \quad P = P_d \tag{1.7-16}$$

Übung 1.7 – 9

In der gegebenen Schaltung wurden folgende Meßwerte aufgenommen:

elektrodynamisches Instrument: 150 W,
Dreheiseninstrumente: 128 V, 1,8 A,
Drehspulinstrumente: 113 V, 1,13 A,
Ferner ist bekannt: $R_A = 11\ \Omega$.

Berechnen Sie:

1. die vom Motor aufgenommene Wirkleistung; der Leistungsmesser soll nur zum Vergleich herangezogen werden.
2. die Gleichstromleistung
3. die Ankerstromwärme P_{CuA}
4. die Zusatzankerstromwärme $P_{CuA\sim}$ durch den welligen Strom.

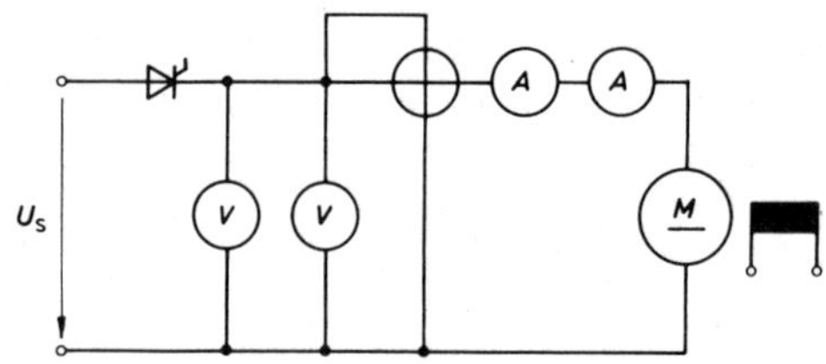

Bild 1.7 – 16

Lernzielorientierter Test zu Kapitel 1.7

1. In welchen Fällen arbeiten Gleichrichter auf eine konstante Gegenspannung?

   O Bei ohmscher-induktiver Last
   O Gleichstrommaschine ohne Glättungsdrossel
   O Gleichstrommaschine mit Glättungsdrossel
   O Elektrolyse
   O Batterieladen

2. Welche ist die treibende Spannung für den Ankerstrom?

   O $U_d - U_0$
   O U_0
   O $U_S(\omega t) - U_0$, wenn der Gleichrichter durchgeschaltet ist.
   O U_0, wenn die Maschine steht.

3. Wodurch entsteht „Pumpen“ der gleichrichtergespeisten G-Maschine?
   - O $90° < \alpha < 180°$
   - O Zu kleine Glättungsdrossel
   - O Zu großer Ankerstrom
   - O Bei pulsierender Spannung U_0
   - O Beim Anlaufen

4. Unter welchen Umständen kann unregelmäßiges Zünden der Thyristoren beim Gleichrichter mit G-Maschine entstehen?
   - O Bei $\omega t = \alpha$ ist $U_0 > u_S$
   - O Bei geringer Belastung
   - O Bei $\omega t = \alpha$ ist $\varphi_A > \varphi_K$
   - O Wenn der Stromflußwinkel kleiner als 180° ist
   - O Durch den starken Drehzahlabfall bei Belastung

5. Welcher Verlauf für U_d ist richtig? $\alpha = 30°$.
   B 2-Schaltung mit Thyristoren.

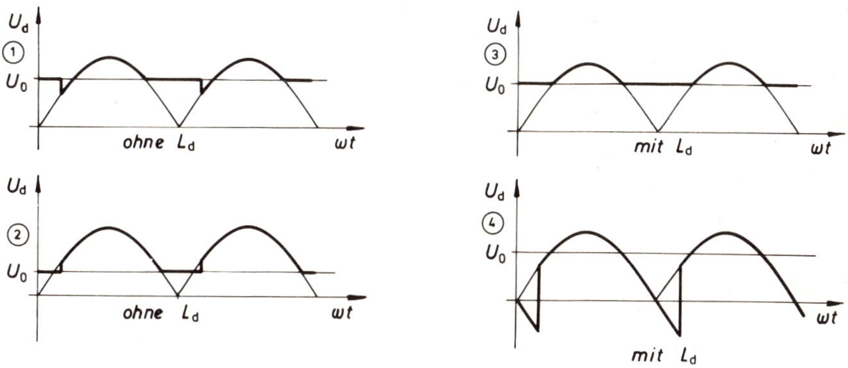

6. Wie verhält sich die fremderregte G-Maschine bei Stromrichterspeisung?
   - O Sie geht im Leerlauf durch.
   - O Bei lückendem Ankerstrom ist das Drehzahlverhalten unerwünscht weich.
   - O Wenn der Stromflußwinkel 180° beträgt (M 2-Schaltung), genau so wie bei Gleichstrombetrieb.
   - O Bei ungeeignetem Anschnittwinkel und kleiner Last, bzw. im Leerlauf, tritt ein unregelmäßiger Pumpbetrieb auf.

2 Leistungshalbleiter

2.1 Thyristoren und Dioden

Lernziele

Der Lernende ...

- datiert die wichtigsten Stufen der Entwicklung von Leistungshalbleitern,
- erläutert den heute erreichten Stand,
- stellt die Entwicklungsziele dar,
- beschreibt den Aufbau des eigentlichen Halbleiterelementes,
- beschreibt Baukonstruktionen von Leistungsbauelementen,
- begründet den Vorteil der Druckkontaktierung,
- zeichnet die statischen Kennlinien von Diode, Thyristor und Triac und beschreibt anhand der Verläufe das Schaltverhalten,
- erläutert die Steuereigenschaften des Thyristors,
- nennt die Anforderungen an die Steuerimpulse,
- erläutert die Verläufe von Ventilspannung und Ventilstrom während des Einschaltvorgangs,
- erläutert die kritische Stromanstiegsgeschwindigkeit,
- erläutert die kritische Spannungsanstiegsgeschwindigkeit,
- erläutert die Verläufe von Ventilspannung und Ventilstrom während des Ausschaltvorgangs,
- erläutert den überhöhten Sperrstrom,
- definiert die Freiwerdezeit,
- erklärt die Entstehung der Kommutierungsüberspannungen,
- erklärt das thermische Überlastverhalten,
- nennt die im Thyristor entstehenden Verlustleistungen,
- berechnet die Durchlaßverluste,
- ermittelt Kühlkörper,
- erläutert die Funktion der RC-Schutzbeschaltung,
- erklärt die Aufgaben verschiedener Überstromschutzorgane wie Sicherungen, Schnellschalter, Bimetallschutzschalter oder Strombegrenzungsregler.

2.1.1 Entwicklung

Ein Teil der in der Leistungselektronik verwendeten Grundschaltungen wurde schon entwikkelt bevor Halbleiterbauelemente zur Verfügung standen und mit gittergesteuerten Quecksilberdampfventilen aufgebaut. Erste Halbleiterventile waren ab etwa 1930 als Kupferoxyduldioden (Sperrfähigkeit ca. 7 V) verfügbar. Um 1940 wurden Selendioden (Sperrfähigkeit ca. 35 V) eingeführt und um 1950 kamen Germaniumdioden (Sperrfähigkeit ca. 200 V) dazu. Wegen der geringen Sperrfähigkeit erlangten diese Bauelemente für die Leistungselektronik – damals Stromrichtertechnik genannt – keine große Bedeutung. Um 1950 kamen die ersten Siliziumdioden (Sperrfähigkeit 900 V) und 1958 die ersten Siliziumthyristoren (Sperrfähigkeit 600 V) auf den Markt. Heute werden Schaltungen der Leistungselektronik praktisch ausschließlich mit Siliziumdioden und Siliziumthyristoren aufgebaut, die mit Sperrfähigkeiten bis ca. 4 500 V und Strombelastbarkeiten bis ca. 1 500 A zur Verfügung stehen. Neben der Erhöhung der zulässigen Spannungen und Ströme war eine Verbesserung der dynamischen Eigenschaften – zulässige Spannungsanstiegsgeschwindigkeit, zulässige Stromanstiegsgeschwindigkeit, Freiwerdezeit u. a. – das wesentlichste Entwicklungsziel, weil hierdurch bekannte Schaltungen vereinfacht und neue Anordnungen realisierbar wurden.

Im Bereich kleiner Leistungen werden auch Siliziumtransistoren und Siliziumtriacs – das sind Zweirichtungsthyristoren – eingesetzt.

Ziel der Entwicklung heute ist einerseits die Erhöhung der Schaltleistung pro Bauelement, die Senkung der notwendigen Steuerleistung und die weitere Verbesserung der dynamischen Eigenschaften und andererseits die Realisierung von lichtzündbaren Thyristoren, abschaltbaren Thyristoren, rückwärtsleitenden Thyristoren, die in entsprechenden Schaltungen zur Verringerung des Aufwandes beitragen sollen.

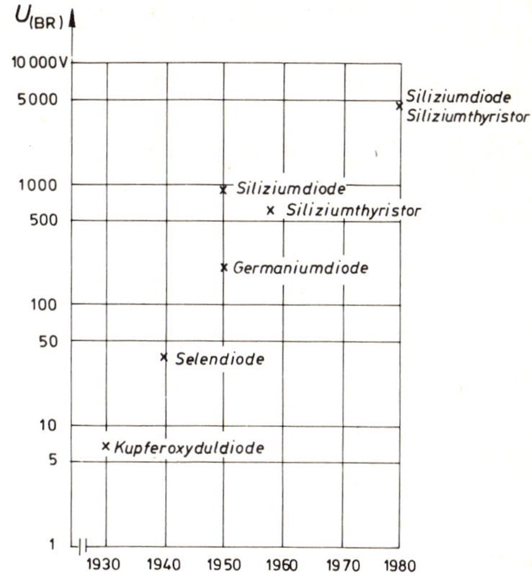

Bild 2.1 – 1

Entwicklungsziele:

Höhere Schaltleistung
Bessere dynamische Eigenschaften
Abschaltbare Thyristoren

2.1.2 Aufbau

Das eigentliche Halbleiterelement ist eine dünne (0,2 – 0,4 mm), einkristalline Siliziumscheibe mit einer Fläche von etwa 1 mm^2 bis zu ca. 70 cm^2, die durch Diffusionsprozesse, bei denen gezielt Fremdatome in das Siliziumkristall eingebaut werden, eine Schichtenfolge wechselnder Leitfähigkeit erhält. Bei der Diode ist die Schichtenfolge PN, beim Transistor PNP oder NPN und beim Thyristor PNPN. Durch Anbringen metallischer Kontakte auf beiden Seiten der Siliziumscheibe entsteht die Halbleitertablette, wobei die eine Seite bevorzugt durch Legieren auf eine 1 bis 2 mm starke Molybdän- oder Wolfram-Trägerplatte kontaktiert wird und die andere Seite ihren Kontakt durch

Das Halbleiterelement ist eine Siliziumtablette mit Schichten unterschiedlicher Leitfähigkeit, die auf eine Trägerplatte auflegiert ist.

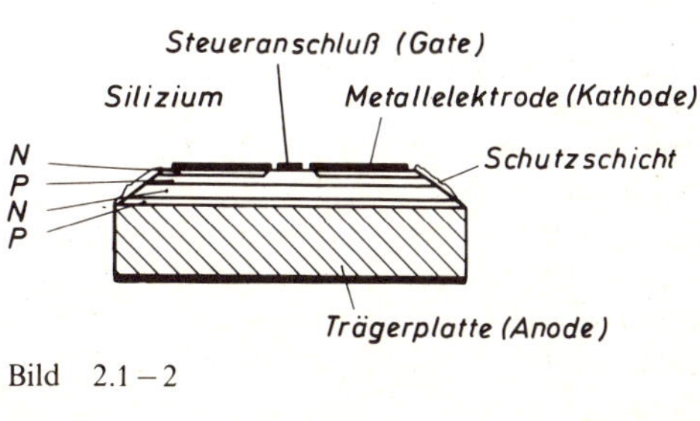

Bild 2.1 – 2

Aufdampfen einer Metallschicht (Aluminium, Silber u. a.) erhält. Damit das Element seine volle Sperrfähigkeit erlangt, muß sein Rand abgeschrägt und geätzt und dann glaspassiviert oder lackiert werden. Die Randbehandlung ist sehr entscheidend für die Langzeitstabilität der Sperrfähigkeit. Den schematischen Aufbau einer so hergestellten, fertigen Thyristortablette zeigt Bild 2.1 – 2.

Die Tablette muß nun in ein dichtes Gehäuse mit ausreichenden Isolationsstrecken eingebaut werden und mit Anschlüssen für die Stromzuführung versehen werden, über die auch die Verlustwärme, die im Betrieb in der Tablette entsteht, abgeführt wird. Die Konstruktion der Gehäuse richtet sich nach Strombelastbarkeit, Sperrfähigkeit und Anwendung der Bauelemente.

Kleinbauelemente für Ströme bis zu einigen Ampere werden bevorzugt kunststoffgekapselt (vergossen oder umpreßt) aber auch in Metallgehäuse mit und ohne Gewindezapfen, in Einpreßgehäuse und Flachgehäuse eingebaut. Bild 2.1 – 3 zeigt einige Gehäuseformen.

Bei der Kapselung von Leistungsbauelementen werden im wesentlichen zwei Konstruktionsprinzipien angewendet. Einmal werden die Tabletten in Metallgehäuse mit Schraubbolzen oder Flachboden eingebaut, wobei die Tabletten entweder eingelötet oder mit Hilfe von Federn druckkontaktiert werden. Speziell bei großen Bauelementen wird die Druckkontaktierung bevorzugt, da hier die unterschiedlichen Wärmeausdehnungen der Tablette und des Gehäusebodens auch bei häufig wechselnder Belastung nicht zu einer Verschlechterung des Kontaktes führen können. Bild 2.1 – 4 zeigt das Schnittbild eines druckkontaktierten Thyristors in Schraubfassung. Der Schraubbolzen wird in einen Kühlkörper eingeschraubt, über den die Verlustwärme einseitig abgeführt wird.

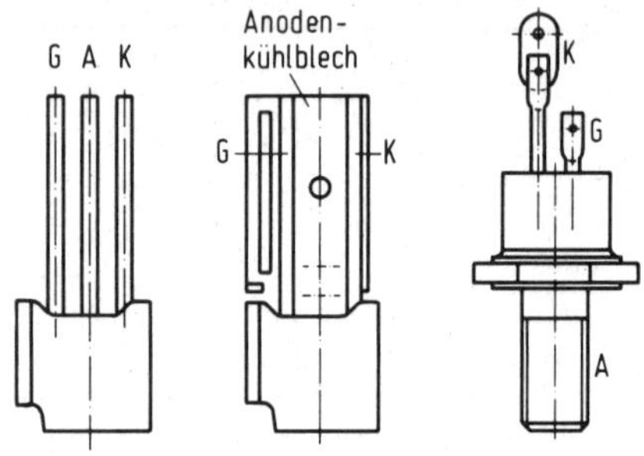

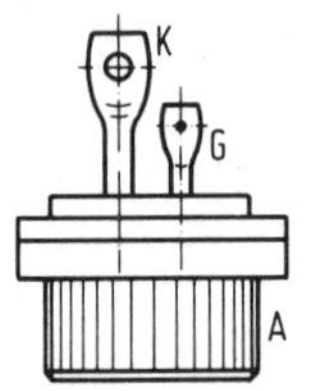

Bild 2.1 – 3 Bauformen von Kleinthyristoren

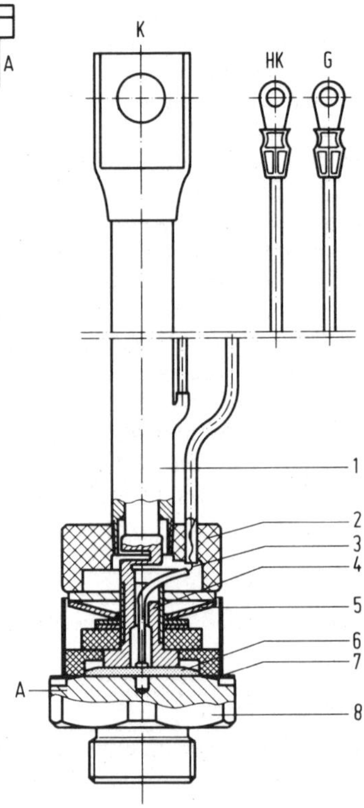

Bild 2.1 – 4 Druckkontaktierter Thyristor (Schnittbild)

A Anode
K Kathode
G Steueranschluß
HK Hilfskathode
1 Stromanschlüsse
2 Keramische Durchführung
3 Steueranschluß
4 Kupferstempel
5 Tellerfeder
6 Si-Tablette
7 Ringbuckelschweißung
8 Kupferboden

Die andere verwendete Konstruktion ist die Scheibenzelle, bei der die Verlustwärme des Elementes nach beiden Seiten abgeführt wird. Die Tablette wird hier zwischen zwei Kupfer-Kontaktstücken zentriert, die, mit einem Keramikring verlötet oder verschweißt, die Kapsel bilden. Bild 2.1 – 5 zeigt eine solche Scheibenzelle. Die für den Stromfluß und die Wärmeabfuhr notwendige Kontaktierung der Tablette wird bei Scheibenzellen also erst durch die Einspannung in die Kühleinrichtung erreicht. Scheibenzellen eignen sich wegen der doppelseitigen Wärmeabfuhr besonders zum Aufbau sehr leistungsstarker, kompakter Geräte.

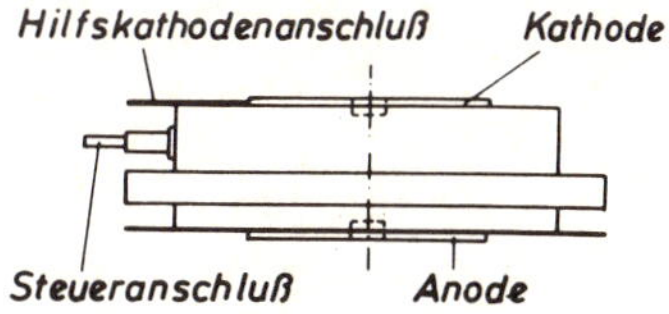

Bild 2.1 – 5 Scheibenthyristor

Druckkontaktierung ergibt gute Lastwechselfestigkeit.

Neben den beschriebenen Einzelbauelementen gibt es speziell für kleine Leistungen anschlußfertige, vergossene Stromrichterschaltungen. Im Bereich mittlerer und kleinerer Leistung werden in zunehmendem Maße auch Moduln für den Aufbau unterschiedlicher Stromrichterschaltungen verwendet. In den Moduln sind zwei Halbleiterbauelemente zu einer V-Schaltung zusammengeschaltet (Bild 2.1 – 6) und gegen den Modulboden elektrisch isoliert aber mit gutem Wärmekontakt eingebaut. Moduln werden vollgesteuert mit zwei Thyristoren, halbgesteuert mit einem Thyristor und einer Diode sowie ungesteuert mit 2 Dioden aufgebaut. Mit diesen Moduln können sehr kompakte und konstruktiv einfache Geräte aufgebaut werden, da nur ein Kühlkörper benötigt wird, der dazu elektrisch nicht isoliert werden muß.

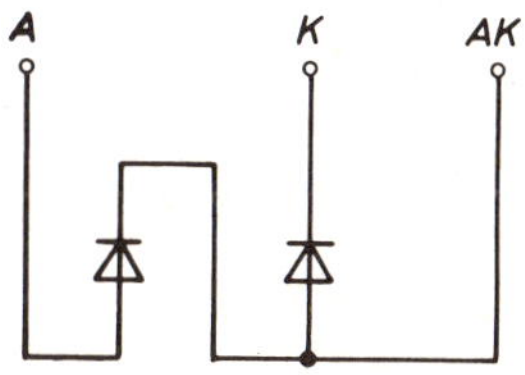

Bild 2.1 – 6 V-Schaltung

Übung 2.1 – 1

Welchen Vorteil bieten Scheibenzellen gegenüber Schraubzellen?

Übung 2.1 – 2

Warum werden große Leistungshalbleiter bevorzugt druckkontaktiert?

Übung 2.1 – 3

Welche Vorteile bringt der Aufbau von Stromrichterschaltungen mit Moduln?

2.1.3 Eigenschaften von Thyristoren

Statische Kennlinien des Hauptkreises

Die Diode hat zwei, der Thyristor und der Triac drei äußere Anschlüsse, wie auch aus den Schaltbildern Bild 2.1 – 7 zu entnehmen ist. Der Hauptstrom fließt bei Diode und Thyristor von der Anode zur Kathode, beim Triac – einem Wechselstromschalter – zwischen Hauptanschluß 1 und Hauptanschluß 2. Beim Thyristor erfolgt die Ansteuerung zwischen dem Steueranschluß G und der Kathode K, wobei hierfür – speziell bei großen Bauelementen – häufig eine Hilfskathode HK zur Verfügung steht. Die Ansteuerung des Triacs erfolgt zwischen Steueranschluß G und Hauptanschluß 2.

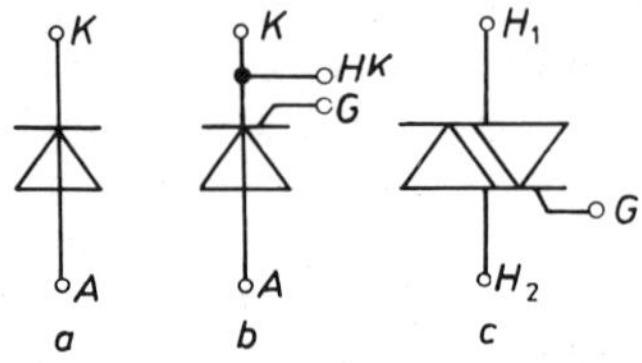

Bild 2.1 – 7

Wird zwischen den Hauptanschlüssen von Leistungshalbleitern Spannung angelegt, so ergeben sich je nach Polarität, Ansteuerung und betrachtetem Bauelement entweder Durchlaßkennlinien – kleine Spannung bei großem Strom – oder Sperrkennlinien – große Spannung bei kleinem Strom. Wie Bild 2.1 – 8 zu entnehmen ist, hat die Diode im ersten Quadranten eine Durchlaßkennlinie und im dritten Quadranten eine Sperrkennlinie, ist also ein nichtsteuerbares Gleichrichterelement. Der Thyristor weist ohne Ansteuerung im ersten und dritten Quadranten Sperrkennlinien auf und hat mit Ansteuerung im ersten Quadranten eine Durchlaßkennlinie, ist also ein steuerbares Gleichrichterelement. Der Triac zeigt im ersten und dritten Quadranten ohne Ansteuerung Sperrkennlinien und mit Ansteuerung Durchlaßkennlinien, ist also ein Element für die Steuerung von Wechselströmen. Durchlaß- und Sperrkennlinien charakterisieren die statischen Eigenschaften des Hauptkreises von Leistungshalbleitern und sind für deren Einsatz von grundlegender Bedeutung.

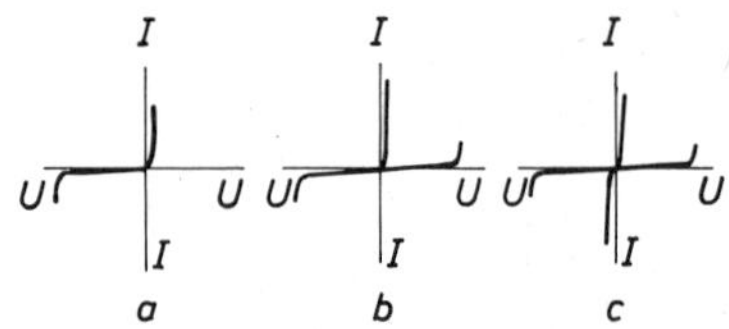

Bild 2.1 – 8 Kennlinien des Hauptkreises von Diode (a), Thyristor (b) und Triac (c)

Diode: Nichtsteuerbares Gleichrichterelement
Thyristor: Steuerbares Gleichrichterelement
Triac: Steuerelement für Wechselströme

Durchlaßkennlinie

Die Durchlaßkennlinie gibt die Zuordnung der Augenblickswerte von Durchlaßstrom $i_{F(T)}$ und Durchlaßspannung $u_{F(T)}$ wieder, wobei der Index *F* für Dioden und der Index *T* für Thyristoren und Triacs verwendet wird.

Sie ist temperaturabhängig und wird meist für Raumtemperatur (25 °C) sowie für die maximal zulässige Tablettentemperatur angegeben, also $\vartheta_j = 160$ bis 180 °C bei Dioden und $\vartheta_j = 120$ bis 140 °C bei Thyristoren und Triacs. Die Durchlaßkennlinien von Bauelementen gleichen Typs zeigen fertigungsbedingte Streuungen, wodurch sich Durchlaßkennlinienstreubänder ergeben (Bild 2.1 – 9).

Bei Stromfluß entstehen also in Leistungshalbleitern Wärmeverluste, die so abgeführt werden müssen, daß die zulässige Tablettentemperatur nicht überschritten wird.

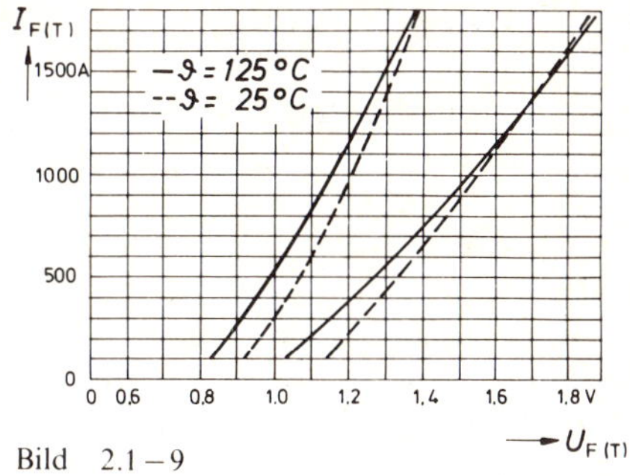

Bild 2.1 – 9

Beispiel 2.1 – 1

Welche Verluste entstehen in einem Leistungshalbleiter, der von einem Dauergleichstrom $I_T = 750$ A durchflossen wird, und dessen Durchlaßeigenschaften der oberen Grenzkennlinie aus Bild 2.1 – 9 für 125 °C entsprechen?

Lösung:

Aus Bild 2.1 – 9 erhält man für $I_T = 750$ A: $U_T = 1{,}4$ V

Die Verluste errechnen sich zu: $P_T = U_T \cdot I_T$

Es ergibt sich also: $P_T = 1{,}4\,\text{V} \cdot 750\,\text{A}$

$P_T = 1\,050$ W

Ist das größte zur Verfügung stehende Bauelement für einen geforderten Anlagenstrom zu klein, so müssen Bauelemente parallel geschaltet werden. Bei Parallelschaltung stellt sich eine einheitliche Durchlaßspannung an allen Elementen ein (Bild 2.1 – 10). Die Stromverteilung kann wegen der Streuung und des sehr steilen Verlaufes der Durchlaßkennlinien (Bild 2.1 – 9) sehr ungleichmäßig werden. Schaltet man dagegen ausgesuchte Elemente parallel, deren Durchlaßkennlinien nur wenig ($\Delta U_F \leqq 20$ bis 50 mV) voneinander abweichen, so verteilt sich der Strom wesentlich gleichmäßiger. Abweichungen von der ideal gleichmäßigen Stromverteilung werden durch einen Parallelschaltfaktor k_p berücksichtigt, der dem Verhältnis von Zweigstrom I_Z zu dem theoretisch möglichen Wert – zulässiger Bauelementestrom I_N multipliziert mit der Anzahl n der parallelgeschalteten Bauelemente – entspricht.

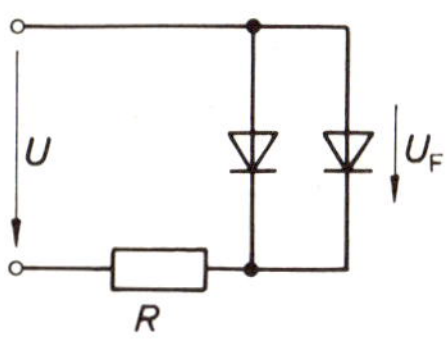

Bild 2.1 – 10 Parallelschaltung von Leistungshalbleitern

Bei Parallelschaltung Stromverteilung beachten

$$k_p = \frac{I_Z}{n \cdot I_N} \qquad (2.1-1)$$

Parallelschaltfaktor

Übung 2.1 – 4

Zwischen welchen Werten würden die Gleichströme und Durchlaßverluste zweier parallelgeschalteter Thyristoren liegen, deren Durchlaßkennlinien der oberen bzw. unteren Grenzkennlinie nach Bild 2.1 – 9 für 125 °C entsprechen? Durchlaßspannung $U_T = 1{,}3$ V.

Je mehr sich dieser Parallelschaltfaktor dem theoretischen Wert 1,0 nähern soll, desto kleiner müssen die Abweichungen der Durchlaßspannungen sein. In ausgeführten Anlagen liegen die Parallelschaltfaktoren k_p zwischen etwa 0,8 und 0,9.

Sperr- und Blockierkennlinien

Die Sperrkennlinie gibt die Zuordnung von Sperrspannung u_R und Sperrstrom i_R bei Diode und Thyristor wieder. Wie Bild 2.1 – 11 zu entnehmen ist, fließt bei Raumtemperatur bis zu hohen Spannungen nur ein sehr kleiner Strom (µA). Die Sperrkennlinie ist stark temperaturabhängig, bei mittlerer Spannung nimmt der Sperrstrom exponentiell mit der Temperatur zu, wodurch sich Sperrströme im mA-Bereich ergeben.

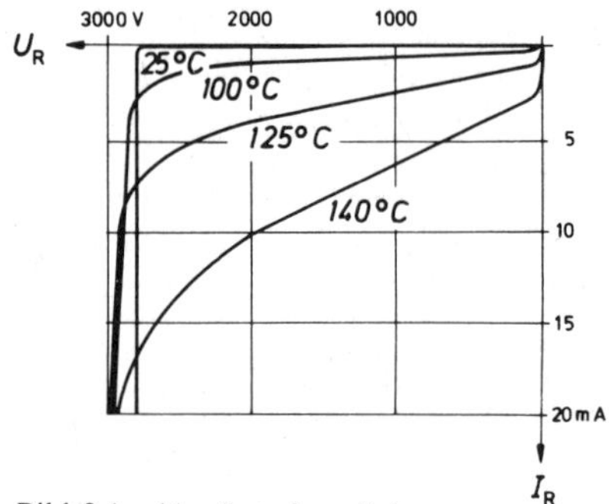

Bild 2.1 – 11 Sperrkennlinien

Wird die an ein Halbleiterbauelement angelegte Spannung über einen bestimmten, bauelementeabhängigen Wert gesteigert, so steigt der Sperrstrom sehr stark an. Über diesen Wert hinaus, der über der listenmäßig zulässigen Spitzensperrspannung U_{RRM} liegt, kann die Spannung nicht oder nur geringfügig gesteigert werden, weil die Sperrverluste mit dem Sperrstrom anwachsen und sehr rasch Werte erreichen, die zur Zerstörung des Bauelementes führen, zumal dieser Sperrstrom wegen unvermeidlicher Inhomogenitäten ungleichmäßig verteilt in der Halbleitertablette fließt. Beim Einsatz von Leistungshalbleitern ist also sehr sorgsam darauf zu achten, daß der Scheitelwert der angelegten Spannung einschließlich möglicher Überspannungsspitzen immer unter der Spitzensperrspannung U_{RRM} des Bauelementes bleibt.

Man dimensioniert die Thyristoren in dieser Hinsicht nach Gl. (2.1 – 2). Der Faktor 1,1 berücksichtigt die mögliche 10%ige Netzspannungstoleranz. k ist der Sicherheitsfaktor, der die Überspannungen abdecken soll. Für am Netz arbeitende Stromrichter wählt man oft 2,5 wegen der äußeren Überspannungen z. B. durch Gewitter. Bei Geräten, die an einer Batterie arbeiten, z. B. Wechselrichter, Gleichstromsteller, genügt meist $k = 1{,}5$. $\hat{u}_V$ ist die am Ventil aufgrund der Schaltung auftretende

$$U_{RRM} > 1{,}1 \cdot k \cdot \hat{u}_V \quad (2.1-2)$$

$$k = 1{,}5 \ldots 2{,}5$$

maximale Ventilspannung in Rückwärtsrichtung ohne Berücksichtigung der Überspannungen.

Die Blockierkennlinien von Thyristor und Triac entsprechen bis zum Einsetzen des steilen Stromanstiegs recht genau den Sperrkennlinien, also minimaler Blockierstrom i_D bei Raumtemperatur und starke Temperaturabhängigkeit des Blockierstromes. Wird die angelegte Spannung so lange gesteigert bis der Blockierstrom stark ansteigt, so schalten der Thyristor oder der Triac ohne Steuerimpuls ein (siehe Bild 2.1 – 12). Die höchste Blockierspannung wird als Nullkippspannung $U_{(B0)0}$ bezeichnet. Wegen des starken Anstiegs des Blockierstromes mit der Temperatur, fällt die Nullkippspannung nach Überschreiten einer bestimmten Tablettentemperatur ϑ_j stark ab, wie aus Bild 2.1 – 13 zu entnehmen ist. Dies ist einer der Gründe, warum in allen Anwendungsfällen stets auf die Einhaltung der oberen Temperaturgrenze geachtet werden muß. Das Einschalten ohne Steuerimpulse führt nicht nur zu Störungen in der Anlage, sondern kann auch zur Zerstörung der Bauelemente führen. Es muß also in allen Anwendungen entweder durch entsprechende Sicherheitsabstände zwischen dem Scheitelwert der angelegten Spannung und der zulässigen positiven Spitzensperrspannung U_{DRM} des Bauelementes oder durch Überspannungsschutzeinrichtungen dafür gesorgt werden, daß der Scheitelwert der auftretenden Spannung – einschließlich möglicher Überspannungen – immer unter dem für die Bauelemente zulässigen Wert bleibt.

Reicht die Spitzenspannung der zur Verfügung stehenden Leistungshalbleiter für eine sichere Projektierung nicht aus, so müssen Bauelemente in Reihe geschaltet werden. Bei der Reihenschaltung ergibt sich ein einheitlicher Sperrstrom, der alle Bauelemente durchfließt (Bild 2.1 – 14). Da die Sperr- und Blockierkennlinien sehr flach verlaufen (Bild 2.1 – 11 und 2.1 – 12) und dazu stark streuen, kann sich die Spannung sehr ungleichmäßig auf die in Reihe geschalteten Bauelemente verteilen. Eine gleichmäßige Spannungsverteilung kann dadurch erzwungen werden, daß zu jedem Halbleiter gleiche und im Vergleich mit den Sperrwider-

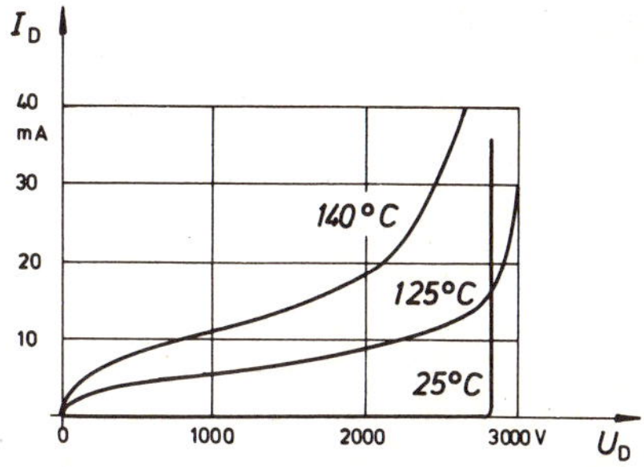

Bild 2.1 – 12 Blockierkennlinien

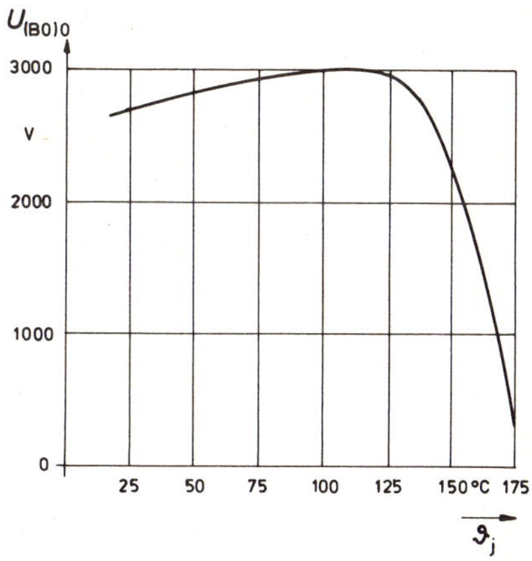

Bild 2.1 – 13 Temperaturabhängigkeit der Nullkippspannung $U_{(B0)0}$

Der Scheitelwert der maximal an einem Leistungshalbleiter auftretenden Spannung muß immer kleiner als dessen Spitzensperrspannung sein.

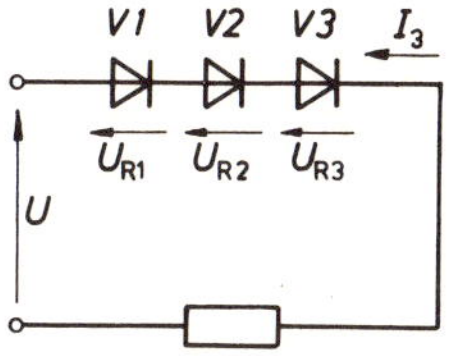

Bild 2.1 – 14 Reihenschaltung von Leistungshalbleitern ohne Spannungsverteilungsmaßnahmen

ständen niederohmige Widerstände parallelgeschaltet werden (Bild 2.1 – 15). Wenn die Ströme durch die Parallelwiderstände groß sind gegenüber den Sperrströmen der Leistungshalbleiter, ergeben sich bei gleichen Parallelwiderständen auch gleiche Spannungen an den Leistungshalbleitern.

Abweichungen von der idealen Spannungsverteilung werden durch einen Reihenschaltfaktor k_R berücksichtigt, der dem Verhältnis von Scheitelwert der Gesamtspannung $\hat{u}_{ges}$ zu der Spitzensperrspannung U_{RRM} pro Bauelement multipliziert mit der Anzahl der in Reihe geschalteten Elemente entspricht. In ausgeführten Anlagen liegen die Reihenschaltfaktoren k_R zwischen 0,8 und 0,9.

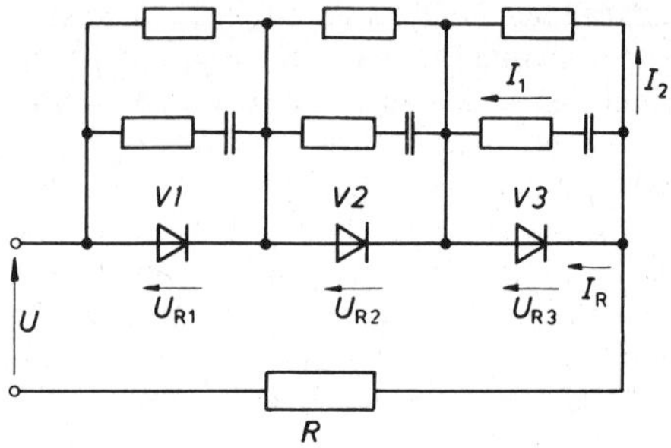

Bild 2.1 – 15 Reihenschaltung von Leistungshalbleitern mit Spannungsverteilungsmaßnahmen

$$k_R = \frac{\hat{u}_{ges}}{n \cdot U_{RRM}} \qquad (2.1-3)$$

Reihenschaltfaktor

Bei Reihenschaltung auf Sperrspannungsverteilung achten.

Beispiel 2.1 – 2

Welche Sperrfähigkeit muß eine Diode mindestens aufweisen, an der in Sperrichtung eine sinusförmige Halbwellenspannung von $U_{eff} = 500$ V anliegt und bei der ein Spannungssicherheitsfaktor $k = 2$ für Überspannungen berücksichtigt werden soll?

Lösung:

Der Scheitelwert einer sinusförmigen Wechselspannung ist

$$\hat{u} = \sqrt{2} \cdot U_{eff}$$

also

$$\hat{u} = \sqrt{2} \cdot 500\,\text{V} = 707\,\text{V}$$

Bei Berücksichtigung eines Spannungssicherheitsfaktors $k = 2$ ergibt sich also

$$U_{RRM} = k \cdot \hat{u} \cdot 1{,}1$$

$$U_{RRM} = 2 \cdot \hat{u} \cdot 1{,}1$$

Die zulässige Spitzensperrspannung U_{RRM} der Diode – also ihre Mindestsperrfähigkeit – muß also mindestens betragen:

$$U_{RRM} = 1\,555\,\text{V}$$

Übung 2.1 – 5

Wie viele Dioden müssen in Reihe geschaltet werden, wenn der Effektivwert der sinusförmigen Netzspannung 25 kV ist, ein Reihenschaltfaktor $k_R = 0{,}8$ und ein Sicherheitsfaktor $k = 2{,}5$ berücksichtigt werden sollen und die Spitzensperrspannung der verwendeten Dioden $U_{RRM} = 3\,800$ V ist?

Steuereigenschaften

Thyristoren und Triacs können durch Steuerimpulse ausreichender Höhe und Dauer eingeschaltet werden, im Normalfall aber von der

Steuerseite her nicht mehr ausgeschaltet werden. Zur Ansteuerung wird ein Steuerstrom benötigt, der stark temperatur- und spannungsabhängig ist. Mit zunehmender Tablettentemperatur und Blockierspannung nimmt der Zündstrom I_{GT} – das ist der Steuerstrom, der unter definierten Bedingungen genau zum Einschalten führt – stark ab. Bild 2.1 – 16 zeigt die typische Zündkennlinie eines Thyristors. Aus dem steilen Verlauf dieser Kennlinie folgt, daß eine Veränderung des Zündzeitpunktes durch Variation der Zündstromhöhe (Vertikalsteuerung) nicht sinnvoll ist, vor allem wenn man berücksichtigt, daß die Zündkennlinien erheblichen Exemplarstreuungen unterliegen und stark temperaturabhängig sind. Die Ansteuerung erfolgt vielmehr mit Steuerimpulsen, die auch bei der niedrigsten Blockierspannung $U_{(BO)}$ (ca. 2 bis 6 V) und der niedrigsten auftretenden Tablettentemperatur sicher zur Zündung führen und zeitlich gegenüber der anliegenden Spannung im Hauptkreis verschoben werden können (Horizontalsteuerung). Um einen Thyristor sicher zu zünden, muß der Zündimpuls mindestens so lange anstehen, bis ein Einraststrom genannter kleiner Durchlaßstrom fließt, dessen Größe bei Leistungshalbleitern ca. 0,5 bis 3 A beträgt.

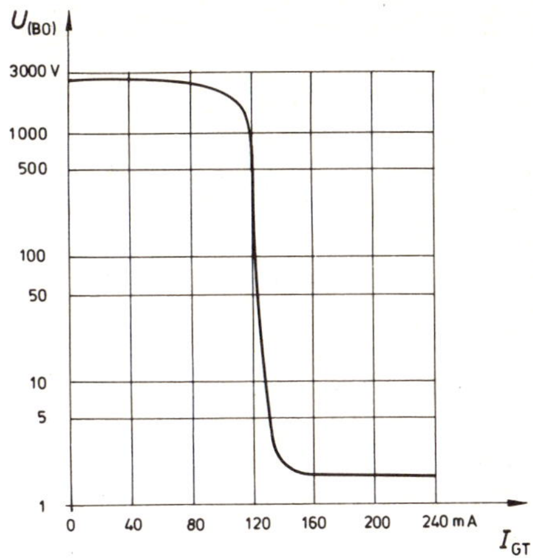

Bild 2.1 – 16 Zündkennlinie eines Thyristors

Leistungshalbleiter werden mit zeitlich verschiebbaren Steuerimpulsen angesteuert.

Zur Dimensionierung von Steuergeräten ist es wichtig zu wissen, daß der Eingangs- oder Steuerkreis von Leistungshalbleitern grundsätzlich die Eigenschaften einer Diode hat. Die Durchlaßkennlinie des Steuerkreises, auch Eingangskennlinie genannt, zeigt im Prinzip denselben Verlauf und dieselbe Temperaturabhängigkeit wie die Durchlaßkennlinie des Hauptkreises. Da die Exemplarstreuung aber wesentlich größer als im Hauptkreis ist und häufig sogar die Temperaturabhängigkeit überdeckt, wird meist nur ein Streuband für den gesamten Betriebstemperaturbereich angegeben (Bild 2.1 – 17). Hieraus ist also die notwendige Steuerspannung für eine bestimmte Steuerstromhöhe zu entnehmen. Das Eingangskennlinienstreuband kann in drei Bereiche unterteilt werden, nämlich in den nichtzündenden Bereich – Fehlimpulse, die unter den angegebenen Werten bleiben, führen sicher nicht zur Zündung –, den Bereich möglicher Zündung und den Bereich sicherer Zündung.

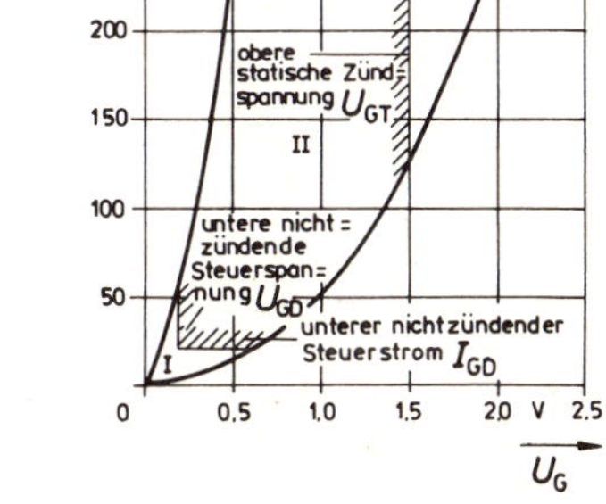

Bild 2.1 – 17 Eingangskennlinienstreuband

I nichtzündender Bereich

II Bereich möglicher Zündung

III Bereich sicherer Zündung

Um einwandfreien Betrieb zu gewährleisten, müssen die Steuerimpulse immer dem Bereich sicherer Zündung entsprechen.

Die Sperreigenschaften des Steuerkreises sind wesentlich schlechter als die des Hauptkreises. Bei Sperrspannungen von 10 bis 20 V können schon Sperrströme bis zu einigen Ampere auftreten.

Beispiel 2.1 – 3

Ein Thyristor, der der oberen Grenze des Eingangskennlinienstreubandes nach Bild 2.1 – 17 entspricht, wird von einem Steuergenerator mit dem Innenwiderstand $R_i = 5\,\Omega$ angesteuert und nimmt einen Steuerstrom $I_G = 250\,\text{mA}$ auf.
Wie groß ist die Leerlaufspannung des Steuergenerators?

Lösung:

Nach Bild 2.1 – 17 hat der Thyristor bei einem Steuerstrom $I_G = 250\,\text{mA}$ eine Steuerspannung $U_G = 2{,}0\,\text{V}$

Dieser Strom verursacht an dem Innenwiderstand R_i einen Spannungsabfall.

$$U_{Ri} = R_i \cdot I_G$$

$$U_{Ri} = 5\,\Omega \cdot 250\,\text{mA}$$

$$U_{Ri} = 1{,}25\,\text{V}$$

Daraus ergibt sich die Leerlaufspannung.

$$U_0 = U_{Ri} + U_G$$

$$U_0 = 3{,}25\,\text{V}$$

Übung 2.1 – 6

Können alle Thyristoren, deren Eingangskennlinien innerhalb des Streubandes gemäß Bild 2.1 – 17 liegen und den dort eingetragenen Zündgrenzen entsprechen, mit einem Steuergenerator, der eine Leerlaufspannung von 2,5 V und einen Kurzschlußstrom von 0,4 A hat, sicher gezündet werden?

Einschaltvorgang

Erhält ein Thyristor, an dem Blockierspannung anliegt, einen Zündimpuls, so schaltet das Bauelement in den Durchlaßbereich. Zusammenbruch der Ventilspannung und Anstieg des Ventilstromes geschehen dabei nicht in unendlich kurzen Zeiten.

Wie Bild 2.1 – 18 zu entnehmen ist, beginnt der Spannungszusammenbruch im wesentlichen erst nach Ablauf der Zündverzugszeit t_{gd}, die von der Höhe des Zündimpulses und dessen Anstiegsgeschwindigkeit abhängig ist. Die Zündverzugszeit kann Werte zwischen 0,5 und

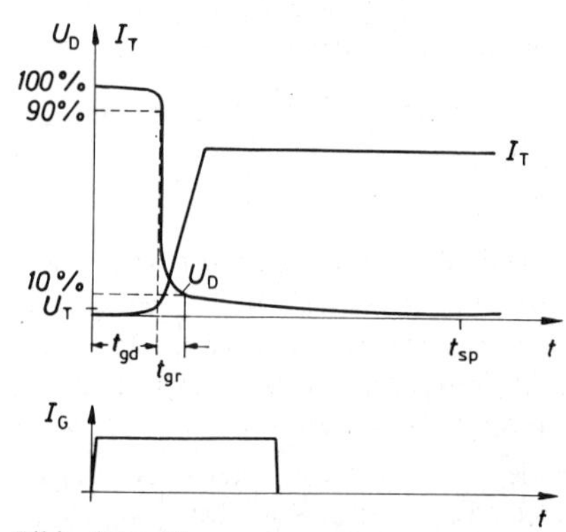

Bild 2.1 – 18

10 µs erreichen und wird mit zunehmender Zündimpulshöhe kleiner. Man verwendet deshalb steil ansteigende Impulse mit Spitzenwerten, die deutlich über den statischen Zündströmen liegen. Steuerimpulse mit Spitzenwerten von 1 A und einer Anstiegszeit von ca. 1 µs haben sich bewährt.

Für kurze, wenig streuende Zündverzugszeiten sind hohe und steil ansteigende Zündimpulse notwendig.

Nach Ablauf der Zündverzugszeit, die nach der Norm bis zum Abfall der Spannung auf 90% des Anfangswertes gerechnet wird, bricht die Spannung sehr schnell zusammen und erreicht binnen 1 bis 2 µs Werte unter 10% des Anfangswertes. Dieser Zeitabschnitt heißt Durchschaltzeit t_{gr}. Die statische Durchlaßspannung u_T wird erst am Ende der nun folgenden Zündausbreitungszeit erreicht. Je nach Größe und Technologie des Halbleiters kann die Zündausbreitungszeit t_{sp} bis zu mehreren 100 µs lang sein.

t_{gd} Zündverzugszeit
t_{gr} Durchschaltzeit
t_{sp} Zündausbreitungszeit

In den ersten µs nach dem Zündverzug kann der Laststrom nur in einem ganz kleinen, steuerelektrodennahen Teil der Halbleitertablette fließen. Erlaubt der Lastkreis einen steilen Anstieg des Anodenstromes, so führt dies zu großen Stromdichten bzw. Verlustleistungsspitzen von mehreren kW, die in dem schmalen Leistungskanal auftreten.

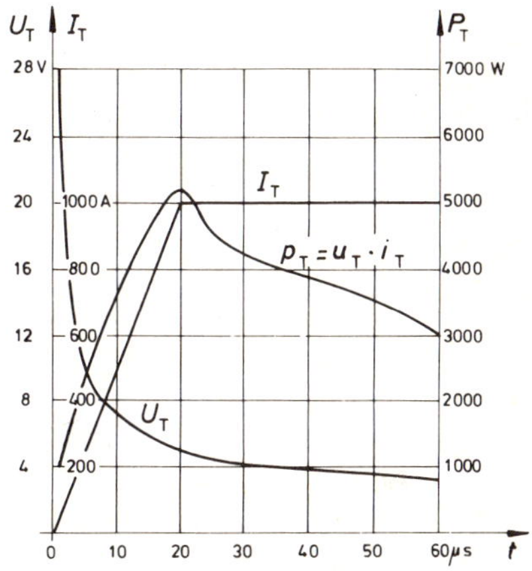

Bild 2.1 – 19

Die Hersteller geben deshalb eine maximal zulässige Anstiegsgeschwindigkeit des Anodenstromes $\frac{di}{dt}_{krit.}$ an. Wird dieser Wert überschritten, kann das zur Zerstörung des Halbleiters führen.

Die Forderung nach höheren zulässigen Stromanstiegsgeschwindigkeiten hat zur Entwicklung von Thyristoren mit besonderen Strukturen geführt, für die heute Stromsteilheiten von 100 bis 200 $\frac{A}{\mu s}$ auch bei höheren Frequenzen zugelassen werden.

Die Einschaltverluste, die während der Zündausbreitung im Leistungshalbleiter entstehen, bestimmen speziell bei Anwendungen mit höheren Betriebsfrequenzen die Strombelastbarkeit der Leistungshalbleiter ganz wesentlich mit.

Der Anstieg des Anodenstromes wird wesentlich durch die Induktivität des Lastkreises

$$u_L = L \cdot \frac{\Delta i}{\Delta t} \qquad \frac{\Delta i}{\Delta t} = \frac{u_L}{L}$$

bestimmt. Bei kapazitiver Last ist die Anstiegsgeschwindigkeit sehr groß. Diese Last ist daher im allgemeinen nicht möglich.

Bei ohmscher Last genügen meist schon die stets vorhandenen Kabelinduktivitäten, um den Stromanstieg hinreichend zu bremsen.

$$\frac{di}{dt} = \frac{u_L}{L} \qquad (2.1-4)$$

Beispiel 2.1 – 4

Wie groß muß in der Einwegschaltung mit ohmscher Last die Kabelinduktivität L_σ mindestens sein, damit mit $U_S = 220$ V die Stromanstiegsgeschwindigkeit auf $100\,\frac{\text{A}}{\mu\text{s}}$ begrenzt wird?

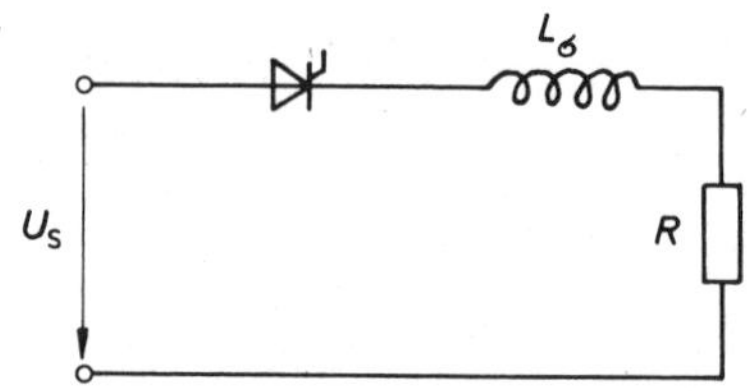

Bild 2.1 – 20

Lösung:

Im ersten Moment nach dem Durchschalten des Thyristors liegt der Netzspannungsmomentanwert an L. Der ungünstigste Fall ergibt sich bei $\alpha = 90°$:

$$\hat{u}_S = \sqrt{2} \cdot U_S$$

$$\hat{u}_S = 311\text{ V}$$

$$L = \frac{\hat{u}_S}{\frac{di}{dt}_{krit.}}$$

$$L = \frac{311\text{ V}}{100\,\frac{\text{A}}{\mu\text{s}}}$$

$$L = 3{,}1\ \mu\text{H}$$

Übung 2.1 – 7

Durch welche Induktivität wird die Stromanstiegsgeschwindigkeit in den Ventilen in Schaltung 2.1 – 21 bestimmt?

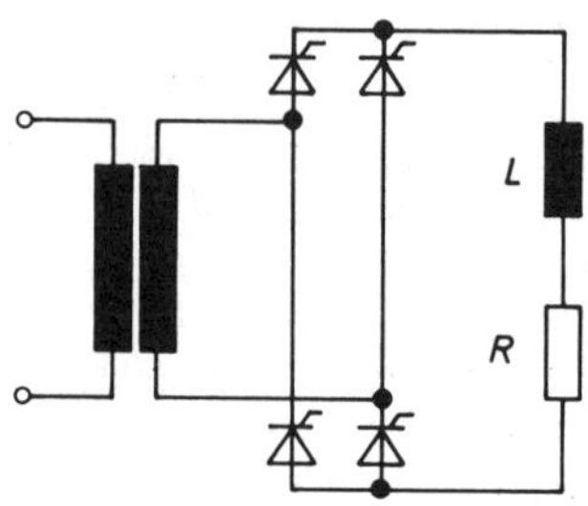

Bild 2.1 – 21

Werden Thyristoren und Triacs mit sehr steil ansteigenden Blockierspannungen beansprucht, wie sie bei Schaltvorgängen entstehen können, so gelangen über die Sperrschichtkapazität der Halbleiterbauelemente Ströme in den Steuerkreis, die als Steuerströme wirken und mit der Spannungssteilheit $\frac{\mathrm{d}u}{\mathrm{d}t}$ größer werden, denn es gilt:

$$i_C = C \cdot \frac{\Delta u}{\Delta t}$$

$$i_C = C \cdot \frac{\mathrm{d}u}{\mathrm{d}t} \qquad (2.1-5)$$

Erreicht die Spannungssteilheit nun den kritischen Wert $\frac{\mathrm{d}u}{\mathrm{d}t}_{\text{krit.}}$, so reicht der kapazitive Strom i_C zum Zünden aus und das Bauelement schaltet ein.

Ungewollte Zündungen, die zu Störungen im Betrieb und gelegentlich zur Zerstörung der Leistungshalbleiter führen, sind durch Auswahl geeigneter Bauelemente zu vermeiden, die mit zulässigen Spannungssteilheiten $\frac{\mathrm{d}u}{\mathrm{d}t}_{\text{krit.}}$ bis $1\,000\ \frac{\mathrm{V}}{\mu\mathrm{s}}$ erhältlich sind, oder durch Begrenzung der Spannungssteilheit durch Beschaltungsmaßnahmen zu verhindern.

Ausschaltverhalten

Einmal leitend gewordene Thyristoren und Triacs sind im allgemeinen von der Steuerseite her nicht mehr beeinflußbar und daher nur durch Unterbrechung des Hauptstromes – bei kleinen Laststromsteilheiten auch schon bei Unterschreitung des Haltestromes von ca. 0,1 bis 1 A – auszuschalten. Eine Ausnahme bilden abschaltbare Thyristoren, die durch negative Steuerimpulse gelöscht werden können. Diese Bauelemente sind bisher nur für kleinere Leistungen erhältlich und spielen daher zur Zeit nur eine geringe Rolle.

Die Unterbrechung des Stromes erfolgt in der Leistungselektronik entweder dadurch, daß der Strom auf einen anderen Kreis übergeht oder dadurch, daß der Strom der Netzspannung folgend Null wird. Die Stromabnahmegeschwindigkeit ist bei diesen Vorgängen im allgemeinen so groß, daß der Abbau der Ladungsträger, mit denen die Elemente während des Stromflusses überschwemmt sind, der Stromabnahme nacheilt. Daher löschen die Bauelemente in diesen Fällen auch nicht bei Unterschreitung des statischen Haltestromes. Selbst im Augenblick des Stromnulldurchganges ist im allgemeinen in der Halbleitertablette noch eine so große Ladungsträgermenge gespei-

Die Spannungssteilheiten müssen immer unter dem Wert $\frac{\mathrm{d}u}{\mathrm{d}t}_{\text{krit.}}$ bleiben, um ungewolltes Einschalten zu vermeiden.

chert, daß die hohe Leitfähigkeit zunächst aufrechterhalten bleibt und der Halbleiter keine Sperrspannung übernehmen kann. Der Strom steigt nach dem Nulldurchgang mit umgekehrtem Vorzeichen wieder an, wie Bild 2.1 – 22 zu entnehmen ist. Erst wenn die Ladungsträger nach einigen µs weitgehend abgebaut sind, kann das Bauelement Sperrspannung übernehmen und der Rückstrom klingt sehr rasch auf den statischen Sperrstrom ab. Die scharfe Stromänderung nach dem Erreichen der Rückstromspitze führt im Zusammenwirken mit den Induktivitäten des betrachteten Stromkreises gemäß Induktionsgesetz zu hohen Überspannungsspitzen, die das Halbleiterbauelement zerstören können.

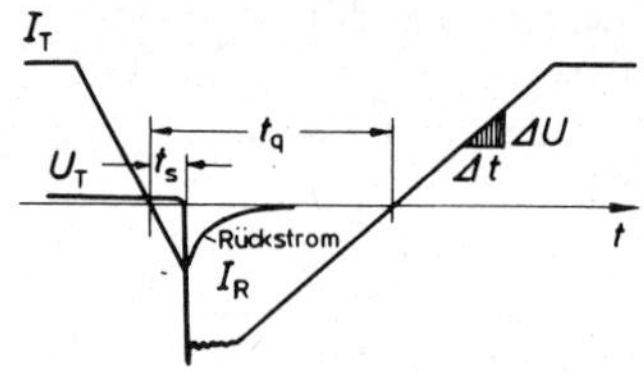

Bild 2.1 – 22 Ausschaltvorgang beim Thyristor. Definition der Freiwerdezeit t_q

$$u_L = L \cdot \frac{di}{dt}$$

Bild 2.1 – 23 zeigt die Strom- und Spannungsverhältnisse in einer Einweg-Schaltung mit Glättungsdrossel. Die Spannung U_S hat sich bereits umgepolt. Der überhöhte Rückwärtsstrom befindet sich im steilflankigen Abklingen. Dadurch entsteht in der Drossel eine große Induktionsspannung der eingezeichneten Polarität.

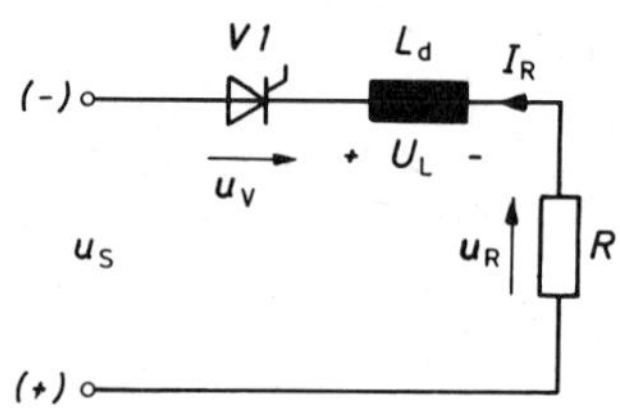

Bild 2.1 – 23

Ein Maschenumlauf ergibt für die Ventilspannung:

$$-u_S + u_R - u_L - u_V = 0$$

$$u_V = -u_S - u_L + u_R \qquad (2.1-6)$$

Zur Begrenzung dieser durch ihr Schaltverhalten von den Thyristoren selbst hervorgerufenen Überspannungen werden den Bauelementen RC-Glieder parallel geschaltet. Ihre Dimensionierung ist von den Rückstromeigenschaften der verwendeten Halbleiter und den Daten des Rückstromkreises abhängig.

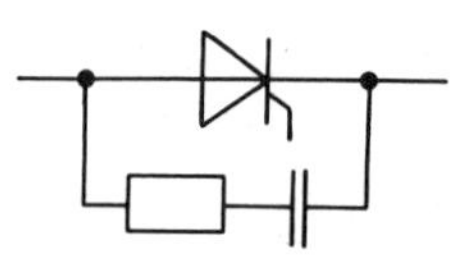

Bild 2.1 – 24

Mit der Sperrspannungsübernahme und dem Abklingen des Rückstromes auf den statischen Sperrstrom ist der Ausschaltvorgang beendet.

In vielen Anwendungsfällen von Thyristoren liegt nach dem Ausschaltvorgang nur für ganz kurze Zeit Sperrspannung am Thyristor an. Ehe der Thyristor aber wieder Blockierspannung übernehmen kann, muß nach dem Stromnulldurchgang beim Ausschalten die sogenannte Freiwerdezeit t_q vergehen (Bild 2.1 – 22). Die Freiwerdezeit eines Thyristors ist außer von der Tablettentemperatur von der Vorstromhöhe, der Stromänderungsgeschwindigkeit, der

Nach Stromfluß muß die Freiwerdezeit t_q vergehen, ehe der Thyristor Blockierspannung übernehmen kann.

Sperrspannung, der Steilheit der wiederansteigenden Blockierspannung und deren Höhe abhängig. Die Freiwerdezeit bestimmt beim Einsatz im höherfrequenten Betrieb die mögliche Grenzfrequenz und in Schaltungen, in denen zum Ausschalten der Thyristoren besondere Löscheinrichtungen verwendet werden, deren Größe entscheidend mit.

Während des Ausschaltvorganges treten wegen des Rückstromes Ausschaltverluste auf, die speziell bei Anwendungen mit höheren Betriebsfrequenzen die Strombelastbarkeit der Leistungshalbleiter ganz wesentlich mitbestimmen.

Die Ausschaltverluste bestimmen bei höheren Betriebsfrequenzen die Strombelastbarkeit der Leistungshalbleiter deutlich mit.

Als Schonzeit t_c wird in Schaltungen der Leistungselektronik die Zeit bezeichnet, während der nach dem Stromfluß negative Sperrspannung am Thyristor ansteht. Diese Zeit muß mindestens so groß sein wie die Freiwerdezeit des Thyristors.

$$t_c > k \cdot t_q \qquad (2.1-7)$$

k Sicherheitsfaktor $\approx 1{,}5$

Beispiel 2.1 – 5

Wie groß darf die Betriebsfrequenz einer Schaltung sein, in der ein Thyristor mit einer Freiwerdezeit t_q = µs eingesetzt ist und ein Achtel der Periode als Schonzeit zur Verfügung steht?

Lösung:

$$T = 8 \cdot t_q \cdot k$$
$$= 8 \cdot 25\,\mu s \cdot 1{,}5$$
$$T = 300\,\mu s$$

$$f = \frac{1}{T}$$
$$= \frac{1}{300\,\mu s}$$
$$f = 3{,}3\,kHz$$

Übung 2.1 – 8

Die Blockierspannung eines Thyristors steigt in 3 µs linear auf 1 600 V an. Ist dies bei Thyristoren mit einer zulässigen Spannungsanstiegsgeschwindigkeit von 500 $\frac{V}{\mu s}$ erlaubt?

Übung 2.1 – 9

In einer Schaltung der Leistungselektronik stehen als Schonzeit für die Thyristoren 7° el zur Verfügung.
Wie groß darf die Freiwerdezeit der verwendeten Thyristoren bei Anschluß an ein 50 Hz-Netz höchstens sein?

Thermische Eigenschaften

Leistungshalbleiter verfügen über einen ausgezeichneten Wirkungsgrad von mehr als 99%, da die auftretenden Verlustleistungen im Vergleich zu den Schaltleistungen minimal sind. Der einwandfreien Abfuhr der Verluste kommt aber trotzdem eine ganz besondere Bedeutung zu, da sie auf kleinstem Raum entstehen, also eine sehr hohe Energiedichte auftritt und das Wärmespeichervermögen der Bauelemente wegen der geringen Abmessungen sehr klein ist. Darüber hinaus kann für die Abfuhr der Wärme wegen der höchsten zulässigen Tablettentemperatur von 120 bis 180 °C nur eine recht begrenzte Temperaturdifferenz ausgenutzt werden.

Wie dem thermischen Ersatzschaltbild 2.1 – 25 zu entnehmen ist, ruft die im Halbleiter entstehende Verlustleistung P_V in der Tablette eine Temperaturerhöhung hervor, die gleich dem Produkt aus Verlustleistung P_V und Wärmewiderstand R_{th} ist. Der Wärmewiderstand setzt sich aus 2 Teilen zusammen, nämlich dem inneren Wärmewiderstand R_{thJC} des Halbleiterbauelementes, der sich aus den Materialien und Abmessungen der Tablette und der Kapsel ergibt und dem Wärmewiderstand des Kühlkörpers R_{thCA}, der von dessen Materialien und Abmessungen sowie von der Kühlart (Selbstbelüftung, Fremdbelüftung, Flüssigkeitskühlung) abhängt. Es gilt also:

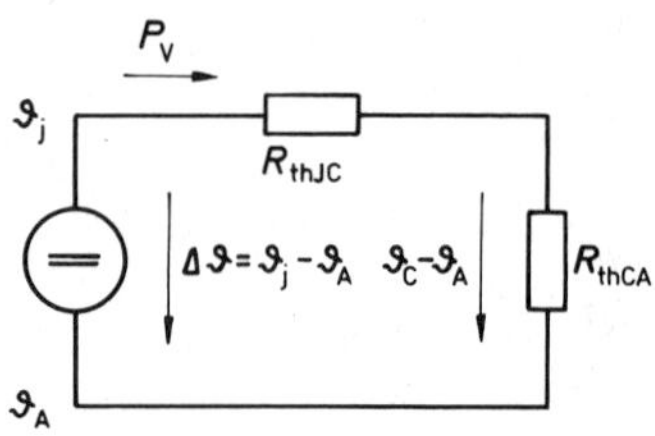

Bild 2.1 – 25 Thermisches Ersatzschaltbild, Dauerbetrieb

ϑ_j Sperrschichttemperatur
ϑ_A Umgebungstemperatur

$$\vartheta_j - \vartheta_A = \Delta\vartheta = P_V \cdot (R_{thJC} + R_{thCA}) \quad (2.1-8)$$

Die größte Temperaturdifferenz zwischen Halbleitertablette und Kühlmedium – Luft oder Flüssigkeit – ergibt sich bei konstanter Verlustleistung erst bei Dauerbelastung, denn die Materialien, aus denen die Leistungshalbleiter und die Kühlkörper aufgebaut sind, haben nicht nur einen Wärmewiderstand, sondern auch eine Wärmekapazität. Eine sprungartig auftretende Verlustleistung hat also einen verzögerten Anstieg der Tablettentemperatur zur Folge.

Die Wärmezeitkonstante der Siliziumtablette liegt bei ca. 1 ms, die der Trägerplatte bei ca. 100 ms und die des Gehäuses bei etwa 2 s. Die Wärmezeitkonstante eines Kühlkörpers für Fremdbelüftung liegt dagegen bei etwa 4 min. und für Selbstbelüftung bei etwa 15 min. Wegen der kleinen Wärmezeitkonstanten der Siliziumtablette folgt die Tablettentemperatur Leistungsschwankungen z. B. bei einer sinusförmigen Strombelastung innerhalb einer 50 Hz-Halbwelle ganz deutlich. Dagegen stellt sich am Gehäuse eine konstante Temperatur ein. Temperaturmessungen am Gehäuse allein geben also weder über den Verlauf noch über die Höhe der Tablettentemperatur, die für die einwandfreie Funktion eines Leistungshalbleiters entscheidend ist, eine Auskunft.

Überlasten für Zeiten unter 1 ms müssen vom Silizium-Kristall allein aufgenommen werden und Belastungen, die länger als 10 s dauern, sind für die Leistungsbauelemente allein bereits Dauerbetrieb. Hierdurch ist die Dauer zulässiger Überlasten begrenzt, was bei der Projektierung zu beachten ist, da die thermischen Zeitkonstanten elektrischer Maschinen und Geräte meist sehr viel größer sind. Das thermische Verhalten von Leistungshalbleitern bei pulsierenden Belastungen kann durch den transienten Wärmewiderstand Z_{th} beschrieben werden. Z_{th} kann als dynamischer Wärmewiderstand aufgefaßt werden.

Für die einwandfreie Funktion eines Leistungshalbleiters ist das Einhalten der maximal zulässigen Tablettentemperatur Grundvoraussetzung.

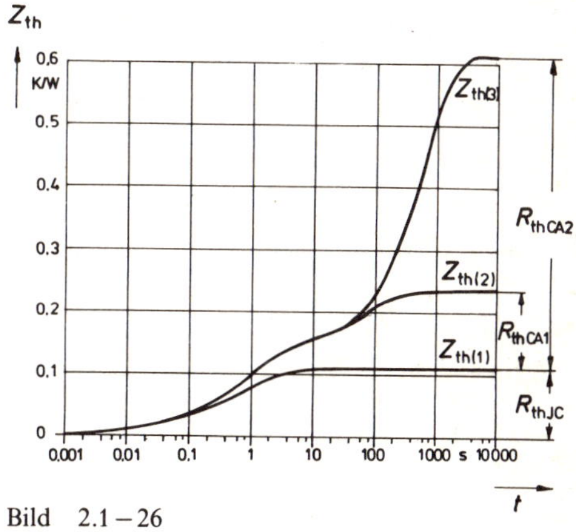

Bild 2.1 – 26

$Z_{th(1)}$ Thyristor

$Z_{th(2)}$ Thyristor mit Kühlkörper (Fremdbelüftung)

$Z_{th(3)}$ Thyristor mit Kühlkörper (Selbstbelüftung)

Übung 2.1 – 10

Ein fremdbelüfteter Thyristor mit einem transienten Wärmewiderstand gemäß Bild 2.1 – 26 erreicht im Dauerbetrieb eine Übertemperatur von 80 K. Welche Verlustleistung darf aus dem stromlosen Zustand für 1 s auftreten, wenn die gleiche Übertemperatur zugelassen werden soll?

2.1.4 Strombelastbarkeit und Überstromschutz

Da wesentliche Daten von Leistungshalbleitern nur bis zu der höchsten zulässigen Tablettentemperatur gelten, wird die Strombelastbarkeit immer von deren oberer Grenztemperatur bestimmt und ist damit von den Verlusten im Halbleiterbauelement, dem Wärmewiderstand des Leistungshalbleiters und von der Kühlung abhängig. Im Thyristor können folgende Verluste auftreten:

Durchlaßverluste
Sperrverluste
Zündverluste
Einschaltverluste
Ausschaltverluste.

Bei 50 Hz-Netzbetrieb wird die Strombelastbarkeit praktisch nur von den Durchlaßverlusten bestimmt. Hier genügt es Sperr-, Zünd- und Schaltverluste in einem geringen Zuschlag in der Verlustbilanz zu berücksichtigen. In höherfrequentem Betrieb können die Schaltverluste dagegen der bestimmende Faktor für die Gesamtverluste und damit für die Strombelastbarkeit sein.

Durchlaßverluste

Die Durchlaßverluste von Leistungshalbleitern können aus der statischen Durchlaßkennlinie bestimmt werden, wobei mit der oberen Grenzkennlinie des Streubandes gerechnet werden muß. Es ist üblich, diese Kennlinien durch Ersatzgeraden anzunähern, die durch die Schleusenspannung $U_{(T0)}$ und den differentiellen Widerstand r_T bestimmt werden.

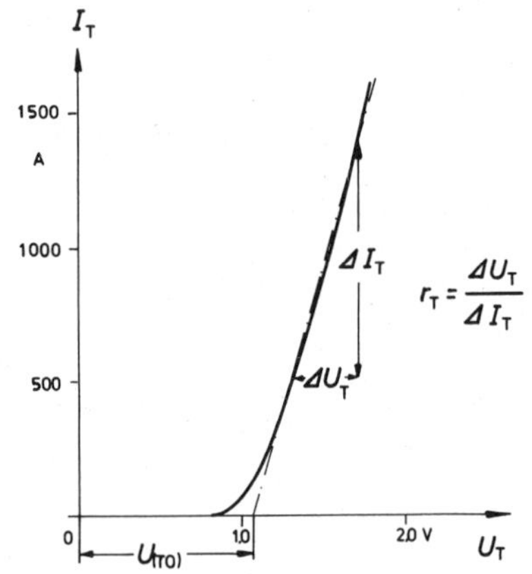

Bild 2.1 – 27

Die Gleichung der Ersatzgeraden lautet also:

$$u_T = U_{(T0)} + i_T \cdot r_T \qquad (2.1-9)$$

Wird der Thyristor von Gleichstrom durchflossen, gilt:

$$P_T = U_T \cdot I_T \qquad (2.1-10)$$

oder mit Gl. (2.1 – 9)

$$P_T = (U_{(T0)} + I_T \cdot r_T) \cdot I_T$$

$$P_T = U_{(T0)} \cdot I_T + I_T^2 \cdot r_T \qquad (2.1-11)$$

Gl. (2.1 – 11) kann auch auf zeitlich veränderliche Ströme angewendet werden, wenn im linear abhängigen Teil der arithmetische Mittelwert I_{TAV} und im quadratischen Teil der quadratische Mittelwert (Effektivwert) I_{TRMS} eingesetzt wird.

$$P_T = U_{(T0)} \cdot I_{TAV} + I_{TRMS}^2 \cdot r_T \qquad (2.1-12)$$

Zwischen I_{TAV} und I_{TRMS} besteht ein nachrechenbarer Zusammenhang, der durch den Formfaktor f_I beschrieben werden kann.

$$f_I = \frac{I_{TRMS}}{I_{TAV}} \qquad (2.1-13)$$

Aus Bild 2.1 – 28 kann f_I für die in der Leistungselektronik am häufigsten vorkommenden Stromkurvenformen und jeweils vorgegebene Stromflußwinkel δ_i abgelesen werden.

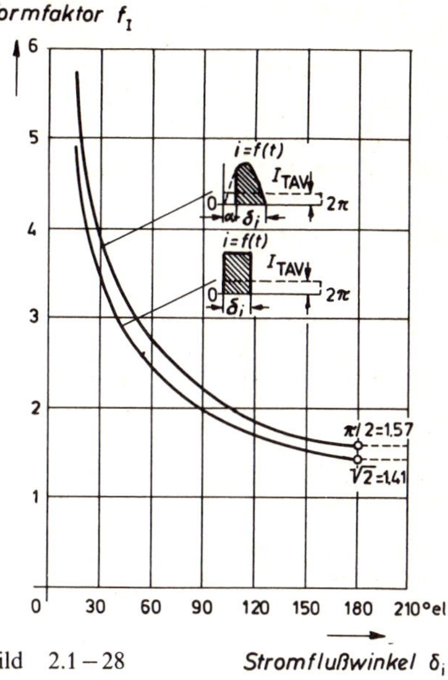

Bild 2.1 – 28

Mit Gl. (2.1 – 13) wird aus Gl. (2.1 – 12): $$P_T = U_{(TO)} \cdot I_T + r_T \cdot f_I^2 \cdot I_{TAV}^2 \qquad (2.1-14)$$

Beispiel 2.1 – 6

Wie groß ist die Durchlaßverlustleistung bei periodischem sinusförmigen Halbwellenstrom mit einem Scheitelwert $\hat{i} = 700$ A, wenn der Leistungshalbleiter eine Schleusenspannung $U_{(TO)} = 1{,}0$ V und einen differentiellen Widerstand $r_T = 1{,}2 \cdot 10^{-3}\ \Omega$ hat?

Lösung:

Der Gleichstrommittelwert ist:

$$I_{TAV} = \frac{\hat{i}}{\pi} = \frac{700\,\text{A}}{\pi}$$

$$\underline{I_{TAV} = 223\,\text{A}}$$

Der Formfaktor folgt aus Bild 2.1 – 28 mit $\delta_i = 180°$:

$$\underline{f_I = 1{,}57}$$

Damit beträgt der Ventilstrom-Effektivwert:

$$I_{TRMS} = f_I \cdot I_{TAV} = 1{,}57 \cdot 223\,\text{A}$$

$$\underline{I_{TRMS} = 350\,\text{A}}$$

Die Verluste betragen:

$$P_T = 1\,\text{V} \cdot 223\,\text{A} + 1{,}2 \cdot 10^{-3}\,\Omega\,(1{,}57 \cdot 223\,\text{A})^2 = 223\,\text{W} + 147\,\text{W}$$

$$\underline{\underline{P_T = 370\,\text{W}}}$$

Übung 2.1 – 11

Wie groß ist die Durchlaßverlustleistung von dem in Beispiel 2.1 – 6 beschriebenen Leistungshalbleiter, wenn ein periodischer, rechteckförmiger Strom mit einem Scheitelwert von 450 A fließt bei einer Stromflußzeit von 6,67 ms und einer Frequenz von 50 Hz?

Bestimmung der notwendigen Kühlung

Bei der Betrachtung der thermischen Eigenschaften von Leistungshalbleitern war festgestellt worden, daß das Produkt aus Verlustleistung und Wärmewiderstand (Wärmewiderstand des Leistungshalbleiters R_{thJ} + Wärmewiderstand des Kühlkörpers R_{thCA}) die Temperaturdifferenz zwischen Tablettentemperatur und Temperatur des Kühlmediums ergibt.

Aus Gleichung (2.1 – 15) ergibt sich also der notwendige Kühlkörperwärmewiderstand, um eine bestimmte Verlustleistung abführen zu können zu:

$$R_{thCA} = \frac{\vartheta_J - \vartheta_A}{P_V} - R_{thJC} \qquad (2.1-15)$$

Beispiel 2.1 – 7

Wie groß darf der Wärmewiderstand eines fremdbelüfteten Kühlkörpers höchstens sein, wenn in einer Diode mit einem Wärmewiderstand $R_{thJC} = 0{,}12\ \frac{K}{W}$ Verluste von 580 W entstehen, die zulässige Tablettentemperatur 180 °C und die Zulufttemperatur 35 °C beträgt.

Lösung:

Aus Gleichung 2.1 – 13 ergibt sich

$$R_{thCA} = \frac{180\,°C - 35\,°C}{580\ W} - 0{,}12\ \frac{K}{W}$$

$$R_{thCA} = (0{,}25 - 0{,}12)\ \frac{K}{W}$$

$$\underline{\underline{R_{thCA} = 0{,}13\ \frac{K}{W}}}$$

Die Gleichungen (2.1 – 6) und (2.1 – 13) gelten natürlich nur für Dauerbetrieb ohne Überlast. Treten Stoßbelastungen oder periodische Überlasten auf, so ist mit Hilfe des transienten Wärmewiderstandes der Verlauf der Tablettentemperatur genau zu berechnen. Hieraus ergibt sich dann, ob die Überlast oder der Mittelwert der Belastung für die Strombelastbarkeit entscheidend sind.

Übung 2.1 – 11

Wie groß ist der zulässige Gleichstrommittelwert I_{TAV} eines Thyristors, der mit einem rechteckförmigen Strom ($\delta_i = 180°$) belastet wird, wenn Thyristor und Kühlkörper gleiche Wärmewiderstände von 0,02 K/W haben, die maximal zulässige Tablettentemperatur 125 °C und die Kühlwassertemperatur 35 °C beträgt und nur die Durchlaßverluste berücksichtigt werden sollen, die mit der Ersatzgeraden $u_T = 1{,}05\ V + i_T \cdot 0{,}46 \cdot 10^{-3}\ \Omega$ zu berechnen sind?

Überstromschutz

Da Leistungshalbleiter im Vergleich zu anderen elektrischen Bauteilen wie Transformatoren oder Motoren sehr kleine Abmessungen und damit auch geringe Wärmekapazitäten haben, reichen übliche Schutzeinrichtungen gegen Überstrom hier nicht aus. Alle Überstromschutzmaßnahmen müssen den geringen thermischen Zeitkonstanten angepaßt sein, denn die meisten elektrischen Daten von Leistungshalbleitern gelten nur bis zu der höchsten zulässigen Tablettentemperatur $\vartheta_{j\,max}$. Überlasten, die die Tablette über diese Grenztemperatur erwärmen, können zum Versagen und zur Zerstörung der Leistungshalbleiter führen.

Wegen der kleinen thermischen Zeitkonstanten muß der Überstromschutz von Leistungshalbleitern besonders beachtet werden.

Sicherungen

Leistungshalbleiter werden gegen hohe Überströme oder Kurzschluß mit Sicherungen geschützt. Es genügt für einen Schutz aber nicht die Wahl einer Sicherung mit einem dem Halbleiter entsprechenden Nennstrom, sondern es muß der I^2t-Wert der Sicherung kleiner sein als der I^2t-Wert des Leistungshalbleiters. Der I^2t-Wert ist ein Maß für die Stromwärme, die von der Halbleitertablette ohne Zerstörung aufgenommen werden kann. Ausreichend niedrige I^2t-Werte werden nur von besonders flinken Spezialsicherungen erreicht, wobei zu beachten ist, daß der I^2t-Wert einer Sicherung von der Spannung, gegen die sie schaltet, abhängig ist. Beim Schmelzen von Sicherungen treten Überspannungen auf, die bei einer richtig gewählten Sicherung natürlich ungefährlich für den Leistungshalbleiter sein müssen. Ein Schutz gegen länger andauernde Überlastung ist mit Sicherungen nur in Ausnahmefällen möglich, da die Schutzkennlinien der Sicherungen im allgemeinen nicht mit den zulässigen Überlastwerten der Leistungshalbleiter zusammenpassen.

Bei der Auswahl von Sicherungen ist nicht der Nennstrom, sondern der I^2t-Wert maßgebend.

Schalter

Zum Schutz von Leistungshalbleitern im Minuten- und Stundenbereich werden die thermischen Auslöser (Bimetall) von Leistungsschaltern verwendet. Für die Abschaltung unzulässig hoher Gleichströme werden Gleichstrom-Schnellschalter verwendet, die allerdings nur für größere Stromstärken zur Verfügung stehen.

Der Langzeitschutz von Leistungshalbleitern erfolgt über thermische Auslöser von Leistungsschaltern.

Strombegrenzungseinrichtungen

Werden Thyristoren in Anlagen mit Stromregelung eingesetzt, so übernimmt die Stromregelung für Zeiten oberhalb einer durch die Regelzeitkonstante gegebenen Mindestzeit den Überstromschutz. Impulssperren, die beim Überschreiten eines einstellbaren Auslösewertes das Zünden der Thyristoren durch Unterdrücken der Zündimpulse verhindern, schützen Thyristoren nur dann einwandfrei vor Überstrom, wenn die stark temperaturabhängige Blockierspannung bei einer solchen Überlastung erhalten bleibt.

Stromregelungen und Impulssperren können bei entsprechender Einstellung den Überstromschutz von Leistungshalbleitern übernehmen.

Ein einwandfreier Überstrom- und Kurzschlußschutz ist im allgemeinen nur durch geeignete Kombination von Sicherungen und Schaltern oder Strombegrenzungseinrichtungen erreichbar.

Übung 2.1 – 13

Warum muß der Überstromschutz beim Einsatz von Leistungshalbleitern besonders beachtet werden?

Übung 2.1 – 14

Wann funktioniert der Überstromschutz von Leistungshalbleitern mit Hilfe von Impulssperren?

2.1.5 Spannungsbelastbarkeit und Überspannungsschutz

Da Leistungshalbleiter eine scharf begrenzte Sperrfähigkeit haben, muß dafür gesorgt werden, daß die an den Bauelementen auftretenden Spannungen immer unterhalb der zulässigen Spitzenspannung bleiben. Hierbei sind nicht nur die periodisch auftretenden Netzspannungsscheitelwerte, sondern auch Überspannungsspitzen zu berücksichtigen.

Überspannungen in den Stromversorgungsnetzen können die Leistungshalbleiter als äußere Überspannungen belasten. Darüber hinaus treten aber auch innere Überspannungen in Geräten der Leistungselektronik auf, die durch das Ausschaltverhalten der Leistungshalbleiter hervorgerufen werden und die Bauelemente zerstören können.

Beim Ausschalten von Leistungshalbleitern entstehen Überspannungen.

Überspannungen kann dadurch Rechnung getragen werden, daß zwischen der Betriebs-

Scheitelspannung und der periodisch zulässigen Spitzensperrspannung des Halbleiters ein hinreichend großer Abstand gewählt wird, wobei aus wirtschaftlichen Gründen höchstens mit einem Sicherheitsfaktor k = 2,5 gerechnet wird. Überspannungen, die über das durch den Sicherheitsfaktor abgedeckte Maß hinausgehen, müssen durch Überspannungsbeschaltungen bedämpft werden.

$$U_{RRM} > 1{,}1 \cdot k \cdot \hat{u}_V$$

Wichtig ist, daß die Schutzmaßnahmen unverzögert wirken, da Leistungshalbleiter innerhalb von µs durch Überspannung zerstört werden können oder durch Überschreiten der Nullkippspannung einschalten und damit Störungen in der Anlage hervorrufen. Bei Thyristoren und Triacs muß die Spannung nicht nur in ihrer Höhe begrenzt werden, sondern auch dafür gesorgt werden, daß die Spannungssteilheit in Blockierrichtung unter dem zulässigen Wert $\frac{du}{dt}_{krit.}$ bleibt.

$$\frac{du_V}{dt}_{krit.} < \frac{du}{dt}$$

RC-Beschaltung

Der gebräuchlichste Schutz vor allem gegen innere Überspannungen ist die RC-Beschaltung. Sie besteht aus der Reihenschaltung eines Kondensators und eines Widerstandes und wird parallel zum Leistungshalbleiter gelegt (Bild 2.1 – 29). Eine Überspannung wird um so stärker bedämpft, je größer die Kapazität C ist. Die notwendige Größe ist von den dynamischen Verhalten des Leistungshalbleiters und von den Gegebenheiten der Schaltung abhängig und liegt zwischen etwa 0,05 und 2,0 µF.

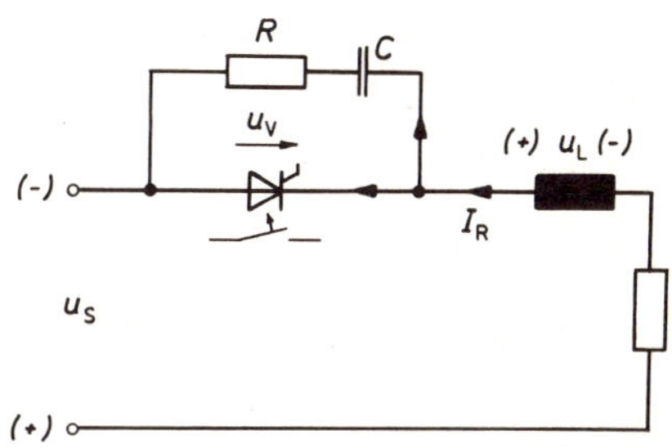

Bild 2.1 – 29

Der Widerstand *R* bestimmt zusammen mit der Rückstromspitze den Spannungssprung beim Rückstromabriß, sollte daher also nicht zu groß gewählt werden. Andererseits darf der Beschaltungswiderstand nicht zu klein werden, da er den sehr steil ansteigenden Entladestrom des Beschaltungskondensators beim Einschalten des Thyristors auf einen ungefährlichen Wert begrenzen muß.

Der Rückstrom I_R wird beim Sperren des Thyristors nicht plötzlich in der Induktivität unterbrochen, sondern kann über den sich bildenden Reihenschwingkreis in Form einer gedämpften Schwingung weiterfließen.

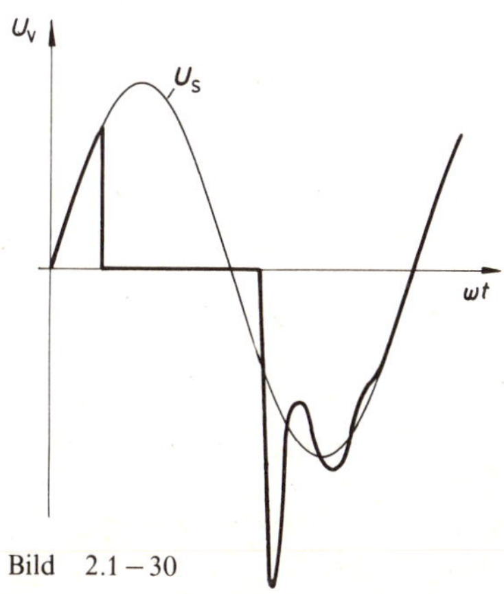

Bild 2.1 – 30

Beispiel 2.1 – 8

Zu Bild 2.1 – 29 soll die RC-Schutzbeschaltung dimensioniert werden.

Stromkreisdaten: $U_S = 400\,\text{V}$, $L = 8\,\text{mH}$, $R = 10\,\Omega$, $f = 50\,\text{Hz}$. Thyristordaten: $U_{RRM} = 1800\,\text{V}$, $I_{TSM} = 80\,\text{A}$ (Einschaltstoßstrom), $I_{RM} = 30\,\text{A}$ (Rückstromspitze).

Lösung:

Im Moment der Rückstromspitze hat die Induktivität magnetische Energie gespeichert:

$$W_L = \frac{1}{2} L I_{RM}^2 \qquad (2.1-16)$$

$$= \frac{1}{2} \cdot 8\,\text{mH} \cdot (30\,\text{A})^2$$

$$W_L = 3{,}6\,\text{Ws}$$

Näherungsweise ist diese Energie im Nulldurchgang des Schwingstromes auf den Kondensator übergegangen. Der Kondensator hat dabei außer dem ohnehin anstehenden Netzspannungsscheitelwert eine zusätzliche Spannung ΔU_C übernommen. ΔU_C darf höchstens so groß wie die Spannungsreserve bis zum Wert U_{RRM} sein.

$$W_C = W_L \qquad (2.1-17)$$

$$W_C = \frac{1}{2} C \Delta U_C^2 \qquad (2.1-18)$$

$$\Delta U_C = U_{RRM} - \hat{u}_S \qquad (2.1-19)$$

$$\Delta U_C = 1800\,\text{V} - \sqrt{2} \cdot 400\,\text{V}$$

$$\Delta U_C = 1230\,\text{V}$$

Gl. (2.1 – 18):

$$C = \frac{2 W_C}{(\Delta U_C)^2}$$

$$= \frac{7{,}2\,\text{Ws}}{(1230\,\text{V})^2}$$

$$C = 4{,}8\,\mu\text{F}$$

Zu R:

Im ungünstigsten Fall kann sich der auf 1800 V aufgeladene Kondensator beim Einschalten über den Thyristor entladen. Dabei darf I_{TSM} nicht überschritten werden.

$$R > \frac{1800\,\text{V}}{80\,\text{A}}$$

$$R > 22{,}5\,\Omega$$

Andererseits bietet ein R nach Gl. (2.1 – 20) den Vorteil einer sehr großen Dämpfung des Schwingvorgangs; größer sollte R nicht gewählt werden.

$$R \approx 2\sqrt{\frac{L}{C}} \qquad (2.1-20)$$

$$R \approx 2\sqrt{\frac{8\,\text{mH}}{4{,}8\,\mu\text{F}}}$$

$$R \approx 82\,\Omega$$

Gewählt wird:

$$R = 68\,\Omega$$

Das Beispiel soll die Abhängigkeit des RC-Gliedes von den wichtigsten Einflußgrößen verdeutlichen. Im übrigen wurden dabei einige Faktoren unberücksichtigt gelassen. In der Praxis hält man sich an die vom Hersteller gegebenen Empfehlungen.

Übung 2.1 – 15

Berechnen Sie in Anlehnung an Beispiel 2.1 – 8 die RC-Beschaltung für die Ventile einer B 2-Schaltung für kontinuierlichen Betrieb.
Stromkreisdaten: $U_S = 250\,V$, $L = 8\,mH$, $R = 10\,\Omega$, $f = 50\,Hz$.
Thyristor wie in Beispiel 2.1 – 8, $I_{RM} = 55\,A$.
Transformator: $R_K = 0{,}1\,\Omega$, $X_K = 0{,}2\,\Omega$.

Brückenbeschaltung

Schließt man Überspannungsbeschaltungen über eine Gleichrichterschaltung an den Leistungshalbleiter an (Bild 2.1 – 31), so wird hierdurch eine Entladung des Beschaltungskondensators über den Leistungshalbleiter verhindert und es kann dann außer der normalen RC-Beschaltung ein weiterer Kondensator C_2 zum Schutz vor zu hoher Spannungsanstiegsgeschwindigkeit vorgesehen werden. Diese aufwendige Beschaltung wird speziell bei sehr hoch beanspruchten Leistungshalbleitern verwendet.

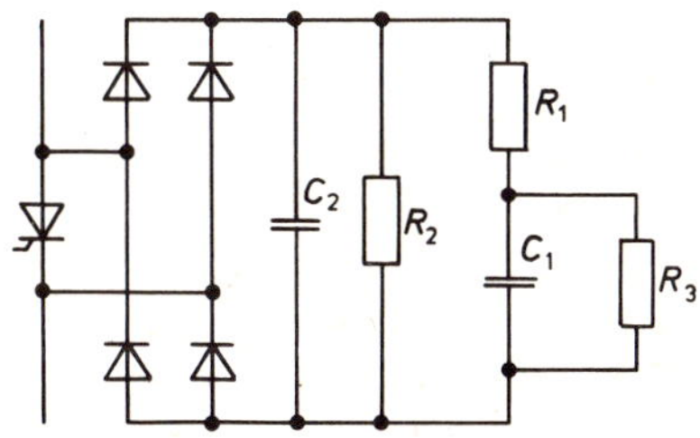

Bild 2.1 – 31 Leistungshalbleiter mit Brückenbeschaltung

Beschaltungen gegen äußere Überspannungen

Überspannungen, die im speisenden Netz auftreten, müssen durch Schutzbeschaltungen auf der Wechsel- oder Drehstromseite der Leistungselektronikschaltung bedämpft werden. Auch hier werden bevorzugt RC-Beschaltungen verwendet. Bild 2.1 – 32 zeigt eine Anordnung, bei der der Kondensator über eine Gleichrichterschaltung mit dem Netz verbunden ist.

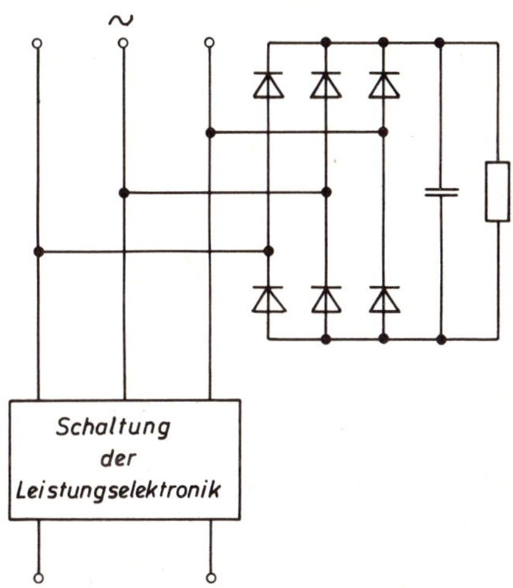

Bild 2.1 – 32 Überspannungsbeschaltung gegen äußere Überspannungen

Übung 2.1 – 16

Mit welchen Bauteilen werden bevorzugt Überspannungsbeschaltungen zum Schutz von Leistungshalbleitern aufgebaut?

Übung 2.1 – 17

Wodurch entstehen innere Überspannungen in Stromrichteranlagen?

Lernzielorientierter Test zu Kapitel 2.1

1. Wie hoch ist die von heutigen Thyristoren erreichte periodische Spitzensperrspannung?
   - O 1000 V
   - O 8000 V
   - O 4000 V

2. Welche Strommittelwerte sind bei modernen Thyristoren möglich?
   - O 500 A
   - O 1000 A
   - O 1500 A

3. Worauf ist bei der Parallelschaltung von Thyristoren zu achten?
   - O Auf gleichmäßige Stromverteilung.
   - O Auf möglichst gleichzeitiges Durchschalten.
   - O Auf gleichmäßige Spannungsverteilung.
   - O Auf möglichst deckungsgleiche Sperrkennlinien.
   - O Die Summe der Thyristornennströme darf nicht ganz so groß sein wie der Gesamtstrom des Zweiges; Faktor ungefähr gleich 0,8!

4. Unter welchen Bedingungen können Thyristoren in Reihe geschaltet werden?
   - O Bei annähernd gleichen Sperrkennlinien.
   - O Wenn die Ventilströme gleich sind.
   - O Die Thyristoren müssen möglichst gleichzeitig sperren.
   - O Wenn eine Serie gleicher Widerstände parallel geschaltet wird.
   - O Wenn steile Zündimpulse verwendet werden.

5. Wie kann die Zündverzugszeit verringert werden?
   - O Große Schonzeit
   - O RC Glied
   - O Steile Zündimpulse
   - O Große Zündimpulsfrequenz
   - O Hoher Zündstrom

6. Welche Größenordnung können die Einschalt-Verlustleistungsspitzen erreichen?
   - O Einige kW
   - O Einige zig kW
   - O Einige hundert Watt

7. Warum können Thyristoren bei steil ansteigender Blockierspannung ohne Zündimpuls unterhalb der Nullkippspannung zünden?
   - ○ Durch die plötzliche Erwärmung.
   - ○ Durchschlagen der Sperrschicht (Stoßionisation).
   - ○ Kapazitiver Verschiebestrom.
   - ○ Überfluten der mittleren Sperrschicht mit Ladungsträgern.
   - ○ Wegen Überschreiten von $\frac{di}{dt}_{krit}$.

8. Was versteht man unter der Freiwerdezeit?
   - ○ Zeit zwischen Zündverzugszeit und Durchschaltzeit.
   - ○ Zeit zwischen Zündstromnulldurchgang und wiederkehrender positiver Anodenspannung.
   - ○ Zeit zwischen Nulldurchgang des Anodenstromes und Zündimpuls.
   - ○ Geringste erlaubte Zeit zwischen Anodenstromnulldurchgang und wiederkehrender positiver Anodenspannung.
   - ○ Schonzeit.

9. Was ist beim Ausschalten von Thyristoren zu beachten?
   - ○ Der überhöhte Sperrstrom muß durch ein RC-Glied unterdrückt werden.
   - ○ Der Abriß des überhöhten Sperrstromes erzeugt in den Induktivitäten des Abschaltstromkreises (Kommutierungsstromkreis) sehr große Induktionsspannungen.
   - ○ Es sollte wegen des Ausschaltvorgangs keine kapazitive Last verwendet werden.
   - ○ Die Freiwerdezeit darf nicht unterschritten werden.
   - ○ Die Schonzeit darf nicht unterschritten werden.

10. Welche Größen bestimmen die Strombelastbarkeit eines Thyristors?
    - ○ Durchlaßkennlinie
    - ○ Netzspannung
    - ○ Lastwiderstand
    - ○ Kühlkörper
    - ○ Zulässige Sperrschichttemperatur

11. Wie wird die Entladung des Beschaltungskondensators über den Thyristor verhindert?
    - ○ Durch Sperren des Thyristors.
    - ○ Durch Anschluß des RC-Gliedes über einen Gleichrichter.
    - ○ Durch einen Parallelwiderstand.
    - ○ Durch die Lastinduktivität
    - ○ Durch Sperrdioden.

12. Welche Schutzeinrichtungen schützen Thyristoren vor Kurzschlußströmen?
    - ○ Sicherungen
    - ○ Leistungsschalter
    - ○ Impulssperren
    - ○ Bimetall-Schutzschalter
    - ○ Strombegrenzender Regler

2.2 Transistoren

Lernziele

Der Lernende ...

- erläutert den Ein- und Ausschaltvorgang des Leistungstransistors anhand des zeitlichen Verlaufs von I_B und I_C,
- benennt die Zeitabschnitte des Ein- und Ausschaltvorgangs,
- erläutert die vier Beiträge zur Kollektor-Verlustleistung,
- erläutert Treiberstufen mit und ohne negativer Basisspannung,
- erläutert die Wirkung der RCD-Schutzschaltung,
- berechnet den Schutzkondensator bei vorgegebenen vereinfachenden Annahmen,
- erläutert die Wirkungsweise einer Entsättigungs-Überwachungs-Schaltung,
- erläutert die Wirkungsweise einer selbstregelnden Treiberstufe.

2.2.1 Aufbau

Bild 2.2−1 zeigt die technologische Skizze des Epitax-NPN-Transistors. Die kollektorseitige N-Schicht besteht aus einer schwach dotierten N^--Schicht und der stark dotierten, also niederohmigen N^+-Schicht. Dies ermöglicht einerseits eine große Spannungsfestigkeit, da sich im Sperrbetrieb eine breite Basiskollektor-Sperrschicht ausbilden kann, andererseits einen geringen Bahnwiderstand im Sättigungsbetrieb.

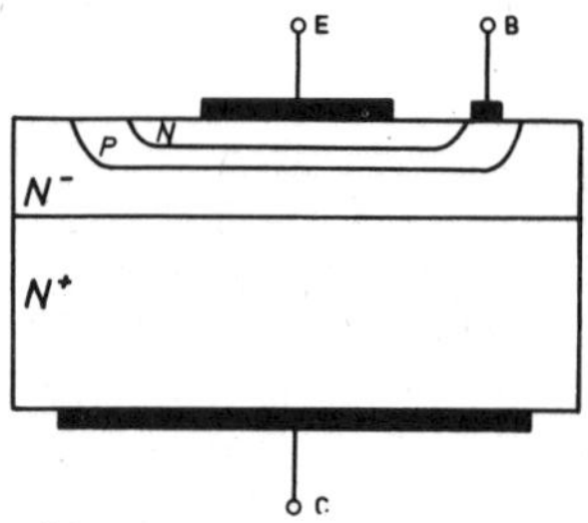

Bild 2.2−1

Das Gehäuse von Leistungshalbleitern geht in die Anlagenkosten nicht nur durch den Anschaffungspreis, sondern auch durch Montagekosten bei der Erstellung und Wartung der Anlage ein.

Beim TO 3-Gehäuse liegt z. B. der Kollektor elektrisch am Gehäuseboden, wodurch es meist nötig ist, das Bauelement mit Glimmerscheiben gegen das Chassis zu isolieren. Ferner müssen Basis- und Emitterleitung angelötet werden. Das ISO-TOP-Gehäuse ist gegen alle drei Transistoranschlüsse isoliert und außerdem mit Flachsteckern anzuschließen.

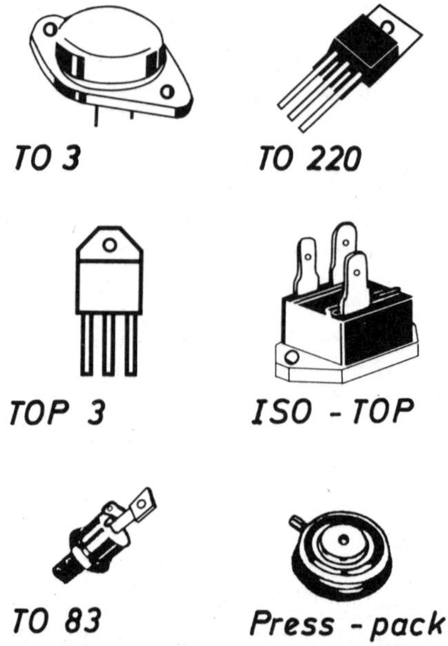

Bild 2.2−2

2.2.2 Ein- und Ausschaltverhalten

Wie bei Diode und Thyristor ist der Übergang vom sperrenden zum leitenden Zustand bzw. umgekehrt nicht schlagartig. Bild 2.2–3 zeigt einen Schaltzyklus und die relevanten Zeitabschnitte.

t_{on} und t_{off} sollen möglichst klein sein, weil während dieser Zeit sowohl I_C als auch U_{CE} beträchtliche Werte haben und daher das Produkt, d. h. die Verlustleistung, groß ist.

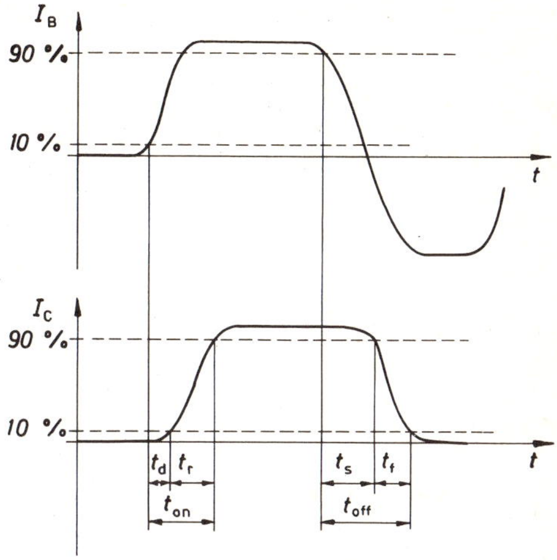

Bild 2.2–3

t_d	Einschaltverzugszeit	t_s	Speicherzeit
t_r	Anstiegszeit	t_f	Fallzeit
t_{on}	Einschaltzeit	t_{off}	Ausschaltzeit

Einschaltvorgang

Bei ohmscher Last kann man in das Kennlinienfeld eine Lastgerade einzeichnen. Beim Einschalten wandert der Arbeitspunkt (möglichst schnell) von A über B nach C. Nach Ablauf der Einschaltverzögerungszeit t_d beginnt die Kollektor-Emitterspannung des Transistors zu fallen und der Kollektorstrom zu steigen. Mit Erreichen des Arbeitspunktes „B" steigt der Kollektorstrom etwas langsamer an, um schließlich den Endwert zu erreichen (Punkt C).

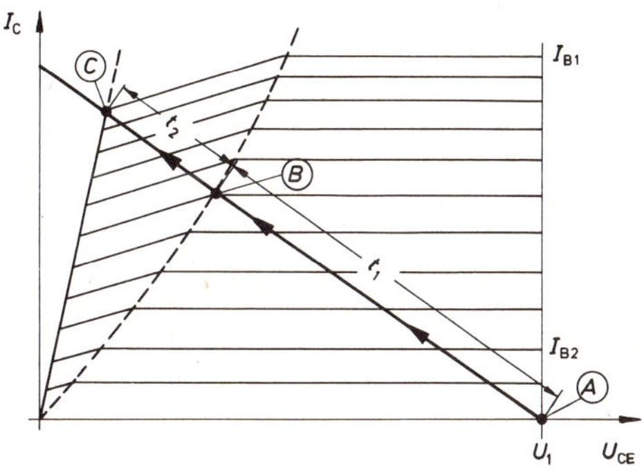

Bild 2.2–4

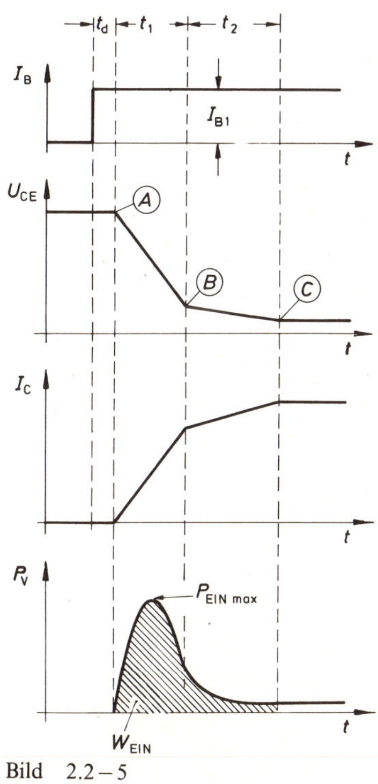

Bild 2.2–5

Die Einschaltverluste fallen hauptsächlich in der Zeit t_1 an. t_1 ist abhängig von der Höhe des Basisstromes. Typische Größenordnung für t_1: 4 µs.

Ausschaltvorgang

Beim Ausschalten wird das Kennlinienfeld gemäß Bild 2.2 – 6 durchlaufen. Vorausgesetzt sind induktive Last und Freilaufdiode.

Wenn der Transistor hochohmiger wird, übernimmt er zunehmend Kollektorspannung. Durch die Lastinduktivität wird der Kollektorstrom jedoch zunächst weiterhin aufrechterhalten (Arbeitspunktwanderung Ⓐ → Ⓑ).

In Ⓑ tritt deshalb die höchste Verlustleistungsspitze auf.

Wird nun U_{CE} 0,7 V größer als U_1, so wird die Freilaufdiode leitend. Der Laststrom fließt nun über diese weiter. Der Strom im Transistor bricht zusammen (Arbeitspunktwanderung Ⓑ → Ⓒ).

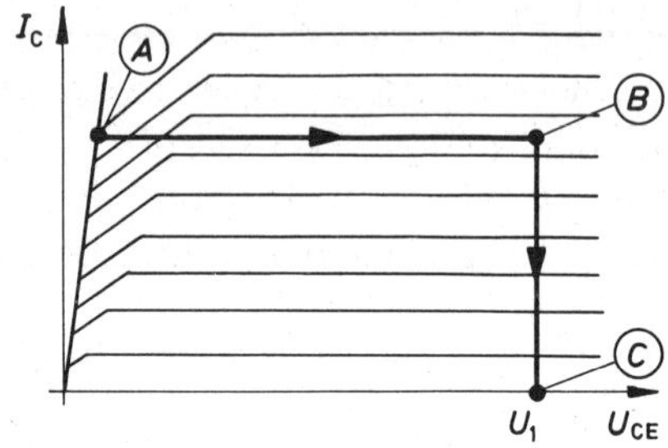

Bild 2.2 – 6

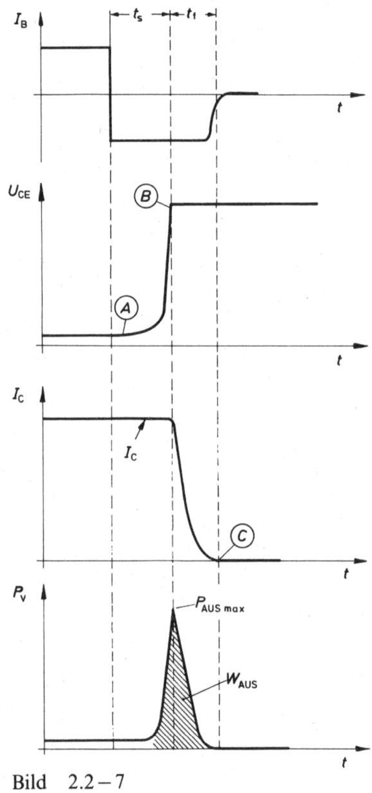

Bild 2.2 – 7

Bild 2.2 – 7 zeigt den zeitlichen Verlauf der wichtigsten Größen.

Speicherzeit und Fallzeit können durch negativen Basisstrom verringert werden. Die Ausschaltverlustarbeit ist größer als die Einschaltverlustarbeit.

2.2.3 Verluste

Man kann vier verschiedene Anteile zur Gesamtverlustleistung (Kollektorverlustleistung) unterscheiden. Bei niederfrequenten Anwendungen spielen die Einschalt- und die Ausschaltverlustarbeit in der Gesamtbilanz naturgemäß keine große Rolle. Etwa ab $f_p = 5$ kHz machen sie sich jedoch bemerkbar, und man sucht dann, durch geeignete Schaltungen, Einschalt- und Ausschaltzeiten zu verringern.

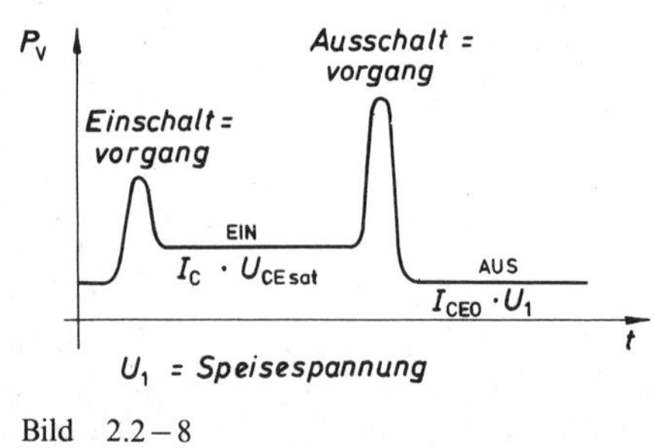

Bild 2.2 – 8

Beispiel 2.2 – 1

Eine Transistorschaltung hat folgende Verlustleistungen:

Einschaltverlustleistung 800 W während 0,8 µs, $I_C \cdot U_{CE\,sat} = 25\,W$, Ausschaltverlustleistung 1200 W während 0,3 µs, $I_{CEO} \cdot U_1 = 20\,W$.

Berechnen Sie die durchschnittliche Verlustleistung bei a) $f_p = 400$ Hz, b) $f_p = 20$ kHz, Einschaltverhältnis $\frac{T_e}{T} = 0{,}5$.

Lösung:

a) Einschaltverlustarbeit:

$$W_{on} = 800\,W \cdot 0{,}8\,\mu s$$
$$W_{on} = 0{,}64\,mWs$$

EIN-Verlustarbeit:

$$\left(T_e = \frac{1}{400\,Hz \cdot 2}\right)$$

$$W_e = 25\,W \cdot 1{,}25\,ms$$
$$W_e = 31{,}3\,mWs$$

Ausschaltverlustarbeit:

$$W_{off} = 1200\,W \cdot 0{,}3\,\mu s$$
$$W_{off} = 0{,}36\,mWs$$

AUS-Verlustarbeit:

$(T_a = T_e)$

$$W_a = 20\,W \cdot 1{,}25\,ms$$
$$W_a = 25\,mWs$$

Gesamt-Verlustarbeit:

$$W_V = 57{,}3\,mWs$$

Einschalt- und Ausschaltverlustarbeit fallen nicht ins Gewicht!

Durchschnitts-Verlustleistung:

$$P_V = \frac{W_V}{T} = \frac{57{,}3\,mWs}{2{,}5\,ms}$$
$$P_V = 22{,}9\,W$$

b)

$$W_{on} = 0{,}64\,mWs$$

$$W_e = 25\,W\,(25\,\mu s - 0{,}8\,\mu s)$$
$$W_e = 0{,}605\,mWs$$

$$W_{off} = 0{,}36\,mWs$$

$$W_a = 20\,W\,(25\,\mu s - 0{,}3\,\mu s)$$
$$W_a = 0{,}494\,mWs$$

$$W_V = 2{,}099\,mWs$$

$$P_V = \frac{W_V}{T} = \frac{2{,}099\,mWs}{50\,\mu s}$$
$$P_V = 42\,W$$

Übung 2.2 – 1

(zu Beispiel 2.2 – 1). Berechnen Sie die Schaltfrequenz, bei der die Schaltverluste 10% der EIN- und AUS-Verluste betragen. t_{on} und t_{off} können gegenüber $\frac{T}{2}$ vernachlässigt werden.

2.2.4 Treiberstufen

In vielen Fällen genügt es, den Transistor durch Zu- und Abschalten des positiven Basisstromes zu steuern. Die im Leitendzustand in der Kollektorschicht gespeicherten Minoritätsträger können beim Abschalten nur durch Rekombination „verschwinden". Diese Speicherladung verursacht die Speicherzeit. Um diese zu verringern, befindet sich an der Basis der Basisableitwiderstand R 1, über den die Speicherladung auf dem gezeichneten Stromweg schneller abfließen kann. Der Hersteller gibt dazu einen maximalen Wert für R 1 an.

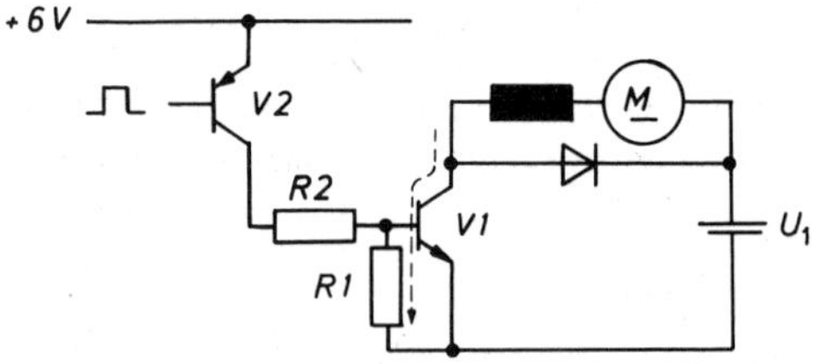

Bild 2.2 – 9

Übung 2.2 – 2

Wie groß muß das Potential an der Basis des Treibertransistors V 2 sein, damit V 1 leitet (Bild 2.2 – 9).

Muß die Fallzeit, wegen der Verluste, weiter verringert werden, kann in der Sperrphase auch eine negative Spannung an die Basis gelegt werden.

Ist V 1 gesperrt, so erhält V 2 Basisstrom und schaltet durch. Dadurch erhält auch der Leistungstransistor über R 2 seine Steuerleistung. V 3 ist gesperrt.

Ist V 1 leitend, wird die Basis von V 2 auf Masse gelegt und V 3 erhält Basisstrom über R 5. Dadurch erhält die Basis von V 4 negatives Potential und die Speicherladung kann sehr schnell ausgeräumt werden.

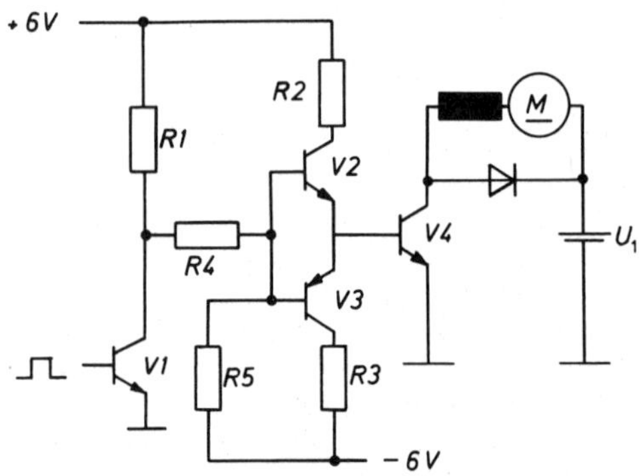

Bild 2.2 – 10

Durch negative Basisspannung während der Sperrphase können viele Schalttransistoren über den Wert U_{CEOsus} hinaus bis zu einem Wert U_{CEV} belastet werden.

Beispiel:

$U_{CEOsus} = 400\,V$

$U_{CEV} = 700\,V$ mit

$U_{BE} = -3\,V$

2.2.5 Schutz

RCD-Beschaltung

Neben der optimalen Auslegung der Treiberstufen, die für geringe Ein- und Ausschaltverluste sorgen soll, helfen „Entlastungsnetzwerke“ beim Ausschalten der Transistoren.

Das Entlastungsnetzwerk, bestehend aus einem Kondensator, einem Widerstand und einer Diode (RCD-Netzwerk), sorgt dafür, daß die Spannung am Leistungstransistor erst ansteigt, wenn der Strom schon abgeklungen ist. Das vermindert die Ausschaltverluste im Transistor erheblich.

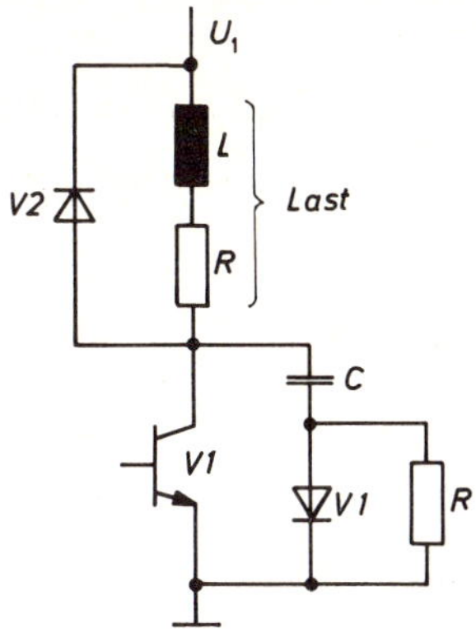

Bild 2.2 – 11

Der Transistorstrom sinkt während der Abfallzeit linear und der Kondensatorstrom steigt entsprechend. Die Kollektor-Emitterspannung steigt in dieser Zeit nur auf den Wert U_0. Der weitere Anstieg auf den vollen Wert erfolgt bei Strom Null und daher verlustlos. Im Intervall t_1 bis t_2 geht also der Laststrom vom Transistor auf den Kondensator über. Ab t_3 schaltet die Freilaufdiode durch und übernimmt ihrerseits den Laststrom.

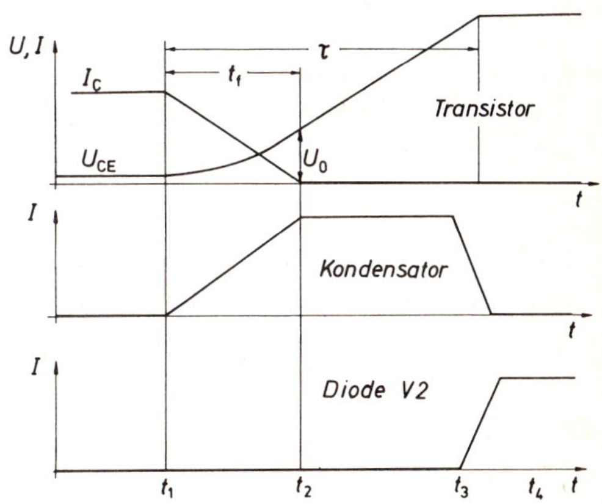

Bild 2.2 – 12

Seriendrossel

Der Freilaufkreis Last-V 2 hat eine so große Zeitkonstante, daß beim folgenden Transistor-Einschaltzeitpunkt der Strom in V 2 nur geringfügig abgesunken ist. V 2 ist also noch mit Ladungsträgern überschwemmt. Die Diode sperrt erst, wenn der Transistor-Einschaltvorgang schon weit fortgeschritten ist (siehe Freiwerdezeit). V 2 stellt also während des Transistor-Einschaltvorgangs einen Kurzschluß dar. Dadurch ergibt sich eine große Einschalt-Verlustarbeit.

Zur Reduzierung kann man kleine Drosseln in Reihe zum Ventil vorsehen (Bild 2.2 – 13). Auch diese Drossel erhält zur Vermeidung von Abschalt-Überspannungen einen Freilaufkreis. Jedoch ist die Zeitkonstante $\frac{L}{R}$ dieses Kreises so

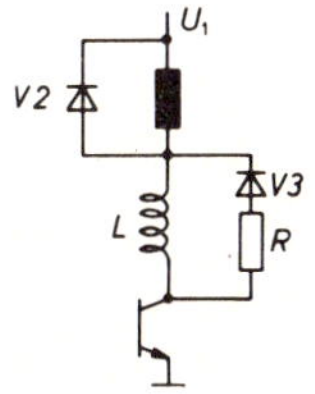

Bild 2.2 – 13

klein, daß der Freilaufstrom während der Transistor-Sperrphase bereits Null wird. Außerdem braucht V 3 nur für einen kleinen Strom ausgelegt zu werden und hat deshalb gegenüber V 2 eine kleinere Freiwerdezeit. V 3 sperrt also während des gesamten Transistor-Einschaltvorgangs und begrenzt damit die Stromanstiegsgeschwindigkeit und die Einschaltverluste in V 1.

Beispiel 2.2 – 2

Zu bestimmen sind für die Oszillogramme Bild 2.2 – 14 der Verlauf der Einschaltverlustleistung als Funktion der Zeit bei der Schaltung

a) ohne Seriendrossel

b) mit Seriendrossel

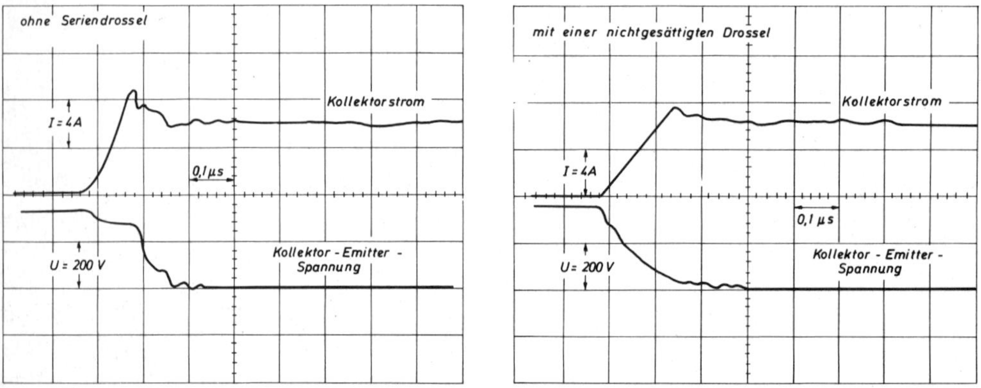

Bild 2.2 – 14

Lösung:

Die Zeitachse wird in gleiche Abschnitte geteilt. Für jeden Zeitpunkt wird dann ein Momentanwert der Verlustleistung $p_V = u \cdot i$ berechnet und eingetragen. Man verbindet die Punkte und erhält den Verlauf $p_V(t)$ der Verlustleistung.

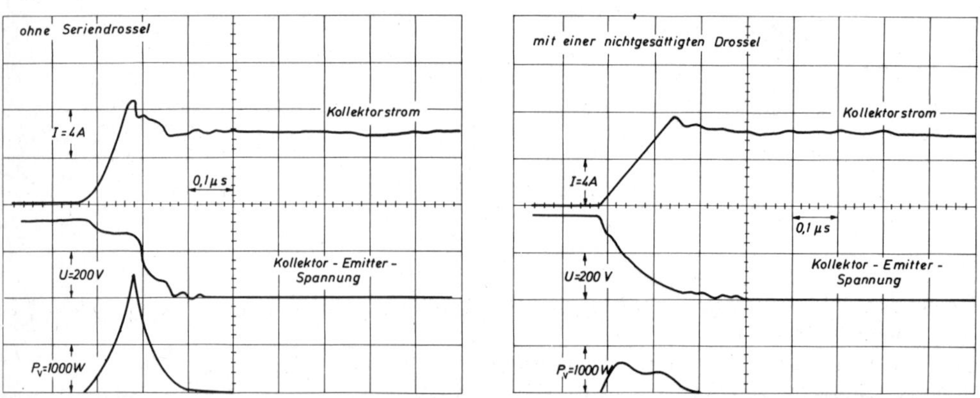

Bild 2.2 – 15

Die Tabellen beinhalten die abgelesenen und berechneten Werte.

ohne Seriendrossel:

Abschn.		1	2	3	4	5	6	7	8	9	10	11
I	A	0,9	2,3	2,9	4,0	5,7	8,0	7,4	6,9	5,7	6,3	6,3
U	V	300	300	300	300	300	300	200	85	60	10.	0
p_V	W	270	690	870	1200	1710	2400	1480	586	342	63	0

mit Seriendrossel:

Abschn.		1	2	3	4	5	6	7	8	9
I	A	0,6	1,5	2,9	4,0	5,7	6,9	8,0	6,9	6,9
U	V	460	400	170	128	86	57	29	10	5
p_V	W	276	600	493	512	430	393	232	69	35

Übung 2.2 – 3

Bestimmen Sie in gleicher Weise die Ausschaltverlustleistung aus den Oszillogrammen von Ausschaltvorgängen (Bild 2.2 – 16)

a) ohne Entlastungsnetzwerk
b) mit Entlastungsnetzwerk

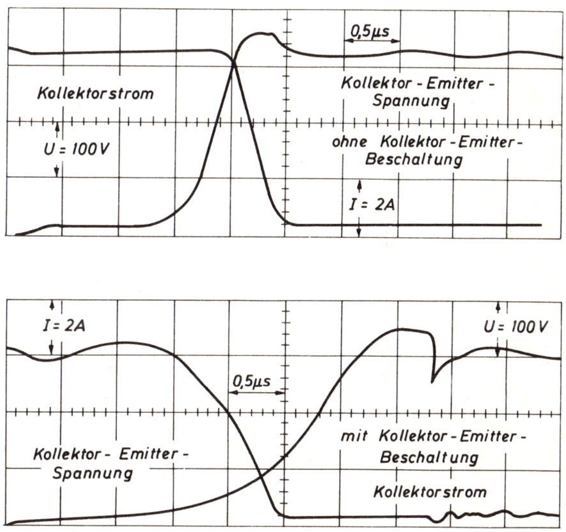

Bild 2.2 – 16

Übung 2.2 – 4

Berechnen Sie die mittlere Verlustleistung mit Hilfe der Ergebnisse aus Beispiel 2.2 – 2 und Übung 2.2 – 3. Periodendauer 0,5 ms.

a) ohne Seriendrossel und ohne RCD-Entlastungsnetzwerk
b) mit Seriendrossel und mit RCD-Entlastungsnetzwerk.

Die Verlustleistungskurven können durch Dreiecke ersetzt werden.

Überstromschutz

Tritt im Lastkreis eine, wenn auch nur kurzzeitige Überlastung auf, so verliert bei konstantem Basisstrom der Transistor seinen Sättigungszustand. Die Kollektor-Emitterspannung erhöht sich und damit die Durchlaßverluste unzulässig. Schaltung 2.2–17 zeigt eine Möglichkeit des Schutzes. Wenn V 1 leitend ist, erhält V 5 über V 2 und R 3 Basisstrom. Erhöht sich während der Leitendphase von V 5 U_{CE}, so fließt mehr Strom über den Stromweg R 5, V 6, R 1. Dadurch wird das Emitterpotential von V 1 angehoben, so daß V 5 abgeschaltet wird.

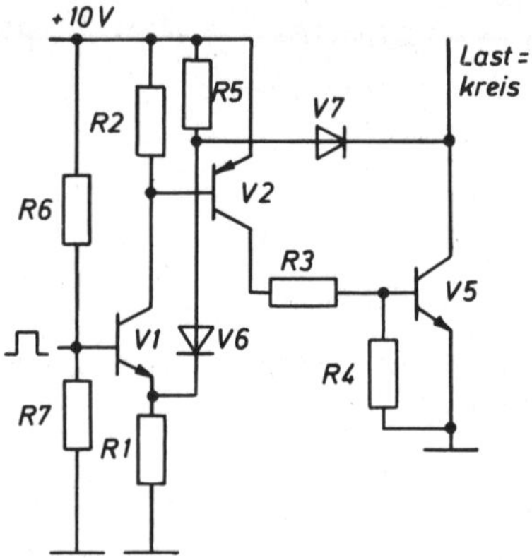

Bild 2.2–17

Antisättigungsdiode

Andererseits kann durch Verringern der Fallzeit t_f die Verlustleistung vor allem bei höher frequentem Schaltbetrieb verringert werden dadurch, daß der Transistor nicht in die Sättigung, sondern nur in die Quasisättigung gesteuert wird. Die Diode V 2 in der selbstregelnden Treiberstufe nach Bild 2.2–18 überwacht diesen Zustand. Sobald U_{CE} unter 0,65 V absinkt (Sättigung), wird V 2 leitend und leitet einen Teil des Basisstromes um.

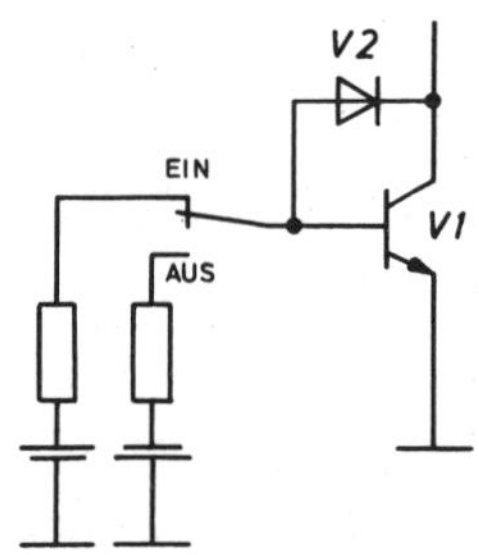

Prinzipschaltbild
Bild 2.2–18

Lernzielorientierter Test zu Kapitel 2.2

1. Was versteht man unter t_{on}?
   - O Ausschaltzeit
   - O Speicherzeit
   - O $t_s + t_r$
   - O Zeit zwischen 10% I_B und 90% I_C
2. Welche Anteile spielen bei niederfrequenter Schaltfunktion eines Leistungstransistors die entscheidende Rolle?
   - O Einschaltverluste
   - O Durchlaßverluste
   - O Sperrverluste
   - O Ausschaltverluste
3. Welche Vorteile hat eine Treiberstufe mit negativer Basisspannung für die Sperrphase?
   - O Geringere Sperrverluste
   - O Höhere zulässige Sperrspannung
   - O Langsameres Ausschalten
   - O Entlastung der Freilaufdiode
   - O Verringerung von t_s
4. Wie wirkt die RCD-Schutzbeschaltung?
   - O Bildet zusammen mit der Last-Induktivität einen Reihenschwingkreis.
   - O Der Kondensator nimmt die magnetische Energie auf und lädt sich dabei auf.
   - O Der Kondensator sperrt einen evtl. zu großen Gleichstrom.
   - O Der Widerstand verhindert ein zu schnelles Aufladen des Kondensators.
5. Bis zu welchen Stromstärken sind Leistungstransistoren erhältlich?
   - O 25 A
   - O 250 A
   - O 2 500 A
6. Wodurch werden die Ausschaltverluste von Leistungstransistoren verringert?
   - O Seriendrossel
   - O Negativer Basisstrom
   - O Betrieb im Sättigungsbereich
   - O Betrieb im Quasisättigungsbereich
   - O RCD-Entlastungsnetzwerk
7. Wie werden die Einschaltverluste von Leistungstransistoren verringert?
   - O Verwendung einer Antisättigungsdiode
   - O Verwendung einer Seriendrossel
   - O Einsatz einer Freilaufdiode
   - O Hohe Basisströme

3 Steuersätze netzgeführter Stromrichter

Lernziele

Der Lernende ...

- erläutert die Wirkungsweise der Vertikalsteuerung anhand der Grundschaltung,
- erläutert die Nachteile der Vertikalsteuerung,
- erklärt die Wirkungsweise der Horizontalsteuerung anhand der Schaltung mit Phasenschieber,
- erläutert die Wirkungsweise einer Impulszündschaltung mit Transistoren,
- erläutert die Wirkungsweise einer Impulszündschaltung mit Operationsverstärkern,
- erklärt die Wirkungsweise einer Impulszündschaltung mit integriertem Zündgenerator,
- erläutert die Wirkungsweise einer Zündschaltung mit Optokoppler,
- erläutert Schwingungspaketsteuerungen und Nullspannungsschalter.

3.1 Vertikalsteuerung

Bild 3.1 – 1 zeigt die einfachste Zündschaltung für einen Thyristor. Außerdem sind Meßgeräte zur Messung des Kippverhaltens angeschlossen. Zwischen Gate und Kathode liegt eine Gleichspannung über einen stellbaren Vorwiderstand an. Mit dem Oszilloskop kann der Schaltaugenblick des Thyristors und damit die Kippspannung beobachtet werden. Es ergibt sich dabei eine Kennlinie wie in Bild 3.1 – 2, die den Einfluß des Steuerstromes auf die Kippspannung zeigt. Beträgt der Zündstrom I_{GT} etwa 45 μA, so ist $U_{(BO)}$ 310 V, d. h. $\alpha = 90°$. Beträgt I_{GT} ca. 60 μA, ist die Kippspannung auf sehr kleine Werte gesunken, d. h. der Thyristor zündet etwa bei 0°. Der Steuerbereich des Zündstromes ist also nur sehr klein. Da die Kennlinie $U_{(BO)} = f(I_{GT})$ außerdem sehr temperaturabhängig und exemplarbedingt ist, ist die Vertikalsteuerung insgesamt sehr ungünstig und wird in professionellen Anlagen nicht benutzt.

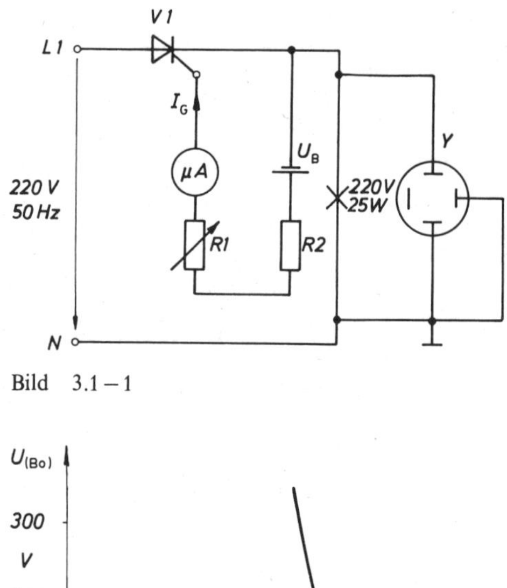

Bild 3.1 – 1

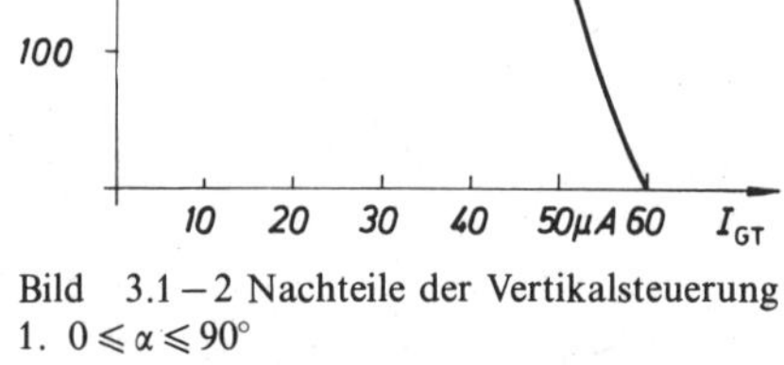

Bild 3.1 – 2 Nachteile der Vertikalsteuerung:
1. $0 \leqslant \alpha \leqslant 90°$
2. kleiner Zündstrom-Steuerbereich
3. temperaturabhängig und exemplarabhängig

Übung 3.1 – 1

Zeigen Sie in Bild 3.1 – 3 die Auswirkung von Temperaturschwankungen auf den Anschnittwinkel bei der Vertikalsteuerung. Netzspannung 220 V.

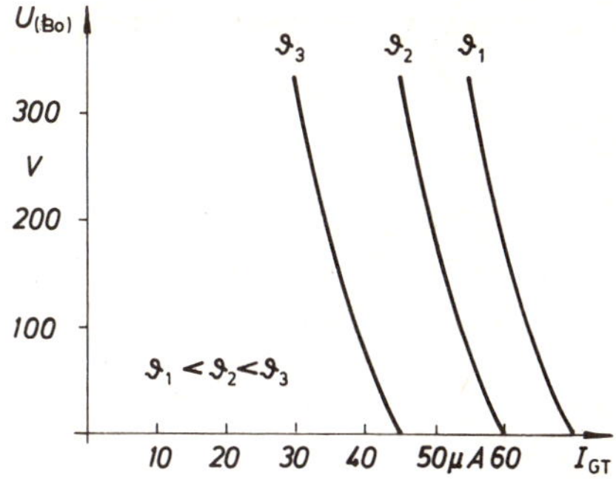

Bild 3.1 – 3

3.2 Horizontalsteuerung mit Phasenschieberbrücke

In der Phasenschieberbrücke entsteht eine Brückenspannung U_G, die mit Hilfe des veränderbaren Widerstandes R 1 in ihrer Phasenlage gegenüber U_S von 0° bis 180° verstellbar ist.

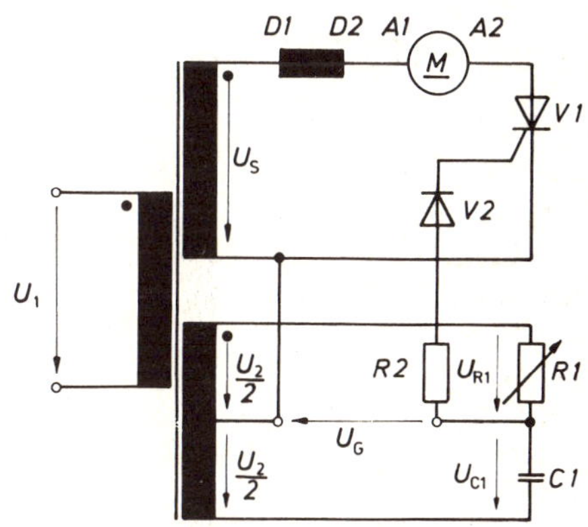

Bild 3.2 – 1

Übung 3.2 – 1

Welche Phasenlage nimmt U_G gegenüber U_S ein, wenn a) $R_1 = 0$ b) $R_1 \to \infty$?

Beispiel 3.2 – 1

Wie groß wird der Anschnittwinkel in Bild 3.2 – 1 für $R_1 = 320\ \Omega$, $C_1 = 47\ \mu F$, $f = 50$ Hz?

Lösung:

Das Zeigerdiagramm enthält die sich aus der Schaltung ergebenden Bedingungen:

$$\underline{U}_{C1} + \underline{U}_{R1} = 2\,\frac{\underline{U}_2}{2} \qquad (3.2-1)$$

$$\underline{U}_{C1} \perp \underline{U}_{R1} \qquad (3.2-2)$$

$$\underline{U}_G = \underline{U}_{C1} - \frac{\underline{U}_2}{2} \qquad (3.2-3)$$

U_G eilt danach der Spannung U_S um den Winkel φ nach.

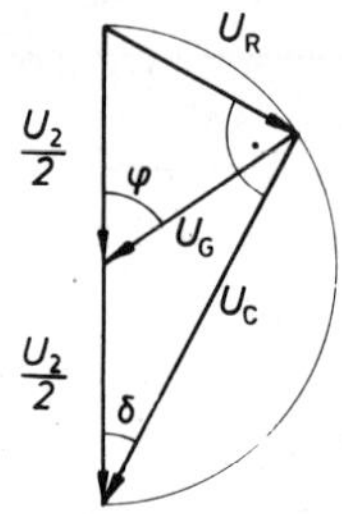

Bild 3.2–2

Wenn U_G positiv wird, beginnt ein Gatestrom zu fließen. Kurze Zeit nach dem positiven Nulldurchgang von U_G wird der Thyristor zünden.

$$\varphi \approx \alpha \qquad (3.2-4)$$

$$\varphi = 2\delta \qquad (3.2-5)$$

$$\delta = \arctan \frac{U_{R1}}{U_{C1}} \qquad (3.2-6)$$

$$\varphi = 2 \arctan \frac{R_1}{X_{C1}} \qquad (3.2-7)$$

$$\alpha \approx 2 \arctan \frac{320\ \Omega}{67{,}7\ \Omega}$$

$$\alpha \approx 78^\circ$$

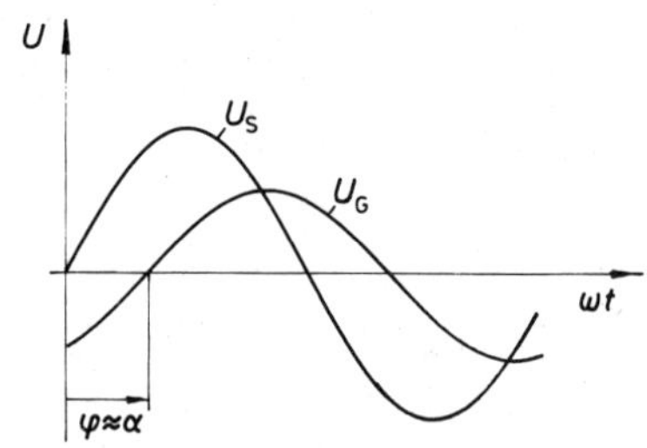

Bild 3.2–3

Übung 3.2–2

Wozu dienen R 2 und V 2 in Bild 3.2–1? Wie wird allgemein R 2 zu berechnen sein?

Übung 3.2–3

Berechnen Sie in Bild 3.2–1 R1 für $C_1 = 4{,}7\ \mu F$ und $\alpha = 150^\circ$.

Übung 3.2 – 4

Erläutern Sie die Schaltung Bild 3.2 – 4.

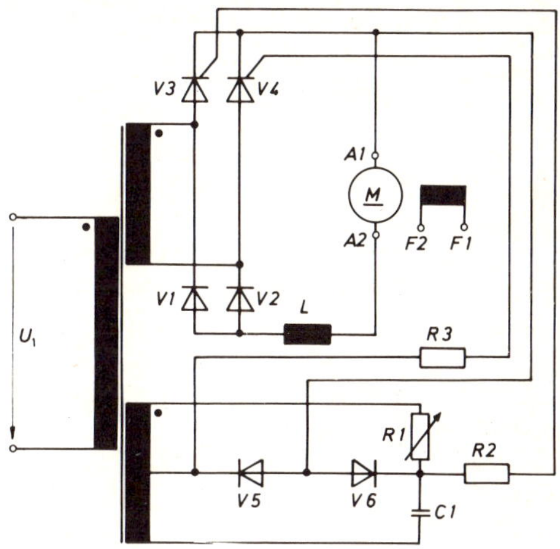

Bild 3.2 – 4

3.3 Impulssteuergeräte mit Transistoren

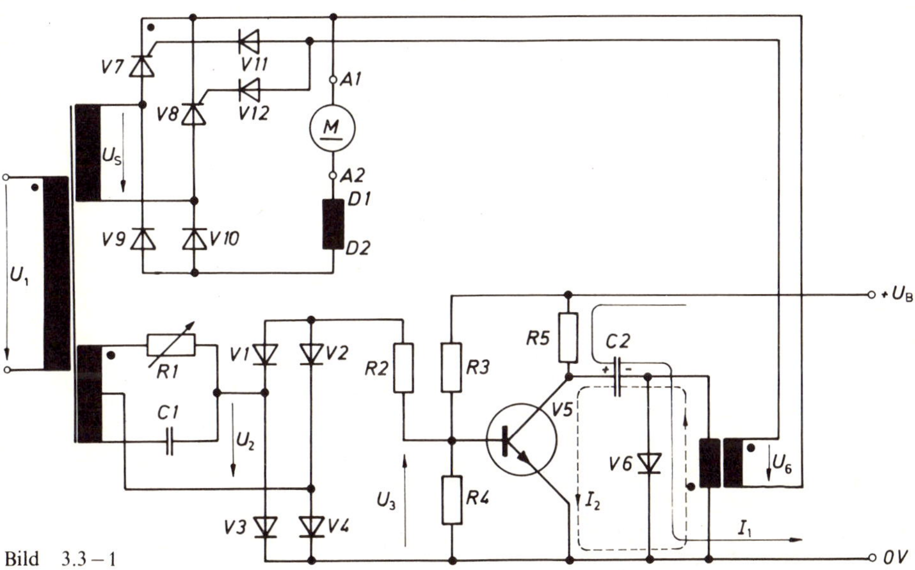

Bild 3.3 – 1

Bild 3.3 – 1 zeigt im Hauptstromkreis eine halbgesteuerte B 2-Schaltung mit Reihenschlußmotor.

Der Steuerkreis besteht aus der Phasenschieberbrücke R 1, C 1 mit der Ausgangsspannung U_2, Brückengleichrichter und der Impulsformerstufe um den Transistor V 5. Die Steuerspannung

U_3 für V 5 setzt sich aus der Teilspannung des Basisspannungsteilers und der Ausgangsspannung der Brücke zusammen. R 2, R 3 und R 4 sind so abgestimmt, daß R 3, R 4 allein V 5 durchschalten, die Ausgangsspannung der Brükke V 5 jedoch sperrt. Im gesperrten Zustand von V 5 lädt sich C 2 durch den Strom I_1 auf. Wenn $U_3 = -0{,}7$ V wird, entlädt sich C 2 durch den Strom I_2 über V 5 über die Primärwicklung des Impulsübertragers, so daß sekundärseitig der gewünschte Zündimpuls entsteht. Die Thyristoren V 7 und V 8 erhalten gleichzeitig einen Zündimpuls, jedoch zündet jeweils nur derjenige, dessen Anoden-Kathoden-Spannung gerade positiv ist.

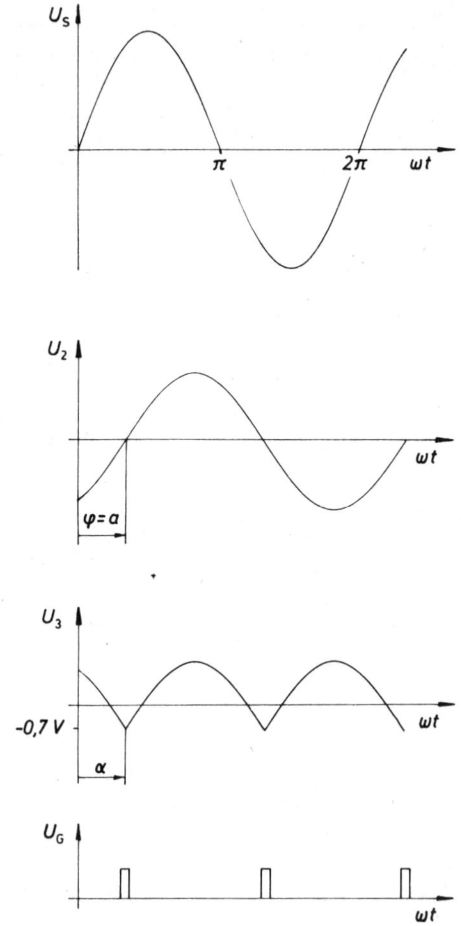

Bild 3.3 – 2

Übung 3.3 – 1

Wozu dienen in Schaltung 3.3 – 1 V 11 und V 12?

Übung 3.3 – 2

Erläutern Sie die Funktion der gegebenen Schaltung.

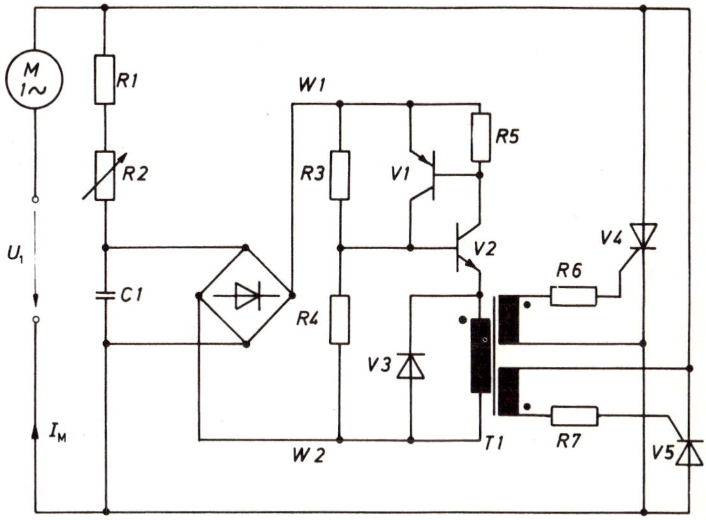

Bild 3.3 – 3

Übung 3.3 – 3

Skizzieren Sie im Diagramm Bild 3.3 – 4 den Verlauf des Laststromes I_M bei $\alpha_1 = \varphi$ und bei $\alpha_2 > \varphi$. Was passiert, wenn $\alpha < \varphi$? φ ist der Phasenverschiebungswinkel des Motors, für den das einfache Ersatzschaltbild aus R_M und L_M gelten soll.

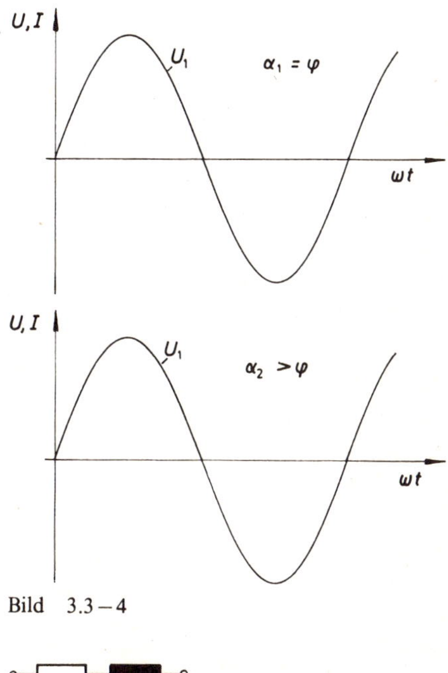

Bild 3.3 – 4

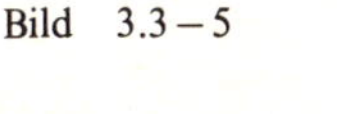

Bild 3.3 – 5

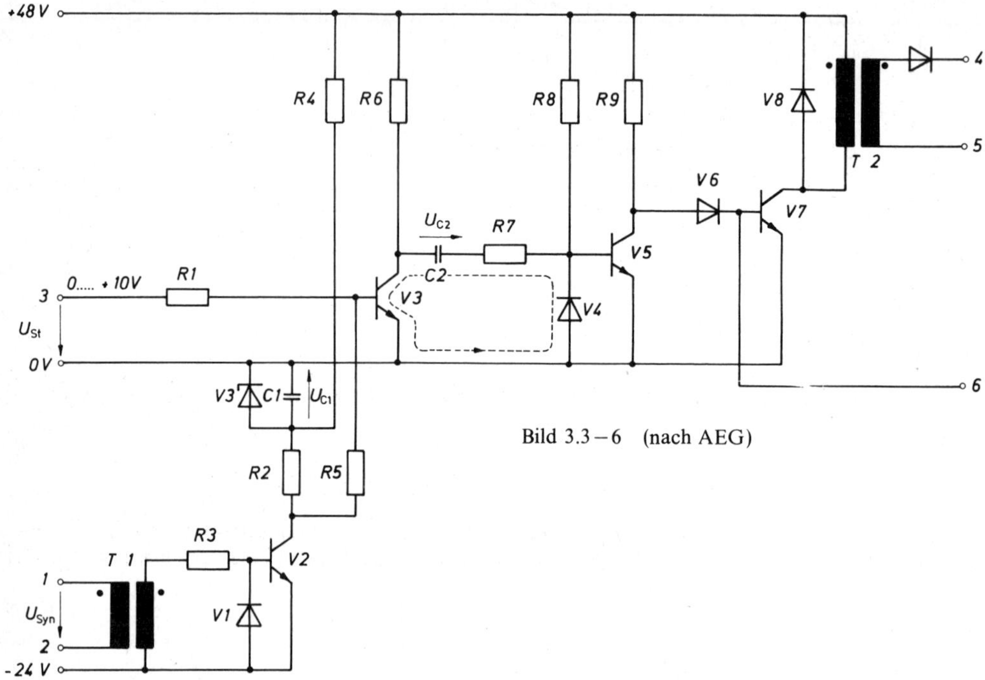

Bild 3.3 – 6 (nach AEG)

Bild 3.3 – 6 zeigt ein Impulssteuergerät mit Synchronisierstufe V 2, Vergleicher V 3, Treiber V 5 und Leistungsstufe V 7.

Ist U_{syn} positiv, ist V 2 durchgeschaltet und C 1 wird von 0 V über R 2, V 2 gegen – 24 V aufgeladen. Die Ladekonstante C 1 · R 2 ist klein. U_{C1} wird durch V 3 auf – 10 V begrenzt. U_{C1} allein würde also V 3 sperren. V 5 ist durch R 8 ebenfalls durchgeschaltet, $U_{C2} = +48$ V. Weil V 5 leitet, ist V 7 gesperrt, wobei der Sperrzustand durch V 6 gesichert wird.

Während der negativen Polarität von U_{syn} V 2 gesperrt. C 1 wird über R 4 gegen + 48 V umgeladen. Die Ladezeitkonstante R 4 · C 1 ist so bemessen, daß U_{C1} nach 10 ms Null wird. Die sperrende Wirkung von U_{C1} und die durchschaltende Wirkung der Steuerspannung U_{St} überlagern sich an der Basis von V 3. Sobald der Kondensator C 1 weit genug entladen ist, schaltet V 3 durch, C 2 entlädt sich über V 3, V 4, R 7 und hält somit während dieses Entladungsvorganges V 5 gesperrt. Während der gleichen Zeit ist V 7 durchgeschaltet, im Transformator T 2 fließt ein Stromimpuls, der auf die Aus-

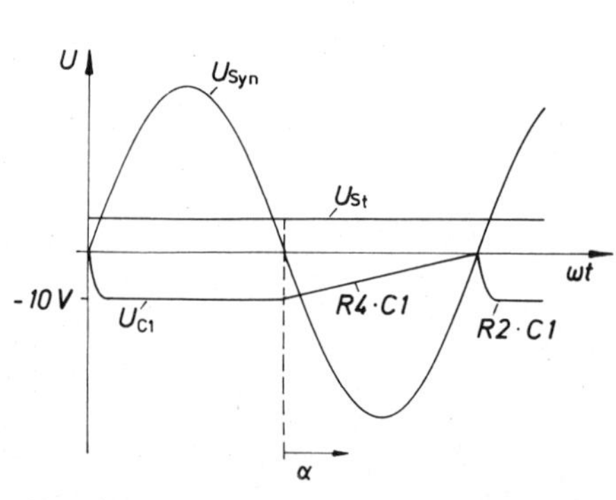

Bild 3.3 – 7

gangsseite übertragen wird. Beträgt also $U_{St} = 10$ V, wird $\alpha = 0°$, beträgt $U_{St} = 0$ V, wird $\alpha = 180°$. Der Ansschnittwinkel ist also mit Hilfe der Steuerspannung einstellbar. Über die Leitung 6 können weitere Endstufen V 7 getriggert werden, so daß diese gleichzeitig einen Impuls abgeben.

Übung 3.3 – 4

Berechnen Sie R 4, wenn $C_1 = 47$ nF (Bild 3.3 – 6).

Übung 3.3 – 5

Berechnen Sie C 2, wenn $R_7 = 2{,}2$ K Ω beträgt und die Impulsdauer 0,5 ms betragen soll (Bild 3.3 – 6).

Übung 3.3 – 6

Vervollständigen Sie den Blockschaltplan für die vollgesteuerte Brückenschaltung nach Bild 3.3 – 8. Es stehen zwei Impulseinheiten nach Bild 3.3 – 6 sowie zwei zusätzliche Leistungsstufen zur Verfügung.

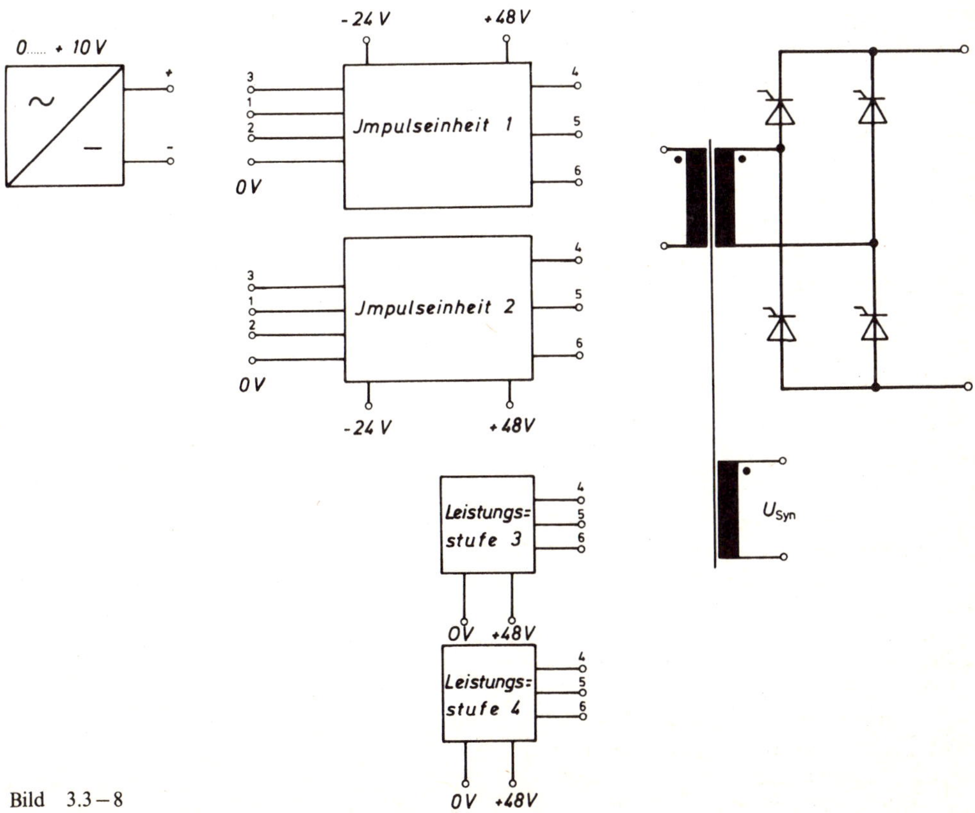

Bild 3.3 – 8

3.4 Impulssteuergeräte mit integrierten Schaltungen

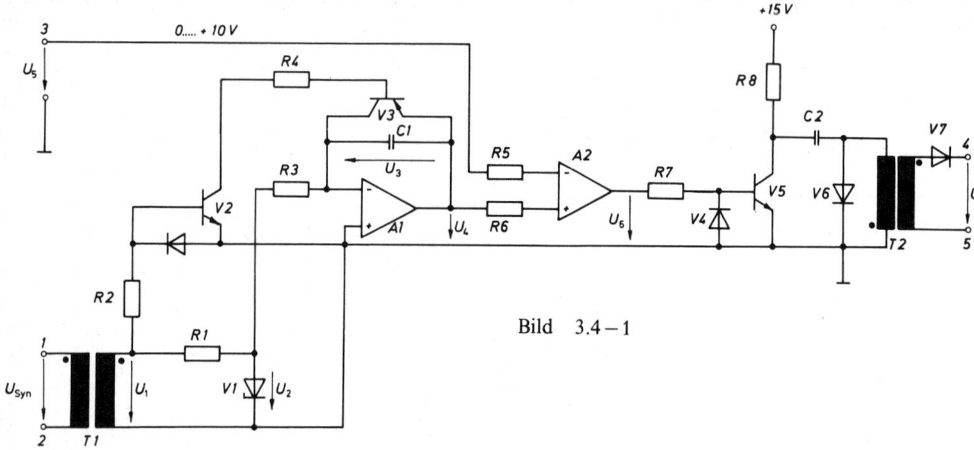

Bild 3.4 – 1

Bild 3.4 – 1 zeigt ein Impulssteuergerät mit dem OP A 1 als Integrator und mit dem OP A 2 als Komparator.

Während der negativen Halbwelle der Synchronisierung U_{syn} sind V 2 und V 3 gesperrt und A 1 integriert die Spannung der Z-Diode V 1 (z. B. Z 10).

Solange am invertierenden Eingang des Komparators die Steuerspannung U_5 größer als U_4 ist, ist dessen Ausgangsspannung U_6 negativ und V 5 ist gesperrt. C 2 lädt sich auf.

Übersteigt U_4 dann U_5, wird U_6 schlagartig positiv, V 5 steuert durch, es entsteht ein Zündimpuls an den Ausgangsklemmen 4 und 5.

Die Zeitkonstante des Integrierers ist so eingestellt, daß nach 10 ms (eine Halbwelle!) $U_4 = 10$ V beträgt.

Während der positiven Halbwelle von U_{syn} wird V 2 und damit V 3 leitend gehalten: damit ist auch $U_3 = 0$. Da $U_3 = U_4$, ist auch $U_4 = 0$.

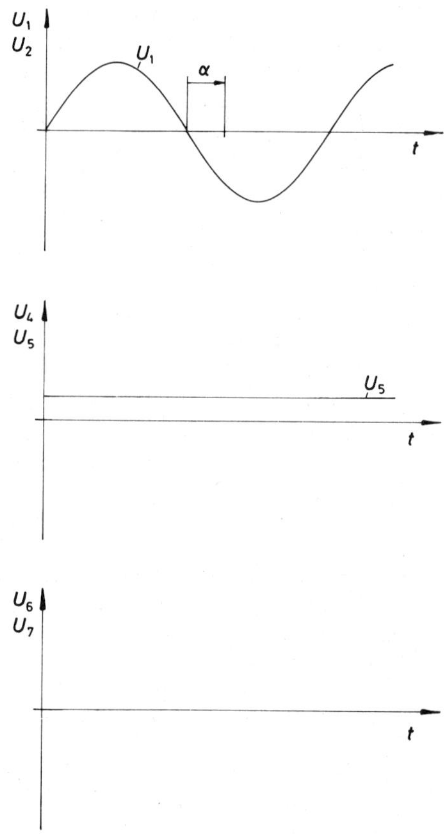

Bild 3.4 – 2

Übung 3.4 – 1

Stellen Sie in Bild 3.4 – 2 die verschiedenen Signale der Schaltung Bild 3.4 – 1 für $\alpha = 45°$ im zeitlichen Zusammenhang dar.

Übung 3.4 – 2

Berechnen Sie C_1 zu Bild 3.4 – 1, wenn $R_3 = 10\ \mathrm{K}\ \Omega$ beträgt.

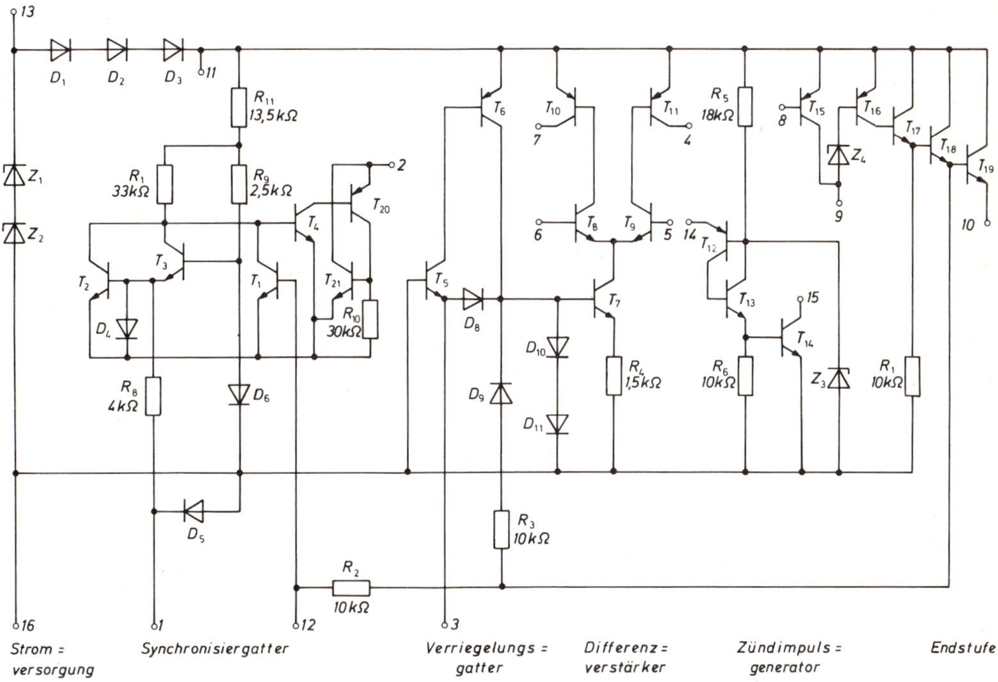

Bild 3.4 – 3 TCA 280 A, Valvo

Bild 3.4 – 3 zeigt die Innenschaltung einer integrierten Zündimpulsstufe. Alle wichtigen Baugruppen wie Synchronisierstufe, Sägezahngenerator, Komparator, Impulsformer, Endstufe, ja sogar die Gleichrichter- und Z-Dioden für Gleichspannungsversorgung sind auf einem winzigen Silizium-Chip realisiert. Durch die äußere Beschaltung wird die Schaltung komplett. Dabei sind verschiedene Funktionen möglich: Zündstufen für Thyristoren oder Triacs mit Einzelimpuls oder Impulsserien als einfache Ein-/Ausschaltung, Anschnittsteuerung oder Schwingungspaketsteuerungen (siehe 3.6) u. a.

Bild 3.4 – 4 zeigt einen Übersichtsschaltplan, in dem die einzelnen Funktionsgruppen zusammengefaßt sind. Die Schaltung arbeitet so als Impulsserien-Zündschaltung. An den Klemmen 1 und 2 liegt die Wechselspannung 220 V, 50 Hz. Mit Hilfe des Gleichrichters wird zwischen den Leitungen 11 und 16 die Versorgungsspannung erzeugt. Das Synchrongatter legt den Punkt 2 in den Nulldurchgängen der Wechselspannung auf 16, so daß der 1 µF Kondensator zu Beginn jeder Halbwelle entladen wird. Danach ist der Ausgang des Synchrongatters offen und der 1 µF Kondensator lädt sich über 15 K Ω auf. Am positiven Eingang des als Komparator arbeitenden OP's liegt eine annähernd sägezahnförmige Spannung. An 5 liegt die Vergleichsspannung. Ist U_{6-16} kleiner als U_{5-16}, so ist $U_{7-16} \approx 0$, der 680-pF-Kondensator bleibt spannungslos; es entstehen keine Zündimpulse.

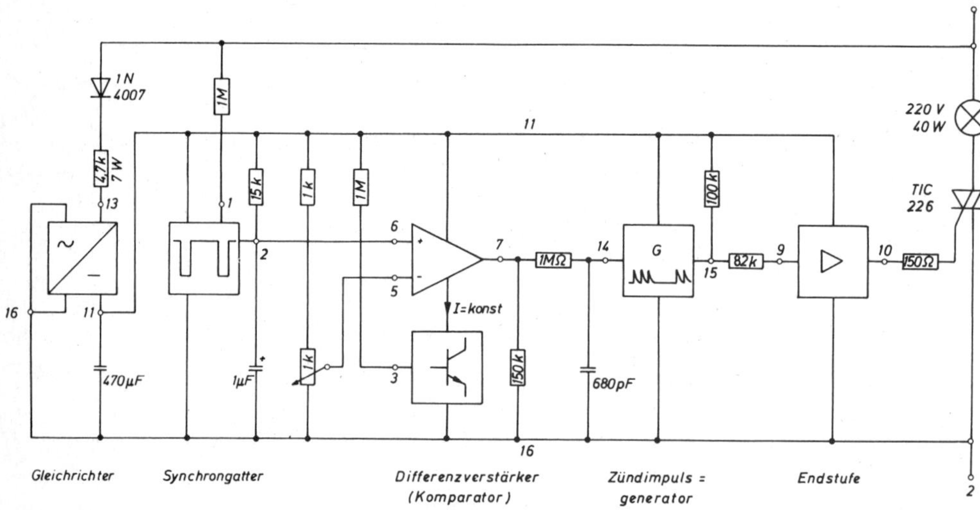

Bild 3.4 – 4

Übersteigt die Sägezahnspannung die Vergleichsspannung, so steht zwischen 7 und 16 eine Gleichspannung, der 680-pF-Kondensator lädt sich auf, bei einem bestimmten Spannungswert entlädt er sich in sehr kurzer Zeit; Punkt 15 wird ebenso kurzzeitig auf Masse gelegt, wodurch am Ausgang 10 ein gegen 16 positiver Nadelimpuls entsteht. Solange der Komparator eine positive Spannung U_{7-16} erzeugt, entstehen, je nach Ladezeitkonstante, mehrere Impulse bis zum Ende der jeweiligen Halbwelle.

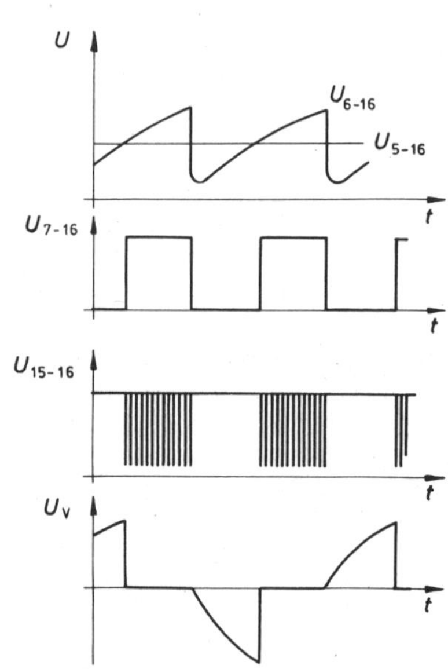

Bild 3.4 – 5

Bild 3.4 – 6 zeigt die äußere Beschaltung des IC.

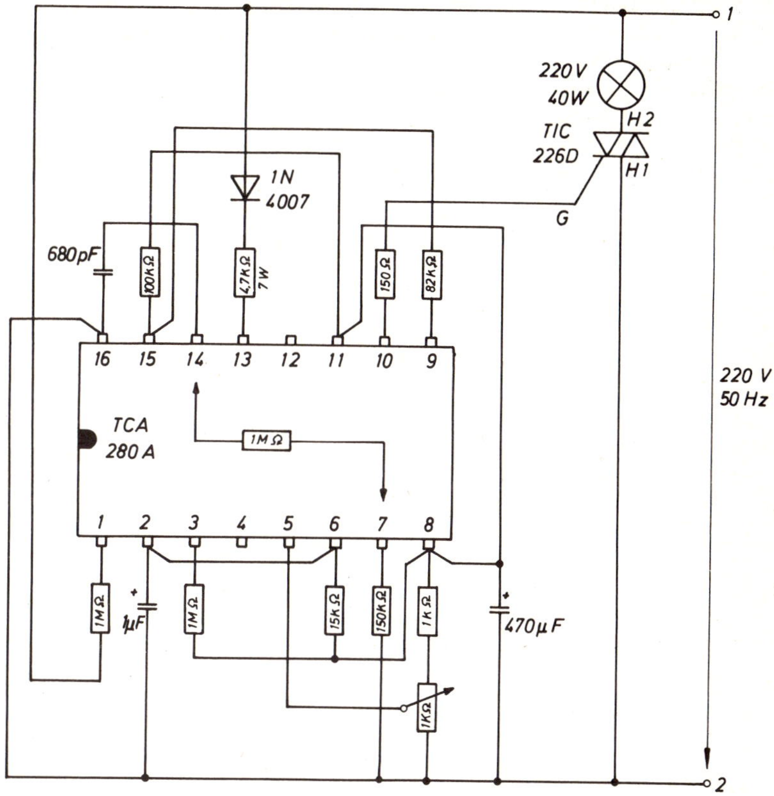

Bild 3.4 – 6

Übung 3.4 – 3

Ermitteln Sie in der Schaltung Bild 3.4 – 4 die Zeitkonstante des Sägezahngenerators. Wieviel % der Ladekurve des Kondensators werden ausgenutzt?

Übung 3.4 – 4

Durch welche Bauelemente in der Schaltung Bild 3.4 – 4 kann die Frequenz der Impulsserie beeinflußt werden?

3.5 Steuergeräte mit Optokopplern

Bild 3.5 – 1 zeigt eine Motorsteuerung mit Triac, der über einen Optokoppler angesteuert wird. Wenn der Transistor V 5 durchgesteuert wird, erhält die Leuchtdiode im Optokoppler V 3 Spannung und macht durch ihre Photonen den Fototransistor leitend.

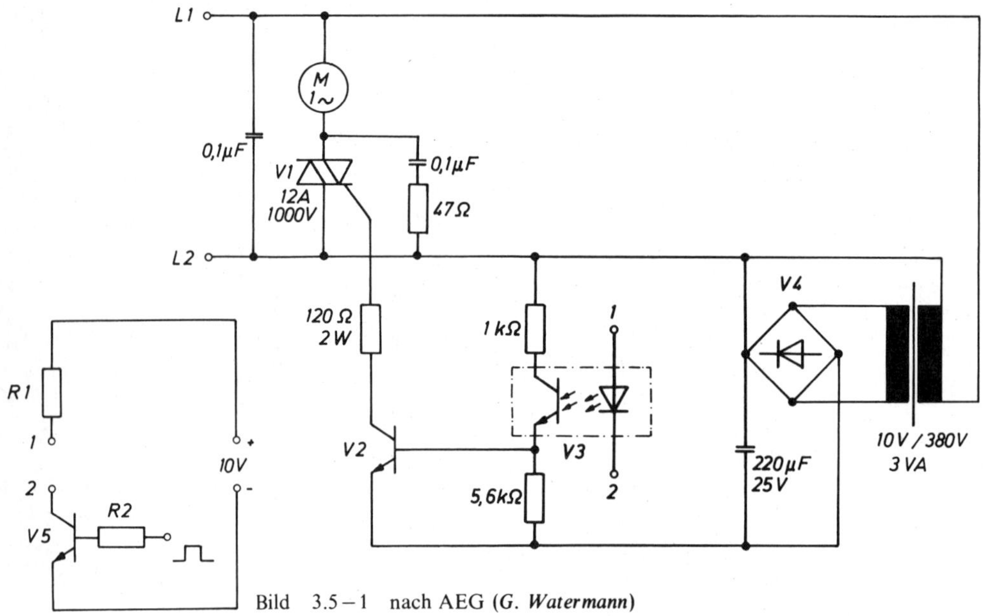

Bild 3.5 – 1 nach AEG (*G. Watermann*)

Über den Spannungsabfall am 5,6 k Ω Widerstand wird V 2 ebenfalls durchgesteuert. Der Zündstrom für das Triac fließt in beiden Halbwellen vom Pluspol von V 4 über den Hauptanschluß 2 – Gate – V 2 zum Minuspol von V 4.

Vorteile der Optokoppler-Steuerung:

1. potentialfreie Kopplung,
2. zeitlich beliebig langer Impuls möglich (Impulsübertrager gelangen bei längeren Impulsen in die Sättigung).

Übung 3.5 – 1

Wozu dient die R-C-Reihenschaltung 0,1 μF/47 Ω und der am Eingang liegende 0,1-μF-Kondensator in Bild 3.5 – 1?

Übung 3.5 – 2

Mit welchem Anschnittwinkel arbeitet die Schaltung nach Bild 3.5 – 1?

Übung 3.5 – 3

Berechnen Sie in Bild 3.5 – 1 den Gate-Strom.

3.6 Schwingungspaketsteuerung

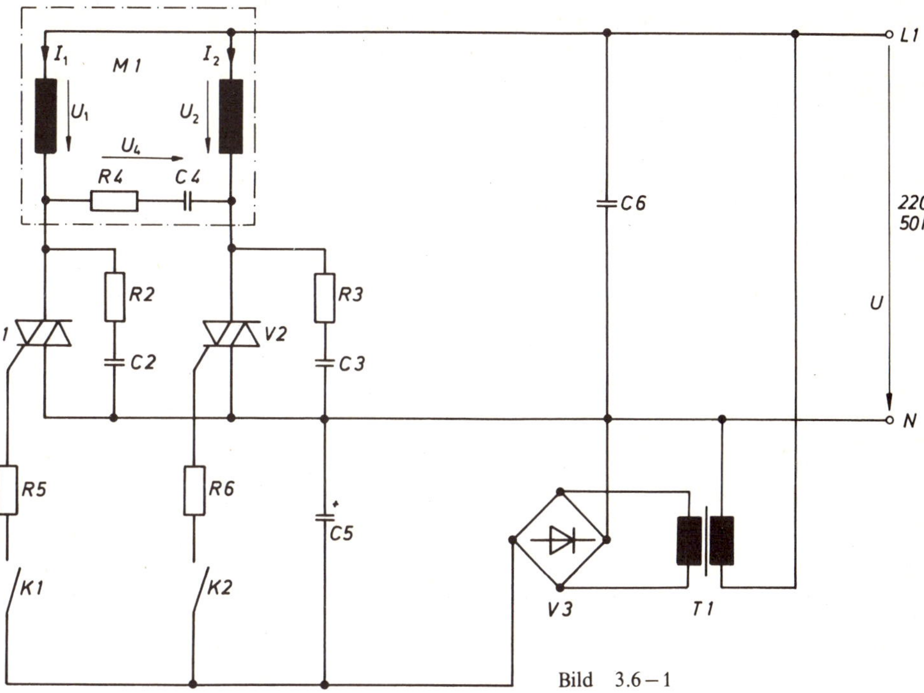

Bild 3.6 – 1

Erhält V 1 Zündstrom, läuft der Motor M 1 in der einen Drehrichtung, bei Ansteuerung von V 2 in der anderen. R 4 dient als Schutzwiderstand gegen Entladestromspitzen des Motorkondensators C 4, wenn evtl. beide Thyristoren gleichzeitig leiten.

Bild 3.6 – 2 zeigt, wie die Phasenlage der Strangströme und damit die Richtung des Drehfeldes wechselt.

Die Schaltung kann in der jeweiligen Drehrichtung eine einfache Ein-/Aus-Funktion haben, oder aber auch als Schwingungspaketsteuerung arbeiten.

In diesem Falle werden K 1 und K 2 durch Transistoren ersetzt, die mit Hilfe eines Taktgenerators so gesteuert werden, daß die Wicklungen für eine gewisse Zeit mit der Sinusspannung versorgt werden, dann wieder ausgeschaltet sind.

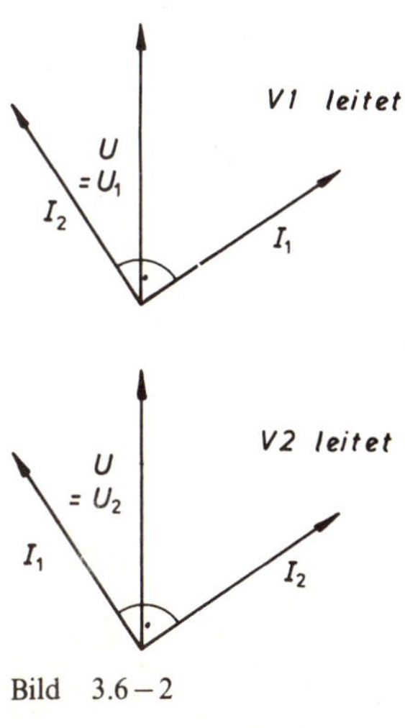

Bild 3.6 – 2

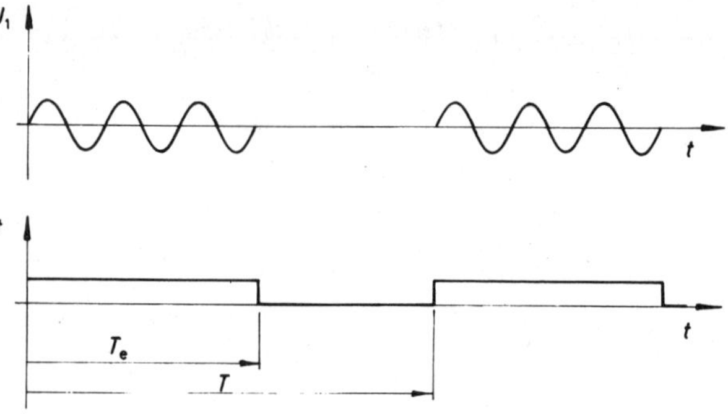

Bild 3.6 – 3

Die Leistung des Motors kann dann mit Gl. 3.6 – 1 berechnet werden.

$$P = P_0 \cdot \frac{T_e}{T} \tag{3.6-1}$$

Schwingungspaketsteuerungen haben den Vorteil, die bei Anschnittsteuerungen entstehenden Oberschwingungen und damit Funkstörungen zu vermeiden.

Vorteil der Schwingungspaketsteuerung: keine Funkstörungen

Man kann sie aber nur einsetzen, wenn es im Falle einer Motorsteuerung auf einen Gleichlauf des Motors nicht ankommt. Ein weiteres Anwendungsfeld finden Schwingungspaketsteuerungen in Temperatursteuerungen bzw. -regelungen. Schwingungspaketsteuerungen für ohmsche Lasten sind meist mit einem Nullspannungsschalter ausgerüstet. Dieser sorgt dafür, daß immer nur im Nulldurchgang der Spannung eingeschaltet werden kann.

Nachteil der Schwingungspaketsteuerung: pulsförmige Leistung

Übung 3.6 – 1

Erläutern Sie die Funktion der Schaltung Bild 3.6 – 4.

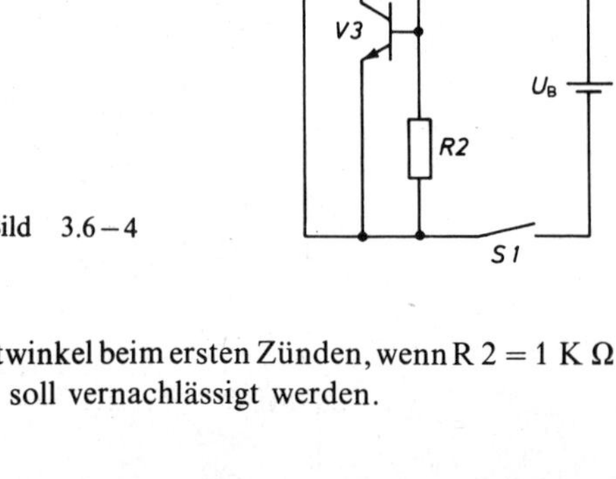

Bild 3.6 – 4

Übung 3.6 – 2

Berechnen Sie zu Bild 3.6 – 4 den maximalen Anschnittwinkel beim ersten Zünden, wenn R 2 = 1 K Ω und R 1 = 10 K Ω betragen. Der Basisstrom von V 3 soll vernachlässigt werden.

Lernzielorientierter Test zu Kapitel 3

1. Was versteht man unter Vertikalsteuerung?
   - O Schwingungspaketsteuerung.
   - O Möglichkeit für Anschnittsteuerungen.
   - O Die Größe des Zündstromes wird verändert.
   - O Die Spannung des Zündimpulses wird geändert.
   - O Der Zündstrom wird gegenüber der Anodenspannung zeitlich verschoben.

2. Berechnen Sie R 1, wenn der Zündstrom $I_{GT} = 2{,}5$ mA beträgt und die Thyristoren bei $U_V = 5$ V zünden sollen.
   - O R 1 = 280 Ω
   - O R 1 = 560 Ω
   - O R 1 = 124 K Ω
   - O R 1 = 88 K Ω
   - O R 1 = 1,44 K Ω

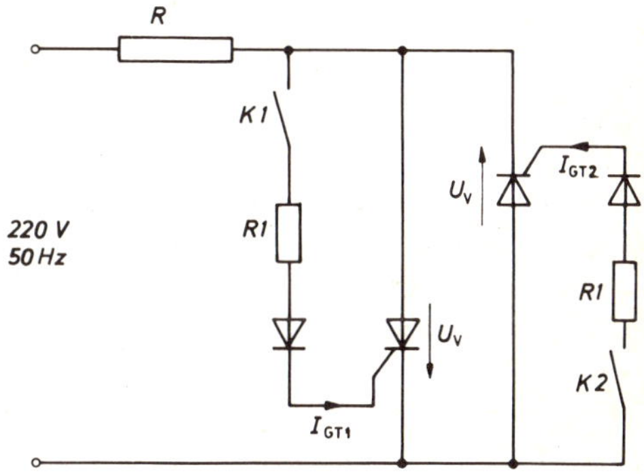

3. Welche Aussage(n) zur nachstehenden Schaltung ist (sind) richtig?
   - O Es handelt sich um einen Wechselstromsteller.
   - O Es handelt sich um eine Anschnittsteuerung.
   - O Im Ruhestand ist V 3 leitend und V 2 gesperrt.
   - O Der Zündübertrager ist sekundärseitig falsch gepolt.
   - O C 1 und V 1 stellen einen Gleichrichter mit Glättungskondensator dar, so daß V 2 und V 3 eine konstante Betriebsspannung haben.

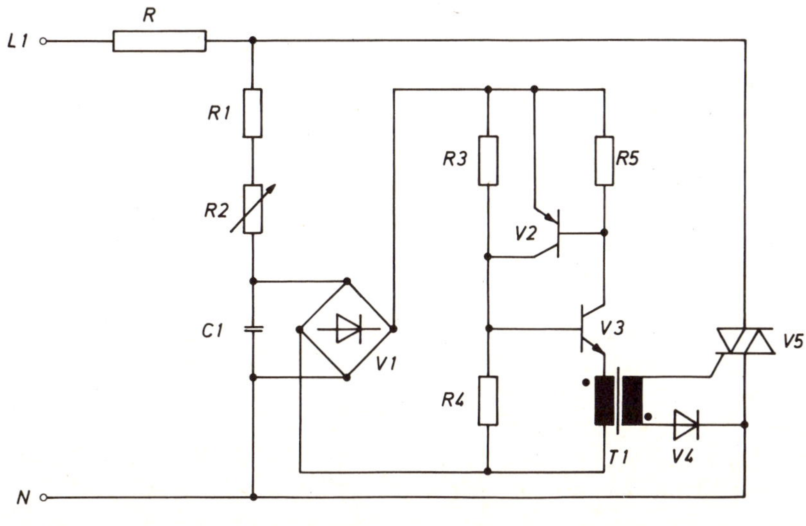

4. Welche Aussagen sind zu folgender Schaltung richtig?

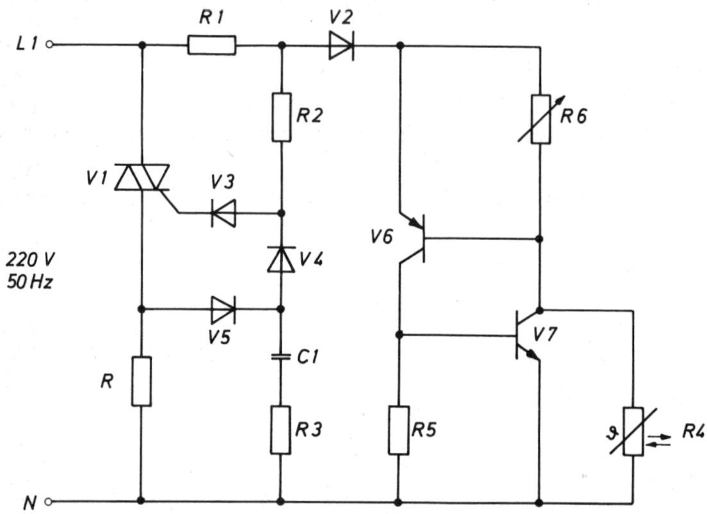

○ Mit R 6 kann der Anschnittwinkel bestimmt werden.

○ Ist R 4 abgekühlt, sind V 6 und V 7 durchgeschaltet, sobald über V 2 Spannung anliegt.

○ V 1 kann zum ersten Mal nur in der positiven Halbwelle der Netzspannung gezündet werden ($U_{L1-N} > 0$).

○ In der negativen Halbwelle der Netzspannung wird V 1 durch den Entladestrom von C 1 gezündet.

○ C 1 lädt sich während der positiven Netzspannungshalbwelle auf den Scheitelwert derselben auf.

○ V 6 und V 7 stellen eine Thyristor-Ersatzschaltung dar.

○ V 6 und V 7 verhindern ein Zünden des Triacs, falls die Netzspannung bereits einen bestimmten Momentanwert überschritten hat. Es wird ein Phasenanschnitt vermieden.

○ V 1 wird abwechselnd mit positivem und negativem Steuerstrom gezündet.

5. Diskutieren Sie die gegebene Schaltung.

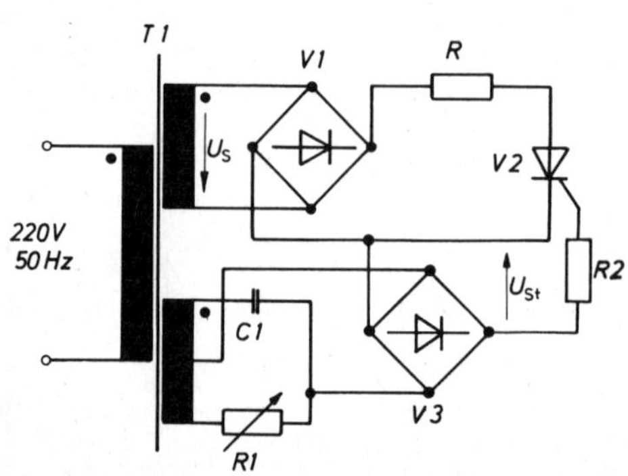

6. Welche Aussagen zu folgender Schaltung sind richtig?
   - O Wenn V 3 sperrt, kann V 1 zünden, da dann an der Primärwicklung von T 1 eine große Spannung entsteht.
   - O V 1 kann zünden, wenn S 1 geschlossen ist.
   - O Wenn V 4 leitet, kann V 3 nicht durchschalten.
   - O Durch R 3 und R 4 wird bemessen, oberhalb welchem Netzspannungsmomentanwert V 1 gezündet werden kann.
   - O V 3 hat die Aufgabe, einen möglichst steilen Zündimpuls zu liefern (schnelle Schaltzeiten von Thyristoren!).

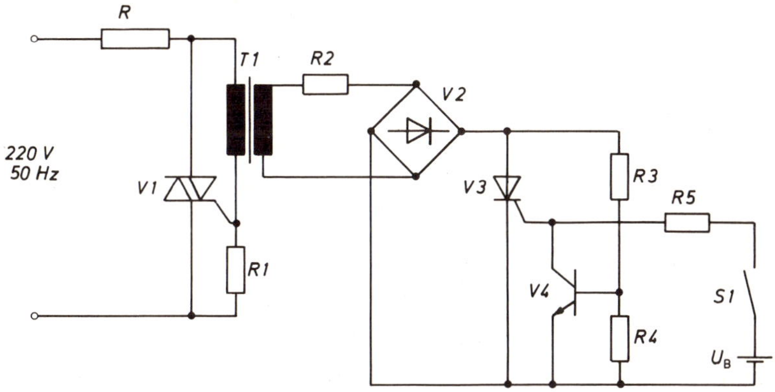

7. Welche Funktion hat folgende Schaltung? (R 3 = LDR)
   - O Je größer I_2 wird, desto niederohmiger wird R 3.
   - O I_2 kann eine bestimmte Höchststromstärke nicht überschreiten, da sonst V 2 durchschaltet.
   - O Die Schaltung stellt eine Strombegrenzer- bzw. Kurzschlußsicherungsschaltung dar.
   - O Die Ausgangsseite ist wegen des Transformators und wegen des Optokopplers erdfrei.
   - O Der Lastwiderstand R_1 kann einen bestimmten Mindestwert nicht unterschreiten, da sonst V 2 gesperrt wird.

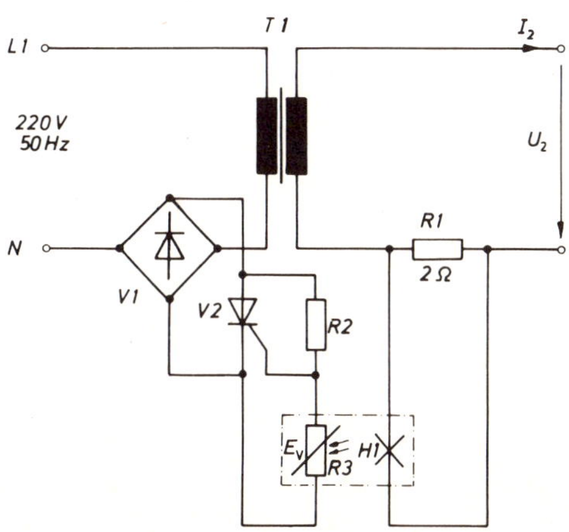

4. Fremdgeführte Stromrichter

4.1 Dreiphasenmittelpunktschaltung M 3

Lernziele

Der Lernende ...

- skizziert die ungesteuerte und gesteuerte M 3-Schaltung,
- konstruiert Liniendiagramme $U_d = f(\omega t)$ der M 3-Schaltung bei verschiedenen Anschnittwinkeln,
- berechnet U_{di} und $U_{di\alpha}$ bei ohmscher Last,
- berechnet U_{di} und $U_{di\alpha}$ bei idealer Glättung,
- berechnet die Glättungsdrossel,
- erläutert die Wirkungsweise der Drehzahlsteuerung von über die M 3-Schaltung gesteuerten G-Maschinen,
- gibt die Frequenz der Brummspannung an,
- konstruiert die Ventilspannungen $U_V(\omega t)$ bei idealer Stromglättung,
- begründet anhand des Ventilspannungsverlaufes die mögliche Zündung auch bei kleinen Anschnittwinkeln,
- erläutert den Kommutierungsvorgang,
- erläutert die Entstehung des Überlappungswinkels,
- berechnet den Überlappungswinkel,
- erläutert den möglichen Zündbereich anhand der Kommutierungsspannung,
- skizziert $U_d = f(\omega t)$ mit Berücksichtigung der Überlappung,
- erläutert und berechnet die induktive Spannungsänderung d_X,
- erläutert die Anwendung der gesteuerten Gleichrichter im Wechselrichterbetrieb,
- berechnet Drehzahlen im Gleich- und Wechselrichterbetrieb,
- erläutert und berechnet den Voreilwinkel,
- berechnet Wirkleistung, Scheinleistung S_1, Blindleistung Q_1 und den Leistungsfaktor des Stromrichters,
- berechnet die Ströme und die Bauleistung des Stromrichtertransformators Dy 5,
- berechnet den Netz-Leistungsfaktor.

4.1.1 M3-Schaltung bei ohmscher Last

Die Anodenspannungen der Stromventile in der M 3-Schaltung sind die um 120° phasenverschobenen Sternspannungen des Stromrichtertransformators, evtl. des Speisenetzes. Die Kathoden liegen auf einem gemeinsamen Potential, weshalb die Schaltung in Bild 4.1 – 1 auch zusätzlich K-Schaltung heißt.

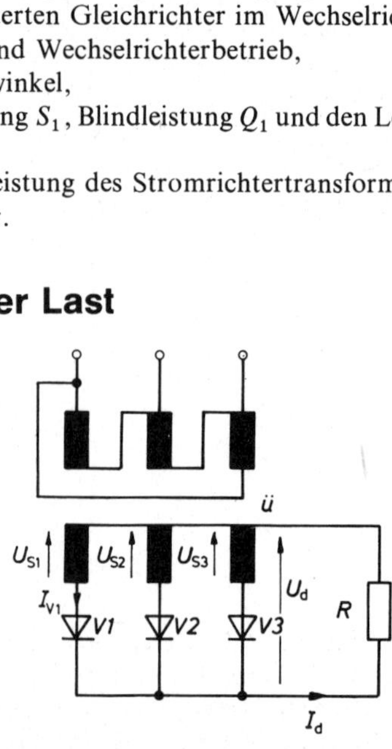

Bild 4.1 – 1

Es leitet immer die Diode, die gerade das höchste Anodenpotential hat. $U_d(\omega t)$ ist in Bild 4.1 – 2 dargestellt. Wegen des ohmschen Lastwiderstandes ist $I_d(\omega t)$ formgleich. Die Ventile teilen sich den Laststrom. Der Stromflußwinkel der Ventile beträgt 120°.

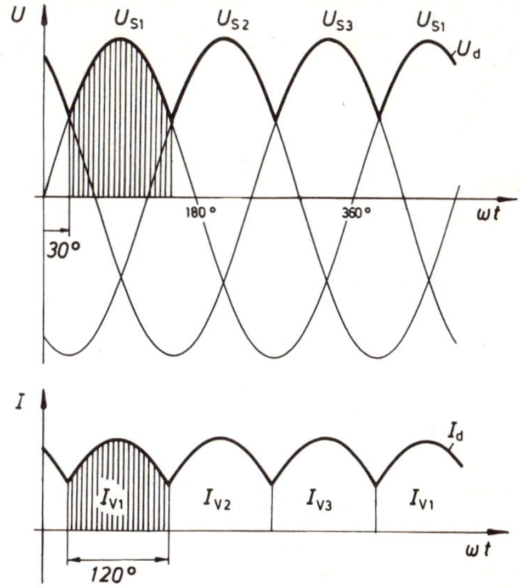

Bild 4.1 – 2

Die Stromübernahme geschieht jeweils 30° nach dem Nulldurchgang der zugehörigen Spannung. Die Schaltung arbeitet in Bild 4.1 – 2 auch ohne Glättungsdrossel im Kommutierungsbereich.

$$\delta_i = 120° \qquad (4.1-1)$$

$$\overline{i_V} = \frac{I_d}{3} \qquad (4.1-2)$$

Der Wechselspannungsanteil $u_{d\sim}(\omega t)$ durchläuft während einer Periode der Spannung U_S drei Perioden; deshalb spricht man vom dreipulsigen Stromrichter. Da die Ausgangsseite am Transformatorsternpunkt angeschlossen ist, heißt die Schaltung insgesamt dreipulsige Mittelpunktschaltung (M 3).

$$f_{u_{d\sim}} = 3 f_S \qquad (4.1-3)$$

M 3-Schaltung,
dreipulsige Mittelpunkt-Schaltung

Der arithmetische Mittelwert U_{di} beträgt nach Gl. (1.3 – 13)

$$U_{di} = 3\left[\hat{u}_S \frac{1+\cos 30°}{2\pi} - \hat{u}_S \frac{1+\cos(180°-30°)}{2\pi}\right]$$

$$= \frac{3\hat{u}_S}{2\pi}\left[\frac{1}{2}\sqrt{3} - \left(-\frac{1}{2}\sqrt{3}\right)\right]$$

$$= \frac{3\sqrt{3}\,\hat{u}_S}{2\pi}, \quad \hat{u}_S = U_S \cdot \sqrt{2}$$

$$U_{di} = \frac{3 \cdot \sqrt{3}\, U_S}{\sqrt{2}\,\pi} \qquad (4.1-4)$$

$$U_{di} = 1{,}17\ U_S \qquad (4.1-5)$$

Ist V 2 leitend, so liegt an V 1 die Leiterspannung $\underline{U}_{S1} - \underline{U}_{S2}$ und an V 3 die Leiterspannung $\underline{U}_{S3} - \underline{U}_{S2}$. Die Halbleiter werden spannungsmäßig also nach Gl. (4.1 – 6) belastet.

$$U_{RRM} > 1.1 \cdot k \cdot U_S \cdot \sqrt{3} \cdot \sqrt{2} \qquad (4.1-6)$$

$k = 2{,}5$; siehe Kap. 2

Beispiel 4.1 – 1

Eine ungesteuerte M 3-Schaltung erzeugt eine Gleichspannung $U_{di} = 220\,V$. Der Lastwiderstand beträgt $R = 10\,\Omega$, die Netzspannung $3 \times 380\,V$. Berechnen Sie U_S, $\ddot{u}$, U_{RRM} mit $k = 2{,}5$; I_d, I_{FAVM}.

Lösung:

Gl. (4.1 – 5)

$$U_S = \frac{U_{di}}{1{,}17} = \frac{220\,V}{1{,}17}$$

$$\underline{\underline{U_S = 188\,V}}$$

Das Übersetzungsverhältnis ist das Verhältnis der Leiterspannungen:

$$\ddot{u} = \frac{U_1}{\sqrt{3} \cdot U_S} = \frac{380\,V}{\sqrt{3} \cdot 188\,V}$$

$$\underline{\underline{\ddot{u} = 1{,}17}}$$

Gl. (4.1 – 6):

$$U_{RRM} > 1{,}1 \cdot 2{,}5 \cdot 188\,V \cdot \sqrt{3} \cdot \sqrt{2}$$

$$\underline{\underline{U_{RRM} > 1270\,V}}$$

$$I_d = \frac{U_{di}}{R} = \frac{220\,V}{10\,\Omega}$$

$$\underline{\underline{I_d = 22\,A}}$$

Gl. (4.1 – 2):

$$I_{FAVM} > \frac{I_d}{3}$$

$$\underline{\underline{I_{FAVM} > 7{,}33\,A}}$$

Übung 4.1 – 1

Berechnen Sie den Höchstwert der Diodenströme in Beispiel 4.1 – 1.

Übung 4.1 – 2

Berechnen Sie den Mittelwert der sekundären Transformatorströme in Beispiel 4.1 – 1.

Übung 4.1 – 3

Eine M 3-Schaltung arbeitet ohne Transformator am Netz 3/N/380 V. Berechnen Sie U_{di}.

Bild 4.1 – 3 zeigt die gesteuerte M 3-Schaltung.

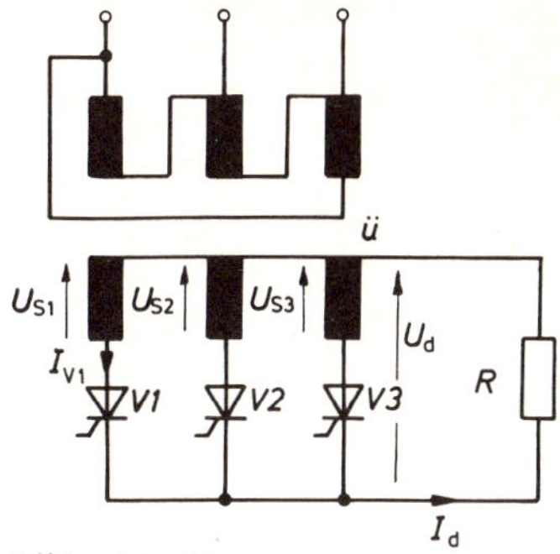

Bild 4.1 – 3

Die Thyristoren können erst 30° nach dem Nulldurchgang der Sternspannungen gezündet werden, da erst dann die Ventilspannungen positiv werden. Das Impulssteuergerät muß pro Periode drei um 120° phasenverschobene Impulse liefern.

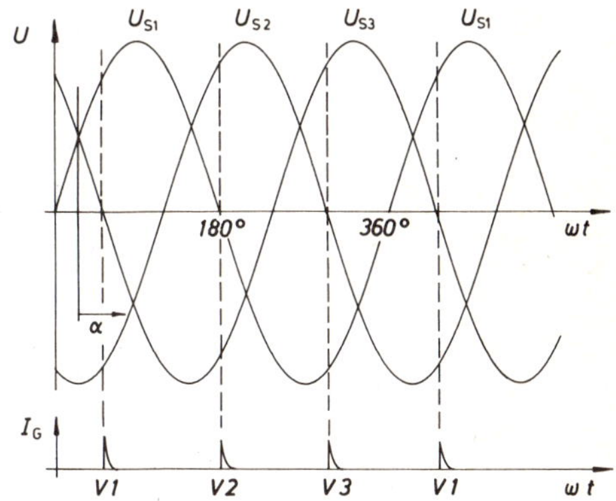

Bild 4.1 – 4

Übung 4.1 – 4

Welche Spannung könnte laut Bild 4.1 – 4 als Synchronisierspannung für die Impulseinheit von V 1 genommen werden?

Beispiel 4.1 – 2

Zu zeichnen ist $U_d(\omega t)$ der gesteuerten M 3-Schaltung bei $\alpha = 30°$.

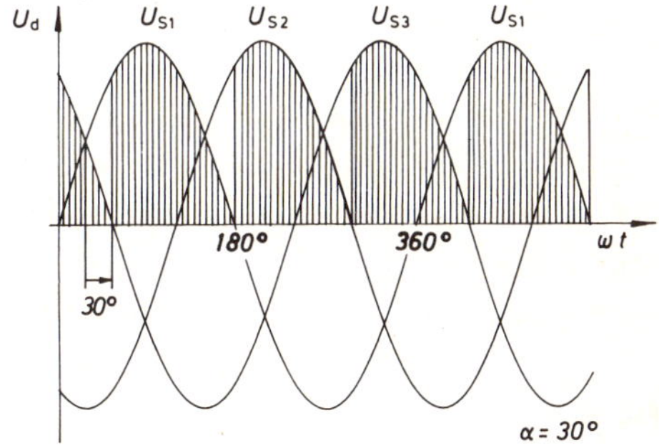

Bild 4.1 – 5

Übung 4.1 – 5

Zeichnen Sie $U_d(\omega t)$ bei $\alpha = 60°$. Kommentieren Sie den wichtigsten Unterschied zu Beispiel 4.1 – 2.

Zur Berechnung von $U_{di\alpha}$ müssen zwei verschiedene Gleichungen abgeleitet werden, je nachdem der Stromrichter lückt oder nicht.

1. *nicht lückender Betrieb*

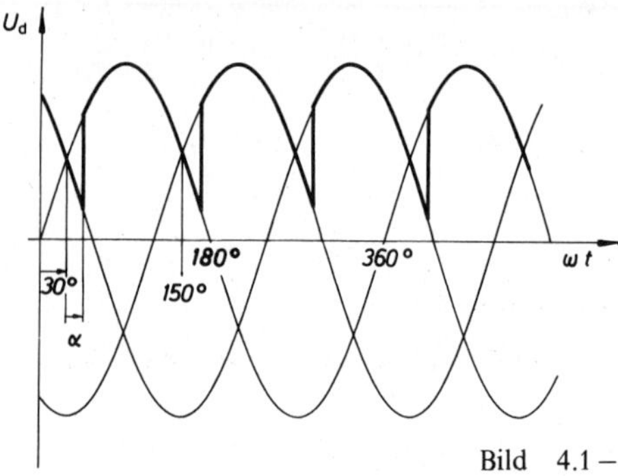

Bild 4.1 – 6

Mit Gl. (1.3 – 13) gilt:

$$U_{di\alpha} = 3\left[\hat{u}_S \frac{1 + \cos(\alpha + 30°)}{2\pi} - \hat{u}_S \frac{1 + \cos(150° + \alpha)}{2\pi}\right]$$

$$= \frac{3\hat{u}_S}{2\pi}\left[\cos(\alpha + 30°) - \cos(150° + \alpha)\right]$$

$$= \frac{3\hat{u}_S}{2\pi}(\cos\alpha\cos 30° - \sin\alpha\sin 30° - \cos\alpha\cos 150° + \sin\alpha\sin 150°)$$

Mit $\sin 30° = \sin 150° = \frac{1}{2}$ und

$\cos 30° = -\cos 150° = \frac{1}{2}\sqrt{3}$ folgt:

$$U_{di\alpha} = \frac{3\hat{u}_S}{2\pi} \cdot \cos\alpha \cdot \sqrt{3}$$

$$= \frac{3\sqrt{3}\,U_S \cdot \sqrt{2}}{2\pi}\cos\alpha$$

Mit $U_{di} = U_S \frac{\sqrt{3} \cdot \sqrt{2} \cdot 3}{2\pi}$ folgt:

$$U_{di\alpha} = U_{di} \cdot \cos\alpha \qquad (4.1-7)$$

$0° \leqslant \alpha \leqslant 30°$, ohmsche Last

Übung 4.1 – 6

Woher kennen Sie bereits Gl. 4.1 – 7 und welche allgemeine Regel gilt demnach?

2. *lückender Betrieb*

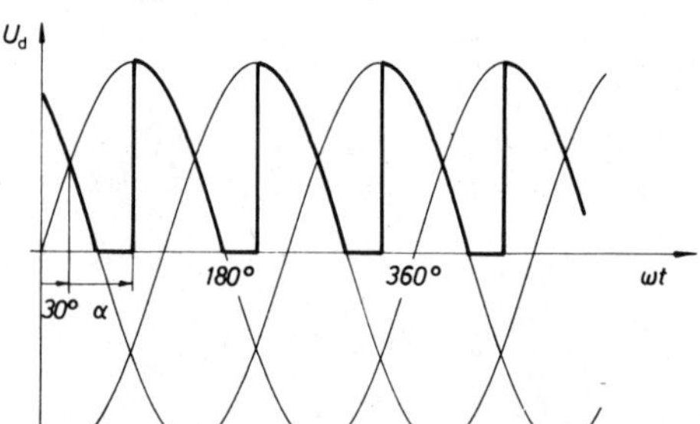

Bild 4.1 – 7

$$U_{di\alpha} = 3\hat{u}_S \frac{1 + \cos(\alpha + 30°)}{2\pi}$$

Mit $\hat{u}_S = U_S \cdot \sqrt{2}$ und Gl. (4.1 – 4):

$$U_{di\alpha} = \frac{U_{di}}{\sqrt{3}} [1 + \cos(\alpha + 30°)] \quad (4.1-8)$$

$30° \leqslant \alpha \leqslant 150°$, ohmsche Last

Übung 4.1 – 7

Kontrollieren Sie Gl. (4.1 – 8), indem Sie sie bei $\alpha_1 = 30°$ und bei $\alpha_2 = 150°$ testen.

Übung 4.1 – 8

Eine M 3-Schaltung mit ohmscher Last erzeugt bei $\alpha = 120°$ eine Spannung $U_{di\alpha} = 126$ V, während der Strom in einem Thyristor $\bar{i}_V = 16$ A beträgt. Berechnen Sie den Lastwiderstand.

4.1.2 M 3-Schaltung bei idealer Glättung

Die M 3-Schaltung arbeitet über die Glättungsdrossel auf den Ankerkreis der fremderregten G-Maschine. Der Motor in Bild 4.1 – 8 dreht sich rechts herum.

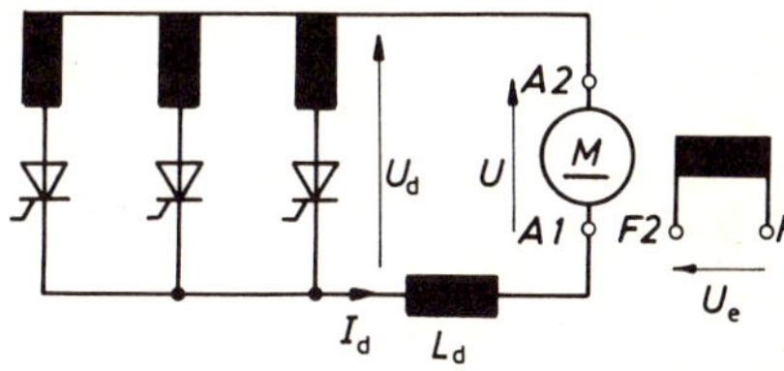

Bild 4.1 – 8

Die Drossel L_d soll so bemessen sein, daß $I_d(\omega t)$ vollständig geglättet ist. U ist dann eine Gleichspannung. Wird der ohmsche Widerstand der Spule vernachlässigt, gilt:

$$U = U_d \quad (4.1-9)$$

Da keine Stromlücken auftreten, kann Gl. (4.1 – 7) übernommen werden:

$$U_{di\alpha} = U_{di} \cdot \cos\alpha \quad (4.1-10)$$

lückfreier Betrieb

Ebenfalls treten die in Kap. 1.7 erläuterten Schwierigkeiten nicht auf.

Übung 4.1 – 9

Welche Schwierigkeiten treten beim Betrieb der G-Maschine bei lückendem Ankerstrom auf? Nennen Sie zwei wichtige Erscheinungen.

Bild 4.1 – 9 zeigt den Verlauf $U_d(\omega t)$ sowie $I_d(\omega t)$ und $I_V(\omega t)$ bei $\alpha_1 = 0°$, $\alpha_2 = 60°$ und $\alpha_3 = 90°$.

Es treten die in 1.2 erläuterten negativen Spannungszeitflächen auf. $U_{di\alpha}$ wird deshalb bei $\alpha = 90°$ zu Null.

In den Thyristoren fließen rechteckigförmige Stromblöcke mit einer „Länge" von 120°.

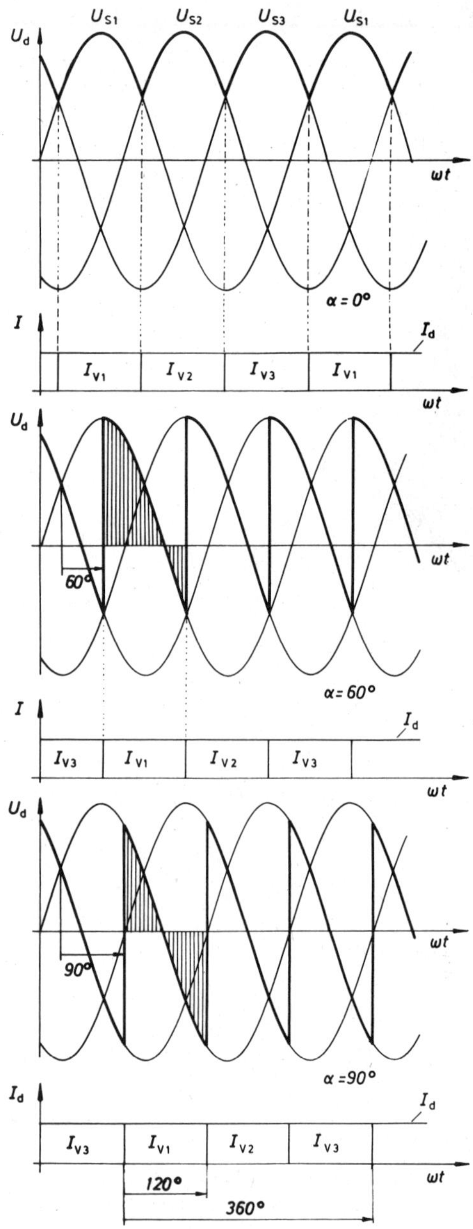

Bild 4.1 – 9

Der Effektivwert des Ventilstromes berechnet sich nach Bild 4.1 – 9.

$$i_{Veff} = \sqrt{\frac{I_d^2 \cdot 120°}{360°}}$$

$$i_{Veff} = \frac{I_d}{\sqrt{3}} \qquad (4.1-11)$$

Beispiel 4.1 – 3

Eine G-Maschine mit $U_N = 220$ V, $I_{AN} = 63$ A, $R_A = 0{,}179\ \Omega$, $n_N = 1400\ \text{min}^{-1}$ soll über eine Schaltung nach Bild 4.1 – 8 gesteuert werden. U_{di} soll gleich U_N sein (Nennbetrieb bei $\alpha_N = 0°$). Zu berechnen ist α_1, wenn die Maschine bei $I_{A1} = I_{AN}$ auf $n_1 = 200\ \text{min}^{-1}$ gefahren werden soll.

Lösung:

$$U_{di} = U_N = 220\ \text{V}$$

$$U_{0N} = U_{di} - I_{AN} R_A \qquad (4.1-12)$$

$$= 220\ \text{V} - 63\ \text{A} \cdot 0{,}179\ \Omega$$

$$U_{0N} = 208{,}7\ \text{V}$$

$$U_{01} = U_{0N} \frac{n^1}{n_N} \qquad (4.1-13)$$

$$= 208{,}7\ \text{V} \cdot \frac{200\ \text{min}^{-1}}{1400\ \text{min}^{-1}}$$

$$\underline{U_{01} = 29{,}8\ \text{V}}$$

$$U_{di\alpha 1} = U_{01} + I_{AN} R_A$$

$$= 29{,}8\ \text{V} + 63\ \text{A} \cdot 0{,}179\ \Omega$$

$$\underline{U_{di\alpha 1} = 41{,}1\ \text{V}}$$

Gl. (4.1 – 10):

$$\alpha_1 = \arccos \frac{U_{di\alpha 1}}{U_{di}}$$

$$= \arccos \frac{41{,}1\ \text{V}}{220\ \text{V}}$$

$$\underline{\underline{\alpha_1 = 80°}}$$

Übung 4.1 – 10 (zu Beispiel 4.1 – 3)

Mit welcher Drehzahl läuft der Motor bei $\alpha_2 = 60°$ und $I_{A2} = 31{,}5$ A?

Übung 4.1 – 11 (zu Beispiel 4.1 – 3)

Berechnen Sie die Thyristorkenndaten U_{RRM} und I_{TAVM} mit $k = 2{,}5$.

Übung 4.1 – 12

Um wieviel wurde die mechanische Leistung in Übung 4.1 – 10 gegenüber der Nennleistung herabgesetzt?

Angabe in %. Reibungs- und Eisenverluste vernachlässigen.

Übung 4.1 – 13

Skizzieren Sie $n = f(M)$ für $\alpha_N = 0°$ und $\alpha_2 = 60°$ zu Beispiel 4.1 – 3 unter der Annahme ständig lückfreien Betriebes.

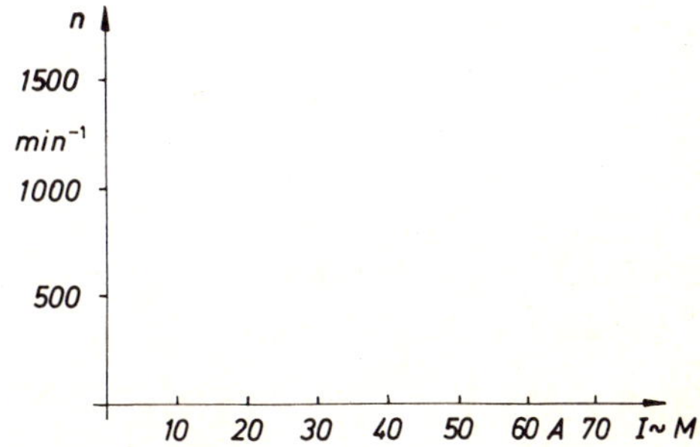

Bild 4.1 – 10

4.1.3 Glättungsdrossel

Für den regelmäßigen Betrieb der G-Maschine ist nicht die ideale Glättung, sondern nur ein möglichst großer Betriebsbereich mit nichtlückendem Ankerstrom Voraussetzung. Zur theoretischen Behandlung und Berechnung anderer Fragestellungen wird die ideale Glättung angenommen, da sonst die Berechnung zu aufwendig wird. Da in der Praxis immer eine gewisse Restwelligkeit des Gleichstromes vorhanden sein wird, ist somit die Berechnung der Kommutierungsvorgänge der Blindleistung, Wirkleistung u. a. mit kleinen Fehlern behaftet.

Bild 4.1 – 11 ermöglicht die Berechnung der Glättungsdrossel bei kleiner Welligkeit. In diesem Falle kann U weiter als konstant angenommen werden. U_L ist dann die durch Schraffur hervorgehobene Wechselspannung. Der Strom I_d hat die Welligkeit $\frac{\Delta I_d}{I_d}$; ΔI_d ist übertrieben groß gezeichnet. Ist U_L positiv, steigt I_d; ist $U_L = 0$, so ist I_d maximal oder minimal; ist U_L negativ, fällt I_d.

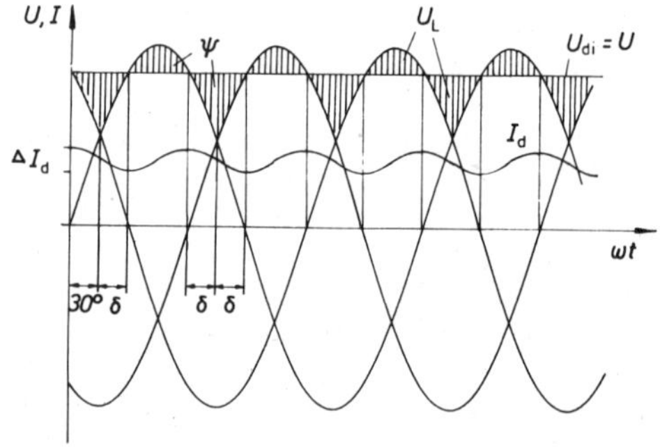

Bild 4.1 – 11

$U_L \cdot \Delta t$ in Gl. (4.1 – 14) ist eine kleine, rechteckförmig angenommene Teil-Spannungszeitfläche (Schraffur) in Bild 4.1 – 11. Diese Fläche verursacht demnach eine Stromänderung $\Delta I'_d$. Addiert man alle Rechteckchen z. B. zur gesamten positiven Spannungszeitfläche von U_L, erhält man auch die in dieser Zeit vollzogene gesamte Stromänderung ΔI_d (Gl. 4.1 – 16).

$$U_L = L_d \frac{\Delta I_d}{\Delta t} \quad (4.1-14)$$

$$U_L \cdot \Delta t = L_d \cdot \Delta I'_d$$

$$\int U_L \mathrm{d}t = L_d \cdot \Delta I_d \quad (4.1-15)$$

$$\psi = L_d \cdot \Delta I_d \quad (4.1-16)$$

Beispiel 4.1 – 4

In einer M 3-Schaltung beträgt $U_{di} = 220$ V, $I_d = 120$ A und $L_d = 13$ mH. Berechnen Sie ΔI_d und $\frac{\Delta I_d}{I_d}$ in % bei $\alpha = 0°$.

Lösung:

Bild 4.1 – 11 zeigt, daß die unterhalb U liegende schraffierte Fläche fast dreieckförmig ist und daher leicht berechnet werden kann:

$$\delta = \arcsin \frac{U_{di}}{\hat{u}^S} - 30°$$

$$= \arcsin \frac{U_S \cdot 1{,}17}{U_S \cdot \sqrt{2}} - 30°$$

$$\delta = 25{,}8°$$

$$\delta = 0{,}45 \quad \text{(Bogenmaß)}$$

Als Spannungszeitfläche hat ψ die Seite $\frac{2\delta}{\omega}$ und die Höhe $U_{di} - \frac{1}{2}\hat{u}_S$:

$$\psi = \frac{2\delta}{\omega}\left(U_{di} - \frac{1}{2}\hat{u}_S\right)\cdot\frac{1}{2}$$

$$= \frac{2\cdot 0{,}45}{314\,s^{-1}}(220\,V - 133\,V)\cdot\frac{1}{2}$$

$$\psi = 0{,}125\,Vs$$

Gl. (4.1 – 16):

$$\Delta I_d = \frac{\psi}{L_d}$$

$$= \frac{0{,}125\,Vs}{13\,mH}$$

$$\Delta I_d = 9{,}6\,A$$

Welligkeit $\frac{\Delta I_d}{I_d}$:

$$\frac{\Delta I_d}{I_d} = \frac{9{,}6\,A}{120\,A}\cdot 100\,\%$$

$$\frac{\Delta I_d}{I_d} = 8\,\%$$

Übung 4.1 – 14

Berechnen Sie die Glättungsdrossel für gleiches ΔI_d wie im Beispiel 4.1 – 4, jedoch für die B 2-Schaltung.

4.1.4 Ventilspannungsverlauf in der M 3-Schaltung

Beispiel 4.1 – 5

Zu konstruieren ist $U_{V1}(\omega t)$ der M 3-Schaltung bei $\alpha = 60°$.

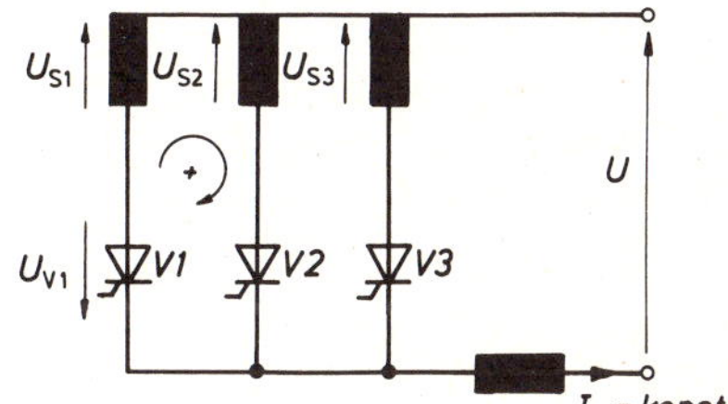

Bild 4.1 – 12

Lösung:

Leitet V 1, so ist $U_{V1}(\omega t) = 0$

V 1 leitet:

$U_{V1}(\omega t) = 0$

Leitet V 2, so erhält man durch Maschenumlauf:

V 2 leitet:

$\underline{U}_{S1} - \underline{U}_{S2} - \underline{U}_{V1} = 0$

$\underline{U}_{V1} = \underline{U}_{S1} - \underline{U}_{S2}$

$\underline{U}_{S1} - \underline{U}_{S2}$ hat den Wert der Leiterspannung und eilt U_{S1} um 30° voraus.

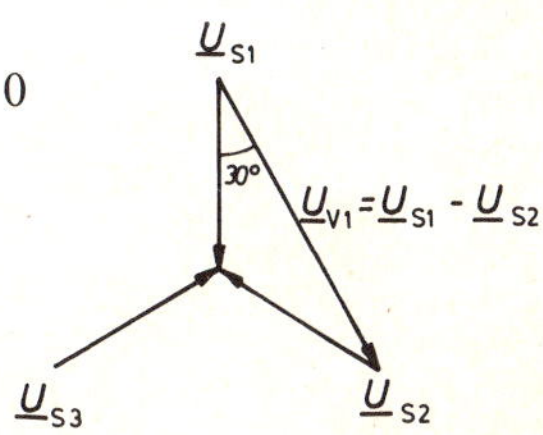

Bild 4.1 – 13

Leitet V 3, so ergibt sich:

V 3 leitet:

$\underline{U}_{S1} - \underline{U}_{S3} - \underline{U}_{V1} = 0$

$\underline{U}_{V1} = \underline{U}_{S1} - \underline{U}_{S3}$

$\underline{U}_{S1} - \underline{U}_{S3}$ hat den Wert der Leiterspannung und eilt U_{S1} um 30° nach.

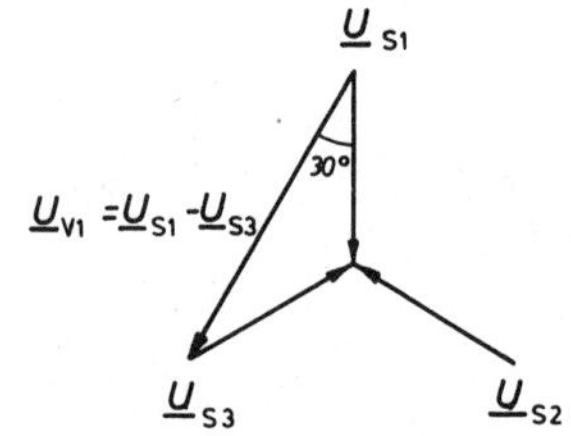

Bild 4.1 – 14

Bild 4.1 – 15 zeigt die Zusammenfassung der Ergebnisse für $U_{V1}(\omega t)$. Die maßgeblichen Leiterspannungen sind über die ganze Zeit gezeichnet, jedoch nur in den Leitendphasen der jeweiligen Ventile gültig. Bei der Konstruktion legt man zweckmäßigerweise zuerst die Stromblöcke fest.

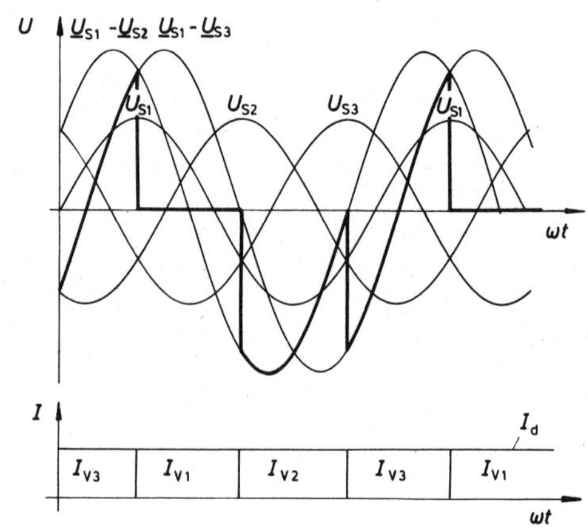

Bild 4.1 – 15

Übung 4.1 – 15

Begründen Sie aus Bild 4.1 – 15: $\alpha = 0°$ bei $\omega t = 30°$

Übung 4.1 – 16

Begründen Sie aus Bild 4.1 – 15 die Spannungsbeanspruchung der Thyristoren.

Übung 4.1 – 17

Konstruieren Sie $U_{V3}(\omega t)$ bei $\alpha = 120°$.

4.1.5 Gleichrichterbetrieb – Wechselrichterbetrieb

Setzt man in Gl. 4.1 – 10 zunächst rein formal $\alpha > 90°$ ein, so wird $U_{di\alpha}$ negativ. Die Konstruktion $U_d(\omega t)$ analog Bild 4.1 – 9 bestätigt dies.

$$\alpha > 90° \qquad (4.1-17)$$

$$U_{di\alpha} < 0$$

Beispiel 4.1 – 6

Zu konstruieren ist $U_d(\omega t)$ für $\alpha = 120°$ unter der Annahme lückfreien Betriebes.

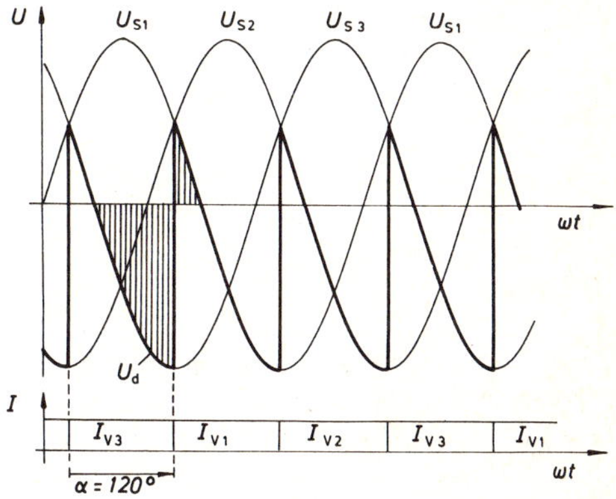

Bild 4.1 – 16

Bilder 4.1 – 16 und 4.1 – 17 zeigen, daß sich U_d zwar umpolen kann, I_d jedoch aufgrund der Stromventile nicht.

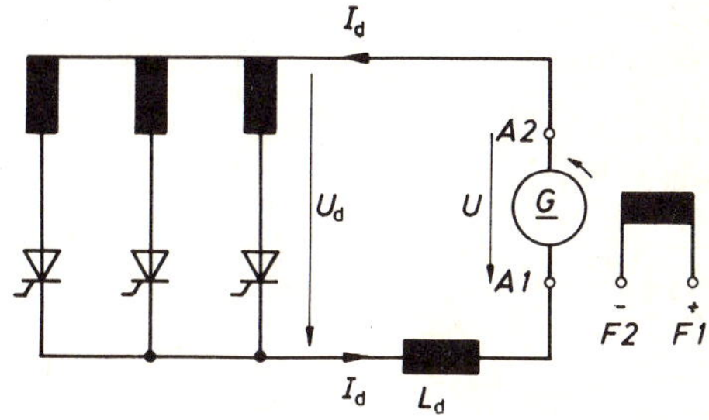

Bild 4.1 – 17

Die so bestehenden Strom- und Spannungsrichtungen sind nur möglich, wenn die G-Maschine als Generator arbeitet. Der Stromrichter ist nun Verbraucher. Sinn dieser Betriebsart ist es, die von der Maschine im Bremsbetrieb erzeugte Energie ins Netz zurückzuspeisen (Nutzbremsung).

$\alpha > 90°$

→ Wechselrichterbetrieb
→ Generatorbetrieb
→ Nutzbremsung

Zur Funktion der Schaltung ist es notwendig, daß weiterhin die Dreiphasen-Netzspannung anliegt, da durch diese das periodische Schalten der Thyristoren mitbestimmt wird. Man spricht deshalb von einem netzgeführten Wechselrichter.

Netzgeführter Wechselrichter

Beispiel 4.1 – 7

Die G-Maschine aus Beispiel 4.1 – 3 (Bild 4.1 – 17), bremst mit Nennmoment bei einer Drehzahl $n_{br} = 800\ \text{min}^{-1}$. Welcher Anschnittwinkel muß eingestellt werden? Welche Drehrichtung hat sie und welchem praktischen Anwendungsfall kann dies entsprechen?

Lösung:

$$U_{0br} = \frac{n_{br}}{n_N} \cdot U_{0N} = \frac{800\ \text{min}^{-1}}{1400\ \text{min}^{-1}} \cdot 208{,}7\ \text{V}$$

$$\underline{U_{0br} = 119\ \text{V}}$$

Generatorbetrieb!

$$U_{br} = U_{0br} - I_{AN} R_A = 119\ \text{V} - 63\ \text{A} \cdot 0{,}179\ \Omega$$

$$\underline{U_{br} = 108\ \text{V}}$$

U_{br} wird negativ eingesetzt, da $U_{di\alpha}$ im Wechselrichterbetrieb negativ ist.

$$\alpha_{br} = \arccos \frac{U_{br}}{U_{di}} = \arccos \frac{-108\ \text{V}}{220\ \text{V}}$$

$$\underline{\underline{\alpha_{br} = 119^\circ}}$$

Drehrichtung: links

denkbarer Anwendungsfall: Absenken einer Kranlast. Der Kranmotor hat beim Senken die gegenüber dem Heben umgekehrte Drehrichtung.

Übung 4.1 – 18

Begründen Sie aufgrund Übung 4.1 – 17 den Anschnittwinkel-Steuerbereich der M 3-Schaltung.

Übung 4.1 – 19

Die Gleichstrommaschine aus Beispiel 4.1 – 3 bremst mit halbem Nennmoment und $\alpha = 150^\circ$. Berechnen Sie Ankerstrom und Drehzahl.

4.1.6 Kommutierung des netzgeführten Stromrichters

Leistungshalbleiter erhalten kurz nach dem Stromnulldurchgang ihre Sperrfähigkeit zurück. Bei nichtlückendem Ankerstrom wird jedoch z. B. V 2 schon gezündet, wenn V 1 noch den Strom I_d führt. Wie dennoch V 1 in den Sperrzustand gebracht wird, soll am Beispiel des Stromübergangs (= Kommutierung) von V 1 auf V 2 in der M 3-Schaltung erläutert werden.

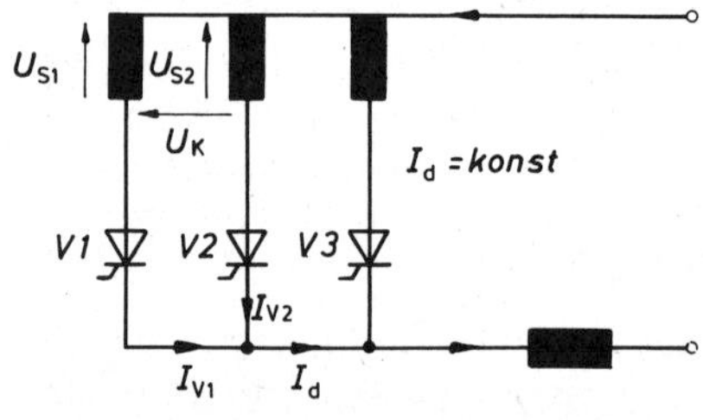

Bild 4.1 – 18

In den Abschnitten 4.1 bis 4.4 wird die Kommutierung durch die Netz-Wechselspannung hervorgerufen. Man spricht deshalb von netzgeführten Stromrichtern.

Kommutierung = Stromübergang von einem Stromweg auf einen anderen.

Zuerst leitet allein V 1 den Strom I_d. Nach dem Zünden von V 2 bildet sich der in Bild 4.1 – 19 herausgezeichnete Kommutierungsstromkreis. Der in diesem Kreis fließende Kommutierungsstrom wird durch die Kommutierungsspannung getrieben und in seinem Anstieg von den Transformatorblindwiderständen X'_K begrenzt.

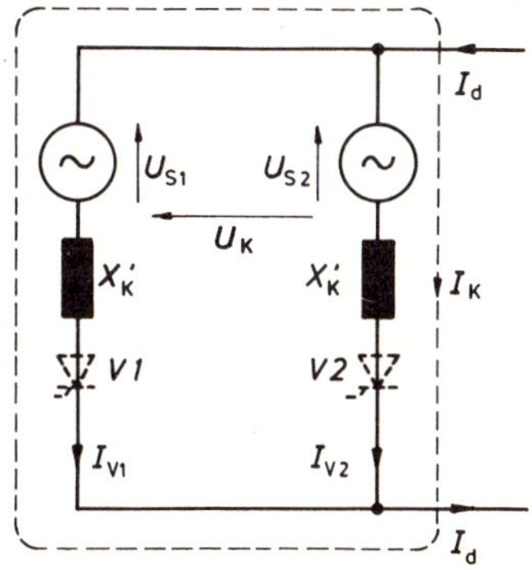

Bild 4.1 – 19

Die Kommutierungsspannung beträgt nach Bild 4.1 – 19:

$$\underline{U}_K = \underline{U}_{S2} - \underline{U}_{S1} \quad (4.1-18)$$

$$U_K = \sqrt{3}\, U_S \quad (4.1-19)$$

Die Kommutierungsspannung wird positiv, wenn u_{S2} größer als u_{S1} wird ($\alpha = 0°!$).

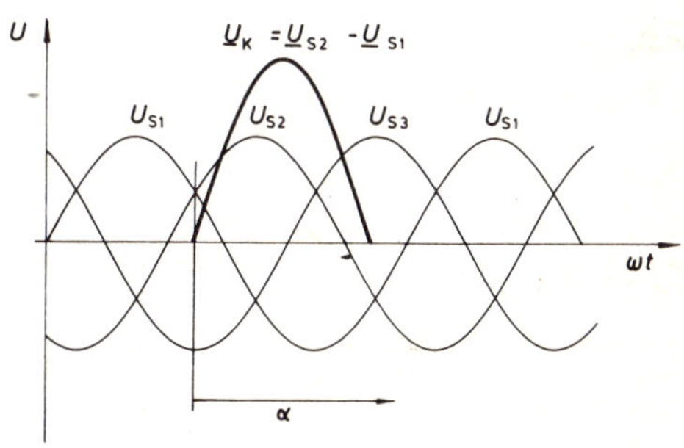

Bild 4.1 – 20

Nach Bild 4.1 – 19 ist $i_K = i_{V2}$ und $i_{V1} = I_d - i_K$.

$$I_{V2}(\omega t) = I_K(\omega t) \quad (4.1-20)$$

$$I_{V1}(\omega t) = I_d - I_K(\omega t) \quad (4.1-21)$$

Sobald also $i_K = I_d$ wird, schaltet V 1 ab und der Kommutierungsstromkreis wird unterbrochen. Der Strom I_d ist von V 1 auf V 2 übergegangen.

Während einer gewissen Kommutierungszeit sind also immer zwei Ventile leitend. Der dieser Zeit entsprechende elektrische Winkel ist der Überlappungswinkel u.

Das Diagramm des Kommutierungsstromes ist eine Zusammenfassung aller möglichen Stromübergangsfunktionen.

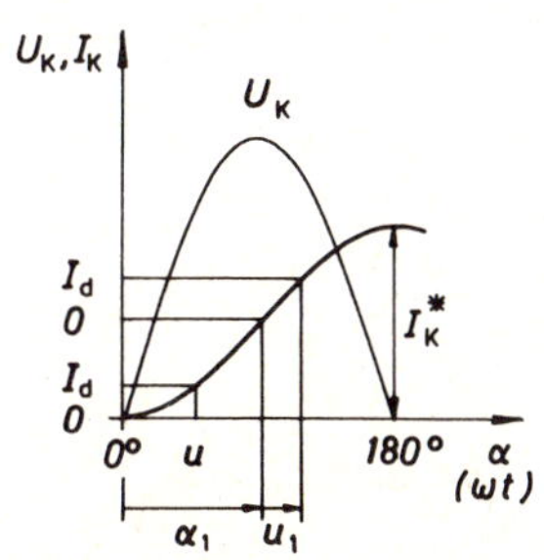

Bild 4.1 – 21

Ist $\alpha = 0°$, steigt I_{V2} nach dem ersten Abschnitt der Kurve in Bild 4.1 – 21. Es wird der relativ große Überlappungswinkel α_0 benötigt bis die Kommutierung abgeschlossen ist. Ist $\alpha = \alpha_1$, verläuft I_{V2} nach dem durch u_1 gekennzeichneten Abschnitt der Kurve.

In Bild 4.1 – 22 sind für $\alpha = 60°$ die Verläufe von U_K, I_K sowie I_{V1}, I_{V2} und I_{V3} gezeichnet. $I_{V2}(\omega t)$ stimmt mit $I_K \omega t$ während der Überlappung überein. $I_{V1}(\omega t)$ ergibt sich dann nach Gl. (4.1 – 21).

$$I_K^* = 2\sqrt{2}\,\frac{U_K}{2X_K'}$$

$$I_K^* = \frac{\sqrt{2}\,U_K}{X_K'} \qquad (4.1-22)$$

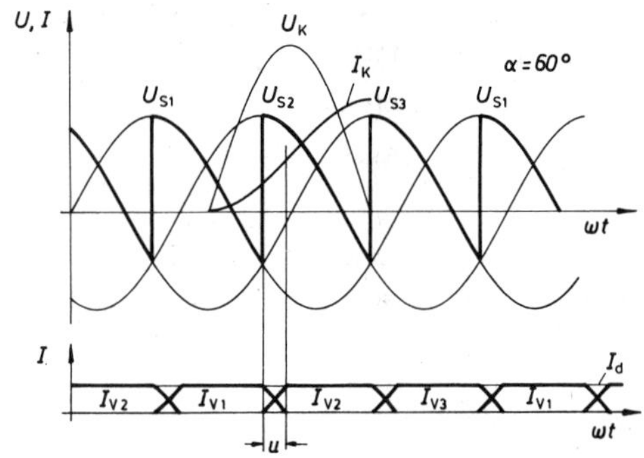

Bild 4.1 – 22

Übung 4.1 – 20

Begründen Sie aus Bild 4.1 – 22 den Steuerbereich $0 \leqslant \alpha \leqslant 180°$.

Übung 4.1 – 21

Begründen Sie die Kommutierungsstromkurve im Bild 4.1 – 21 mit Hilfe von Grundlagen aus Abschn. 1.2.

Beispiel 4.1 – 8

Zu skizzieren ist der Verlauf der Ventilströme bei $\alpha = 0°$.

Lösung:

Das jeweils übernehmende Ventil hat einen Stromanstieg, der gleich dem des Kommutierungsstroms ist.

Das abgebende Ventil hat einen Stromverlauf nach der Gl. (4.1 – 21).

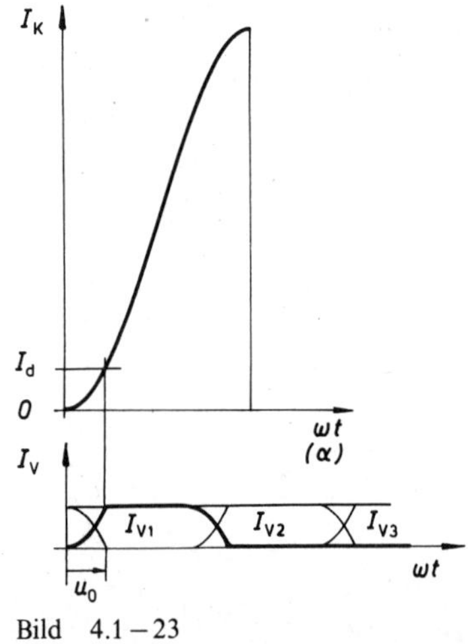

Bild 4.1 – 23

Übung 4.1 – 22

Diskutieren Sie qualitativ die Abhängigkeiten des Überlappungswinkels u vom Anschnittwinkel α, von der Kommutierungsspannung, von den Kurzschlußreaktanzen und vom Laststrom I_d.

Bild 4.1 – 24 dient zur Berechnung des Überlappungswinkels.

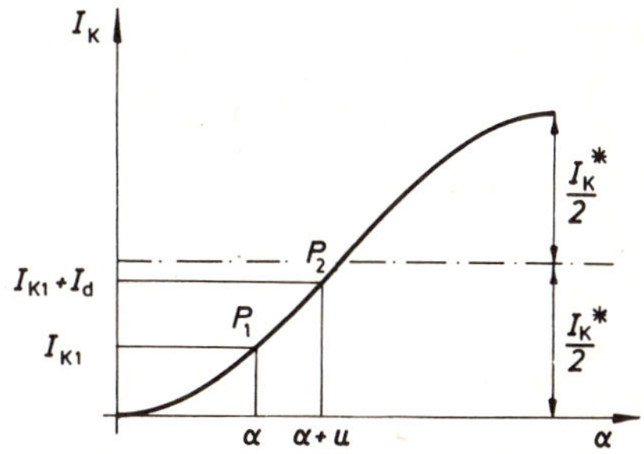

Bild 4.1 – 24

Die Funktion des Stromes I_K in Bild 4.1 – 24 lautet:

$$I_K(\alpha) = \frac{I_K^*}{2}(1-\cos\alpha) \qquad (4.1-23)$$

Für P_1 gilt dann:

$$I_{K1} = \frac{I_K^*}{2}(1-\cos\alpha) \qquad (4.1-24)$$

Für P_2 gilt:

$$I_{K1}+I_d = \frac{I_K^*}{2}[1-\cos(\alpha+u)] \qquad (4.1-25)$$

Gl. (4.1 – 25) minus Gl. (4.1 – 24):

$$I_d = \frac{I_K^*}{2}[\cos\alpha-\cos(\alpha+u)]$$

$$\cos(\alpha+u) = \cos\alpha - \frac{2I_d}{I_K^*}$$

mit Gl. (4.1 – 22) folgt:

$$\cos(\alpha+u) = \cos\alpha - \frac{\sqrt{2}\,I_d X'_K}{U_K} \qquad (4.1-26)$$

Beispiel 4.1 – 9

Zu berechnen ist der Überlappungswinkel einer M 3-Schaltung mit $U_{di} = 440$ V, $X'_K = 0{,}14\,\Omega$ und $I_d = 300$ A bei $\alpha = 30°$.

Lösung:

$$U_K = \sqrt{3}\,\frac{U_{di}}{1{,}17}$$

$$\underline{U_K = 651\text{ V}}$$

Gl. (4.1 – 26):

$$\cos(\alpha+u) = \cos\alpha - \frac{\sqrt{2}\,I_d X'_K}{U_K}$$

$$\cos(30°+u) = \cos 30° \pm \frac{\sqrt{2}\cdot 300\text{ A}\cdot 0{,}14\,\Omega}{651\text{ V}}$$

$$\cos(30°+u) = 0{,}775$$

$$30°+u = 39{,}2°$$

$$\underline{\underline{u = 9{,}2°}}$$

Übung 4.1 – 23

Leiten Sie eine Gleichung für u_0, den Überlappungswinkel bei $\alpha = 0°$ her. Tragen Sie die Gleichung hier ein.

(4.1 – 27)

Übung 4.1 – 24 (zu Beispiel 4.1 – 9)

Berechnen Sie den Überlappungswinkel für $\alpha_1 = 0°$, $\alpha_2 = 90°$, $\alpha_3 = 150°$.

Übung 4.1 – 25

In welchem Falle ergibt sich der steilste Anodenstromanstieg und wie groß ist dieser in Beispiel 4.1 – 9 in $\frac{\text{A}}{\mu\text{s}}$?

4.1.7 Spannungsänderung D_X

Der Überlappungswinkel hat wichtige Auswirkungen auf Betrieb und Dimensionierung der Gleichrichter. So wird durch u die Ausgangsspannung kleiner als U_{di} bzw. $U_{di\alpha}$.

$$U_{d0°} = U_{di} - D_X \quad (4.1-28)$$

$$U_{di\alpha} = U_{d\alpha} - D_X \quad (4.1-29)$$

Bild 4.1 – 25 dient zur Berechnung von $U_d(\omega t)$ während der Überlappungszeit.

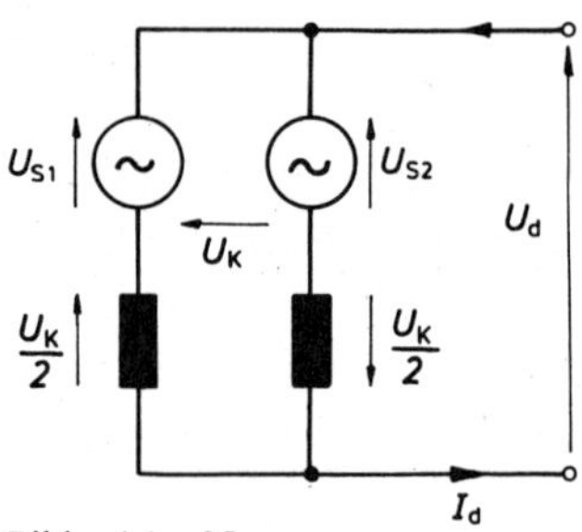

Bild 4.1 – 25

Zwei Maschengleichungen liefern:

$$u_{S1} - u_d + \frac{u_K}{2} = 0$$

$$u_{S2} - u_d - \frac{u_K}{2} = 0$$

Addition der Gleichungen:

$$u_{S1} + u_{S2} - 2u_d = 0$$

$$u_d = \frac{u_{S1} + u_{S2}}{2} \quad (4.1-30)$$

$$\alpha \leqslant \omega t \leqslant \alpha + u$$

Nach der Zündung des Ventils 2 verläuft $U_d(\omega t)$ also zunächst nach der Funktion Gl. (4.1 – 30), um erst nach Ablauf des Überlappungswinkels auf U_{S2} zu verlaufen.

Dadurch gehen für den Mittelwert $U_{di\alpha}$ die schraffierten Spannungszeitflächen ψ_X verloren.

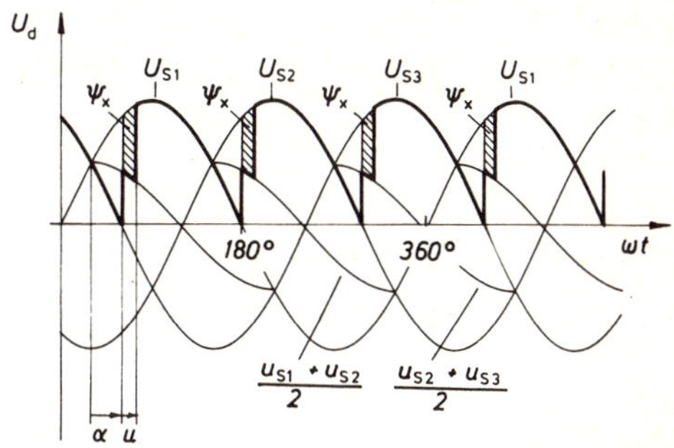

Bild 4.1 – 26

Nach Bild 4.1 – 25 liegt während der Überlappungszeit $t_u = \frac{u}{\omega}$ an $X'_K = \omega L'_K$ die halbe Kommutierungsspannung. In dieser Zeit ändert sich der Strom in der Induktivität um I_d. Aus dem Induktionsgesetz folgt also (siehe auch Berechnung der Glättungsdrossel):

$$t_u = \frac{u}{\omega} \tag{4.1 – 31}$$

$$X'_K = \omega L'_K \tag{4.1 – 32}$$

$$u \Delta t = L \cdot \Delta i$$

$$\frac{1}{2} u_K \Delta t = L'_K \cdot \Delta i$$

$$\int \frac{1}{2} u_K \Delta t = L'_K \cdot \Delta i$$

D_X ist der durch die Flächen ψ_X verursachte Mittelwert; in einer Periode sind drei solche Verlustflächen vorhanden:

$$\psi_X = L'_K \cdot I_d \tag{4.1 – 33}$$

$$D_X = \frac{3\psi_X}{T} \tag{4.1 – 34}$$

$$= \frac{3 L'_K I_d \cdot \omega}{2\pi}$$

$$D_X = \frac{3 X'_K \cdot I_d}{2\pi} \tag{4.1 – 35}$$

Unter der relativen Spannungsänderung d_X versteht man:

$$d_X = \frac{D_X}{U_{di}} \tag{4.1 – 36}$$

Mit Gl. (4.1 – 4) und Gl. (4.1 – 19) erhält man:

$$d_X = \frac{X'_K \cdot I_d}{\sqrt{2}\, U_K} \tag{4.1 – 37}$$

Setzt man Gl. (4.1 – 37) in Gl. (4.1 – 26) ein, erhält man:

$$\cos(\alpha + u) = \cos\alpha - 2 d_X \tag{4.1 – 38}$$

Übung 4.1 – 26

Berechnen Sie zu Beispiel 4.1 – 9 I^*_K, D_X, d_X, u bei $\alpha = 60°$. Wie können die Thyristoren den sehr großen Strom I^*_K ohne Schaden führen?

Übung 4.1 – 27

Begründen Sie, daß die Spannungszeitfläche ψ_X in Bild 4.1 – 26 gleich der Spannungszeitfläche der halben Kommutierungsspannung ist.

Beispiel 4.1 – 10

Eine M 3-Schaltung soll bei $I_d = 400$ A eine Spannung $U_{d0°} = 220$ V liefern, $X_K = 0{,}1\ \Omega$. Berechnen Sie U_S.

Lösung:

Gl. (4.1 – 35):

$$D_X = \frac{3 X'_K I_d}{2\pi} = \frac{3 \cdot 0{,}1\ \Omega \cdot 400\ \text{A}}{2\pi}$$

$$D_X = 19\ \text{V}$$

Gl. (4.1 – 28):

$$U_{di} = U_{d0°} + D_x = 220\ \text{V} + 19\ \text{V}$$

$$U_{di} = 239\ \text{V}$$

Gl. (4.1 – 5):

$$U_S = \frac{U_{di}}{1{,}17} = \frac{239\ \text{V}}{1{,}17}$$

$$U_S = 204\ \text{V}$$

Übung 4.1 – 28

Berechnen Sie $U_{d60°}$ bei $I_d = 400$ A.

4.1.8 Wechselrichtergrenze

Ist ein Anschnittwinkel α_{max} eingestellt, haben die Thyristoren nach Ablauf der Kommutierung noch einen Winkel γ bis zur Wiederkehr der positiven Anodenspannung zur Verfügung (siehe Übung 4.1 – 18). γ heißt Löschwinkel und muß größer als der der Freiwerdezeit entsprechende Winkel sein. Meist wird mit einem Sicherheitsfaktor 1,5 gerechnet. Der Winkel β heißt Voreilwinkel. Wird $\alpha < \alpha_{max}$ nicht eingehalten, erlangen die Thyristoren ihre Sperrfähigkeit nicht rechtzeitig zurück und es kommt zu Betriebsstörungen (Wechselrichterkippen).

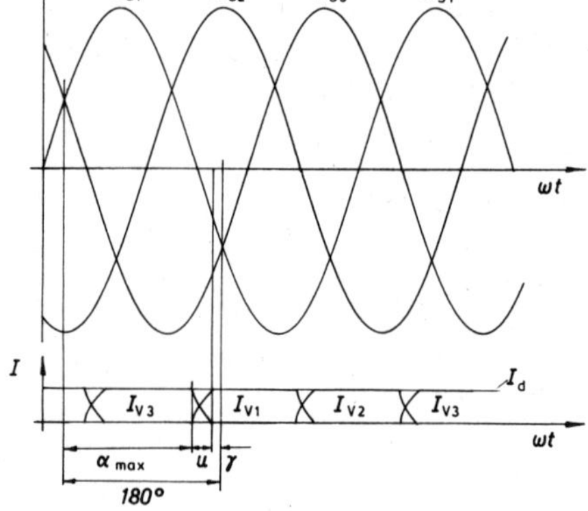

Bild 4.1 – 27

$$\gamma > \omega t_q \tag{4.1 – 39}$$

$$\gamma = 1{,}5\,\omega t_q \tag{4.1 – 40}$$

$$\beta = \gamma + u \tag{4.1 – 41}$$

$$\alpha_{max} = 180° - \beta \tag{4.1 – 42}$$

Wechselrichterkippen:

$$\alpha > 180° - \beta \tag{4.1 – 43}$$

Beispiel 4.1 – 11

Berechnen Sie zu Beispiel 4.1 – 10 die Wechselrichtergrenze mit $t_q = 25\ \mu s$ und einem Sicherheitsfaktor von 1,5.

Lösung:

Gl. (4.1 – 26): $\cos(\alpha_{max} + u) = \cos\alpha_{max} - \frac{\sqrt{2} I_d X'_K}{U_K}$

Gl. (4.1 – 42): $\cos(180° - \beta + u) =$

Gl. (4.1 – 41) $\cos(180° - \gamma - u + u) =$

$$\cos(180° - \gamma) = \cos\alpha_{max} - \frac{\sqrt{2} I_d X'_K}{U_K} \qquad (4.1-44)$$

Gl. (4.1 – 40): $\gamma = 314\,\frac{1}{s} \cdot 1{,}5 \cdot 25\ \mu s$

$= 11{,}8 \cdot 10^{-3}$

$\gamma = 0{,}67°$

$$\cos\alpha_{max} = \cos(180° - 0{,}67°) + \frac{\sqrt{2} \cdot 400\ A \cdot 0{,}12\ \Omega}{\sqrt{3} \cdot 204\ V}$$

Das Ergebnis ist ein typischer Wert für die Wechselrichtergrenze.

$\alpha_{max} = 147°$

4.1.9 Leistungsverhältnisse

Bei idealer Stromglättung liegt am Anker der G-Maschine eine Gleichspannung. Die aufgenommene Wirkleistung beträgt dann:

$$P = U_{di} \cdot I_d \cdot \cos\alpha \qquad (4.1-45)$$

ideale Stromglättung

Betrachtet man andererseits die Strom- und Spannungsverhältnisse hinter dem Transformator, so zeigt sich, daß die Stromgrundschwingung wegen des rechteckförmigen Stromblocks gerade um α gegenüber der Spannung phasenverschoben ist.

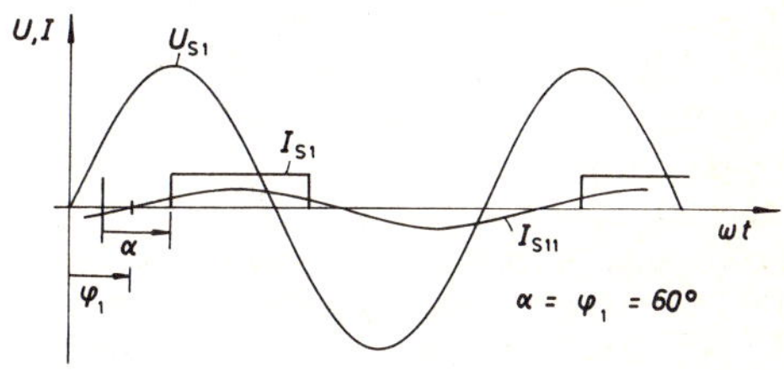

Bild 4.1 – 28

$$\varphi_1 = \alpha \qquad (4.1-46)$$

Damit ergibt sich für P:

$$P = 3\,U_{S1} \cdot I_{S11} \cdot \cos\alpha \qquad (4.1-47)$$

Aus Gl. (4.1 – 45) und Gl. (4.1 – 47) folgt:

$$U_{di} \cdot I_d \cdot \cos\alpha = 3\,U_{S1} \cdot I_{S11} \cdot \cos\alpha$$

$$U_{di} \cdot I_d = 3\,U_{S1} \cdot I_{S11} \qquad (4.1-48)$$

Übung 4.1 – 29

Berechnen Sie den Effektivwert der Stromgrundschwingung in Beispiel 4.1 – 9 (Kommutierung kann unberücksichtigt bleiben).

Nach Bild 4.1 – 28 beträgt die Grundschwingungsblindleistung:

$$Q_1 = 3\,U_{S1} \cdot I_{S11} \cdot \sin\alpha \quad (4.1-49)$$

Mit Gl. (4.1 – 48) ergibt sich:

$$Q_1 = U_{di} \cdot I_d \cdot \sin\alpha \quad (4.1-50)$$

Die Scheinleistung der Grundschwingung beträgt dann:

$$S_1 = \sqrt{Q_1^2 + P^2}$$

$$= \sqrt{(U_{di} \cdot I_d \cdot \sin\alpha)^2 + (U_{di} \cdot I_d \cdot \cos\alpha)^2}$$

$$= \sqrt{U_{di}^2 \cdot I_d^2 (\sin^2\alpha + \cos^2\alpha)}$$

$$S_1 = U_{di} \cdot I_d \quad (4.1-51)$$

Beispiel 4.1 – 12

Eine Gleichstrommaschine mit $U_N = 400\,\text{V}$, $I_{AN} = 1140\,\text{A}$ wird über eine M 3-Schaltung gespeist. Nennbetrieb soll bei $\alpha_N = 0°$ erreicht werden. Die Kommutierung soll unberücksichtigt bleiben. Berechnen Sie S_1, P, Q_1 für $\alpha_1 = 0°$ und $\alpha_2 = 60°$ bei $I_A = I_{AN} = \text{konst.}$

Lösung:

$\alpha_1 = 0°$

$$S_1 = U_{di} \cdot I_d$$

$$= 440\,\text{V} \cdot 1140\,\text{A}$$

$$\underline{\underline{S_1 = 501{,}6\,\text{kVA}}}$$

$$P = U_{di} \cdot I_d \cdot \cos\alpha_1$$

$$\underline{\underline{P = 501{,}6\,\text{kW}}}$$

$$Q_1 = U_{di} \cdot I_d \cdot \sin\alpha_1$$

$$\underline{\underline{Q_1 = 0}}$$

$\alpha_2 = 60°$

$$S_1 = U_{di} \cdot I_d$$

$$\underline{\underline{S_1 = 501{,}6\,\text{kVA}}}$$

$$P = U_{di} \cdot I_d \cdot \cos\alpha_2$$

$$P = 250{,}8\,\text{kW}$$

Der große Blindleistungsbedarf ist ein großer Nachteil der Anschnittsteuerung.

$$Q_1 = U_{di} \cdot I_d \cdot \sin\alpha_2$$

$$\underline{\underline{Q_1 = 434{,}4\,\text{kvar}}}$$

Die gesamte, von der M 3-Schaltung benötigte Scheinleistung berechnet sich nach Bild 4.1 – 28:

$$S = 3\,U_S I_S \quad (4.1-52)$$

$$= 3\,\frac{U_{di}}{1{,}17} \cdot \frac{I_d}{\sqrt{3}}$$

$$S = 1{,}48\,U_{di} \cdot I_d \quad (4.1-53)$$

Ist ein Stromrichtertransformator vorhanden, stimmt die Leistung nach Gl. (4.1 – 53) mit der sekundären Transformatorleistung überein.

$$S_{2\,Tr} = S \quad (4.1-54)$$

Die Bauleistung der Primärwicklung ergibt sich mit Hilfe von Bild 4.1 – 29. $I_{1\,\mathrm{Str}}$ ist der primäre Strangstrom. Es wird ein Windungszahlverhältnis $\frac{N_1}{N_2} = 1$ angenommen. $I_{1\,\mathrm{Str}}$ ergibt sich aufgrund der Tatsache, daß der Transformator den Wechselstromanteil transformiert, den Gleichstromanteil jedoch nicht.

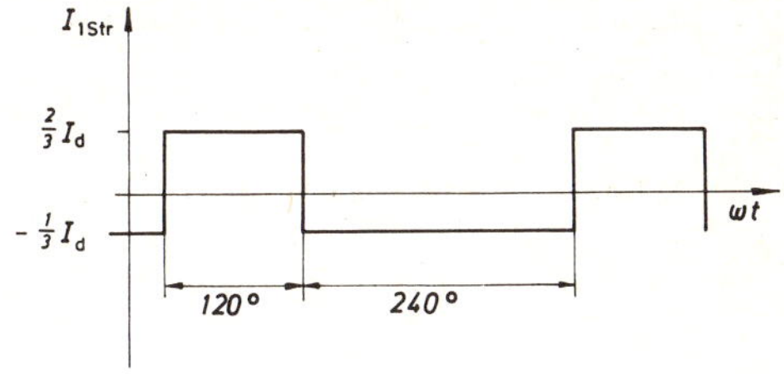

Bild 4.1 – 29

Der Effektivwert von $I_{1\,\mathrm{Str}}$ berechnet sich zu:

$$I_{1\,\mathrm{Str}} = \sqrt{\frac{\left(\frac{2}{3} I_d\right)^2 \cdot 120° + \left(-\frac{1}{2} I_d\right)^2 \cdot 240°}{360°}}$$

$$I_{1\,\mathrm{Str}} = \frac{\sqrt{2}}{3} \cdot I_d \qquad (4.1-55)$$

Die primäre Transformatorscheinleistung beträgt dann:

$$S_{1\,\mathrm{Tr}} = 3\,U_{1\,\mathrm{Str}} \cdot I_{1\,\mathrm{Str}}$$

$$= 3\,U_S \cdot I_{1\,\mathrm{Str}}$$

$$S_{1\,\mathrm{Tr}} = 3\,\frac{U_{di}}{1{,}17} \cdot \frac{\sqrt{2}}{3} \cdot I_d$$

$$S_{1\,\mathrm{Tr}} = 1{,}2\ U_{di} \cdot I_d \qquad (4.1-56)$$

Unter der Bauleistung des Transformators versteht man:

$$S_{\mathrm{Tr}} = \frac{S_{1\,\mathrm{Tr}} + S_{2\,\mathrm{Tr}}}{2} \qquad (4.1-57)$$

$$= \frac{1{,}2\ U_{di} \cdot I_d + 1{,}48\ U_{di} I_d}{2}$$

$$S_{\mathrm{Tr}} = 1{,}34\ U_{di} \cdot I_d \qquad (4.1-58)$$

In der M 3-Schaltung muß also der Transformator eine 35% höhere Bauleistung als die zu übertragende Gleichstromleistung haben.

Übung 4.1 – 30

Berechnen Sie die Transformatorbauleistung einer B 2-Schaltung unter der Annahme idealer Glättung und vergleichen Sie das Ergebnis mit Gl. (4.1 – 58).

Beispiel 4.1 – 13

Eine M 3-Schaltung liefert bei $U_{di} = 220$ V einen Strom $I_d = 200$ A, $U_1 = 380$ V. Zu berechnen ist: I_S, $I_{1\,Str}$, I_1 (Leiterstrom), S_{Tr}.

Lösung:

Gl. (4.1 – 11)

$$I_S = \frac{I_d}{\sqrt{3}} = \frac{200\,\text{A}}{\sqrt{3}}$$

$$I_S = 115{,}5\,\text{A}$$

Übersetzungsverhältnis:

$$\ddot{u} = \frac{U_1}{\sqrt{3}\,U_S} = \frac{U_1}{\sqrt{3}\,\frac{U_{di}}{1{,}17}} = \frac{380\,\text{V}}{\sqrt{3}\,\frac{220\,\text{V}}{1{,}17}}$$

$$\ddot{u} = 1{,}17$$

Windungszahlverhältnis:

$$\frac{N_1}{N_2} = \frac{U_{1\,Str}}{U_S} = \frac{380\,\text{V}\cdot 1{,}17}{\sqrt{3}\cdot 220\,\text{V}}$$

$$\frac{N_1}{N_2} = 2{,}02$$

$$I_{1\,Str} = \frac{\sqrt{2}}{3}\cdot I_d \cdot \frac{1}{2{,}02}$$

$$I_{1\,Str} = 46{,}6\,\text{A}$$

Den Leiterstrom I_1 erhält man durch Subtraktion zweier Strangströme:

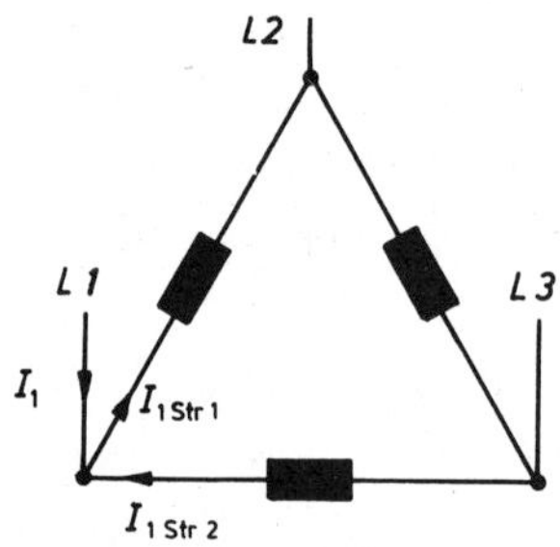

Bild 4.1 – 30

$$i_1 + i_{1\,Str2} - i_{1\,Str1} = 0$$

$$i_1 = i_{1\,Str1} - i_{1\,Str2} \qquad (4.1-59)$$

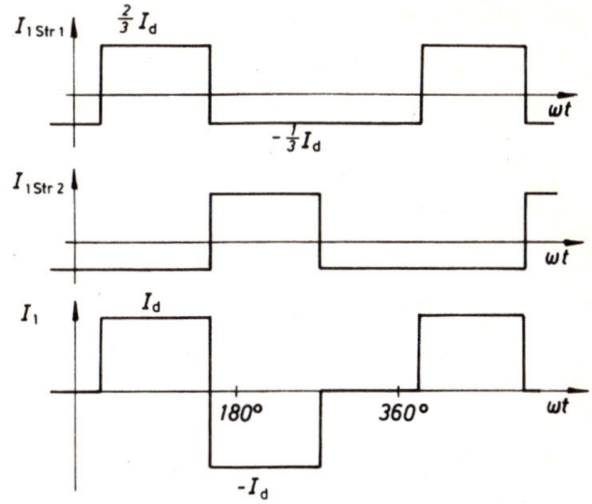

Bild 4.1 – 31

In Gl. (4.1 – 60) ist zunächst wieder $\frac{N_1}{N_2} = 1$ vorausgesetzt. In der Zahlenrechnung ist das Windungszahlverhältnis 2.02 berücksichtigt.

$$I_1 = \sqrt{\frac{I_d^2 \cdot 120^\circ + (-I_d)^2 \cdot 120^\circ}{360^\circ}}$$

$$I_1 = \sqrt{\frac{2}{3}}\, I_d \qquad (4.1-60)$$

$$= \sqrt{\frac{2}{3}} \cdot 200\,\text{A} \cdot \frac{1}{2{,}02}$$

$$\underline{\underline{I_1 = 80{,}8\,\text{A}}}$$

Dieser Wert ergibt sich auch durch die bekannte Berechnung der Dreieckschaltung:

$$I_1 = I_{1\,Str} \cdot \sqrt{3} \qquad (4.1-61)$$

Bauleistung:

$$S_{Tr} = 1{,}34 \cdot 220\,\text{V} \cdot 200\,\text{A}$$

$$\underline{\underline{S_{Tr} = 59\,\text{kVA}}}$$

Übung 4.1 – 3.1

Berechnen Sie zu Beispiel 4.1 – 13 den netzbezogenen Leistungsfaktor für $\alpha_1 = 0°$ und für $\alpha_2 = 60°$.

Lernzielorientierter Test zu Kapitel 4.1

1. Um welche Schaltung handelt es sich?
   - O M 3-Schaltung
   - O K-Schaltung
   - O dreipulsige Mittelpunktschaltung
   - O Zweiwegegleichrichter mit Freilaufkreis
   - O Netzgeführter Wechselrichter

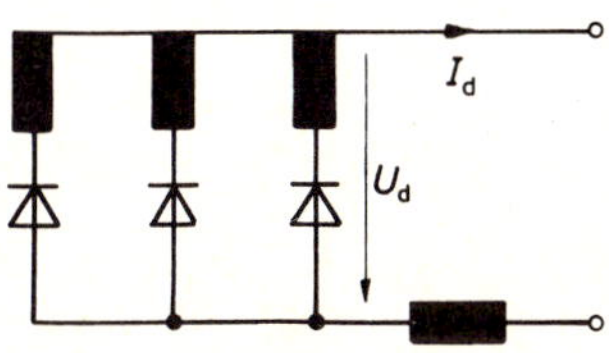

2. Wie sieht die Ausgangsspannung der M 3-Schaltung bei ohmscher Last aus?

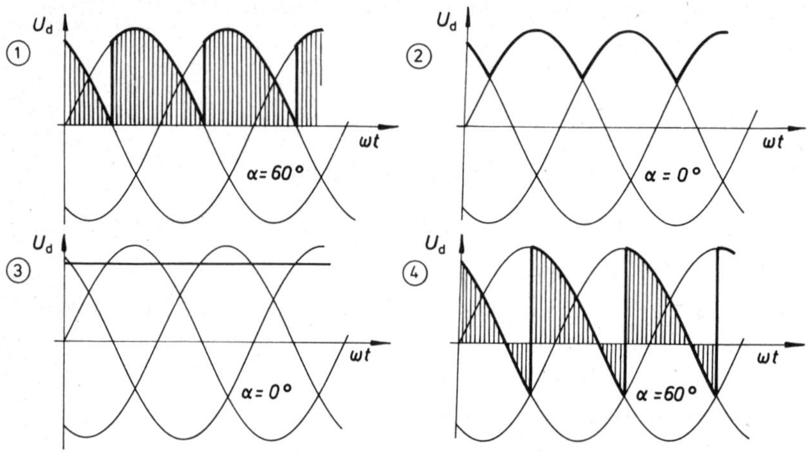

3. Nach welcher Gleichung ist $U_{\mathrm{di}\alpha}$ in der M 3-Schaltung bei ohmscher Last zu berechnen?

- O $U_{\mathrm{di}\alpha} = U_{\mathrm{di}} \cdot \cos\alpha,\ \alpha \geqslant 90°$
- O $U_{\mathrm{di}\alpha} = U_{\mathrm{di}} \cdot \cos\alpha,\ \alpha \geqslant 30°$
- O $U_{\mathrm{di}\alpha} = \dfrac{U_{\mathrm{di}}}{\sqrt{3}}\,[1 + \cos(\alpha + 30°)],\ \alpha \geqslant 30°$
- O $U_{\mathrm{di}\alpha} = U_{\mathrm{di}} \cdot \cos(\alpha + 30°),\ 0° \leqslant \alpha \leqslant 180°$
- O $U_{\mathrm{di}\alpha} = U_{\mathrm{S}} \cdot \sqrt{3} \cdot \cos(\alpha - 30°)$

4. Wie sieht $U_{\mathrm{d}}(\omega t)$ in der M 3-Schaltung bei idealer Glättung aus?

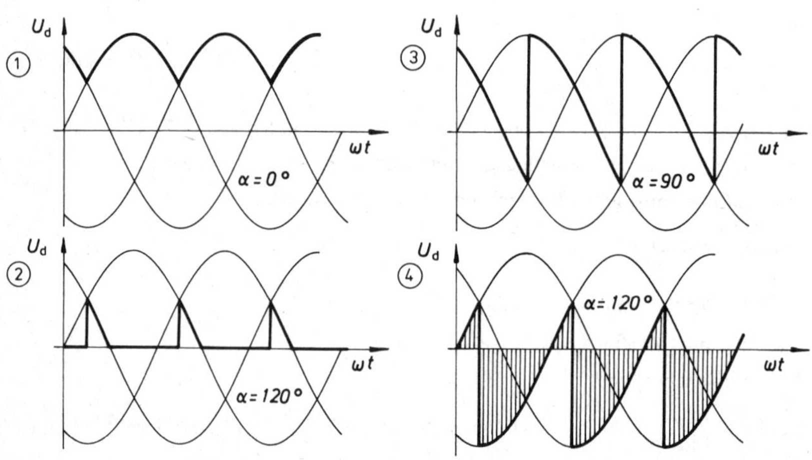

5. Ein 220 V G-Motor wird über eine M 3-Schaltung ohne Transformator am Netz 3 × 380 V angeschlossen. Bei welchem Anschnittwinkel erreicht der Motor Nennbetrieb?

6. Eine G-Maschine mit $U_N = 220$ V, $I_{AN} = 63$ A, $R_A = 146$ mΩ, $n_N = 980$ min^{-1} wird über eine M 3-Schaltung gespeist; Netz 3 × 500 V. Nennbetrieb soll bei $\alpha_N = 25{,}8°$ erreicht werden. Thyristordaten: $U_{(TO)} = 1$ V, $r_T = 3{,}6$ mΩ. Die Maschine wird zeitweise stoßartig bis 1,5 M_N belastet.

   Berechnen Sie:

   a) U_S, $ü$

   b) U_{RRM}, I_{TAVM}, P_T

   c) n_1, wenn der Motor mit $\frac{1}{2}$ M_N belastet ist und $\alpha_1 = 60°$ beträgt

   d) α_2, wenn die Maschine bei Nenndrehzahl ein Bremsmoment $M_{br} = M_N$ erzeugen soll.

7. Wodurch entsteht der Überlappungswinkel?

   ○ Wegen L_d kann der Strom im übernehmenden Thyristor nicht schnell genug ansteigen (lückfreier Betrieb).

   ○ Durch den überhöhten Sperrstrom der Thyristoren.

   ○ Durch die Transformatorersatzblindwiderstände X'_K.

   ○ Durch die Belastung des Stromrichters.

   ○ Durch die Freiwerdezeit.

8. Tragen Sie α_{max}, u, β und γ ein.

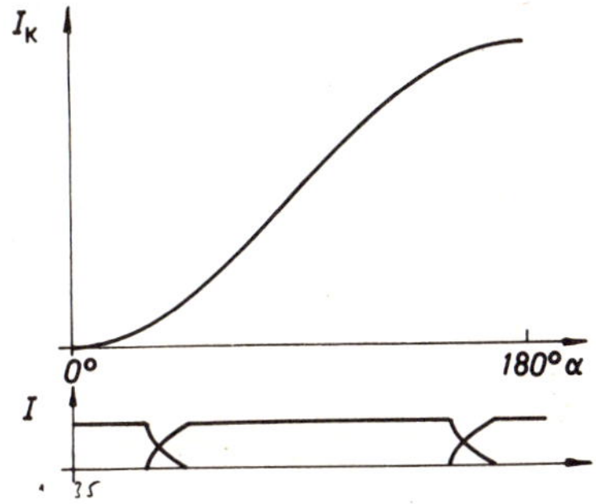

9. Eine M 3-Schaltung mit $I_d = 1000$ A wird direkt aus dem 3 × 500 V-Netz gespeist. Die Netzreaktanz beträgt $X'_{KNetz} = 0{,}69$ Ω.

   a) Wann tritt die größte Kommutierungsspannung auf und wie groß ist diese?

   b) Wie groß ist die größte Stromanstiegsgeschwindigkeit in den Thyristoren?

   c) Welche Maßnahme muß getroffen werden, wenn Thyristoren mit $\left.\frac{di}{dt}\right|_{krit.} = 60\ \frac{A}{\mu s}$ verwendet werden?

10. Wodurch entsteht die Spannungsänderung D_X?

    ○ Durch den Spannungsabfall an der Glättungsdrossel.

    ○ Durch die Ventilspannungen.

    ○ Durch den Strom $\frac{I_d}{3}$ an den Widerständen der Transformatorwicklungen.

    ○ Durch die halbe Kommutierungsspannung.

    ○ Durch den Spannungsabfall an den Kurzschlußblindwiderständen des Transformators.

11. Berechnen Sie d_X zu Test Nr. 9.

12. Die Maschine soll im Rechtslauf bremsen. Tragen Sie auf der Gleichstromseite alle Strom- und Spannungsrichtungen ein.

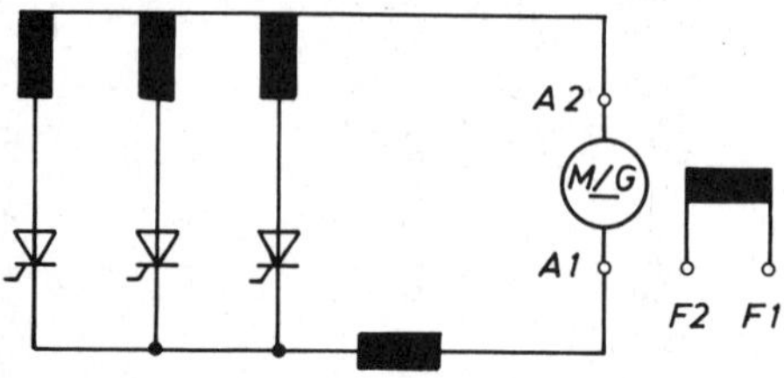

13. Mit einem Transformator Dy 5, 30 kVA, $\ddot{u} = 2{,}5$ soll eine M 3-Schaltung eingespeist werden. Netz 3×380 V. Berechnen Sie: U_{di}, $I_{d\,max}$, Querschnitte A_1 und A_2 der Wicklungen mit $S_{zul} = 10\ \frac{A}{mm^2}$, sowie die Leistungsfaktoren $\lambda_1 = \frac{P}{S_1}$ und $\lambda_2 = \frac{P}{S_{Netz}}$ bei $\alpha = 0°$.

4.2 Weitere Schaltungen netzgeführter Stromrichter

Lernziele

Der Lernende ...

- skizziert die M 6-Schaltung,
- erläutert die Arbeitsweise anhand der Reihenfolge der Kommutierungen,
- konstruiert Strom- und Spannungsverläufe,
- dimensioniert die M 6-Schaltung (U_{di}, U_{RRM}, I_{TAVM}, S_{Tr}, Glättungsdrossel).

Diese ersten vier Lernziele sollen auch für die Schaltungen M 2, B 6, B 2, B 6 H und B 2 H erreicht werden.

Der Lernende ...

- erläutert die Unterschiede zwischen halbgesteuerten und vollgesteuerten Brücken (Aufbau, Betriebseigenschaften),
- erläutert Arbeitsweise und Sinn der Folgesteuerung,
- erläutert den Aufbau höherpulsiger Schaltungen, z. B. der B 6.2/15- und der B 6.2S-Schaltung.

4.2.1 6 pulsige Mittelpunktschaltung M 6

Der Transformator hat zwei Sekundärwicklungen in Sternschaltung, deren Spannungen jedoch mit umgekehrter Polarität abgenommen werden.

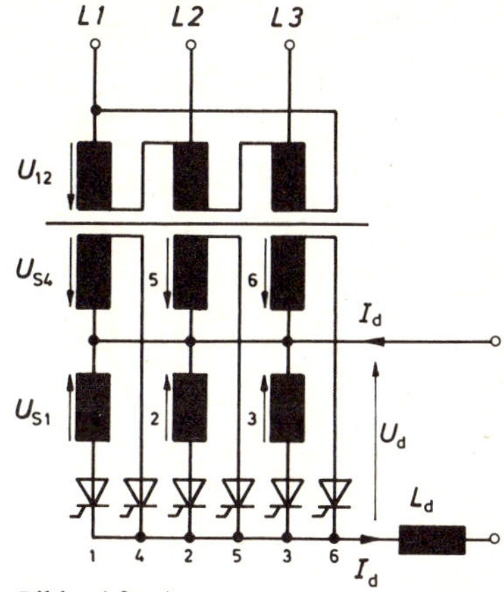

Bild 4.2 – 1

Es ergeben sich daher sechs Sternspannungen, von denen im Falle des Dioden-Gleichrichters jeweils die momentan größte bestimmt, welches Stromventil durchgeschaltet ist. Es ist also immer nur eine Diode leitend. Bei idealer Stromglättung ergibt sich der dargestellte Strom- und Spannungsverlauf. Im Falle des gesteuerten Stromrichters bleibt die Reihenfolge der Leitendphasen durch entsprechende Reihenfolge der Zündimpulse erhalten.

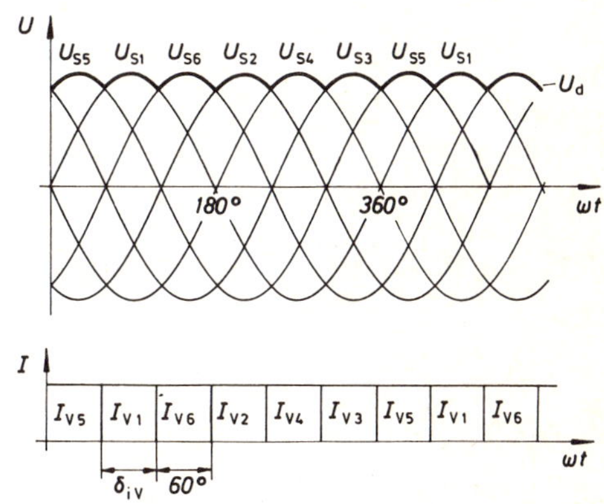

Bild 4.2 – 2

$$\delta_{\mathrm{i}} = 60^\circ \tag{4.2-1}$$

$$\overline{i_{\mathrm{V}}} = \frac{I_{\mathrm{d}}}{6} \tag{4.2-2}$$

$$i_{\mathrm{Veff}} = \frac{I_{\mathrm{d}}}{\sqrt{6}} \tag{4.2-3}$$

Die Ventilspannung ergibt sich durch Maschenumlauf, z. B. erhält man für V 6, wenn V 3 leitet:

$$\underline{U}_{\mathrm{V6}} + \underline{U}_{\mathrm{S3}} - \underline{U}_{\mathrm{S6}} = 0$$

$$\underline{U}_{\mathrm{V6}} = \underline{U}_{\mathrm{S6}} - \underline{U}_{\mathrm{S3}}$$

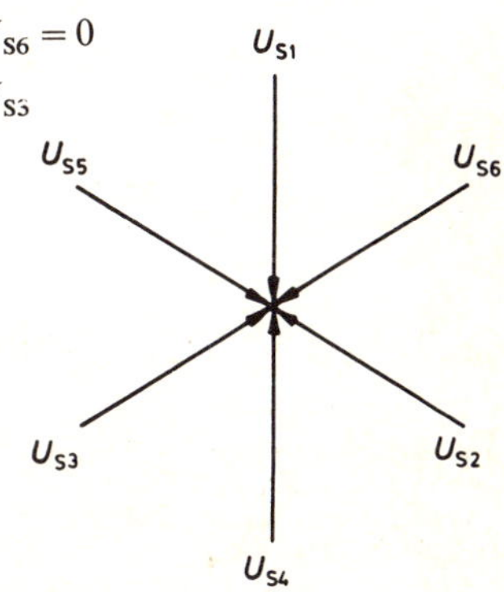

Bild 4.2 – 3

Für die Dimensionierung bzgl. der Spannungsfestigkeit ergibt sich also:

$$U_{RRM} > 1{,}1 \cdot k \cdot 2\sqrt{2}\,U_S \qquad (4.2-4)$$

Die Spannung U_{di} ergibt sich nach Bild 4.2−2:

$$U_{di} = \frac{6\hat{u}_S}{2\pi}(\cos 60° + 1) - \frac{6\hat{u}_S}{2\pi}(\cos 120° + 1)$$

$$= \frac{6\hat{u}_S}{2\pi}(\cos 60° - \cos 120°)$$

$$U_{di} = \frac{6}{\sqrt{2}\pi}\,U_S \qquad (4.2-5)$$

$$U_{di} = 1{,}35\;U_S \qquad (4.2-6)$$

Während U_{di} nur geringfügig größer als in der M 3-Schaltung ist, liegt der Vorteil in der geringeren Strombelastung der Ventile.

Anwendung der M 6-Schaltung:
Gleichrichter mit großen Strömen und relativ kleiner Spannung

Die Bauleistung des Transformators berechnet sich zu:

$$S_{Tr} = \frac{S_{1\,Tr} + S_{2\,Tr}}{2}$$

$$S_{2\,Tr} = 2 \cdot 3 \cdot U_S \cdot I_S$$

$$= 2 \cdot 3\,\frac{U_{di}\sqrt{2}\pi}{6}\,\frac{I_d}{\sqrt{6}}$$

$$S_{2\,Tr} = 1{,}814\;P_{di} \qquad (4.2-7)$$

$$S_{1\,Tr} = 3 I_{Str1} \cdot U_{Str1}$$

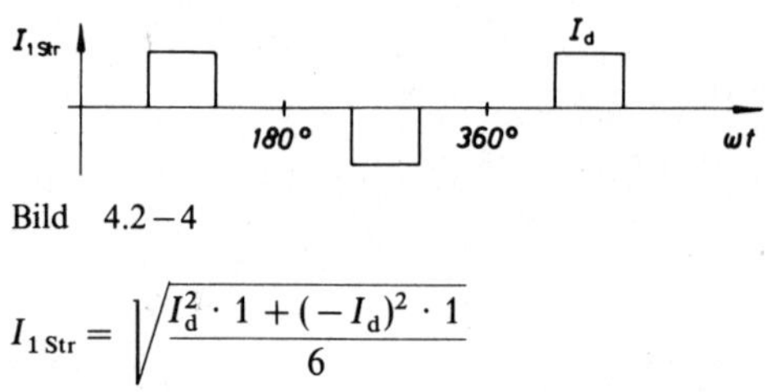

Bild 4.2−4

$$I_{1\,Str} = \sqrt{\frac{I_d^2 \cdot 1 + (-I_d)^2 \cdot 1}{6}}$$

$$I_{1\,Str} = \frac{I_d}{\sqrt{3}} \qquad (4.2-8)$$

$\frac{N_1}{N_2} = 1$ angenommen:

$$S_{1\,Tr} = 3 \cdot \frac{I_d}{\sqrt{3}} \cdot \frac{U_{di}}{1{,}35}$$

$$S_{1\,Tr} = 1{,}28\;P_{di} \qquad (4.2-9)$$

$$S_{Tr} = \frac{1{,}814\ P_{di} + 1{,}28\ P_{di}}{2}$$

Der Transformatoraufwand ist in der M 6-Schaltung sehr hoch:

$$S_{Tr} = 1{,}55\ P_{di} \qquad (4.2-10)$$

Beispiel 4.2 – 1

Eine M 6-Schaltung soll bei idealer Glättung eine Spannung $U_{di} = 120$ V und $I_d = 5\,000$ A liefern. Netzspannung 3×500 V. Zu berechnen sind $ü$, I_{FAVM}, U_{RRM} mit $k = 2{,}5$.

Lösung:

$$U_S = \frac{U_{di}}{1{,}35} = \frac{120\ \text{V}}{1{,}35}$$

$$U_S = 88{,}9\ \text{V}$$

$$ü = \frac{U_1}{\sqrt{3}\,U_S} = \frac{500\ \text{V}}{\sqrt{3} \cdot 88{,}9\ \text{V}}$$

$$ü = 3{,}25$$

$$U_{RRM} > 1{,}1 \cdot 2{,}5 \cdot 2 \cdot \sqrt{2} \cdot 88{,}9\ \text{V}$$

$$U_{RRM} > 692\ \text{V}$$

$$I_{FAVM} > \frac{5\,000\ \text{A}}{6}$$

$$I_{FAVM} > 833\ \text{A}$$

Übung 4.2 – 1

Zeichnen Sie den Kommutierungsstromkreis beim Übergang von V 1 auf V 6 und berechnen Sie in diesem Falle die maximale Kommutierungsspannung.

Übung 4.2 – 2

Berechnen Sie zu Beispiel 4.2 – 1 die Durchlaßverluste, wenn Dioden mit $U_{(T0)} = 0{,}84$ V und $r_F = 0{,}185\ \text{m}\,\Omega$ verwendet werden.

Übung 4.2 – 3

Geben Sie die Brummfrequenz der M 6-Schaltung für $f_1 = 50$ Hz an.

Berechnen Sie die Glättungsdrossel bei $\alpha = 0°$ für $\frac{\Delta I_d}{I_d} = 4\%$, $U_{di} = 400$ V, $I_d = 100$ A.

4.2.2 Mittelpunktschaltung M 2

Für diese Zweiwegschaltung werden nur zwei Halbleiter und nur ein relativ wenig aufwendiges Impulssteuergerät, jedoch ein relativ großer Transformator mit Mittelanzapfung benötigt.

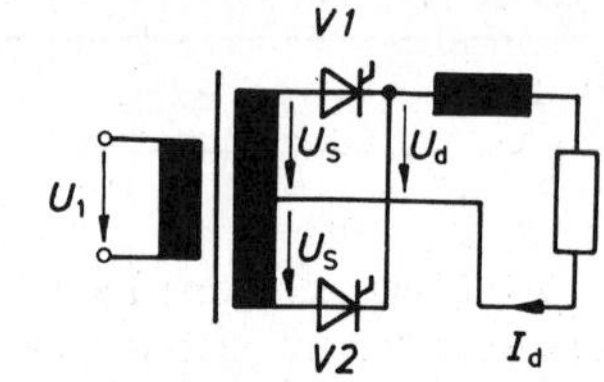

Bild 4.2–5

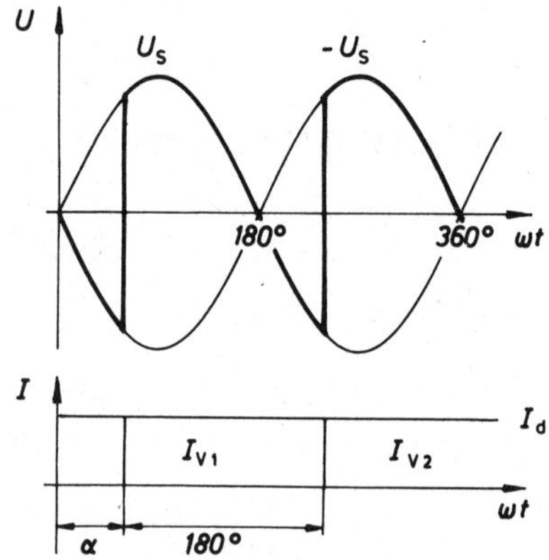

Bild 4.2–6

$$\bar{i}_V = \frac{I_d}{2} \tag{4.2–11}$$

$$i_{Veff} = \frac{I_d}{\sqrt{2}} \tag{4.2–12}$$

Wie bei der B 2-Schaltung gilt:

$$U_{di} = \hat{u}_S \cdot \frac{2}{\pi} \tag{4.2–13}$$

$$U_{di} = U_S \frac{2 \cdot \sqrt{2}}{\pi} \tag{4.2–14}$$

Die Sperrspannungsbeanspruchung ist doppelt so groß wie in der B 2-Schaltung.

$$U_{RRM} > 1{,}1 \cdot k \cdot 2 \cdot \sqrt{2} U_S \tag{4.2–15}$$

Übung 4.2–4

Begründen Sie Gl. (4.2–15).

Die Bauleistung der Sekundärwicklung beträgt:

$$S_{2\,Tr} = 2 \cdot U_S \cdot I_S \tag{4.2–16}$$

$$S_{2\,Tr} = 2 U_{di} \frac{\pi}{2\sqrt{2}} \cdot \frac{I_d}{\sqrt{2}}$$

$$S_{2\,Tr} = P_{di} \cdot \frac{\pi}{2} \tag{4.2–17}$$

Die Bauleistung der Primärwicklung beträgt:

$$S_{1\,Tr} = U_1 \cdot I_1$$

$$= U_{di} \cdot \frac{\pi}{2\sqrt{2}} \cdot I_d$$

$$S_{1\,Tr} = 1{,}11\ P_{di} \tag{4.2–18}$$

Damit ist die Bauleistung:

$$S_{Tr} = \frac{1{,}11\ P_{di} + \frac{\pi}{2}\ P_{di}}{2}$$

$$S_{Tr} = 1{,}34\ P_{di} \qquad (4.2-19)$$

Die preisliche Situation für Halbleiter einerseits und Transformatoren andererseits hat dazu geführt, daß die M 2-Schaltung selten und die B 2-Schaltung die bevorzugte Zweiwegschaltung ist.

4.2.3 Brückenschaltung B 6

Die Drehstrom-Brückenschaltung ist mit ca. 90% die in der Gleichstromantriebstechnik bevorzugte Schaltung.

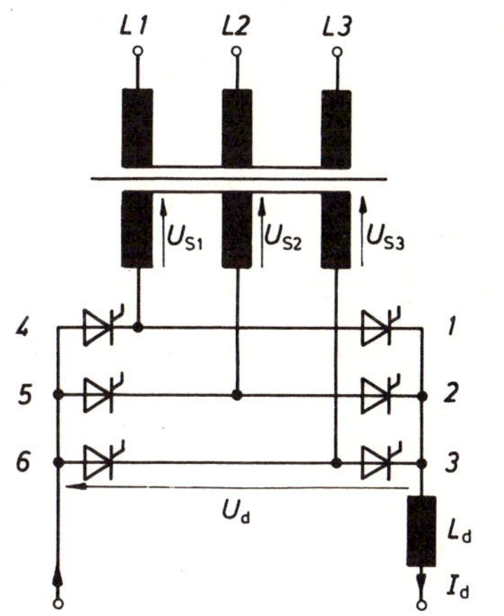

Bild 4.2 – 7

Die Umzeichnung von Bild 4.2 – 7 in 4.2 – 8 zeigt, daß die B 6-Schaltung eine Reihenschaltung einer M 3-Kathoden- mit einer M 3-Anodenschaltung ist.

Viele Eigenschaften der B 6-Schaltung lassen sich aufgrund dieser Gegebenheit ableiten.

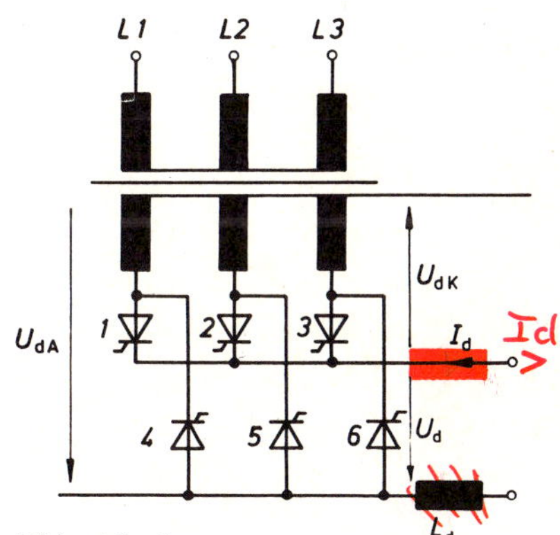

Bild 4.2 – 8

$$u_d - u_{dA} - u_{dK} = 0$$

$$u_d = u_{dA} + u_{dK} \qquad (4.2-20)$$

Die B 6-Schaltung ist eine Reihenschaltung zweier M 3-Schaltungen

Stellt man sich die Schaltung zunächst wieder mit Dioden aufgebaut vor, wird klar, daß in der K-Gruppe immer die Diode mit dem höchsten Anodenpotential, in der A-Gruppe immer diejenige mit dem niedrigsten Kathodenpotential leitet.

Die Spannung $\underline{U}_d(\omega t)$ findet sich in Bild 4.2–9 als Differenz (Abstand) der Sternspannungen.

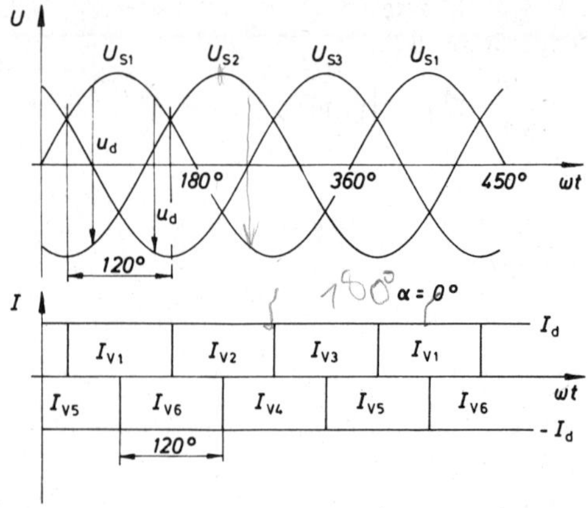

Bild 4.2–9

$$\delta_i = 120°$$

$$\overline{i_V} = \frac{I_d}{3} \qquad (4.2-21)$$

$$i_{V\text{eff}} = \frac{I_d}{\sqrt{3}} \qquad (4.2-22)$$

Die Kommutierungen finden abwechselnd in der K- und in der A-Gruppe statt. Es müssen immer zwei Dioden (Thyristoren) leitend sein. Die Reihenfolge der Zündimpulse lautet:

Zündfolge:

V 1 V 6 V 2 V 4 V 3 V 5 V 1 (4.2–23)

Es werden im entsprechenden Zyklus also sechs verschiedene Leiterspannungen auf den Ausgang geschaltet.

Leiten z. B. V 1 und V 5, so gilt:

V 1 und V 5 leiten:

$$U_d(\omega t) = U_{S1}(\omega t) - U_{S2}(\omega t)$$

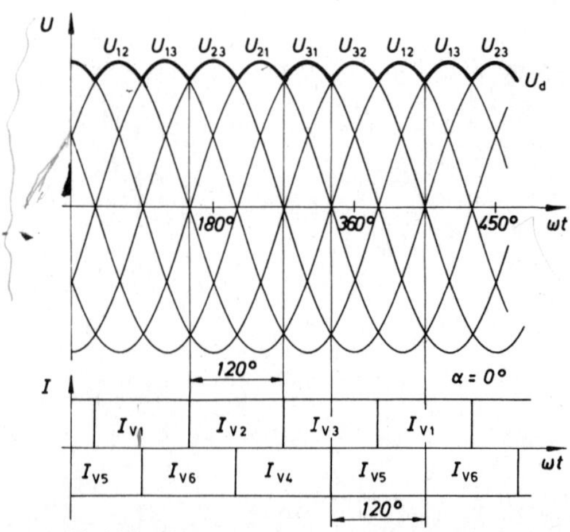

Bild 4.2–10

Bild 4.2 – 11 zeigt $U_d(\omega t)$ bei Anschnittsteuerung mit $\alpha = 60°$.

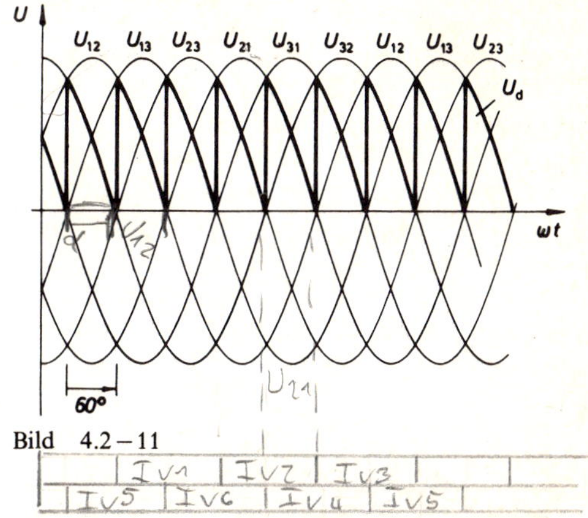

Bild 4.2 – 11

Übung 4.2 – 5

Konstruieren Sie $U_d(\omega t)$ in der B 6-Schaltung mit $\alpha = 90°$.

Die Ventilspannung berechnet sich wie in der M 3-Schaltung.

$$U_{RRM} > 1{,}1 \cdot k \cdot \sqrt{2} \cdot \sqrt{3} \cdot U_S \qquad (4.2-24)$$

Übung 4.2 – 6

Konstruieren Sie $U_{V4}(\omega t)$ in der B 6-Schaltung bei $\alpha = 120°$.

Die Kommutierungsspannung ist ebenfalls die Leiterspannung.

$$U_K = \sqrt{3}\, U_S \qquad (4.2-25)$$

Übung 4.2 – 7

Zeichnen Sie den Kommutierungsstromkreis beim Übergang V 5 → V 6. Geben Sie die Gleichung der K.-Spannung an.

U_{di} erhält man aufgrund der Reihenschaltung zweier M 3-Schaltungen.

$$U_{di} = 2\, \frac{3\sqrt{3}}{\sqrt{2}\pi}\, U_S \qquad (4.2-26)$$

$$U_{di} = 2{,}34\ U_S \qquad (4.2-27)$$

Übung 4.2 – 8

Zu berechnen ist die Glättungsdrossel bei $\alpha = 0°$ mit $\dfrac{\Delta I_d}{I_d} = 4\%$, $U_{di} = 400\,\text{V}$, $I_d = 100\,\text{A}$.

Der sekundäre Transformatorstrom ergibt sich aus Bild 4.2 – 9, z. B. I_{S1}:

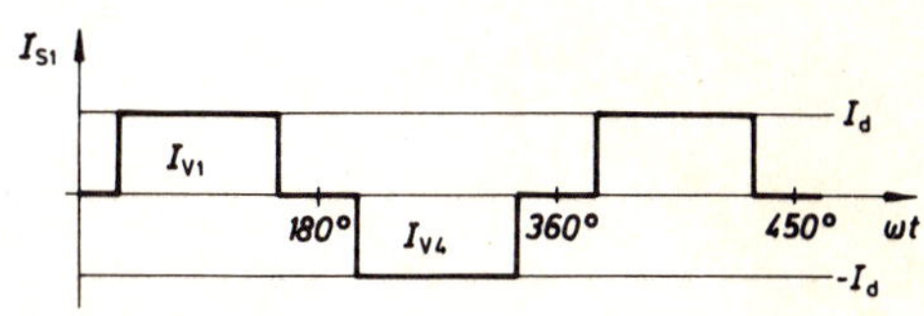

Bild 4.2 – 12

$$I_S = \sqrt{\frac{I_d^2 \cdot 1 + I_d^2 \cdot 1}{3}}$$

$$I_S = I_d \sqrt{\frac{2}{3}} \qquad (4.2-28)$$

Daraus folgt für die sekundäre Transformatorbauleistung:

$$S_{2\,Tr} = 3\,U_S \cdot I_S$$

$$= 3\,\frac{U_{di}}{2{,}34} \cdot I_d \sqrt{\frac{2}{3}}$$

$$S_{2\,Tr} = 1{,}05\;P_{di} \qquad (4.2-29)$$

In der B 6-Schaltung ist $S_{2\,Tr} = S_{1\,Tr} = S_{Tr}$, da der Sekundärstrom ein Wechselstrom ist und formgleich auf der Primärseite fließt. Die Transformatorgröße ist in der B 6-Schaltung außerordentlich günstig.

$$S_{1\,Tr} = S_{2\,Tr} = S_{Tr}$$

$$S_{Tr} = 1{,}05 \cdot P_{di} \qquad (4.2-30)$$

4.2.4 Brückenschaltung B 2

Die B 2-Schaltung wurde eingehend in Kapitel 1 behandelt. Hier werden nur noch einige Ergänzungen unter der Annahme der idealen Stromglättung gemacht.

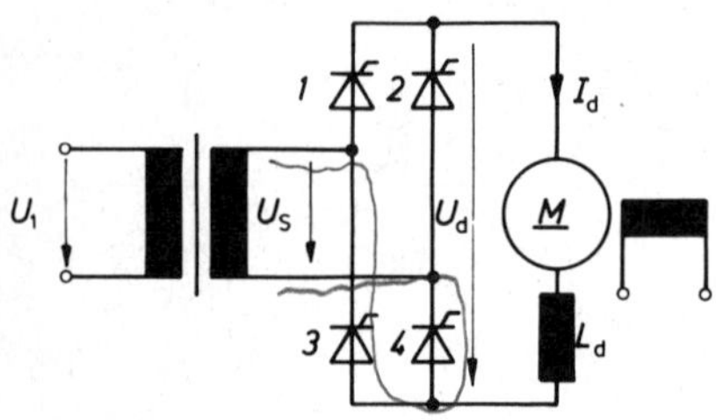

Bild 4.2–13

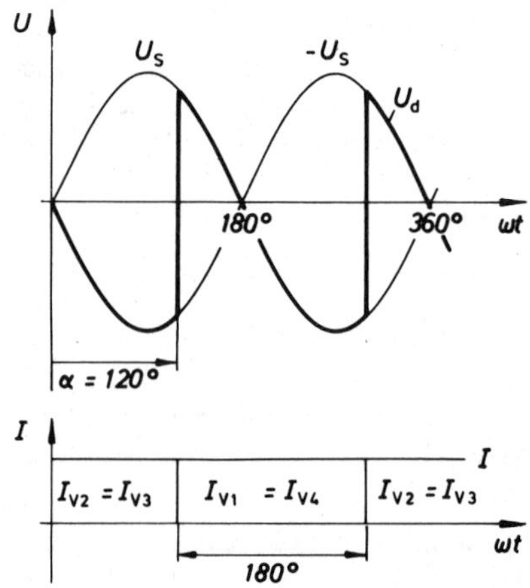

Bild 4.2–14

$$\overline{i_V} = \frac{I_d}{2} \qquad (4.2-31)$$

$$i_{Veff} = \frac{I_d}{\sqrt{2}} \qquad (4.2-32)$$

$$U_{RRM} > 1{,}1 \cdot k \cdot \sqrt{2}\,U_S \qquad (4.2-33)$$

Die sekundäre Transformatorbauleistung beträgt:

$$S_{2\,Tr} = U_S \cdot I_S$$

$$= U_{di} \cdot \frac{\pi}{2\sqrt{2}} \cdot I_d$$

$$S_{2\,Tr} = 1{,}11\;P_{di} \qquad (4.2-34)$$

Für die Brückenschaltung gilt (siehe B 6-Schaltung):

$$S_{1\,Tr} = S_{2\,Tr} = S_{Tr}$$

$$S_{Tr} = 1{,}11\;P_{di} \qquad (4.2-35)$$

Übung 4.2 – 9

Wieviel % installierte Transformatorleistung benötigt die B 2-Schaltung weniger als die M 2-Schaltung?

-17,8%

Übung 4.2 – 10

Zeichnen Sie den Kommutierungsstromkreis beim Übergang V 3 → V 4. Wie groß ist der Höchstwert der Kommutierungsspannung und wann tritt dieser auf? Wie groß ist $U_d(\omega t)$ während des K.-Vorganges?

4.2.5 Halbgesteuerte Brücken B 6 H und B 2 H

Gegenüber der vollgesteuerten Brücke sind drei Thyristoren durch (billigere) Dioden ersetzt. Auch das Steuergerät gestaltet sich dadurch einfacher. Ferner ergibt sich nach Kapitel 1.6 Blindleistungsersparnis.

Während in der K-Gruppe die Kommutierungszeitpunkte durch die Anschnittsteuerung beeinflußt werden, liegen diese in der A-Gruppe fest.

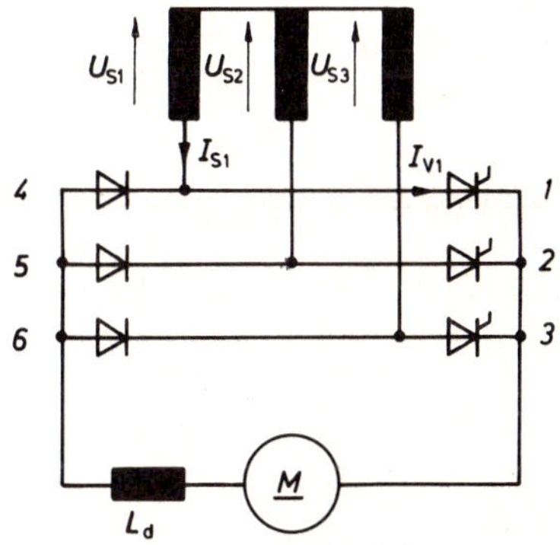

Bild 4.2 – 15

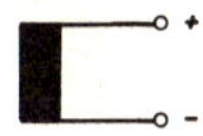

Bild 4.2 – 16 erläutert die Konstruktion des Spannungsverlaufs $U_d(\omega t)$ sowie die Stromverteilung bei $\alpha = 30°$.

Erhält V 1 einen Zündimpuls, so fließt der Strom über den Stromweg: Phase 1 – V 1 – Last – V 5 nach Phase 2, da u_{S2} am negativsten ist. Am Ausgang liegt also zunächst $\underline{U}_{12} = \underline{U}_{S1} - \underline{U}_{S2}$. Bei $\omega t_2 = 90°$ wird $u_{S3} < u_{S2}$ und der Strom kommutiert von V 5 auf V 6. Die Ausgangsspannung ist dann $\underline{U}_{13} = \underline{U}_{S1} - \underline{U}_{S3}$. Bei $\omega t_3 = 180°$ wird V 2 gezündet und der Strom kommutiert in der K-Gruppe von V 1 auf V 2. Die Ausgangsspannung ist dann $\underline{U}_{23} = \underline{U}_{S2} - \underline{U}_{S3}$.

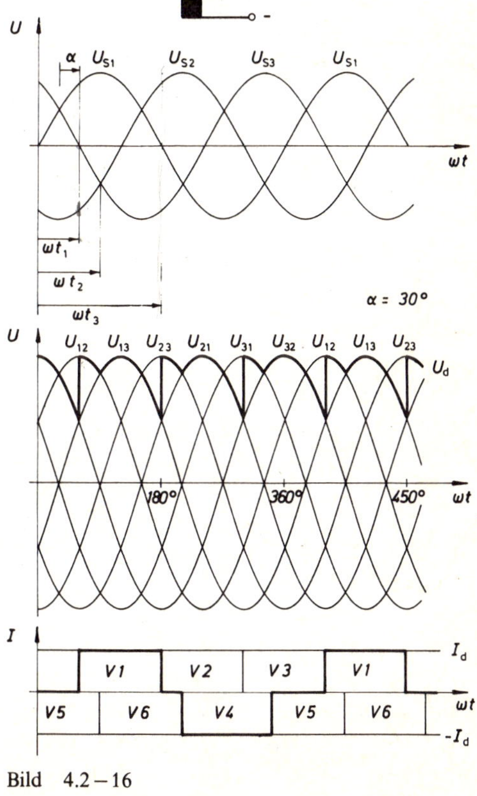

Bild 4.2 – 16

Ab $\alpha = 60°$ verändern sich Strom- und Spannungsverlauf in der B 6 H-Schaltung prinzipiell.

V 1 erhält z. B. bei $\alpha = 90°$ einen Zündimpuls. In der A-Gruppe hat V 6 das niedrigste Kathodenpotential; so fließt der Strom von Phase 1 – V 1 – Last – V 6 nach Phase 3. Die Ausgangsspannung ist U_{13}. Dieser Stromweg bleibt bis $\omega t_1 = 210°$ erhalten. Dann wird $u_{S1} > u_{S3}$. Dadurch wird V 4 statt V 6 leitend. Es bildet sich der Freilaufkreis V 1 – Last – V 4, der durch L_d gespeist wird.

B6H
Steuerung von 0–120°
nur im Gleichrichterbetrieb
(Kein Wechselrichterbetrieb)

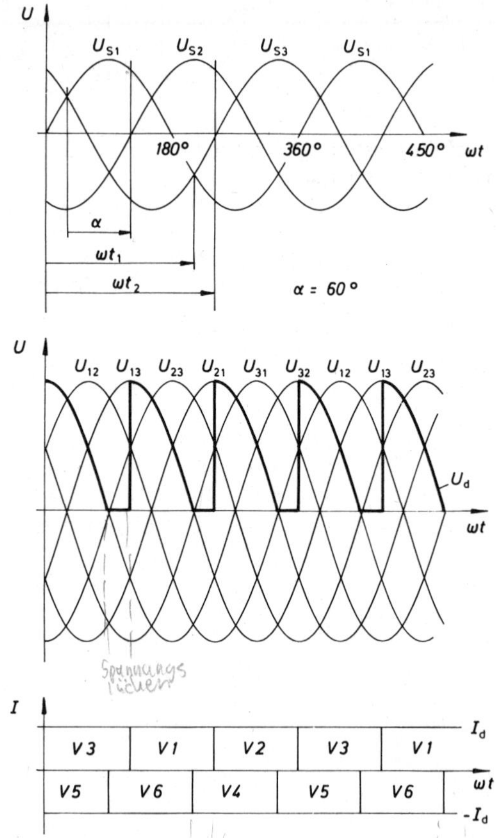

Bild 4.2–17

Während des Freilaufs ist $U_d(\omega t) = 0$.

Bei $\omega t = 240°$ zündet V 2. Der Strom fließt von Phase über V 2 – Last – V 4 nach Phase 1. Die Ausgangsspannung ist dann U_{21}.

Der Transformatorstrom I_{S1} ergibt sich durch die Ventilströme in V 1, und V 4, jedoch ist $I_{S1} = 0$, wenn V 1 und V 4 gleichzeitig Strom führen. In dieser Zeit kommt der Laststrom aus der Energie der Glättungsdrossel und nicht aus dem Transformator.

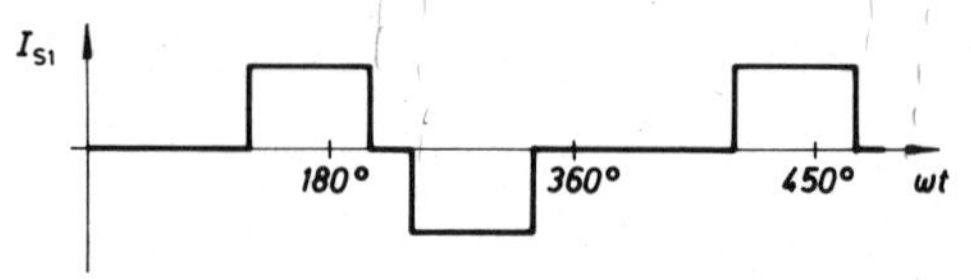

Bild 4.2–18

Der Transformatorstrom wird also mit $\alpha > 60°$ kleiner.

Übung 4.2–11

Konstruieren Sie Strom- und Spannungsverläufe der B 6 H-Schaltung analog Bild 4.2–17 und 4.2–18, mit I_{S2}, jedoch für $\alpha = 150°$. Welchen Schluß ziehen Sie daraus bzgl. Nutzbremsung?

Aufgrund der Reihenschaltung einer gesteuerten mit einer ungesteuerten M 3-Schaltung ergibt sich die Steuergleichung (Addition der Teilspannungen):

$$U_{\mathrm{di}\alpha} = \frac{3\sqrt{3}}{\sqrt{2}\pi} U_{\mathrm{S}} \cos\alpha + \frac{3\sqrt{3}}{\sqrt{2}\pi} U_{\mathrm{S}}$$

$$U_{\mathrm{di}\alpha} = \frac{U_{\mathrm{di}}}{2} (\cos\alpha + 1) \tag{4.2-36}$$

Auch die Leistungsgleichungen lassen sich nach diesem Prinzip ableiten:

$$P = U_{\mathrm{di}\alpha} \cdot I_{\mathrm{d}}$$

$$P = \frac{U_{\mathrm{di}} \cdot I_{\mathrm{d}}}{2} (\cos\alpha + 1) \tag{4.2-37}$$

$$Q_1 = \frac{U_{\mathrm{di}} \cdot I_{\mathrm{d}}}{2} \cdot \sin\alpha + \frac{U_{\mathrm{di}} \cdot I_{\mathrm{d}}}{2} \sin 0^\circ$$

1. Grundschwg.

$$Q_1 = \frac{U_{\mathrm{di}} \cdot I_{\mathrm{d}}}{2} \cdot \sin\alpha \tag{4.2-38}$$

$$S_1 = \sqrt{P^2 + Q_1^2} \tag{4.2-39}$$

Beispiel 4.2 – 2

Eine B6- und eine B6H-Schaltung mit $U_{\mathrm{di}} = 500$ V und $I_{\mathrm{d}} = 1000$ A sollen bezüglich ihrer Leistungen bei $U_{\mathrm{di}\alpha} = 250$ V verglichen werden.

Lösung:

B6-Schaltung:

$$\alpha = \arccos \frac{U_{\mathrm{di}\alpha}}{U_{\mathrm{di}}} = \arccos \frac{250\,\mathrm{V}}{500\,\mathrm{V}}$$

$$\underline{\alpha = 60^\circ}$$

$$P = U_{\mathrm{di}} \cdot I_{\mathrm{d}} \cdot \cos\alpha = 500\,\mathrm{V} \cdot 1\,000\,\mathrm{A} \cdot \cos 60^\circ$$

$$\underline{\underline{P = 250\,\mathrm{kW}}}$$

$$Q_1 = U_{\mathrm{di}} \cdot I_{\mathrm{d}} \cdot \sin\alpha = 500\,\mathrm{V} \cdot 1000\,\mathrm{A} \cdot \sin 60^\circ$$

$$\underline{\underline{Q_1 = 433\,\mathrm{kvar}}}$$

$$S_1 = \sqrt{P^2 + Q_1^2} = U_{\mathrm{di}} \cdot I_{\mathrm{d}}$$

$$\underline{\underline{S_1 = 500\,\mathrm{kVA}}}$$

B6H-Schaltung:

aus Gl. (4.2 – 36) folgt:

$$\alpha = \arccos \left(\frac{2 U_{\mathrm{di}\alpha}}{U_{\mathrm{di}}} - 1 \right) = \arccos \left(\frac{2 \cdot 250\,\mathrm{V}}{500\,\mathrm{V}} - 1 \right)$$

$$\underline{\alpha = 90^\circ}$$

$$P = \frac{U_{di} \cdot I_d}{2} (\cos\alpha + 1)$$

$$= U_{di\alpha} \cdot I_d$$

$$P = 250\,\text{kW}$$

$$Q_1 = \frac{U_{di} \cdot I_d}{2} \cdot \sin\alpha$$

$$= \frac{500\,\text{V} \cdot 1000\,\text{A}}{2} \cdot \sin 90°$$

$$Q_1 = 250\,\text{kvar}$$

$$S_1 = \sqrt{P^2 + Q_1^2}$$

$$S_1 = 353{,}5\,\text{kVA}$$

Die geringere Blindleistung und Scheinleistung der halbgesteuerten Brücke ist deutlich zu sehen.

Bild 4.2 – 19 zeigt eine Form der halbgesteuerten Einphasenbrücke, B 2 H.

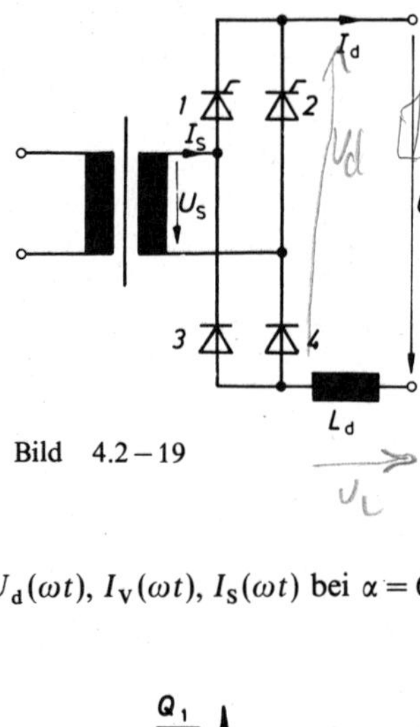

Bild 4.2 – 19

Übung 4.2 – 12

Konstruieren Sie für die Schaltung Bild 4.2 – 19 $U_d(\omega t)$, $I_V(\omega t)$, $I_S(\omega t)$ bei $\alpha = 60°$.

Die Steuer- und Leistungsgleichungen der halb- und vollgesteuerten Brücken können in den Ortskurven Bild 4.2 – 20 und Bild 4.2 – 21 dargestellt werden.

Anhand der Bilder kann man sich wesentliche Betriebseigenschaften der Schaltungen in Erinnerung rufen.

1. Blindleistung und Scheinleistung sind in der halbgesteuerten Brücke kleiner.
2. Die Scheinleistung ist in der vollgesteuerten Brücke konstant, d. h. keine Funktion von α, in der halbgesteuerten Brücke jedoch wohl.

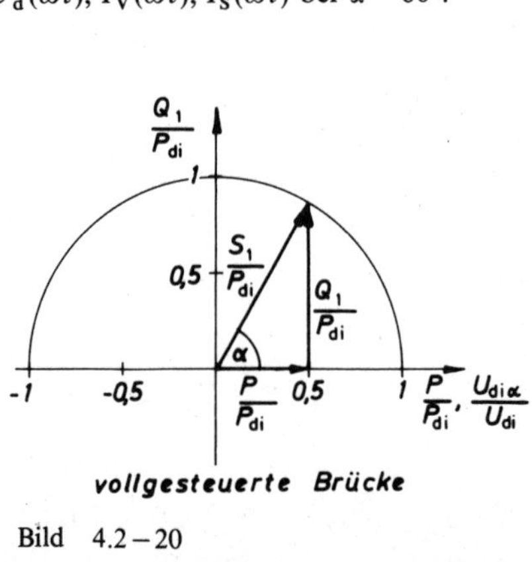

Bild 4.2 – 20

3. Die halbgesteuerte Brücke läßt keine negative Wirkleistung bzw. Spannung zu; somit ist kein Wechselrichterbetrieb möglich.

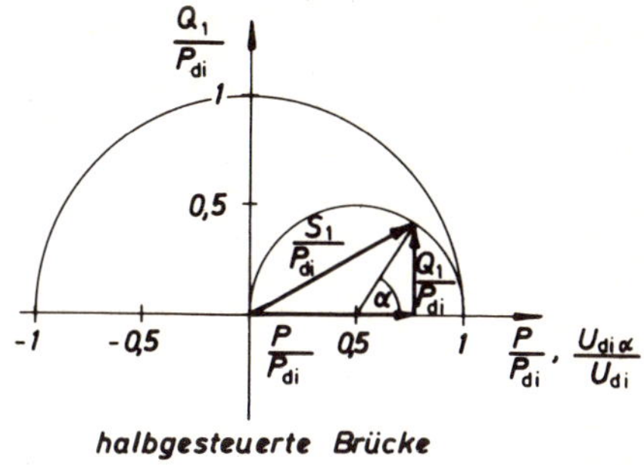

Bild 4.2 – 21

Übung 4.2 – 13

Wie groß sind die größten Blindleistungen in der voll- und in der halbgesteuerten Brücke und bei welchen Spannungen treten diese auf?

4.2.6 Folgesteuerung

Eine B 6-Schaltung mit sechs Thyristoren kann blindleistungsarm gefahren werden, wenn die A- und K-Gruppe mit unterschiedlichen Steuerwinkeln arbeiten. Bei dieser sogenannten Folgesteuerung wird im Gleichrichterbetrieb mit α_1 die K-Gruppe gesteuert mit $\alpha_2 = 0 = \text{Konst.}$, und im Wechselrichterbetrieb wird mit α_2 die A-Gruppe gesteuert mit $\alpha_1 = 180° = \text{konst}$[1].

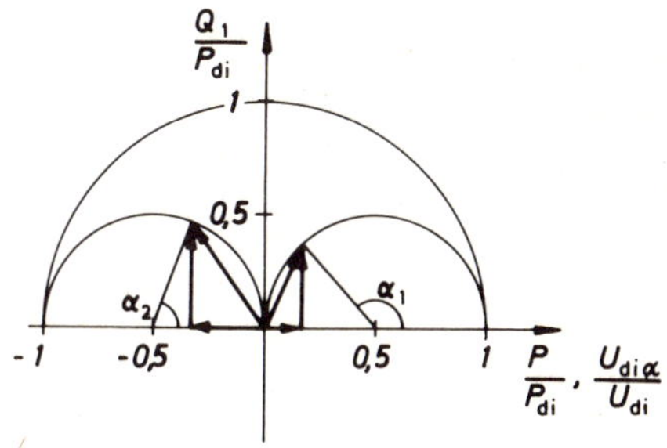

Bild 4.2 – 22

Folgesteuerung:

$$U_{di\alpha} = \frac{U_{di}}{2}(\cos\alpha_1 + \cos\alpha_2) \qquad (4.2-40)$$

$$P = U_{di\alpha} \cdot I_d$$

$$P = \frac{U_{di} \cdot I_d}{2}(\cos\alpha_1 + \cos\alpha_2) \qquad (4.2-41)$$

$$Q_1 = \frac{U_{di} \cdot I_d}{2}(\sin\alpha_1 + \sin\alpha_2) \qquad (4.2-42)$$

Übung 4.2 – 14

Eine B 6-Schaltung mit Folgesteuerung soll im Wechselrichterbetrieb arbeiten und eine Spannung $U_{di\alpha} = -0{,}8\ U_{di}$ erzeugen. Geben Sie die Steuerwinkel und die normierten Werte der Leistungen an.

---

[1]) Wegen des Voreilwinkels müssen α_1 und $\alpha_2 < 180°$ bleiben. Bild 4.2 – 22 ist deshalb eine Idealisierung

4.2.7 12pulsige Schaltungen

Die in Bild 4.2–23 gezeichnete B 6.2/S-Schaltung besteht aus zwei parallel geschalteten Drehstrombrücken. Durch die alternative Stern- und Dreieckschaltung auf der Sekundärseite entsteht zwischen den entsprechenden Leiterspannungen eine Phasenverschiebung von 30°. Während U_{dI} durch die Leiterspannungen gebildet wird, entsteht U_{dII} durch Aufschalten der Strangspannungen U_{Str}. Die Spannungen der Teilstromrichter sind dadurch um 30° phasenverschoben.

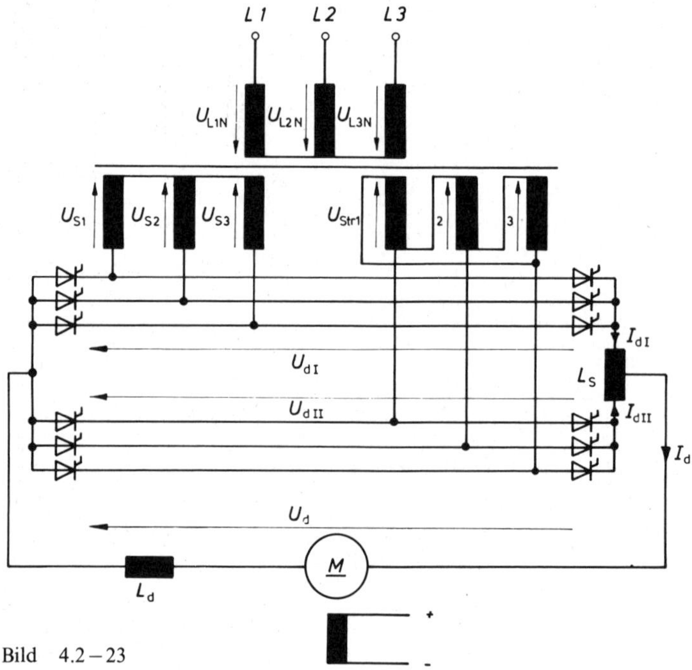

Bild 4.2–23

Die Ströme der beiden Teilstromrichter addieren sich (gleichstrommäßige Parallelschaltung).

$$I_d = I_{dI} + I_{dII} \tag{4.2–43}$$

Während durch entsprechende Steuerung die Mittelwerte von $U_{dI}(\omega t)$ und $U_{dII}(\omega t)$ gleich sind, sind deren Momentanwerte verschieden, so daß die Stromrichter nicht unmittelbar parallel geschaltet werden können. Dies ist der Grund für das Vorhandensein der Saugdrossel L_S. Diese hat also die Aufgabe, die Wechselspannung $U_{dI}(\omega t) - U_{dII}(\omega t)$ aufzunehmen. Sie ist in der Schaltungsbezeichnung mit S berücksichtigt.

$$U_{dI} = U_{dII} = U_d \tag{4.2–44}$$

$$U_d = 2{,}34\ U_S \tag{4.2–45}$$

$$U_{dI}(\omega t) \neq U_{dII}(\omega t) \tag{4.2–46}$$

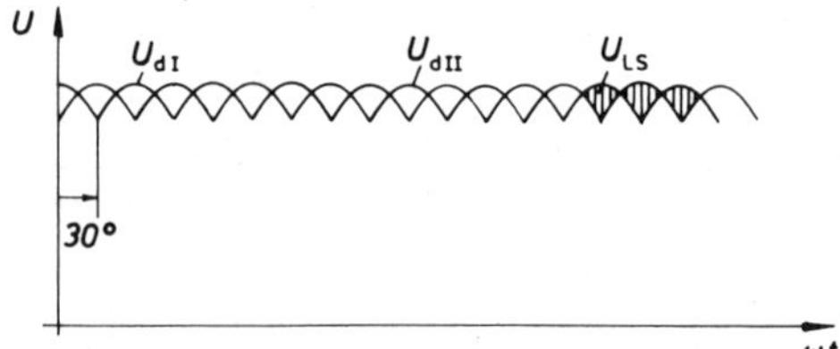

Bild 4.2–24

$$U_{LS}(\omega t) = U_{dI}(\omega t) - U_{dII}(\omega t) \tag{4.2–47}$$

Übung 4.2 – 15

Weisen Sie in einem Zeigerdiagramm die 30°-Phasenverschiebung der Teilstromrichter-Speisespannungen nach.

Auch durch die Reihenschaltung zweier B 6-Schaltungen entsteht eine zwölfpulsige Schaltung.

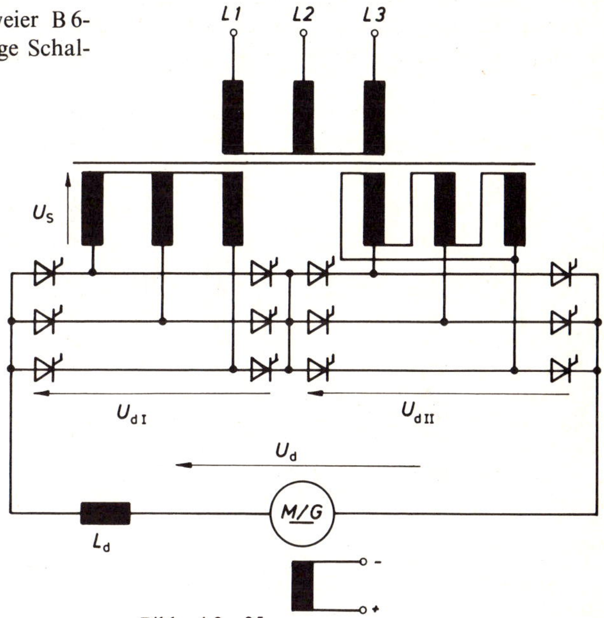

Bild 4.2 – 25

$$u_d = u_{dI} + u_{dII} \quad (4.2-48)$$

$$U_{di} = 4{,}68\ U_S \quad (4.2-49)$$

Die Schaltungsbezeichnung B 6.2/15 beinhaltet den Schaltungswinkel 15°. Dieser Winkel ist in Bild 4.2 – 26 eingezeichnet und bezeichnet den Winkel zwischen Netz-Sternspannungs-Scheitelwert (bei $\omega t = 90°$) und dem gezeichneten Scheitelwert der Brummspannung.

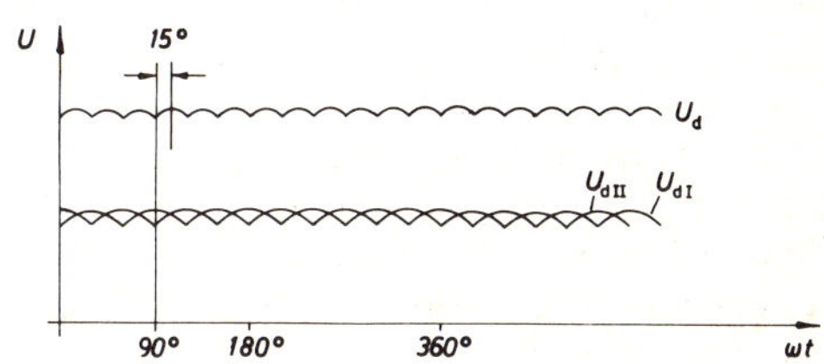

Bild 4.2 – 26

Lernzielorientierter Test zu Kapitel 4.2

1. Welche Eigenschaften der M 6-Schaltung sind richtig wiedergegeben?
   - O Die Spannungsbelastung der Thyristoren ist relativ gering.
   - O Die Strombelastung der Thyristoren ist relativ gering.
   - O Die Gleichspannung berechnet sich bei lückfreiem Betrieb mit $U_{di} \cdot \cos\alpha$.
   - O Der Transformatoraufwand ist gegenüber Brückenschaltungen relativ groß.
   - O Die Brummfrequenz beträgt bei $f_{Netz} = 60$ Hz, 180 Hz.
2. Konstruieren Sie $U_d(\omega t)$ bei $\alpha = 120°$ in der M 6-Schaltung.
3. Konstruieren Sie $U_d(\omega t)$, $I_{V1}(\omega t)$ und $I_{V2}(\omega t)$ der M 2-Schaltung bei $\alpha = 90°$.
4. Wie groß ist allgemein die maximale Kommutierungsspannung der M 2-Schaltung?
5. Welche Eigenschaften haben vollgesteuerte Brücken gegenüber halbgesteuerten?
   - O Geringer Halbleiteraufwand.
   - O Geringe Blindleistungsaufnahme.
   - O Kein Wechselrichterbetrieb.
   - O Geringere Spannungsbeanspruchung der Halbleiter.
   - O Geringere Strombeanspruchung der Halbleiter.
6. Berechnen Sie den Effektivwert I_S der halbgesteuerten Brücke bei $\alpha = 150°$ mit $I_d = 500$ A. Greifen Sie auf Übung 4.2 – 11 zurück.
7. Vergleichen Sie den Aufwand der Glättungsdrossel in einer B 6- und in einer B 6 H-Schaltung bei $U_{di\alpha} = 0{,}3\ U_{di}$ qualitativ anhand der Drosselspannungszeitfläche.
8. Wie groß ist die Brummfrequenz einer halbgesteuerten Brücke bei $\alpha = 80°$ und $f_{Netz} = 50$ Hz?
   - O 100 Hz
   - O 150 Hz
   - O 300 Hz
9. Berechnen Sie die Windungszahlen N_1 (primär), N_2 (sekundär, Stern) und N_3 (sekundär, Dreieck) des Transformators der B 6.2/15-Schaltung aus Bild 4.2 – 25. $f_{Netz} = 50$ Hz, $U_{Netz} = 500$ V $U_{di} = 1$ KV, $\hat{\Phi} = 0{,}015$ Vs.
   Hinweis: $U = 4{,}44\ f N \hat{\Phi}$.
10. Mit Folgesteuerung soll in einer B 6-Schaltung mit $U_{di} = 400$ V $U_{di\alpha} = -100$ V erzeugt werden. Der Voreilwinkel $\beta = 25°$ soll berücksichtigt werden. Berechnen Sie α_1 und α_2.

4.3 Mehrquadranten-Gleichstromantriebe

Lernziele

Der Lernende ...

- skizziert die Vierquadranten-Gleichgrößen-Ebene,
- erläutert den Zusammenhang der Gleichgrößen-Ebene mit der Antriebstechnik,
- skizziert Schaltungsvarianten für Zwei- und Vierquadrantenantriebe,
- erläutert die Schaltungsvarianten und nennt Vor- und Nachteile,
- erläutert die Steuerbedingung von Umkehrstromrichtern,
- konstruiert die Kreiswechselspannung des Umkehrstromrichters in Gegenparallelschaltung am Beispiel der (M 3)A(M 3)-Schaltung,
- erläutert die Aufgabe der Kreisstromdrosseln,
- skizziert und erläutert die Funktion der Kreuzschaltung.

4.3.1 Vierquadranten-Gleichgrößen-Ebene

In Bild 4.3 – 1 sind die Drehmoment-Drehzahl-Kennlinien $n = f(M)$ eines fremderregten Gleichstrommotors in Zusammenhang mit den Ausgangsgrößen eines Stromrichters gebracht worden.

Das Drehmoment ist proportional I_d, somit sind beide Größen auf der Abszisse darstellbar. Ähnlich ist es mit U_d und der Leerlaufdrehzahl n_0.

Die Kennlinien sind aufgrund des Ankerspannungsabfalls leicht geneigte Geraden.

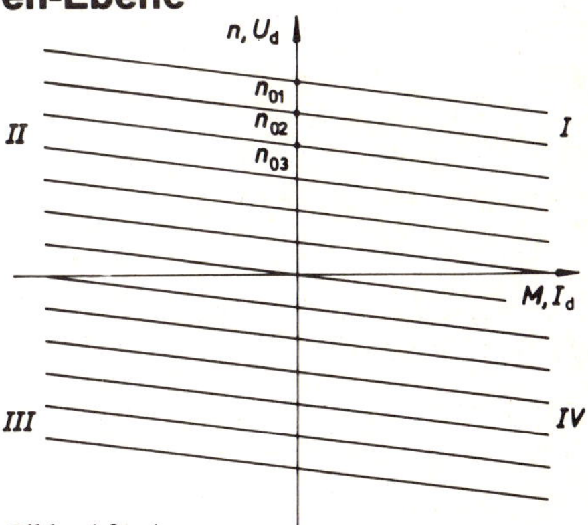

Bild 4.3 – 1

$$M = C \cdot \Phi \cdot I_d \tag{4.3 – 1}$$

$$n_0 = \frac{U_0}{k \cdot \Phi} \tag{4.3 – 2}$$

Im Quadranten I sind U_d und n sowie I_d und M positiv. Dieser Quadrant wird dem Motorbetrieb-Rechtslauf zugeordnet.

Im dritten Quadranten haben sich die Vorzeichen von n und U_d bzw. M und I_d umgekehrt.

In den Quadranten II und IV haben Strom und Spannung bzw. Drehmoment und Drehzahl entgegengesetzte Vorzeichen. Diese Quadranten stellen also den Generatorbetrieb bzw. den Wechselrichterbetrieb dar.

I. Quadrant:
Motorbetrieb Rechtslauf

III. Quadrant:
Motorbetrieb-Linkslauf

II. und IV. Quadrant:
Generatorbetrieb
Energieumkehr
Wechselrichterbetrieb

Übung 4.3 – 1

Welche Quadranten stellen den Generatorbetrieb-Linkslauf bzw. den Generatorbetrieb-Rechtslauf dar?

4.3.2 Zweiquadrantenantriebe

Ein-Quadranten-Stromrichter-Antriebe sind bereits behandelt worden (1.7, 4.1).

Zwei-Quadranten-Stromrichter arbeiten in benachbarten Feldern der Gleichgrößen-Ebene.

Ist Drehrichtungsumkehr bei gleicher Momentenrichtung gefordert, also Treiben und Bremsen bei verschiedenen Drehrichtungen (z. B. I und IV), genügt ein Einzel-Stromrichter, da die Stromrichtung immer gleich ist (4.1).

Soll ein Stromrichter z. B. die Quadranten I und II versorgen, muß die Stromrichtung umgekehrt werden. Es werden Umschalter im Anker- oder im Feldstromkreis notwendig. Wegen der großen Induktivität der Erregerwicklung benötigt die Feldumschaltung bis zu mehreren hundert Millisekunden, so daß die Ankerumschaltung bevorzugt wird.

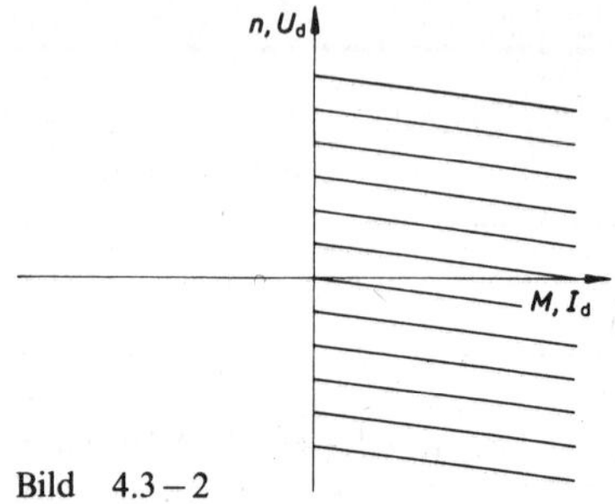

Bild 4.3 – 2

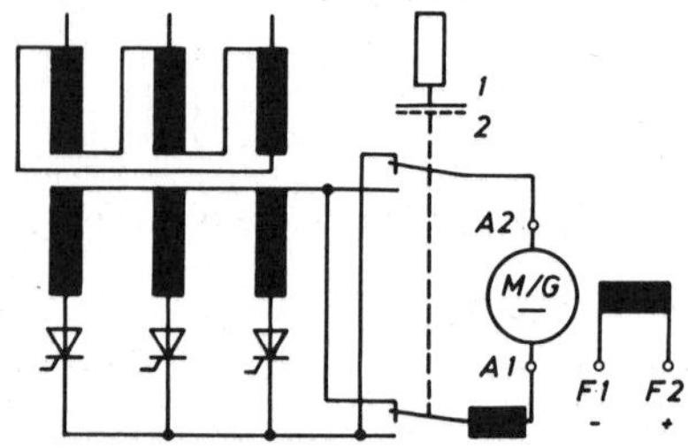

Bild 4.3 – 3

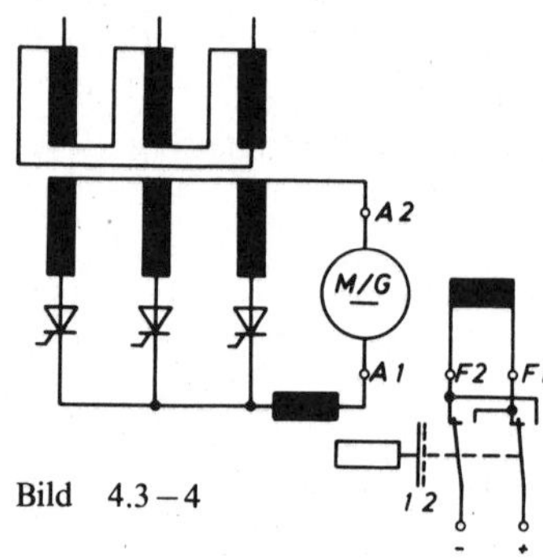

Bild 4.3 – 4

Bild 4.3 – 5 zeigt die eleganteste, aber auch teuerste Lösung. Zwei Stromrichter werden in Antiparallelschaltung betrieben. Mechanische Kontakte sind nicht mehr vorhanden. Ein solcher Umkehrstromrichter hat minimale Reversierzeiten von einigen zig Millisekunden (reversieren = Drehrichtung umkehren). Die Schaltung hat die Bezeichnung (M 3)A(M 3).

Die Möglichkeit der Stromumkehr ist durch zwei Ventilströme angedeutet, die natürlich nie gleichzeitig fließen.

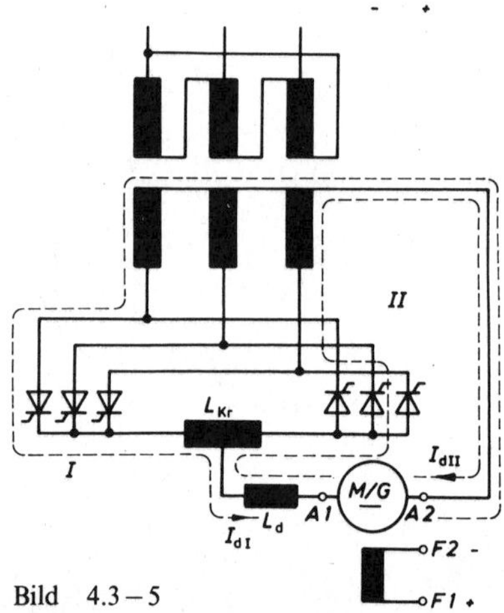

Bild 4.3 – 5

Übung 4.3 – 2

Der Stromrichter nach Bild 4.3 – 4 soll die Maschine in den Quadranten III und IV versorgen. Streichen Sie in folgender Tabelle die falschen Eintragungen:

Quadrant	α	Ankerstrom	Schalter-stellung	Anker-spannung
III	0° bis 90°	A 1 → A 2	1	A 1 → A 2
	~~90° bis 180°~~	~~A 2 → A 1~~	~~2~~	~~A 2 → A 1~~
IV	~~0° bis 90°~~	~~A 1 → A 2~~	~~1~~	~~A 1 → A 2~~
	90° bis 180°	A 2 → A 1	2	A 2 → A 1

4.3.3 Vierquadrantenantriebe

Die Schaltungen 4.3 – 3, 4.3 – 4 und 4.3 – 5 sind auch für Vierquadrantenantriebe geeignet. In diesem Abschnitt wird besonders der Umkehrstromrichter behandelt.

Zum möglichst schnellen Übergang des Antriebs von einem in einen anderen Betriebsquadranten, z. B. bei Drehrichtungsumkehr wird der Doppel-Stromrichter jederzeit in beiden Teilstromrichtern betriebsbereit gehalten, d. h. alle Thyristoren werden angesteuert.

Dadurch werden die Spannungen U_{dI} und U_{dII} parallel geschaltet. In Bild 4.3 – 6 arbeitet Stromrichter I als Gleichrichter, Stromrichter II als Wechselrichter. Den Strom liefert Stromrichter I.

In Bild 4.3 – 7 arbeitet Stromrichter I als Wechselrichter, Stromrichter II als Gleichrichter, der Strom fließt im Stromrichter II.

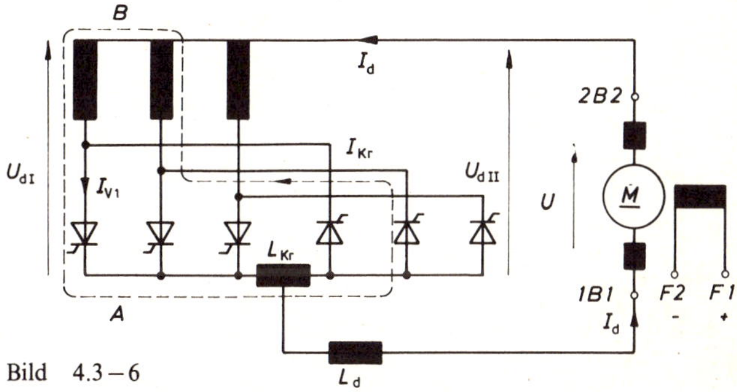

Bild 4.3 – 6

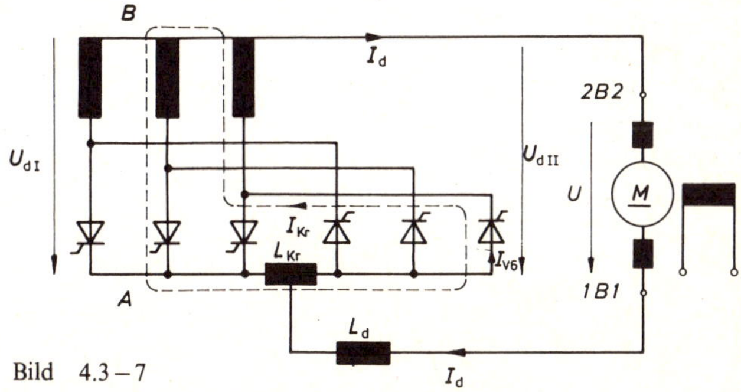

Bild 4.3 – 7

Damit kein Kreis-Gleichstrom entsteht, müssen U_{dI} und U_{dII} gleich sein.

$$U_{\mathrm{dI}} = U_{\mathrm{dII}} \qquad (4.3-3)$$

Aus Gl. (4.3 – 3) folgt die Steuerbedingung des Umkehrstromrichters Gl. (4.3 – 4).

$$\alpha_{\mathrm{I}} = 180° - \alpha_{\mathrm{II}} \qquad (4.3-4)$$

Ein Kreis-Gleichstrom muß auf jeden Fall verhindert werden, da dieser nur durch die relativ kleinen ohmschen Widerstände des Transformators und der Kreisstromdrossel begrenzt würde. Dies würde zum Ansprechen der Sicherungen führen.

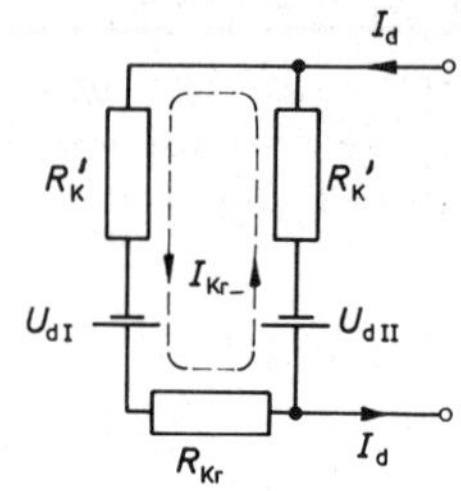

Bild 4.3 – 8

Auch wenn die Steuerbedingung eingehalten wird, sind doch die Momentanwerte der Teilstromrichterspannungen verschieden.

$$U_{\mathrm{dI}}(\omega t) \neq U_{\mathrm{dII}}(\omega t) \qquad (4.3-5)$$

Dadurch entsteht eine Kreiswechselspannung. Diese erzeugt einen Mischstrom, dessen Anstieg und Amplitude durch die Induktivitäten der Kreisstromdrossel und der Transformatorwicklungen begrenzt wird.

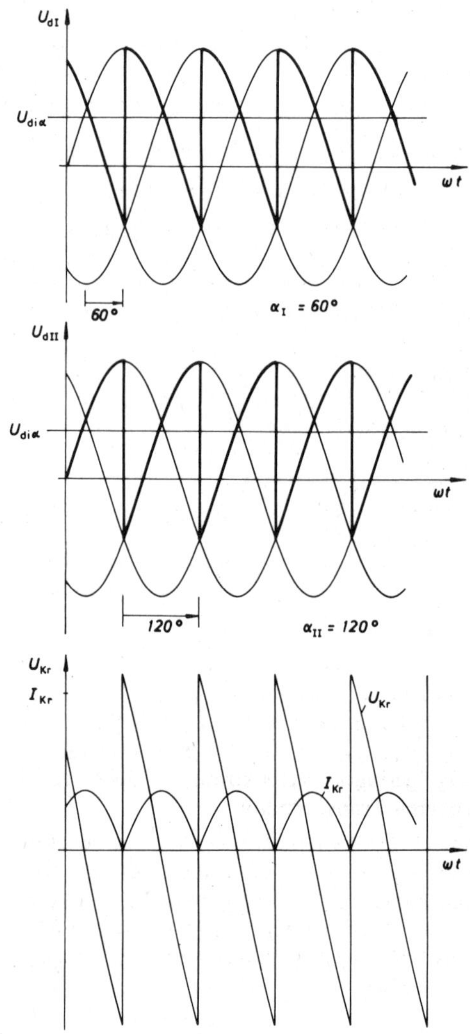

Bild 4.3 – 9

$$U_{\mathrm{Kr}}(\omega t) = U_{\mathrm{dI}}(\omega t) - U_{\mathrm{dII}}(\omega t) \qquad (4.3-6)$$

Übung 4.3 – 3

Berechnen Sie anhand Bild 4.3 – 9 die notwendige Induktivität der Kreisstromdrossel eines Umkehrstromrichters mit $U_S = 217\,V$, wenn der Kreisstrom eine Amplitude von 50 A nicht überschreiten soll. X'_K soll vernachlässigt werden. Anleitung: $\psi = L \cdot \Delta i$!

Übung 4.3 – 4

Konstruieren Sie die Schaltung eines Umkehrstromrichters in Gegen-Parallel-Schaltung, bestehend aus B 6-Schaltungen, (B 6)A(B 6).

Übung 4.3 – 5

Wie verhalten sich die Kreisströme der (M 3)A(M 3)- und der (B 6)A(B 6)-Schaltungen qualitativ zueinander?

Übung 4.3 – 6

Ergänzen Sie folgende Tabelle im Sinne der ersten Zeile, Schaltung 4.3 – 6.

	α_I	α_{II}	I_d	U_d	$U_{dI} = U_{dII}$
Motor, Rechtsl.	0 bis 90°	90° bis 180°	$= I_{dI}$	B 1 → B 2	A → B
Generator, R.					
Motor, Linksl.					
Generator, L.					

Bild 4.3 – 10 zeigt eine weitere Schaltung für Umkehrstromrichter. Diese Kreuzschaltung hat die Bezeichnung (M 3) X (M 3). Die Schaltung hat gegenüber der Gegen-Parallel-Schaltung geringere Kreisströme, jedoch einen größeren Transformator.

Bei sehr großen Leistungen werden Umkehrstromrichter kreisstromfrei betrieben. Es erhält dann immer nur der Stromrichter Zündimpulse, welcher den Strom führen soll. Kreisstromfreie Umkehrstromrichter haben jedoch größere Reversierzeiten.

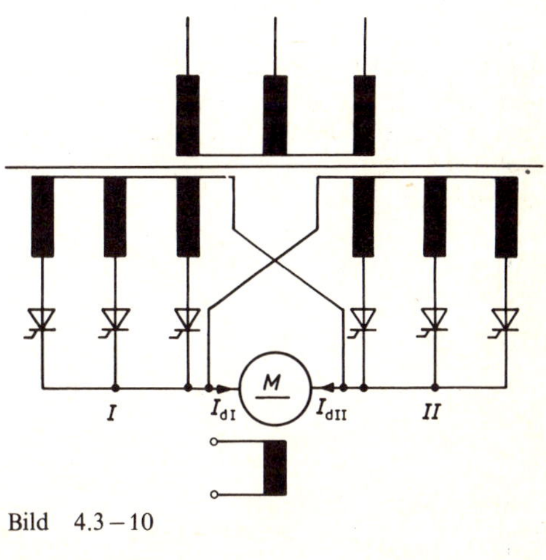

Bild 4.3 – 10

Lernzielorientierter Test zu Kapitel 4.3

1. Welche Betriebsart stellt der II. Quadrant der Antriebstechnik dar?

   ○ Motorbetrieb Linkslauf

   ○ Generatorbetrieb Linkslauf

   ● Generatorbetrieb Rechtslauf

2. Tragen Sie die Strom- und Spannungspfeile für den Generatorbetrieb-Rechtslauf ein.

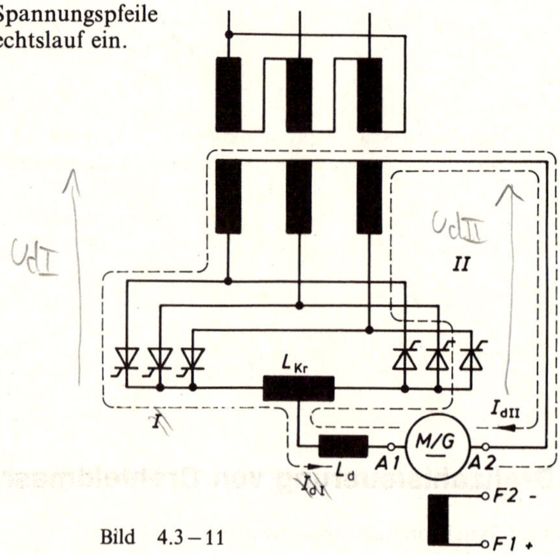

Bild 4.3–11

3. Konstruieren Sie die Kreiswechselspannung der (M 3) A (M 3)-Schaltung mit $\alpha_I = 90°$ und $\alpha_{II} = 90°$ und vergleichen Sie mit U_{Kr} bei $\alpha_I = 60°$.

4. Welche Vorteile hat ein Umkehrstromrichter gegenüber dem Einfach-Stromrichter mit Ankerumschalter?

   ○ Geringer Kreisstrom

   ● Verschleißfrei

   ○ Billiger

   ○ Vierquadranten, statt Zweiquadrantenbetrieb

   ● Schnelle Drehrichtungsumkehr

5. Welche Aussagen zum Kreisstrom sind richtig?

   ● Eine Kreis-Gleichspannung ist nicht erlaubt.

   ○ Der Kreis-Wechselstrom wird durch die Kreisstrmdrossel und die Glättungsdrossel begrenzt.

   ● Die Steuerbedingung lautet $\alpha_{II} = (180° - \alpha_I)$.

   ○ $U_{dI}(\omega t) = U_{dII}(\omega t)$.

   ○ Der Kreiswechselstrom ist sinusförmig.

6. Wie groß ist die größte Gleichspannung im Motorbetrieb eines Umkehrstromrichters (B 6) X (B 6), wenn ein Voreilwinkel $\beta = 27°$ eingehalten werden muß? $U_S = 434$ V.

Beide Stromrichter in Betrieb, muß auch jeweils für den GR der Voreilwinkel des WR berücksichtigt werden

$U_{dmax} = U_S \cdot 2{,}34 \cdot \cos\beta$

≈ 440 V

4.4 Drehstromantriebe mit netzgeführten Stromrichtern

Lernziele

Der Lernende ...

- erläutert die Notwendigkeit, bei der Drehzahlsteuerung von Drehfeldmotoren Spannung und Frequenz der Ständerspannung zu ändern,
- erläutert die Funktion von Umkehrstromrichtern als Direktumrichter,
- erläutert die Steuerung des Trapezumrichters und skizziert den Verlauf der Ausgangsspannung,
- berechnet Ausgangsspannung und -frequenz des Trapezumrichters,
- erläutert die Steuerung eines Steuerumrichters anhand eines Liniendiagramms der Ausgangsspannung,
- begründet die Blindleistungsaufnahme des Steuerumrichters,
- nennt Anwendungsbeispiele für Direktumrichter-Antriebe,
- skizziert die Schaltung der untersynchronen Stromrichterkaskade (USK),
- erläutert die Wirkungsweise der USK als Schlupfsteuerung,
- dimensioniert die USK,
- nennt Anwendungen der USK,
- begründet die Blindleistungsaufnahme der Kaskade.

4.4.1 Drehzahlsteuerung von Drehfeldmaschinen

Asynchron- und Synchronmaschinen erzeugen durch die Ständerwicklung ein Drehfeld, welches mit der Synchrondrehzahl rotiert.

Synchronmaschinen drehen sich exakt mit dieser Drehzahl n_1, während Asynchronmaschinen mit der Läuferdrehzahl einige Prozent hinter dieser Drehfelddrehzahl zurückbleiben.

Da p_1 nur eine ganze Zahl sein kann, ist eine stufenlose Drehzahlverstellung nur über eine ebenfalls stufenlose Änderung der Ständerfrequenz möglich.

$$n_1 = \frac{f_1}{p_1} \qquad (4.4-1)$$

n_1 = Synchrondrehzahl

f_1 = Ständerfrequenz

p_1 = Polpaarzahl des Ständers

Übung 4.4 – 1

Welche Frequenz benötigt ein vierpoliger D-Motor, wenn er eine Drehzahl von 6 000 min^{-1} erreichen soll?

Nach Gl. (4.4 – 2) muß bei Änderung der Frequenz gleichzeitig auch die Ständerspannung geändert werden, wenn die Maschine einen gleichbleibenden Fluß aufbauen soll. Dies ist zur Erreichung des vollen Drehmomentes notwendig.

$$U_{01} = 4{,}44\, f_1 \cdot N_1 \cdot \hat{\Phi}$$

$$\hat{\Phi} = \frac{U_{01}}{4{,}44\, f_1 \cdot N_1} \qquad (4.4-2)$$

Vernachlässigt man die Spannungsabfälle in der Ständerwicklung, so erhält man als Steuerbedingung:

$$U_{01} \approx U_1 \qquad (4.4-3)$$

$$\frac{U_1}{f_1} = \text{konst.} \qquad (4.4-4)$$

4.4.2 Direktumrichter

Die Schaltung eines Direktumrichters entspricht der der Umkehrstromrichter aus 4.3. Die unterschiedliche Wirkungsweise kommt allein durch die völlig andere Steuerung zustande.

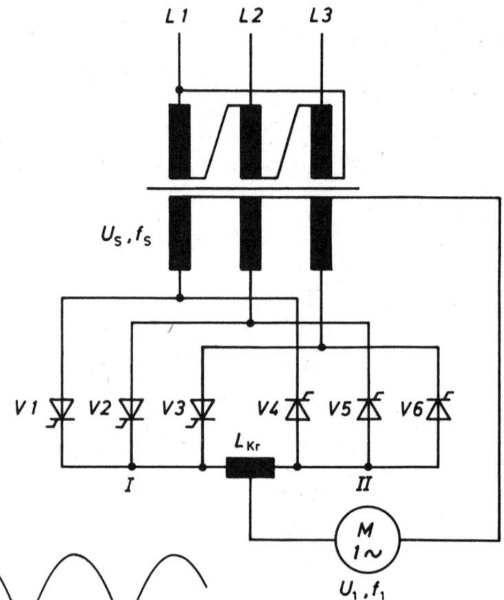

Bild 4.4–1

Im Takt der gewünschten Ausgangsfrequenz werden die Teilstromrichter jeweils auf $\alpha = 0°$[1] bzw. $180°$[1] gefahren.

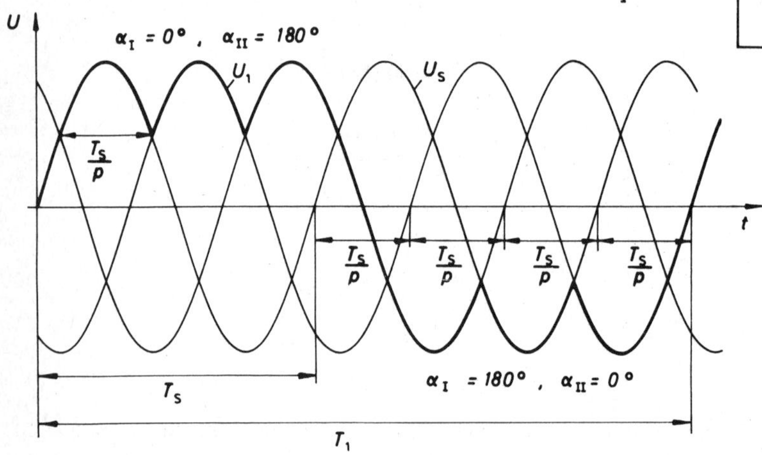

Bild 4.4–2

Die Frequenz der Ausgangsspannung berechnet sich nach Bild 4.4–2:

$$f_1 = \frac{1}{T_1} \qquad (4.4-5)$$

$$f_1 = \frac{1}{T_S + 2(n-1)\,\dfrac{T_S}{p}}$$

$$f_1 = f_S \frac{1}{1 + \dfrac{2(n-1)}{p}} \qquad (4.4-6)$$

p = Pulszahl der Teilstromrichter
n = Kuppenzahl

[1]) Mit Rücksicht auf den Voreilwinkel dürfen 180° und damit auch 0° natürlich nicht eingestellt werden. Insofern sind die Darstellungen in 4.4.2 immer idealisiert.

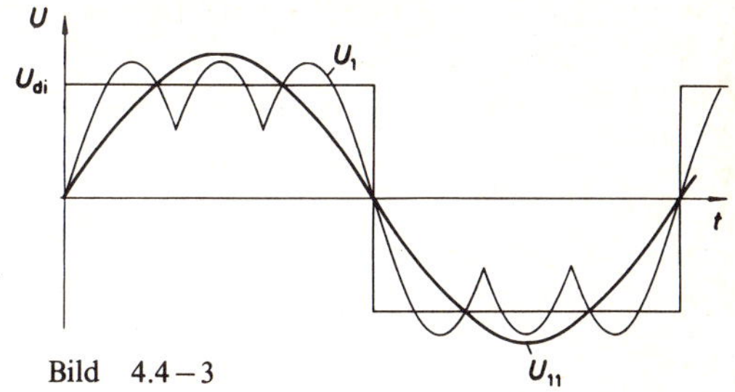

Bild 4.4 – 3

Für die Drehmomentbildung des Wechselstrommotoros kann nur die Grundschwingung U_{11} der Motorspannung maßgebend sein. Der Effektivwert kann nach Bild 4.3 – 3 annähernd berechnet werden, wenn die Hüllkurve durch eine Rechteckspannung mit der Amplitude U_{di} verwandelt wird.

$$U_{11} = \frac{4}{\sqrt{2}\pi} U_{di} \qquad (4.4-7)$$

Beispiel 4.4 – 1

Zu Bild 4.4 – 2 mit $U_S = 89$ V und $f_S = 50$ Hz sollen die Frequenz f_1 und der Effektivwert der Spannungs-Grundschwingung U_{11} berechnet werden.

Lösung:

Aus Bild 4.4 – 2 geht hervor, daß $p = 3$ ist (M 3-Schaltungen):

$$f_1 = f_S \frac{1}{1 + \frac{2(3-1)}{3}}$$

$$= 50 \text{ Hz} \cdot \frac{3}{7}$$

$$\underline{\underline{f_1 = 21{,}4 \text{ Hz}}}$$

Mit Gl. (4.4 – 7) folgt:

$$U_{11} = \frac{4}{\sqrt{2}\pi} \cdot 1{,}17\, U_S$$

$$= \frac{4}{\sqrt{2}\pi} \cdot 1{,}17 \cdot 89 \text{ V}$$

$$\underline{\underline{U_{11} = 94 \text{ V}}}$$

Übung 4.4 – 2

Wie groß ist die Nennspannung des Motors aus Beispiel 4.4 – 1, wenn dessen Nennfrequenz 50 Hz ist?

Wird der Direktumrichter nach Bild 4.2 – 2 gesteuert, heißt er nach der Kurvenform der Ausgangsspannung Trapezumrichter. Gegenüber der Nenndrehzahl kann nur eine durch Gl. (4.4 – 6) stufig herabgesetzte Drehzahl erreicht werden. Werden mehrere Drehzahlen gewünscht, müßte noch zusätzlicher Phasenanschnitt stattfinden, um die Spannungshöhe ändern zu können. Damit ginge der Vorteil der relativ geringen Blindleistungsaufnahme des Trapezumrichters verloren.

Trapezumrichter:
stufige Drehzahlverstellung
geringe Blindleistung

Trapezumrichter werden für langsamlaufende Antriebe eingesetzt. Durch drei Direktumrichter, die $\frac{T_1}{3}$ zeitlich versetzt gesteuert werden, können auch Drehstrommotoren gespeist werden.

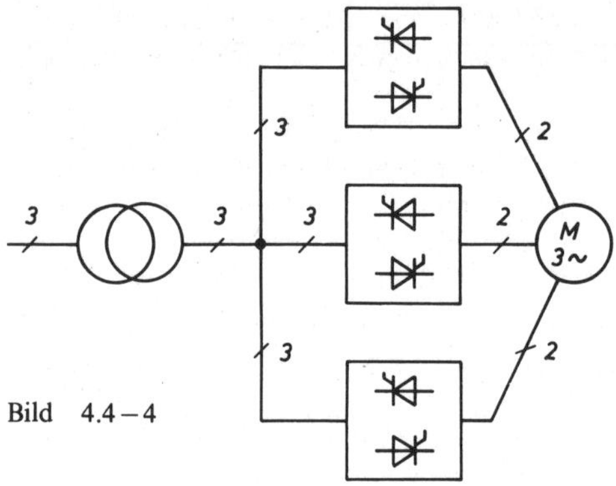

Bild 4.4 – 4

Übung 4.4 – 3

Ein 16poliger Drehstrom-Synchronmotor mit $U_N = 380$ V, $f_N = 50$ Hz soll über einen Trapezumrichter (B 6)A(B 6) einen Zementtrockenofen mit einer Drehzahl von 56,25 min^{-1} antreiben.

Speisenetz: 380 V, 50 Hz.

Berechnen Sie die Kuppenzahl n, U_{11} und das Übersetzungsverhältnis des Stromrichtertransformators.

Übung 4.4 – 4

Zeichnen Sie $U_1(t)$ zu Übung 4.4 – 3.

Um die Oberschwingungen in U_1 und damit auch die Oberschwingungen in den Motorströmen zu verringern, kann der Direktumrichter so gesteuert werden, daß U_1 sich besser der Sinusform annähert. α_{I} und α_{II} sind dabei während den Halbwellen nicht konstant, sondern werden ständig verändert. Dieser sogenannte Steuerumrichter vermeidet dadurch weitgehend die unerwünschte, zusätzliche Erwärmung der Maschine durch die Oberschwingungen. Außerdem gestattet der Steuerumrichter stufenlose Frequenzeinstellung. Die Blind-

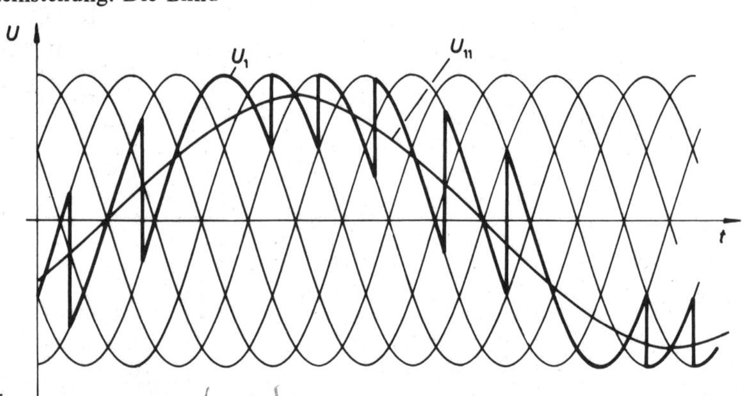

Bild 4.4 – 5

gesteuerter Direktumrichter

leistungsaufnahme ist durch den Phasenanschnitt natürlich größer als beim Trapezumrichter.

Steuerumrichter findet man zwischen Generator und Bordnetz von Flugzeugen. Die Netzfrequenz kann dabei trotz schwankender Generator-(Turbinen)drehzahl konstant gehalten werden. Ferner findet man ihn in Dieselloks der DB zur elektrischen Zugheizung. Dabei werden $16\,\frac{2}{3}$ Hz erzeugt, damit die Heizung alternativ bei Diesel- oder Elektrotraktion benutzt werden kann.

Da die Direktumrichter in der Antriebstechnik auf ohmsche-induktive Lasten arbeiten, stimmen Strom- und Spannungsrichtungen nicht jederzeit überein. Wird die Schaltung mit Kreisstrom betrieben, ist dies nicht weiter störend; der Strom sucht sich seinen Weg entweder über Teilstromrichter I oder über Teilstromrichter II, wie die Ventilrichtung sich anbietet. Soll die Schaltung kreisstromfrei betrieben werden, ist eine Erfassung der Stromnulldurchgänge notwendig, um mit dieser Information jeweils nur den Teilstromrichter anzusteuern, der die gerade geeignete Ventilrichtung hat.

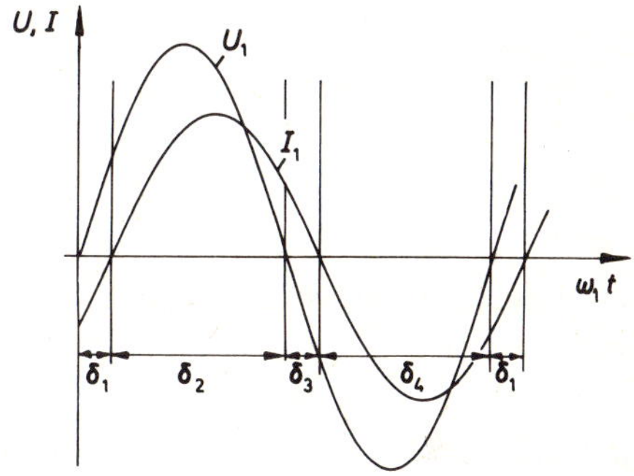

Bild 4.4–6

δ_1 { I:GR, II:WR, Strom über II }

δ_2 { I:GR, II:WR, Strom über I }

δ_3 { I:WR, II:GR, Strom über I }

δ_4 { I:WR, II:GR, Strom über II }

4.4.3 Untersynchrone Stromrichterkaskade (USK)

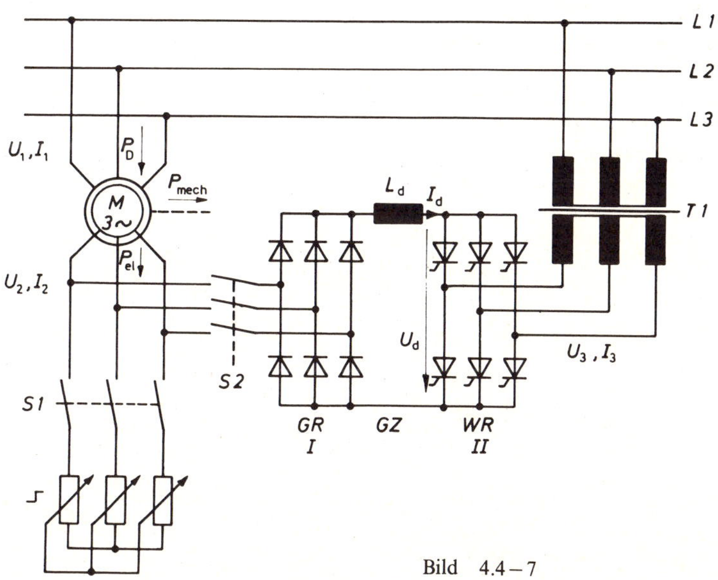

Bild 4.4–7

Die einfachste Leistungsbilanz des Schleifringläufers sagt aus, daß bei konstanter Luftspaltleistung P_D die Summe von Wellenleistung P_{mech} und an den Schleifringen abgegebener elektrischer Leistung P_{el} ebenfalls konstant ist.

$$P_D = P_{mech} + P_{el} \qquad (4.4-8)$$

Entzieht man also dem Läufer elektrische Leistung, sinkt damit die mechanische Leistung und die Drehzahl.

Bei geschlossenem Schalter S 1 und offenem Schalter S 2 wird die elektrische Leistung im Läuferanlasser in Wärme umgesetzt. Über den Anlasser wird der Antrieb bis zur Drehzahl n_{min} hochgefahren. Dies entspricht dem klassischen Verfahren, welches zur Verbesserung des Anlaufmomentes, der Verringerung des Anlaufstromes und zur Drehzahlsteuerung dient. Oberhalb n_{min} öffnet S 1 und S 2 schließt. Die elektrische Läuferleistung wird dann gleichgerichtet (GR) über den Gleichstromzwischenkreis mit Glättungsdrossel (GZ) in den netzgeführten Wechselrichter (WR) gespeist und über den Transformator T 1 ins Netz zurückführt. Dadurch ergibt sich natürlich eine erhebliche Energieersparnis gegenüber der ständigen Steuerung über den Läuferanlasser.

Anlassen

$0 \leqslant n < n_{min}$

S_1 geschlossen

S_2 offen

Betrieb

$n_{min} \leqslant n < n_1$

S_1 offen

S_2 geschlossen

Anhand der Gl. (4.4–9) und Gl. (4.4–10) erkennt man, daß dieses Steuerverfahren den Schlupf der Maschine beeinflußt. Der Schlupf ist eine wichtige Rechengröße der Asynchronmaschine und gibt das Zurückbleiben des Läufers hinter dem Drehfeld als relative Zahl an.

$$P_{mech} = P_D(1 - s) \qquad (4.4-9)$$

$$P_{el} = P_D \cdot s \qquad (4.4-10)$$

s Schlupf

$$s = \frac{n_1 - n}{n_1} \qquad (4.4-11)$$

n Läuferdrehzahl

Durch Veränderung des Anschnittwinkels verändert man die Zwischenkreisspannung. Damit stellte sich zwangsläufig die Spannung U_2 und damit die Drehzahl ein.

$$U_{di\alpha} = \frac{U_3}{\sqrt{3}} \cdot 2{,}34 \cdot \cos\alpha \qquad (4.4-12)$$

$$U_2 = \frac{U_{di\alpha}}{2{,}34} \qquad (4.4-13)$$

$$U_2 = s \cdot U_{20} \qquad (4.4-14)$$

U_{20} Läuferstillstandsspannung

Beispiel 4.4–2

Ein 4poliger Drehstrom-Pumpenmotor soll über eine USK gesteuert werden.

Netz: 3 × 380 V, 50 Hz

Maschine: 315 kW, 1470 min^{-1}, 380 V, 565 A,

$U_{20} = 405$ V, $I_{2N} = 475$ A, I_{2N} = Läufernennstrom

Stromrichter: B 6 + B 6

Zu berechnen sind:

a) Spannungs- und Strombelastung der Halbleiter für einen Steuerbereich $0{,}7\, n_1 \leqslant n < n_1$ und $0 \leqslant M \leqslant 1{,}6\, M_N$.

b) Übersetzungsverhältnis und Bauleistung des Transformators.

Sämtliche Spannungsabfälle dürfen vernachlässigt werden. Im fraglichen Bereich dürfen Läuferstrom und Läuferspannung als phasengleich angesehen werden.

Lösung:

a) Der maximale Schlupf tritt bei n_{min} auf.

$$s_{max} = \frac{n_1 - n_{min}}{n_1} = \frac{n_1 - 0{,}7\, n_1}{n_1}$$

$$s_{max} = 0{,}3$$

Damit beträgt die größte Läuferspannung (verketteter Wert):

$$U_{2\,max} = s_{max} \cdot U_{20} = 0{,}3 \cdot 405\ \text{V}$$

$$U_{2\,max} = 121{,}5\ \text{V}$$

Die größte Spannung im Zwischenkreis beträgt:

$$U_{di\alpha max} - 2{,}34 \cdot \frac{U_{2\,max}}{\sqrt{3}}$$

$$U_{di\alpha max} = 164\ \text{V}$$

$$U_{di\alpha max} \cdot I_d = \sqrt{3} \cdot U_{2\,max} \cdot 1{,}6\, I_{2N}$$

Der Strom im Zwischenkreis ergibt sich aufgrund der Überlegung, daß die Leistungen P_{el} und P_d gleich sein müssen. Der 1,6-fache Nennstrom wird eingesetzt, da mit 1,6-fachem Überlastmoment gerechnet werden soll.

$$I_d = \frac{\sqrt{3}\ 121{,}5\ \text{V} \cdot 1{,}6 \cdot 475\ \text{A}}{164\ \text{V}}$$

$$I_d = 975\ \text{A}$$

I_{2N} versteht sich hier als Grundschwingung des infolge der Glättung rechteckförmigen Läuferstromes. Nur diese Grundschwingung trägt ja zum Drehmoment bei. Damit ergibt sich für die Dioden:

$$I_{FAVM} > \frac{I_d}{3}$$

$$I_{FAVM} > 325\ \text{A}$$

$$U_{RRM} > 1{,}1 \cdot k \cdot \sqrt{2} \cdot U_{2\,max} > 1{,}1 \cdot 2{,}5 \cdot \sqrt{2} \cdot 121{,}5\ \text{V}$$

$$U_{RRM} > 473\ \text{V}$$

b) Unter Berücksichtigung einer Wechselrichtergrenze von 150° ergibt sich für U_3 (verketteter Wert):

$$U_3 = \frac{U_{di\alpha max} \cdot \sqrt{3}}{2{,}34 \cdot \cos 150^\circ}$$

$$U_3 = 140\ \text{V}$$

Damit beträgt das Übersetzungsverhältnis:

$$\ddot{u} = \frac{U_3}{U_1} = \frac{140\,\text{V}}{380\,\text{V}}$$

$$\ddot{u} = 0{,}386$$

Die Bauleistung:

$$S_{Tr} = 1{,}05\, P_{di} = 1{,}05\, \frac{U_{di\alpha\,max}}{\cos 150°} \cdot I_d = 1{,}05\, \frac{164\,\text{V}}{\cos 150°} \cdot 975\,\text{A}$$

$$S_{Tr} = 212\,\text{kVA}$$

zu a) Kenndaten der Thyristoren: Die Strombelastung ist wie bei den Dioden.

$$I_{TAVM} > 325\,\text{A}$$

$$U_{RRM} > 1{,}1 \cdot 2{,}5 \cdot \sqrt{2} \cdot U_3 > 1{,}1 \cdot 2{,}5 \cdot \sqrt{2} \cdot 140\,\text{V}$$

$$U_{RRM} > 545\,\text{V}$$

Übung 4.4 – 5

Wie groß ist der Anschnittwinkel in der USK aus Beispiel 4.4 – 2, wenn die Maschine im Nennbetrieb arbeitet?

Übung 4.4 – 6

Warum läßt man in der USK die Maschine nicht über die Stromrichter anlaufen, so daß der Läuferanlasser eingespart werden könnte?

Übung 4.4 – 7

Berechnen Sie α für die USK auf Beispiel 4.4 – 2 für $n = 1275\,\text{min}^{-1}$.

Übung 4.4 – 8

Berechnen Sie den Effektivwert des Läuferstromes zu Beispiel 4.4 – 2 im Nennbetrieb. Welche Maßnahmen müssen ergriffen werden?

USK's können wirtschaftlich eingesetzt werden, wenn der Drehzahlstellbereich nur gering sein braucht, höchstens $0{,}5\, n_1 \leqslant n < n_1$. Dies ist vor allem der Fall bei Pumpen und Verdichtern, da bei diesen bereits kleine Drehzahländerungen große Änderungen der Fördermenge bewirken.

Lernzielorientierter Test zu Kapitel 4.4

1. Was ist ein Direktumrichter?
   - O Antiparallelschaltung zweier Teilstromrichter.
   - O Kreuzschaltung zweier Teilstromrichter.
   - O Reihenschaltung zweier Teilstromrichter.
   - O Trapezumrichter.
   - O Formt Wechselspannung in Wechselspannung anderer Frequenz um.

2. Wann ist die Blindleistung eines Steuerumrichters relativ groß?
   - O Bei seiner großen Ausgangsspannung.
   - O Bei $\alpha_{\mathrm{I}} = \text{konst.} = 0^\circ$ (180°).
   - O In den Nulldurchgängen der Spannungsgrundschwingung.
   - O Bei großer Ausgangsfrequenz.
   - O Wenn eine Synchronmaschine verwendet wird.

3. Wozu werden Direktumrichter verwendet?
   - O Trapezumrichter, wenn mehrere Drehzahlen gefordert sind.
   - O Steuerumrichter bei Frequenzregelung.
   - O zur Drehzahlverstellung von Synchron- und Asynchronmaschinen.
   - O für Antriebe mit kleinen Drehzahlen.
   - O Bahnstromspeisung mit Umrichtung 50 Hz auf $16\frac{2}{3}$ Hz.

4. Welche Thyristoren müssen in einem Direktumrichter Steuerimpulse erhalten, wenn dieser kreisstromfrei betrieben werden soll?
   - O Alle.
   - O Der Teilstromrichter, der die positive (negative) Spannungshalbwelle erzeugt.
   - O Der Teilstromrichter, der die positive (negative) Strmhalbwelle leiten kann.
   - O Der Teilstromrichter, der gerade die zur Stromrichtung passende Ventilrichtung hat.

5. Wie groß ist der Effektivwert der Spannungsgrundschwingung eines Steuerumrichters mit $U_{\mathrm{di}} = 68\,\mathrm{V}$?

6. Wann kann eine untersynchrone Stromrichterkaskade wirtschaftlich eingesetzt werden?
   - O Bei kleinen Drehzahlen, z. B. $0{,}2\,n_1$.
   - O Bei großen Leistungen über 100 kW, wegen der dann durchgreifenden Erparnis gegenüber der G-Maschine.
   - O Bei Asynchron- und Synchronmaschinen.
   - O Wenn die Maschine nicht voll belastet wird ($0 \leqslant n < 0{,}5\,n_1$).
   - O Bei Kranantrieben.

7. Welche Aussage zur Funktion der USK ist richtig?
   - O Der Läufer wird über den Umrichter mit variabler Frequenz versorgt.
   - O Der Läufer wird über den Gleichrichter mit Gleichstrom versorgt (Synchron-Effekt).
   - O Ein Stromrichter arbeitet immer als Gleichrichter, der andere immer als Wechselrichter.
   - O Der Umrichter ist notwendig, da die Läuferfrequenz von der Drehzahl abhängt.
   - O Die Zwischenkreisspannung wird durch Anschnittsteuerung variiert.

8. Die USK läuft in einem Arbeitspunkt, im Gleichgewicht zwischen Motormoment und Lastmoment. Dann wird der Anschnittwinkel des WR vergrößert. Was passiert?
   - O Die Zwischenspannung steigt.
   - O Das Motormoment steigt kurzzeitig.
   - O Der Motorstrom sinkt kurzzeitig.
   - O Der Antrieb wird durch die Last abgebremst.
   - O Die Drehzahl sinkt.

4.5 Der Stromrichtermotor

Lernziele

Der Lernende...
- nennt Gründe für den Einsatz eines Stromrichtermotors,
- vergleicht die Anordnung des Stromrichtermotors mit der des netzgeführten Wechselrichters,
- nennt Anwendungen des Stromrichtermotors,
- erläutert den Unterschied in der Wirkungsweise von Gleichstrommotor und Synchronmotor,
- erläutert das kapazitive Verhalten der Synchronmaschine bei Übererregung,
- erläutert das Zusammenwirken von Stromrichter und drei- und viersträngigen Synchronmaschinen,
- beschreibt Regeleinrichtungen für den Stromrichtermotor,
- dimensioniert den Leistungsteil des Wechselrichters überschlägig.

4.5.1 Prinzip

Unter „Stromrichtermotor" versteht man eine Anlage aus Synchronmaschine und Wechselrichter. Die Synchronmaschine trägt im Ständer eine drei- oder mehrsträngige Wechselstromwicklung. Der Rotor ist ein Polrad, dessen Nord- und Südpole durch eine Gleichstromwicklung erregt werden. Das rotierende Polrad induziert in den Ständerwicklungen sinusförmige Spannungen, deren Effektivwerte und Frequenz proportional der Drehzahl sind. Der

$$U_{0q} = k \cdot n \cdot \phi \qquad (4.5-1)$$

$$f_1 = \frac{n}{p_1} \qquad (4.5-2)$$

Wechselrichter wird aus einem Gleichstromzwischenkreis gespeist, der wiederum seine Energie aus dem am Netz arbeitenden Gleichrichter bezieht.

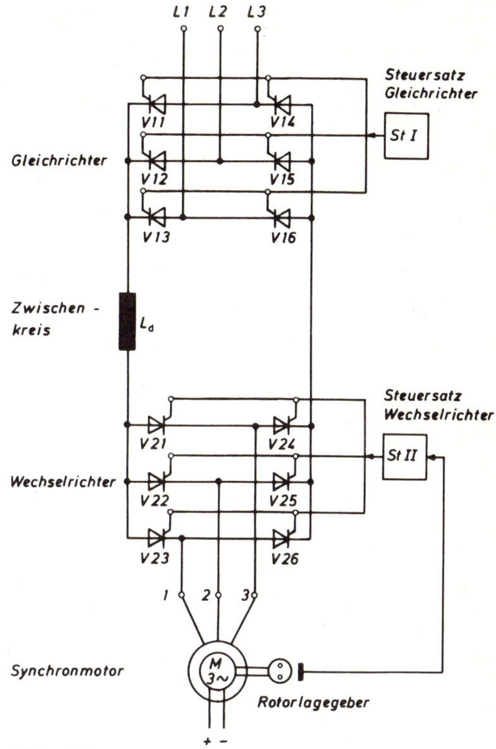

Bild 4.5 – 1

Motivation für den Einsatz einer solchen Anlage ist der wesentlich weniger aufwendige Aufbau der Synchronmaschine gegenüber der Gleichstrommaschine, insbesondere der Wegfall des Kommutators.

Stromrichtermotoren können in einem sehr weiten Leistungsbereich von wenigen Watt (für Antriebe hochwertiger Tonbandgeräte, Plattenspieler, Geräte für die Datenverarbeitung, die Raumfahrt und für hochtourige Zentrifugen) bis in den Bereich einiger 10 Megawatt (für Kesselspeisepumpen, Motoren zum Anfahren großer Generatoren, Gasturbinen und Gebläse) gebaut werden.

Mit zunehmender regelungstechnischer Beherrschung des umrichtergespeisten Asynchronmotors wurde der Stromrichtermotor aus dem Gebiet mittlerer Leistungen verdrängt. Übriggeblieben sind kleine Antriebe mit Transistoren als Schaltelemente und Leistungen zwischen 10 W und 150 W und große Antriebe über 500 kW bis 20 und mehr MW.

Bild 4.5 – 2 zeigt die enge Verwandtschaft der Anlage mit Stromrichtermotor mit der in 4.1.5 ausführlich behandelten Problematik der über den netzgeführten Stromrichter bremsenden Gleichstrommaschine.

Wegen der Wechselrichtertrittgrenze einerseits, des Bestrebens mit hoher Spannung zu arbeiten andererseits, wird der Wechselrichter mit einem Anschnittwinkel von 150° bis 160° gefahren.

Im netzgeführten Wechselrichter geschieht die Kommutierung bekanntlich durch die Netzspannungen; die Kommutierungsspannungen im Wechselrichter des Stromrichtermotors sind die durch das Polrad im Ständer induzierten Spannungen.

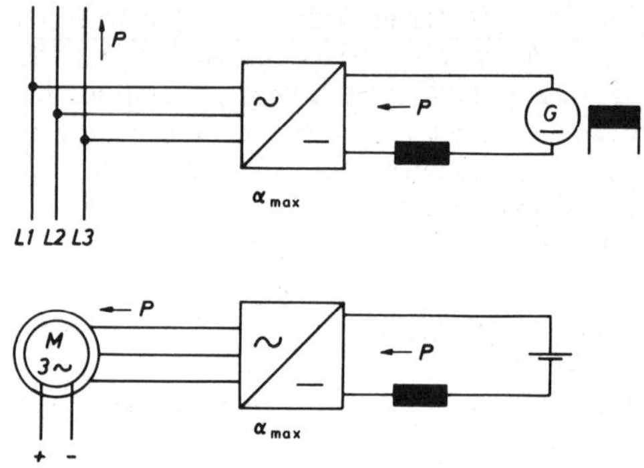

Bild 4.5 – 2

Netzgeführte Stromrichter — Lastgeführte Stromrichter → Fremdgeführte Stromrichter

$n > 0{,}1 n_N$

Bei sehr geringen Drehzahlen funktioniert diese Lastführung deshalb nicht.

Übung 4.5 – 1

Die Ständerwicklung eines Stromrichtermotors ist in Stern geschaltet. Die Strangspannung beträgt 500 V. Der Anschnittwinkel beträgt 155°. Der Wechselrichter ist eine B 6-Schaltung. Berechnen Sie die Gleichspannung im Zwischenkreis. Vorausgesetzt sind Kenntnisse aus 4.1 und 4.2!

4.5.2 Vergleich Gleichstrommotor-Stromrichtermotor

Bei einem Elektromotor wird das Drehmoment durch die Wechselwirkung zweier magnetischer Felder hervorgerufen. Es ist dabei, von Sättigungserscheinungen abgesehen, proportional den Flußdichten beider Felder und dem Sinus des eingeschlossenen Winkels.

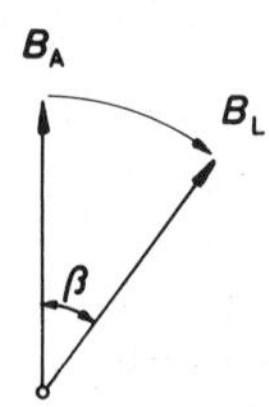

Bild 4.5 – 3

$$M \sim B_A \cdot B_L \cdot \sin\beta \qquad (4.5-3)$$

Bei einer Gleichstrommaschine wird die Luftspaltflußdichte (Luftspaltinduktion) B_L durch die feststehende Erregerwicklung erzeugt; die Ankerflußdichte B_A entsteht durch die rotierenden Ankerleiter.

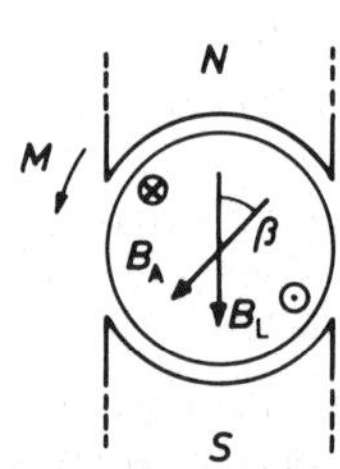

ein Ankerleiter herausgezeichnet

Bild 4.5 – 4

Bei einem Stromrichtermotor vertauschen die Ursachen von B_L und B_A ihre Plätze: die Luftspaltinduktion rührt vom rotierenden Polrad bzw. Permanentmagnetläufer her, die Ankerdurchflutung von den im Ständer feststehenden Wicklungen.

eine Ständerwindung herausgezeichnet

Bild 4.5 – 5

Übung 4.5 – 2

Bei welchem Winkel β ist nach Gl. 4.5 – 3 das Moment maximal, bei welchem Null?

Das Moment ist immer so gerichtet, daß die den Flußdichten zugehörigen Vektoren zur Deckung kommen wollen.

Das Moment ist Null, wenn dieser Zustand erreicht ist. Um über diesen Totpunkt hinauszukommen, benötigt ein Motor mit nur einer Leiterschleife eine Schwungscheibe. Es muß soviel kinetische Energie zugeführt werden, daß er den Totpunkt überwindet. Außerdem muß die Durchflutung und damit die Stromrichtung in der Leiterschleife umgepolt werden. Dazu ist eine mechanische Schalteinrichtung nötig, wie sie in Bild 4.5 – 6 schematisch gezeichnet ist.

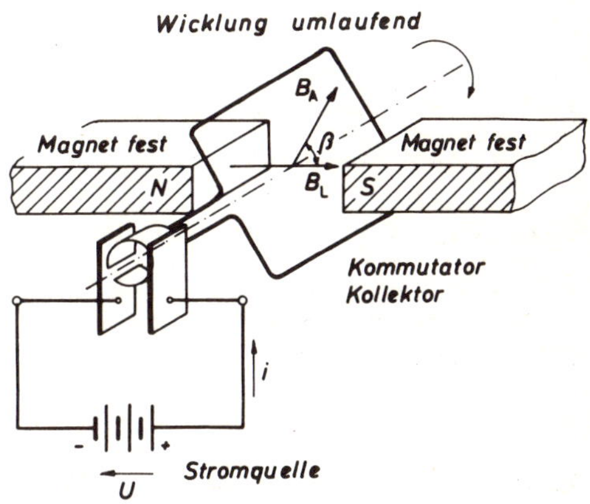

Bild 4.5 – 6

Bei einer Gleichstrommaschine sind mehrere auf dem Umfang verteilte Leiterschleifen vorhanden. Die Schalteinrichtung (der Kommutator) wird durch den Kollektor und die Kohlebürsten gebildet, die immer rechtzeitig auf die nächste Leiterschleife umschalten.

Der Verlauf des Drehmoments ist nach Gleichung (4.5 – 3) sinusförmig, wie Bild 4.5 – 7 zeigt.

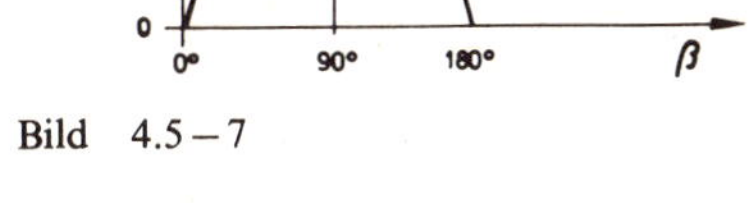

Bild 4.5 – 7

Sind mehrere Leiterschleifen auf dem Rotor angeordnet, wird man diese durch den Kommutator so einschalten, daß die beiden Durchflutungen einen Winkel möglichst nahe 90° einschließen. Damit bleibt man immer im Bereich des größtmöglichen Drehmoments.

Die in der Praxis auftretenden Drehmomentverläufe sind noch von einigen anderen Faktren beeinflußt, die hier nicht berücksichtigt werden, um die prinzipiellen Zusammenhänge aufzuzeigen.

Ausgangspunkt für die Entwicklung des Stromrichtermotors war der Wunsch, den störanfälligen und wartungsbedürftigen Kommutator der

Gleichstrommaschine durch eine kontaktlose Schalteinrichtung zu ersetzen.
Dieses Vorhaben läßt sich nur durchführen, wenn die zu schaltenden Wicklungsstränge nicht im rotierenden Teil untergebracht sind, sondern im Ständer der Maschine.

Die Erregerwicklung des Magneten muß dann in den Läufer verlegt werden. Auf diese Weise entsteht aus der Gleichstrommaschine eine Maschine mit dem mechanischen Aufbau einer Synchronmaschine (Bild 4.5–8).

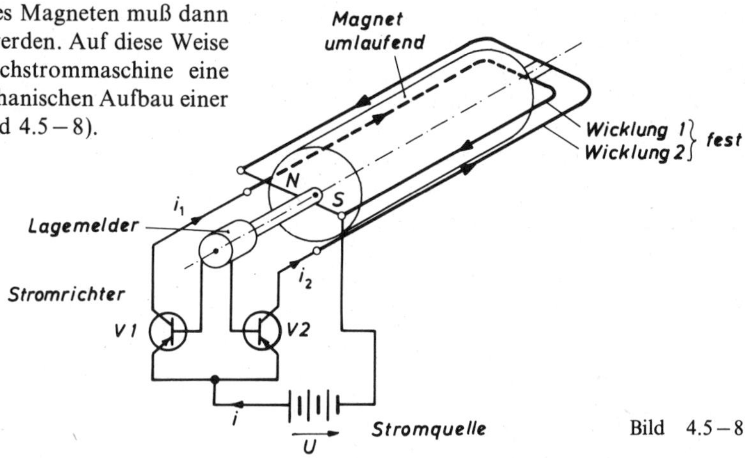

Bild 4.5–8

Übung 4.5–3

Welcher Transistor muß in Bild 4.5–4 gerade leitend sein, damit sich der Läufer rechtsherum dreht?

4.5.3 Der elektronische Kommutator

Die steuerbaren elektrischen Ventile (in Bild 4.5–8 als Transistoren V 1, V 2 dargestellt) schalten jeweils die Wicklungen 1 oder 2 an die Spannungsquelle. Sie erzeugen entgegengerichtete Flußdichten. Sie treten in Wechselwirkung mit der vom Läufer – hier mittels eines Dauermagneten – erzeugten Flußdichte. Um in allen Stellungen des Läufers ein Drehmoment zu erzielen und damit auch den Anlauf aus jeder Stellung des Läufers zu garantieren, müssen schon mehr als zwei Wicklungen vorgesehen werden, z. B. vier, wie das im Schaltbild 4.5–9 dargestellt ist. Die Wicklungen W 1 bis W 4 können über die steuerbaren Halbleiterventile nacheinander und im geeigneten Zeitpunkt an eine Gleichspannung geschaltet werden. Die Halbleiterventile seien ein- und ausschaltbar (Transistoren oder Thyristoren mit Löscheinrichtungen s. a. Abschnitt 5.1.2).

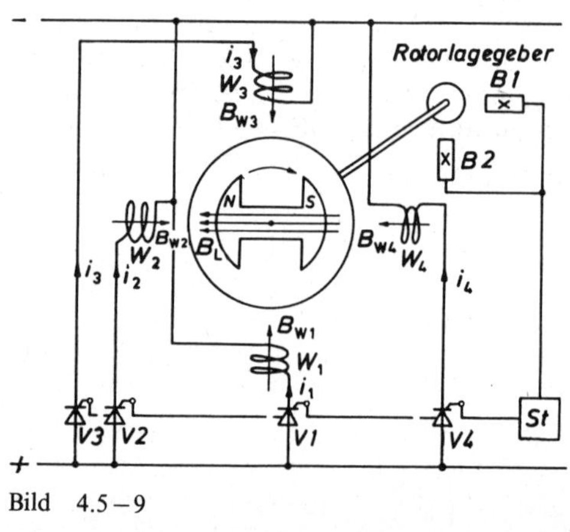

Bild 4.5–9

Die jeweils eingeschaltete Wicklung erzeugt eine Flußdichte B_W, die mit der des Läufers in Wechselwirkung tritt und ein Drehmoment zur Folge hat. Jede Wicklung erzeugt eine gegen die vorherige um 90° geschwenkte Flußdichte.

Zu welchem Zeitpunkt welche Wicklung eingeschaltet wird, bestimmt der Rotorlagegeber. Immer wenn sich der Läufer bzw. die Läuferflußdichte B_L soweit auf eine im Ständer erzeugte feststehende Durchflutung zubewegt hat, daß das Moment zu stark abnimmt, wird mit Hilfe des Lagegebers die nächste Wicklung eingeschaltet.

Im einzelnen funktioniert das folgendermaßen: Zu Beginn der Einschaltzeit einer Ständerwicklung (hier W 1) schließen die beiden Vektoren B_{W1} und B_L einen Winkel von 135° ein (Zeitpunkt t_0 in Bild 4.5 – 10). Durch das erzeugte Drehmoment bewegt sich der Läufer im Uhrzeigersinn, der Winkel zwischen B_L und B_{W1} verringert sich. Er erreicht im Zeitpunkt t_1 90° und im Zeitpunkt t_2 45°. In diesem Moment wird vom Rotorlagegeber das Kommando für das Abschalten der Wicklung W1 und das Zuschalten der Wicklung W2 gegeben. Wicklung W2 erzeugt, wie bereits erklärt, eine Durchflutung B_{W2}, die gegen die von W 1 um 90° im Uhrzeigersinn geschwenkt ist (Bild 4.5 – 11). Damit ist die Ständerflußdichte B_W so weit nach vorne gesprungen, daß zwischen ihr und der Läuferflußdichte abermals ein Winkel von 135° entsteht. Der Läufer bewegt sich in Pfeilrichtung weiter, solange, bis wieder eine Verringerung des Winkels zwischen den beiden Flußdichten auf 45° erfolgt ist. Dann wird über den Rotorlagegeber die Wicklung W2 ab- und W3 eingeschaltet. B_{W3} springt gegenüber B_{W2} um 90° nach vorne und schließlich wird W4 eingeschaltet und erzeugt die Durchflutung B_{W4}.

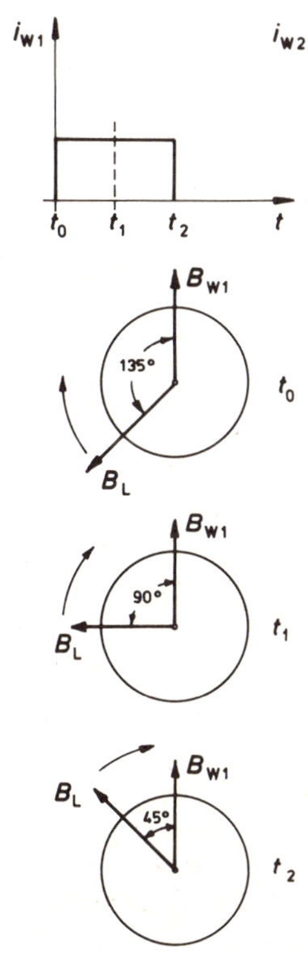

Bild 4.5 – 10

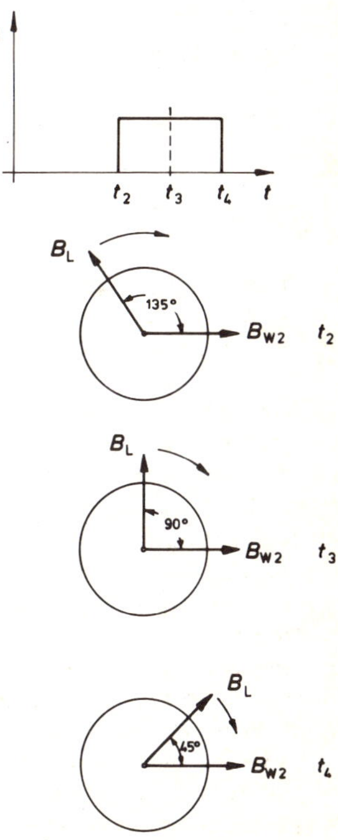

Bild 4.5 – 11

Den gesamten Ablauf zeigt nochmals Bild 4.5 – 12. Der Verlauf des Drehmoments ist ebenfalls dargestellt. Man sieht, daß das Drehmoment bei dieser Anordnung im Gegensatz zum Beispiel von Abschnitt 4.5 – 2 mit nur einer Spule nie Null wird, sondern zwischen dem Maximalwert und dem 0,71fachen des Maximalwertes schwankt. Ein guter Rundumlauf ist gewährleistet.

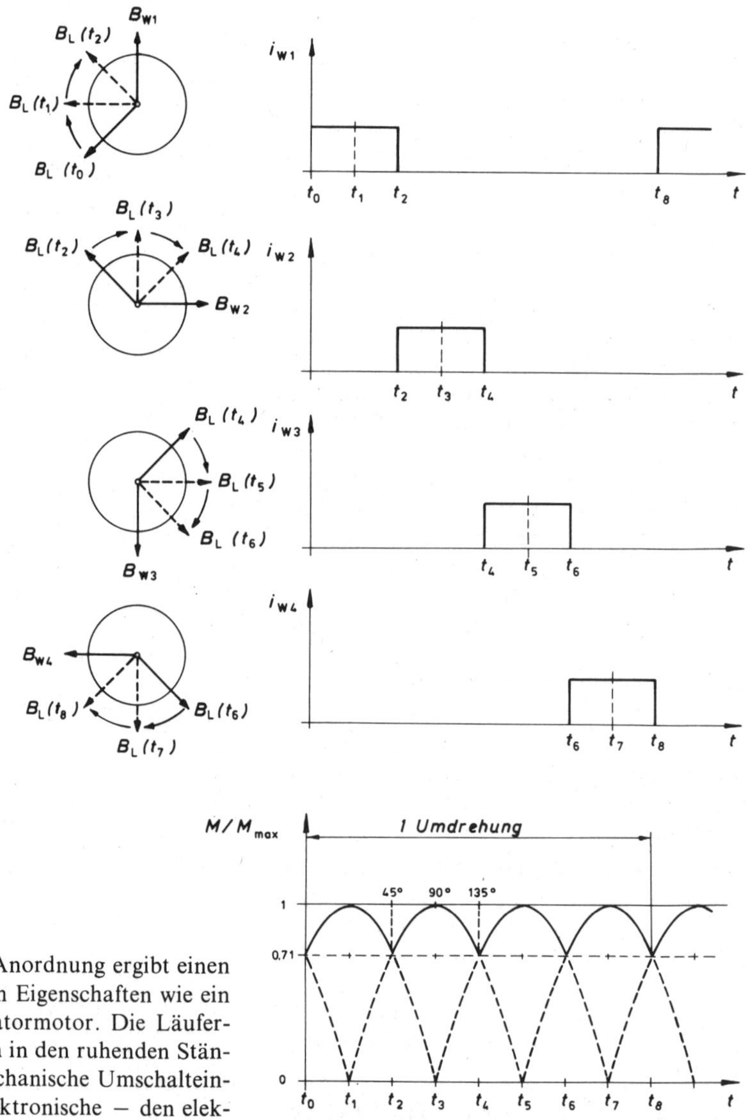

Die hier beschriebene Anordnung ergibt einen Motor mit den gleichen Eigenschaften wie ein Gleichstrom-Kommutatormotor. Die Läuferwicklungen sind jedoch in den ruhenden Ständer verlegt und die mechanische Umschalteinrichtung durch eine elektronische – den elektronischen Kommutator – ersetzt.

Bild 4.5 – 12

Übung 4.5 – 4

Welche Winkel würde die Ständerdurchflutung in Verbindung mit der Schaltung 4.5. – 9 einnehmen, wenn jeweils zwei benachbarte der 4 Wicklungen W 1 bis W 4 eingeschaltet sind. Die Schaltreihenfolge sei 1 + 2, 2 + 3, 3 + 4, 4 + 1. Was ändert sich dabei am Drehmoment des Motors?

Stromrichtermotoren größerer Leistung haben dreiphasige Ständerwicklungen. Ganz große Motoren sogar zwei um 30° versetzte dreiphasige Ständerwicklungen. Je größer die Phasenzahl, desto geringer wird die Welligkeit des Drehmoments.

Bild 4.5 – 13 zeigt die Prinzipschaltung für einen Motor mit einer dreiphasigen Ständerwicklung, die über einen 6pulsigen Stromrichter an die Gleichspannung gelegt wird.

Die Auswahl der zu zündenden Ventile V 1 bis V 6 erfolgt wieder abhängig von der Läuferstellung so, daß der Vektor der Ständerflußdichte vor dem Vektor der Läuferflußdichte herläuft. Umgeschaltet wird hier, wenn beide Vektoren einen Winkel von 60° einschließen. Die Ständerflußdichte springt dann um 60° nach vorn, so daß der eingeschlossene Winkel auf 120° vergrößert wird.

Angenommen, der Rotorlagegeber hat wegen der in Bild 4.5 – 14 gezeigten Stellung der Ankerflußdichte gerade die Ventile V 1 und V 5 gezündet und dadurch die Wicklungen W_1 und W_2 in der eingezeichneten Weise erregt. Die Flußdichten setzen sich vektoriell zu der resultierenden Flußdichte B_{W21} zusammen. B_{W21} schließt zu diesem Zeitpunkt mit B_L einen Winkel von 120° ein. B_L bewegt sich auf B_{W21} zu.

Der Betrag des Drehmoments nimmt dabei bis zu einem Winkel bon 90° zwischen B_L und B_{W21} zu, um bei weiterer Verringerung des Winkels wieder abzunehmen.

Hat sich der Läufer und damit die Läuferflußdichte bis auf 60° auf die feststehende Ständerflußdichte zugedreht, wird dies vom Rotorlagegeber gemeldet und Wicklung W_2 ab- und W_3 eingeschaltet.

Das geschieht durch Löschen von Ventil V 1 und Zünden von Ventil V 3. Ventil V 5 bleibt weiter stromführend.

Damit springt die Ständerflußdichte B_{W23} um 60° nach vorne und schließt mit der Läuferfluß-

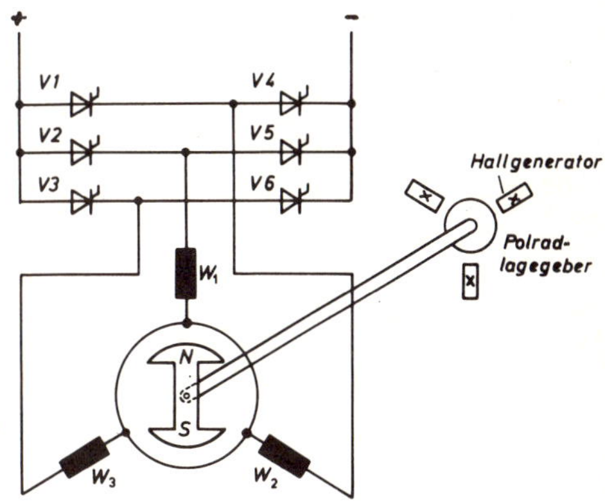

Bild 4.5 – 13

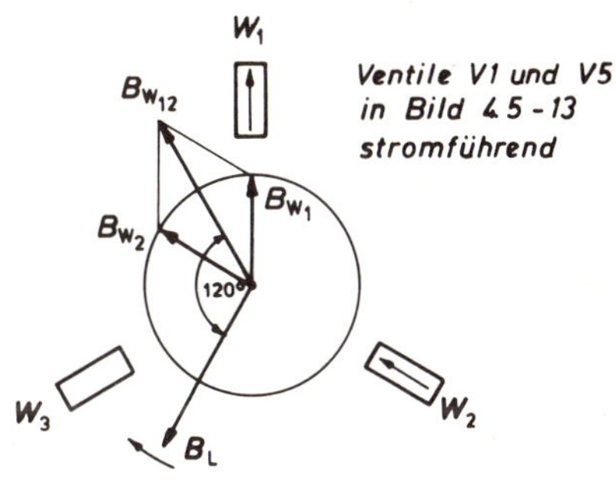

Bild 4.5 – 14

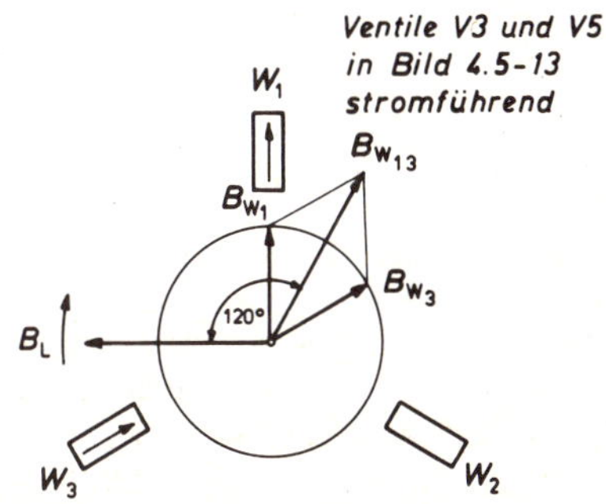

Bild 4.5 – 15

dichte B_L wieder einen Winkel von 120° ein (Bild 4.5 – 15). Dieses Spiel wiederholt sich während einer Läuferumdrehung 6mal.

Übung 4.5 – 5

Zeichnen Sie die Lagevektoren der Ständer- und Läuferflußdichte für die verbleibenden 4 Schaltzustände entsprechend den Bildern 4.5 – 14 und 4.5 – 15. Welche Wicklungen dabei erregt sind, können Sie dem Bild 4.5 – 16 entnehmen.

Entsprechend den sechs Takten des Umlaufs der Ständerflußdichte, stellt Bild 4.5 – 16 den zeitlichen Verlauf der Ströme in den Wicklungen W_1, W_2 und W_3 und die Einschaltdauer der Ventile des elektronischen Kommutators für einen 3phasigen, 6pulsigen Stromrichtermotor dar.

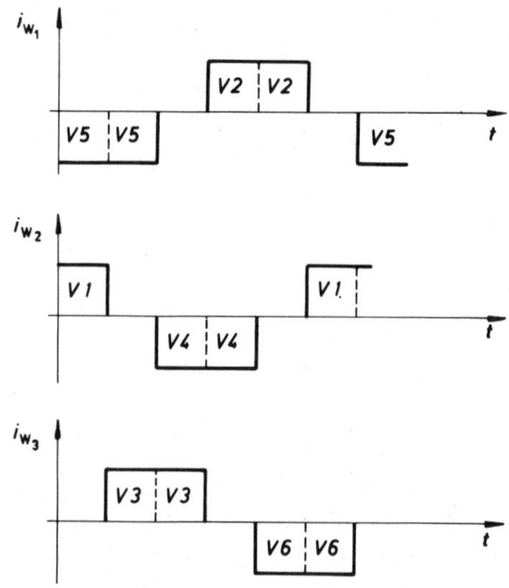

Bild 4.5 – 16

Übung 4.5 – 6

Bei der 2polig, 4strängigen Schaltung schwankt das Drehmoment zwischen dem Maximalwert und dem 0,71fachen Maximalwert. Wie sieht die Drehmomentenschwankung bei der 3phasigen, 6-pulsigen Schaltung aus?
Geben Sie den Minimalwert als Faktor des Maximalwertes an und zeichnen Sie den theoretischen Drehmomentenverlauf.

4.5.4 Lastführung (Maschinenführung)

Wie im vorangegangenen Abschnitt gezeigt, besteht der elektronische Kommutator aus Ventilen, die durch entsprechende Zündimpulse zu vorgegebenen Zeitpunkten in den leitenden Zustand versetzt werden. Transistoren lassen sich über den Steueranschluß durchschalten und auch sperren. Thyristoren hingegen sind über den Steueranschluß nach der Zündung nicht mehr beeinflußbar. Bei ihnen muß auf andere Weise der Strom gelöscht werden. Wie dies bei netzgeführten Stromrichtern vor sich geht, wurde bereits im Abschnitt 4.1.6 erklärt.

Wie bereits erwähnt, sind die Kommutierungsspannungen des Stromrichtermotor-Wechselrichters die durch das Polrad induzierten Spannungen. Diese heißen auch Polradspannungen.

Bild 4.5 – 17 zeigt noch einmal die Strom- und Spannungsverläufe des Wechselrichters bei $\alpha = 160°$. Der Einfachheit halber ist eine M 3-Schaltung zugrunde gelegt. Anscheinend eilt die Stromgrundschwingung der zugehörigen Strangspannung um 160° nach. Betrachtet man den Wechselrichter als Erzeuger der Energie für die Synchronmaschine, so entspricht dies einer kapazitiven Abgabe mit 20°. Im Falle des netzgeführten Wechselrichters kann das Netz diese Blindleistung immer aufnehmen. Andere – induktive – Verbraucher werden damit kompensiert.

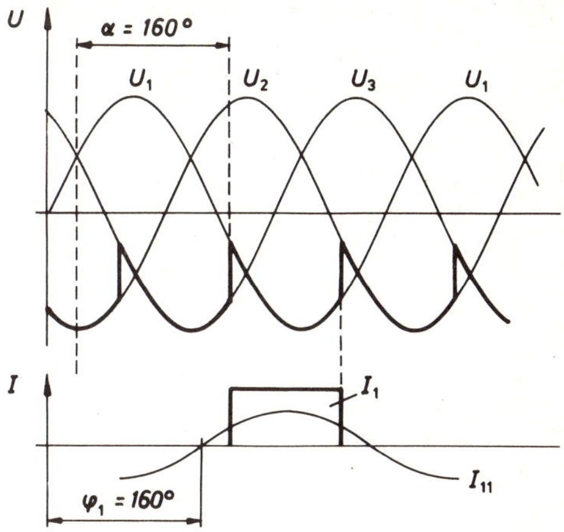

Bild 4.5 – 17

kapazitive Blindleistungsabgabe an die Drehstromseite im Wechselrichterbetrieb

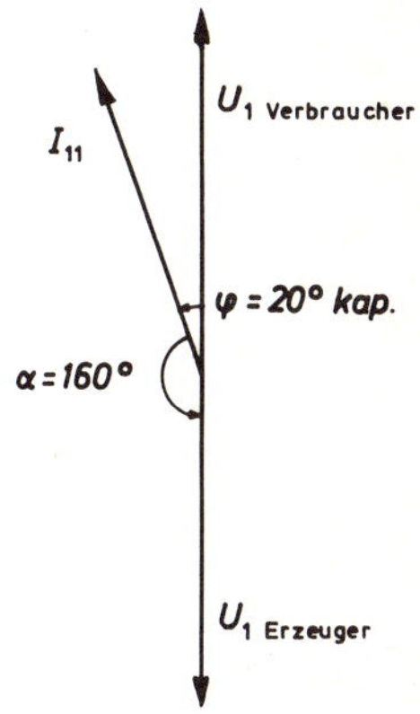

Bild 4.5 – 18

Damit die Kommutierung mit Hilfe der Synchronmaschine stattfinden kann, muß diese deshalb als kapazitiver Verbraucher wirken, d. h. der Strom muß der Spannung vorauseilen.

Wie kann die Synchronmaschine kapazitiv wirken?

Bild 4.5 – 19 zeigt das vereinfachte Ersatzschaltbild des Synchronmotors. U_1 ist die Klemmenspannung, X_d der resultierende Ständerblindwiderstand (= Synchronreaktanz) und U_{0q} die induzierte Spannung (= Polradspannung). I ist der Strangstrom. Die anliegende Klemmspannung ist gleich der geometrischen Summe aus Polradspannung und induktivem innerem Spannungsabfall.

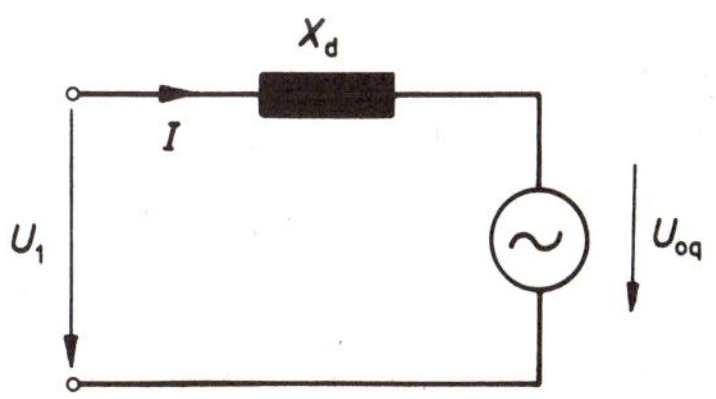

X_d *Synchronreaktanz* I *Ständerstrom*

U_1 *Klemmenspannung* U_{0q} *Polradspannung*

Bild 4.5 – 19

Die Höhe der Polradspannung kann bei festliegender Drehzahl noch durch die Größe des Erregerstromes der Polradwicklung beeinflußt werden. Das Zeigerdiagramm kann sich dadurch zu induktivem oder kapazitivem Verhalten hin wandeln.

$$\underline{U}_1 = \underline{U}_{0q} + \underline{I} \cdot \underline{Z}_{X_d} \qquad (4.5-4)$$

$$U_{0q} = k \cdot n \cdot \phi$$

Bild 4.5 – 20 zeigt das Zeigerbild des Synchronmotors mit relativ geringer Erregung. U_{0q} ist also relativ klein. Nach Gl. (4.5 – 4) muß sich ein geschlossenes Spannungsdreieck ergeben. Aus der Lage des inneren Spannungsabfalls ergibt sich dann die Lage von I. In diesem Falle ist I nacheilend, also induktiv.

Wird der Erregerstrom gesteigert, muß U_{0q} auch steigen. Auf Grund obiger Konstruktionsbeschreibung erhält man jetzt einen voreilenden Ständerstrom.

Ein Stromrichtermotor muß also mit Übererregung gefahren werden.

Bei Untererregung wirkt der Synchronmotor induktiv

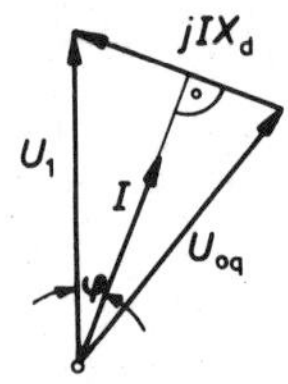

Bild 4.5 – 20

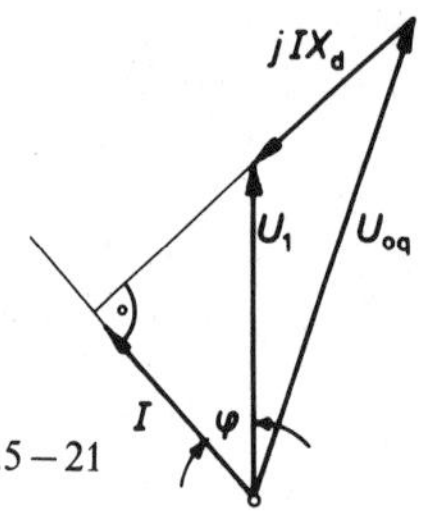

Bild 4.5 – 21

Übung 4.5 – 7

Ermitteln Sie mit Hilfe des Zeigerdiagramms den Strom eines Stromrichtermotors mit $\alpha = 150°$, $U_{0q} = 750\,V$, $U_1 = 650\,V$, $X_d = 0{,}23\,\Omega$.

Wie schon anfangs erwähnt, ist eine Maschinenführung des Stromrichters erst ab einer Drehzahl von etwa 10% der Nenndrehzahl aufwärts möglich. Vom Stillstand bis zu dieser Anfangsdrehzahl muß die Kommutierung auf andere Weise sichergestellt werden. Hierfür gibt es verschiedene Methoden.

Eine gebräuchliche Methode ist das Anfahren über den gesteuerten Gleichrichter.

Bild 4.5 – 22 zeigt noch einmal die Anlage; ein möglicher Stromweg ist hervorgehoben. Durch das entstehende Drehmoment setzt sich der Rotor in Bewegung.

Auf Grund der geringen Polradspannung können V21 und V26 ohne weiteres nicht gelöscht werden. Deshalb werden die Zündimpulse des Gleichrichters gesperrt, so daß der Strom auch im Wechselrichter Null wird. Danach wird der Gleichrichter wieder angesteuert und nach Auswahl durch den Rotorlagegeber ein neuer Stromweg im Wechselrichter geschaltet. Bei genügend großer Drehzahl kann die Maschinenführung einsetzen. Der drehzahlabhängige Schalter wird geöffnet und die Beeinflussung des Steuergerätes I durch den Rotorlagegeber unterbrochen.

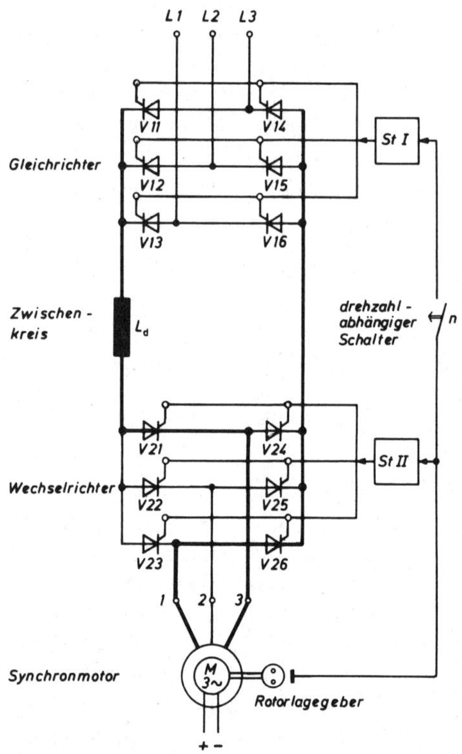

Bild 4.5 – 22

4.5.5 Steuerung und Regelung

Die Baugruppen für die Steuerung und Regelung des Stromrichtermotors (Bild 4.5–23) bestehen aus je einem Steuersatz für den netzseitigen Stromrichter (Gleichrichter) und dem maschinenseitigen Stromrichter (Wechselrichter). Dazu kommt ein gemeinsamer Drehzahl- und Stromregler. An der Maschine ist ein Steuerkopf bzw. der Rotorlagegeber vorgesehen.

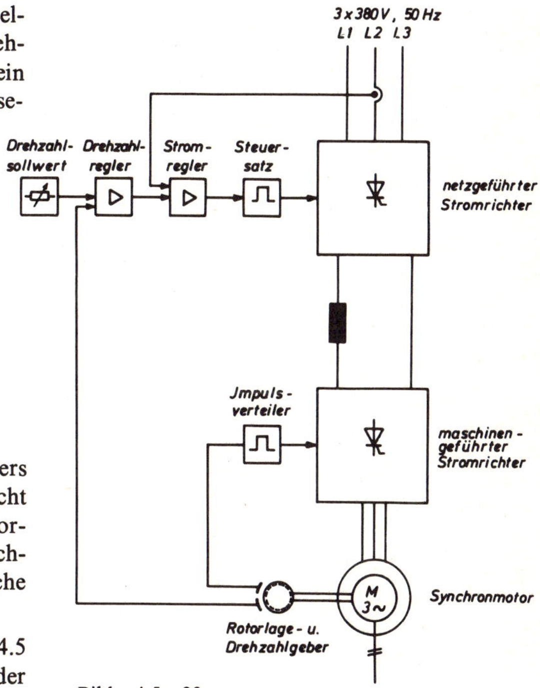

Bild 4.5–23

Der Steuersatz des netzgeführten Stromrichters weist keine Besonderheiten auf; er spricht ganz den Steuersätzen, wie sie z. B. in Thyristorgeräten für die Drehzahlsteuerung von Gleichstrommaschinen eingesetzt werden. Das gleiche gilt für die Drehzahl- und Stromregelung.

Der Steuersatz des Wechselrichters (Bild 4.5–24*) verarbeitet die vom Steuerkopf der Maschine kommenden Signale und sorgt durch eine Auswahllogik dafür, daß die den Signalen entsprechenden Ventile im Stromrichter zünden. Eine Verriegelung der Steuerkopfsignale gegeneinander verhindert Fehlsteuerungen.

Die Meldung der Lage des Läufers kann z. B. durch Magnete und mit auf ein Magnetfeld ansprechende Sensoren (Hallgeneratoren) erfolgen.

Bild 4.5–25 zeigt eine schematische Skizze.

Da die Hallspannungen nur etwa 200–300 mV betragen, sind unmittelbar am Steuerkopf Verstärker angebracht. Das Magnetrad besteht aus zwei um 60° versetzte Scheiben mit einem Dauermagnet in der Mitte. Die umgebogenen Lappen der Scheiben sind abwechselnd süd- und nordpol-magnetisiert.

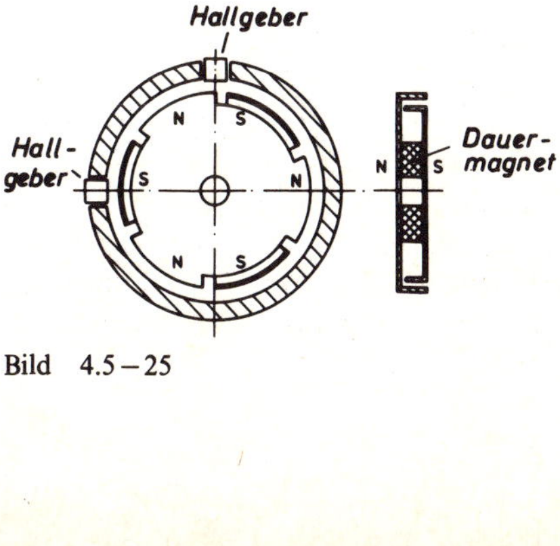

Bild 4.5–25

*) Bild 4.5–24 siehe Seite 218.

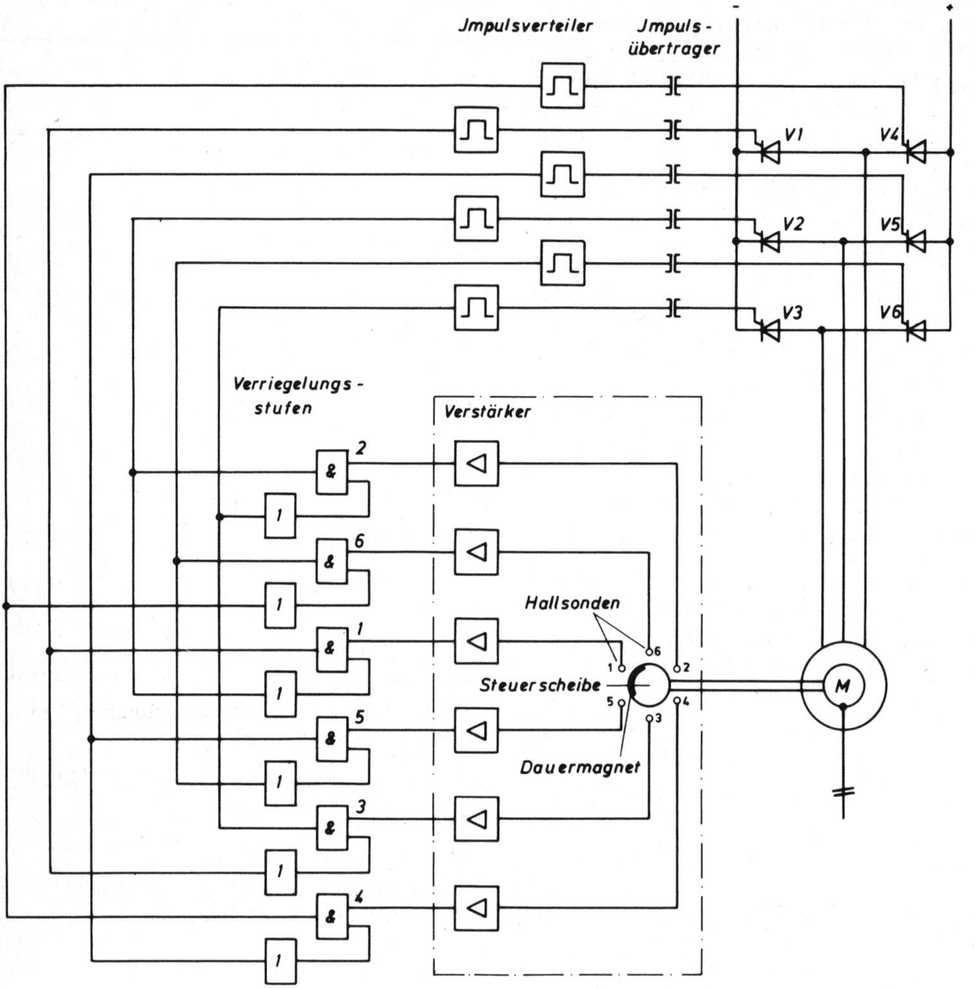

Bild 4.5–24

4.5.6 Dimensionierung

Es soll gezeigt werden, daß mit den bisher erworbenen Kenntnissen über die Berechnung von Stromrichtern auch eine überschlägige Dimensionierung eines Stromrichters für einen Stromrichtermotor möglich ist.

Man geht von der gewünschten Wellenleistung des Motors P_{mech} aus und bestimmt mit dem bekannten Wirkungsgrad des Motors η_M die erforderliche Wirkleistung P_1 an den Motorklemmen.

$$P_1 = \frac{P_{mech}}{\eta_M} \qquad (4.5-5)$$

Diese Wirkleistung, zuzüglich der im Wechselrichter auftretenden Verluste (entsprechend einem Wirkungsgrad η_W) ist gleich der dem Gleichstrom-Zwischenkreis zu entnehmende Leistung P_d.

$$P_d = \frac{P_1}{\eta_W} = \frac{P_{mech}}{\eta_M \cdot \eta_W} \tag{4.5–6}$$

Bei einer bekannten verfügbaren Gleichspannung U_d läßt sich aus P_d der Gleichstrom I_d im Zwischenkreis errechnen.

$$I_d = \frac{P_d}{U_d} \tag{4.5–7}$$

Mit I_d ist eine Bestimmung des erforderlichen Thyristortyps sowohl im netzseitigen als auch im motorseitigen Stromrichter gemäß Abschnitt 4.1 und 4.2 möglich.

Die verfügbare Gleichspannung U_d erhält man aus der Klemmenspannung $U_{1\,Stern}$ (Effektivwert der Sternspannung). Für die Drehstrom-Brückenschaltung z. B. gilt für die ideelle Gleichspannung:

$$U_{di} = 2{,}34\ U_{1\,Stern}$$

Berücksichtigt man die durch den Laststrom hervorgerufenen Spannungsabfälle, so wird schließlich – bei voller Aussteuerung – die verfügbare Gleichspannung

$$U_d = d_G \cdot U_{di} \tag{4.5–8}$$

mit d_G als Faktor, der die Spannungsabfälle im Gleichrichter berücksichtigt.

$$d_G = 1 - d_{XG} - d_{RG} - d_{VG} \tag{4.5–9}$$

darin sind

d_{XG} induktiver
d_{RG} ohmscher
d_{VG} ventil-
} bezogener Gleichspannungsabfall im Gleichrichter

Bezüglich des Wechselrichters ergibt sich die Wechselrichter-Ausgangsspannung (ebenfalls für Drehstrom-Brückenschaltung) zu

$$U_{1\,Stern} = \frac{d_W \cdot U_d}{2{,}34 \cdot \cos\alpha} \tag{4.5–10}$$

wobei ein bestimmter Aussteuerwinkel α vorausgesetzt wird, so daß der Wechselrichter mit der eingeprägten Spannung der Synchronmaschine selbst kommutieren kann.

mit d_W als Faktor, der die Spannungsabfälle im Wechselrichter berücksichtigt.

$$d_W = 1 - d_{XW} - d_{RW} - d_{VW} \tag{4.5–11}$$

Der Steuerwinkel α entspricht dem maximal zulässigen Wechselrichtersteuerwinkel (z. B. 150°).

Aus dem Gleichstrom des Zwischenkreises I_d läßt sich auch der Strom in einem Strang der Maschine I_S errechnen.

$$I_S = \sqrt{\frac{2}{3}}\, I_d \tag{4.5–12}$$

Beispiel 4.5 – 1

Es sei der Stromrichterteil für folgenden Stromrichtermotor zu berechnen:

Maschinenwellenleistung	$P_{mech} = 500\,\text{kW}$
Maschinenwirkungsgrad	$\eta_M = 0{,}93$
Wechselrichter-Wirkungsgrad	$\eta_W = 0{,}97$
Wechselrichter-Trittgrenze	$\alpha_{max} = 150°$

Berechnen Sie aus diesen Werten die Wirkleistung P_d im Gleichstromzwischenkreis und daraus den Zwischenkreisstrom I_d, wenn der Stromrichter an eine Netzspannung U_{Netz} von 500 V (verkettete Spannung), 50 Hz angeschlossen ist.

Mit d_G soll nur der induktive Spannungsabfall mit 3% berücksichtigt werden.

Wie groß wird dabei die an den Maschinenklemmen auftretende Spannung sein, wenn man die bezogenen Spannungsabfälle im Wechselrichter mit $d_W = 6{,}5\%$ ansetzt?

Wie groß wird der Effektivwert des Stromes I_S in einem Maschinenstrang?

Lösung:

Wirkleistung im Zwischenkreis

$$P_d = \frac{500\,\text{kW}}{0{,}93 \cdot 0{,}97} = \underline{\underline{554\,\text{kW}}}$$

Spannung im Zwischenkreis

$$U_d = 2{,}34\,\frac{500\,\text{V}}{\sqrt{3}} \cdot 0{,}97 = \underline{\underline{655\,\text{V}}}$$

Strom im Zwischenkreis

$$I_d = \frac{554\,\text{kW}}{655\,\text{V}} = \underline{\underline{846\,\text{A}}}$$

Spannung an den Maschinenklemmen:
Gl. (4.5 – 10)

$$U_1 = \frac{d_W \cdot U_d \cdot \sqrt{3}}{2{,}34 \cdot \cos 150°}$$

$$U_1 = \frac{0{,}935 \cdot 655\,\text{V} \cdot \sqrt{3}}{2{,}34 \cdot 0{,}866} = \underline{\underline{523\,\text{V}}}$$

(Leiterspannung)

Strom in einem Strang der Maschine

$$I_S = \sqrt{\frac{2}{3}} \cdot 846\,\text{A} = \underline{\underline{690{,}75\,\text{A}}}$$

Übung 4.5 – 8

Wie ändern sich die Werte von Zwischenkreisstrom und Spannung am Motor, wenn die Leistung auch bei 10% Unterspannung im speisenden Netz erbracht werden muß? Mit welchem Steuerwinkel muß der Gleichrichter dann bei Normalspannung gefahren werden?

Lernzielorientierter Test zu Kapitel 4.5

1. Wo ist

   a) bei der Gleichstrommaschine

   b) bei der Synchronmaschine

   die Erregerwicklung angeordnet?

2. Was wollte man mit der Entwicklung des Stromrichtermotors erreichen?

   O Schaffung eines preisgünstigen Antriebes.

   O Vereinfachung der Steuerung.

   O Ersatz des Kommutators durch eine elektronische Schalteinrichtung.

3. Welche Form der Drehfeldmaschine eignet sich für den Stromrichtermotor?

   O Die Asynchronmaschine

   O Der Schleifringläufermotor

   O Die Synchronmaschine

4. Wie wird die Ständerflußdichte beim Stromrichtermotor weitergeschaltet?

   O kontinuierlich

   O schrittweise

5. Wie verläuft das Drehmoment in einem Stromrichtermotor bezogen auf eine Umdrehung?

   O Das Moment bleibt konstant.

   O Das Moment verläuft sinusförmig.

   O Das Moment verläuft nach Sinuskuppen.

6. Zeichnen Sie die Rotor- und Ständerflußdichte für folgende Schaltphase:

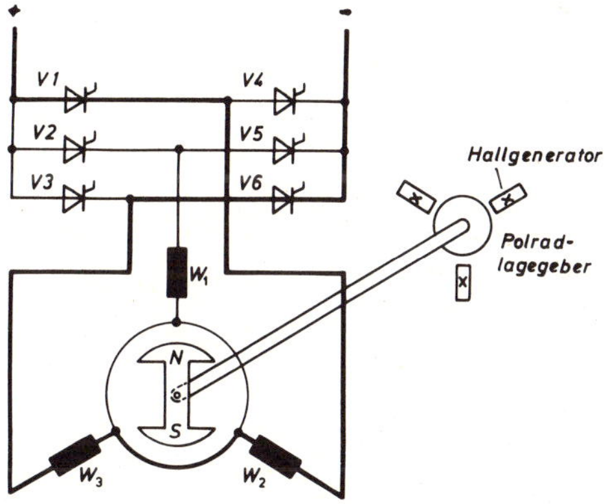

7. Bei einem 2poligen, 4strängigen Stromrichtermotor schwankt das Moment theoretisch zwischen einem Maximalwert und einem unteren Grenzwert. Dieser Grenzwert ist das

   O 0,53fache

   O 0,71fache

   O 0,86fache des Maximalwerts.

8. Was ist die Voraussetzung für eine Kommutierung des Stromrichters durch die Maschine bezüglich der Phasenlage von Strom und Spannung?
   - O Der Strom eilt der Spannung vor.
   - O Der Strom eilt der Spannung nach.
   - O Strom und Spannung sind phasengleich.
   - O Der Phasenwinkel der Synchronmaschine spielt dabei keine Rolle.
9. Welcher Steuerwinkel α im Wechselrichter ist für eine Kommutierung durch die Maschine erforderlich?
   - O $\alpha < 200°$.
   - O $\alpha > 180°$,
   - O $\alpha < 180°$.
10. Warum benötigt der Stromrichtermotor eine Anlaufschaltung?
    - O Weil die Polradspannung zu groß ist.
    - O Weil die Maschine kapazitiv ist.
    - O Um die Kommutierung zu gewährleisten.
11. Welche Aufgabe hat der an der Maschine angebrachte Steuerkopf?
    - O Drehzahlgeber.
    - O Meldung der Läuferstellung.
    - O Meldung des Anschnittwinkels.
    - O Meldung des Stromistwertes.

4.6 Schwingkreiswechselrichter

Lernziele

Der Lernende ...

- skizziert die Schaltung eines Reihenschwingkreiswechselrichters (RSW) mit Thyristoren,
- erläutert die Entstehung des annähernd sinusförmigen Stromverlaufs bei Speisung des Reihenschwingkreises mit Rechteckspannung,
- erläutert die Lastführung des RSW,
- nennt Anwendungen von Schwingkreiswechselrichtern,
- berechnet die Zusammenhänge zwischen den Ausgangs- und Eingangsgrößen beim RSW,
- erläutert die Leistungssteuerung des RSW über den Löschwinkel,
- erläutert den Ventilspannungsverlauf im RSW,
- erläutert die Funktion der Rückstromdrosseln und berechnet diese,
- begründet den Aufbau des Zwischenkreises für den RSW,
- erläutert die Steuerung des RSW anhand eines Blockschaltbildes und des zugehörigen Impulsdiagrammes,
- skizziert die Schaltung des Parallelschwingkreiswechselrichters (PSW),

- erläutert die Entstehung der annähernd sinusförmigen Spannung bei Speisung des Parallelschwingkreises mit rechteckförmigem Strom,
- erläutert die Kommutierung im PSW,
- berechnet die Zusammenhänge zwischen den Eingangsgrößen und den Ausgangsgrößen des PSW,
- konstruiert den Ventilspannungsverlauf im PSW,
- erläutert die Leistungssteuerung des PSW,
- begründet die Verwendung eines Stromzwischenkreises,
- erläutert die Arbeitsweise des Steuergerätes des PSW.

4.6.1 Prinzip der Schwingkreiswechselrichter

Die Familie der fremdgeführten Stromrichter bezieht ihre Kommutierungsspannungen entweder aus dem Wechselstromnetz oder aus der Last. Ein Beispiel für einen lastgeführten Stromrichter ist der Stromrichtermotor, der in Abschnitt 4.5 behandelt wurde. Voraussetzung für die Kommutierung ist, daß der Ventilstrom durch Null geht, bevor die Ventilspannung positiv wird. Das bedeutet bei der Lastführung, daß die Last ein kapazitives Verhalten zeigt. Beim Stromrichtermotor wurde dies durch die Übererregung der Synchronmaschine erreicht. Bei den hier noch zu beschreibenden Anordnungen erreicht man dasselbe durch eine kapazitive Verstimmung der Schwingkreise. Diese müssen deshalb mit einer Frequenz betrieben werden, die etwas von der Resonanzfrequenz abweicht. Diesen Effekt kann man mit Reihen- und Parallelschwingkreisen erzielen.

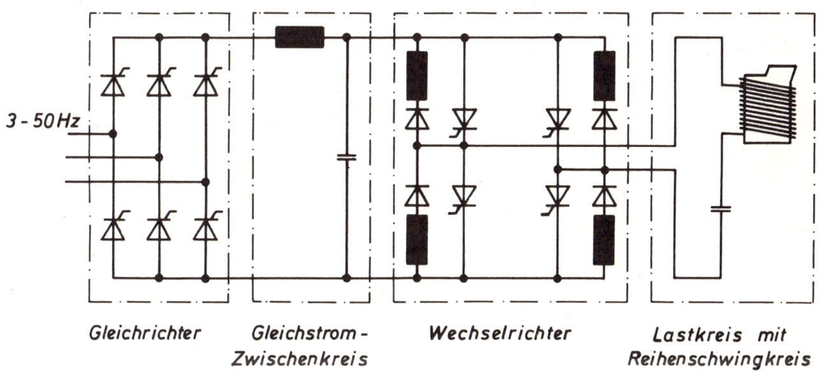

Bild 4.6 – 1

4.6.2 Anwendungen

Grundsätzlich kann man jede Last, die mit Wechselspannung einer bestimmten Frequenz gespeist werden soll, in einen Schwingkreis einbauen. Durchgesetzt hat sich dieses Verfahren aber hauptsächlich für Umrichter zur Speisung induktiver Erwärmungs- und Schmelzanlagen. Sie ersetzen die bisher gebräuchlichen rotierenden Umformer in zunehmendem Umfang. Bild 4.6 – 1 zeigt einen Reihenschwingkreisumrichter mit Gleichrichter, Gleichspannungszwischenkreis, Wechselrichter in Brükkenschaltung und Ausgangskreis. Die Induktionsspule, der Tiegel und das zu behandelnde Metall bilden die R-L-Komponenten des Schwingkreises, der zugeschaltete Kondensator macht diesen erst komplett. Die Arbeitsfrequenz wird so gewählt, daß der beste Wirkungsgrad erzielt wird. Der Leistungsbereich solcher Anlagen reicht von einigen kW bis zu einigen MW bei Frequenzen zwischen 500 Hz und 10 kHz.

4.6.3 Reihenschwingkreiswechselrichter (RSW)

Der Stromverlauf in einem mit einer Rechteckspannung gespeisten Reihenschwingkreis kann mit Hilfe der Theorie von Fourier ermittelt werden (siehe auch 1.5). Man zerlegt die Rechteckspannung in die Harmonischen und berechnet für jede dieser Harmonischen einen Strom. Anschließend werden die Stromharmonischen zum resultierenden Strom addiert.

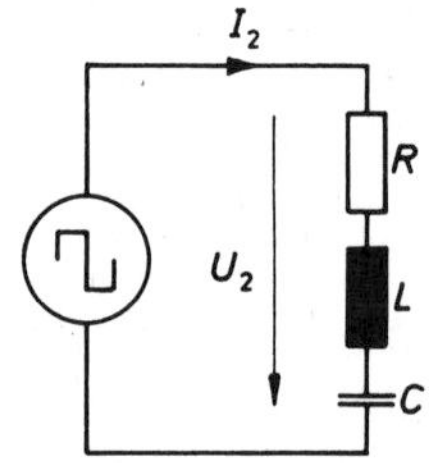

Bild 4.6 – 2

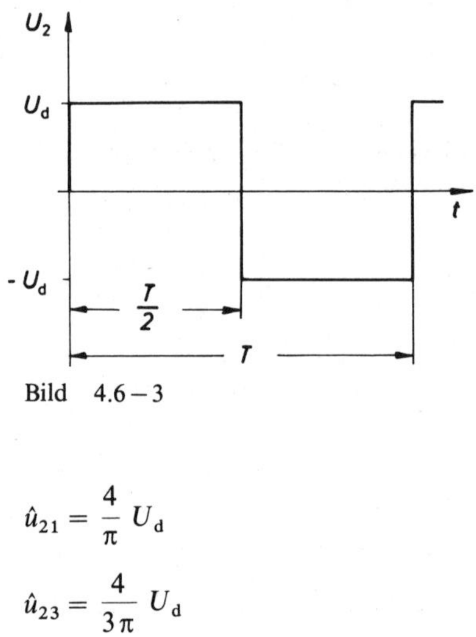

Bild 4.6 – 3

Die Grundschwingung einer symmetrischen Rechteckspannung U_2 berechnet sich nach Gl. (4.6 – 1):

$$\hat{u}_{21} = \frac{4}{\pi} U_d \qquad (4.6-1)$$

Die Oberschwingungen betragen:

$$\hat{u}_{23} = \frac{4}{3\pi} U_d \qquad (4.6-2)$$

$$\hat{u}_{25} = \frac{4}{5\pi} U_d$$

u.s.w.

Liegt die Betriebsfrequenz in der Nähe der Kennfrequenz f_0, so ruft die Grundschwingung U_{21} einen sehr großen Strom I_{21} hervor, da Z bei f_0 sehr klein ist. Dagegen werden die Oberschwingungsströme sehr gering, da bei den entsprechenden Frequenzen der Schwingkreis weit außerhalb seiner Resonanz liegt.

$$f_0 = \frac{1}{2\pi\sqrt{LC}} \qquad (4.6-3)$$

f_0 Kennfrequenz

Beispiel 4.6 – 1

Ein Reihenschwingkreis mit $C = 50\,\mu\text{F}$, $L = 1$ mH und $R = 1{,}2\ \Omega$ wird mit einer Rechteckspannung der Kennfrequenz betrieben, Spitzenwert $U_d = 400$ V.

Zu berechnen sind die Stromgrundschwingung und die dritte Stromharmonische.

Lösung:

$$f_0 = \frac{1}{2\pi\sqrt{LC}} = \frac{1}{2\pi\sqrt{10^{-3}\,\text{H}\cdot 50\cdot 10^{-6}\,\text{F}}}$$

$$\underline{f_0 = 712\ \text{Hz}}$$

Grundschwingung:

$$\hat{u}_{21} = \frac{4}{\pi}U_d = \frac{4}{\pi}\cdot 400\ \text{V}$$

$$\underline{\hat{u}_{21} = 509\ \text{V}}$$

$$\underline{U_{21} = 360\ \text{V}}$$

Bei $f = f_0$ ist $Z = Z_0 = R$:

$$I_{21} = \frac{U_{21}}{\text{R}} = \frac{360\ \text{V}}{1{,}2\ \Omega}$$

I_{21} ist mit U_{21}, also auch mit der speisenden Rechteckspannung in Phase.

$$\underline{\underline{I_{21} = 300\ \text{A}}}$$

$$\underline{\underline{\varphi_1 = 0^\circ}}$$

3. Harmonische:

$$\hat{u}_{23} = \frac{4}{3\pi}U_d = \frac{4}{3\pi}\cdot 400\ \text{V}$$

$$\underline{\hat{u}_{23} = 170\ \text{V}}$$

$$\underline{U_{23} = 120\ \text{V}}$$

$$Z_3 = \sqrt{R^2 + \left(3\omega_0 L - \frac{1}{3\omega_0 C}\right)^2} = \sqrt{(1{,}2\ \Omega)^2 + (13{,}4\ \Omega - 1{,}49\ \Omega)^2}$$

$$\underline{Z_3 = 12\ \Omega}$$

$$I_{23} = \frac{U_{23}}{Z_3} = \frac{120\ \text{V}}{12\ \Omega}$$

$$\underline{\underline{I_{23} = 10\ \text{A}}}$$

$$\varphi_3 = \arctan \frac{13{,}4\ \Omega - 1{,}49\ \Omega}{1{,}2\ \Omega}$$

$$\underline{\underline{\varphi_3 = 84°}}$$

Das Rechenbeispiel zeigt, wie stark die Oberschwingungen bedämpft werden. Bei der anschließenden Berechnung der Wechselrichter wird deshalb nur die Grundschwingung berücksichtigt.

Übung 4.6 – 1

Berechnen Sie zu Beispiel 4.6 – 1 die 5. Stromoberschwingung nach Effektivwert und Phasenwinkel.

Beispiel und Übung zeigen, daß bei Betrieb des Reihenschwingkreises mit Rechteckspannung und Kennfrequenz der Strom etwas nacheilen würde, da bereits die Resultierende aus I_{21}, I_{23} und I_{25} der Rechteckspannung nacheilt.

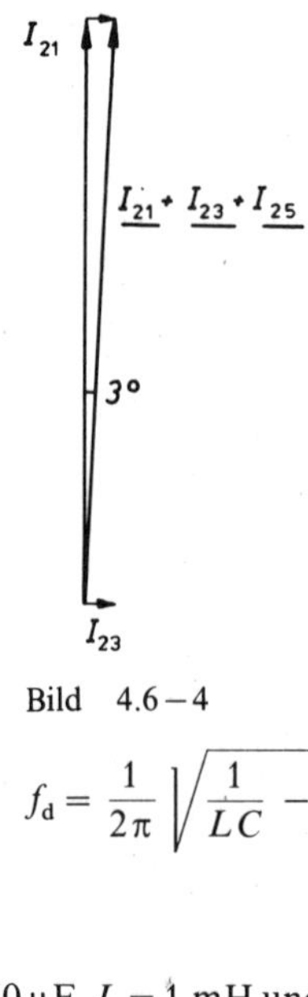

Bild 4.6 – 4

Soll mit einer Rechteckspannung ein phasengleicher Strom erzeugt werden, so muß beim Reihenschwingkreis die Betriebsfrequenz etwas unterhalb der Kennfrequenz liegen. Diese Frequenz ist die Eigenfrequenz f_d. Gl. (4.6 – 4) wird ohne Beweis angegeben.

$$f_d = \frac{1}{2\pi} \sqrt{\frac{1}{LC} - \left(\frac{R}{2L}\right)^2} \qquad (4.6-4)$$

Übung 4.6 – 2

Ein Reihenschwingkreis hat die Bauelemente $C = 50\ \mu\text{F}$, $L = 1$ mH und $R = 1{,}2\ \Omega$. Wieviel % ist die Eigenfrequenz kleiner als die Kennfrequenz?

Übung 4.6 – 3

Berechnen Sie den Kondensator zu einem Reihenschwingkreis mit $R = 2\ \Omega$ und $L = 1{,}6$ mH, wenn die Eigenfrequenz 1 kHz betragen soll.

Die Werte von R, L und C liegen beim Schwingkreiswechselrichter so, daß der Unterschied zwischen f_0 und f_d außerordentlich gering ist; im folgenden wird also nur mit der Kennfrequenz gerechnet.

Bild 4.6 – 5 zeigt die Schaltung des RSW mit Thyristoren. Abwechselnd werden die Thyristoren V 1 und V 4 bzw. V 2 und V 3 gezündet.

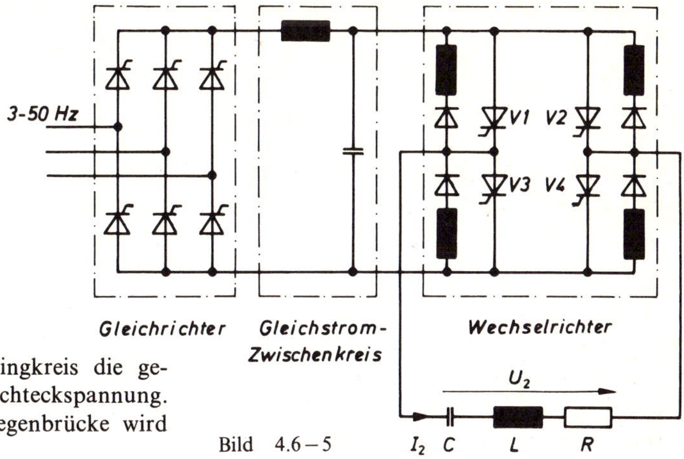

Bild 4.6 – 5

Dadurch entsteht am Schwingkreis die gewünschte symmetrische Rechteckspannung. Die Aufgabe der Dioden-Gegenbrücke wird später erläutert.

Die Schaltfrequenz wird etwas kleiner als die Kennfrequenz gewählt. So ist der Kreis kapazitiv und der Strom eilt der Spannung voraus.

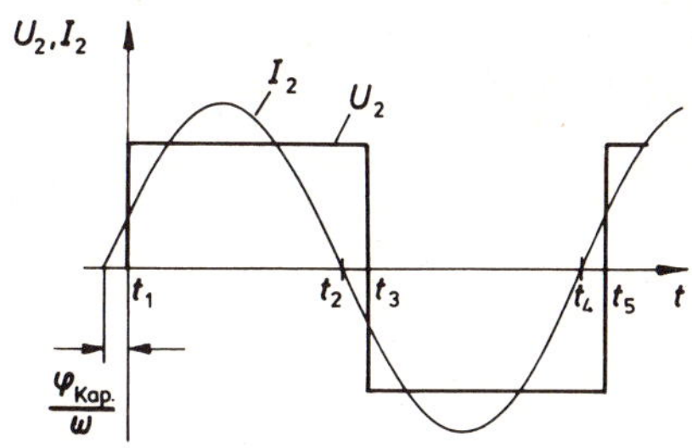

Bild 4.6 – 6

Beispiel 4.6 – 2

Wie groß muß die Frequenz des Wechselrichters sein, damit $\varphi = 20°$ kapazitiv wird? Schwingkreisdaten nach Beispiel 4.6 – 1.

Lösung:

$$\tan\varphi = \frac{\omega L - \frac{1}{\omega C}}{R} \quad \Big| \cdot R$$

$$\omega L - \frac{1}{\omega C} = R \cdot \tan\varphi \quad \Big| \cdot \omega$$

$$\omega^2 L - \frac{1}{C} = \omega \cdot R \cdot \tan\varphi$$

$$\omega^2 L - \omega R \tan\varphi - \frac{1}{C} = 0$$

$$\omega^2 - \omega \frac{R\tan\varphi}{L} - \frac{1}{LC} = 0$$

Die Zahlen werden eingesetzt:

$$\omega^2 + \omega \cdot 437 \frac{1}{s} - 2 \cdot 10^7 \frac{1}{s^2} = 0$$

mit $\tan(-20°) < 0$!!

Die Lösungsformel der quadratischen Gleichung führt auf:

$$\omega = -\frac{437}{2}\frac{1}{s} + \sqrt{\left(\frac{437}{2}\frac{1}{s}\right)^2 + 2 \cdot 10^7 \frac{1}{s^2}}$$

$$= -214\frac{1}{s} + 4{,}48 \cdot 10^3 \frac{1}{s}$$

$$\omega = 4{,}27 \cdot 10^3 \frac{1}{s}$$

$$f = 678\ \text{Hz}$$

Übung 4.6 – 4

Welcher Zeit entspricht der Phasenwinkel aus Beispiel 4.6 – 2?

Funktionsweise der Schaltung, Zeitpunkte siehe Bild 4.6 – 9

$t = t_1$:

V 1 und V 2 werden gezündet. Der Strom nimmt den gezeichneten Stromweg. Energie wird an den Schwingkreis abgegeben. Der Strom hat nach Fourier einen annähernd sinusförmigen Verlauf.

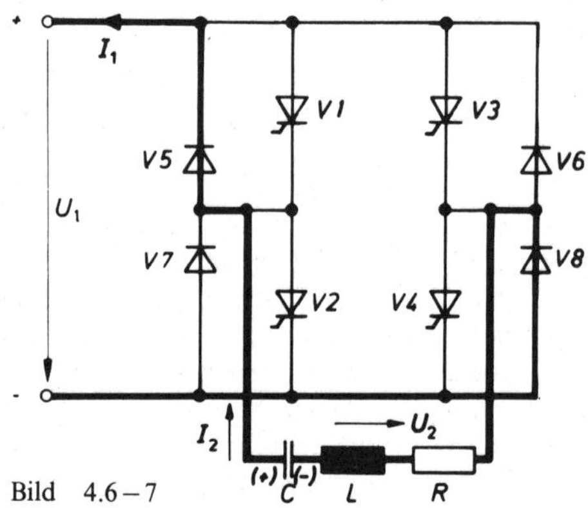

Bild 4.6 – 7

$t = t_2$:

Der Strom in den Ventilen V 1 und V 4 wird Null, die Thyristoren sperren. Der Kondensator ist mit der gezeichneten Polarität aufgeladen und treibt einen Strom in umgekehrter Richtung. Als Stromweg bieten sich die Rückstromdioden V 5 und V 8 an. Energie fließt vom Kreis in die Gleichspannungsquelle.

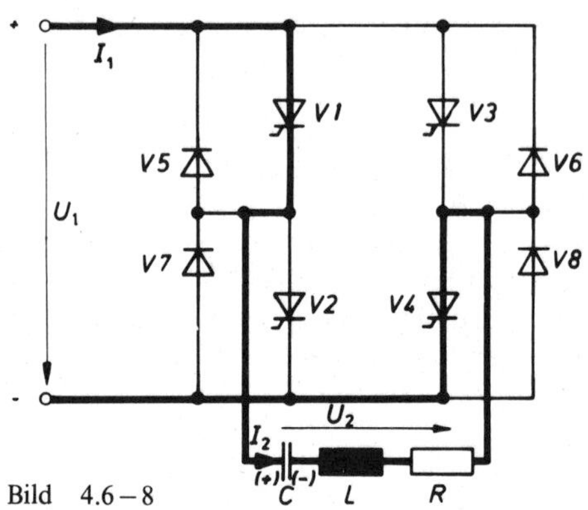

Bild 4.6 – 8

Übung 4.6 – 5

Erläutern Sie mit entsprechenden Skizzen den Stromverlauf im RSW in den Intervallen t_3 bis t_4 und t_4 bis t_5 (Zeitintervalle siehe Bild 4.6 – 9).

Die Rückstromdioden ermöglichen erst den angestrebten sinusförmigen Stromverlauf.

Bild 4.6 – 9 zeigt den Ventilspannungsverlauf im RSW.

Von t_1 bis t_2 ist V 1 durchgeschaltet, U_{V1} ist Null. Von t_2 bis t_3 ist V 5 leitend; U_{V1} ist also gleich der negativen Durchlaßspannung der Rückstromdioden. Von t_3 bis t_4 ist V 3 leitend; V 1 wird in Rückwärtsrichtung mit U_d belastet. Von t_4 bis t_5 leitet V 7. Das Kathodenpotential von V 7 ist dann um die Durchlaßspannung niedriger als der Minuspol der Spannungsquelle. An V 1 liegt $U_F + U_d$ (ohne L_K).

Bild 4.6 – 9 zeigt auch den wichtigen Zusammenhang der Schwingkreisverstimmung mit der Schonzeit. Diese ist die Zeit zwischen Stromnulldurchgang und Wiederkehr der positiven Anodenspannung der Thyristoren, also die Zeit zwischen t_2 und t_3. φ ist also gleich ωt_c.

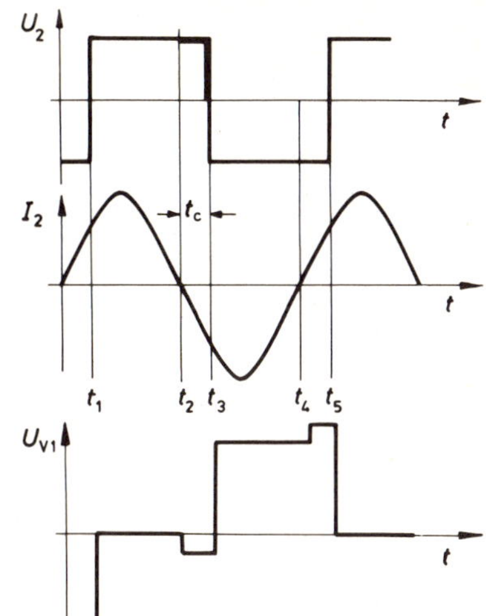

Bild 4.6 – 9

$$\varphi = \omega t_c \qquad (4.6-5)$$

Da die Freiwerdezeit eines Thyristors stark von der Höhe der negativen Sperrspannung abhängt, und den vom Hersteller angegebenen Wert erst bei einer negativen Sperrspannung von etwa 20 V erreicht, reicht der Durchlaßspannungsabfall der Rückspeisedioden mit 1,3 V bis 1,9 V natürlich nicht aus. Durch Einfügen einer Induktivität L_K in den Rückspeisekreis wird die nötige Sperrspannung erzeugt.

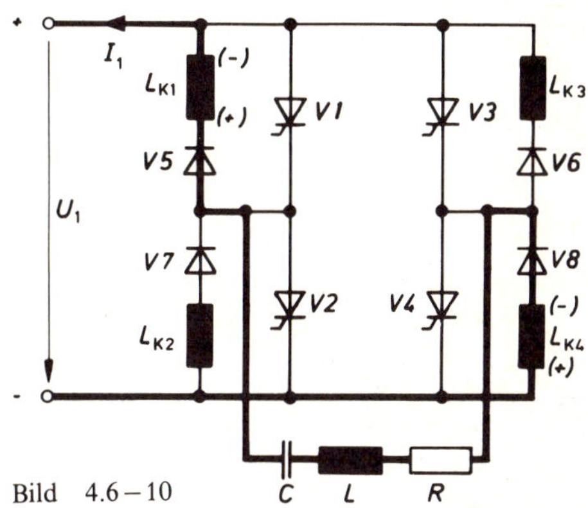

Bild 4.6 – 10

Durch die Induktivität fließt ein sinusförmiger Strom. Der Stromanstieg darf in der Nähe des Nulldurchganges als linear angesehen werden. Er berechnet sich dann nach Gl. (4.6 – 6). Mit dem Induktionsgesetz ergibt sich dann die Spannung an L_K:

$$\frac{\Delta i}{\Delta t} = \hat{i} \cdot \omega \qquad (4.6-6)$$

$$u = L \cdot \frac{\Delta i}{\Delta t} \qquad (4.6-7)$$

$$U_K = L_K \cdot \hat{i} \cdot \omega \qquad (4.6-8)$$

Übung 4.6 – 6

Zu berechnen ist die notwendige Induktivität L_K, damit bei einem Strom $\hat{i} = 500$ A und $f = 1$ kHz eine Spannung $U_K = 20$ V entsteht.

Der Einfluß von U_K auf die Ausgangsspannung wird bei der Dimensionierung der Schaltung vernachlässigt.

Dimensionierung

Der Strom I_2 berechnet sich nach den vorgeschlagenen Vereinfachungen mit:

$$I_2 = \frac{4\,U_d}{\sqrt{2}\pi \cdot Z} \quad (4.6-9)$$

$$Z = \sqrt{R^2 + (X_L - X_C)^2} \quad (4.6-10)$$

$$\varphi = \arctan \frac{X_L - X_C}{R} \quad (4.6-11)$$

ωt_c heißt auch Löschwinkel γ:

$$\varphi = \omega t_c = \gamma \quad (4.6-12)$$

$$Z = \frac{R}{\cos\gamma} \quad (4.6-13)$$

Die Wirkleistung P berechnet sich mit Hilfe der Gl. (4.6–9) bis Gl. (4.6–14):

$$P = I_2^2 \cdot R \quad (4.6-14)$$

$$P = \frac{8\,U_d^2 \cos^2\gamma}{\pi^2 R} \quad (4.6-15)$$

$$U_R = I_2 \cdot R \quad (4.6-16)$$

Übung 4.6 – 7

Berechnen Sie die Leistung eines RSW mit $U_d = 400$ V, $\gamma = 20°$ und $R = 1{,}2\ \Omega$.

Die Spannung U_R am ohmschen Widerstand errechnet sich zu:

$$U_R = \frac{4\,U_d \cos\gamma}{\pi\sqrt{2}} \quad (4.6-17)$$

Mit Gl. (4.6–9) und Gl. (4.6–13):

$$U_d I_d = I_2 U_R \quad (4.6-18)$$

Den Strom I_d erhält man aus einer Leistungsgleichgewichtsbetrachtung. Die über den Zwischenkreis kommende Leistung muß gleich der Wirkleistung im Schwingkreis sein.

$$U_d I_d = \frac{4\,U_d \cos\gamma}{\pi\sqrt{2}} \cdot I_2$$

$$I_d = I_2 \frac{4\cos\gamma}{\pi\sqrt{2}} \quad (4.6-19)$$

Beispiel 4.6 – 3

Ein Reihenschwingkreis hat die Daten $C = 51\ \mu$F, $L = 0{,}5$ mH und $R = 1\ \Omega$. Die Schonzeit soll 25 µs betragen. Die Wirkleistung beträgt 100 kW. Zu berechnen sind: U_2, U_R, I_2, $\hat{u}_C$, U_d, I_d.

Lösung:

Aus der Schonzeit kann die notwendige Betriebsfrequenz ermittelt werden:

$$\tan\omega t_c = \frac{\omega L - \frac{1}{\omega C}}{R}$$

$$\tan\omega t_c \approx -\omega t_c$$

Für kleine Winkel gilt bei kapazitiver Verstimmung:

$$-\omega t_c = \frac{\omega L - \frac{1}{\omega C}}{R}$$

$$-\omega^2 t_c = \frac{\omega^2 L - \frac{1}{C}}{R}$$

$$-\omega^2 t_c R = \omega^2 L - \frac{1}{C}$$

$$\omega^2 L + \omega^2 t_c R = \frac{1}{C}$$

$$\omega^2 = \frac{\frac{1}{C}}{L + t_c R}$$

$$= \frac{\frac{1}{51\ \mu\mathrm{F}}}{0{,}5\ \mathrm{mH} + 25\ \mu\mathrm{s} \cdot 1\ \Omega}$$

$$\omega^2 = 37 \cdot 10^6\ \frac{1}{\mathrm{s}^2}$$

$$\omega = 6{,}1 \cdot 10^3\ \frac{1}{\mathrm{s}}$$

$$f = 973\ \mathrm{Hz}$$

I_2:

$$I_2 = \sqrt{\frac{P}{R}}$$

$$= \sqrt{\frac{100\ \mathrm{kW}}{1\ \Omega}}$$

$$I_2 = 316\ \mathrm{A}$$

U_R:

$$U_R = I_2 \cdot R$$

$$= 316\ \mathrm{A} \cdot 1\ \Omega$$

$$U_R = 316\ \mathrm{V}$$

γ:

$$\gamma = \omega t_c$$

$$= 2\pi \cdot 973\ \frac{1}{\mathrm{s}} \cdot 25\ \mu\mathrm{s}$$

$$\gamma = 0{,}153 \quad \text{(Bogenmaß!)}$$

$$\gamma = 8{,}8^\circ$$

I_d:
Gl. (4.6 – 19)

$$I_d = 316\ \mathrm{A}\ \frac{4 \cdot \cos 8{,}8^\circ}{\pi\sqrt{2}}$$

$$I_d = 281\ \mathrm{A}$$

$$U_d = \frac{P}{I_d}$$

$$= \frac{100\ \mathrm{kW}}{281\ \mathrm{A}}$$

$$U_d = 356\ \mathrm{V}$$

$\hat{u}_C$:

$$\hat{u}_C = \sqrt{2} I_2 X_C$$
$$= \sqrt{2} \cdot 316\,\text{A} \frac{1}{2\pi 973 \frac{1}{\text{s}} \cdot 51\,\mu\text{F}}$$
$$\hat{u}_C = 1430\,\text{V}$$

Übung 4.6 – 8

Warum tritt die sehr große Kondensatorspannung im RSW nicht auch als Ventilspannung auf?

Zwischenkreis

Der Zwischenkreis des Reihenschwingkreisumrichters besteht aus Glättungsdrossel und Glättungskondensator.

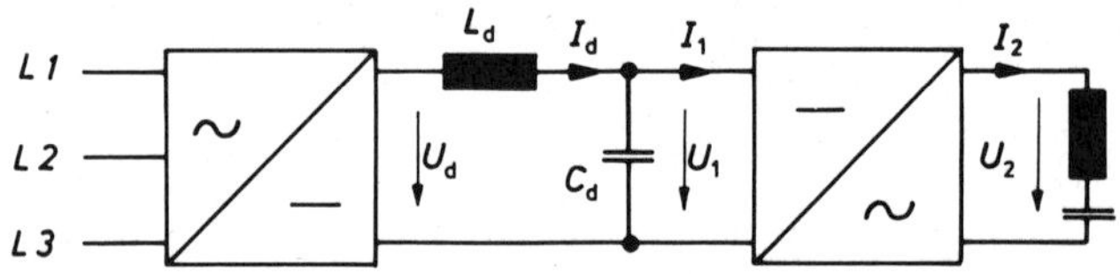

Bild 4.6 – 11

Bild 4.6 – 12 begründet die Notwendigkeit des Kondensators im Zwischenkreis. Während in den Wechselrichter ein zeitlich stark, teilweise sprunghaft sich ändernder Strom hineinfließt, sorgt die Glättungsdrossel für einen Gleichstrom I_d. Dies ist bekanntlich für die regelmäßige Arbeitsweise des Gleichrichters notwendig. Der Kondensator löst nun die widersprüchlichen Forderungen, indem er die jeweilige Stromdifferenz aufnimmt bzw. abgibt.

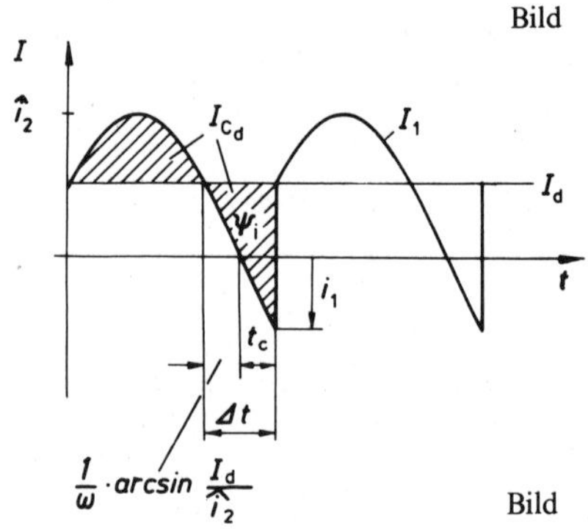

Bild 4.6 – 12

4.6.4 Steuerung des Reihenschwingkreiswechselrichters

Die Gl. (4.6 – 15) und Gl. (4.6 – 17) zeigen, daß die Leistung des RSW über den Löschwinkel gesteuert werden kann.

γ größer
$\rightarrow P$ kleiner
$\rightarrow U_R$ kleiner

Übung 4.6 – 9

Wie ändert man den Löschwinkel?

Bei dieser Art der Leistungssteuerung wird, da sich der Scheinwiderstand des Kreises vergrößert, auch der Strom mit sinkender Leistung

P	kleiner
$\rightarrow I$	kleiner

geringer. Von der Steuerung über den Löschwinkel wird deshalb häufig Gebrauch gemacht. Der Gleichrichter kann dann ungesteuert sein.

Bild 4.6 – 13 zeigt eine Steuerschaltung für den RSW. Über den Stromwandler T 1 wird an R eine dem Schwingkreisstrom proportionale Spannung erzeugt. Diese wird auf U_{I2} hochtransformiert. Mit der anschließenden Z-Dioden-Schaltung werden für die Schmitt-Trigger A 1 und A 5 Trapezspannungen gebildet. Die

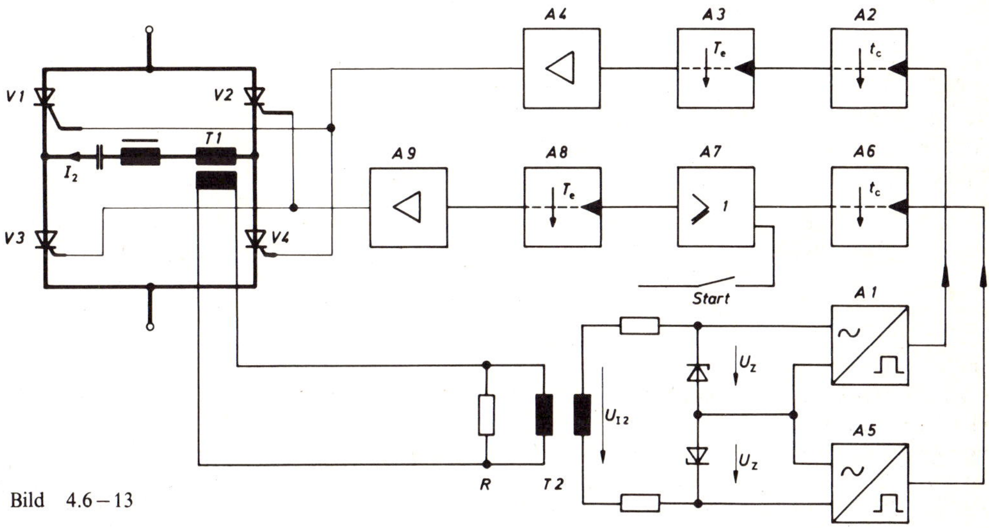

Bild 4.6 – 13

am Ausgang von A 1 entstehende Rechteckspannung triggert nun mit ihrer negativen Flanke die Zeitstufe A 2 (Monoflop). Durch diese Zusammenstellung hat man also die Nulldurchgänge der Ventilströme erfaßt. Die in A 2 einstellbare Rückkippzeit ist die Schonzeit, denn vor Ablauf dieser Zeit kann kein Zündimpuls entstehen. Mit der negativen Flanke von A 2 wird A 3 getriggert, wodurch am Ausgang ein Impuls einstellbarer Breite entsteht; dies ist die Länge des Zündimpulses. Der Verstärker A 4 sorgt noch für ausreichende Zündenergie. Die Gatekreise sind der Einfachheit halber nur einpolig und auch ohne die notwendige Potentialtrennung gezeichnet!

Bild 4.6 – 14 zeigt das Impulsdiagramm für die beschriebene Signalkette, in der anderen spielen sich die gleichen Vorgänge ab, nur um 180° verschoben.

In der Zweiten Signalkette ist noch die Startvorrichtung zu erkennen. Nach dem Betätigen des Tasters und anschließendem Wiederloslassen erzeugen A 8 und A 9 die Impulse für die erste Einschaltung des Stromweges über V 2 und V 3. Danach steuert sich die Schaltung selbst.

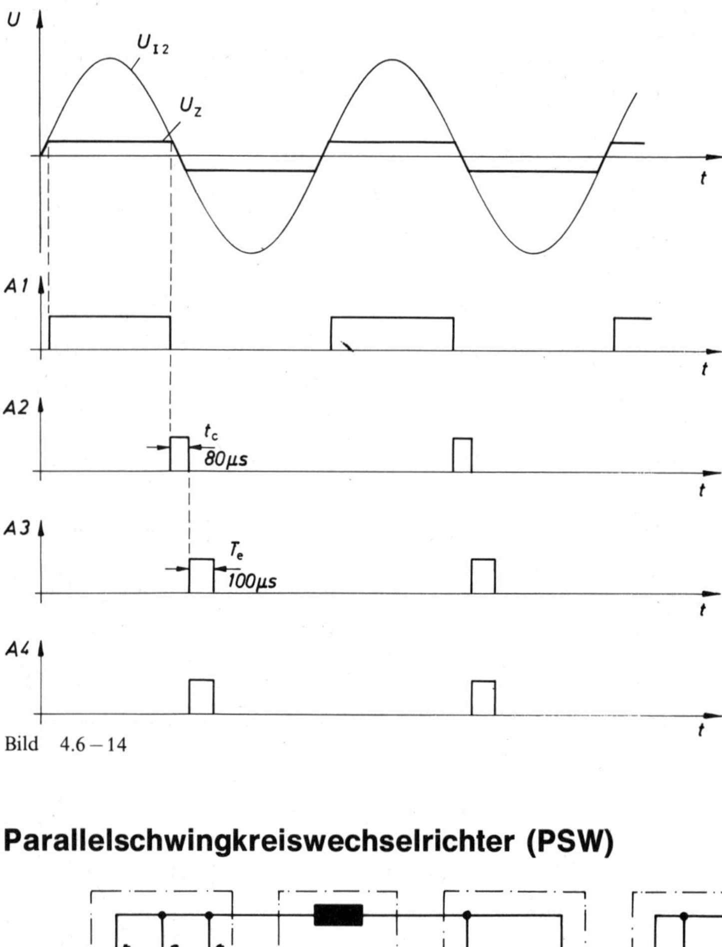

Bild 4.6 – 14

4.6.5 Parallelschwingkreiswechselrichter (PSW)

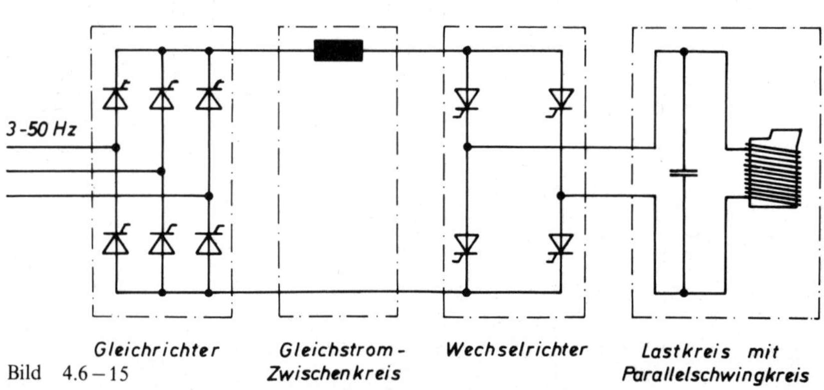

Bild 4.6 – 15

Bild 4.6 – 15 zeigt die Schaltung eines Parallelschwingkreisumrichters. Der Zwischenkreis enthält nur eine Glättungsdrossel. Der Parallelschwingkreis bildet seine Resonanzeigenschaften bekanntlich am besten aus, wenn er hochohmig gespeist wird. Die Glättungsdrossel stellt aber einen hochohmigen Wechselstromwiderstand dar, ein zusätzlicher Zwischenkreiskondensator würde den Wechselstrom-Quellenwiderstand nur wieder verkleinern. Zur Beschreibung der Funktion der Schaltung wird davon ausgegangen, daß V 1 und V 4 leiten. Der Kondensator lädt sich dann auf die eingezeichnete Polarität auf.

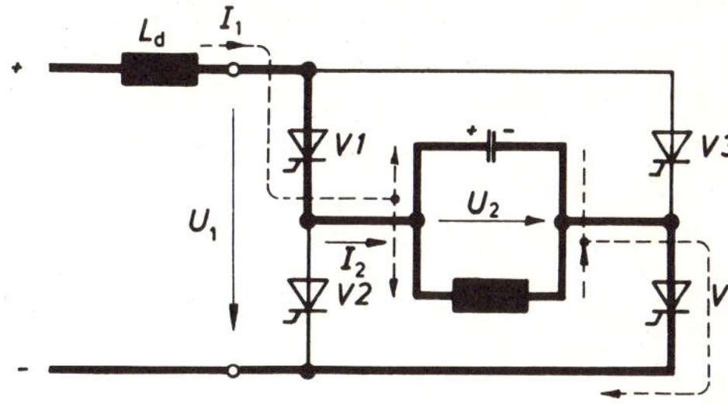

Bild 4.6 – 16

Werden nun V 3 und V 2 gezündet, so erzeugt der Kondensator Kommutierungsströme, die V 1 und V 4 löschen.

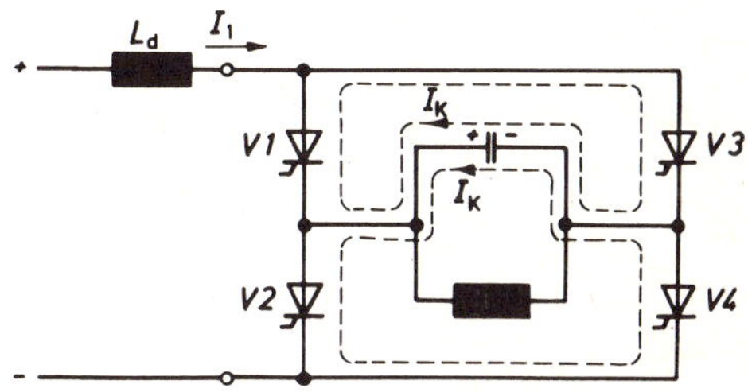

Bild 4.6 – 17

Leiten V 2 und V 3, wird der Kondensator auf die Polarität in Bild 4.6 – 18 aufgeladen.

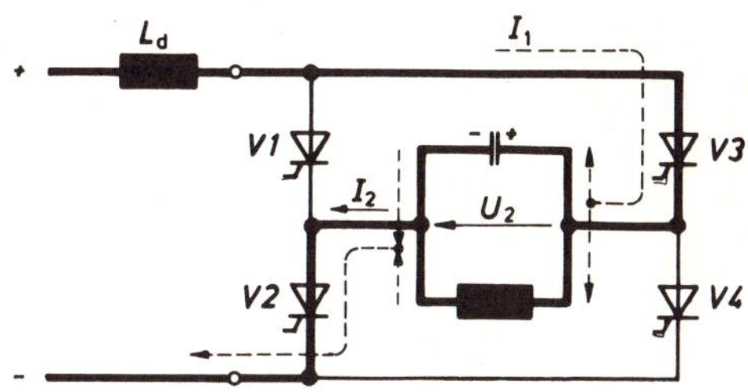

Bild 4.6 – 18

Beim erneuten Zünden von V 1 und V 4 entlädt sich der Kondensator und löscht V 2 und V 3.

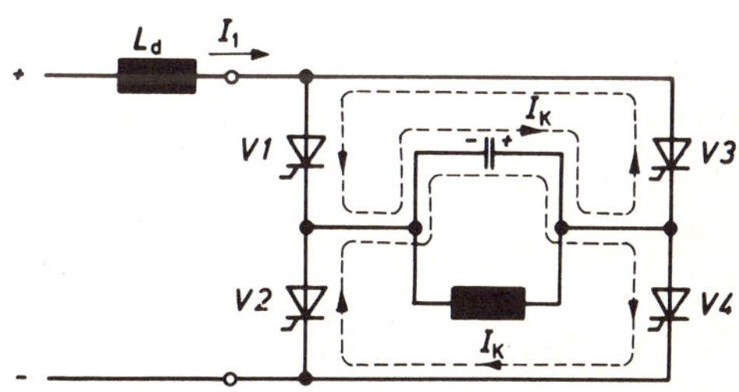

Bild 4.6 – 19

Beim Reihenschwingkreiswechselrichter besteht die Lastkommutierung darin, daß durch die Resonanzeigenschaften der Ventilstrom selbsttätig durch Null geführt wird, und dadurch die Thyristoren sperren können. Beim PSW entstehen durch die Resonanzeigenschaften geeignete Kommutierungsspannungen am Lastkondensator.

Durch die Glättungsdrossel im Zwischenkreis wird dem Schwingkreis ein rechteckförmiger Strom eingeprägt. Liegt die Schaltfrequenz in der Nähe der Kennfrequenz, so ruft die Stromgrundschwingung eine große sinusförmige Spannung hervor, da der Scheinwiderstand bei dieser Frequenz sehr groß ist. Die Oberschwingungen des Stromes werden dagegen über C nahezu kurzgeschlossen. Wie beim Reihenschwingkreis sollen auch hier sowohl die Oberschwingungen als auch der Unterschied zwischen f_0 und f_d vernachlässigt werden.

$$f_0 = \frac{1}{2\pi\sqrt{LC}} \quad (4.6-20)$$

$$f_d = \frac{1}{2\pi}\sqrt{\frac{1}{LC} - \left(\frac{1}{2RC}\right)^2} \quad (4.6-21)$$

L, C, R = Werte der Parallelersatzschaltung

Im Zeitpunkt t_0 werden V 1 und V 4 gezündet, im Zeitpunkt t_3 V 2 und V 3. Wegen der Freiwerdezeit muß die Spannung dem Strom nacheilen. Deshalb muß die Schaltfrequenz etwas oberhalb der Kennfrequenz liegen. In diesem Falle ist der Schwingkreis kapazitiv.

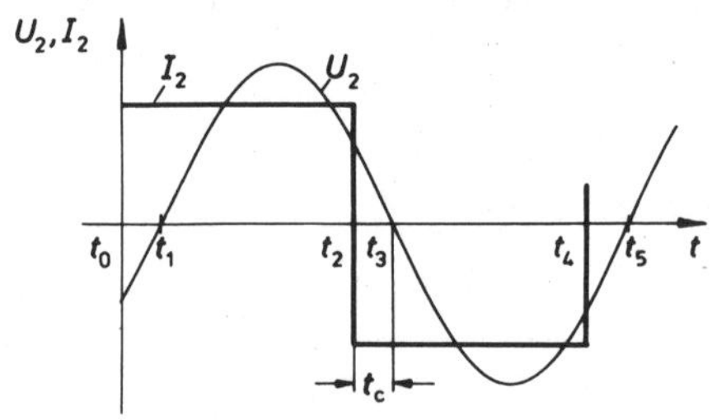

Bild 4.6 – 20

$$f > f_0 \quad (4.6-22)$$

Dimensionierung

Zur mathematischen Behandlung der Schaltung ist es notwendig, die Reihenersatzschaltung der Drossel in eine Parallelersatzschaltung umzurechnen. Die Gl. (4.6 – 22) bis Gl. (4.6 – 24) führen die Umrechnung auf. Bei den realen Schwingkreiswerten kann L_p ungefähr gleich L_r gesetzt werden.

$$Z = \sqrt{R_r^2 + (\omega L_r)^2} \quad (4.6-23)$$

$$R_p = \frac{Z^2}{R_r} \quad (4.6-24)$$

$$L_p \approx L_r \quad (4.6-25)$$

Die Stromgrundschwingung errechnet sich analog zu Gl. (4.6 – 1):

$$\hat{i}_{21} = \frac{4}{\pi} I_d \quad (4.6-26)$$

$$I_2 \approx I_{21} \quad (4.6-27)$$

Damit erhält man für die Spannung U_2:

$$U_2 = I_2 \cdot Z$$

$$U_2 = \frac{4}{\sqrt{2}\pi} I_d \cdot Z$$

$$\varphi = \gamma \text{ und } Z = R \cdot \cos\gamma$$

$$U_2 = \frac{4}{\sqrt{2}\pi} \cdot I_d \cdot R \cdot \cos\gamma \quad (4.6-28)$$

$$I_R = \frac{U_2}{R}$$

$$I_R = \frac{4}{\sqrt{2}\pi} \cdot I_d \cdot \cos\gamma \quad (4.6-29)$$

Die einzustellende Gleichspannung erhält man aus der Wirkleistungsbetrachtung im Zwischenkreis und im Schwingkreis:

$$U_d \cdot I_d = U_2 \cdot I_R \qquad (4.6-30)$$

$$U_d \cdot I_d = U_2 \cdot \frac{4}{\sqrt{2}\pi} \cdot I_d \cdot \cos\gamma$$

$$U_d = U_2 \frac{4}{\sqrt{2}\pi} \cdot \cos\gamma \qquad (4.6-31)$$

Beispiel 4.6 – 4

Ein Induktionsofen mit $R_r = 0{,}5\ \Omega$ und $L_r = 0{,}1$ mH soll bei 3 kHz arbeiten. Die Schonzeit muß 20 µs betragen. Die Wirkleistung beträgt 100 kW. Zu berechnen sind: C, I_R, U_2, I_d, U_d.

Lösung:

Zunächst wird die Reihenersatzschaltung in die Parallelersatzschaltung umgerechnet:

$$Z = \sqrt{R_r^2 + (\omega L_r)^2}$$

$$= \sqrt{(0{,}5\ \Omega)^2 + (2\pi \cdot 3 \cdot 10^3 \tfrac{1}{s} \cdot 0{,}1\ \text{mH})^2}$$

$$\underline{Z = 1{,}95\ \Omega}$$

$$R_p = \frac{Z^2}{R_r} = \frac{(1{,}95\ \Omega)^2}{0{,}5\ \Omega}$$

$$\underline{R_p = 7{,}6\ \Omega}$$

$$\underline{L_p \approx 0{,}1\ \text{mH}}$$

φ und γ errechnen sich zu:

$$\varphi = \gamma = \omega t_c$$

$$= 2\pi \cdot 3\ \text{kHz} \cdot 20\ \mu\text{s}$$

$$= 0{,}377 \quad \text{(Bogenmaß)}$$

$$\underline{\underline{\varphi = \gamma = 22^\circ}}$$

Wie groß muß C sein, damit sich ein Phasenwinkel von 22° ergibt?:

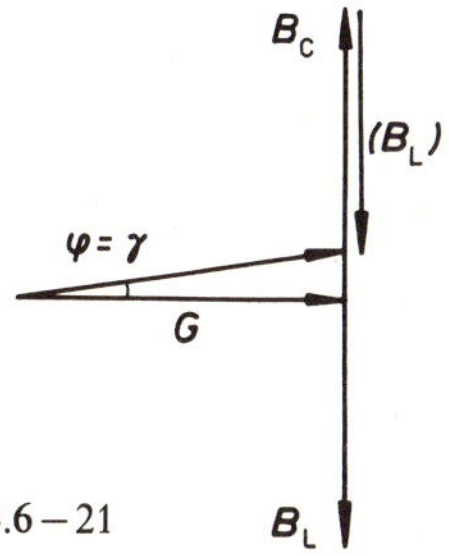

Bild 4.6 – 21

$$\tan 22^\circ = \frac{B_C - B_L}{G}$$

$$B_C = \tan 22^\circ \cdot G + B_L$$

$$B_C = 0{,}584\ \text{S}$$

$$C = \frac{B_C}{\omega}$$

$$= \frac{0{,}584\ \text{S}}{2\pi \cdot 3\ \text{kHz}}$$

$$\underline{\underline{C = 31\ \mu\text{F}}}$$

Wirkstrom:

$$I_R = \sqrt{\frac{P}{R_p}}$$

$$= \sqrt{\frac{100\ \text{kW}}{7{,}6\ \Omega}}$$

$$\underline{\underline{I_R = 115\ \text{A}}}$$

Schwingkreisspannung:

$$U_2 = I_R \cdot R$$

$$= 115\ \text{A} \cdot 7{,}6\ \Omega$$

$$\underline{\underline{U_2 = 872\ \text{V}}}$$

Gl. (4.6 – 28):

$$I_d = \frac{U_2 \cdot \sqrt{2} \cdot \pi}{4 \cdot R \cdot \cos\gamma}$$

$$= \frac{872\ \text{V} \cdot \sqrt{2} \cdot \pi}{4 \cdot 7{,}6\ \Omega \cdot \cos 22^\circ}$$

$$\underline{\underline{I_d = 137\ \text{A}}}$$

Gl. (4.6 – 30):

$$U_d = \frac{U_2 \cdot I_R}{I_d}$$

$$= \frac{872\ \text{V} \cdot 115\ \text{A}}{137\ \text{A}}$$

$$\underline{\underline{U_d = 730\ \text{V}}}$$

Übung 4.6 – 10

Berechnen Sie die Schaltfrequenz eines PSW mit $R_r = 0{,}5\ \Omega$, $L_r = 0{,}1$ mH und $C = 29\ \mu$F, wenn die Schonzeit 30 µs betragen muß. Wieviel Grad eilt die Spannung dem Strom nach?

Ventilspannungsverlauf

Von t_0 bis t_2 sind V 1 und V 4 durchgeschaltet. Die Spannung an V 1 ist also nahezu Null. Von t_2 bis t_3 hat U_2 die in Bild 4.6 – 22 eingezeichnete Polarität. Da V 2 durchgeschaltet ist, hat U_{V1} den Verlauf von U_2, jedoch mit umgekehrter Polarität. Entsprechendes gilt für den Zeitabschnitt von t_3 bis t_4.

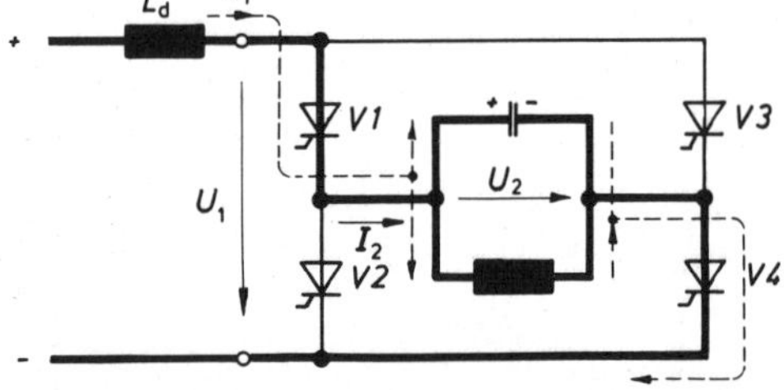

Bild 4.6 – 22

Bild 4.6 – 23 zeigt den gesamten Verlauf der Ventilspannung U_{V1}. Zwischen t_2 und t_3 liegt die Schonzeit. $\hat{u}_V$ ist gleich dem Scheitelwert der Ausgangsspannung.

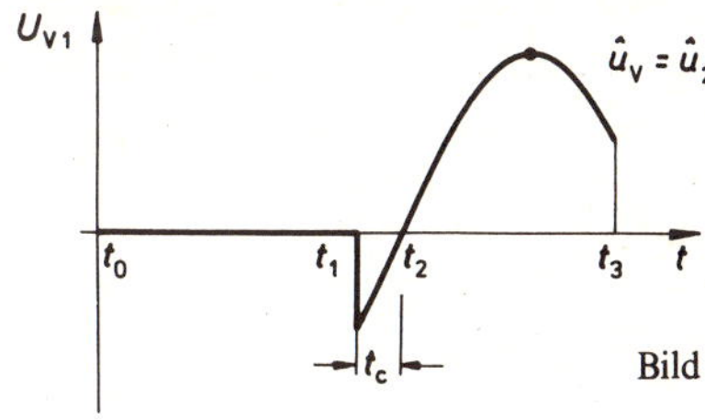

Bild 4.6 – 23

4.6.6 Steuerung des Parallelschwingkreiswechselrichters

Nach Gl. (4.6 – 33) ist U_2 umgekehrt proportional $\cos\gamma$, wenn U_d konstant ist. Durch Vergrößern der Arbeitsfrequenz wird der Kreis kapazitiver und der Löschwinkel größer. $\cos\gamma$ würde dann kleiner und U_2 größer, ebenso P!

$$U_2 = \frac{U_d \sqrt{2}\pi}{4\cos\gamma} \qquad (4.6-33)$$

f größer → γ größer

$$P = \frac{U_2^2}{R}$$

γ größer → P größer

Die Leistung ist also vom Nennbetrieb ausgehend über den Löschwinkel nicht zu verringern. Zur Leistungssteuerung bleibt daher nur die Möglichkeit, die Zwischenkreisspannung zu steuern. Der Parallelschwingkreisumrichter hat also einen gesteuerten Gleichrichter.

Zum Triggern der Zündimpulsstufen werden die Nulldurchgänge der Spannung U_2 benutzt. Dazu ist wegen der Schonzeiten eine gegenüber U_2 voreilende Spannung zu erzeugen. Dies ist im eingeschwungenen Zustand mit irgendwelchen Phasenschieberschaltungen möglich. Bild 4.6 – 24 zeigt eine solche Schaltung.

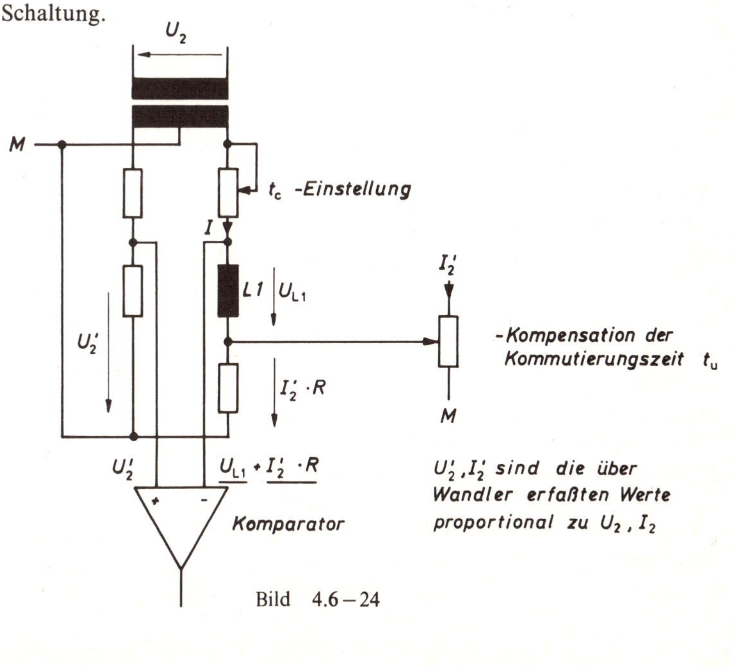

Bild 4.6 – 24

Bild 4.6–25 erläutert die Phasenlage der wichtigsten Größen zueinander. I ist mit U_2 fast in Phase, da der am Transformator angeschlossene Stromkreis überwiegend ohmsch ist. U_{L1} eilt daher U_2 fast um 90° vor. U'_2 ist die Spannung am nichtinvertierenden Eingang des OP und ist aufgrund der Schaltung gegenphasig zu U_2. Sie wird durch den Transformator und die Widerstandsverhältnisse bestimmt. U_{L1} eilt damit gegen U'_2 fast 90° nach.

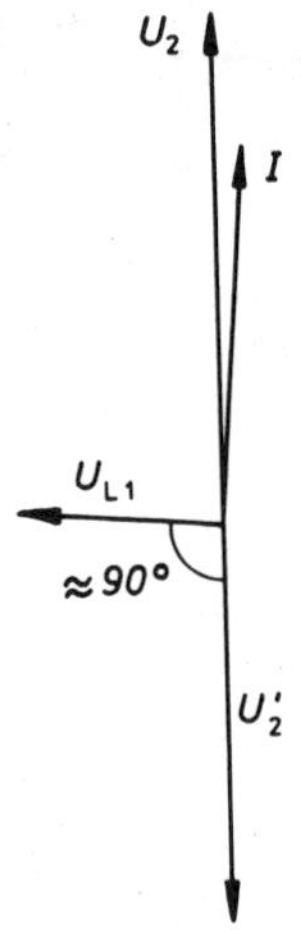

Bild 4.6–25

Am invertierenden Eingang des OP liegt die Spannung $\underline{U}_{L1} + \underline{I}'_2 \cdot R$; R ist ein Ersatzwiderstand, der durch den Spannungsteiler und den Widerstand $R\,1$ gebildet wird.

Das Liniendiagramm zeigt die Wirkungsweise der Schaltung. Solange $\underline{U}_{L1} + \underline{I}_2 \cdot R$ kleiner als U'_2 ist, ist der OP gesättigt und dessen Ausgangsspannung positiv. Überschneidet $\underline{U}_{L1} + \underline{I}'_2 \cdot R$ die Kurve von U'_2, so kippt der OP in die entgegengesetzte Sättigungsspannung (Komparatorschaltung). Diese Flanken werden dann zum Triggern der Zündimpulsgeneratoren weiterverarbeitet, und zwar die abfallende Flanke für Stromweg 1 und die ansteigende Flanke für Stromweg 2. Die Addition der stromproportionalen Spannung $I'_2 \cdot R$ bewirkt ein weiteres Voreilen der Zündimpulse. Dies ist notwendig, da bei größerem Strom auch der Überlappungswinkel größer wird.

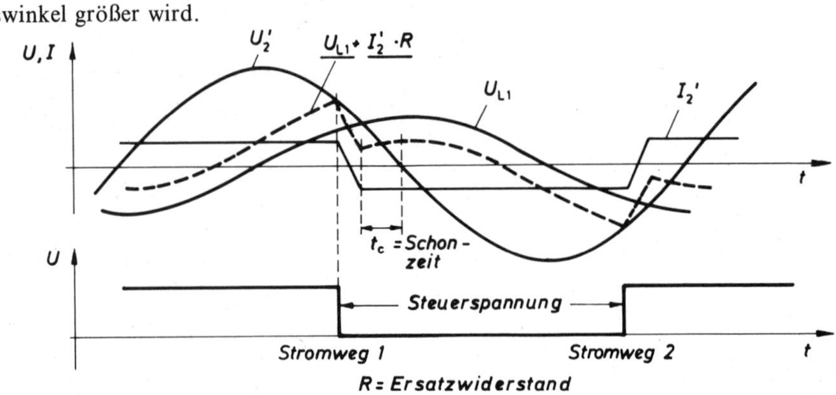

Bild 4.6–26

Anlaufschaltung

Während beim Umrichter mit Reihenschwingkreis die treibende Spannung von Anfang an voll zur Verfügung steht, ist beim Umrichter mit Parallelschwingkreis infolge der verhältnismäßig großen Induktivität im Zwischenkreis nur ein langsamer Aufbau des dem Schwingkreis zugeführten Stromes möglich.

Ebenso langsam erfolgt der Aufbau der Kondensatorspannung. Diese muß aber von der ersten Halbschwingung an die Kommutierungsspannung liefern. Da die Kondensatorspannung innerhalb der ersten Halbschwingung nur wenige Volt erreicht, ist sie nicht in der Lage, gegen die Spannungsabfälle in den Thyristoren und der Verschienung die Kommutierung zu erzwingen.

Dieser Umstand macht beim Umrichter mit Parallelschwingkreis den Einsatz von Hilfsschaltungen für die Anlaufphase notwendig.

Eine Möglichkeit besteht darin, eine eigene Kommutierungseinrichtung für den Anlauf vorzusehen. Der darin enthaltene kleinere Kondensator C_H lädt sich auch bei kleinen Anlaufströmen auf eine genügend hohe Spannung auf, um die Kommutierung sicherzustellen.

Startphase 1:

Die Thyristoren HV 2 und HV 4 werden gezündet, der Startkondensator C_H lädt sich auf. Der Zwischenkreisstrom steigt an.

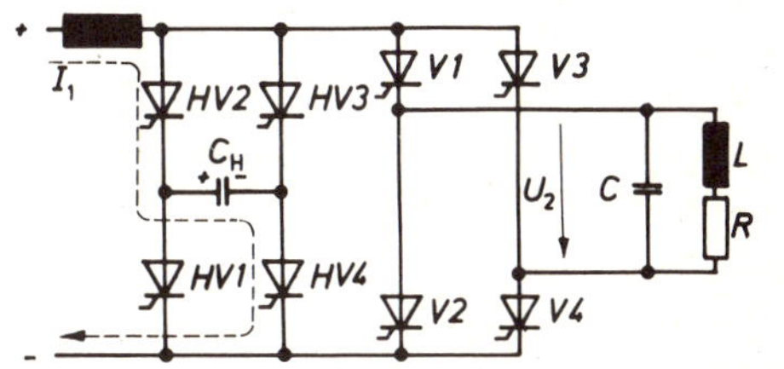

Startphase 1 Bild 4.6–27

Startphase 2:

Nach einer bestimmten Zeit werden die Thyristoren V 1 und V 4 des Hauptwechselrichters gezündet und HV 2 und HV 4 gelöscht. Der Zwischenkreisstrom fließt in den Parallelschwingkreis und lädt den Kondensator C.

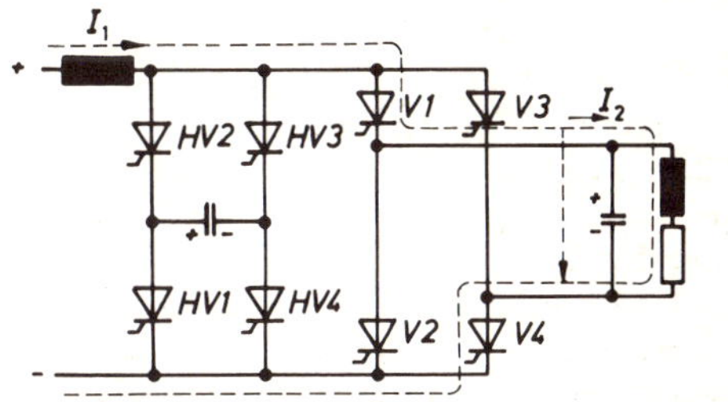

Startphase 2 Bild 4.6–28

Startphase 3:

Erreicht der Vorstrom den eingestellten Wert $I_{1\,grenz}$, werden die Thyristoren HV3 und HV2 gezündet und der Startkondensator umgeladen. Dabei werden V2 und V4 gelöscht. Die Umladezeit t_0 von C_H ist konstant. Die Schonzeit der Hauptthyristoren beträgt $\frac{t_0}{2}$.

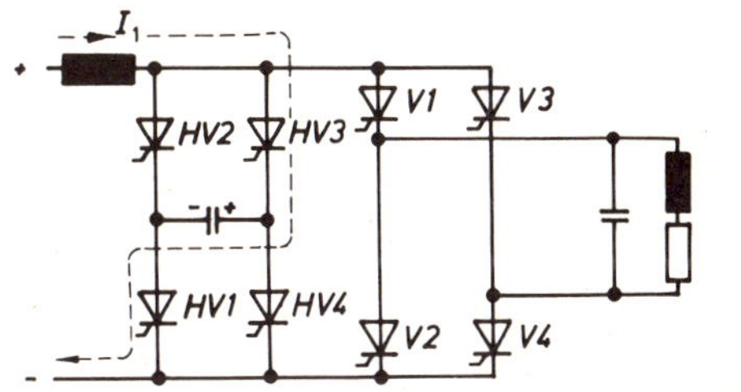

Startphase 3 Bild 4.6–29

Startphase 4:

Die Thyristoren V 3 und V 2 werden gezündet, der Vorstrom fließt in den Schwingkreis, jetzt in umgekehrter Richtung. Am Schwingkreis entsteht die erste Halbschwingung der Schwingkreisspannung.

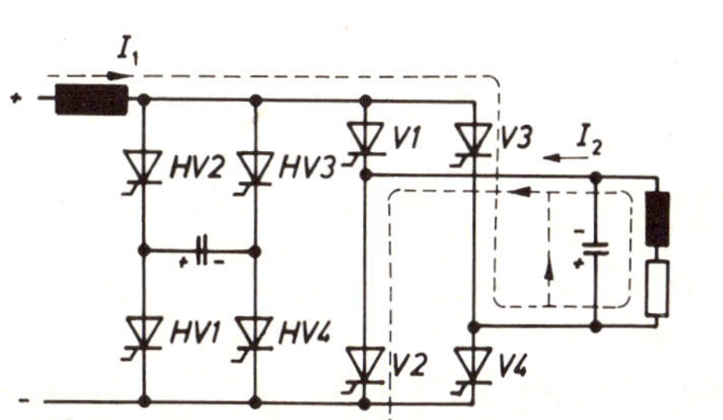

Startphase 4 Bild 4.6–30

Das Zusammenspiel zwischen Hilfsbrücke und Hauptbrücke wird so lange fortgesetzt, bis eine hinreichend hohe Schwingkreisspannung aufgebaut ist. Dann wird die Hilfsbrücke weggeschaltet und die Taktung und Kommutierung vom Lastkreis übernommen.

Bild 4.6 – 31 zeigt den gesamten zeitlichen Ablauf des Anlaufvorgangs.

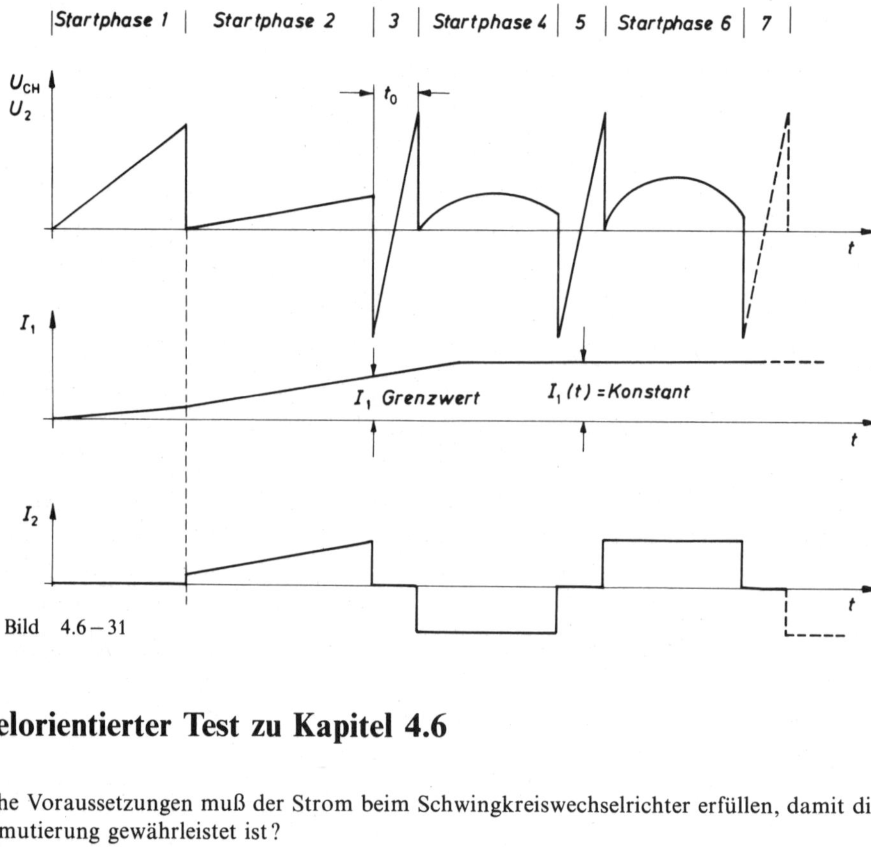

Bild 4.6 – 31

Lernzielorientierter Test zu Kapitel 4.6

1. Welche Voraussetzungen muß der Strom beim Schwingkreiswechselrichter erfüllen, damit die Kommutierung gewährleistet ist?

   O Der Laststrom muß vor der Lastspannung durch Null gehen.

   O Die Ventilspannung muß um t_c später negativ werden, als der Ventilstrom.

   O Der Laststrom muß beim RSW kapazitiv, beim PSW induktiv sein.

2. Wie muß die Arbeitsfrequenz von Schwingkreiswechselrichtern gewählt werden?

   O Beim RSW etwas oberhalb der Kennfrequenz.

   O Beim PSW etwas unterhalb der Kennfrequenz.

   O In jedem Falle gleich der Eigenfrequenz.

   O In jedem Falle gleich der Kennfrequenz.

   O So, daß die Kreise kapazitive Blindleistung aufnehmen.

3. Zeichnen Sie die Schaltung eines Reihenschwingkreisumrichters.

4. Für welche Anwendungen werden Schwingkreiswechselrichter hauptsächlich eingesetzt?

5. Beim RSW sind $U_L(\omega t)$, $U_C(\omega t)$ und $U_R(\omega t)$ sinusförmig. Wie kann dann die Gesamtspannung rechteckförmig sein?

6. Ein Reihenschwingkreisumrichter hat einen ideal geglätteten Glättungsdrosselstrom $I_d = 250\,\text{A}$; $\gamma = 25°$, $f = 1{,}5\,\text{kHz}$. Berechnen Sie den Zwischenkreiskondensator für eine Spannungsrestwelligkeit $\Delta U_d = 40\,\text{V}$.

7. Wie hängt die Wirkleistung im RSW vom Löschwinkel ab?
   - O Bei größerer Frequenz wird γ größer und die Leistung kleiner.
   - O Bei kleinerer Frequenz wird γ größer und die Leistung größer.
   - O Bei kleinerer Frequenz wird γ größer und die Leistung kleiner.

8. Zeichnen Sie die zeitlichen Verläufe von I_{V1}, U_{V1} und I_{V2}, U_{V2} und I_{V5}, I_{V7} und I_2, U_2 des RSW in vier Diagrammen untereinander, zeitlich exakt zugeordnet.

9. Von welcher Größe werden beim RSW die Signale für das Zündimpulsgerät abgeleitet?

10. Wie sehen die Zwischenkreise von Schwingkreisumrichtern aus?
    - O Beim RSW Reihendrossel und Parallelkondensator.
    - O Beim PSW Paralleldrossel und Reihenkondensator.

11. Warum benötigt der PSW eine Anlaufschaltung, der RSW aber nicht?
    - O Im PSW ist der Strom rechteckförmig.
    - O Beim ersten Einschalten wirkt der Kondensator des PSW wie ein Kurzschluß.
    - O Zunächst ist beim PSW ohne Anlaufschaltung die Kommutierungsspannung zu gering.
    - O Der RSW bildet nach dem Zünden eines Strompfades sofort einen annähernd sinusförmigen Strom aus, der also „selbsttätig" durch Null geht. Dadurch können die Thyristoren sperren.

12. Ein PSW mit $R = 0{,}3\,\Omega$, $L_r = 0{,}15\,\text{mH}$, $C = 50\,\mu\text{F}$ wird mit $f = 2\,\text{kHz}$ betrieben. Berechnen Sie die Schonzeit.

13. Zeichnen Sie für den PSW die zeitlichen Verläufe U_2, I_2 und U_{V1}, I_{V1} und U_{V2}, I_{V2} in drei Diagrammen untereinander, zeitlich exakt zugeordnet.

    Für die Stromverläufe soll auch eine Überlappungszeit (Kommutierungszeit) $t_ü$ berücksichtigt werden.

5 Selbstgeführte Stromrichter

5.1 Gleichstromsteller

Lernziele

Der Lernende...

- beschreibt das Prinzip der Selbstführung,
- erläutert die Funktion eines Thyristor-Gleichstromschalters,
- erläutert die beiden Kommutierungsvorgänge beim Löschen des Hauptthyristors,
- berechnet den Kommutierungskondensator,
- berechnet die Umschwingdrossel,
- führt an, welche besonderen Qualitäten Thyristoren für selbstgeführte Stromrichter haben müssen,
- beschreibt den Übergang vom Gleichstromschalter zum Gleichstromsteller,
- berechnet die Zusammenhänge zwischen Eingangs- und Ausgangsgrößen des Gleichstromstellers,
- berechnet die Glättungsdrossel,
- berechnet die minimale und maximale Einschaltzeit,
- erläutert das Entstehen der Unterladung,
- erläutert Schaltungsvarianten des Gleichstromstellers mit Thyristoren und deren Philosophie,
- erläutert Steuerverfahren,
- erläutert eine Steuerschaltung zur Impulsbreitensteuerung (Blockschaltbild),
- skizziert die Schaltung des Gleichstromstellers mit Transistoren,
- vergleicht Transistor- und Thyristorschaltung,
- erläutert eine Treiberschaltung für Leistungstransistoren,
- nennt Anwendungen von Gleichstromstellern.

5.1.1 Prinzip der Selbstführung

Die bisher beschriebenen Stromrichter kommutieren den Strom von einem Ventilzweig auf den anderen mit Hilfe von Wechselspannungen, welche entweder vom Netz oder von der Last zur Verfügung gestellt werden. Der Nulldurchgang des Stromes und die anschließende negative Spannung sorgt für das Löschen der gesteuerten Ventile (s. a. Abschnitt 4.1).

Diese Art der Kommutierung des Stroms bzw. Löschung eines Ventils ist nicht gegeben, wenn mit einem Thyristor eine Gleichspannung abgeschaltet werden soll.

Hier muß eine Hilfseinrichtung, die Bestandteil der jeweiligen Stromrichterschaltung ist, die Kommutierung bewerkstelligen.

Eine Gegenspannung aus einem zuzuschaltenden (meist kapazitiven) Energiespeicher erzwingt den Löschvorgang. Man sprach früher daher auch von Zwangskommutierung, ein heute nicht mehr zugelassener Ausdruck, weil ja schließlich jeder Löschvorgang, auch der mittels Wechselspannung hervorgerufene, erzwungen wird.

Nach VDE 0558 spricht man korrekter von Selbstführung.

5.1.2 Gleichstromschalter

Am besten läßt sich das Prinzip der Selbstführung an einem konkreten Beispiel erklären. Angenommen, es soll eine Gleichspannungsquelle über einen elektronischen Schalter mit dem Verbraucher, z. B. einer Reihenschaltung aus einer Induktivität L und einem Widerstand R (Bild 5.1 – 1) verbunden werden.

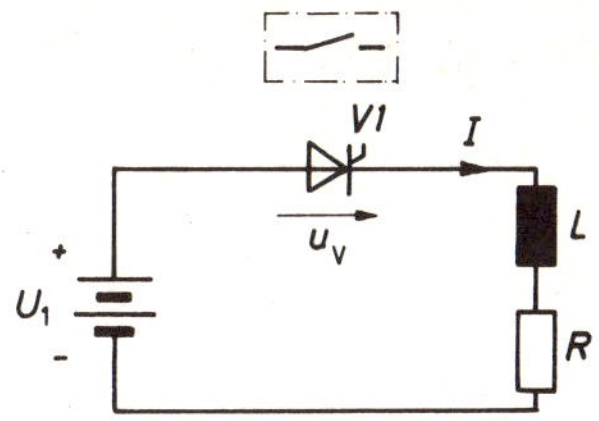

Bild 5.1 – 1

Ein Zündimpuls auf den Steueranschluß des Thyristors läßt diesen durchschalten. Die Spannung U_V am Thyristor V1 (im gesperrten Zustand gleich U_1) bricht zusammen und der Strom I steigt nach einer Exponentialfunktion auf den Endwert $\frac{U_1}{R}$ an.

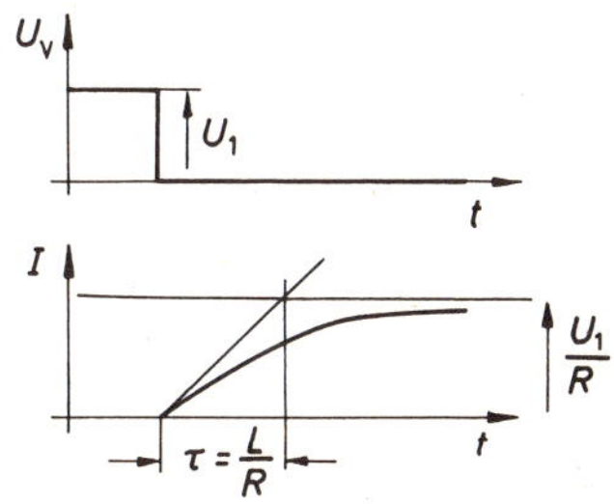

Bild 5.1 – 2

Um diesen Stromkreis wieder zu unterbrechen, muß auf irgend eine Weise der Strom im Thyristor unter den Haltestrom gebracht werden.

Nach erfolgter Stromunterbrechung ist darüber hinaus eine Schonzeit mit negativer Anoden-Kathodenspannung vorzusehen, bevor der Thyristor wieder mit positiver Sperrspannung beansprucht werden kann. Diese Schonzeit muß größer als die Freiwerdezeit sein.

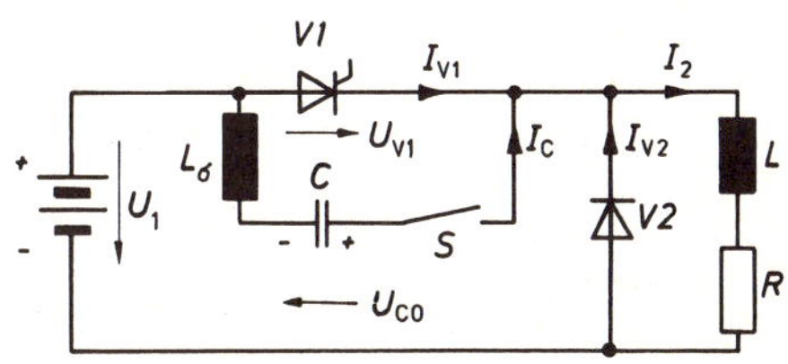

Bild 5.1 – 3

Das Löschen des Thyristors geht auf folgende Weise vor sich (Bild 5.1 – 3 und 5.1 – 4):

Durch Schließen des Schalters S wird der Kondensator, der auf die Spannung U_{CO} aufgeladen ist, parallel zum Thyristor V 1 geschaltet. In V 1 überlagern sich nun der eigentliche Laststrom und der Entladestrom des Kondensators. Dadurch kann kurzzeitig der Haltestrom unterschritten werden, wodurch V 1 in den Sperrzustand gelangt. Der Anstieg des Kommutierungsstromes wird durch die Induktivität L_σ verlangsamt (t_1 bis t_2). Das ist besonders wichtig, wenn der Schalter S durch einen Hilfsthyristor ersetzt wird, der bekanntlich beim Einschalten nur eine begrenzte Stromanstiegsgeschwindigkeit verträgt.

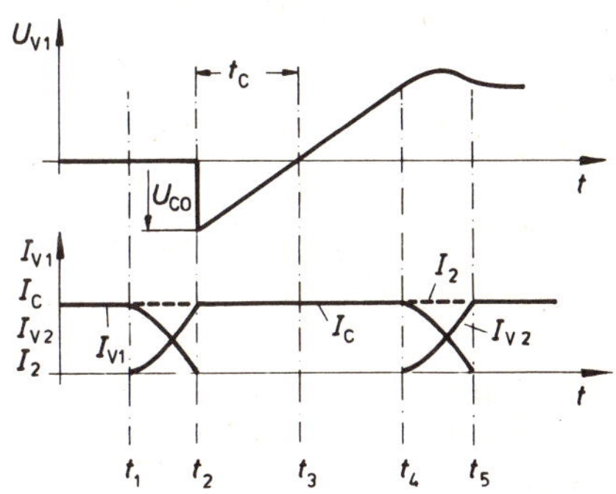

Bild 5.1 – 4

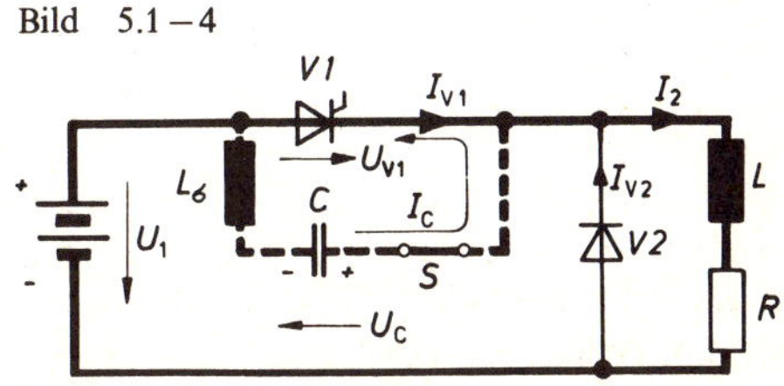

Bild 5.1 – 5

Im Zeitpunkt t_2 ist der erste Kommutierungsvorgang abgeschlossen, der Strom wurde vom Kondensatorkreis übernommen, Thyristor V 1 ist stromlos und sperrt. An V 1 springt die Kondensatorspannung U_{CO} als negative Sperrspannung an (Bild 5.1 – 5). Der Laststrom I_2 fließt jetzt (eingeprägt durch L) über den Kondensator und lädt diesen um (Bild 5.1 – 6).

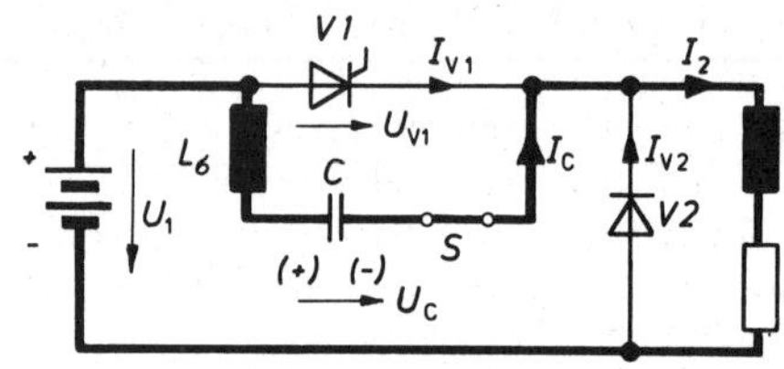

Bild 5.1 – 6

Die Spannung U_C erreicht nach einer Zeit t_c (t_3 in Bild 5.1 – 4) den Nullpunkt, um danach positiv in bezug auf V 1 zu werden. Die Zeit t_c mit negativer Sperrspannung benötigt der Thyristor für sicheres Sperren. t_c muß größer als die Freiwerdezeit t_q sein und wird als Schonzeit bezeichnet.

$$t_c = k \cdot t_q \qquad (5.1-1)$$

$k = 1{,}5$ (typisch)

k = Sicherheitsfaktor

Beim Umladen des Kondensators durch den Laststrom I_2 wird im Zeitpunkt t_4 ein Zustand erreicht, bei dem Batteriespannung und Kondensatorspannung gleich groß aber entgegengesetzt gepolt sind. Im weiteren Verlauf schieben die Induktivitäten der Zuleitungen und L_σ zusätzlich Ladung auf den Kondensator, seine Spannung wird größer als die der Batterie, die Diode V 2 wird leitend.

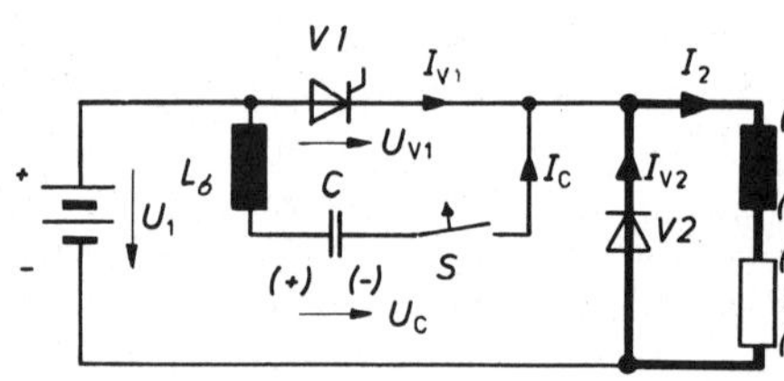

Bild 5.1 – 7

Nun findet der zweite Kommutierungsvorgang des Laststroms vom Kondensatorkreis auf den Freilaufkreis mit der Diode V 2 statt. Der Laststrom fließt nun über V 2 weiter, getrieben durch die Induktionsspannung der Lastinduktivität.

Der Hilfsthyristor löscht durch den Rückstrom, der entsteht, wenn $U_C > U_1$ wird.

Für den hier beschriebenen Löschvorgang wurde angenommen, daß die Zeitkonstante des Lastkreises $\frac{L}{R}$ groß ist im Vergleich zur Zeitdauer der Lösch- und Kommutierungsvorgänge. Die Höhe des Laststromes ändert sich dann während dieser Zeit nur wenig.

Die Spannung des Löschkondensators ist nach Ablauf eines Kommutierungsvorgangs für eine weitere Löschung verkehrt gepolt. Bild 5.1 – 8 zeigt eine Schaltungserweiterung, die für ein rechtzeitiges Umpolen des Kondensators sorgt.

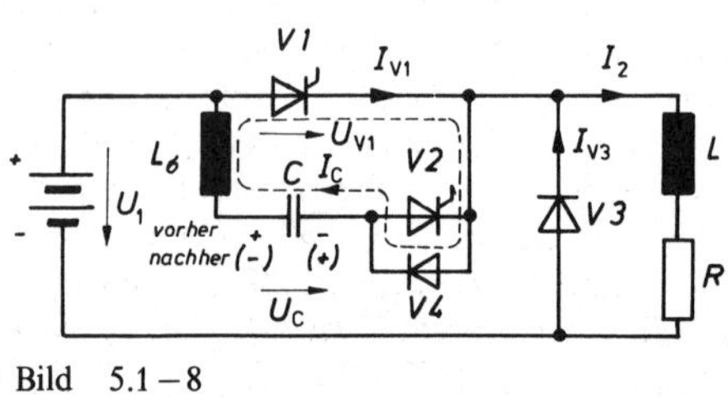

Bild 5.1 – 8

Wird nach dem Sperren des Schalters V 1 erneut gezündet, entsteht mit L_σ und C über V 1 und V 4 ein Reihenschwingkreis. Die im Kondensator gespeicherte Energie versucht, sich über den Schwingkreis in Form einer selbständigen Sinusschwingung abzubauen. Allerdings kommt nur eine Halbschwingung zustande, da V 4 ein weiteres Schwingen verhindert. Am Ende dieser Halbschwingung ist C umgeladen und hat nun die für den nächsten Löschvorgang notwendige Polarität.

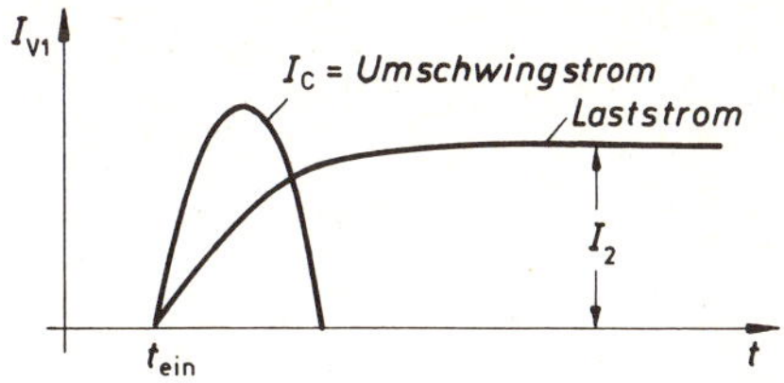

Bild 5.1 – 9

V 1 wird in der Schaltung 5.1 – 8 mit der Spitze des Umschwingstromes zusätzlich belastet.

Unter der Voraussetzung konstanten Laststromes läßt sich die erforderliche Größe des Kommutierungskondensators berechnen. Von C hängt nämlich die Umladegeschwindigkeit des Kondensators ab. Ist z. B. C zu klein, so würde sich der Kondensator sehr schnell (durch den Laststrom!) umladen und dadurch die Schonzeit für V 1 zu klein. Gl. (5.1 – 2) stellt die Grundgleichung zur Ladung eines Kondensators dar. Fließt auf einen Kondensator der Kapazität C während einer Zeit Δt ein konstanter Strom I, so ändert sich die Kondensatorspannung um den entsprechenden Wert ΔU_C.

$$C \cdot \Delta U_C = I \cdot \Delta t \qquad (5.1-2)$$

Wendet man die Gleichung auf die speziellen Gegebenheiten im Zeitintervall t_2 bis t_3 in Bild 5.1 – 4 an, erhält man schließlich Gl. (5.1 – 3).

$$C \cdot U_{CO} = I_2 \cdot t_c$$

$$C = \frac{I_2 \cdot t_c}{U_{CO}} \qquad (5.1-3)$$

Bei den meisten Löschschaltungen ist die Kondensatorspannung im Löschzeitpunkt gleich der Eingangsspannung U_1. Wie Gl. (5.1 – 3) zeigt, wächst die benötigte Kapazität des Löschkondensators proportional mit der Schonzeit bzw. Freiwerdezeit. Um den Aufwand gering zu halten, werden für selbstgeführte Stromrichter deshalb Thyristoren mit sehr kleinen Freiwerdezeiten eingesetzt.

$$U_{CO} \approx U_1$$

$$t_q = 5 \ldots 30\ \mu s$$

Nach der Berechnung von C kontrolliert man mit der umgestellten Gl. (5.1 – 2) die Spannungsanstiegsgeschwindigkeit. Diese muß kleiner als der entsprechende Thyristorgrenzwert sein.

$$\frac{\Delta U}{\Delta t} = \frac{I_2}{C} < \frac{du}{dt}_{krit}$$

Nach C kann mit Hilfe der Energiegleichung (5.1 – 4) auch der Umschwingstrom berechnet werden. Vor dem Umschwingvorgang ist der Kondensator geladen und hat damit die kapazitive Energie W_C gespeichert. Im Moment des Umschwingstrommaximums ist die magnetische Energie der Spule W_L maximal und nahezu gleich der ursprünglichen Kondensatorenergie, wenn die Verluste des Schwingkreises gering sind.

$$W_C = \frac{1}{2} C U^2$$

$$W_L = \frac{1}{2} L I^2$$

$$W_L = W_C$$

$$L I^2 = C U^2$$

$$\hat{i}_{LC} = \sqrt{\frac{C U_{CO}^2}{L}} \qquad (5.1-4)$$

I_{LC} = Umschwingstrom

Übung 5.1 – 1

Wie groß darf der Strom I_2 sein, damit bei der Umladung des Kondensators von 4 µF und einer Kondensatorspannung U_{CO} von 200 V eine Schonzeit von $t_c = 16$ µs sichergestellt ist? (Schaltung 5.1 – 8)

Übung 5.1 – 2

Wie weit darf die Kondensatorspannung von Übung 5.1 – 1 absinken, um mindestens eine Schonzeit von $t_c = 10$ µs sicherzustellen?

Übung 5.1 – 3

Berechnen Sie die Umschwingstromspitze in Schaltung 5.1 – 8 mit $L_\sigma = 10$ µH und den Werten aus Übung 5.1 – 1.

5.1.3 Gleichstromsteller, Grundschaltung

Ein Gleichstromschalter mit Halbleitern, wie er im vorangegangenen Abschnitt beschrieben wurde, wird nicht nur für sporadische, in größeren Zeitabständen erfolgende Ein- und Ausschaltungsvorgänge von Gleichstromverbrauchern eingesetzt.

Wenn man die Ein- und Ausschaltvorgänge periodisch mit einer vorgegebenen Frequenz einleitet, und darüber hinaus noch das Verhältnis von Ein- zu Ausschaltdauer verändert, läßt sich damit die Leistungsaufnahme eines Gleichstromverbrauchers steuern bzw. stellen.

Man nennt einen solchen Stromrichter einen *Gleichstromsteller*.

Die Schaltfrequenz, mit der periodisch der Haupt- bzw. Löschthyristor gezündet wird, wird als Pulsfrequenz f_p bezeichnet.

f_p = Pulsfrequenz

Eine gebräuchliche Schaltung zeigt Bild 5.1 – 10. Die meisten Elemente sind schon vom vorher beschriebenen Gleichstromschalter bekannt. Als Last wurde eine Reihenschaltung von R und L angenommen. Sie ist über den Thyristorschalter S mit der Gleichspannungsquelle verbunden. In den meisten Fällen werden solche Einrichtungen zur Drehzahlsteuerung von G-Motoren eingesetzt.

Die Löscheinrichtung besteht aus dem Kondensator C, einem Löschthyristor V 2 und dem Umschwingkreis mit der Diode V 4 und der Induktivität L_2.

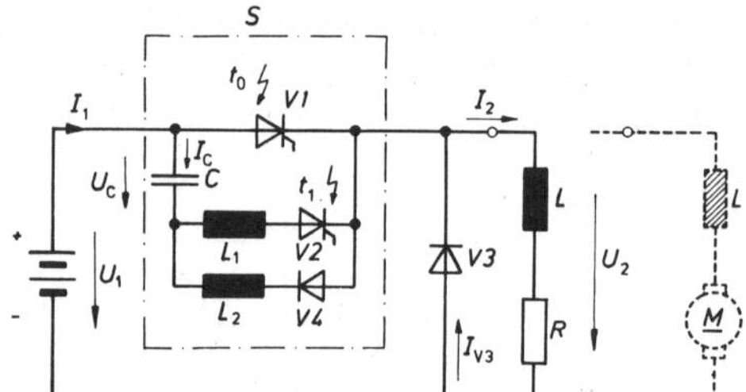

Bild 5.1 – 10

Parallel zur Last liegt die Freilaufdiode V 3.

Wird der Halbleiterschalter S periodisch mit dem zeitlichen Abstand T gezündet (Zeitpunkt t_0) und im Zeitpunkt t_1 wieder gelöscht, so ergeben sich auf der Lastseite pulsförmige Spannungsblöcke. Die Höhe dieser Blöcke entspricht der Gleichspannung U_1. Ihre Breite ist gleich der Einschaltzeit T_e.

In den Löschzeitpunkten t_1 tritt auf der Lastseite eine zusätzliche Spannungsspitze auf, die durch die Reihenschaltung der Batteriespannung U_1 und der Kondensatorspannung U_C entsteht.

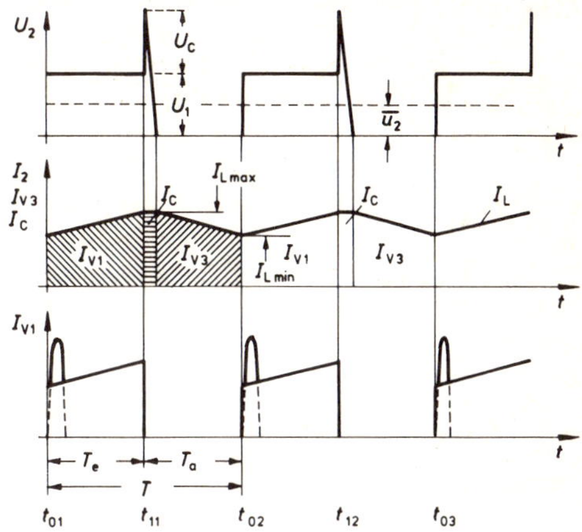

Bild 5.1 – 11

Das Verhältnis zwischen der Einschaltdauer T_e und der Periodendauer T wird als Einschaltverhältnis λ bezeichnet.

$$\lambda = \frac{T_e}{T} \tag{5.1-5}$$

Die mittlere Gleichspannung an der Last $\bar{u}_2$ läßt sich unter Vernachlässigung der Spannungsspitzen aus dem Einschaltverhältnis und der Eingangsspannung U_1 berechnen.

$$\bar{u}_2 = \lambda \cdot U_1 \tag{5.1-6}$$

In analoger Betrachtungsweise ergibt sich aus Bild 5.1 – 11 der Mittelwert des Eingangsstromes.

$$\bar{i}_1 = \lambda \cdot I_2 \tag{5.1-7}$$

Je nach Größe der Glättungsdrossel schwankt der Laststrom zwischen einem Minimalwert $i_{2\,min}$ und einem Maximalwert $i_{2\,max}$. Während der Einschaltzeit des Stellers nimmt der Lastkreis Energie auf, der Strom steigt an. Während der Ausschaltzeit wird die Energie im Lastkreis über die Freilaufdiode geringer, der Strom sinkt. Bild 5.1 – 12 zeigt die Verhältnisse noch einmal vereinfacht. Es ist ein Einschaltverhältnis $\lambda = 0{,}5$ angenommen.

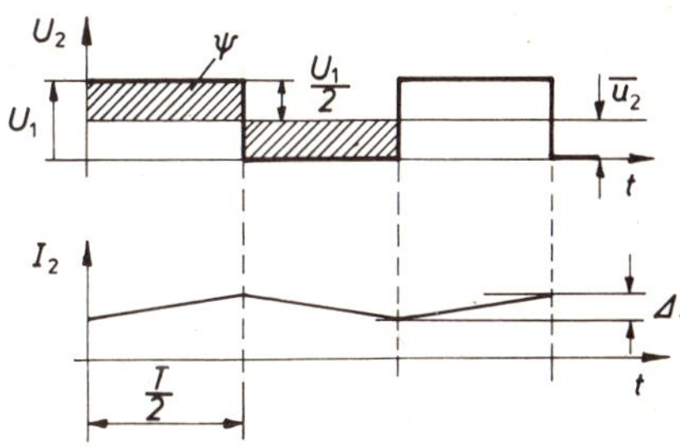

Bild 5.1 – 12

Die schraffierte Fläche ist die Spannungszeitfläche, die die Drossel während der Einschaltzeit aufnehmen muß. So läßt sich mit Hilfe des Induktionsgesetzes die notwendige Induktivität bei vorgegebener Stromschwankung berechnen (siehe auch 4.1.3).

$$\Delta I_2 = \frac{\psi}{L} \tag{5.1-8}$$

$$\psi = \frac{U_1}{2} \cdot \frac{T}{2}$$

$$\Delta I_2 = \frac{\frac{U_1}{2} \cdot \frac{T^2}{2}}{L}$$

$$\Delta I_2 = \frac{U_1}{4 L f_p} \tag{5.1-9}$$

$$L = \frac{U_1}{4 f_p \Delta I_2} \tag{5.1-10}$$

Übung 5.1 – 4

Welche Periodendauer T und welche Einschaltdauer T_e ergibt sich bei einem Einschaltverhältnis $\lambda = 0{,}62$ und einer Pulsfrequenz $f_p = 500\,\text{Hz}$?

Übung 5.1 – 5

Welche mittlere Spannung liegt an der Last, wenn die Eingangsgleichspannung $U_1 = 500\,\text{V}$ beträgt und das Einschaltverhältnis $\lambda = 0{,}34$ ist.

Übung 5.1 – 6

Eine fremderregte Gleichstrommaschine wird über einen Gleichstromsteller betrieben. Der nahezu ideal geglättete Ankerstrom beträgt $I_A = 250\,\text{A}$, die Ankerspannung 85 V. Die Batteriespannung beträgt 150 V. Berechnen Sie: Mittelwerte des Batteriestromes und des Freilaufdiodenstromes.

Übung 5.1 – 7

Ein Gleichstromsteller erzeugt einen Ausgangsstrom $I_2 = 250\,\text{A}$ mit einer Welligkeit $\frac{\Delta I_2}{I_2} = 10\%$.
Batteriespannung: 150 V, Pulsfrequenz: 800 Hz. $\lambda = 0{,}5$. Berechnen Sie L.
Berechnen Sie anschließend mit der gleichen Drossel die Welligkeit bei $\lambda = 0{,}3$, $I_2 = 250\,\text{A}$.

Die theoretisch von 0 bis 1 denkbaren Werte des Einschaltverhältnisses sind praktisch nicht ganz realisierbar. Damit die Schaltung ordnungsgemäß arbeiten kann, muß das ständige Umladen des Löschkondensators gewährleistet sein. Bild 5.1 – 13 verdeutlicht die Arbeitsweise bei der minimalen Einschaltzeit T_{emin}. V 1 ist gerade so lange leitend, wie Zeit für den Umschwingvorgang notwendig ist. Unmittelbar danach wird der Löschthyristor gezündet, so daß der Kondensator wieder umgeladen wird. U_2 hat dabei den gezeichneten Verlauf. T ist die für den Steller vorgesehene Pulsperiodendauer.

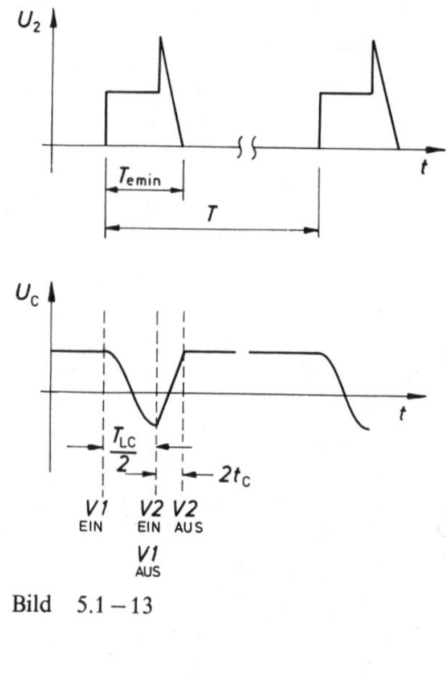

Bild 5.1 – 13

Beispiel 5.1 – 1

Der Gleichstromsteller nach Bild 5.1 – 10 hat die Angaben: $U_1 = 500\,\text{V}$, $t_c = 30\,\mu\text{s}$, $I_2 = 150\,\text{A}$, $L_2 = 15\,\mu\text{H}$, Pulsperiodendauer $T = 500\,\mu\text{s}$. Zu berechnen ist das kleinste Einschaltverhältnis λ und die kleinstmögliche Ausgangsspannung. Kommutierungszeiten werden nicht berücksichtigt.

Lösung:

Mit Gl. (5.1 – 3) wird zunächst der Kommutierungs-Kondensator berechnet:

$$C = \frac{I_2 \cdot t_c}{U_1} = \frac{150\,\text{A} \cdot 30\,\mu\text{s}}{500\,\text{V}}$$

$$C = 9\,\mu\text{F}$$

Mit Hilfe der Schwingungsgleichung läßt sich die Halbperiodendauer des Umschwingvorganges berechnen:

$$f_0 = \frac{1}{2\pi\sqrt{L_2 \cdot C}}$$

$$\frac{T}{2} = \pi\sqrt{L_2 \cdot C} = \pi\sqrt{15\,\mu\text{H} \cdot 9\,\mu\text{F}}$$

$$\frac{T}{2} = 36{,}5\,\mu\text{s}$$

Außerdem liegt aber noch für die Zeit $2t_c$ Ausgangsspannung an:

$2t_c$ wurde hier im Gegensatz zu Bild 5.1 – 11 in U_2 mitberücksichtigt. Man denke sich die Spannungsspitze so umgeklappt, daß eine um $2t_c$ verlängerte Rechteckspannung entsteht.

$$T_{\text{emin}} = \frac{T}{2} + 2t_c = 36{,}5\,\mu\text{s} + 60\,\mu\text{s}$$

$$T_{\text{emin}} = 96{,}5\,\mu\text{s}$$

$$\lambda_{\min} = \frac{T_{\text{emin}}}{T_p} = \frac{96{,}5\,\mu\text{s}}{500\,\mu\text{s}}$$

$$\lambda_{\min} = 0{,}19$$

$$\bar{u}_{2\,\min} = \lambda_{\min} \cdot U_1 = 0{,}19 \cdot 500\,\text{V}$$

$$\bar{u}_{2\,\min} = 85\,\text{V}$$

Andererseits kann V 1 nicht ständig eingeschaltet sein. Der Löschkondensator würde sich in diesem Falle über den unvermeidlichen Isolationswiderstand allmählich entladen, so daß irgendwann kein Abschalten mehr möglich ist. Bild 5.1 – 14 zeigt, daß T_{emax} um eine Zeit T_{amin} kleiner als T sein muß.

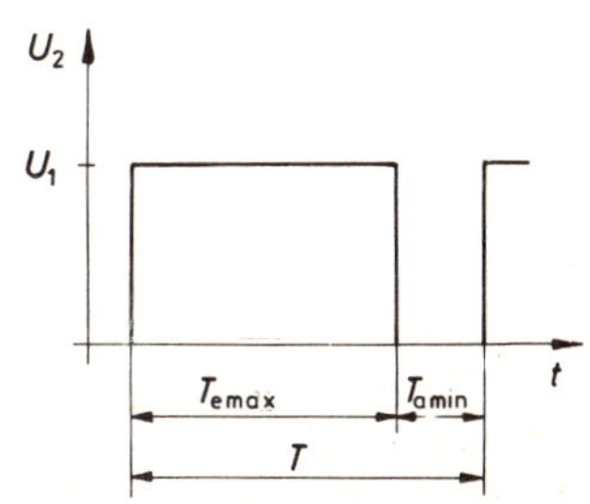

Bild 5.1 – 14

Übung 5.1 – 8

Der Steller aus Beispiel 5.1 – 1 hat eine minimale Pulspausenzeit $T_{amin} = 30\,\mu s$. Berechnen Sie die maximale Ausgangsspannung.

5.1.4 Schaltungsvarianten

Wie schon unter 5.1.2 gezeigt, wird der Kondensator bei der Umladung über den Löschthyristor über U_1 hinaus aufgeladen. Wenn V 2 anschließend sperrt und V 3 durchschaltet, bildet sich wiederum ein Umschwingkreis L_3, L_1, L_2, C, V 3 und V 4. L_3 und L_1 sind weitere Induktivitäten, teilweise Kabelinduktivitäten. In dem sich ergebenden Umschwingvorgang versucht der Kondensator, seine gegenüber der Gleichspannungsquelle vorhandene Überspannung abzubauen. Wegen der Dioden ist wieder nur eine Halbschwingung möglich. Dadurch geht die Überspannung des Kondensators schließlich in eine Unterspannung über. U_{Cmin} kann so gering werden, daß die Löschung von V 1 nicht mehr zustande kommt. Unterladung und andere Nachteile der Grundschaltung können durch Erweiterungen beseitigt werden.

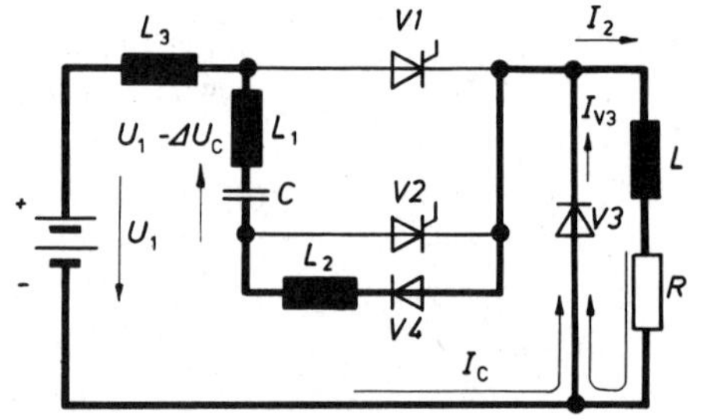

Bild 5.1 – 15

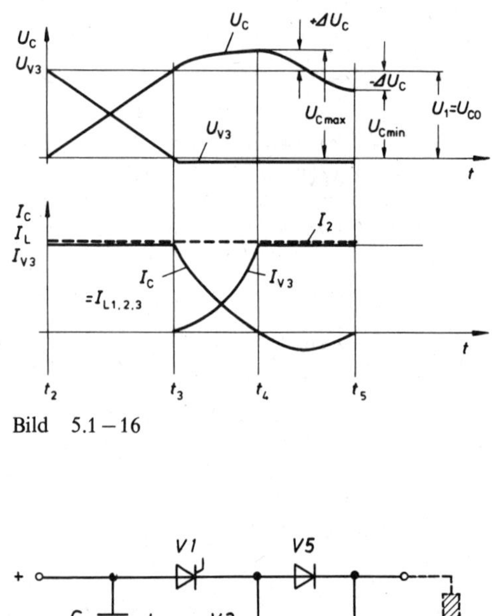

Bild 5.1 – 16

Bild 5.1 – 17 zeigt, wie durch Einsetzen einer Diode V 5 oder durch Ersatz der Diode V 4 durch einen Thyristor das Rückschwingen der Kondensatorladung und damit die Unterspannung vermieden wird.

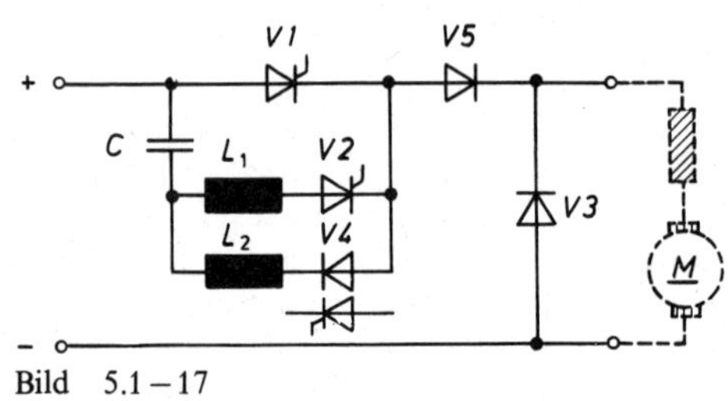

Bild 5.1 – 17

Bei kleinen Lastströmen bzw. bei hohem Lastwiderstand dauert die Umladung des Kondensators verhältnismäßig lang und die erforderliche Pause zwischen dem Löschzeitpunkt und dem Wiedereinschaltzeitpunkt wird zu groß.

Hier bringt ein eigener Schwingkreis, bestehend aus C, L_3, V 5, Abhilfe, der die Umladung beim Löschvorgang übernimmt (Bild 5.1 – 18).

Da der Löschkondensator bei der Grundschaltung über die Last aufgeladen wird, funktioniert diese nicht bei sehr kleiner Last oder im Leerlauf.

Um die Schaltung leerlaufsicher zu machen, ist ein weiterer Zweig zur lastunabhängigen Aufladung des Kondensators zuzufügen.

Nach der Umladung des Kondensators beim Löschvorgang über den Umladekreis C, L_1, V 2, V 5, L_3 wird der Nachladethyristor V 6 gezündet, so daß sich der Kondensator stets auf die volle Eingangsspannung auflädt (Bild 5.1 – 19).

Bei hochausgenutztem Hauptthyristor Vl kann es stören, daß auch der Umladestrom zu Beginn der Stromführungsdauer von Vl getragen werden muß. Es ist daher in manchen Fällen vorteilhaft, den Hauptthyristor zu entlasten und einen eigenen Umladekreis für die Anfangsumladung vorzusehen. Eine entsprechende Schaltung ist in Bild 5.1 – 20 zu sehen.

Mit den Anforderungen an eine Schaltung steigt natürlich auch der Aufwand, wie das letzte Beispiel zeigt. Es ist daher das Bestreben der Schaltungsentwickler, den Aufwand so gering wie möglich zu halten und für jeden Anwendungsfall die optimale Lösung bereit zu stellen.

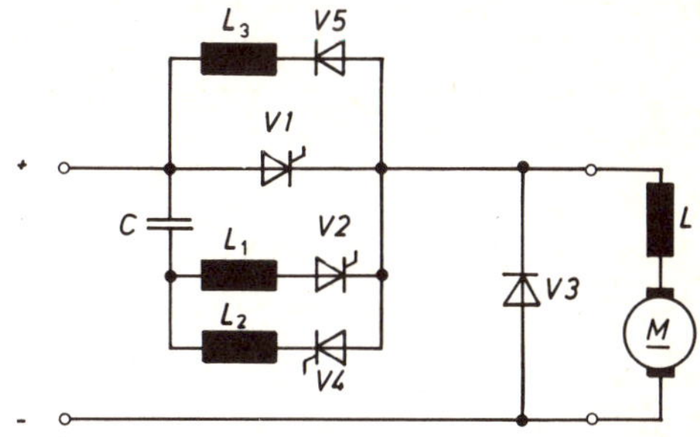

Bild 5.1 – 18

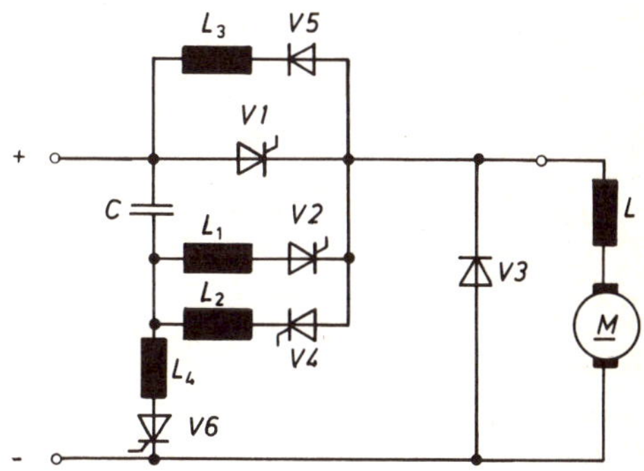

Bild 5.1 – 19

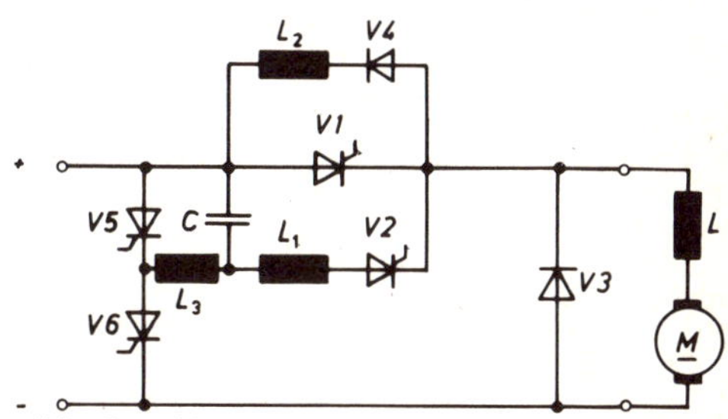

Bild 5.1 – 20

5.1.5 Steuerverfahren

Wie gezeigt, liefert der Gleichstromsteller eine nahezu rechteckförmige Ausgangspulsspannung U_2. Im Idealfall nimmt die Drossel den Wechselspannungsanteil von U_2 vollständig auf, während der Gleichspannungsanteil (arithmetischer Mittelwert) an der Maschine anliegt.

Durch Verändern des Einschaltverhältnisses $\frac{T_e}{T}$ ist der Mittelwert $\bar{u}_2$, damit die Ankerspannung, damit die Drehzahl steuerbar.

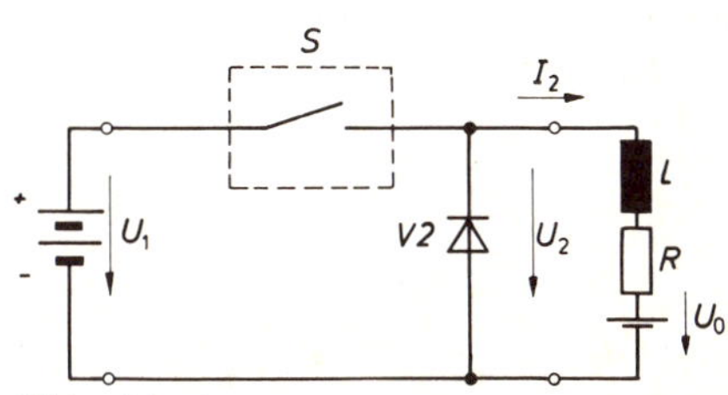

Bild 5.1 – 21

Als erste Möglichkeit bietet sich dazu die *Impulsbreitensteuerung* an. Das ist die Veränderung der Einschaltzeit T_e bei konstanter Pulsperiodendauer.

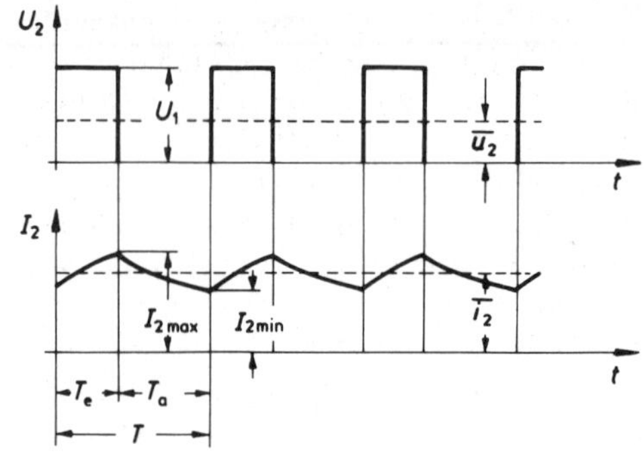

Bild 5.1 – 22

Die zweite Möglichkeit ist die *Impulsfolgesteuerung*. Dabei ist die Einschaltzeit konstant, statt dessen die Pulsperiodendauer variabel.

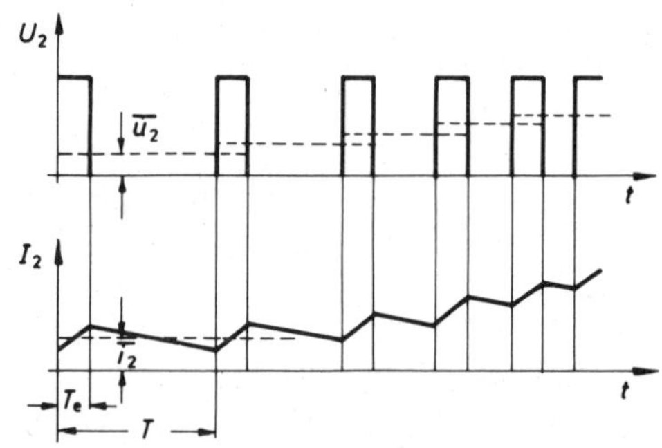

Bild 5.1 – 23

Übung 5.1 – 9

Bei einer Eingangspannung $U_1 = 500\,\text{V}$ soll am Anker eine Spannung $U = 320\,\text{V}$ entstehen. Berechnen Sie:

bei einer Stellerfrequenz von 250 Hz die erforderliche Einschaltdauer bei Impulsbreitensteuerung, bei Impulsfolgesteuerung und Einschaltdauer $T_e = 2\,\text{ms}$ die notwendige Stellerfrequenz.

Bei der Speisung induktiver Verbraucher kann eine *Zweipunktregelung* des Stroms angebracht sein. Während bei den eben erklärten Steuerverfahren entweder die Periodendauer oder die Einschaltdauer fest von der Steuerung vorgegeben wird, hängt der Ein- und Ausschaltzeitpunkt bei der Zweipunktregelung vom Erreichen einer von der Reglung vorgegebenen oberen und unteren Stromgrenze ab.

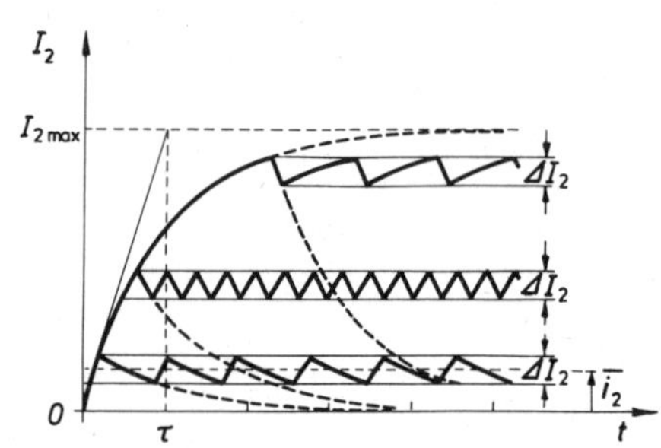

Bild 5.1 – 24

Überschreitet der Verbraucherstrom den gewünschten Mittelwert um einen bestimmten Betrag, der der oberen Stromgrenze entspricht, öffnet der Schalter, unterschreitet er den Mittelwert bis zur unteren Stromgrenze, schließt der Schalter wieder.

Einschaltdauer und Schaltfrequenz werden von der vorgegebenen Schwankungsbreite des Stroms ΔI, von der Zeitkonstante des Verbrauchers und vom gewünschten Mittelwert des Verbraucherstroms bestimmt.

Das Bild 5.1 – 24 läßt erkennen, daß mit steigendem Strommittelwert bei konstanter Schwankungsbreite ΔI die Einschaltdauer und die Schaltfrequenz f zunehmen.

Bei größeren Strommittelwerten nimmt dann die Schaltfrequenz wieder ab, während die Einschaltdauer steigt.

Bei der Zweipunkt-Stromregelung werden demnach sowohl die Einschaltdauer als auch die Frequenz geändert.

Das Prinzipschaltbild eines impulsbreitengesteuerten Gleichstromstellers zur Drehzahlsteuerung eines Gleichstrommotors zeigt Bild 5.1 – 25.

Die Steuerung besteht aus einem Taktgeber TG, der eine Rechteckspannung mit einer der gewünschten Stellerfrequenz entsprechenden Frequenz erzeugt. Der Steuersatz ST dient der Umsetzung der vom Drehzahlregler her gegebenen Steuerspannung in eine entsprechende Impulsbreite.

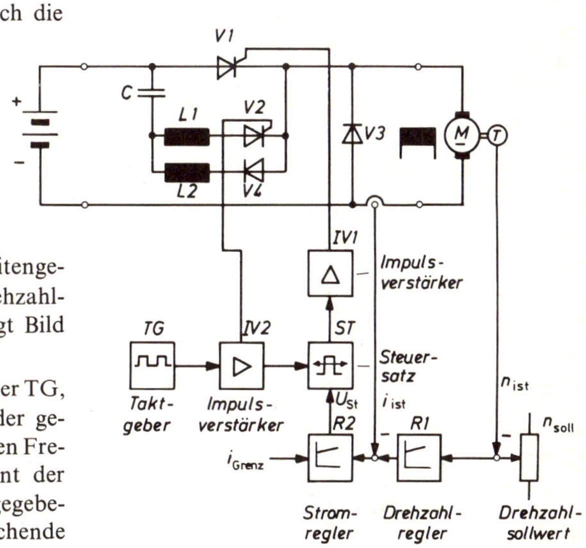

Bild 5.1 – 25

Die Steuerung ist in Bild 5.1 – 26 nochmals zusammen mit einem Ablaufschema dargestellt. Die Anfangsflanken der Taktgeberimpulse erzeugen in der Impulsformerstufe IV2 Steuerimpulse für den Löschthyristor V2 und lösen gleichzeitig in der Steuerstufe ST eine sägezahnförmige Spannung aus.

Der Regler R2 (ein Stromregler) gibt eine Spannung zwischen Null und +10 V ab, die im Steuersatz mit der Steuerspannung verglichen wird. Erreicht die absteigende Flanke des Sägezahns die vorgegebene Steuerspannung, so wird auch hier ein Impuls ausgelöst, der, verstärkt in der Verstärkerstufe IV2, den Hauptthyristor Vl zündet. Soll die Drehzahl des Motors steigen, so muß die Steuerspannung ebenfalls erhöht werden. Der Schnittpunkt zwischen der Sägezahnspannung und der Steuerspannung verschiebt sich nach links. Damit wird der Zündimpuls für den Hauptthyristor Vl zeitlich früher erzeugt. Die Impulsbreite der Ausgangsspannung wird größer und der Spannungsmittelwert steigt ebenfalls.

Die Drehzahlregelung erfolgt durch den Drehzahlregler Rl, dessen Ausgangsspannung als Sollwert für den nachfolgenden Stromregler R2 dient. Eine Strombegrenzung sorgt dafür, daß der Gleichstromsteller nicht überlastet wird.

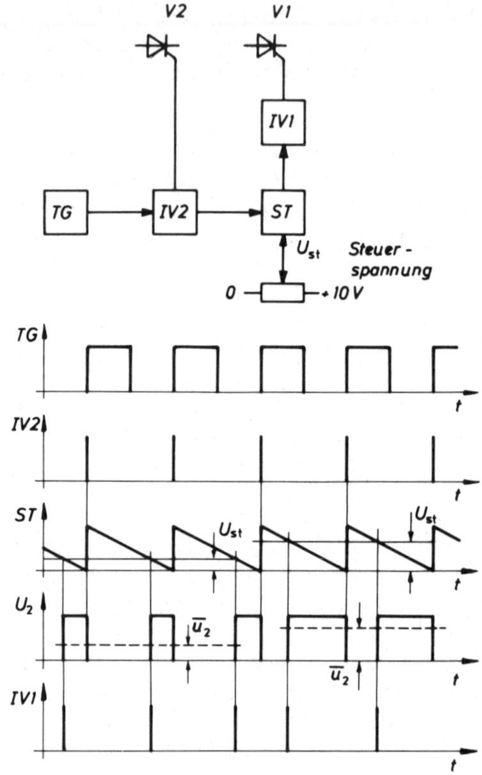

Bild 5.1 – 26

5.1.6 Mehrquadrantenbetrieb mit Gleichstromsteller

Mit Gleichstromstellern lassen sich auch Schaltungen zur Drehrichtungsumkehr und/oder Energierichtungsumkehr realisieren. Um bei der Darstellung der entsprechenden Schaltungen nicht immer die vollständige Gleichstromstellerschaltung zeichnen zu müssen, hat man ein Ersatz-Schaltzeichen eingeführt (Bild 5.1 – 27).

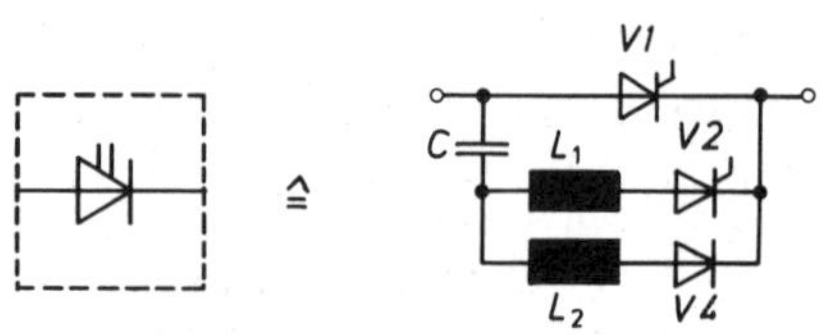

Bild 5.1 – 27

Darüber hinaus bedeutet dieses Schaltzeichen einen abschaltbaren Thyristor.

Will man mit der Gleichstrommaschine elektrisch bremsen, so muß man die Ankerstromrichtung umkehren können (bei gleichbleibender Feldstrom- und Drehrichtung).

Die normale Gleichstromstellerschaltung kann das nicht. Selbst wenn man den Steller in Bild 5.1 – 28 mit einer Diode überbrückt, wäre die im

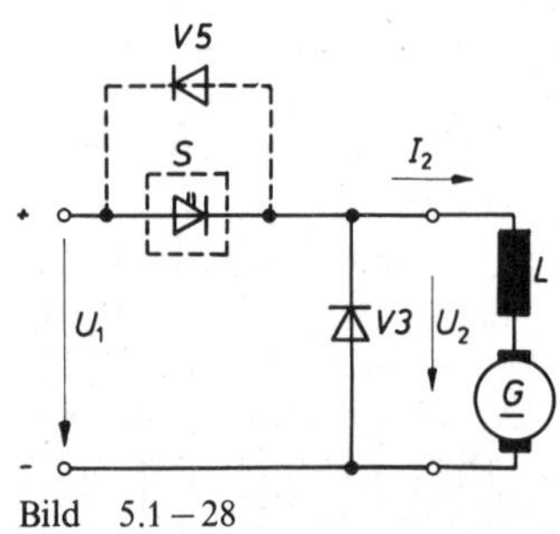

Bild 5.1 – 28

Anker induzierte Spannung meist nicht in der Lage, gegen die Spannung U_1 einen Strom zu treiben, da diese normalerweise die größere ist.

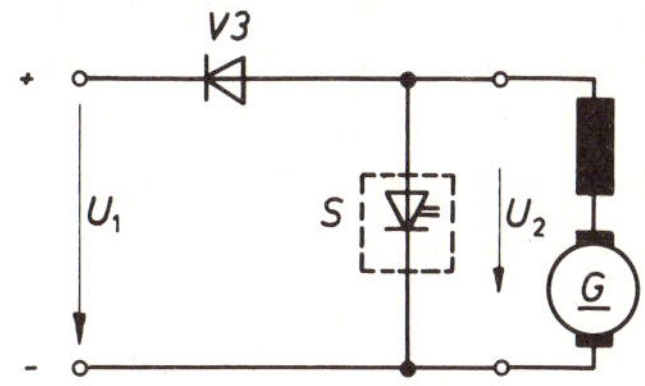

Bild 5.1 – 29

Um auch bei kleiner Drehzahl bremsen zu können, d. h. bei kleiner Ankerspannung, schaltet man die Elemente der Schaltung 5.1 – 28 um und erhält die Bremsschaltung 5.1 – 29.

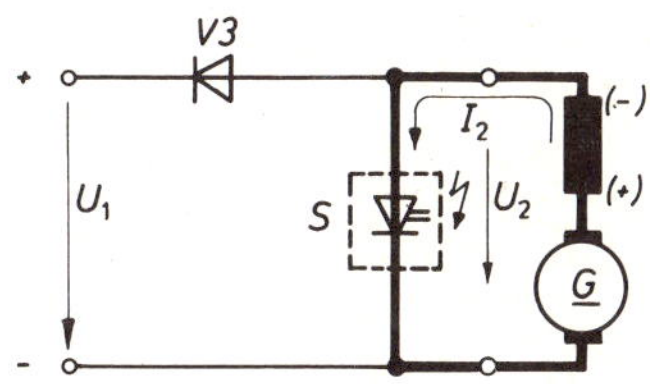

Bild 5.1 – 30

Zündet man das Hauptventil des Stellers, so erzeugt die Maschine, die im Bremsbetrieb als Generator arbeitet, einen ansteigenden Strom, der über die Drossel und den Steller fließt. Die Stromanstiegsgeschwindigkeit wird durch L und die Ankerspannung bestimmt.

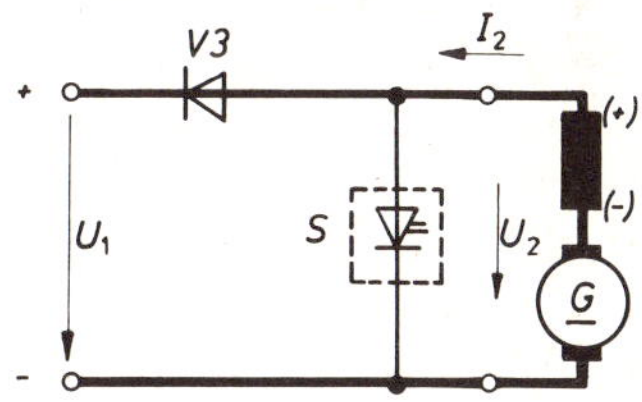

Bild 5.1 – 31

Hat der Strom eine vorgegebene Größe erreicht, wird der Steller wieder gelöscht. Die Induktivität will jedoch den Strom weiterfließen lassen und erzeugt dazu eine Induktionsspannung. Diese addiert sich zu der im Anker induzierten Spannung; die Summe ist dann größer als U_1, so daß V 3 durchgeschaltet und ein Rückstrom in die Batterie fließen kann (Nutzbremsung). Die magnetische Energie nimmt ab und damit der Rückstrom. Irgendwann würde U_L zu klein und V 3 wieder sperren. Bei einer festgesetzten unteren Stromgrenze wird jedoch vorher bereits wieder S durchgeschaltet und die Energie der Drossel wieder aufgeladen.

Voraussetzung für die Nutzbremsung ist, daß die Einspeisung in der Lage ist, die Energie auch aufzunehmen (Gleichspannungsnetz, an dem andere Verbraucher hängen oder Batterie). Ist dies nicht der Fall, würde die Spannung der Drossel unzulässig stark ansteigen. In diesem Falle schaltet man dem Steller einen Widerstand parallel. Es ist dann allerdings keine Nutzbremsung, sondern nur noch eine Widerstandsbremsung vorhanden. Die Bewegungsenergie des Antriebs wird so in Wärme umgewandelt.

Die Umgruppierung der Stellerelemente kann mechanisch über Schütze erfolgen. Besser ist die Schaltung nach Bild 5.1 – 32. S 1 und V 31 bilden den Teilstromrichter für den Motorbetrieb, S 2 und V 32 denjenigen für den Bremsbetrieb.

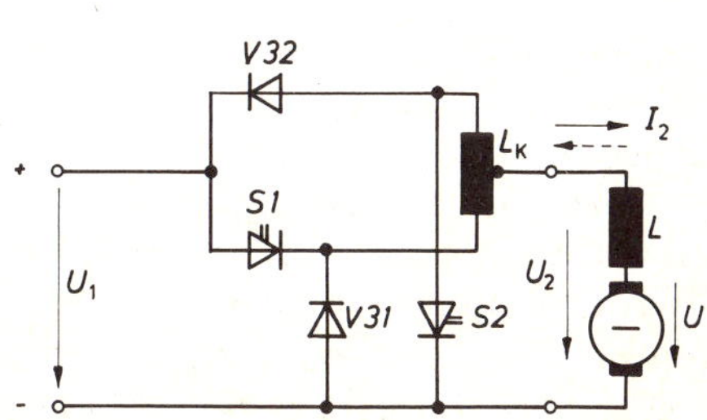

Bild 5.1 – 32

Steller für Vierquadrantenbetrieb (Treiben und Bremsen in beiden Drehrichtungen) können als Brückenschaltung aufgebaut werden. Vier Schaltzustände dieser Schaltung werden in den Bildern 5.1 – 33 bis 5.1 – 36 erläutert.

1. Motorbetrieb Rechtslauf
   (1. Quadrant)

   Energie zuführen: S 2 und S 3 sind durchgeschaltet. U_2 und I_2 weisen in eine Richtung. Der Ausgangskreis ist Verbraucher.

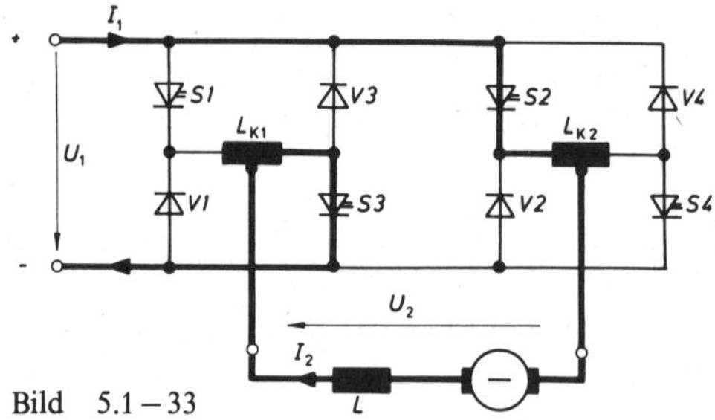

Bild 5.1 – 33

S 2 und S 3 werden gelöscht. Die Spule erzeugt eine Induktionsspannung und schaltet V 3 und V 2 durch. U_2 polt sich um, der Ausgangskreis wirkt als Erzeuger. Energie wird zurückgespeist.

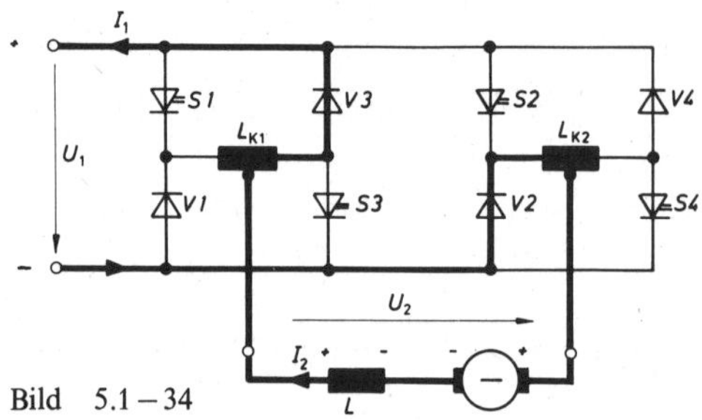

Bild 5.1 – 34

2. Generatorbetrieb Rechtslauf
   (2. Quadrant)

   Generatorspannung und Selbstinduktionsspannung addieren sich und schalten V 1 und V 4 durch. Der Ausgangskreis ist Erzeuger. Energie wird zurückgespeist.

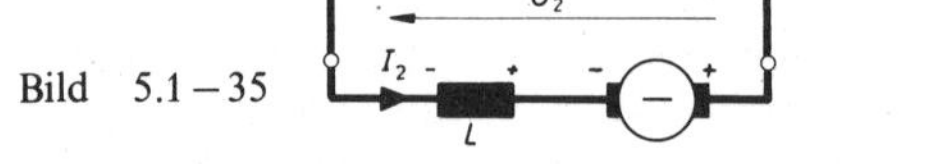

Bild 5.1 – 35

S 1 und S 4 werden durchgeschaltet. In der Drossel wird magnetische Energie gespeichert. Der Ausgangskreis wirkt als Verbraucher.

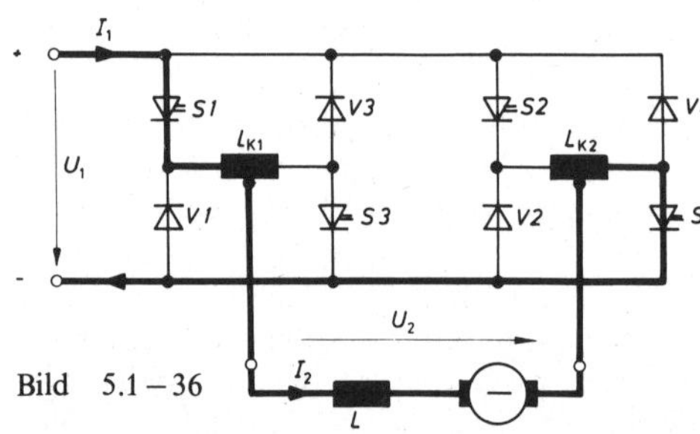

Bild 5.1 – 36

Sowohl im Motorbetrieb als auch im Generatorbetrieb ist der Ausgangskreis also zeitweise Verbraucher, zeitweise Erzeuger. Im Motorbetrieb ist er natürlich überwiegend Verbraucher, im Generatorbetrieb überwiegend Erzeuger.

Übung 5.1 – 10

Erläutern Sie anhand von Skizzen die Funktion der Stellerschaltung Bild 5.1 – 33 im 3. und 4. Quadranten. Tragen Sie die Strom- und Spannungsrichtungen ein.

5.1.7 Gleichstromsteller mit Transistoren

Mit der Entwicklung von Leistungstransistoren mit hoher Stromtragfähigkeit und hohen Sperrspannungen werden im Leistungsbereich bis etwa 50 kW an Stelle von Thyristoren zunehmend Transistoren eingesetzt. Transistoren benötigen bei selbstgeführten Stromrichterschaltungen keine Löscheinrichtungen. Die Kurzschlußfestigkeit der Geräte ist leichter zu realisieren und die Schaltfrequenz kann viel höher gewählt werden als bei Thyristoren (meist zwischen 2 bis 20 kHz).

Auf der anderen Seite muß man durch entsprechende Schaltmaßnahmen dafür sorgen, daß die Transistoren möglichst rasch ein- und ausschalten, keine Rückströme und Überspannungen auftreten.

Es ist also bei der Ansteuerung und bei sog. „Entlastungsnetzwerken" ein Aufwand zu treiben, der dem bei Thyristoren gleichkommt.

Die bisher gezeigten Schaltungen für Gleichstromsteller sind auch für Transistoren anwendbar.

Auch hier ist die Freilaufdiode V 2 unerläßlich, um beim Abschalten induktiver Last dem Transistor das Abschalten zu ermöglichen.

Die Diode muß sehr schnell schalten.

Leistungstransistoren haben eine verhältnismäßig geringe Stromverstärkung, sie brauchen Verstärker und Impulsformungsstufen, sog. Treiberstufen.

Die Schaltung der Treiberstufe ist wesentlich für die Betriebszuverlässigkeit der Schaltung. Unter den zahlreichen Schaltungsvarianten von Treiberstufen sei hier nur eine als Beispiel in Bild 5.1 – 38 dargestellt.

Transistor V 2 sorgt für positiven Basisstrom beim Einschalten, V 3 für negativen Basisstrom beim Ausschaltvorgang. Die sogenannte „Antisättigungsdiode" V 4 sorgt dafür, daß der Leistungstransistor nicht voll im Sättigungsbereich arbeitet, sondern im Bereich der „Quasisättigung", das vermindert beim Ausschalten die Fallzeit t_f. (Siehe auch 2.2!)

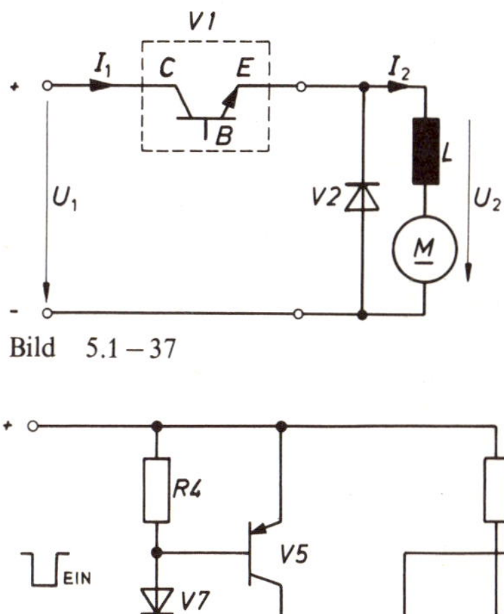

Bild 5.1 – 37

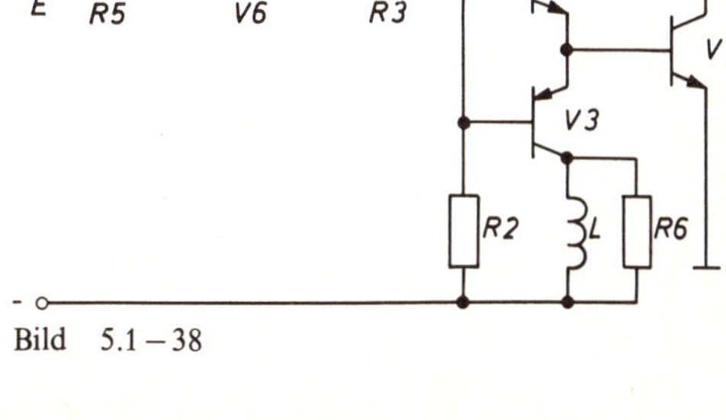

Bild 5.1 – 38

5.1.8 Anwendungen von Gleichstromstellern

Gleichstromsteller kommen überall dort zum Einsatz, wo aus einer vorhandenen Gleichspannung möglichst verlustarm eine kleinere Gleichspannung erzeugt werden soll. Auf diese Weise sollen zum Beispiel Batterien mit festlegbarem Ladestrom geladen oder Gleichstrommotoren in ihrer Drehzahl gesteuert werden. Hauptanwendungsgebiet sind mit Gleichspannung betriebene Fahrzeuge und Geräte zur Steuerung der Zwischenkreisspannung bei Umrichtern für Drehstromantriebe.

Beim Betrieb eines Gleichstromstellers am Fahrdraht (U-Bahn, Straßenbahn) tritt das Problem auf, aus einer Spannungsquelle mit induktivem Innenwiderstand impulsförmige Ströme zu entnehmen. Um bei diesem Betrieb Überspannungen am Steller zu vermeiden, muß am Eingang desselben eine Kondensatorbatterie parallel geschaltet werden. Die Kondensatoren können beim Einschalten des Hauptthyristors den impulsförmigen Strom liefern, andererseits während der Pulspause den Strom aufnehmen, den die induktive Spannungsquelle noch kurze Zeit nachschiebt. Die Konstruktion eines Gerätes für den Bahnbetrieb muß hohen Anforderungen genügen: raumsparende Bauweise, Robustheit, Zuverlässigkeit, Rüttelfestigkeit.

Eine zukunftsorientierte Anwendung bilden die Geräte für die Speisung der Fahrmotoren von Elektroautos. Die Steller arbeiten meist als Zweiquadrantensteller mit Nutzbremsung. Die erforderliche Umschaltung der Stromwege übernehmen Schütze. Die für die Rückwärtsfahrt erforderliche Drehrichtungsumkehr wird durch Umpolen der Erregerwicklung erreicht. Die Nutzbremsung bringt eine Erweiterung des Aktionsradius um etwa 40%.

Lernzielorientierter Test zu Kapitel 5.1

1. Zu welcher Gattung von Stromrichtern gehören Gleichstromsteller?
   - ● Selbstgeführte Stromrichter.
   - ○ Fremdgeführte Stromrichter.
   - ○ Netzgeführte Stromrichter.
   - ○ Lastgeführte Stromrichter.
   - ● Gleichstromumrichter.
2. Woher kommt beim Gleichstromsteller die für die Kommutierung notwendige Energie?
   - ○ Aus dem Netz.
   - ● Aus einem Kondensator.
   - ○ Von einer Maschine.
   - ○ Von einer Drossel.
3. Welche Eigenschaften zeichnen Thyristoren für Gleichstromsteller besonders aus?
   - ○ Hohe Strombelastbarkeit.
   - ○ Hohe Spannungsfestigkeit.
   - ● Kleine Freiwerdezeit.
   - ● Große kritische Stromanstiegsgeschwindigkeit.

4. Was versteht man unter dem Einschaltverhältnis?
   - ○ Beanspruchung beim Zünden des Thyristors.
   - ○ Verhältnis Einschaltdauer zu Ausschaltdauer.
   - ● Verhältnis Einschaltdauer zu Periodendauer.
   - ○ Verhältnis Einschaltstrom zu Dauer-Durchlaßstrom.

5. Wozu dient der Freilaufzweig?
   - ○ Um ein Rückschwingen der Löschkondensatorladung zu ermöglichen.
   - ● Um einen kontinuierlichen Laststrom zu ermöglichen.
   - ○ Umladung des Löschkondensators.
   - ● Vermeidung von Abschaltüberspannungen.
   - ○ Erhöhung des Wirkungsgrades.

6. Was versteht man unter Impulsbreitensteuerung?

7. Welche Größe bleibt bei der Impulsfolgesteuerung konstant?
   - ○ Impulsperiodendauer
   - ● Einschaltdauer
   - ○ Ausschaltdauer
   - ○ Impulsfrequenz
   - ○ Tastverhältnis

8. Wovon hängen Ein- und Ausschaltzeitpunkt bei der Zweipunktregelung ab?
   - ● Von I_2.
   - ○ Von U_2.
   - ○ Von der festliegenden Impulsbreite.
   - ● Vom Drehmoment der Maschine.
   - ● Von ΔI_2

9. Wodurch ist die minimale Einschaltdauer begrenzt?

10. Wofür steht dieses Symbol?

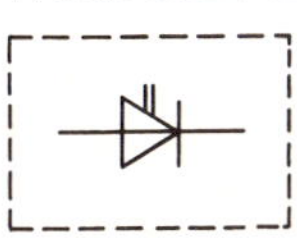

11. Wieviele Gleichstromsteller sind für einen vollelektronischen Vierquadrantenbetrieb erforderlich?

12. Welche Eigenschaften haben Transistoren gegenüber Thyristoren?
   - ○ Sie sind für hohe Spannungen geeignet.
   - ○ Sie haben geringere Verluste als Thyristoren.
   - ● Sie benötigen keine Löscheinrichtung.
   - ● Sie sind für höhere Schaltfrequenzen geeignet.
   - ○ Sie benötigen eine geringere Steuerleistung.

13. Die Leistungen von Transistorgeräten gehen etwa bis:

   O 10 kW

   O 500 kW

   O 50 kW

14. Weisen Sie nach, daß die Welligkeit des Laststromes bei $\lambda = 0{,}5$ am größten ist.

   Zeichnen Sie dazu Liniendiagramme mit $U_2(t)$ und $I_2(t)$
   a) für $\lambda = 0{,}2$ und b) für $\lambda = 0{,}8$.

15. Ein Gleichstromsteller soll 80 A bei 220 V liefern. Pulsfrequenz $f_p = 800$ Hz. Schonzeit 25 µs.

   Zulässige Umschwingstromspitze 70 A. $\left.\frac{di}{dt}\right|_{krit} = 40\,\frac{A}{\mu s}$. $\Delta I_d = 4$ A.

   Berechnen Sie:

   a) Löschkondensator, Umschwingdrossel, Glättungsdrossel.

   b) Die Spannungsanstiegsgeschwindigkeit am Hauptthyristor. Ist dieser Wert beherrschbar?

   c) Kommutierungsdrossel L_1.

5.2 Wechselrichter

Lernziele

Der Lernende ...

- beschreibt das Funktionsprinzip selbstgeführter Wechselrichter,
- erläutert die Entstehung der Ausgangsspannung in der einphasigen Brückenschaltung bei 180° Einschaltdauer,
- erläutert den zeitlichen Stromverlauf in der einphasigen Brückenschaltung bei ohmscher, induktiver und ohmscher-induktiver Last,
- erläutert die Funktion der Rückspeisedioden,
- konstruiert den Laststromverlauf bei induktiver und bei gemischter Last,
- erläutert die Aufgabe der Sperrdioden,
- konstruiert den Ventilspannungsverlauf bei Kondensatorlöschung in der einphasigen Brücke,
- erklärt die Bildung der Ausgangsspannung eines Wechselrichters in Drehstrom-Brückenschaltung bei 180° Einschaltdauer,
- beschreibt den Laststromverlauf der Drehstrombrückenschaltung bei R-L-Last und Sternschaltung,
- erklärt die gebräuchlichsten Thyristor-Löschschaltungen.
- dimensioniert den Löschkreis nach *McMurray*,
- nennt die wichtigsten Anwendungen von selbstgeführten Wechselrichtern.

5.2.1 Prinzip

Stromrichter, die Gleichspannung in Wechselspannung umformen, nennt man Wechselrichter.

Die elektrische Energie fließt dabei im Mittel von der Gleich- zur Wechselstromseite.

Häufig stellt sich die Aufgabe, ein vom öffentlichen Netz unabhängiges Wechsel- bzw. Drehstromnetz einzuspeisen. Beispielsweise muß ein Operationssaal mit einer unterbrechungsfreien Stromversorgung ausgestattet sein. Im Falle des Netzausfalles formt ein Wechselrichter die in einer Batterie gespeicherte Energie in die benötigte Wechselspannung um.

Bild 5.2 – 2 zeigt die Prinzipschaltung eines Transistorwechselrichters in Einphasenbrükkenschaltung. Abwechselnd erhalten die Transistoren V 1 und V 4 bzw. V 2 und V 3 Basisstrom. So entsteht am Verbraucher eine Rechteckspannung. (Zum Vergleich Transistor-Thyristorgerät siehe auch 5.1.) Für größere Leistungen als 50 kW werden die Geräte mit Thyristoren ausgerüstet. Für die Kommutierung steht dann weder die Netzwechselspannung noch eine geeignete Lastspannung wie in 4.5 oder 4.6 zur Verfügung.

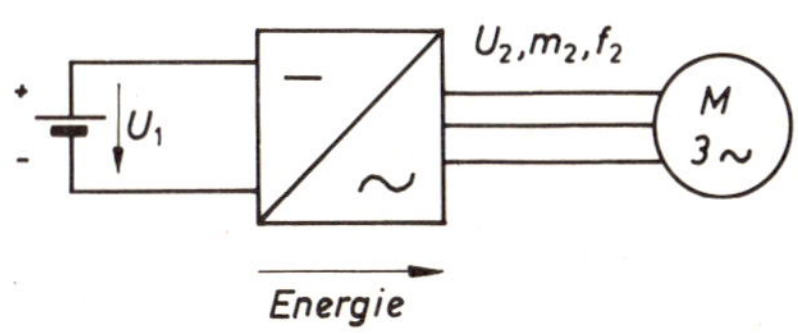

Bild 5.2 – 1
m = Anzahl der Phasen

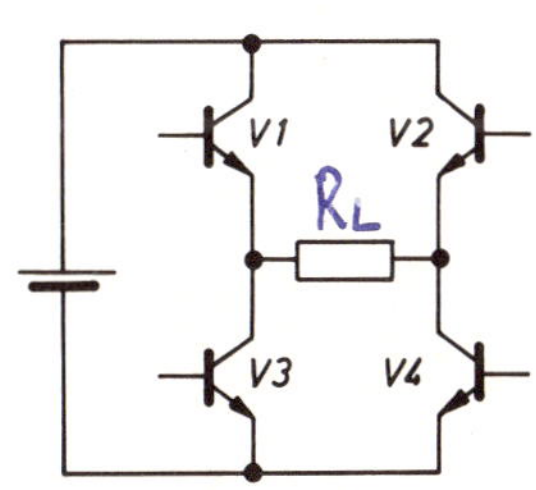

Bild 5.2 – 2

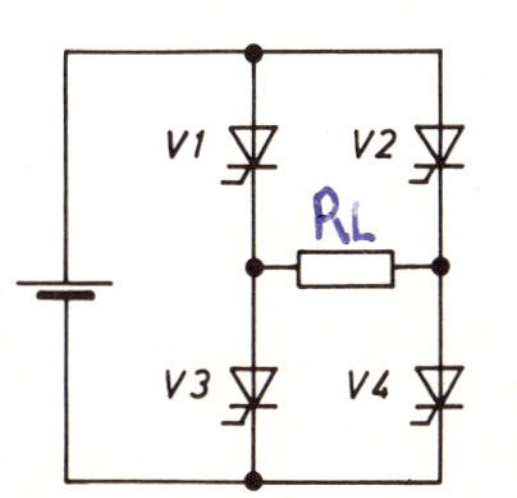

Bild 5.2 – 3

Es müssen deshalb Energiespeicher in die Schaltung aufgenommen werden, die die notwendigen Kommutierungsströme liefern können. Üblicherweise wird die Kondensatorlöschung angewendet.

Die in 5.2 zu behandelnden Schaltungen bzw. Geräte sind also die *selbstgeführten Wechselrichter*.

5.2.2 Wechselrichter in Einphasenbrückenschaltung

Bild 5.2–4 zeigt die gegenüber der Prinzipschaltung erweiterte Ausführung der Einphasenbrückenschaltung. C_{K1} und C_{K2} sind die Kommutierungskondensatoren, V 5 bis V 8 die Rückspeisedioden, V 9 bis V 12 die Sperrdioden. L_{K1} und L_{K2} sind Kommutierungsdrosseln, die zu steile Stromanstiege in den Thyristoren verhindern sollen. Die gemischt ohmsche-induktive Last steht als Ersatzschaltung für alle üblichen Wechselstromlasten.

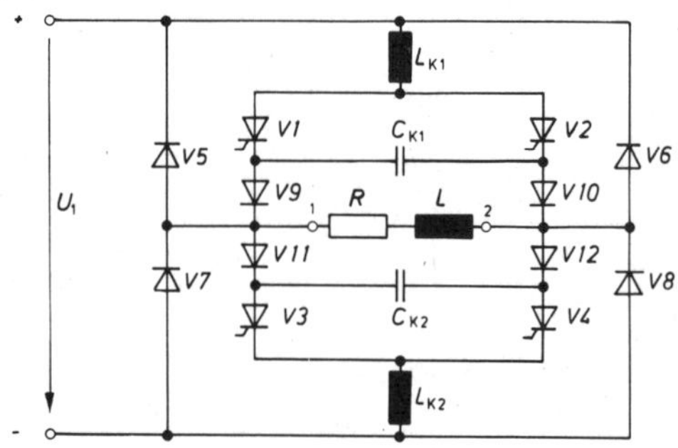

Bild 5.2–4

Zunächst seien die Thyristoren V 1 und V 4 stromführend.

An der Last liegt am Punkt 1 positive Spannung, an Punkt 2 negative Spannung. Die Kommutierungskondensatoren sind auf die Höhe der Speisespannung aufgeladen.

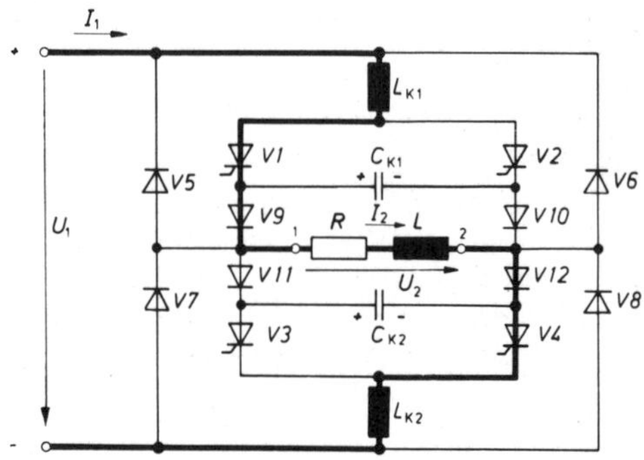

Bild 5.2–5

Nach Ablauf einer Halbperiode werden die Thyristoren V 2 und V 3 gezündet. Die Ventile V 1 und V 4 löschen durch die Entladeströme der Kondensatoren. Danach laden sich die Kondensatoren über V 2 und V 3 und die Last um. Im ersten Moment addieren sich dabei Batteriespannung und Kondensatorspannung, so daß die Last eine allerdings sehr kurze Spannungsspitze erhält. Der Laststrom fließt noch in der gleichen Richtung und ändert sich wegen der Induktivität während der Kommutierung auch nur wenig.

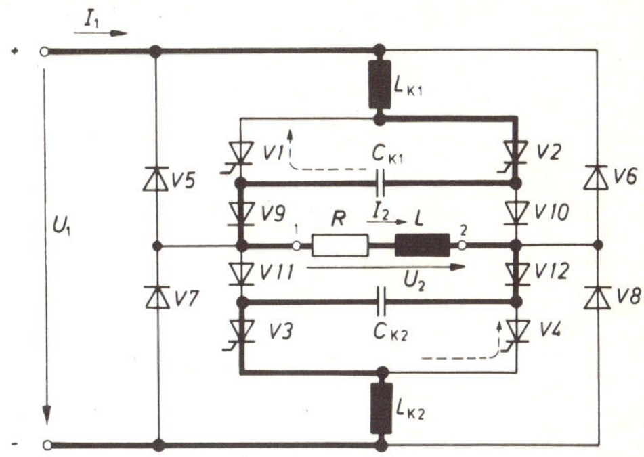

Bild 5.2 – 6

Nach Beendigung des Umladevorgangs heben sich Batteriespannung und Kondensatorspannung auf, so daß der eben beschriebene Stromweg unterbrochen wird. In der Lastinduktivität ist aber noch die maximale magnetische Energie gespeichert; dadurch muß der Laststrom zunächst in der selben Richtung weiterfließen. Dazu induziert das nun abnehmende Magnetfeld eine Induktionsspannung, die groß genug ist, um den Lastwiderstand und die Batteriespannung zu überwinden. Die Spannung U_2 hat also schon die gegen Bild 5.2 – 6 umgekehrte Polarität. Die Stromrichtung kann aufrechterhalten werden über die Rückspeisedioden V 6 und V 7. In dieser Phase wird die in der Induktivität gespeicherte Energie in die Batterie zurückgespeist.

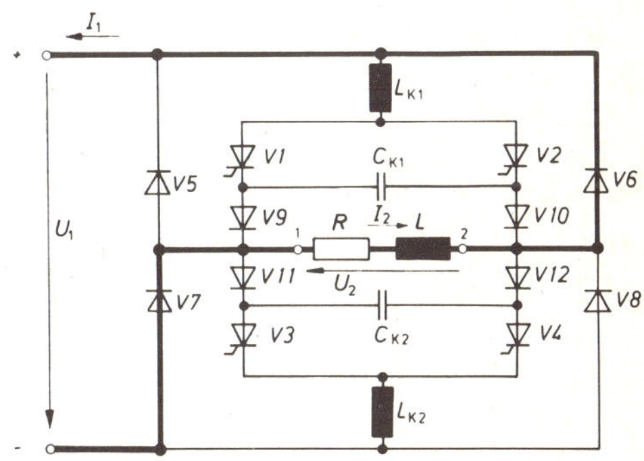

Bild 5.2 – 7

Die magnetische Energie baut sich weiter ab, bis der Strom Null geworden ist. V 2 und V 3 müssen dann erneut gezündet werden, so daß nun über den zweiten Stromweg I_2 in umgekehrter Richtung wieder aufgebaut werden kann.

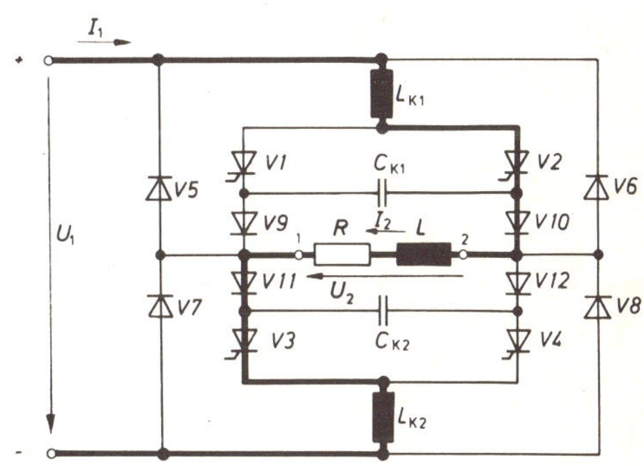

Bild 5.2 – 8

Die oben beschriebenen Vorgänge sind in Bild 5.2 – 9 durch entsprechende Liniendiagramme erläutert. Die Kondensatorumladung sowie andere Kommutierungs- bzw. Überlappungsvorgänge sind nicht dargestellt.

Im Verlauf von U_2 ist jeweils kurz vor dem Ende der Halbperiode der Spannungsstoß durch Addition der Kondensatorspannung zu sehen.

Der Laststrom fließt bei der angegebenen Last als e-Funktion. Im ersten Teil der Halbperiode haben Spannung und Strom entgegengesetzte Vorzeichen. Der Ausgangskreis wirkt in dieser Zeit mit Hilfe der Induktionsspannung als Erzeuger. In diesen Zeitabschnitten sind die Rückspeisekreise in Funktion. Folgerichtig ergeben sich die Diagramme für die Thyristorströme und Rückspeiseströme.

Die Thyristorspannung hat den Wert der Batteriespannung, wenn das jeweils andere Paar durchgeschaltet ist.

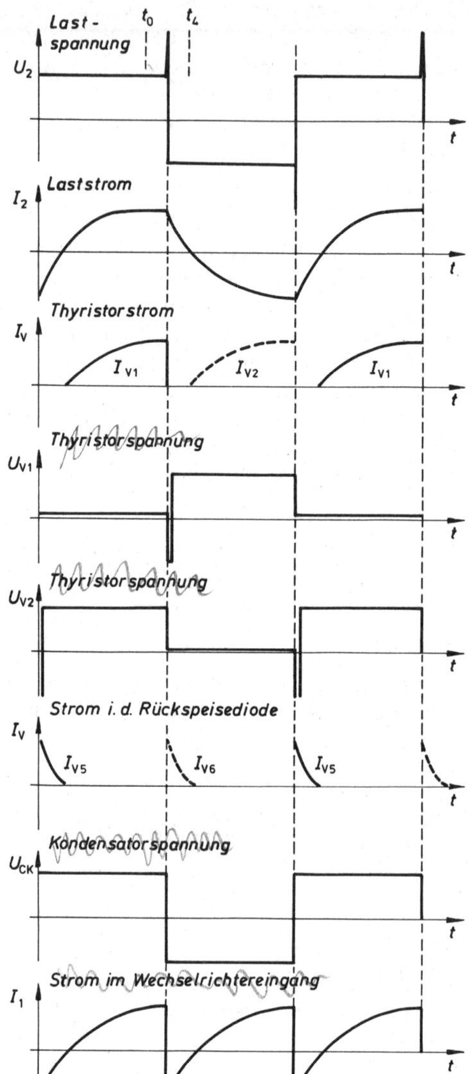

Bild 5.2–9

Die Kondensatorspannung hat den Verlauf einer Rechteckspannung, wenn der Umladevorgang zeitlich nicht weiter aufgelöst wird. Der Eingangsstrom ist der „gleichgerichtete“ Laststrom und zeigt große Stromänderungsgeschwindigkeiten. Eine Batterie ist in der Lage, solch sprunghaft sich ändernde Ströme zu liefern. Wird der Wechselrichter als Teil eines Zwischenkreisumrichters verwendet, so muß ein Zwischenkreis mit Kondensator eingesetzt werden (siehe 5.3).

Möglichen Zwischenkreis mit Kondensatorbatterie ausrüsten.

Die Aufgabe der Sperrdioden V 9 bis V 12 besteht darin, eine Entladung der Kommutierungskondensatoren über die Last zu vermeiden. Auch bei teilweiser Entladung könnte sonst die Energie für den nächsten Löschvorgang zu gering sein.

Sperrdioden verhindern ungewünschte Entladung der Löschkondensatoren.

Ventilspannungsverlauf

Wenn V 1 und V 4 leiten, wird der Löschkondensator auf die Batteriespannung aufgeladen, siehe Bild 5.2 – 5. Wird dann der zweite Stromweg mit V 2 und V 3 eingeschaltet, sperrt z. B. V 1 und im ersten Moment liegt die Kondensatorspannung mit U_1 als Rückwärtsspannung an V 1 an. Anschließend wird C_{K1} umgeladen. Dadurch steigt U_{V1} an und erreicht nach der Schonzeit positive Werte (Bild 5.2 – 6).

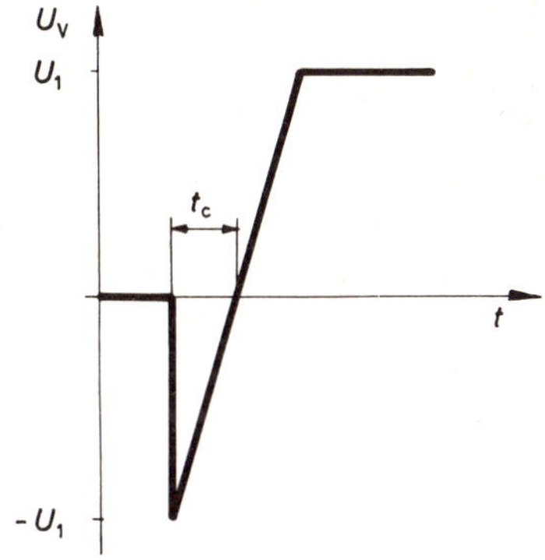

Bild 5.2 – 10

Beispiel 5.2 – 1

In der Schaltung 5.2 – 4 beträgt $U_1 = 200\,V$ und $C_K = 10\,\mu F$. Der Laststrom beträgt am Ende der Halbperiode 80 A. Wieviel Schonzeit stellt die Schaltung zur Verfügung?

Lösung:

Kapitel 5.1 wird vorausgesetzt. Aus Bild 5.2 – 10 folgt dann:

$$t_c = \frac{C \cdot U_1}{I}$$

$$= \frac{10\,\mu F \cdot 200\,V}{80\,A}$$

Bei der Berechnung wird angenommen, daß sich der Laststrom im betrachteten Zeitintervall kaum ändert!

$$\underline{\underline{t_c = 25\,\mu s}}$$

Übung 5.2 – 1

Berechnen Sie zu Beispiel 5.2 – 1 die Spannungsanstiegsgeschwindigkeit.

5.2.3 Ausgangsstrom des Wechselrichters in Einphasenbrückenschaltung

Bei ohmscher Last kann der Strommomentanwert zu jeder Zeit dem Spannungsmomentanwert folgen und ergibt sich nach dem ohmschen Gesetz. Auf Rückspeisedioden kann in diesem Fall verzichtet werden, da Strom- und Spannungsumkehr gleichzeitig stattfinden.

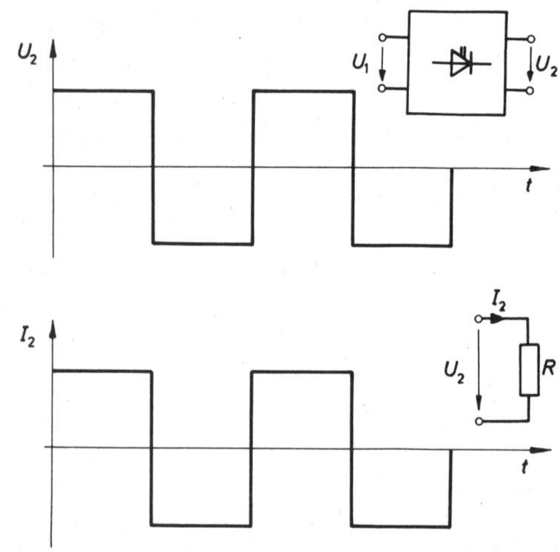

Bild 5.2 – 11

$$\hat{i}_2 = \frac{\hat{u}_2}{R} \tag{5.2-1}$$

$$u = L \cdot \frac{\Delta i}{\Delta t} \tag{5.2-2}$$

Liegt an einer Induktivität eine Gleichspannung, so ergibt sich nach dem Induktionsgesetz ein linearer Stromanstieg. Im Falle der Rechteckspannung ergibt sich also in der einen Halbperiode ein Stromanstieg, in der anderen der entsprechende Stromabfall.

$$u = \text{konstant} \Rightarrow \frac{\Delta i}{\Delta t} = \text{konstant}$$

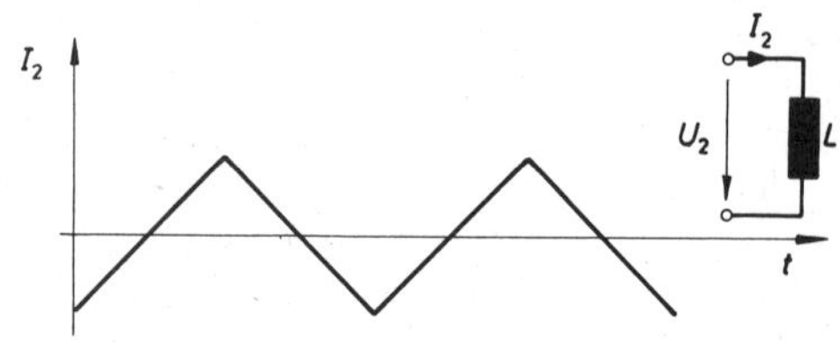

Bild 5.2 – 12

Beispiel 5.2. – 2

Für $L = 20\,\text{mH}$ und $U_1 = 550\,\text{V}$ soll der Stromverlauf berechnet und gezeichnet werden; $f = 50\,\text{Hz}$.

Lösung:

Die Stromanstiegsgeschwindigkeit ergibt sich nach Gl. (5.2 – 2):

$$\frac{\Delta i_2}{\Delta t} = \frac{U_1}{L} = \frac{550\,\text{V}}{20\,\text{mH}}$$

$$\underline{\frac{\Delta i_2}{\Delta t} = 27{,}5\,\frac{\text{A}}{\text{ms}}}$$

Damit kann man den Spitzenwert des Stromes berechnen:

$$\hat{i}_2 = \frac{\Delta i_2}{\Delta t} \cdot \frac{T}{4}$$

$$= 27{,}5 \, \frac{\mathrm{A}}{\mathrm{ms}} \cdot 5 \, \mathrm{ms}$$

$$\hat{i}_2 = 137{,}5 \, \mathrm{A}$$

Im Intervall $0 \leqslant t \leqslant 5$ ms führt die Rückspeisediode den Strom, in $5\,\mathrm{ms} \leqslant t \leqslant 10\,\mathrm{ms}$ der Hauptthyristor usw.

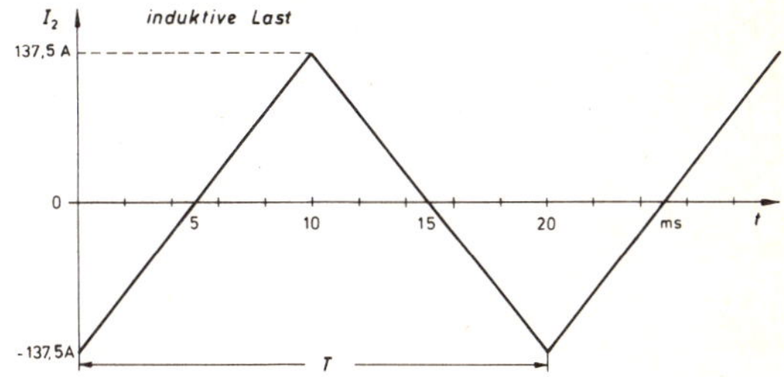

Bild 5.2 – 13

Übung 5.2 – 2

Berechnen Sie die Strommittelwerte der Thyristoren und der Rückspeisedioden in Beispiel 5.2 – 2.

In Bild 5.2 – 9 wurde im Vorgriff bereits gezeigt, daß sich bei ohmscher-induktiver Last ein Stromverlauf nach e-Funktionen ergibt. In der ersten Halbperiode erkennt man den Grundtyp „Aufladekurve“.

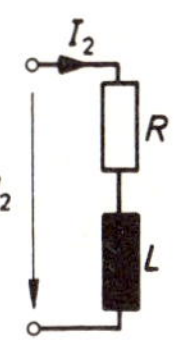

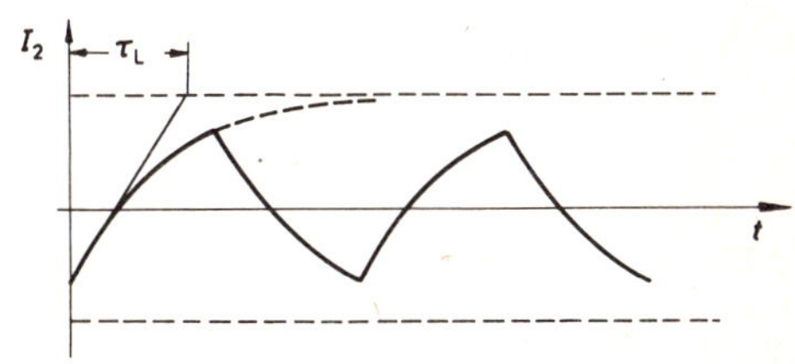

Bild 5.2 – 14

Mit Hilfe des Gleichungsansatzes Gl. (5.2 – 3) und den Randbedingungen Gl. (5.2 – 4) bis Gl. (5.2 – 6) läßt sich die Gleichung des Stromverlaufs aufstellen. Auf die vollständige Vorführung dieser Operation soll verzichtet werden. Gl. (5.2 – 7) gibt das Ergebnis wieder.

$$i_2(t) = \mathrm{A}\left(1 - \mathrm{e}^{-\frac{t}{\tau}}\right) + B \qquad (5.2-3)$$

$$t = 0 \Rightarrow i_2 = -B \qquad (5.2-4)$$

$$t = \frac{T}{2} \Rightarrow i_2 = +B \qquad (5.2-5)$$

$$t \to \infty \Rightarrow i_2 = \frac{U_1}{R} \qquad (5.2-6)$$

$$i_2(t) = \frac{U_1}{R}\left(1 - \frac{2 \cdot \mathrm{e}^{-\frac{t}{\tau}}}{1 + \mathrm{e}^{-\frac{T}{2\tau}}}\right) \qquad (5.2-7)$$

mit $T = \frac{1}{f}$ und $\tau = \frac{L}{R}$

Übung 5.2 – 3

Berechnen und zeichnen Sie den Stromverlauf des Wechselrichters mit R-L-Last mit den Werten: $U_1 = 550\,\mathrm{V}$, $L = 20\,\mathrm{mH}$, $R = 5\,\Omega$ und $f = 50\,\mathrm{Hz}$.

Übung 5.2 – 4

Ermitteln Sie zu Übung 5.2 – 3 ferner die Strommittelwerte der Thyristoren und der Rückspeisedioden. Hinweis: Kurven können auf Millimeterpapier gezeichnet werden und so die Flächen ausgezählt werden. Maßstäbe: 1 mm ≙ 0,2 ms, 1 mm ≙ 2 A.

5.2.4 Wechselrichter mit Drehstromausgang

Für die Speisung von dreiphasigen Wechselstromverbrauchern, z. B. von Drehfeldmaschinen, werden Wechselrichter vorzugsweise in Drehstrombrückenschaltung ausgeführt. Die verschiedenen Schaltungsvarianten unterscheiden sich hauptsächlich in der Anordnung der Lösch- und Kommutierungseinrichtungen, während die Grundelemente für jeden Brückenzweig in gleicher Weise vorhanden sind. Für die Beschreibung der Funktionsweise eines dreiphasigen Wechselrichters seien der Übersichtlichkeit wegen die Löscheinrichtungen weggelassen.

Die Schaltung besteht demnach aus 6 Hauptventilen V 1 bis V 6, und aus 6 ungesteuerten Ventilen V 7 bis V 12.
Die Hauptventile sind durch die nicht näher beschriebene Löscheinrichtung abschaltbar oder bestehen aus Transistoren. Die Dioden V 7 bis V 12 bilden eine gegenparallele Brücke die eine Energierücklieferung von der Last in die Gleichspannungsquelle ermöglicht.

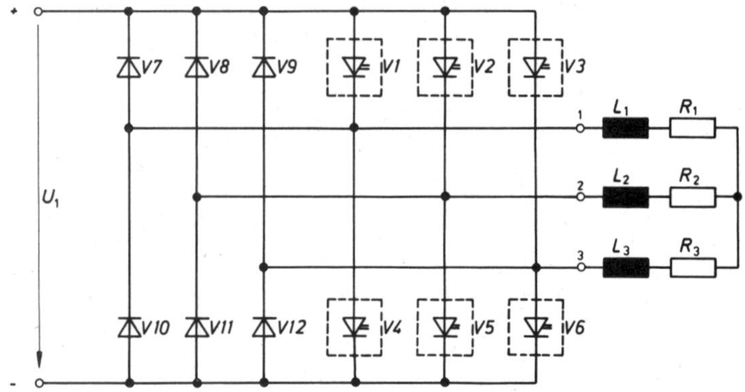

Bild 5.2 – 15

Die Einschaltdauer der Hauptventile ist abhängig von der Dauer und Folge der Zündimpulse. Man kann zwei Steuerverfahren anwenden und zwar entweder mit einer Einschaltdauer von

120° oder von 180° je Ventil. Bei einer Einschaltdauer von 180° ist die Kurvenform der Ausgangsspannung unabhängig vom Phasenwinkel der Last und wird vorzugsweise angewendet.

Bei dem Verfahren mit 180° Einschaltdauer erhalten die Thyristoren V 1 bis V 3 der oberen Brückenhälfte einen Zündimpuls von 180° Dauer. Die Zündeinsatzpunkte sind je um 120° versetzt, so daß eine Überlappung der Einschaltbereiche von 60° entsteht.

Das gleiche gilt für die Thyristoren der unteren Brückenhälfte V 4 bis V 6. Die Zündeinsatzpunkte der übereinanderliegenden Ventile (z. B. V 1 und V 4) sind um 180° versetzt.

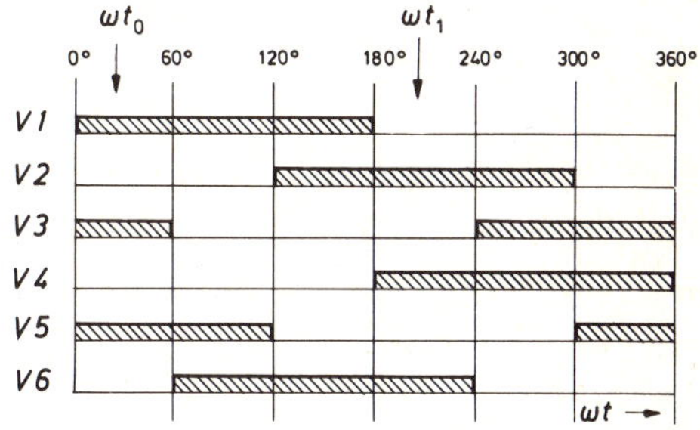

Bild 5.2 – 16

Ohmsche Last

Die Rückspeisedioden führen in diesem Falle zwar zu keinem Zeitpunkt Strom, sind aber dennoch in die Schaltungen aufgenommen.

Zu jedem Schaltbild mit hervorgehobenem Stromweg ist ein Ersatzschaltbild gezeichnet, aus dem die Verteilung der Leiterspannungen zu erkennen ist.

Beginnt man mit der Zeitzählung beim Zünden von Ventil V 1, so sind nach Bild 5.2 – 16 im Zeitabschnitt 0° bis 60° die Ventile V 1, V 3 und V 5 leitend.

$0° \leqslant \omega t \leqslant 60°$

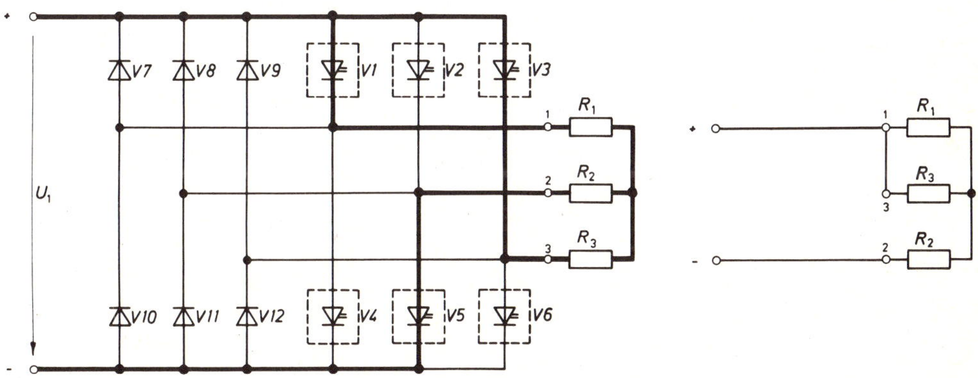

Bild 5.2 – 17

Die Leiterspannungen ergeben sich dann nach dem Ersatzschaltbild zu:

$$U_{12} = U_1$$

$$U_{23} = -U_1$$

$$U_{31} = 0$$

Sind 60° von der Periodendauer erreicht, so löscht Ventil V 3, und Ventil V 6 wird neu gezündet. V 1 und V 5 bleiben leitend. Damit ergibt sich für den Zeitabschnitt 60° bis 120° die in Bild 5.2 – 18 festgehaltene Aufschaltung der Eingangsspannung an die Last.

$60° \leqslant \omega t \leqslant 120°$

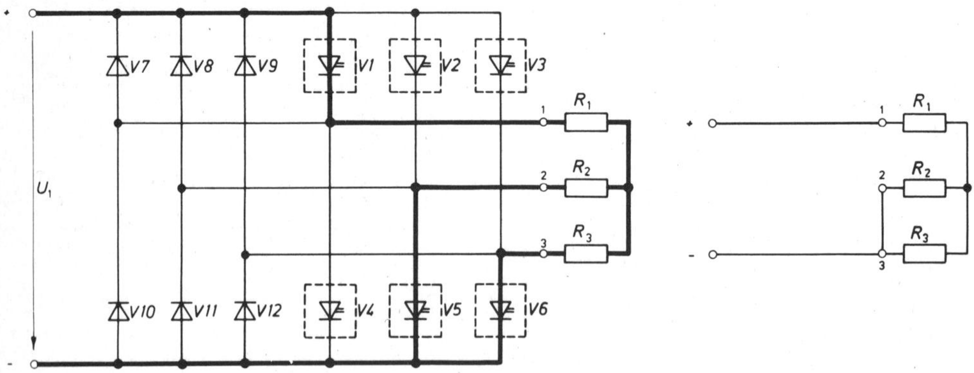

Bild 5.2 – 18

$$U_{12} = U_1$$
$$U_{23} = 0$$
$$U_{31} = -U_1$$

Nach 120° erlischt Ventil V 5, V 2 wird gezündet. V 1 und V 6 bleiben stromführend. Nach Bild 5.2 – 19 ergeben sich im Abschnitt 120° bis 180° folgende Leiterspannungen:

$120° \leqslant \omega t \leqslant 180°$

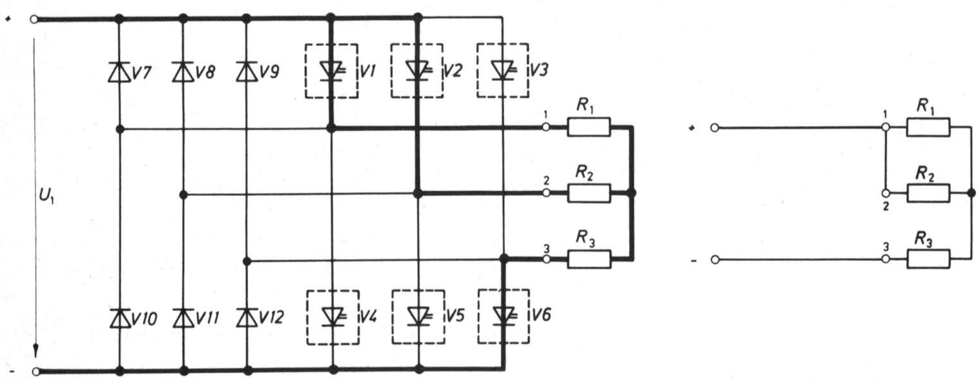

Bild 5.2 – 19

$$U_{12} = 0$$
$$U_{23} = U_1$$
$$U_{31} = -U_1$$

Übung 5.2 – 5

Zeichnen Sie die Schaltzustände und die zugehörigen Ersatzschaltbilder für die Abschnitte von 180° bis 240°, 240° bis 300°, 300° bis 360° entsprechend dem Impulsschema Bild 5.2 – 16.

Faßt man die Ergebnisse der verschiedenen Schaltzustände zusammen, ergeben sich für die Leiterspannungen nebenstehende Liniendiagramme:

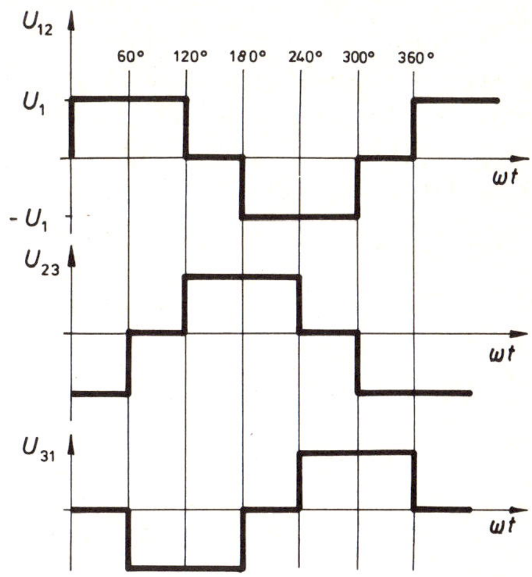

Bild 5.2 – 20

Ohmsche-induktive Last

Etwas komplizierter werden die Verhältnisse, wenn man bei ohmscher-induktiver Last die Rückspeisedioden mit einzubeziehen hat. Die Vorgänge sollen wieder innerhalb der 60° Abschnitte beschrieben werden, jedoch wird nur die Leiterspannung U_{12} betrachtet. Die Induktivität sei groß genug, daß der Strom auch während der Rückspeiseintervalle nicht Null wird. Man beginnt mit der Beschreibung des Zyklus am besten zu einem Zeitpunkt t_0, der im Intervall 0° bis 60° liegt. Nach dem Impulsschema sind V 1, V 3 und V 5 leitend. Der Stromweg über V 3 ist weggelassen, da durch V 3 die Spannung U_{12} nicht beeinflußt wird. Aus dem gleichen Grund sind in den nächsten Bildern die Stromwege über V 6, V 9 und V 12 nicht berücksichtigt bzw. eingezeichnet.

In Bild 5.2 – 22 ist der Strangstrom I_2 positiv und ansteigend.

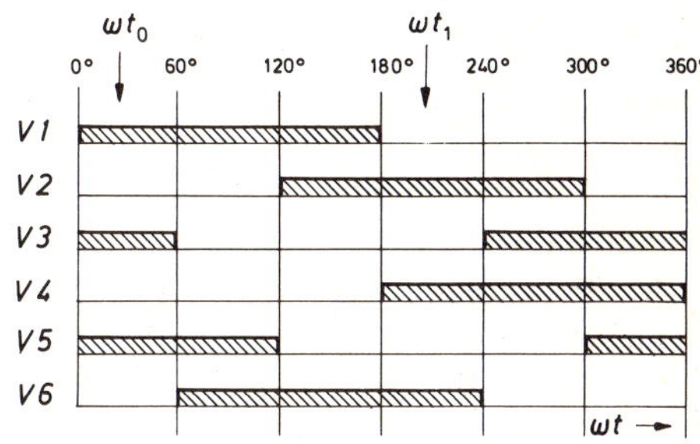

Bild 5.2 – 21

$$\omega t_0 \leqslant \omega t \leqslant 60°$$

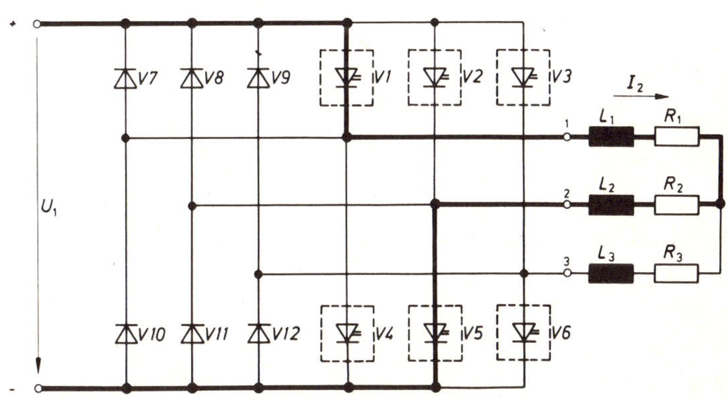

Bild 5.2 – 22

$$U_{12} = U_1$$

Abschnitt 60° bis 120°:

V 1 und V 5 stromführend, I_2 positiv und ansteigend.

$60° \leqslant \omega t 120°$

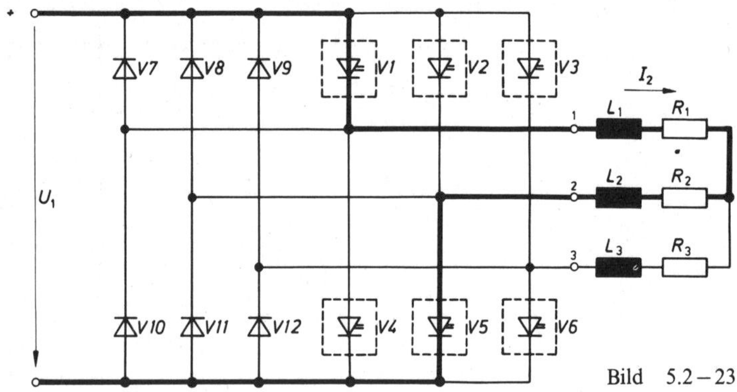

Bild 5.2–23

$$U_{12} = U_1$$

Abschnitt 120° bis 180°:

V 1 ist leitend. Die Lastinduktivitäten wollen den Strom aufrechterhalten. Die entstehenden Induktionsspannungen schalten V 8 durch und es entsteht der gezeichnete Freilaufkreis. Da die magnetische Energie abnimmt, sinkt auch der Strom, hat aber noch die gleiche Richtung wie oben.

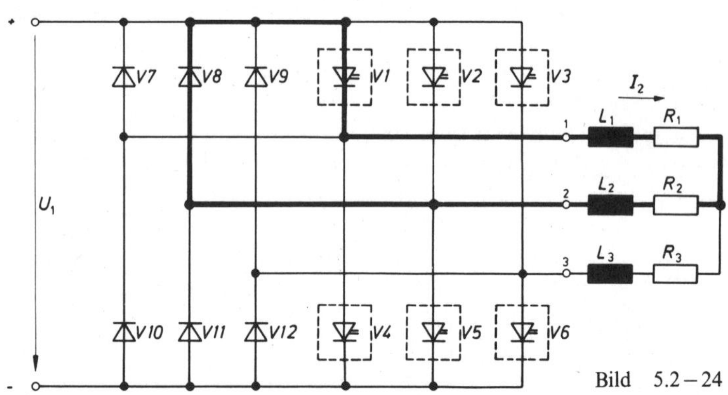

Bild 5.2–24

$$U_{12} = 0$$

Abschnitt 180° bis 240°, 180° bis ωt_1:

V 1 sperrt bei $\omega t = 180°$. Um die Laststromrichtung weiter aufrechtzuerhalten, schalten die Induktionsspannungen den Rückspeisekreis über V 8 und V 10 durch. Der Strom nimmt weiter ab und erreicht bei ωt_1 Null (Bild 5.2–25).

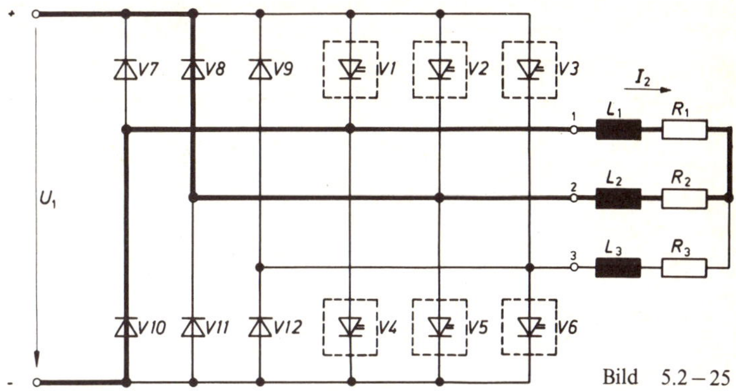

Bild 5.2–25

$$U_{12} = -U_1$$

Übung 5.2 – 6

Skizzieren Sie in den Intervallen ωt_1 bis 240°, 240° bis 300°, 300° bis 360° und 0° bis ωt_0 die Stromwege, die U_{12} betreffen, beschreiben Sie den Stromverlauf I_2 (fallend, steigend oder Null) und geben sie U_{12} an.

Faßt man die Erkenntnisse aus den einzelnen Abschnitten zusammen, ergibt sich ein Spannungsverlauf $U_{12}(\omega t)$ nach Bild 5.2 – 26.

Zusätzlich ist – qualitativ – der Verlauf des Strangstromes eingezeichnet. Rückblickend wird die Bedeutung der Zeitpunkte t_0 und t_1 klar.

Vergleicht man Bild 5.2 – 26 mit Bild 5.2 – 20, so zeigt sich, daß der Spannungsverlauf in der Tat unabhängig von der Belastungsart ist.

Zur Begründung des Strangstromverlaufs muß der Verlauf der Strangspannung herangezogen werden. Mit Hilfe von Bild 5.2 – 20 können die folgenden Ersatzschaltbilder aufgestellt und ausgewertet werden:

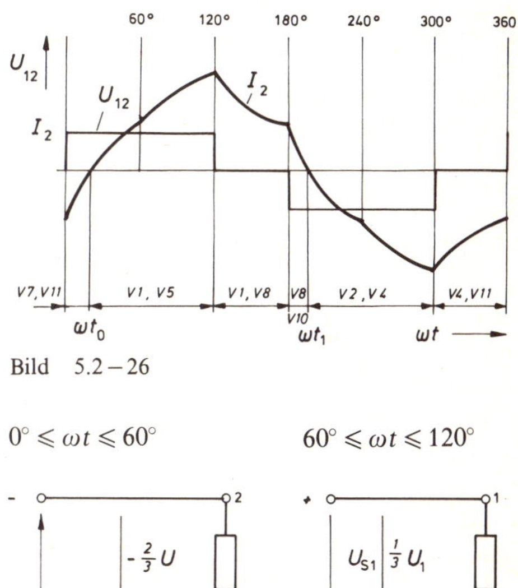

Bild 5.2 – 26

$0° \leqslant \omega t \leqslant 60°$ $\qquad$ $60° \leqslant \omega t \leqslant 120°$

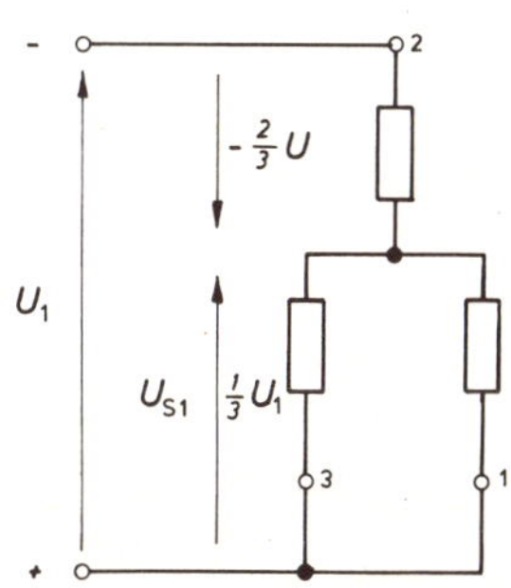

Bild 5.2 – 27

$$u_{S1} = \frac{1}{3} U_1$$

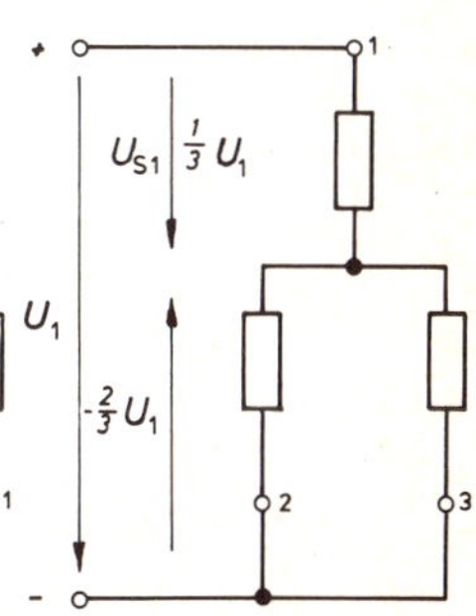

Bild 5.2 – 28

$$u_{S1} = \frac{2}{3} U_1$$

Setzt man dieses Verfahren fort, erhält man schließlich Bild 5.2 – 29. Der Strangstrom setzt sich aus e-Funktionen zusammen. Im Intervall 0° bis 60° z. B. ist ein relativ steiler Stromanstieg vorhanden. Im Intervall 60° bis 120° ist der Stromanstieg nur halb so steil, da der vorherige Spannungssprung auch nur halb so groß war wie bei $\omega t = 0°$.

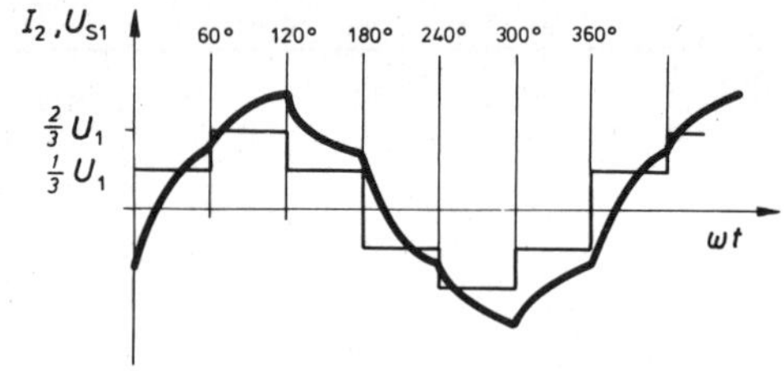

Bild 5.2 – 29

Übung 5.2 – 7

Bestätigen Sie den Strangspannungsverlauf in Bild 5.2 – 29 im Intervall $180° \leqslant \omega t \leqslant 240°$.

5.2.5 Löschschaltungen für die Drehstrom-Brückenschaltung

Phasenfolgelöschung

Unter Phasenfolgelöschung versteht man, daß der nachfolgend gezündete Thyristor den vorher stromführenden löscht.

In Abschnitt 5.2.4 ist diese Art der Löschung verwendet und auch erläutert worden.

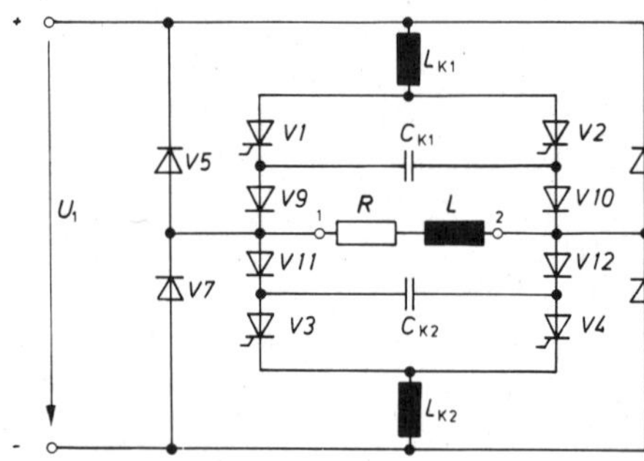

Bild 5.2 – 30

Die entsprechende Löschschaltung für die Drehstrombrückenschaltung zeigt Bild 5.2 – 31.

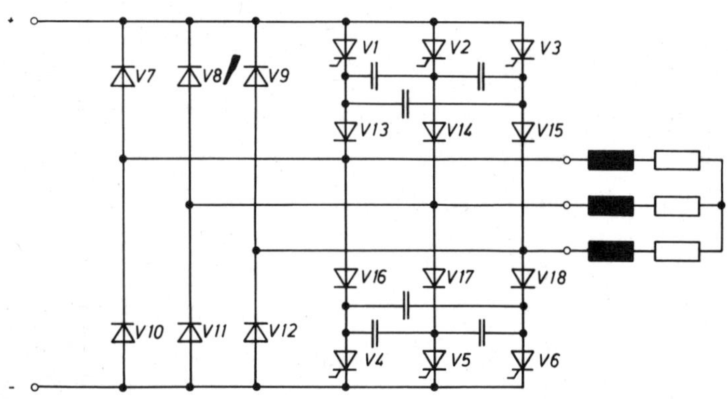

Bild 5.2 – 31

Die Schaltung funktioniert nur bei einem Impulsdiagramm mit 120° Zündimpulslänge.

Bild 5.2 – 32 zeigt das Zündimpulsschema für die Phasenfolgelöschung.

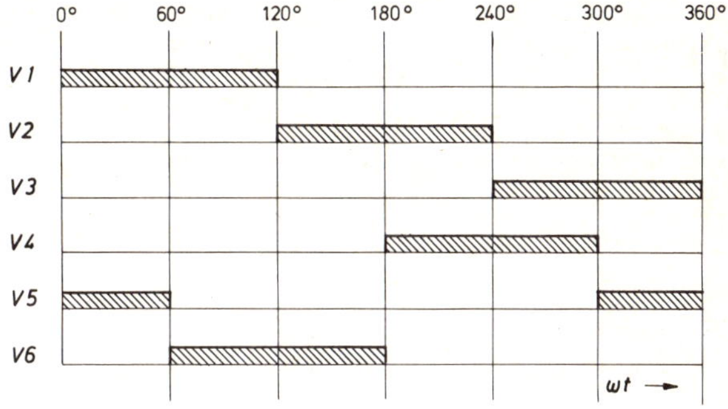

Bild 5.2 – 32

Betrachten wir die Vorgänge bei einer Kommutierung z. B. von Ventil V 1 auf Ventil V 2, so laufen dabei folgende Vorgänge ab (ohmsche Last vorausgesetzt, Rückspeisedioden nicht dargestellt):

Während der Stromführungsdauer von Ventil V 1 sind die Kommutierungskondensatoren C 1 bis C 6 in der im Bild 5.2 – 33 eingezeichneten Weise aufgeladen.

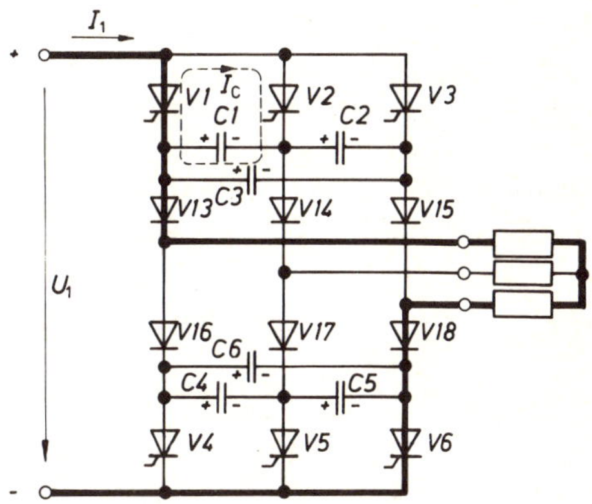

Bild 5.2 – 33

Zündet in der oberen Brückenhälfte Ventil V 2, so wird V 1 durch die Aufschaltung des entsprechend geladenen Kondensators C 1 gelöscht.

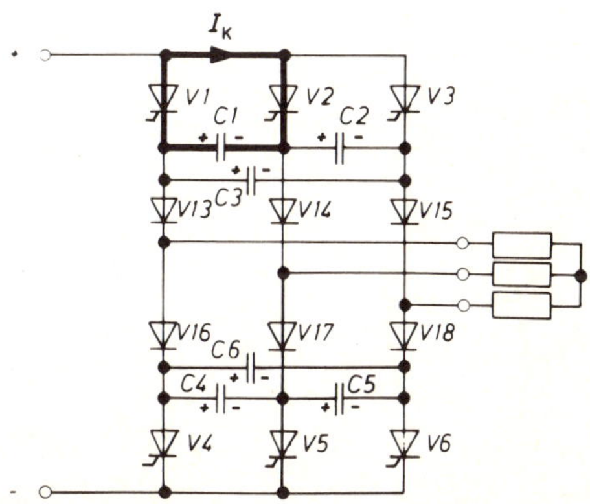

Bild 5.2 – 34

Nach dem Abschalten von V 1 fließt der Strom über C 1, bis dieser umgeladen ist.

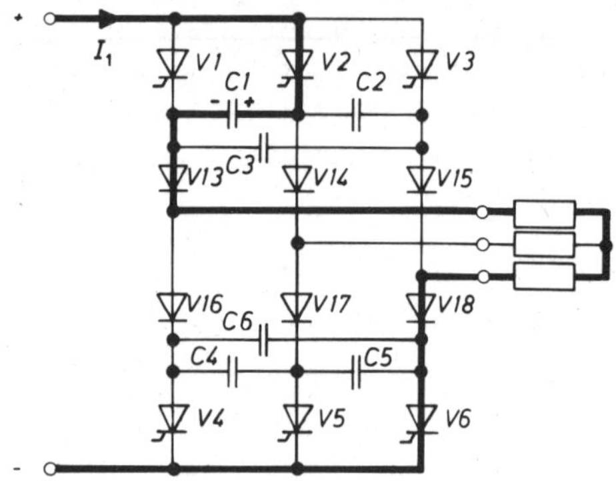

Bild 5.2−35

Nach vollzogener Umladung kommutiert der Strom vom Ausgang 1 auf Ausgang 2.

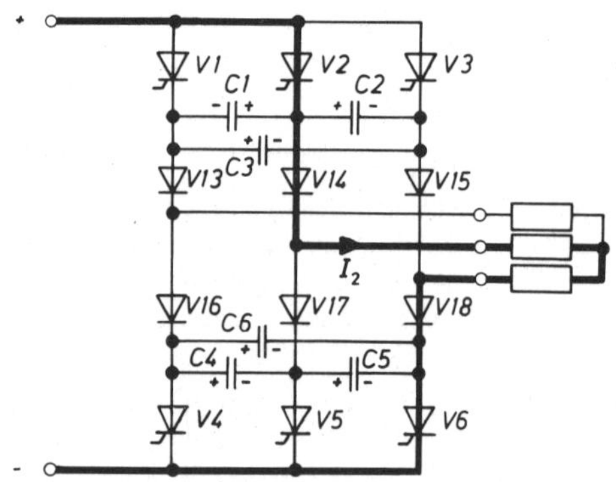

Bild 5.2−36

Summenlöschung

Bei der Summenlöschung ist eine für alle Hauptthyristoren gemeinsame Löscheinrichtung vorhanden. Gegenüber der Phasenfolgelöschung werden hier besondere Lösch- und Umladethyristoren zusätzlich benötigt.

Mit der Summenlöschung sind im Prinzip sämtliche Betriebs- und Steuerungsarten möglich. Eine gebräuchliche Schaltung mit Summenlöschung ist in Bild 5.2−37 gezeigt.

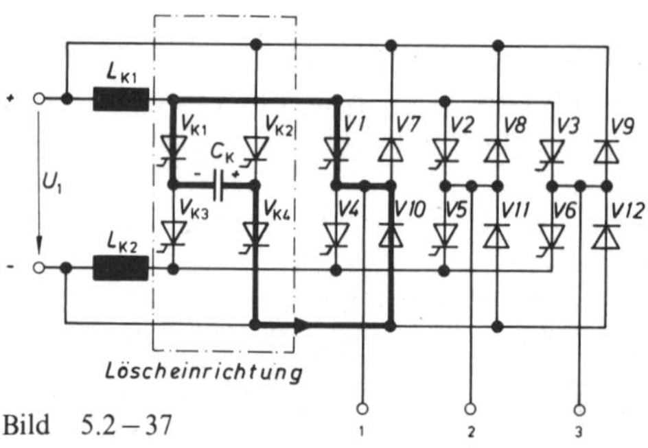

Bild 5.2−37

Es ist dabei zu beachten, daß die Schaltfrequenz des Löschkreises 6mal so groß ist wie die Frequenz der Wechselrichter-Ausgangsspannung, was diese in der Praxis auf maximal 200 Hz begrenzt.

Soll z. B. der Thyristor V 1 gelöscht werden, so sind in der Löscheinrichtung die Ventile V_{K1} und V_{K4} zu zünden. Der Umladestrom des Löschkondensators fließt dann über den Thyristor V_{K4}, die Diode V 10, den zu löschenden Thyristor V 1 und über V_{K1} zum Kondensator C_K zurück.

Ist V 1 gelöscht, so erfolgt die weitere Umladung über die Spannungsquelle solange bis der Kondensator C_K umgepolt ist.

Es ist dann der rechte Belag negativ und der linke positiv.

Schaltung nach McMurray

Für ein- und dreiphasige Wechselrichter wird eine Löschschaltung verwendet, die eine den beiden Hauptthyristoren einer Gruppe gemeinsam zugeordnete Löscheinrichtung hat. Sie wurde von *McMurray* angegeben.

Die antiparallel zu den Hauptthyristoren des Zweiges geschalteten Dioden V 7 und V 10 haben neben der Aufgabe der Energierückspeisung oder des Freilaufs bei induktiver Last auch die Funktion von Umschwingdioden für den Kommutierungsstrom. Die gesamte Kommutierungseinrichtung besteht aus der Reihenschaltung des Kommutierungskondensators C_K und der Kommutierungsdrossel L_K sowie den beiden Kommutierungsthyristoren V_{K1} und V_{K4}.

Wegen ihres guten Wirkungsgrades wird diese Schaltung häufig verwendet. Die Hauptthyristoren werden außerdem durch die Kommutierungsströme nicht zusätzlich belastet.

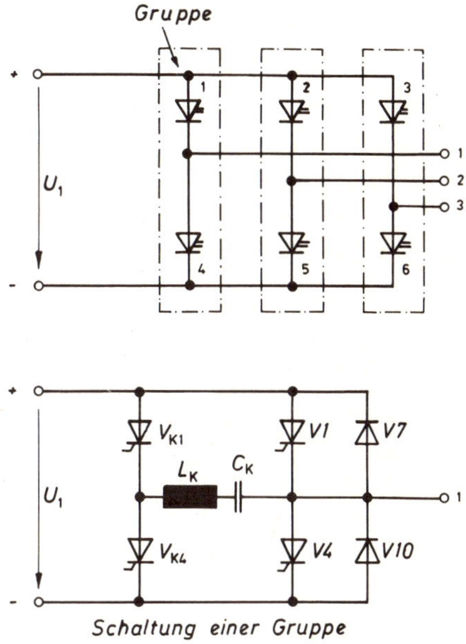

Bild 5.2–38

Um den Kommutierungskondensator auf die notwendigen Spannungswerte aufzuladen, wird beim Anlauf der Schaltung zusätzlich zum Hauptthyristor V 1 der Kommutierungsthyristor V_{K4} kurzzeitig eingeschaltet. Es fließt dadurch ein sinusförmiger Strom über den als Reihenschwingkreis wirkenden Kommutierungskreis. Er lädt den Kommutierungskondensator von Null auf etwa den doppelten Wert der Gleichspannung. Danach wird der Kommutierungsthyristor V_{K4} stromlos, der Kondensator hat die für den ersten Kommutierungsvorgang von V 1 richtige Polarität.

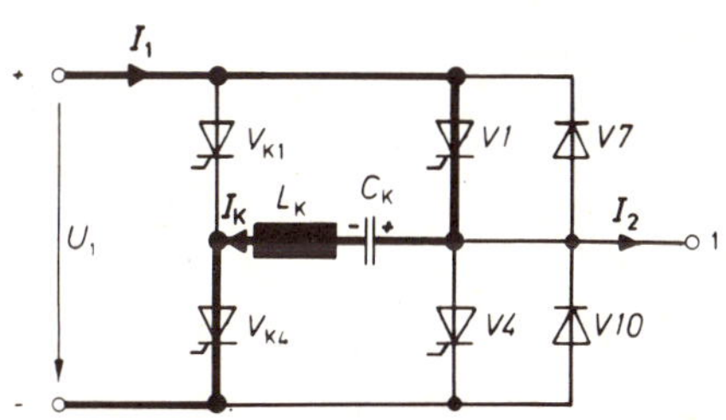

Bild 5.2–39

Die Beschreibung des Kommutierungsvorganges beginnt mit der in Bild 5.2–40 festgehaltenen Situation. C_K ist auf einen Wert U_{C0} aufgeladen. V 1 ist durchgeschaltet und bringt den Laststrom.

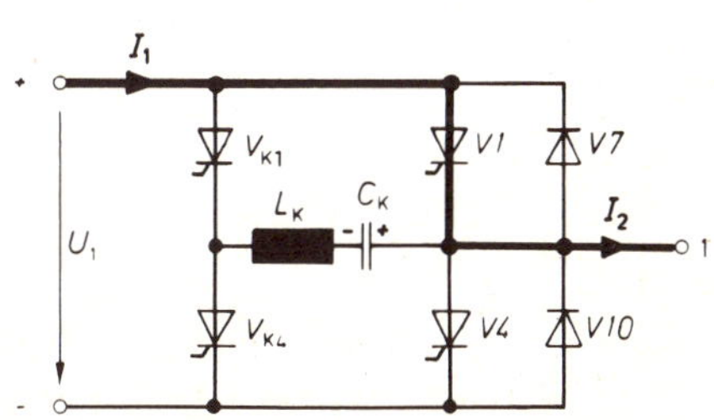

Bild 5.2–40

Der Laststrom vom Hauptthyristor V 1 wird in mehreren Stufen auf die zugeordnete Rückstromdiode V 10 übergeben. Es wird deshalb auch von einer mehrstufigen oder indirekten Kommutierung gesprochen. Der zeitliche Ablauf des Kommutierungsvorgangs wird im wesentlichen durch den mit L_K und C_K gebildeten Reihenschwingkreis bestimmt. Die einzelnen Strom- und Spannungsverläufe sind daher Ausschnitte aus nahezu sinus- und cosinusförmigen Zeitverläufen.

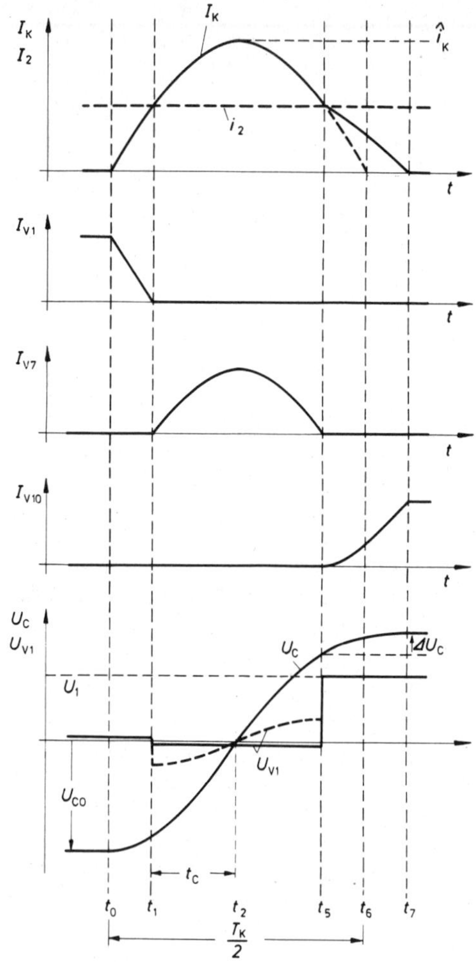

Bild 5.2–41

Der Ausschaltvorgang für den Hauptthyristor V 1 wird eingeleitet durch Einschalten des Kommutierungsthyristors V_{K1} zur Zeit t_0. Es beginnt durch den als Reihenschwingkreis ausgebildeten Kommutierungskreis ein sinusförmiger Kommutierungsstrom I_K über V 1 und V_{K1} zu fließen. Dieser Strom reduziert den Laststrom vom Hauptthyristor V 1 bis zum Wert Null. Im ersten Kommutierungsabschnitt wird damit der Laststrom vom Hauptthyristor V 1 auf den Kommutierungskreis übergeben.

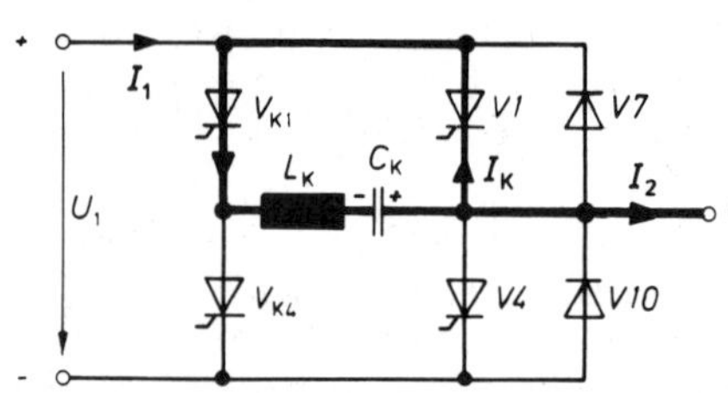

Bild 5.2–42

Zur Zeit t_1 ist der Hauptthyristor stromlos, die Diode V 7 übernimmt die Differenz zwischen Kommutierungsstrom und Laststrom. Der Scheitelwert des Kommutierungsstromes muß dazu stets größer als der größte auftretende Laststrom sein. Der Kommutierungsschwingkreis wird im Zeitabschnitt t_1 bis t_5 über die Diode V 7 und den Thyristor V_{K1} gebildet. Zur Zeit t_5 erreicht der Kommutierungsstrom gerade wieder den Wert des Laststroms; der Strom in der in diesem zweiten Kommutierungsabschnitt als Umschwingdiode wirkenden Diode V 7 wird zu Null.

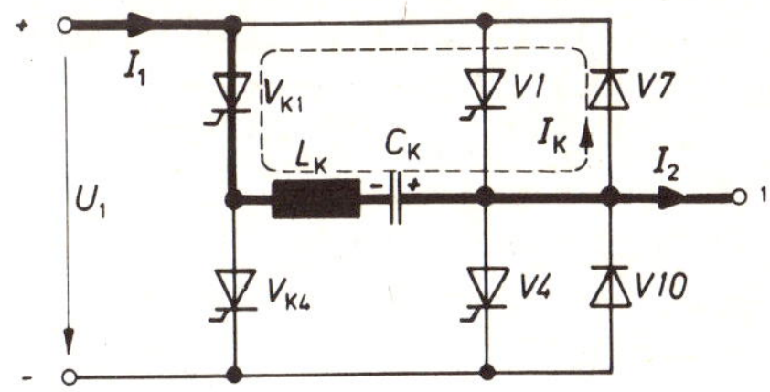

Bild 5.2 – 43

Bis zu diesem Augenblick ist der Kommutierungskondensator auf einen bestimmten positiven Spannungswert aufgeladen worden.

Zum Zeitpunkt t_5 beginnt die Rückstromdiode V 10 den Laststrom zu übernehmen. Es fließt aber immer noch – abnehmend – ein Strom über V_{K1} und C_K. Der Kommutierungskondensator wird dadurch um ΔU_C weiter aufgeladen. Dieser Betrag gleicht die im Kommutierungskreis auftretenden Verluste aus; im eingeschwungenen Betrieb sind die Beträge der Kommutierungsspannung vor und nach dem Kommutierungsvorgang also gleich.

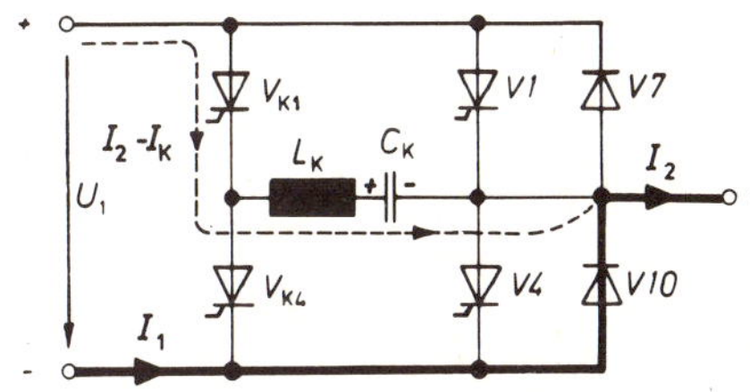

Bild 5.2 – 44

Zum Zeitpunkt t_7 ist dieser letzte Kommutierungsabschnitt abgeschlossen. Der Laststrom ist auf V 10 übergegangen.

Nach dem beendeten Kommutierungsvorgang kann durch die jetzt umgekehrte Polarität der Kondensatorspannung mit dem Kommutierungsthyristor V_{K4} nur der untere Hauptthyristor V 4 ausgeschaltet werden. Es muß also immer abwechselnd im oberen und unteren Zweig dieser Schaltung kommutiert werden.

Die Schonzeit ergibt sich aus dem Spannungsverlauf am Hauptthyristor. Da antiparallel zum Thyristor V 1 die Diode V 7 liegt, ergibt sich theoretisch als negative Spannung am Hauptthyristor die Durchlaßspannung dieser Diode (etwa 2 V), und zwar solange, wie sie Strom führt. Dies ist im Bild 5.2 – 41, der Zeitraum t_1 bis t_5.

Praktisch ergibt sich jedoch durch stets vorhandene Kabelinduktivitäten im Kreis der antiparallelen Diode am Thyristor V 1 der gestrichelt eingezeichnete Spannungsverlauf. Erst beim Übergang des Laststromes auf die Rückstromdiode V 10 wird der Ausgang vom Pluspol der Gleichspannungsquelle auf den Minuspol umgeschaltet, entsprechend bekommt der Hauptthyristor als positive Sperrspannung die Gleichspannung.

Der Wert der Kommutierungsspannung ist durch die Verluste im Kommutierungskreis und durch die bei jedem Kommutierungsvorgang durch den Laststrom hinzukommende zusätzlich Aufladung, die im eingeschwungenen Zustand gerade die Verluste deckt, nur schwer zu bestimmen.

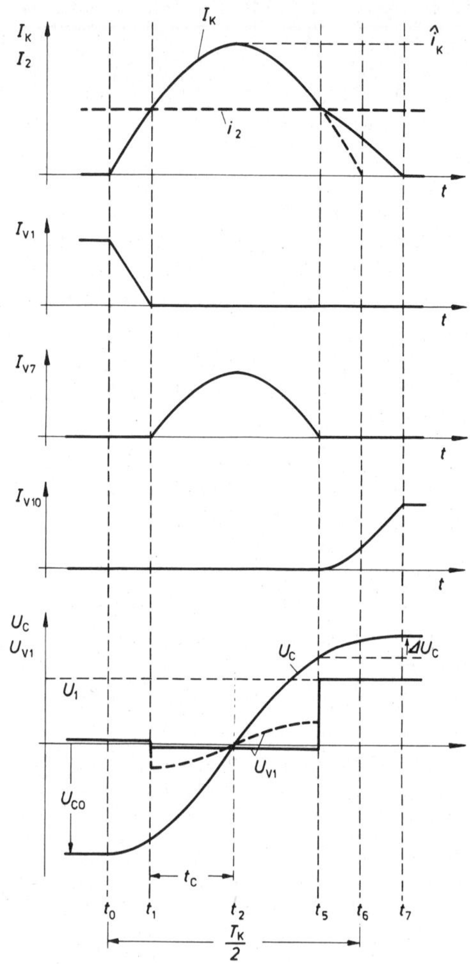

Bild 5.2–45

Ist kein Laststrom zum Zeitpunkt t_5 auf die Rückstromdiode zu kommutieren, z. B. bei Leerlauf, so fehlt die Aufladung des Kommutierungskondensators. Die bei jedem Kommutierungsvorgang auftretenden Verluste werden nicht ersetzt, der Kommutierungskondensator ist nach mehreren Umschwingvorgängen entladen und dann nicht mehr fähig, einen jetzt auftretenden Laststrom zu kommutieren.

Diese Abhängigkeit vom Laststrom wird durch eine Änderung des vorbeschriebenen Kommutierungsvorgangs behoben.

Dazu wird kurz vor dem Zeitpunkt t_5 V 4 gezündet. V 4 schaltet wieder ab, wenn C aufgeladen und der Ladestrom Null ist. Im Falle einer Belastung des Wechselrichters schaltet V 4 ab, wenn in der Rückspeisephase ab t_5 V 10 den Laststrom übernimmt.

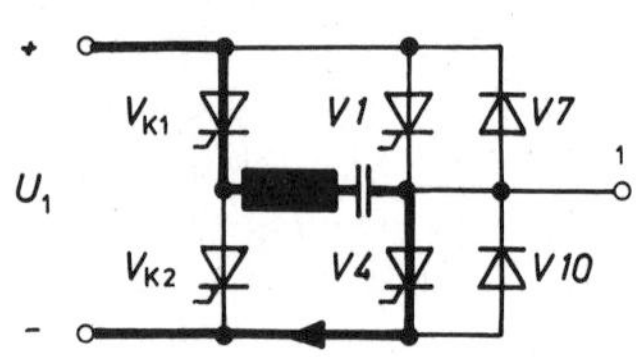

Bild 5.2–46

Durch geeignete Wahl des Einschaltaugenblicks für den dabei als Nachladethyristor benutzten Hauptthyristor V 4 kann eine gewünschte Kommutierungsspannung eingestellt werden. Damit der Laststromwert die Kommutierungsspannung nur geringfügig beeinflußt, muß dies vor der Stromübergabe auf die Rückstromdiode V 10 geschehen sein. Abhängig von der Gleichspannung wird ein Wert für die Kommutierungsspannung gewählt, der um den Faktor 1,5 bis 2,5 größer als die Gleichspannung ist.

Durch eine Verstellung des Einschaltaugenblicks in Abhängigkeit von der Gleichspannung oder durch einen geschlossenen Regelkreis kann eine in allen Betriebszuständen nahezu konstante Kommutierungsspannung eingestellt werden.

Auslegung des Kommutierungskreises

Die Dimensionierung des Löschkreises richtet sich nach der Höhe des zu löschenden Laststroms und der für die Thyristoren erforderlichen Freiwerdezeit.

Der Momentanwert i_2 des Laststromes wird während der sehr schnell verlaufenden Kommutierungsvorgänge als konstant angesehen.

Bild 5.2–47 zeigt die für die Dimensionierung wichtigen Größen. Im Zeitpunkt t_1 erreicht i_K den Wert von i_2, das bedeutet den Nulldurchgang des Stromes im Hauptventil.

Im Zeitpunkt t_2 erreicht U_C positive Werte. Da U_L in diesem Moment Null ist (Strommaximum), wird also auch die Ventilspannung positiv.

Zwischen t_1 und t_2 liegt also die Schonzeit für das Hauptventil. Sie hängt nach Bild 5.2–47 von der Amplitude und Periodendauer des Kommutierungsstromes, vom Strom i_2 und der Kondensatorspannung U_{CO} ab.

i_2 ist auch Momentanwert der Kommutierungsstromkurve zum Zeitpunkt t_1; so läßt sich die Gleichung für t_1 aufstellen.

Darin sind ω_K und $\hat{i}_K$ durch C_K und L_K festgelegt.

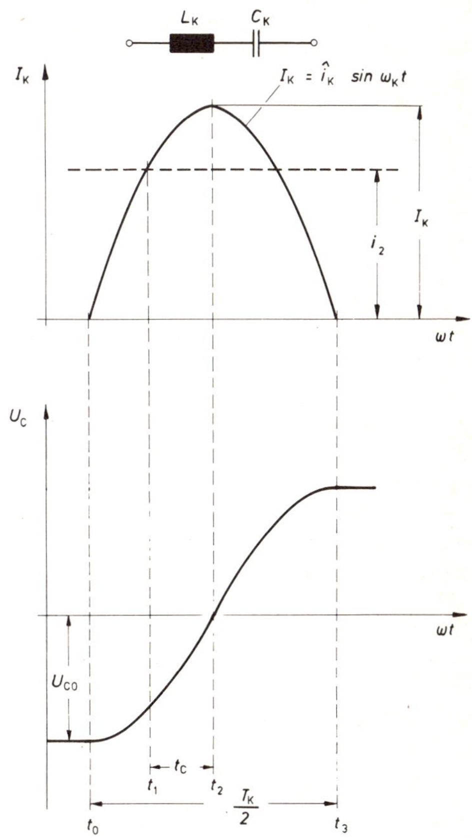

Bild 5.2–47

$$t_c = \frac{T_K}{4} - t_1 \qquad (5.2-8)$$

$$I_2 = \hat{i}_K \cdot \sin \omega_K t_1 \qquad (5.2-9)$$

$$t_1 = \frac{1}{\omega_K} \cdot \arcsin \frac{I_2}{\hat{i}_K} \qquad (5.2-10)$$

$$\omega_K = \frac{1}{\sqrt{L_K \cdot C_K}} \qquad (5.2-11)$$

$$\frac{T_K}{4} = \frac{\pi}{2\omega_K} \qquad (5.2-12)$$

Gl. (5.2–13) folgt aus dem Energiegleichgewicht $\frac{1}{2} C U^2 = \frac{1}{2} L I^2$:

$$\hat{i}_K = \frac{U_{CO}}{\sqrt{\frac{L_K}{C_K}}} \qquad (5.2-13)$$

Beispiel 5.2 – 3

Für einen Laststrom $I_2 = 300\,\mathrm{A}$ und eine Kondensatorspannung $U_{\mathrm{CO}} = 500\,\mathrm{V}$ soll ein Löschkreis nach *McMurray* so ausgelegt werden, daß eine Schonzeit von 20 µs zur Verfügung steht. Vorgegeben sind noch: $\frac{T_{\mathrm{K}}}{2} = 80\,\mu\mathrm{s}$ und $\hat{i}_{\mathrm{K}} = 440\,\mathrm{A}$.

Lösung:

Nach Gl. (5.2 – 12):

$$L_{\mathrm{K}} C_{\mathrm{K}} = \frac{T_{\mathrm{K}}^2}{4\pi^2} = \frac{(160\,\mu\mathrm{s})^2}{4\pi^2}$$

$$L_{\mathrm{K}} C_{\mathrm{K}} = 6{,}48 \cdot 10^{-10}\,s^2 \qquad (1)$$

Nach Gl. (5.2 – 13):

$$\frac{L_{\mathrm{K}}}{C_{\mathrm{K}}} = \frac{U_{\mathrm{CO}}^2}{\hat{i}_{\mathrm{K}}^2} = \frac{(500\,\mathrm{V})^2}{(440\,\mathrm{A})^2}$$

$$\frac{L_{\mathrm{K}}}{C_{\mathrm{K}}} = 1{,}29\,\frac{\mathrm{V}^2}{\mathrm{A}^2} \qquad (2)$$

(2) → (1)

$$C_{\mathrm{K}} \cdot 1{,}29\,\frac{\mathrm{V}^2}{\mathrm{A}^2} \cdot C_{\mathrm{K}} = 6{,}48 \cdot 10^{-10}\,s^2$$

$$C_{\mathrm{K}} = \sqrt{\frac{6{,}48 \cdot 10^{-10}\,s^2}{1{,}29\,\frac{\mathrm{V}^2}{\mathrm{A}^2}}}$$

$$\underline{\underline{C_{\mathrm{K}} = 22{,}4\,\mu\mathrm{F}}}$$

C_{K} → (1)

$$L_{\mathrm{K}} = \frac{6{,}48 \cdot 10^{-10}\,s^2}{22{,}4\,\mu\mathrm{F}}$$

$$\underline{\underline{L_{\mathrm{K}} = 28{,}9\,\mu\mathrm{H}}}$$

Kontrolle der Schonzeit:

Gl. (5.2 – 11):

$$\omega_{\mathrm{K}} = \frac{1}{\sqrt{L_{\mathrm{K}} \cdot C_{\mathrm{K}}}} = \frac{1}{\sqrt{28{,}9\,\mu\mathrm{H} \cdot 22{,}4\,\mu\mathrm{F}}}$$

$$\underline{\omega_{\mathrm{K}} = 39{,}3 \cdot 10^3\,\frac{1}{\mathrm{s}}}$$

Laut Aufgabenstellung:

$$\underline{\frac{T_{\mathrm{K}}}{4} = 40\,\mu\mathrm{s}}$$

Gl. (5.2 – 10):

$$t_1 = \frac{1}{\omega_{\mathrm{K}}} \cdot \arcsin\frac{i_2}{\hat{i}_{\mathrm{K}}}$$

$$= \frac{1}{39{,}3 \cdot 10^3 \, \frac{1}{\mathrm{s}}} \cdot \arcsin \frac{300\,\mathrm{A}}{440\,\mathrm{A}}$$

$$t_1 = 19\,\mu\mathrm{s}$$

Gl. (5.2 – 8):

$$t_c = \frac{T_K}{4} - t_1$$

$$= 40\,\mu\mathrm{s} - 19\,\mu\mathrm{s}$$

Die geforderte Schonzeit wird also erreicht.

$$t_c = 21\,\mu\mathrm{s}$$

Übung 5.2 – 8

Diskutieren Sie, wie sich die Schonzeit verändert, wenn a) die Kommutierungsstromamplitude, b) U_{CO}, c) die Umschwingfrequenz verringert werden.

Übung 5.2 – 9

Für einen Kommutierungsstromkreis nach Bild 5.2 – 38 sind vorgegeben: $i_2 = 100\,\mathrm{A}$, $U_{CO} = 700\,\mathrm{V}$, $T_K = 120\,\mu\mathrm{s}$ und $C_K = 10\,\mu\mathrm{F}$. Berechnen Sie $\hat{i}_K$, L_K und die Schonzeit.

5.2.6 Anwendungen

Selbstgeführte Wechselrichter werden überall dort eingesetzt, wo Wechselstromverbraucher auch dann sicher versorgt werden müssen, wenn das öffentliche Netz ausfällt.

Man findet daher solche Anlagen in:

Krankenhäusern zur Versorgung lebenswichtiger Verbraucher

Industrieanlagen zur evtl. Abschaltung laufender Prozesse

Flugplatzbefeuerungsanlagen

Funk-, Fernmelde- und Signalanlagen

EDV-Anlagen

Kraftwerken, insbesondere Kernkraftwerken

Großbauten zur Versorgung von Aufzügen u. a.

Diese Geräte erzeugen Spannungen konstanter Amplitude und Frequenz. Die Kurvenform soll möglichst sinusförmig sein.

Im Normalfall werden die Verbraucher über einen Gleichrichter und den Wechselrichter aus dem Netz versorgt. Der Gleichrichter stellt die Eingangsgleichspannung für den Wechselrichter zur Verfügung und lädt gleichzeitig die

Batterie bzw. hält sie auf Spannung. Bei Ausfall des Netzes wird der Verbraucher unterbrechungslos über die Batterie und den Wechselrichter versorgt.

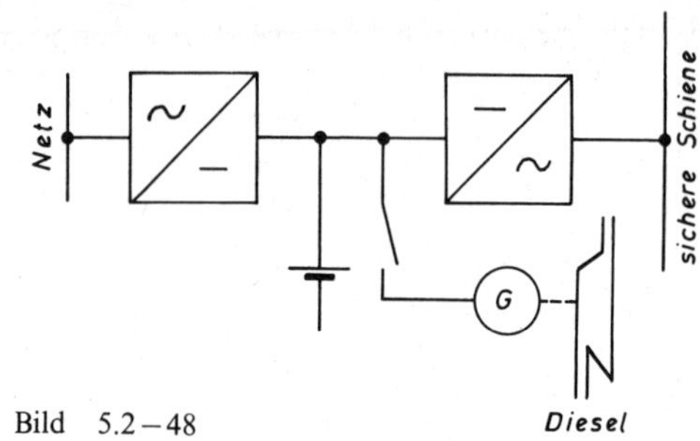

Bild 5.2–48

Um die Sicherheit der Stromversorgung noch weiter zu erhöhen, sind oft mehrere parallel arbeitende Umrichter vorhanden. Schalter S 1 dient noch für den Fall, daß einmal alle Wechselrichter ausfallen oder daß Überlast vorhanden ist. S 2 wird für Wartungszwecke geschaltet.

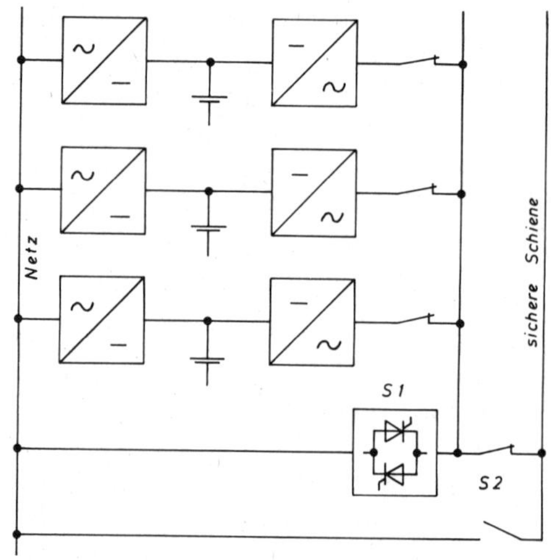

Bild 5.2–49

Ein weiteres Anwendungsgebiet für Wechselrichter ist die Speisung von Drehstrommotoren zur Steuerung oder Regelung der Drehzahl. Dafür werden sogenannte Umrichter eingesetzt (siehe auch 5.3), die aus einem Gleichrichter, einem Gleichstromzwischenkreis und dem Wechselrichter bestehen. Für die Drehzahländerung ist es erforderlich, sowohl die Amplitude als auch die Frequenz der Ausgangsspannung zu ändern.

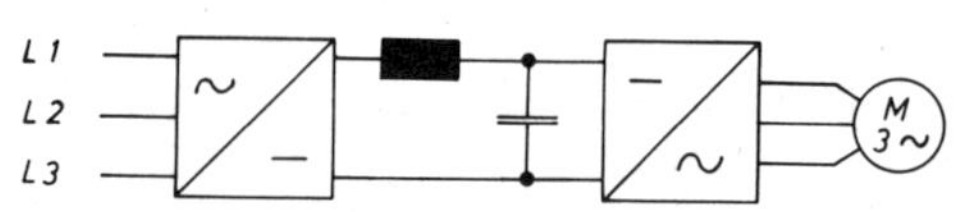

Bild 5.2–50

Lernzielorientierter Test zu Kapitel 5.2

1. Woher beziehen die selbstgeführten Wechselrichter ihre Energie?
   - O Aus einem Drehstromnetz.
   - O Aus einem Wechselstromnetz.
   - O Aus einem Gleichstromzwischenkreis.
   - O Aus einer Batterie.
   - O Aus der eigenen Kommutierungseinrichtung.

2. Welchen Zweck haben Rückspeisedioden?
   - O Sie ermöglichen die Löschung der Hauptthyristoren.
   - O Sie überbrücken die Kommutierungsdrossel.
   - O Abbau von Überspannungen am Kommutierungskondensator.
   - O Lieferung von Energie aus dem Lastkreis in die Spannungquelle.
   - O Erhöhung des Wirkungsgrades.

3. Die Form der Ausgangsspannung ist unabhängig von der Last bei:
   - O 180° Einschaltdauer
   - O 120° Einschaltdauer
   - O in jedem Falle

4. Welche Eigenschaften hat die Phasenfolgelöschung?
   - O Es werden zusätzliche Löschthyristoren benötigt.
   - O Der Kommutierungskreis ist eine LC-Schaltung.
   - O Die Kondensatoren sind zwischen den Phasen angeordnet.
   - O Die Thyristoren können nach beliebigem Programm gelöscht werden, so daß auch beliebige Ausgangsspannungsfunktionen erzeugt werden können.
   - O Die Kommutierungsspannung ist laststromabhängig.

5. Welche Einschaltdauer ist bei der Drehstrombrückenschaltung Voraussetzung für die Phasenfolgelöschung?
   - O 120° Einschaltdauer
   - O 180° Einschaltdauer
   - O spielt keine Rolle

6. Wieviel mal höher ist die Frequenz des Löschkreises als die der Ausgangsspannung bei einem dreiphasigen Wechselrichter mit Summenlöschung?
   - O 3mal
   - O ist nicht höher
   - O 6mal
   - O 12mal

7. Wieviel Thyristoren ist eine Löscheinrichtung nach *McMurray* zugeordnet?
   O einem
   O zwei
   O drei
   O sechs

8. Die Ladung des Kommutierungskondensators ist bei der Schaltung nach *McMurray:*
   O konstant, da die Eingangsspannung konstant ist.
   O schwankend je nach Laststrom (bei der einfachsten Steuerung).
   O durch zusätzliche Steuerungsmaßnahmen nahezu konstant durch zusätzliche Einschaltzeiten der Löschthyristoren.

9. Wechselrichter mit konstanter Ausgangsfrequenz und -spannung werden eingesetzt in Anlagen für:
   O Induktive Erwärmung
   O Drehzahlveränderbare Antriebe
   O Flughafenbefeuerung
   O Unterbrechungsfreie Stromversorgung
   O EDV-Anlagen

10. Welcher Thyristor wird als nächster gezündet? Zeichnen Sie die Polarität der Kondensatoren und den nächsten Kommutierungsstromkreis ein.

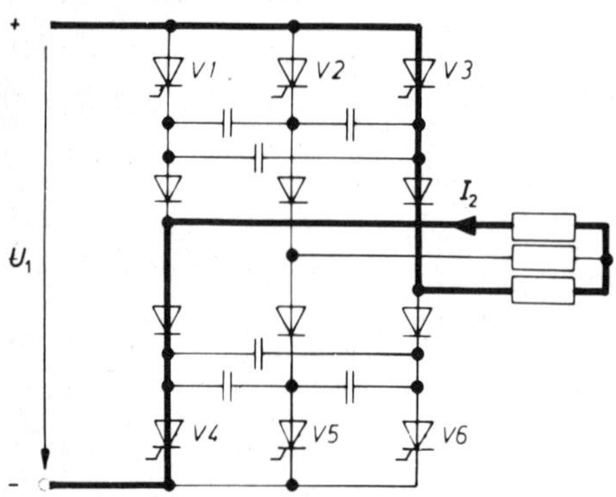

11. Ein Kommutierungskreis nach *McMurray* hat die Bauelemente $L_K = 130\,\mu H$ und $C_K = 8\,\mu F$. Berechnen Sie die Umschwingfrequenz, die Umschwingstromspitze und die Stromanstiegsgeschwindigkeit im Löschthyristor. $U_{CO} = 300\,V$.

5.3 Wechselstromumrichter

Lernziele

Der Lernende...

- beschreibt den prinzipiellen Aufbau eines Wechselstromumrichters,
- erläutert verschiedene Ausführungen des Zwischenkreises,
- erläutert die Hauptanwendungen von Umrichtern,
- zählt die Vor- und Nachteile der einzelnen Umrichtervarianten auf,
- beschreibt die wichtigsten Funktionen der Steuerung und Regelung.

5.3.1 Zwischenkreisumrichter

Ein Zwischenkreisumrichter besteht aus drei wesentlichen Komponenten, dem ungesteuerten oder gesteuerten netzgeführten Stromrichter (Gleichrichter), einem Spannungs- oder Stromzwischenkreis und einem selbst- oder lastgeführten Wechselrichter.

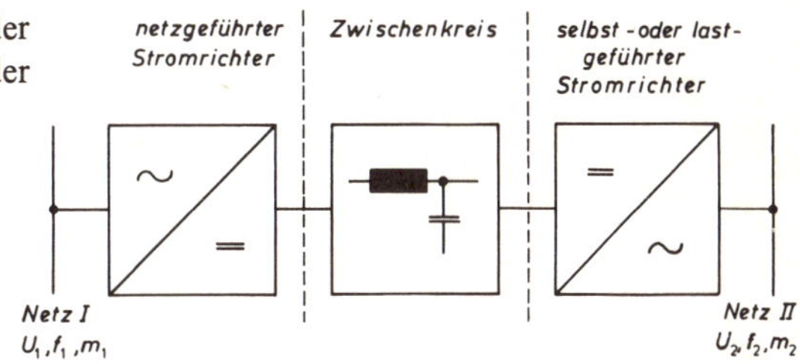

Bild 5.3 – 1

Der netzgeführte Stromrichter erzeugt aus der konstanten Wechselspannung U_1, der Frequenz f_1 und der Phasenzahl m_1 eine konstante oder veränderliche Gleichspannung, aus der der selbstgeführte Stromrichter als Wechselrichter eine Wechselspannung beliebiger Phasenzahl und Frequenz (U_2, m_2, f_2) formt.

Der Spannungs- oder Stromzwischenkreis entkoppelt den netzgeführten Stromrichter vom selbstgeführten Stromrichter, so daß beide möglichst unbeeinflußt arbeiten können.

Bild 5.3 – 2 zeigt die normale Anordnung im Spannungszwischenkreis, die aus einer Glättungsdrossel L und aus einem Speicherkondensator C besteht. Der netzgeführte Stromrichter ist ungesteuert, er kann Energie nur in einer Richtung, nämlich vom Drehstromnetz in den Zwischenkreis und von dort über den Wechselrichter an die Last liefern. Rücklieferung von Energie von der Last an den Zwischenkreis ist nur sehr beschränkt möglich, nämlich solange, als die Spannung des Speicherkondensators durch die Aufnahme der rückgelieferten Energie

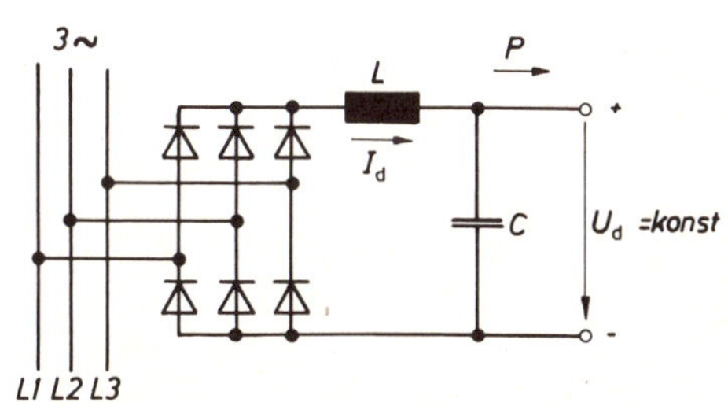

Bild 5.3 – 2

nicht den maximal zulässigen Wert übersteigt. Die Zwischenkreisspannung ist konstant, solange die Netzspannung konstant bleibt (und solange keine Energie zurückgespeist wird).

Ist mit kurzen Energierücklieferungen zu rechnen, die die Speicherfähigkeit des Kondensators übersteigt, z. B. beim Abbremsen von Maschinen, so kann man parallel zum Speicherkondensator einen Ballastwiderstand *R* gemäß Bild 5.3 – 3 vorsehen.

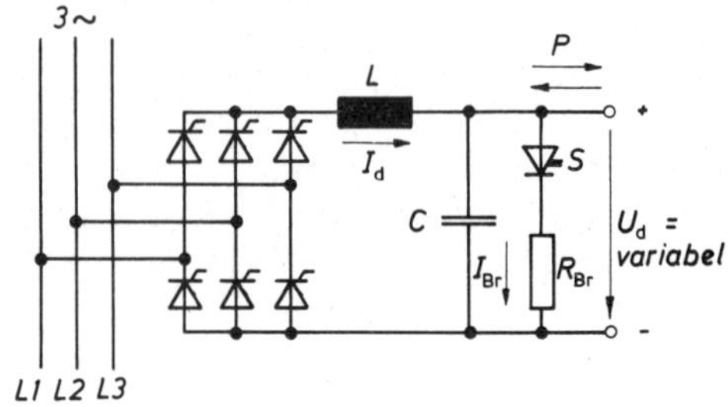

Bild 5.3 – 3

Der Widerstand *R* kann im Bedarfsfall durch den Thyristorschalter *S* zu- und abgeschaltet werden. In dem Bremswiderstand wird dann die von der Last zurückgespeiste Energie in Wärme umgewandelt. Der Schalter *S* wird betätigt, sobald die Spannung im Zwischenkreis infolge des Rückstroms auf den Speicherkondensator *C* über einen bestimmten einstellbaren Wert ansteigt. Der Energieverlust im Bremswiderstand kann bei kurzzeitigen Bremsvorgängen in Kauf genommen werden. Der netzgeführte Stromrichter wurde hier als steuerbarer Gleichrichter angenommen, er ermöglicht eine Anpassung der Zwischenkreisspannung an die jeweiligen Lastbedingungen.

Bei länger andauernden Bremsvorgängen wird man eine möglichst verlustarme Lösung anstreben, wie sie in Bild 5.3 – 4 gezeigt ist.

Bild 5.3 – 4

Da als Speicherkondensatoren hauptsächlich Elektrolytkondensatoren eingesetzt werden, ist eine Energierücklieferung durch Spannungsumpolung nicht möglich. Es muß vielmehr der Strom seine Richtung ändern. Das ist aber nur mittels zweier gegenparalleler Stromrichter möglich. Die Bremsenergie kann damit ins Netz zurückgespeist werden, sofern dieses dafür aufnahmefähig ist (Nutzbremsung).

Für Umrichter, die nicht mit eingeprägter Spannung sondern mit eingeprägtem Strom arbeiten, besteht der Zwischenkreis nur aus einer Drossel. Man spricht von einem Gleichstromzwischenkreis. Hier ist eine Umkehrung der Spannung bei gleichbleibender Stromrichtung möglich, wenn Energie über den netzgeführten Stromrichter in das Netz zurückgespeist wird. Man kommt in diesem Fall mit einem Stromrichter aus, der bei Energierücklieferung im Wechselrichterbetrieb arbeitet.

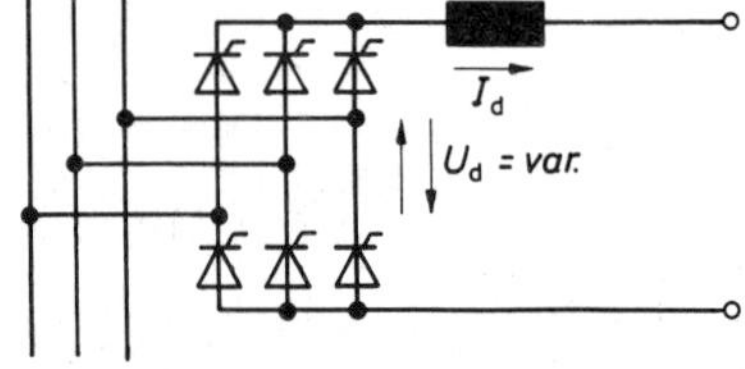

Bild 5.3 – 5

5.3.2 Umrichtervarianten

Umrichter mit variabler Zwischenkreisspannung

Der Aufbau eines Umrichters mit variabler Zwischenkreisspannung zeigt Bild 5.3 – 6. Er besteht aus einem netzgeführten, gesteuerten Stromrichter zur Bildung der variablen Zwischenkreisspannung, einem Zwischenkreis und dem selbstgeführten Stromrichter zur Bildung der frequenz- und spannungsvariablen Ausgangsspannung.

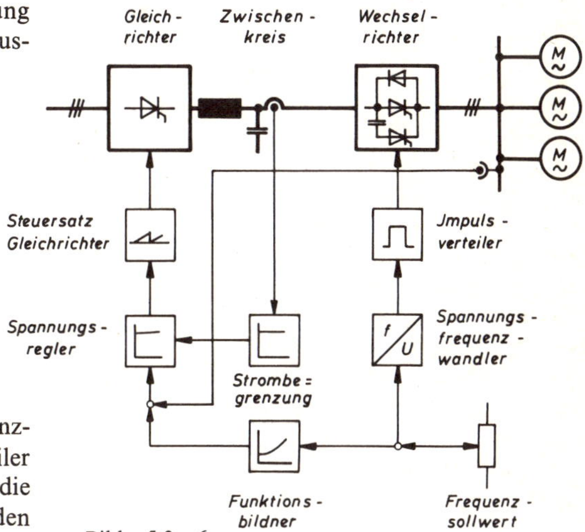

Bild 5.3 – 6

Der Wechselrichter wird von einem Frequenzgeber in Verbindung mit einem Impulsverteiler gesteuert. Der Impulsverteiler sorgt für die richtige Zuordnung der Zündimpulse zu den Haupt- und Löschthyristoren des Wechselrichters.

Bei der Speisung von Drehstrommotoren mit Wechselspannung veränderlicher Frequenz sorgt ein Funktionsbildner dafür, daß Ausgangsspannung und Frequenz proportional zueinander verstellt werden. Über den Steuersatz des Gleichrichters wird damit die gewünschte Wechselrichter-Ausgangsspannung eingestellt.

In Bild 5.3 – 7 ist die heute bevorzugt ausgeführte Schaltung des Wechselrichter-Leistungsteils dargestellt, deren Funktion jedoch schon in Abschnitt 5.2 beschrieben wurde.

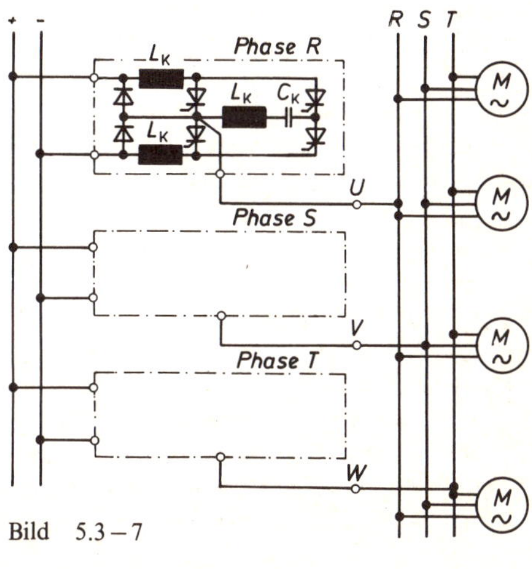

Bild 5.3 – 7

Die variable Zwischenkreisspannung läßt sich statt mit einem gesteuerten Gleichrichter auf der Netzseite auch durch die Kombination zweier Stromrichter erreichen. Ein ungesteuerter Gleichrichter erzeugt eine konstante Gleichspannung und ein nachgeschalteter Gleichstromsteller erzeugt die variable Gleichspannung. Das System erfordert zwei Zwischenkreise. An dem Zwischenkreis mit konstanter Spannung können mehrere Gleichstromsteller und Wechselrichter angeschlossen werden.

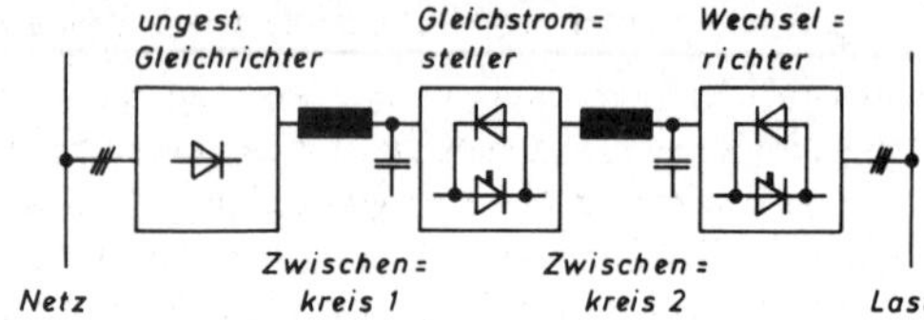

Bild 5.3 – 8

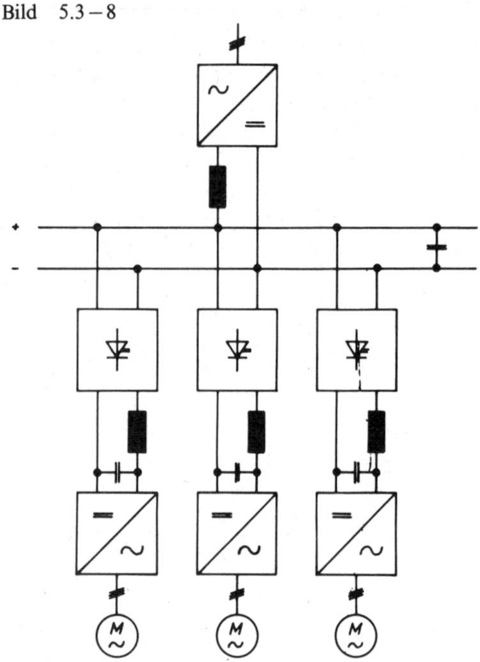

Bild 5.3 – 9

Faßt man die wesentlichsten Eigenschaften der Umrichter mit veränderlicher Zwischenkreisspannung zusammen, so ergeben sich folgende Merkmale:

- Eingeprägte Zwischenkreisspannung
- Vorzugsweise für Motorgruppenantriebe eingesetzt
- Kommutierung lastunabhängig. Umrichter und Last brauchen nicht aufeinander abgestimmt zu werden
- Ausgangsfrequenz bis 1 500 Hz möglich, daher für die Speisung schnellaufender Motor geeignet
- Leistungsgrenze eines Einzelgerätes etwa 250 kVA
- Drehzahlstellbereich 1 : 20, untere Frequenzgrenze 10 Hz
- Für Schweranlauf und Momentenstöße nicht sehr geeignet

Umrichter mit konstanter Zwischenkreisspannung

Ein Umrichter mit konstanter Spannung im Zwischenkreis verändert die Wechselrichterausgangsspannung durch Impulsbreitensteuerung innerhalb jeder Halbschwingung im Wechselrichter selbst (Pulswechselrichter). Der Gleichrichter ist ein ungesteuerter Gleichrichter; es entsteht daher keine Steuerblindleistung und man arbeitet über den ganzen Stellbereich mit einem guten Verschiebungsfaktor im speisenden Netz. Zur Stützung des Zwischenkreises können Batterien herangezogen werden, was die Überbrückung von Netzausfällen erleichtert.

Der Zwischenkreis läßt sich außerdem als Gleichspannungs-Sammelschiene ausbilden, an die mehrere, voneinander unabhängige Wechselrichter angeschlossen sein können. Durch die konstante Zwischenkreisspannung werden die Kommutierungskondensatoren stets auf voller Spannung gehalten, eine stromabhängige Aufladung ist nicht erforderlich.

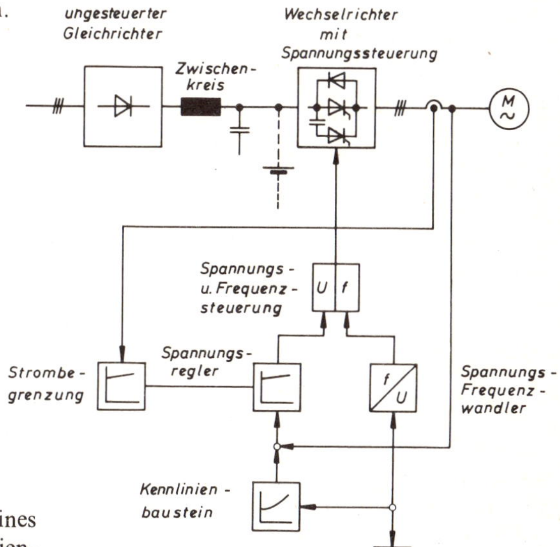

Bild 5.3 – 10

Bild 5.3 – 10 zeigt das Steuerschema eines solchen Pulswechselrichters. Der Kennlinienbaustein oder Funktionsbilder sorgt dafür, daß die Maschine immer eine zur jeweiligen Frequenz passende Spannung erhält. Die Spannungs- und Frequenzsteuerung verteilt die Zündimpulse so auf Haupt- und Löschthyristoren, daß sowohl die Frequenz der Maschinenspannungsimpulsserie als auch die Breite der Einzelimpulse variiert werden kann.

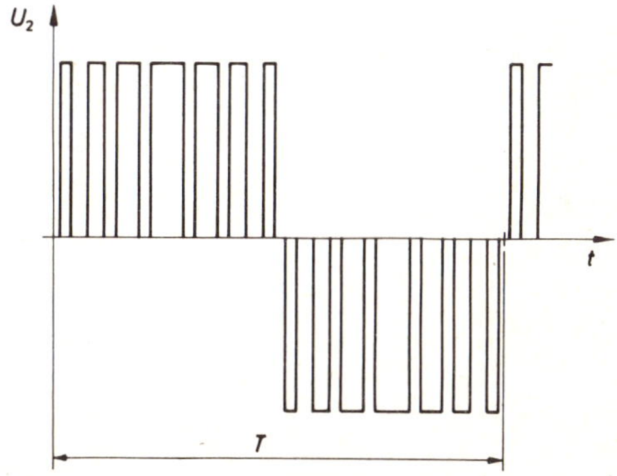

Das Pulsen der Ausgangsspannung wird vorteilhafter Weise so gestaltet, daß der Grundschwingungsanteil möglichst hoch und der Oberschwingungsanteil möglichst gering ist. Die verbleibenden Oberschwingungen sollen hohe Frequenzen haben, damit die Oberschwingungsströme durch die in den Maschinen vorhandenen Streureaktanzen klein bleiben.

Bild 5.3 – 11

Der wesentliche Vorzug des Umrichters mit Pulswechselrichter liegt darin, daß er insbesondere bei kleinen Frequenzen eine oberschwingungsarme Spannung abgeben kann. Ein bevorzugter Einsatzfall wird daher die Speisung drehzahlgeregelter Antriebe sein, die vom Stillstand aus mit vollem Drehmoment und mit hoher Regelgüte arbeiten müssen.

Bild 5.3 – 12 zeigt das Beispiel einer Umrichteranlage mit mehreren Umrichtern an einer Sammelschiene.

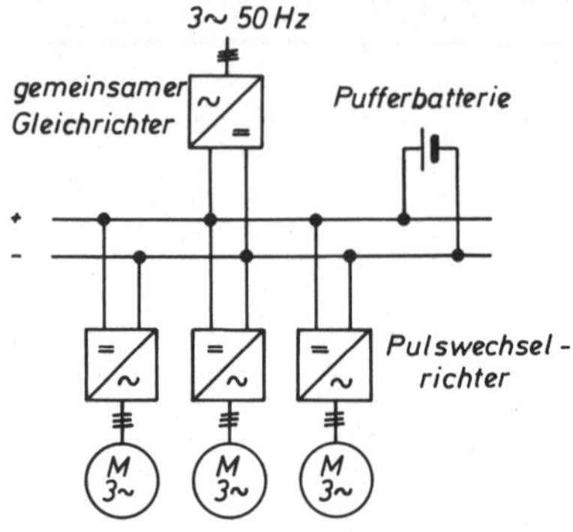

Bild 5.3 – 12

Die Eigenschaften des Umrichters mit konstanter Zwischenkreisspannung und Pulswechselrichter können wie folgt zusammengefaßt werden:

- Parallelbetrieb mehrerer Wechselrichter an gemeinsamer Gleichspannung
- Pufferung beim Netzausfall durch Batterie möglich
- Guter Leistungsfaktor im 50 Hz-Netz durch ungesteuerten Gleichrichter
- Vierquadrantenbetrieb
- Frequenzgrenze etwa 150 Hz
- Drehzahlstellbereich 1:00
- Leistungsgrenze je Gerät etwa 250 kVA
- Umrichter und Last brauchen nicht aufeinander abgestimmt zu werden. (bzgl. der Kommutierung)

Umrichter mit Stromzwischenkreis

Der Umrichter mit Gleichstromzwischenkreis hat ein Speicherglied weniger. Es entfällt der Zwischenkreiskondensator. Die vorhandene Induktivität sorgt für eine Stromeinprägung.

Wie die vorbeschriebenen Umrichter, ist auch diese Variante für die Speisung von Drehstrommotoren vorgesehen. Der eingeprägte Zwischenkreisstrom ergibt in der an den Umrichtern angeschlossenen Drehfeldmaschine einen rechteckförmigen Stromverlauf mit 120° Stromführungsdauer und 60° Pausen.

Der Grundschwingungsgehalt bei dieser Stromform beträgt etwa 95%.

Die Thyristoren des Wechselrichterteils werden außerdem durch den Rechteckstrom in ihrer Strombelastbarkeit optimal ausgenutzt.

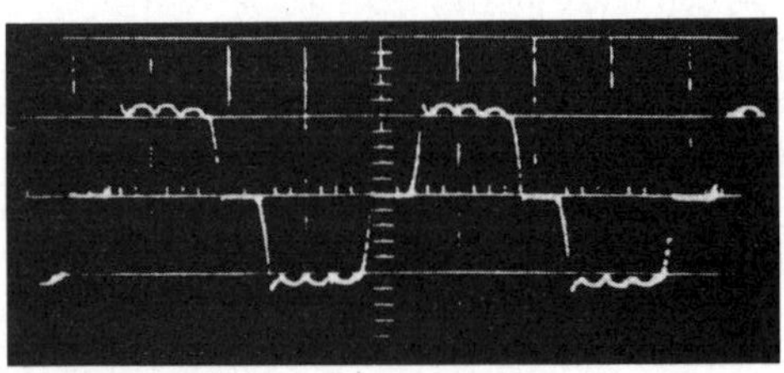

Bild 5.3 – 13
a Maschinenstrom (50 A/5 ms pro Skt)

Im Gegensatz zu den bisher beschriebenen lastunabhängigen, wird hier eine lastgebundene Kommutierungseinrichtung verwendet. Die Last (der Motor) ist Bestandteil des Kommutierungskreises und muß mit dem Wechselrichterteil des Umrichters abgestimmt werden. Damit ergibt sich, daß der Umrichter bei abgeschalteter Last nicht betriebsfähig ist und daß die Last nur in engen Grenzen variiert werden kann.

Eine hierfür besonders geeignete Wechselrichterschaltung ist die Schaltung mit „Phasenfolgelöschung" (Bild 5.3 – 14), deren Funktion bereits in Abschnitt 5.2.5 beschrieben wurde.

Die Kommutierungseinrichtung im Wechselrichter hat eine zweifache Aufgabe zu erfüllen. Sie muß sowohl das Löschen des abzulösenden Thyristors sicherstellen, als auch die in den Streuinduktivitäten der Maschine gespeicherte Energie aufnehmen können. Die Kondensatoren müssen daher so dimensioniert werden, daß dabei keine unzulässigen Spannungserhöhungen entstehen. Beim Anschluß eines Asynchronmotors finden während der Bewegung des Motorläufers über zwei Polpaarteilungen 6 Kommutierungen statt, das heißt, der Zwischenkreisstrom wird über die Thyristoren des Wechselrichters sechsmal von einem Wicklungsstrang der Ständerwicklung des Käfigläufermotors auf den nächstfolgenden weitergeschaltet. Zwischen zwei Kommutierungen führen 2 Thyristoren den Zwischenkreisstrom über 2 Wicklungsstränge des Motors.

Bei einem 2poligen Motor ($p = 1$) finden also während einer Motorumdrehung $1 \times 6 = 6$ Kommutierungen im Wechselrichter statt. Bild 5.3 – 15 zeigt die 6 verschiedenen Stromwege im Wechselrichter und die dazugehörenden Wicklungsdurchflutungen über eine Polpaarteilung.

Die Dauer des Kommutierungsvorgangs und die Höhe der Kondensatorspannung sind stromabhängig, da die Löschkondensatoren mit dem Maschinenstrom umgeladen werden.

Der Maschinenstrom bewegt sich aber immer nur zwischen den Grenzen Magnetisierungsstrom und Maximalstrom, und für dieses Verhältnis von kleinstem zu größtem Strom kann die Schaltung ohne weiteres ausgelegt werden.

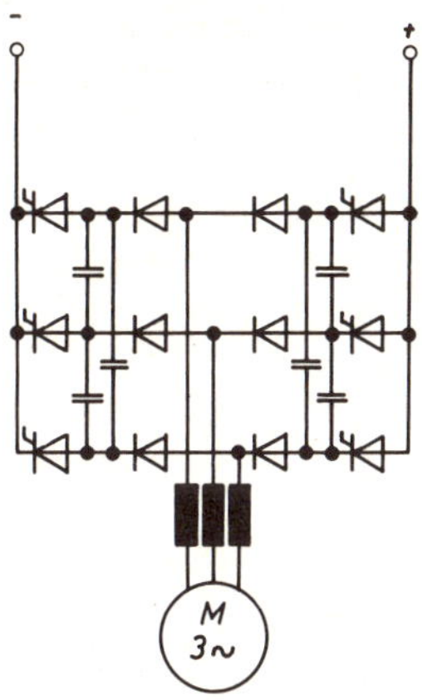

Bild 5.3 – 14

Die Kommutierungskondensatoren dienen auch als Speicher für die in bestimmten Zeiten von der Maschine rückgespeiste Leistung (Blindleistungskompensation.)

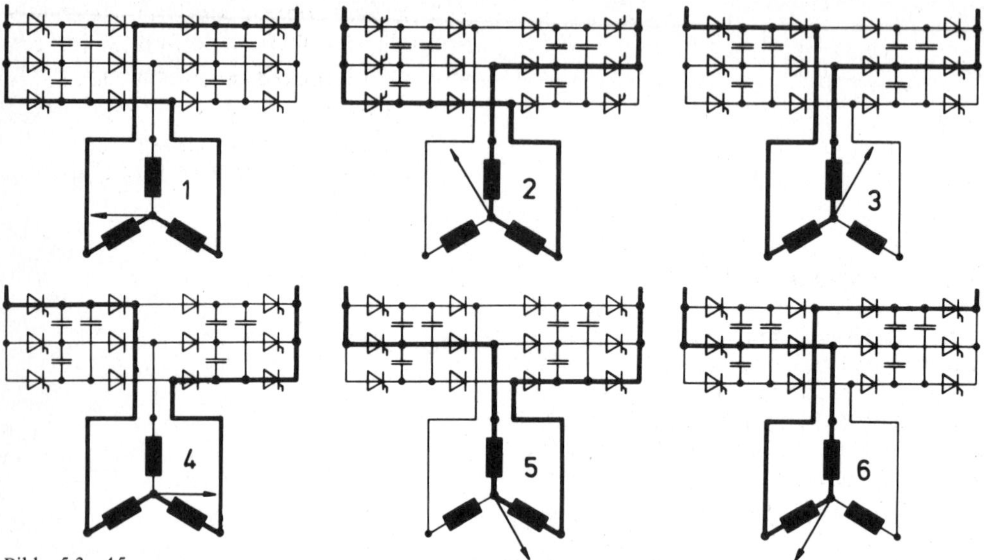

Bild 5.3 – 15

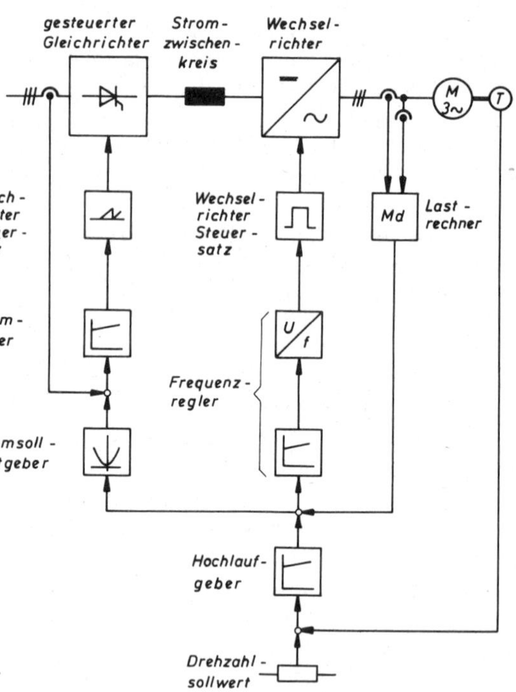

Bild 5.3 – 16

Bild 5.3 – 16 zeigt das Regelschema des Umrichters mit Stromzwischenkreis.

Zusammengefaßt haben Umrichter mit Stromzwischenkreis folgende Eigenschaften:

– Lastabhängige Kommutierung, Umrichter und Last müssen aufeinander abgestimmt werden

– Einfacher Aufbau des Leistungsteils durch Wegfall der Blindstromdioden
– gute dynamische Eigenschaften bei Einmotorenantrieb
– für Zweiquadrantenantrieb kein zusätzlicher Stromrichter auf der Netzseite erforderlich.

5.3.3 Anwendungen

Umrichter mit veränderlicher Zwischenkreisspannung werden vorzugsweise in Spinnspulmaschinen der Textilindustrie eingesetzt.
Jede Spinnstelle besteht aus einer Dosierpumpe, die die spinnfähige Substanz durch eine Lochdüse preßt, aus den Galetten, die die im Spinnschacht zu Fäden erstarrten Substanzen abziehen und aus der Treib- oder Reibwalze, die schließlich die Fäden auf eine Spule wickelt.

Spinnpumpen, Galetten und Reibwalzen werden einzeln von Synchronmotoren angetrieben, die von Zwischenkreisumrichtern gespeist werden. Bei Spinnspulmaschinen kommt es besonders auf hohe Drehzahlkonstanz an, die durch synchronlaufende Drehfeldmaschinen und die mit hoher Frequenzkonstanz arbeitenden Umrichter erreicht wird.

Als Beispiel für den Einsatz von Pulsumrichtern zeigt Bild 5.3 – 17 den Übersichtsschaltplan eines großen Löffelbaggers.

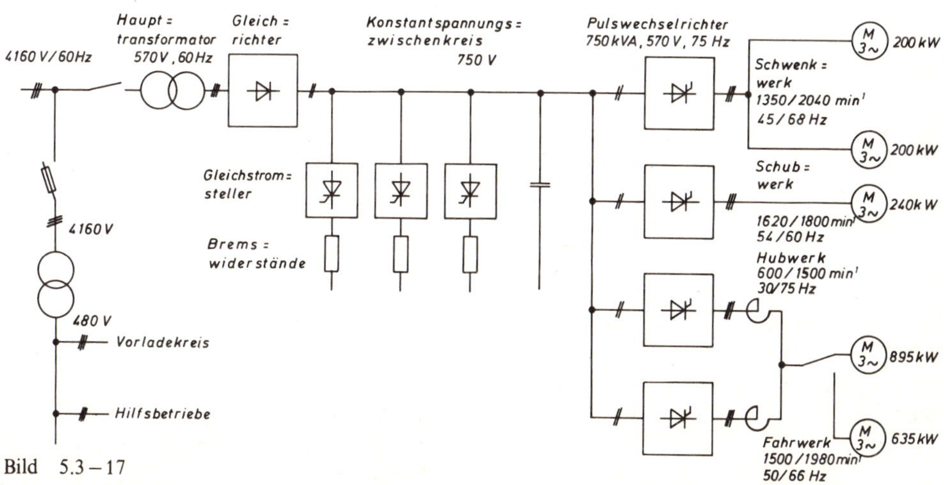

Bild 5.3 – 17

An der von einem ungesteuerten Gleichrichter gespeisten Gleichspannungsschiene sind vier Wechselrichter für die Schwenk-, Schub-, Hub- und Fahrwerksmotoren angeschlossen. Gebremst wird über Widerstände.

Lernzielorientierter Test zu Kapitel 5.3

1. Energietransport zwischen Netz und Last ist in beiden Richtungen möglich bei einem
   - ○ Umrichter mit Gleichrichter und Spannungszwischenkreis.
   - ○ Umrichter mit gesteuertem Gleichrichter und Stromzwischenkreis.
   - ○ Umrichter mit Spannungszwischenkreis und antiparallelen Stromrichtern an der Netzseite.
   - ○ Umrichter mit Umkehrstromrichter.
2. Die Ausgangsspannung eines Umrichters wird verändert durch
   - ○ Anschnittsteuerung.
   - ○ Pulswechselrichter.
   - ○ Gleichstromsteller im Zwischenkreis.
   - ○ Gesteuerten Gleichrichter an Netzseite.
   - ○ Veränderbare Glättungsdrossel.
3. Welche Umrichter arbeiten lastunabhängig?
   - ○ Umrichter mit Spannungszwischenkreis.
   - ○ Umrichter mit Stromzwischenkreis.
   - ○ Umrichter mit Phasenfolgelöschung.
   - ○ Umrichter mit ohmscher Last.
4. Bei Umrichter mit Thyristoren ist eine Ausgangsfrequenz >1000 Hz realisierbar bei
   - ○ Umrichter mit konstanter Zwischenkreisspannung.
   - ○ Umrichter mit variabler Zwischenkreisspannung.
   - ○ Umrichter mit Stromzwischenkreis.
5. Kurzzeitige Energierücklieferungen aus der Last werden aufgenommen
   - ○ Von Zwischenkreiskondensator.
   - ○ Von in Bedarfsfall zugeschalteten Kondensatoren.
   - ○ Von Widerständen parallel zum Zwischenkreiskondensator.
   - ○ Von der Zwischenkreisdrossel.
6. Bei variabler Zwischenkreisspannung muß die Kommutierungsfähigkeit sichergestellt werden durch
   - ○ Vergrößern der Kommutierungskondensatoren.
   - ○ Zurückstellen des Stromsollwertes.
   - ○ Stromabhängige Aufladung der Kommutierungskondensatoren.

7. Ein Funktionsbildner im Regelkreis von Umrichtern hat die Aufgabe,

   ○ Die Ausgangsspannung in einen Digitalwert umzuformen.

   ○ Die Sollwerte für die Zwischenkreisspannung vorzugeben.

   ○ Das richtige Verhältnis von Ausgangsspannung und Ausgangsfrequenz sicherzustellen.

8. Welche Aufgabe haben die Kommutierungs-Kondensatoren beim Umrichter mit Stromzwischenkreis zusätzlich zu erfüllen?

   ○ Glättung der Zwischenkreisspannung.

   ○ Für sinusförmigen Ausgangsstrom sorgen.

   ○ Aufnahme der in den Streuinduktivitäten der Last gespeicherten Energie.

   ○ Verhinderung von Last-Überspannungen.

9. An eine Sammelschiene können mehrere unabhängige Wechselrichter angeschlossen werden bei

   ○ Umrichter mit konstanter Zwischenkreisspannung.

   ○ Umrichter mit Pulswechselrichtern.

   ○ Umrichter mit variabler Zwischenkreisspannung.

   ○ Umrichter mit Stromzwischenkreis.

Lösungen

Lernzielorientierter Test zu Kapitel 1.1

1. Im Sperrbereich ist die Anode negativ, die Kathode positiv vorgespannt.
   Die Diode wirkt wie ein Schalter, der in Abhängigkeit der Spannung U_{AK} schaltet.
2. Wenn die Anoden-Kathoden-Strecke in Vorwärtsrichtung vorgespannt ist, kann der Thyristor durch einen Zündstromimpuls in den leitenden Zustand gebracht werden.
   Anodenströme bis 2 kA sind möglich.
   Für $I_G = 0$ sperrt der Thyristor auch in Vorwärtsrichtung.
3. Ein Triac hat zwei Hauptanschlüsse und ein Steuergate.
   Ein Triac hat im Hauptstromkreis das Verhalten zweier antiparalleler Thyristoren.
4. Batterieladen.
   U-Bahn-Netzeinspeisung.
   Elektrolyse.
5. Statt Dioden werden Thyristoren verwendet.
   Die Ausgangsspannung ist einstellbar.
6. Das Impulssteuergerät wird vom Netz synchronisiert.
   Zur Funktion muß als Anodenspannung die Netzwechselspannung anliegen.
   Die Frequenz der Ausgangsspannung ist immer gleich der Netzfrequenz.
7. Drehstrom-Lokomotive mit Fahrdraht-Wechselspannung.
   Bei Motoren größer als 2 MW.
   Für drehzahlgeregelte D-Motoren.
8. Der Motor ist wartungsarm.
   Der Motor ist kleiner.
9. U-Bahnen.
   Batteriegespeister Gabelstabler.

Übung 1.2 – 1

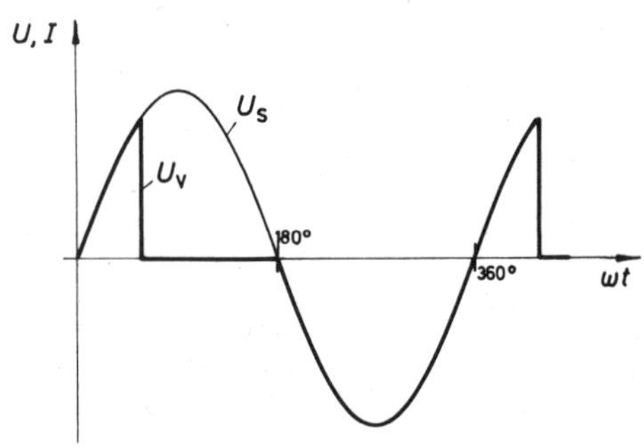

Rückwärtsrichtung: $\hat{u}_V = -\hat{u}_S$

Vorwärtsrichtung: $\hat{u}_V = \hat{u}_S \quad (\alpha \geqslant 90°)$

Maximale Spannungsbeanspruchung in beiden Richtungen:

$$\hat{u}_V = 220\,\text{V} \cdot \sqrt{2}$$

$$\hat{u}_V = 311\,\text{V}$$

Übung 1.2 – 2

Der Strom im Lastwiderstand ist gleich dem Thyristorstrom (Reihenschaltung!).

$$\hat{i}_V = \hat{i}_d$$

$$\hat{i}_V = \frac{U_S \cdot \sqrt{2}}{R}$$

$$= \frac{380\,\text{V} \cdot \sqrt{2}}{12{,}5\,\Omega}$$

$$\underline{\underline{\hat{i}_V = 43\,\text{A}}}$$

Übung 1.2 – 3

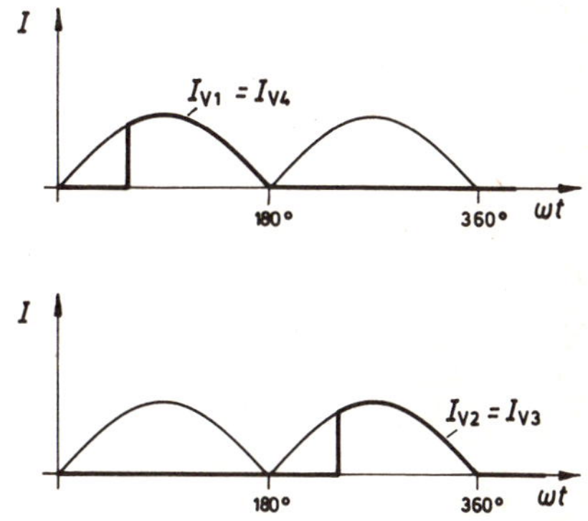

Übung 1.2 – 4

In der B 2-Schaltung sind die Stromlücken erheblich geringer als in der Einwegschaltung.

Übung 1.2 – 5

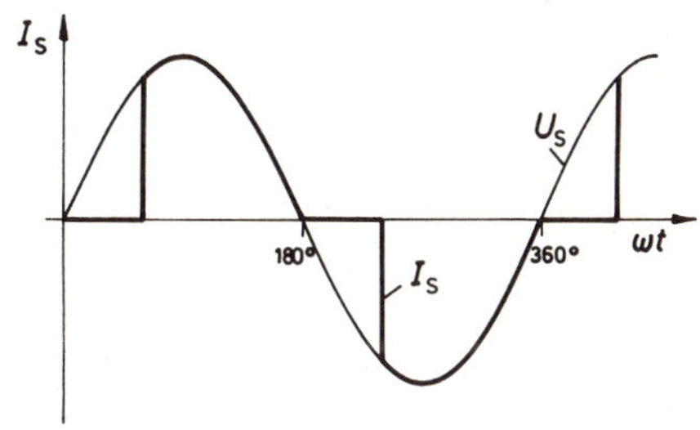

Übung 1.2 – 6

Geht man davon aus, das U_S gerade den negativen Scheitelwert durchläuft, ergibt der Maschenumlauf:

$$\hat{u}_V + u_C + \hat{u}_S = 0$$

$$\underline{\underline{\hat{u}_V = -u_C - \hat{u}_S}}$$

Der Kondensator lädt sich fast auf den Scheitelwert von U_S auf:

$$\underline{\underline{\hat{u}_V \approx 2\,\hat{u}_S}}$$

Übung 1.2 – 7

$$W_{C1} = \frac{1}{2} C \cdot u_1^2$$

$$= \frac{1}{2} \cdot 26\,\text{mF} \cdot (231\,\text{V})^2$$

$$W_{C1} = 687\,\text{Ws}$$

$$W_{C2} = \frac{1}{2} C u_2^2$$

$$= \frac{1}{2} \cdot 26\,\text{mF} \cdot (209\,\text{V})^2$$

$$W_{C2} = 568\,\text{Ws}$$

$$\Delta W = 120\,\text{Ws}$$

Übung 1.2 – 8

Umstellen von Gl. (1.2 – 11) ergibt:

$$\frac{\Delta I}{\Delta t} = \frac{U_L}{L}$$

Da U_L und L endliche Werte haben, kann auch $\frac{\Delta I}{\Delta t}$ nur einen endlichen Wert haben. Nur wenn L gegen Null geht, ist eine unendliche Stromänderungsgeschwindigkeit möglich (ohmsche Last).

$$L \to 0$$

$$\Rightarrow \frac{\Delta I}{\Delta t} \to \infty$$

Übung 1.2 – 9

Bei $t = t_0$ ist $W_L = 0$, da $i_1 = 0$ (i_1 = Anfangswert).

$$i_2 = \frac{\Delta I}{\Delta t} \cdot \Delta t$$

$$= 3\,\frac{\text{A}}{\text{ms}} \cdot 1\,\text{ms}$$

$$i_2 = 3\,\text{A}$$

$$W_L = \frac{1}{2} L\, i_2^2$$

$$= \frac{1}{2} \cdot 10\,\text{mH} \cdot (3\,\text{A})^2$$

$$W_L = 45\,\text{m Ws}$$

Übung 1.2 – 10

Magnetisierung:

$$i(t) = \frac{\hat{u}}{R}\left(1 - e^{-\frac{t}{\tau}}\right), \quad \tau = \frac{L}{R}$$

$$i(t) = \frac{30\,\text{V}}{10\,\Omega}\left(1 - e^{-\frac{t}{\frac{10\,\text{mH}}{10\,\Omega}}}\right)$$

$$i(t) = 3\,\text{A}\left(1 - e^{-\frac{t}{1\,\text{ms}}}\right)$$

Entmagnetisierung:

$$i(t) = 3\,\text{A} \cdot e^{-\frac{t}{1\,\text{ms}}}$$

Übung 1.2 – 11

Scheinwiderstand:

$$Z = \sqrt{R^2 + (\omega L)^2}$$

$$Z = 10{,}14\,\Omega$$

Strom-Scheitelwert:

$$\hat{i} = \frac{u_{\text{eff}} \cdot \sqrt{2}}{Z}$$

$$= \frac{220\,\text{V} \cdot \sqrt{2}}{10{,}14\,\Omega}$$

$$\hat{i} = 30{,}7\,\text{A}$$

Phasenverschiebungswinkel:

$$\varphi = \arctan \frac{\omega L}{R}$$

$$\varphi = 36^\circ$$

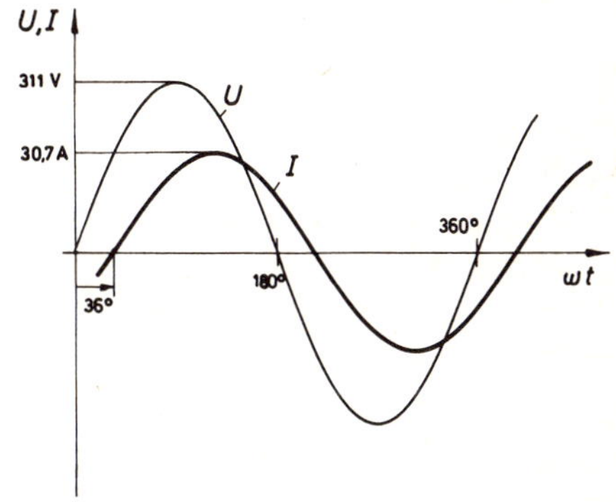

$$u_{36^\circ} = \hat{u} \cdot \sin 36^\circ$$

$$u_{36^\circ} = 182{,}8\,\text{V}$$

Wenn $i = 0$, ist $u_L = u$:

$$\frac{\Delta I}{\Delta t} = \frac{u_{36^\circ}}{L}$$

$$= \frac{182{,}8\,\text{V}}{19\,\text{mH}}$$

$$\frac{\Delta I}{\Delta t} = 9\,620\,\frac{\text{A}}{\text{s}}$$

Übung 1.2 – 12

1. eingeschwungener Strom $I_e(\omega t)$

$$Z = \sqrt{R^2 + (\omega L)^2}$$

$$= \sqrt{(2\ \Omega)^2 + (314\ \frac{1}{s} \cdot 19\ \text{mH})^2}$$

$$Z = 5{,}24\ \Omega$$

$$\hat{i}_e = \frac{\hat{u}_S}{Z}$$

$$= \frac{220\ \text{V} \cdot \sqrt{2}}{5{,}24\ \Omega}$$

$$\hat{i}_e = 59\ \text{A}$$

$$\varphi_e = \arctan \frac{\omega L}{R}$$

$$\varphi_e = 71{,}4°$$

2. Ausgleichsstrom $I_a(\omega t)$

$$\tau = \frac{L}{R}$$

$$= \frac{19\ \text{mH}}{2\ \Omega}$$

$$\tau = 9{,}5\ \text{ms}$$

$$5\tau = 47{,}5\ \text{ms}$$

$$\omega \cdot 5\tau = 14{,}9 \quad \text{(Bogenmaß)}$$

$$\omega \cdot 5\tau = 855°$$

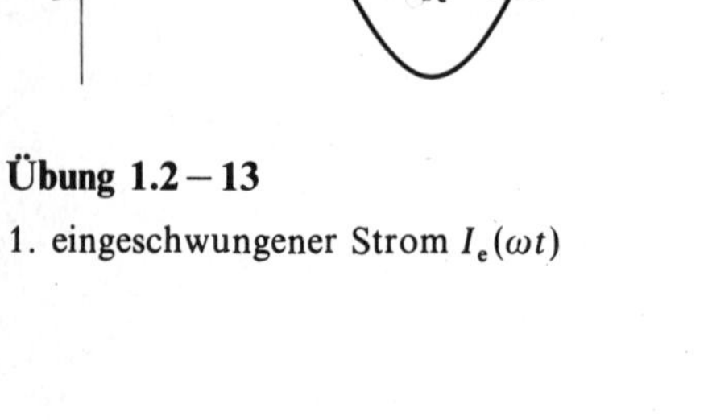

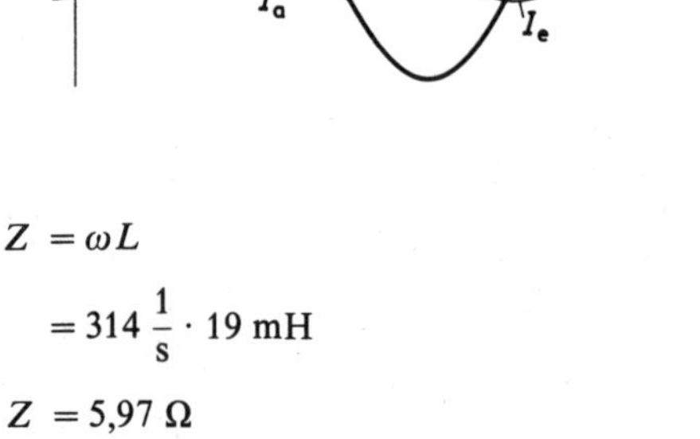

Übung 1.2 – 13

1. eingeschwungener Strom $I_e(\omega t)$

$$Z = \omega L$$

$$= 314\ \frac{1}{s} \cdot 19\ \text{mH}$$

$$Z = 5{,}97\ \Omega$$

$$\hat{i}_e = \frac{\hat{u}_S}{Z}$$

$$\hat{i}_e = 52{,}1\ \text{A}$$

2. Ausgleichsstrom $I_a(\omega t)$

$$\varphi_e = 90°$$

$$\tau = \frac{L}{R}$$

$\tau \to \infty$ für $R \to 0$

Unendliche Zeitkonstante bedeutet, daß die e-Funktion bei ihrem Anfangswert verbleibt.

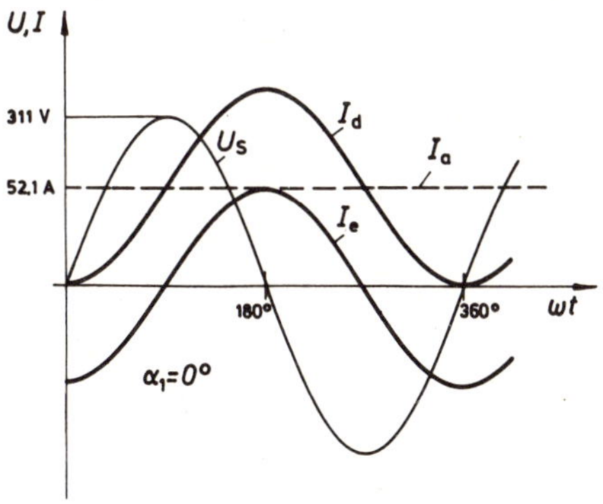

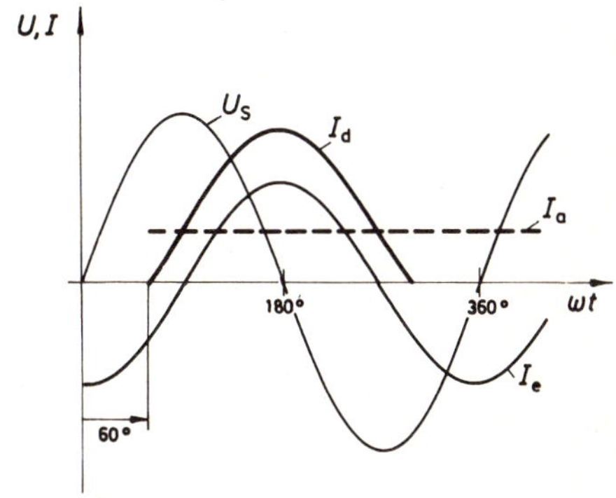

Übung 1.2 – 14

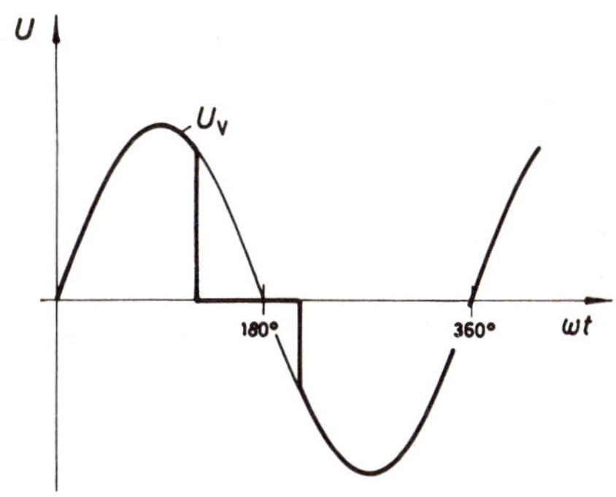

Die maximale Spannung beträgt

$$\hat{u}_V = 380\,\text{V} \cdot \sqrt{2}$$

$$\hat{u}_V = 537\,\text{V}$$

Übung 1.2 – 15

Die Maßstäbe ergeben sich jeweils aus dem bekannten Scheitelwert $\hat{i}_e$.

zu Beispiel 1.2 – 4	α_1:	$\hat{i}_{d1} \approx 32\,\text{A}$
	α_2:	$\hat{i}_{d2} \approx 13\,\text{A}$
zu Übung 1.2 – 12	α_1:	$\hat{i}_{d1} \approx 77\,\text{A}$
	α_2:	$\hat{i}_{d2} \approx 24\,\text{A}$
zu Übung 1.2 – 13	α_1:	$\hat{i}_{d1} \approx 104\,\text{A}$
	α_2:	$\hat{i}_{d2} \approx 76\,\text{A}$

Übung 1.2 – 16

$U_d(\omega t) = U_S(\omega t)$, solange der Thyristor leitet.

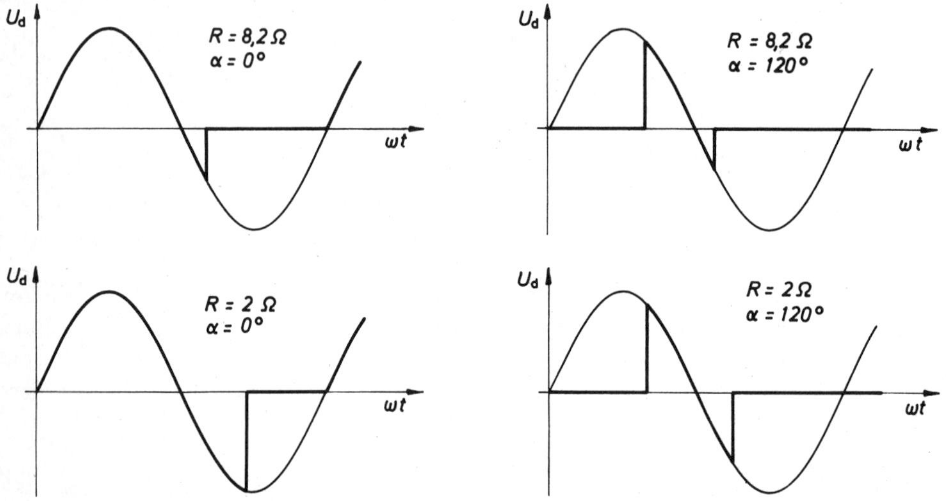

Bei größerer Belastung (kleineres R bei gleicher Drossel) sind die negativen Spannungs-Zeit-Flächen größer. Der Mittelwert der Spannung ist vom Laststrom abhängig; er wird bei größerem Strom kleiner.

Übung 1.2 – 17

Bei $\omega t_1 = 106°$ hat der Strom sein Maximum und $U_L(\omega t)$ ist Null.

$$u_L = 0$$
$$\Rightarrow u_R = u_S$$
$$u_{S106°} = \hat{u}_S \cdot \sin 106°$$
$$u_{S106°} = 680\,\text{V}$$
$$\hat{i}_d = \frac{u_{S106°}}{R}$$
$$= \frac{680\,\text{V}}{18\,\Omega}$$
$$\hat{i}_d = 37{,}7\,\text{A}$$

Übung 1.2 – 18

$U_d(\omega t) = U_S(\omega t)$, wenn der Stromweg über V 1 und V 4 durchgeschaltet ist. $U_d(\omega t) = -U_S(\omega t)$, wenn der Stromweg über V 2 und V 3 durchgeschaltet ist. $U_d(\omega t) = 0$, wenn alle Stromventile sperren:

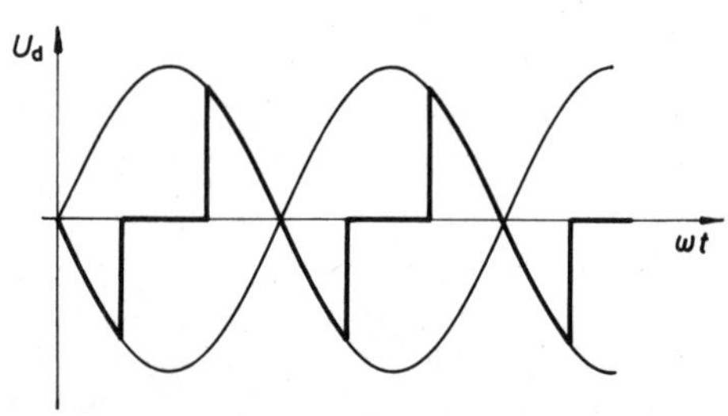

$I_S(\omega t)$ ist ähnlich $I_d(\omega t)$, jedoch ein Wechselstrom:

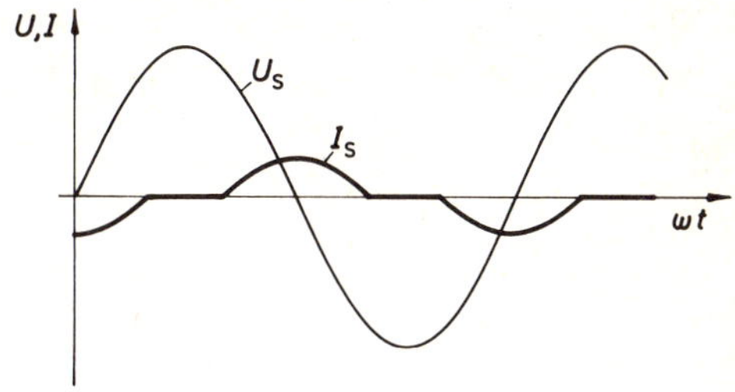

$U_{V1}(\omega t) = 0$, wenn $I_{V1}(\omega t) \neq 0$

$U_{V1}(\omega t) = U_S(\omega t)$, wenn die Ventile in Stromweg 2 leiten.

$U_{V1}(\omega t) = \dfrac{U_S(\omega t)}{2}$, wenn alle Ventile sperren.

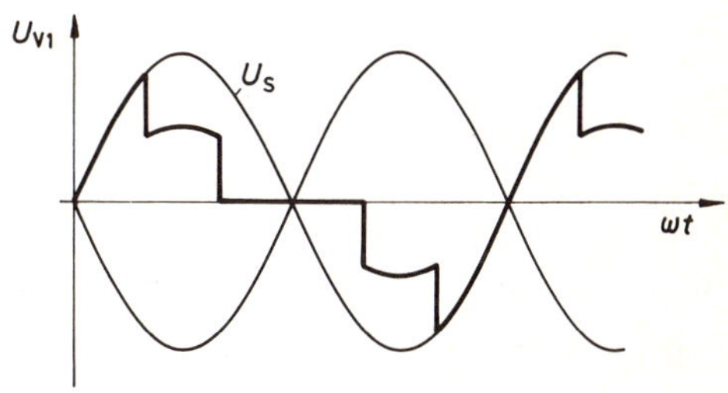

Übung 1.2 – 19

Bei diesem Grenzfall sind die Stromlücken verschwunden. I_S ist sinusförmig. Die Spannung $U_d(\omega t)$ nutzt die gesamte Periode von $U_S(\omega t)$ aus. Auch bei größerem Strom kann sich der Verlauf von $U_d(\omega t)$ sowie der Mittelwert dieser Spannung nicht mehr ändern.

$U_{V1}(\omega t)$ ist entweder Null oder gleich $U_S(\omega t)$.

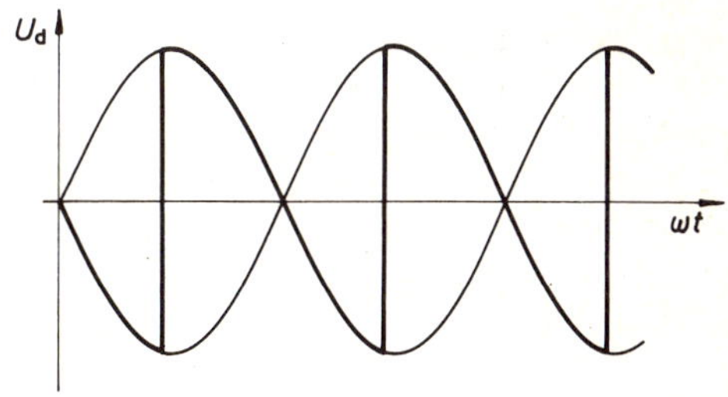

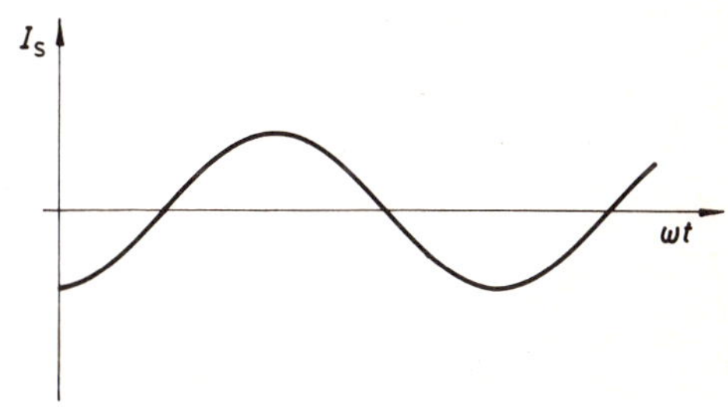

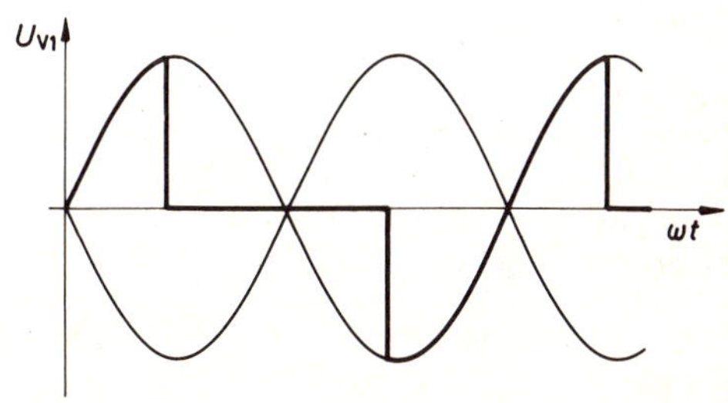

Übung 1.2 – 20

Grenzfall $\alpha = \varphi_e$

$$\alpha = \arctan \frac{X_L}{R_{grenz}}$$

$$R_{grenz} = \frac{X_L}{\tan \alpha}$$

$$= \frac{314 \frac{1}{s} \cdot 0{,}9\ H}{\tan 20°}$$

$$R_{grenz} = 776\ \Omega$$

Lückbetrieb: $R > 776\ \Omega$

kontinuierlicher Betrieb: $R < 776\ \Omega$

Lernzielorientierter Test zu Kapitel 1.2

1. Ist der Halbleiter gesperrt, liegt die Netzspannung an diesem selbst.
   In durchgeschaltetem Zustand des Halbleiters liegt die Differenz von Netzspannung und Thyristorspannung an der Last.
2. Scheitelwert der Eingangswechselspannung.
   In Blockier- und Sperrichtung mit dem gleichen Wert.
3. 240°
4. 60°
5. Wechselstrom
6. $\hat{u}_S$
7. Wirkt beim Stromanstieg der Netzspannung entgegen.
   Die Stromlücken werden verringert.
   Der Stromverlauf wird geglättet.
3. Alle Antworten sind falsch.
9. Alle Antworten sind richtig.
10. 18,6 A
11. Alle Antworten sind richtig.
12. Die Ausgangsspannung bei Anschnittsteuerung ist kleiner (Mittelwert).
    Die Ausgangsspannung ist unabhängig vom Lastwiderstand R.
    Die negativen Spannungs-Zeit-Flächen sind größer.

Übung 1.3 – 1

Induktionsgleichung der Gleichstrommaschine: Die Leistung ist nach Gl. (1.3 – 2) proportional n. Nach Gl. (1) ist n proportional U_0. U_0 kann jedoch mit den Mittelwerten von U_d und I_d errechnet werden (Gl. 2).

$$P = 2\pi \cdot nM \qquad (1.3-2)$$

$$U_0 = k \cdot n \cdot \phi \qquad (1)$$

$$U_0 = U_d - I_d R_A \qquad (2)$$

Übung 1.3 – 2

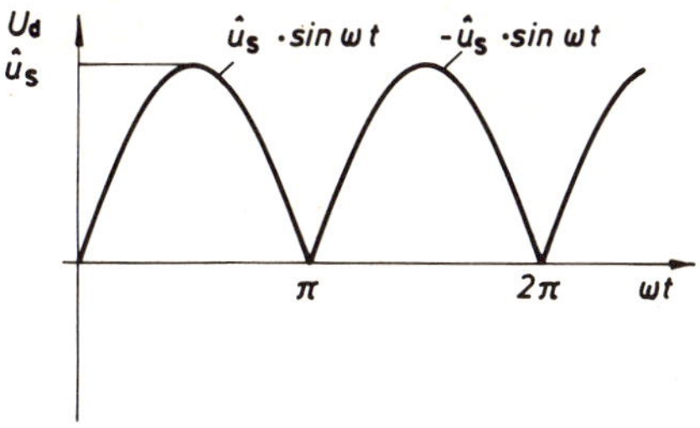

$$U_{di} = \frac{1}{2\pi} \int_0^{\pi} \hat{u}_S \cdot \sin \omega t \, d\omega t + \frac{1}{2\pi} \int_{\pi}^{2\pi} \hat{u}_S(-\sin \omega t) \, d\omega t$$

$$= \frac{\hat{u}_S}{2\pi} \Big[-\cos \omega t \Big]_0^{\pi} - \frac{\hat{u}_S}{2\pi} \Big[-\cos \omega t \Big]_{\pi}^{2\pi}$$

$$= \frac{\hat{u}_S}{2\pi} \Big[-\cos \pi - (-\cos 0) \Big] - \frac{\hat{u}_S}{2\pi} \Big[-\cos 2\pi - (-\cos \pi) \Big]$$

$$= \frac{\hat{u}_S}{2\pi} (1 + 1 + 1 + 1)$$

$$\underline{\underline{U_{di} = \frac{2\,\hat{u}_S}{\pi}}}$$

Der Mittelwert der Spannung U_{di} ist bei der Zweiwegschaltung bei gleicher Eingangsspannung doppelt so groß wie bei der Einwegschaltung.

Da U_S sinusförmig ist, errechnet sich $\hat{u}_S$ aus dem Effektivwert U_S in bekannter Weise:

$$U_{di} = \frac{2\sqrt{2}\,U_S}{\pi} = \frac{2\sqrt{2} \cdot 24\,\text{V}}{\pi}$$

$$\underline{\underline{U_{di} \doteq 21{,}6\,\text{V}}}$$

Übung 1.3 – 3

Gl. (1.3 – 13):

$$U_{di\alpha} = \frac{\hat{u}_S}{2\pi} (1 + \cos \alpha)$$

Gl. (1.3 – 14); Einsetzen von Gl. (1.3 – 11) ergibt:

$$U_{di\alpha} = \frac{U_{di}}{2} (1 + \cos \alpha)$$

Gl. (1.3 – 15); der arithmetische Mittelwert ist doppelt so groß wie bei der Einwegschaltung:

$$U_{di\alpha} = \frac{\hat{u}_S}{\pi} (1 + \cos \alpha)$$

Gl. (1.3 – 16);

Einsetzen von $\hat{u}_S = U^{di} \cdot \frac{\pi}{2}$ ergibt:

(siehe Übung 1.3 – 2)

$$U_{di\alpha} = \frac{U_{di}}{2} (1 + \cos \alpha)$$

Übung 1.3 – 4

Da es sich um einen Rechteckstrom handelt, ist die Fläche einfach zu bestimmen (Grundseite · Höhe):

$$\psi_i = I_d \cdot \frac{2\pi}{3}$$

$$\bar{i} = \frac{\psi_i}{2\pi}$$

$$\bar{i} = \frac{I_d}{3}$$

Übung 1.3 – 5

siehe Bild 1.3 – 10

$$U_{di\alpha} = \frac{1}{2\pi} \int_{\alpha}^{180^\circ + \beta} \hat{u}_S \sin \omega t \, d\omega t$$

$$= \frac{\hat{u}_S}{2\pi} \left[-\cos \omega t \right]_{\alpha}^{180^\circ + \delta_L}$$

$$= \frac{\hat{u}_S}{2\pi} \left[-\cos (180^\circ + \delta_L) - (-\cos \alpha) \right]$$

$-\cos (180^\circ + \delta_L) = \cos \delta_L$:

$$U_{di\alpha} = \frac{\hat{u}_S}{2\pi} \left(\cos \delta_L + \cos \alpha \right)$$

Übung 1.3 – 6

$$U_{di} = U_S \cdot \sqrt{2} \, \frac{2}{\pi}$$

$$= 220 \, V \cdot \sqrt{2} \, \frac{2}{\pi}$$

$$U_{di} = 198 \, V$$

$$U_{di\alpha} = U_{di} \cdot \cos \alpha$$

$$= 198 \, V \cdot \cos 60^\circ$$

$$U_{di\alpha} = 99 \, V$$

$$I_d = \frac{U_{di\alpha}}{R}$$

$$= \frac{99 \, V}{8 \, \Omega}$$

$$I_d = 12{,}4 \, A$$

Übung 1.3 – 7

$\hat{u}_S$:

$$\hat{u}_S = U_{RRM}$$

$$\hat{u}_S = 3 \, kV$$

U_{di} nach Gl. 1.3 – 12

$$U_{di} = \frac{2 \, \hat{u}_S}{\pi}$$

$$= \frac{2 \cdot 3 \, kV}{\pi}$$

$$U_{di} = 1910 \, V$$

I_{dmax}.
(B2-Schaltung!)

$$I_{dmax} = 2I_{TAVM}$$
$$I_{dmax} = 3\,000\,\text{A}$$

P_{dimax}:

$$P_{dimax} = U_{di} \cdot I_{dmax} = 1910\,\text{V} \cdot 3\,000\,\text{A}$$
$$P_{dimax} = 5{,}73\,\text{MW}$$

Transformatorübersetzungsverhältnis:

$$ü = \frac{U_1}{U_S} = \frac{15\,\text{kV} \cdot \sqrt{2}}{3\,\text{kV}}$$
$$ü = 7{,}07$$

Lastwiderstand:

$$R = \frac{U_{di}}{I_{dmax}} = \frac{1910\,\text{V}}{3\,000\,\text{A}}$$
$$R = 0{,}637\,\Omega$$

P_{di} bei $\alpha = 120°$:

$$U_{di\alpha} = \frac{U_{di}}{2}(1 + \cos\alpha).$$
$$= \frac{1910\,\text{V}}{2}(1 + \cos 120°)$$
$$U_{di\alpha} = 477{,}5\,\text{V}$$

$$P_{di} = \frac{U_{di\alpha}^2}{R} = \frac{(477{,}5\,\text{V})^2}{0{,}637\,\Omega}$$
$$P_{di} = 358\,\text{kW}$$

Übung 1.3 – 8

Analog zu Gl. 1.3 – 16 folgt:

$$I_{d0°} = \frac{2 \cdot 2 \cdot \bar{i}_V}{(1 + \cos\alpha)} = \frac{2 \cdot 2 \cdot 23\,\text{A}}{(1 + \cos 75°)}$$
$$I_{d0°} = 73{,}1\,\text{A}$$

I_{TAVM}:

$$I_{TAVM} > \frac{I_{d0°}}{2} > \frac{73{,}1\,\text{A}}{2}$$
$$I_{TAVM} > 36{,}5\,\text{A}$$

P_{dimax}:

$$P_{dimax} = I_{d0^\circ} \cdot U_{di}$$
$$= I_{d0^\circ} \cdot \frac{U_1}{ü} \cdot \sqrt{2} \cdot \frac{2}{\pi}$$
$$= 73{,}1\,\text{A} \cdot \frac{220\,\text{V}}{0{,}33} \cdot \sqrt{2} \cdot \frac{2}{\pi}$$
$$P_{dimax} = 43{,}9\,\text{kW}$$

Lernzielorientierter Test zu Kapitel 1.3

1. Gleichstrom-Nebenschlußmaschine.
   Fremderregte Gleichstrommaschine.
   Batterieladegerät.
   Galvanikbad.
2. Weil das Drehmoment dem Ankerstrom proportional ist.
3. Die schraffierte Fläche hebt die Spannung $u_{\sim}(\omega t)$ hervor.
   Die Momentanwerte der Mischspannung sind in diesem Falle sämtlich positiv.
4. 10,8 V
5. 16,5 A
6. a) $U_{di} = \frac{\hat{u}_S}{\pi} \cdot \cos\alpha$

   b) $U_{di} = \frac{\sqrt{6}\,U_S}{2\pi}$

   Lösungshinweise: $U_{di} = \frac{1}{2\pi} \int\limits_{\alpha}^{180^\circ - \alpha} \hat{u}_S \sin\omega t \,\mathrm{d}\omega t$

   $-\cos(180^\circ - \alpha) = \cos\alpha$

   $\hat{u}_S = U_S \cdot \sqrt{2}$

   $I_d = \frac{20\,\text{A} \cdot 4\,\text{ms}}{16\,\text{ms}}$

7. $I_d = \frac{\hat{i} \cdot T_e}{T_e + T_a}$

   $I_d = 5\,\text{A}$

8. $I_{TAVM} > 7\,\text{A}$
   Lösungshinweise: Die Strombelastbarkeit muß bei $\alpha = 0^\circ$ berechnet werden! Es gilt eine zu Gl. (1.3 – 16) analoge Gleichung! In den Halbleitern ist der Strommittelwert nur halb so groß wie im Lastwiderstand!

9. $U_{di\alpha} = \frac{\hat{u}_S}{2\pi}(1 + \cos\alpha) - \frac{\hat{u}_S}{2\pi}[1 + \cos(180^\circ - \delta_L)]$

   $= \frac{\hat{u}_S}{2\pi}[1 + \cos\alpha - 1 - \cos(180^\circ - \delta_L)]$

   $U_{di\alpha} = \frac{\hat{u}_S}{2\pi}(\cos\alpha + \cos\delta_L)$

10. $$U_{di\alpha} = \frac{\hat{u}_S}{2\pi}(1+\cos\alpha) - \frac{\hat{u}_S}{2\pi}[1+\cos(180° - \alpha)]$$

$$= \frac{\hat{u}_S}{2\pi}[1+\cos\alpha - 1 - \cos(180° - \alpha)]$$

$$U_{di\alpha} = \frac{\hat{u}_S}{2\pi}\cos\alpha = U_{di}\cdot\cos\alpha$$

11. Gleichstromleistung, die z. B. von einer Gleichstrommaschine unter Berücksichtigung des Wirkungsgrades in mechanische Leistung umgesetzt wird. Produkt der Anzeige zweier Drehspulinstrumente.

$U_{di\alpha}\cdot I_d$

$\bar{u}_R \cdot \bar{i}_R$

Übung 1.4 – 1

Mit Gl. 1.4 – 7 erhält man:

$$u_{deff} = \frac{\hat{u}_S}{\sqrt{2}}\sqrt{\frac{1}{2} - \frac{\alpha}{360°} + \frac{\sin 2\alpha}{4\pi}}$$

$$= \frac{150\,\text{V}\cdot\sqrt{2}}{\sqrt{2}}\sqrt{\frac{1}{2} - \frac{135°}{360°} + \frac{\sin 270°}{4\pi}}$$

$$u_{deff} = 32\,\text{V}$$

$$P = \frac{u_{deff}^2}{R_L}$$

$$P = 102\,\text{W}$$

Übung 1.4 – 2

$$\hat{i}_V = \frac{\hat{u}_S}{R}$$

$$= \frac{200\,\text{V}\cdot\sqrt{2}}{10\,\Omega}$$

$$\hat{i}_V = 31{,}1\,\text{A}$$

Der Ventilstrom hat die gleiche Kurvenform wie die in Gl. 1.4 – 7 vorausgesetzte Spannung:

$$i_{Veff} = \frac{\hat{i}_V}{\sqrt{2}}\sqrt{\frac{1}{2} - \frac{\alpha}{360°} + \frac{\sin 2\alpha}{4\pi}}$$

$$= \frac{31{,}1\,\text{A}}{\sqrt{2}}\sqrt{\frac{1}{2} - \frac{0°}{360°} + \frac{\sin 0}{4\pi}}$$

$$i_{Veff} = 15{,}6\,\text{A}$$

Übung 1.4 – 3

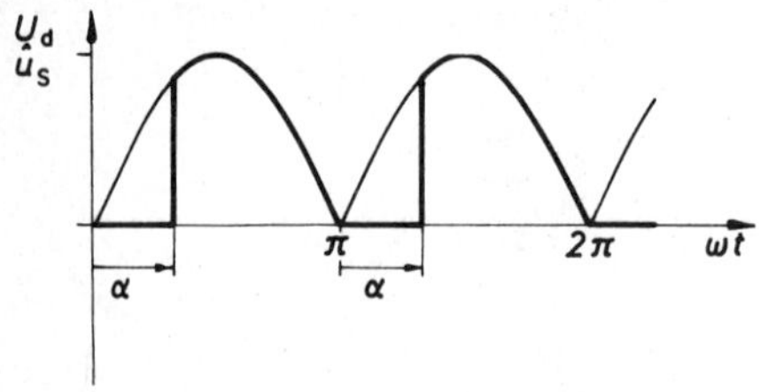

$$u_{\text{deff}} = \sqrt{\frac{1}{\pi}\int_\alpha^\pi \hat{u}_S^2 \sin^2 \omega t \, d\omega t}$$

$$= \sqrt{\frac{1}{\pi}\hat{u}_S^2\left[-\frac{1}{2}\sin\omega t\cos\omega t + \frac{\omega t}{2}\right]_\alpha^\pi}$$

$$= \hat{u}_S\sqrt{\frac{1}{\pi}\left[\frac{\pi}{2} + \frac{\sin 2\alpha}{4} - \frac{\alpha}{2}\right]}$$

$$u_{\text{deff}} = \hat{u}_S\sqrt{\frac{1}{2} - \frac{\alpha}{2\pi} + \frac{\sin 2\alpha}{4\pi}}$$

$$u_{\text{deff}} = \hat{u}_S\sqrt{\frac{1}{2} - \frac{\alpha}{360°} + \frac{\sin 2\alpha}{4\pi}}$$

Tragen Sie die Gleichungen auf Seite 58 unter Gl. (1.4 – 11) ein.

Übung 1.4 – 4

$$i_{\text{Veff}} = \sqrt{\frac{1}{2\pi} I_d^2 \cdot \frac{2\pi}{3} + I_d^2 \cdot \frac{2\pi}{3}}$$

$$i_{\text{Veff}} = I_d \cdot \sqrt{\frac{2}{3}}$$

Lernzielorientierter Test zu Kapitel 1.4

1. Leistung eines D-Motors (P_{auf}).
   Leistung einer Glühlampe.
   Wenn $p \sim u^2$ ist.
2. Als quadratischen Mittelwert.
3. $P_{H2} = \frac{1}{8} P_{H1}$.

   $P_{H2} = \frac{1}{4} P_{H4}$.

   $P_{H1} = 2 P_{H4}$.
4. $\frac{I_d}{\sqrt{6}}$
5. Hitzedrahtmeßgerät.
   Dreheisenmeßgerät.
   Drehspulmeßgerät mit Thermoumformer.
6. $I_V = \hat{i}_V \frac{1 + \cos\alpha}{2\pi}$

   $\hat{i}_V = I_V \frac{2\pi}{1 + \cos\alpha}$

   $= 5{,}2\,\text{A} \frac{2\pi}{1 + \cos 40°}$

   $\hat{i}_V = 18{,}5\,\text{A}$

$$u_{\text{deff}} = \hat{u}_S\sqrt{\frac{1}{2} - \frac{\alpha}{360°} + \frac{\sin 2\alpha}{4\pi}}$$

$$\hat{u}_S = \frac{u_{\text{deff}}}{\sqrt{\frac{1}{2} - \frac{\alpha}{360°} + \frac{\sin 2\alpha}{4\pi}}}$$

$$= \frac{82\,\text{V}}{\sqrt{\frac{1}{2} - \frac{40^\circ}{360^\circ} + \frac{\sin 80^\circ}{4\pi}}}$$

$$\hat{u}_S = 120\,\text{V}$$

$$U_S = \frac{\hat{u}_S}{\sqrt{2}} = \frac{120\,V}{\sqrt{2}}$$

$$U_S = 84{,}8\,\text{V}$$

$$U_{di\alpha} = \hat{u}_S\,\frac{1+\cos\alpha}{\pi} = 120\,\text{V}\,\frac{1+\cos 40^\circ}{\pi}$$

$$U_{di\alpha} = 67{,}5\,\text{V}$$

$$I_d = 2I_V$$

$$I_d = 10{,}4\,\text{A}$$

$$R = \frac{U_d}{I_d} = \frac{\hat{u}_S}{\hat{i}_V} = \frac{67{,}5\,\text{V}}{10{,}4\,\text{A}} = \frac{120\,\text{V}}{18{,}5\,\text{A}}$$

$$R = 6{,}49\,\Omega$$

$$U_{RRM} > \hat{u}_S$$

$$U_{RRM} > 120\,\text{V}$$

$$I_{TAVM} > \hat{i}_V\,\frac{1+\cos 0^\circ}{2\pi}$$

$$I_{TAVM} > 5{,}88\,\text{A}$$

7. Wie bei B2-Schaltung.

Übung 1.5 – 1

1. $\alpha_1 = 0^\circ$

$$P = \left(\frac{311\,\text{V}}{2}\right)^2 \cdot \frac{1}{R}$$

$$P = 3\,023\,\text{W}$$

$$i_{deff} = I_S = 19{,}44\,\text{A}$$

$$S = 220\,\text{V} \cdot 19{,}44\,\text{A}$$

$$S = 4\,276\,\text{VA}$$

$$Q = 3\,024\,\text{var}$$

$$\lambda = 0{,}707$$

2. $\alpha_2 = 30^\circ$

$$u_{deff} = \frac{311\,\text{V}}{\sqrt{2}}\sqrt{\frac{1}{2} - \frac{30^\circ}{360^\circ} + \frac{\sin 60^\circ}{4\pi}}$$

$$u_{deff} = 153{,}2\,\text{V}$$

$$i_{deff} = I_S = 19{,}16\,\Omega$$

$$P = 2\,935\,\text{W}$$

$$S = 4\,215\,\text{VA}$$

$$Q = 3\,025\,\text{var}$$

$$\lambda = 0{,}693$$

3. $\alpha_3 = 60°$

$P = 2\,432\ \mathrm{W}$

$S = 3\,835\ \mathrm{VA}$

$Q = 2\,965\ \mathrm{var}$

$\lambda = 0{,}634$

4. $\alpha = 90°$

siehe Beispiel 1.5 – 1

5. $\alpha_4 = 120°$

$P = 591\ \mathrm{W}$

$S = 1\,890\ \mathrm{VA}$

$Q = 1\,796\ \mathrm{var}$

$\lambda = 0{,}313$

6. $\alpha_5 = 150°$

$\lambda = 0{,}0114$

7. $\alpha_6 = 180°$

$\lambda = 0$

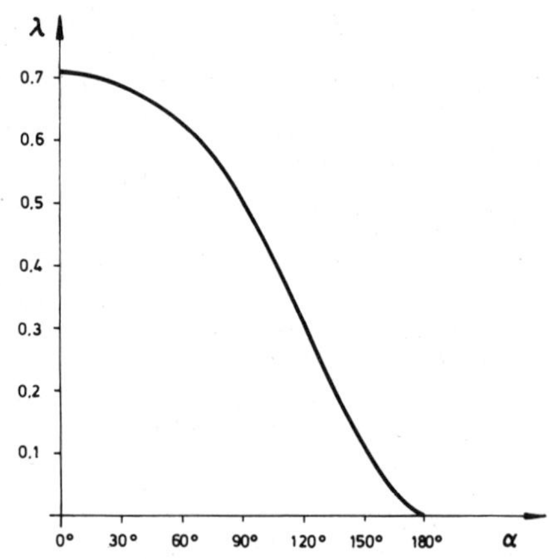

Übung 1.5 – 2

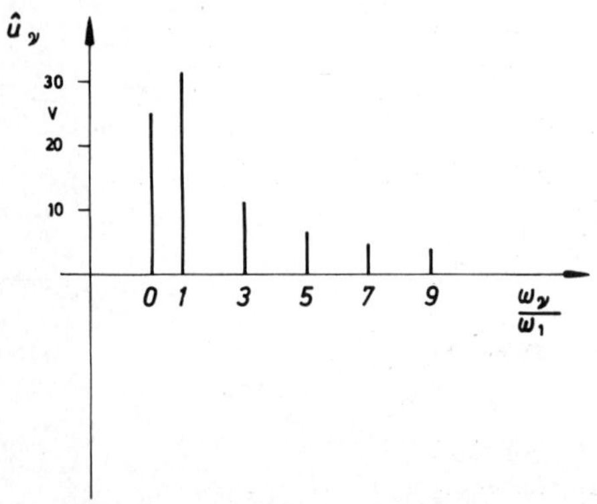

$$\bar{u}_1 = \hat{u}_1 \cdot \frac{1}{2} = 25\ \mathrm{V}$$

$$\hat{u}_{11} = u_1 \cdot \frac{2}{\pi} = 31{,}83\ \mathrm{V}$$

$$\hat{u}_{13} = \hat{u}_1 \cdot \frac{2}{3\pi} = 10{,}61\ \mathrm{V}$$

$$\hat{u}_{15} = \hat{u}_1\ \frac{2}{5\pi} = 6{,}366\ \mathrm{V}$$

$$\hat{u}_{17} = \hat{u}_1\ \frac{2}{7\pi} = 4{,}547\ \mathrm{V}$$

$$\hat{u}_{19} = \hat{u}_1\ \frac{2}{9\pi} = 3{,}537\ \mathrm{V}$$

Übung 1.5 – 3

$Q_1 = 0$, da die Grundschwingung des Stromes gegenüber der Spannung U_S keine Phasenverschiebung aufweist, wenn $\alpha = 0°$ ist.

Übung 1.5 – 4

Positive und negative Flächen der Momentan-Leistungskurve sind gleich groß; also ist die Wirkleistung Null.

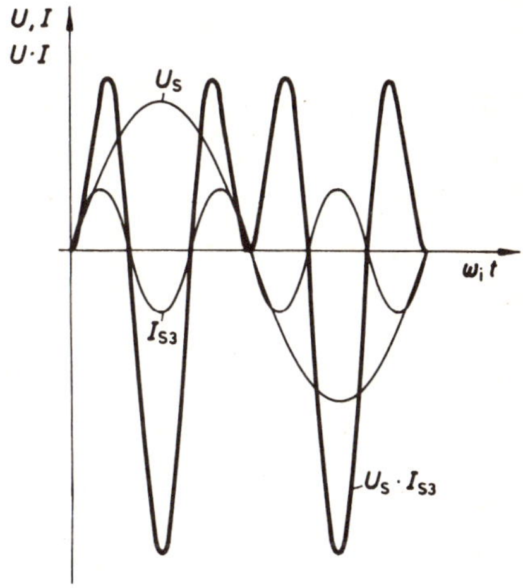

Übung 1.5 – 5

$$D = \sqrt{Q - Q_1^2}$$
$$= \sqrt{(2\,617 \text{ var})^2 - (962{,}4 \text{ var})^2}$$
$$D = 2\,434 \text{ var}$$

Übung 1.5 – 6

$$S = U_S \cdot I_S$$
$$= \frac{311 \text{ V}}{\sqrt{2}} \cdot \frac{311 \text{ V}}{2 \cdot 8\,\Omega}$$
$$S = 4\,275 \text{ VA}$$

$$P = u_{\text{deff}} \cdot i_{\text{deff}}$$
$$= \frac{311 \text{ V}}{2} \cdot \frac{311 \text{ V}}{2 \cdot 8\,\Omega}$$
$$P = 3\,023 \text{ W}$$

$Q_1 = 0$
$\Rightarrow D = Q$

$$D = Q = \sqrt{S^2 - P^2}$$
$$D = 3\,023 \text{ var}$$

Übung 1.5 – 7

1. ohne Kompensation

$$S = U_S \cdot I_S$$
$$= 220 \text{ V} \cdot 6{,}5 \text{ A}$$
$$S = 1\,430 \text{ VA}$$

$$P = 600\,\text{W}$$

$$Q = 1\,298\,\text{var}$$

2. mit Kompensation

$$S_{min} = U_S \cdot I_{S\,min}$$
$$= 220\,\text{V} \cdot 4{,}2\,\text{A}$$
$$S_{min} = 924\,\text{VA}$$

$$P = 600\,\text{W}$$

$$D = \sqrt{S_{min}^2 - P^2}$$
$$D = 702{,}7\,\text{var}$$

$$Q_1 = \sqrt{Q^2 - D^2}$$
$$Q_1 = 1\,091\,\text{var}$$

Übung 1.5 – 8

$$U_S = U_1 \cdot \frac{1}{ü}$$
$$U_S = 100\,\text{V}$$

$$\hat{u}_S = U_S \cdot \sqrt{2}$$
$$\hat{u}_S = 141{,}4\,\text{V}$$

$$u_{deff} = \frac{\hat{u}_S}{2}$$
$$u_{deff} = 70{,}7\,\text{V}$$

$$P = \frac{u_{deff}^2}{R}$$
$$\Rightarrow R = 5\,\Omega$$

$$I_d = \frac{\hat{u}_S}{\pi \cdot R}$$
$$I_d = 9\,\text{A}$$

Gl. (1.5 – 21):

$$I_1 = I_d \cdot 1{,}21$$
$$I_1 = 10{,}9\,\text{A}$$

$$S_{Tr} = U_{di} \cdot I_d \cdot 3{,}09$$
$$S_{Tr} = 1\,250\,\text{W}$$

Übung 1.5 – 9

Mit Drehspulinstrumenten wurden die Mittelwerte gemessen:

$$U_d = \hat{u}_S \frac{1+\cos\alpha}{\pi}$$

$$\hat{u}_S = U_d \cdot \frac{\pi}{1+\cos\alpha}$$

$$= 86{,}3\ \text{V} \frac{\pi}{1+\cos 30°}$$

$$\hat{u}_S = 145\ \text{V}$$

$$U_S = 103\ \text{V}$$

$$\hat{i}_S = I_d \cdot \frac{\pi}{1+\cos\alpha}$$

$$\hat{i}_S = 42\ \text{A}$$

Bei $\alpha = 0°$ fließt im Trafo ein sinusförmiger Strom:

$$I_S = \frac{\hat{i}_S}{\sqrt{2}}$$

$$I_S = 29{,}8\ \text{A}$$

Für die Bauleistung wird $ü = 1$ angenommen. Da I_S sinusförmig ist, ist $S_{1\text{Tr}} = S_{2\text{Tr}} = S_{\text{Tr}}$:

$$S_{\text{Tr}} = 103\ \text{V} \cdot 29{,}8\ \text{A}$$

$$S_{\text{Tr}} = 3\,065\ \text{VA}$$

$$U_{di} \cdot I_d = \frac{2\,u_S}{\pi} \cdot \frac{2\,\hat{i}_S}{\pi}$$

$$U_{di} \cdot I_d = 2\,468\ \text{W}$$

$$\frac{S_{\text{Tr}}}{U_{di} \cdot I_d} = 1{,}24$$

Tragen Sie die Gleichung auf Seite 73 als Gl. (1.5 – 24) ein.

$$\frac{I_1}{I_d} = \frac{I_S}{\frac{\hat{i}_S \cdot 2}{\pi}}$$

$$\frac{I_1}{I_d} = 1{,}11$$

Tragen Sie diesen Wert auf Seite 73 als Gl. (1.5 – 23) ein.

Übung 1.5 – 10

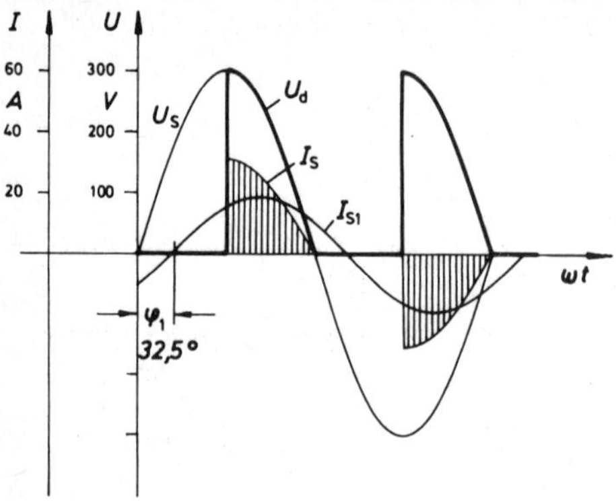

$$P = U_S \cdot I_{S1} \cdot \cos \varphi_1$$
$$= 220\,\text{V} \cdot \frac{18{,}5\,\text{A}}{\sqrt{2}} \cos 32{,}5°$$
$$\underline{\underline{P = 2\,427\,\text{W}}}$$

$$S = U_S \cdot I_S$$
$$= 220\,\text{V} \cdot \frac{220\,\text{V}}{\sqrt{2} \cdot 10\,\Omega}$$
$$\underline{\underline{S = 3\,422\,\text{VA}}}$$

$$Q = \sqrt{S^2 - P^2}$$
$$\underline{\underline{Q = 2\,412\,\text{var}}}$$

$$Q_1 = U_S \cdot I_{S1} \cdot \sin \varphi_1$$
$$\underline{\underline{Q_1 = 1\,546\,\text{var}}}$$

$$D = \sqrt{Q^2 - Q_1^2}$$
$$\underline{\underline{D = 1\,851\,\text{var}}}$$

$$\lambda = \frac{P}{S}$$
$$\underline{\underline{\lambda = 0{,}709}}$$

Lernzielorientierter Test zu Kapitel 1.5

1. Analyse des Verhaltens von Schaltungen, die mit nichtsinusförmigen Spannungen betrieben werden.
   Weiterverwendung von Methoden der Wechselstromberechnung auch für nicht-sinusförmige Größen.
2. Teil der Fourier-Reihe, deren Frequenz gleich der Frequenz der vorgegebenen Größe ist.
   Größter Wechselstrombestandteil einer nicht-sinusförmigen Pulsgröße.
3. Oberschwingungen sind sinusförmig.
   Oberschwingungen entstehen bei nicht-sinusförmigen Ausgangsgrößen.
4. Ihre Frequenz stimmt nicht mit der Frequenz der Speisespannung überein.
   Der arithmetische Mittelwert des Produktes $u_S(t) \cdot i_{Sv}(t)$ ist Null.
5. Nur Verzerrungsleistung.
6. $P = i_{\text{deff}}^2 \cdot R = (11\,A)^2 \cdot 10\,\Omega = \underline{\underline{1210\,\text{W}}}$

   $P = I_{S1} \cdot U_S \cdot \cos \varphi_1 \quad I_{S1} = \frac{P}{U_S}$ ⇓ 1

   $I_{S1} = \frac{1210\,\text{W}}{156\,\text{V}}$

   $\underline{\underline{I_{S1} = 7{,}76\,\text{A}}}$
7. Mit einem Wirkleistungsmesser, Strom- und Spannungsmesser.
8. Die Scheinleistung kann in Primär- und Sekundärwicklung verschieden sein.
   Die Bauleistung ist auch bei ohmscher Last größer als die Nennlast des Verbrauchers.

9. Wie Bild 1.5 – 21 zeigt, ist der Verlauf der Eingangsgrößen identisch mit denen der B2-Schaltung. Es ergeben sich deshalb dieselben Rechenwerte wie in Übung 1.5 – 10.

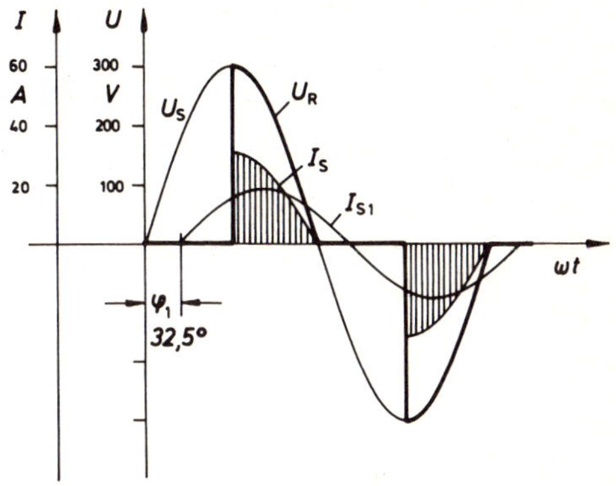

10. Steuerblindleistung Q_1.

Übung 1.6 – 1

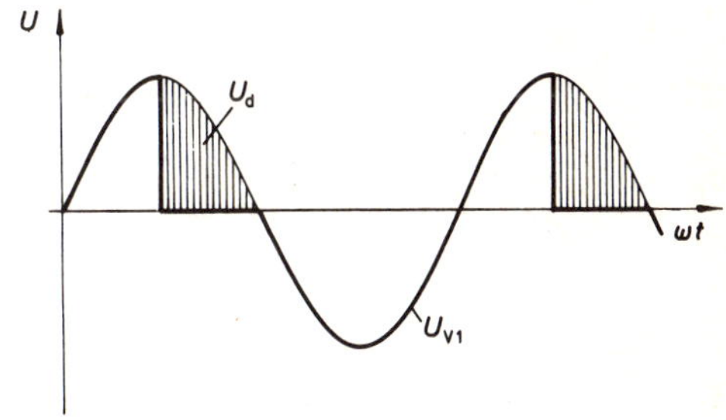

Übung 1.6 – 2

Die e-Funktion ist nach $t = 5\tau$ abgeklungen; 5τ muß mindestens so groß sein, wie eine halbe Periodendauer:

$$5\tau > 10 \text{ ms}$$
$$\tau > 2 \text{ ms}$$
$$\frac{L}{R} > 2 \text{ ms}$$
$$L > 2 \text{ ms} \cdot R$$
$$> 2 \text{ ms} \cdot 10\ \Omega$$
$$L > 20 \text{ mH}$$

Übung 1.6 – 3

1. Eingeschwungener Strom:

$$Z = \sqrt{R^2 + X^2}$$
$$= \sqrt{(120\ \Omega)^2 + (50{,}24\ \Omega)^2}$$
$$Z = 130\ \Omega$$
$$\varphi_e = \arctan \frac{X}{R}$$
$$\varphi_e = 23°$$

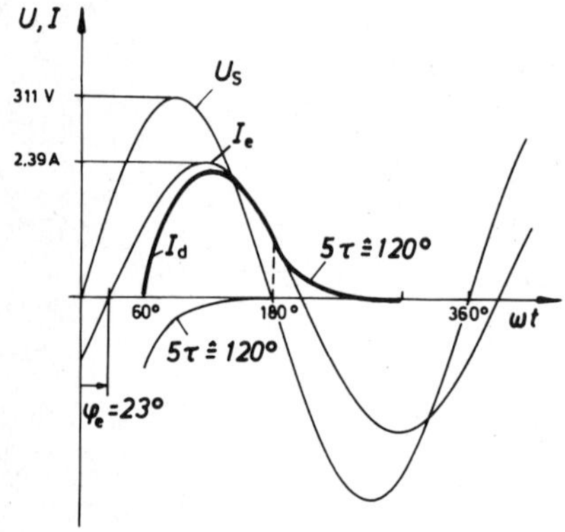

$$\hat{i}_e = \frac{\hat{u}_S}{Z}$$

$$= \frac{311\ \text{V}}{130\ \Omega}$$

$$\hat{i}_e = 2{,}39\ \text{A}$$

$$\tau = \frac{L}{R}$$

$$= \frac{0{,}16\ \frac{\text{Vs}}{\text{A}}}{120\ \frac{\text{V}}{\text{A}}}$$

$$\tau = 1{,}33\ \text{ms}$$

$$5\tau \hat{=} 120°$$

Übung 1.6 – 4

Da sich keine negativen Spannungs-Zeit-Flächen ausbilden, gilt für $U_{di\alpha}$ die gleiche Gleichung wie bei der E-Schaltung mit ohmscher Last. Ferner ist $U_{di\alpha} = \bar{u}_R$, da an L keine Gleichspannung abfällt.

$$\bar{u}_R = U_{di\alpha} = \frac{\hat{u}_S}{\pi}(1 + \cos\alpha)$$

Übung 1.6 – 5

P wird erhöht, da im Lastwiderstand gegenüber der einfachen Schaltung länger Strom fließt.

S wird erniedrigt, da im Schaltungseingang ein geringerer Strom fließt, und zwar nur vom $\omega t_1 = \alpha$ bis $\omega t_2 = 180°$.

Lernzielorientierter Test zu Kapitel 1.6

1. In der Netzleitung fließt nur Strom von $\omega t_1 = \alpha$ bis $\omega t_2 = 180°$.
   $U_d(\omega t)$ ist Null, wenn die Freilaufdiode leitet.
2. Im Netz fließt ein kleinerer Strom.
   Im Verbraucher fließt ein größerer Strom.
   Die e-Funktion klingt langsamer ab als die Summe $i_e(t) + i_a(t)$.
3. Der Graph $y(\omega t)$ zeigt den Verlauf $U_R(\omega t)$ einer halbgesteuerten B2-Schaltung.
   Die e-Funktion des Stromes im Freilaufkreis ist noch nicht abgeklungen, wenn die jeweils andere Ventilgruppe leitend wird.
   Bei $\omega t = \alpha$ findet ein Kommutierungsvorgang zwischen den Thyristoren statt.
   Bei $\omega t = 180°$ findet ein Kommutierungsvorgang zwischen den Dioden statt.
4. Vergrößerung der Glättungsdrossel.
5. Der Leistungsfaktor ist größer.
   $U_d(\omega t)$ hat niemals negative Spannungszeitflächen.

Übung 1.7 – 1

1. Beim Einschalten steht die Maschine, $U_0 = 0$!

$$i_{VSt} = \frac{\hat{u}_S \sin \omega t}{R_A} = \frac{220\,\text{V} \cdot \sqrt{2} \cdot \sin 82^\circ}{0{,}8\,\Omega}$$

$$\underline{\underline{i_{VSt} = 385\,\text{A}}}$$

2.

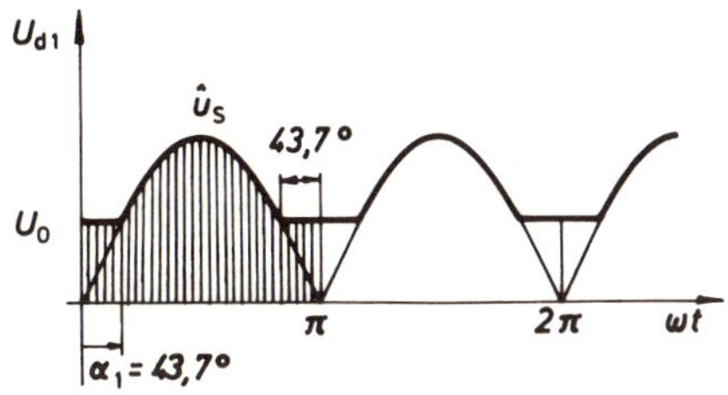

Bogenmaß von α_1:

$$\alpha_1 = \frac{43{,}7^\circ}{360^\circ} \cdot 2\pi$$

$$\underline{\alpha_1 = 0{,}763}$$

Mittelwert U_{d1}:

$$U_{d1} = \frac{1}{\pi}\{2\alpha_1 \cdot U_0 + \hat{u}_S[\cos \alpha_1 - \cos(180^\circ - \alpha_1)]\}$$

$$= \frac{1}{\pi}\{2 \cdot 0{,}763 \cdot 215\,\text{V} + 311\,\text{V}[\cos 43{,}7^\circ + \cos 43{,}7^\circ]\}$$

$$\underline{\underline{U_{d1} = 248\,\text{V}}}$$

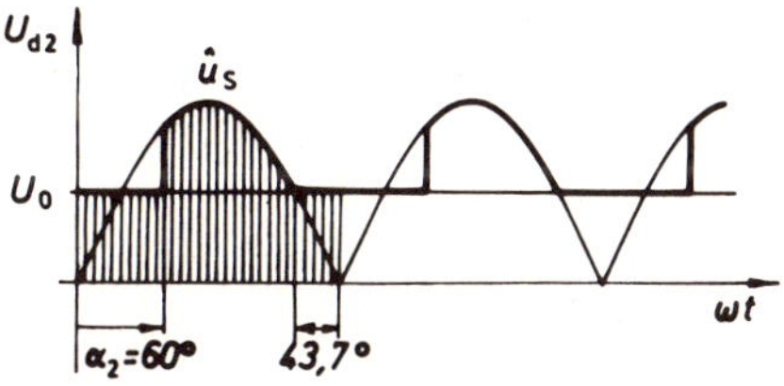

$$U_{d2} = \frac{1}{\pi}\{\alpha_1 U_0 + \alpha_2 U_0 + \hat{u}_S[\cos \alpha_2 - \cos(180^\circ - \alpha_1)]\}$$

$$= \frac{1}{\pi}\{0{,}763 \cdot 215\,\text{V} + 1{,}05 \cdot 215\,\text{V} + 311\,\text{V}[\cos 60^\circ + \cos 43{,}7^\circ]\}$$

$$\underline{\underline{U_{d2} = 245\,\text{V}}}$$

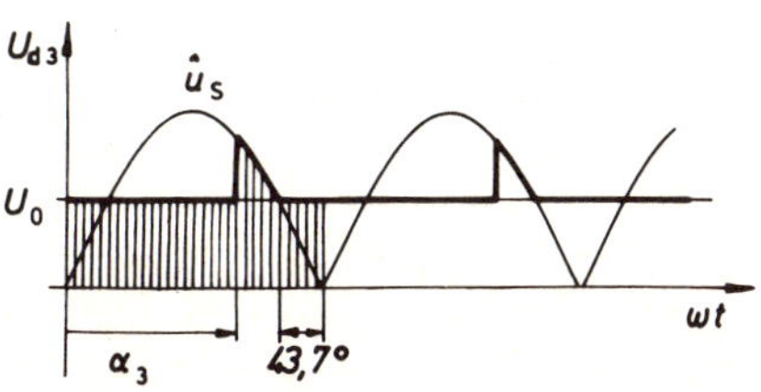

$$U_{d3} = \frac{1}{\pi}\{\alpha_1 U_0 + \alpha_3 U_0 + \hat{u}_S[\cos \alpha_3 - \cos(180^\circ - \alpha_1)]\}$$

$$= \frac{1}{\pi}\{0{,}763 \cdot 215\,\text{V} + 2{,}094 \cdot 215\,\text{V} + 311\,\text{V}[\cos 120^\circ + \cos 43{,}7^\circ]\}$$

$$\underline{\underline{U_{d3} = 218\,\text{V}}}$$

Übung 1.7 – 2

Aus Gl. 1.7 – 1 folgt:

$$\frac{U_{01}}{U_N} = \frac{n_{01}}{n_0}$$

$$U_{01} = n_{01} \cdot \frac{U_N}{n_0}$$

$$= 1000\ \text{min}^{-1}\ \frac{220\ \text{V}}{1800\ \text{min}^{-1}}$$

$$\underline{U_{01} = 122\ \text{V}}$$

Aus Gl. 1.7 – 5 folgt:

$$\alpha_1 = \arcsin \frac{U_{01}}{\hat{u}_S}$$

$90° < \alpha < 180°$!:

$$= \arcsin \frac{122\ \text{V}}{311\ \text{V}}$$

$$\underline{\underline{\alpha_1 = 157°}}$$

$\alpha_2 = 90°$:

$$U_{02} = 311\ \text{V}$$

$$n_{02} = \frac{311\ \text{V} \cdot 1800\ \text{min}^{-1}}{220\ \text{V}}$$

$$\underline{\underline{n_{02} = 2\,544\ \text{min}^{-1}}}$$

Übung 1.7 – 3

$$U_{03} = \hat{u}_S \cdot \sin\alpha_3$$

$$= 311\ \text{V} \cdot \sin 66°$$

$$\underline{U_{03} = 284\ \text{V}}$$

$$n_3 = \frac{1800\ \text{min}^{-1} \cdot 284\ \text{V}}{220\ \text{V}}$$

$$\underline{\underline{n_3 = 2\,320\ \text{min}^{-1}}}$$

$$\underline{\underline{n < n_3}}$$

Übung 1.7 – 4

Der maximale Strom tritt bei Stillstand ($U_0 = 0$) auf.

1. Stromrichterspeisung:

$$I_{dmax} = \frac{\hat{u}_S \frac{2}{\pi}}{R_A}$$

$$= \frac{24\ \text{V}\ \frac{2}{\pi}}{2{,}5\ \Omega}$$

$$\underline{\underline{I_{dmax} = 6{,}11\ \text{A}}}$$

2. Gleichstromspeisung:

$$I_{Amax} = \frac{16{,}3\ \text{V}}{2{,}5\ \Omega}$$

$$\underline{\underline{I_{Amax} = 6{,}52\ \text{A}}}$$

Bei Entlastung der Maschine bleibt der Betrieb solange regelmäßig, wie $U_0 < \hat{u}_S \cdot \sin\alpha$ ist. Wird der Ankerstrom weiter verringert, tritt „Pumpen" ein.

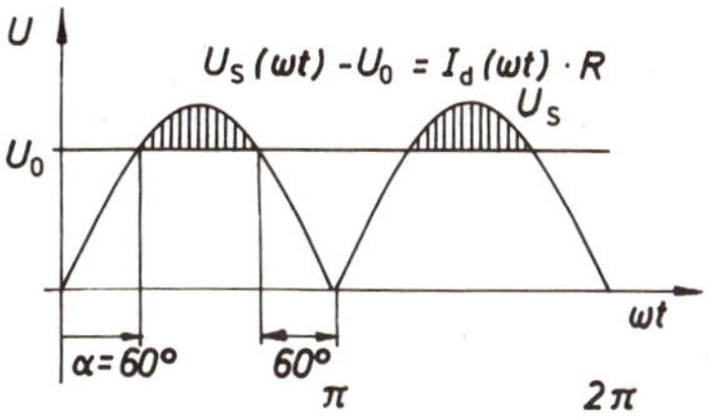

$$\psi_u = \hat{u}_S[\cos\alpha - \cos(180° - \alpha) - U_0 \cdot (\pi - 2\alpha)$$
$$= 24\,V[\cos 60° + \cos 60°] - 20{,}8\,V \cdot 1{,}05$$
$$\underline{\psi_u = 2{,}16\,V}$$

$$\psi_i = \frac{2{,}16\,V}{2{,}5\,\Omega}$$
$$\underline{\psi_i = 0{,}864\,A}$$

$$I_{dgr} = \frac{\psi_i}{\pi}$$
$$\underline{\underline{I_{dgr} = 0{,}275\,A}}$$

Übung 1.7 – 5

Der Ankerstrom ist weitgehend geglättet. Die Thyristoren wechseln sich in der Stromführung ab. So übernimmt z. B. die Gruppe V3, V4 den Strom von V1, V4, ohne daß der Laststrom vorher Null wird. Dabei findet der hier nicht näher untersuchte Kommutierungsvorgang statt. Der Stromflußwinkel beträgt 180°. Dadurch ist der Spannungsverlauf $U_S(\omega t)$ über 2π durch $U_d(\omega t)$ in Anspruch genommen. Auch bei größerem bzw. kleinerem Ankerstrom ändert sich der Spannungsverlauf und damit U_d nicht, wenn nicht I_d zu klein wird (siehe Übung 1.7 – 6). Entsprechend Kap. 1.2. entstehen negative Spannungszeitflächen!

Übung 1.7 – 6

Wenn $I_d = 0$ wird, wird $U_d(\omega t) = U_0$. Gegenüber von Bild 1.7 – 13 ist hier U_d größer, die Drehzahl also höher. Die Drehzahl steigt bei Entlastung und gleichzeitigem Lückbetrieb also unverhältnismäßig stark an (weiches Drehzahlverhalten).

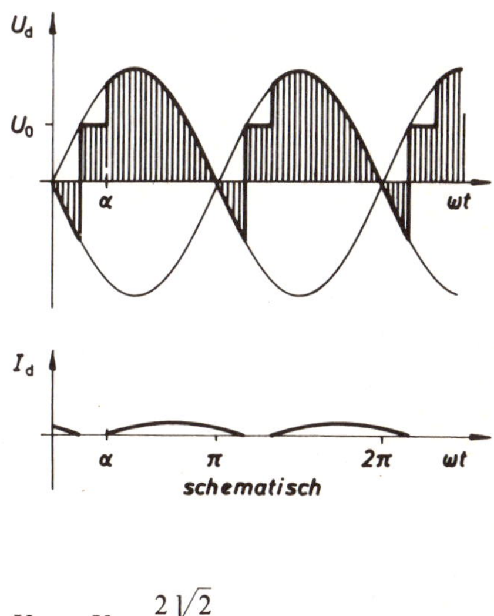

Übung 1.7 – 7

$$U_{di} = U_S \cdot \frac{2\sqrt{2}}{\pi}$$
$$= 220\,V \cdot \frac{2\sqrt{2}}{\pi}$$
$$\underline{U_{di} = 198\,V}$$

Gl. (1.3 – 19):

$$U_{di\alpha} = U_{di} \cdot \cos\alpha$$
$$= 198\,\text{V} \cdot \cos 60^\circ$$
$$\underline{U_{di\alpha} = 99\,\text{V}}$$

$$U_0 = U_{di\alpha} - I_d \cdot R_A$$
$$= 99\,\text{V} - 7{,}8\,\text{A} \cdot 0{,}64\,\Omega$$
$$\underline{U_0 = 94\,\text{V}}$$

$$n = n_0 \frac{U_0}{U}$$
$$= 1800\,\text{min}^{-1} \cdot \frac{94\,\text{V}}{220\,\text{V}}$$
$$\underline{\underline{n = 769\,\text{min}^{-1}}}$$

Übung 1.7 – 8

Betrachtet man den Stromübergang von z. B. V1 auf V2, erkennt man, daß vor dem Übergang φ_{A2} (Anodenpotential von V2) größer als φ_{K2} ist. φ_{K2} erhält nämlich durch den vergrößerten Stromflußwinkel negative Werte von U_S!

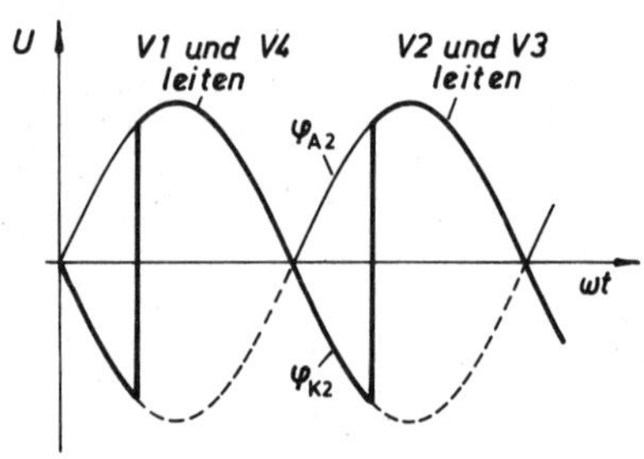

Beträgt der Stromflußwinkel dagegen weniger als 180°, wird das Kathodenpotential der übernehmenden Thyristoren vor dem Zünden auf U_0 angehoben. Ist $U_0 > \hat{u}_S \cdot \sin\alpha$, kommt es zu Zündaussetzern bzw. zum „Pumpen“ der G-Maschine.

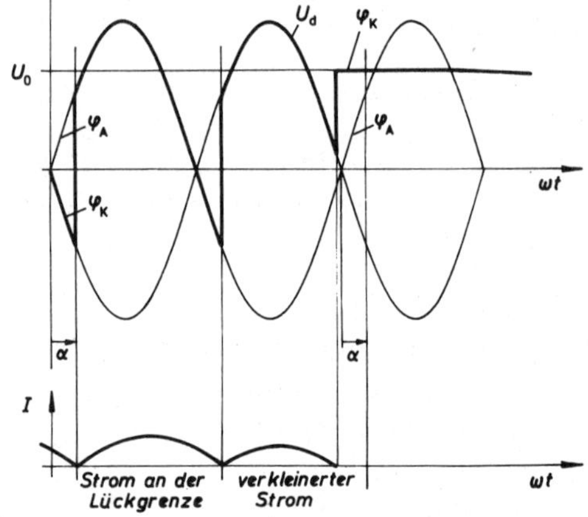

Übung 1.7 – 9

1. Wirkleistung

$$P = U_d \cdot I_d + i_{d\sim\text{eff}}^2 \cdot R_A$$
$$i_{d\sim\text{eff}} = \sqrt{i_{\text{deff}}^2 - I_d^2}$$
$$= \sqrt{(1{,}8\,\text{A})^2 - (1{,}13\,\text{A})^2}$$
$$\underline{i_{d\sim\text{eff}} = 1{,}4\,\text{A}}$$

$$P = 113\,\text{V} \cdot 1{,}13 + (1{,}4\,\text{A})^2 \cdot 11\,\Omega$$
$$P = 149\,\text{W} \approx 150\,\text{W!}$$

2. Gleichstromleistung

$$P_d = U_d \cdot I_d = 113\,\text{V} \cdot 1{,}13\,\text{A}$$
$$P_d = 128\,\text{W}$$

3. Ankerstromwärme

$$P_{CuA} = i^2_{deff} \cdot R_A = (1{,}8\,\text{A})^2 \cdot 11\,\Omega$$
$$P_{CuA} = 35{,}6\,\text{W}$$

4. Zusatz-Ankerstromwärme

$$P_{CuA\sim} = i^2_{d\sim eff} \cdot R_A = (1{,}4\,\text{A})^2 \cdot 11\,\Omega$$
$$P_{CuA\sim} = 21{,}6\,\text{W}$$

Bei gleichem Drehmoment und ideal geglättetem Gleichstrom betrüge die Ankerstromwärme nur:

$$P_{CuA-} = (1{,}13\,\text{A})^2 \cdot 11\,\Omega$$
$$P_{CuA-} = 14\,\text{W}$$

$$P_{CuA-} = 35{,}6\,\text{W} - 21{,}6\,\text{W}$$
$$P_{CuA-} = 14\,\text{W}$$

Lernzielorientierter Test zu Kapitel 1.7

1. Gleichstrommaschine ohne Glättungsdrossel.
   Gleichstrommaschine mit Glättungsdrossel.
   Elektrolyse.
   Batterieladen.
2. $U_d - U_0$.
   $U_S(\omega t) - U_0$, wenn der Gleichrichter durchgeschaltet ist.
3. Zu kleine Glättungsdrossel.
   Bei pulsierender Spannung U_0.
4. Bei $\omega t = \alpha$ ist $U_0 > u_S$.
   Bei geringer Belastung.
   Wenn der Stromflußwinkel kleiner als 180° ist.
5. 2
   4
6. Bei lückendem Ankerstrom ist das Drehzahlverhalten unerwünscht weich.
   Wenn der Stromflußwinkel 180° beträgt (M2-Schaltung), genau so wie bei Gleichstrombetrieb.
   Bei ungeeignetem Anschnittwinkel und kleiner Last, bzw. im Leerlauf, tritt ein unregelmäßiger Pumpbetrieb auf.

Übung 2.1 – 1

Scheibenzellen können beidseitig gekühlt werden, sind daher höher strombelastbar als entsprechende Schraubzellen und eignen sich besonders für den Aufbau kompakter, leistungsstarker Geräte.

Übung 2.1 – 2

Große Leistungshalbleiter werden wegen der guten Lastwechselfestigkeit bevorzugt druckkontaktiert.

Übung 2.1 – 3

Mit Moduln können sehr kompakte Stromrichterschaltungen mit nur einem Kühlkörper aufgebaut werden, der nicht isoliert werden muß.

Übung 2.1 – 4

Aus Bild 2.1 – 9 ergibt sich für 1,3 V ein unterer Strom $I_{\text{Tmin}} = \underline{\underline{570\,\text{A}}}$ und ein oberer Strom $I_{\text{Tmax}} = \underline{\underline{1520\,\text{A}}}$. Die Verluste liegen zwischen $P_{\text{Tmin}} = \underline{\underline{741\,\text{W}}}$ und $P_{\text{Tmax}} = \underline{\underline{1976\,\text{W}}}$.

Übung 2.1 – 5

Mit der Gleichung (2.1 – 3) und dem Beispiel 2.1 – 2 ergibt sich folgende Anzahl von Dioden:

$$n = \frac{\sqrt{2} \cdot 25\,000\,\text{V} \cdot 2{,}5 \cdot 1{,}1}{0{,}8 \cdot 3800\,\text{V}} = \underline{\underline{32}}$$

Übung 2.1 – 6

Nein, denn die Gerade zwischen $I_G = 400\,\text{mA}$ und $U_G = 2{,}5\,\text{V}$ schneidet den Bereich möglicher Zündung. Es liegen also nicht alle Punkte im Bereich sicherer Zündung.

Übung 2.1 – 7

Im kontinuierlichen Betrieb durch die Transformatorinduktivität $L_K = \frac{x_K}{\omega}$, im Lückbetrieb durch die Lastinduktivität.

Übung 2.1 – 8

Nein, denn es ist

$$\frac{\mathrm{d}u}{\mathrm{d}t} = \frac{1600\,\text{V}}{3\,\mu\text{s}}$$

$$\underline{\underline{\frac{\mathrm{d}u}{\mathrm{d}t} = 533\,\frac{\text{V}}{\mu\text{s}}}}$$

Übung 2.1 – 9

7° entsprechen bei 50 Hz einer Schonzeit t_c:

$$t_c = \frac{7^\circ}{360^\circ} \cdot 20\,\text{ms}$$

$$\underline{\underline{t_c = 389\,\mu\text{s}}}$$

Die Freiwerdezeit darf höchstens diesem Wert entsprechen.

Übung 2.1 – 10

Nach Bild 2.1 – 26 ergibt sich für 1 s ein transienter Wärmewiderstand $Z_{th2} = 0{,}1\,\frac{K}{W}$ und damit

$$P_T = \frac{80\,K}{0{,}1\,\frac{K}{W}} = \underline{\underline{800\,W.}}$$

Übung 2.1 – 11

Eine Stromflußzeit von 6,67 ms entspricht bei 50 Hz einem Drittel einer Periode oder 120° el. Aus Bild 2.1 – 28 ergibt sich für rechteckförmigen Strom ein Formfaktor $f_I = 1{,}69$. Der Gleichstrommittelwert I_{TAV} ist $\frac{450\,A}{3} = 150\,A$. Damit ergeben sich folgende Verluste:

$$P_T = 1{,}0\,V \cdot 150\,A + 1{,}2 \cdot 10^{-3}\,\Omega\,(1{,}69 \cdot 150\,A)^2$$
$$\underline{\underline{P_T = 227\,W}}$$

Übung 2.1 – 12

Aus Gl. (2.1 – 15) wird zunächst die abführbare Verlustleistung berechnet:

$$P_V = \frac{\vartheta_j - \vartheta_A}{R_{thJC} + R_{thCA}} = \frac{125\,°C - 35\,°C}{0{,}02\,\frac{K}{W} + 0{,}02\,\frac{K}{W}}$$

$$\underline{P_V = 2\,250\,W}$$

Mit Gl. (2.1 – 14) folgt:

$$I_{TAV}^2 + \frac{I_{TAV} \cdot U_{(TO)}}{r_T \cdot f_I^2} = \frac{P_V}{r_T \cdot f_I^2}$$

$$I_{TAV} = -\frac{U_{(TO)}}{2 \cdot r_T \cdot f_I^2} \pm \sqrt{\frac{P_V}{r_T \cdot f_I^2} + \left(\frac{U_{(TO)}}{2 r_T \cdot f_I^2}\right)^2}$$

Mit Bild 2.1 – 28 gilt:

$$f_I = 1{,}41$$

$$I_{TAV} = -\frac{1{,}05\,V}{2 \cdot 0{,}46 \cdot 10^{-3}\,\Omega \cdot 2} \pm \sqrt{\frac{2250\,W}{0{,}46 \cdot 10^{-3}\,\Omega \cdot 2} + \left(\frac{1{,}05\,V}{2 \cdot 0{,}46 \cdot 10^{-3}\,\Omega \cdot 2}\right)^2}$$

$$I_{TAV} = -570{,}65\,A + 1664{,}72\,A$$
$$\underline{\underline{I_{TAV} = 1094\,A}}$$

Übung 2.1 – 13

Der Überstromschutz von Leistungshalbleitern muß wegen der sehr kleinen thermischen Zeitkonstanten besonders beachtet werden.

Übung 2.1 – 14

Der Überstromschutz von Leistungshalbleitern mit Hilfe von Impulssperren funktioniert nur dann einwandfrei, wenn die Blockierspannung des Bauelementes erhalten bleibt.

Übung 2.1 – 15

$$W_L = \frac{1}{2} \cdot \frac{X_K}{\omega} \cdot I_{RM}^2$$

$$= \frac{1}{2} \frac{0{,}2\,\Omega}{314\,\frac{1}{s}} \cdot (55\,A)^2$$

$$W_L = 0{,}96\,Ws$$

$$\Delta U_C = 1800\,V - \sqrt{2} \cdot 250\,V$$

$$\Delta U_C = 1450\,V$$

$$W_C = W_L$$

$$C = \frac{2\,W_C}{(\Delta U_C)^2}$$

$$= \frac{1{,}92\,Ws}{(1450\,V)^2}$$

$$C = 0{,}9\,\mu F$$

$$R > 22{,}5\,\Omega$$

Gl. (2.1 – 20)

$$R = 2\sqrt{\frac{X_K}{\omega C}}$$

$$R = 26\,\Omega$$

gewählt:

$$R = 33\,\Omega$$

Übung 2.1 – 16

Mit Kondensatoren und Widerständen.

Übung 2.1 – 17

Innere Überspannungen sind die durch den Rückstromabriß der Halbleiter erzeugten Überspannungen.

Lernzielorientierter Test zu Kapitel 2.1

1. 4000 V.
2. 1500 A.
3. Auf gleichmäßige Stromverteilung.
   Auf möglichst gleichzeitiges Durchschalten.
4. Bei annähernd gleichen Sperrkennlinien.
   Die Thyristoren müssen möglichst gleichzeitig sperren.
   Wenn eine Serie gleicher Widerstände parallel geschaltet wird.
5. Steile Zündimpulse.
   Hoher Zündstrom.

6. Einige kW.
7. Kapazitiver Verschiebestrom.
   Überfluten der mittleren Sperrschicht mit Ladungsträgern.
8. Geringste erlaubte Zeit zwischen Anodenstromnulldurchgang und wiederkehrender positiver Anodenspannung.
9. Der Abriß des überhöhten Sperrstromes erzeugt in den Induktivitäten des Abschaltstromkreises (Kommutierungsstromkreis) sehr große Induktionsspannungen.
10. Durchlaßkennlinie.
    Kühlkörper.
    Zulässige Sperrschichttemperatur.
11. Durch Anschluß des RC-Gliedes über einen Gleichrichter.
    Durch Sperrdioden.
12. Sicherungen.

Übung 2.2 – 1

$$22{,}9\,\mathrm{W} + 2{,}29\,\mathrm{W} = \frac{0{,}64\,\mathrm{mWs} + 0{,}36\,\mathrm{mWs} + 25\,\mathrm{W}\,\frac{T}{2} + 20\,\mathrm{W}\,\frac{T}{2}}{T}$$

$$25{,}19\,\mathrm{W} \cdot T = 1\,\mathrm{mWs} + 22{,}5\,\mathrm{W} \cdot T$$

$$T = 0{,}3717\,\mathrm{ms}$$

$$f = 2{,}69\,\mathrm{kHz}$$

Übung 2.2 – 2

ungefähr 5,2 V

Übung 2.2 – 3

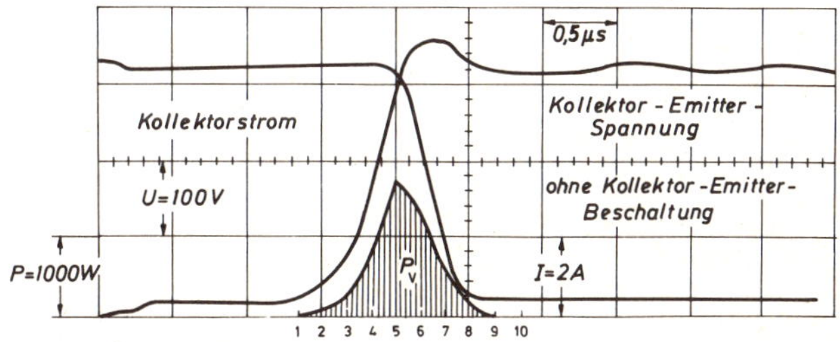

ohne RCD-Beschaltung:

Abschn.		1	2	3	4	5	6	7	8	9	10
I	A	6,2	6,2	6,2	6,2	6,2	4,7	2,2	0,2	0	0
U	V	0	15	43	130	286	329	343	314	310	310
P_V	W	0	93	270	806	1 773	1 546	754	63	0	0

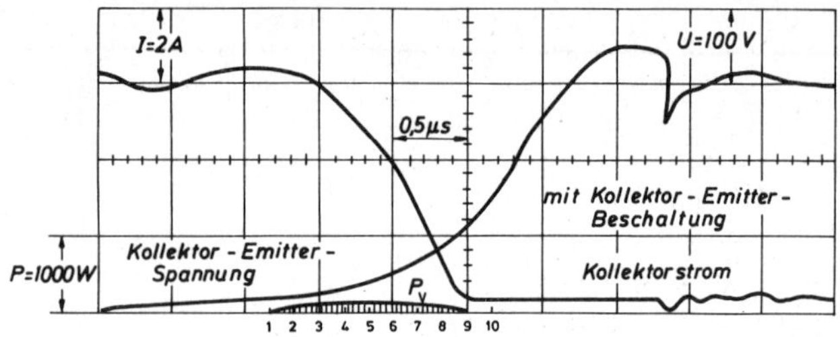

mit RCD-Beschaltung:

Abschn.		1	2	3	4	5	6	7	8	9	10
I	A	6,3	6,3	5,7	5,4	4,6	3,7	2,9	1,4	0	0
U	V	5	10	14	14	21	43	57	86	100	129
P_V	W	31	63	80	76	97	159	163	120	0	0

Übung 2.2 – 4

Die mittlere Verlustleistung ergibt sich durch Berechnung der P(t) Flächen und anschließende Mittelwertbildung.

a) ohne Beschaltungen

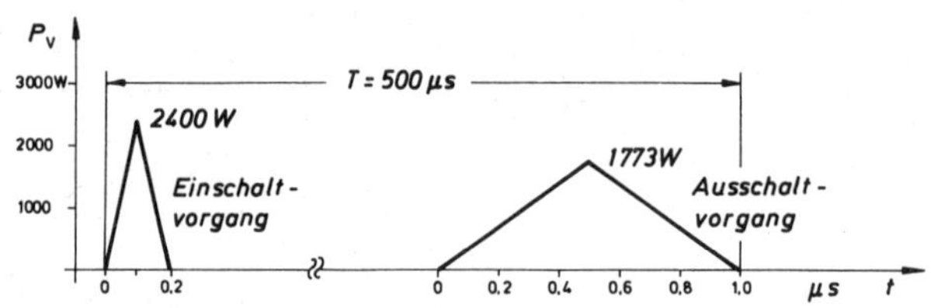

$$P_V = \frac{\frac{1}{2} \cdot 0{,}2\,\mu s \cdot 2400\,W + 1\,\mu s \cdot 1773\,W \cdot \frac{1}{2}}{500\,\mu s}$$

$$\underline{\underline{P_V = 2{,}25\,W}}$$

b) mit Beschaltungen

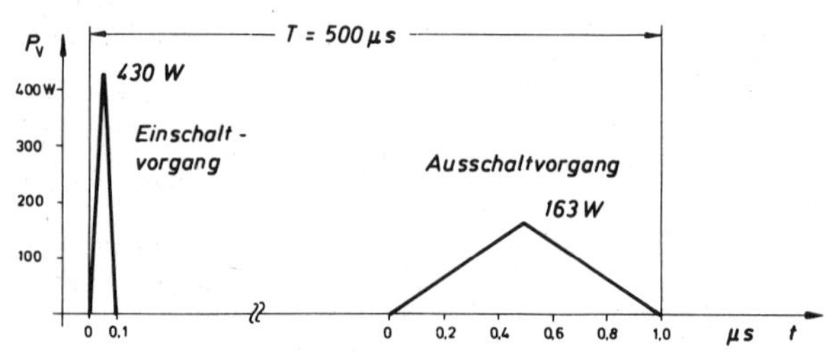

$$P_V = \frac{\frac{1}{2} \cdot 0{,}1\,\mu s \cdot 430\,W + \frac{1}{2} \cdot 1\,\mu s \cdot 163\,W}{500\,\mu s}$$

$$\underline{\underline{P_V = 0{,}21\,W}}$$

Lernzielorientierter Test zu Kapitel 2.2

1. $t_s + t_r$.
   Zeit zwischen 10% I_B und 90% I_C
2. Durchlaßverluste.
   Sperrverluste.
3. Geringere Sperrverluste.
   Höhere zulässige Sperrspannung.
4. Der Kondensator nimmt die magnetische Energie auf und lädt sich dabei auf.
5. 250 A
6. Negativer Basisstrom.
   Betrieb im Quasisättigungsbereich.
   RCD Entlastungsnetzwerk.
7. Verwendung einer Seriendrossel.
   Hohe Basisströme.

Übung 3.1 – 1

Bei einem Zündstrom von 50 µA und $\vartheta = \vartheta_2$ würde sich eine Kippspannung von 170 V und damit ein Anschnittwinkel von etwa 33° ergeben. Bei $\vartheta = \vartheta_3$ würde $\alpha = 0°$ betragen, während bei $\vartheta = \vartheta_1$ gar keine Zündung mehr erfolgen würde.

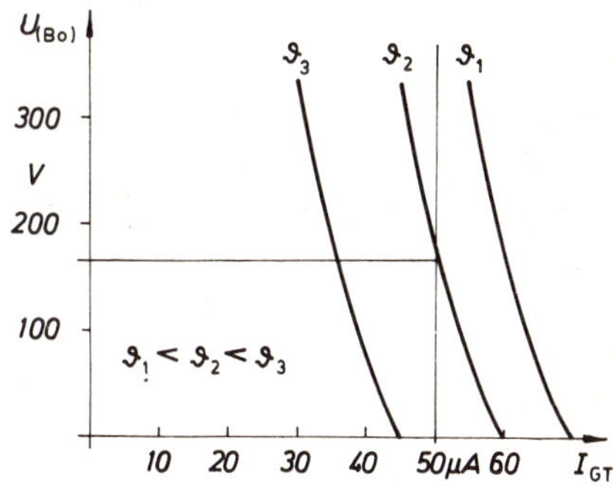

Übung 3.2 – 1

$R_1 = 0 \Rightarrow \alpha = 0°$
$R_1 \to \infty \Rightarrow \alpha = 180°$

Übung 3.2 – 2

R2 begrenzt den Zündstrom. V2 hält unnötigen Rückwärtsstrom vom Gatekreis des Thyristors fern. R2 soll schon bei relativ kleinen Werten von $\frac{U_2}{2}$ (z. B. 20 V) einen „sicheren" Zündstrom fließen lassen, muß aber auch bei $\frac{\hat{u}_2}{2}$ den Zündstrom auf den maximal zulässigen Wert begrenzen.

Übung 3.2 – 3

Umstellen von Gl. (3.2 – 6) ergibt:

$$R_1 \approx X_{C1} \cdot \tan \frac{\alpha}{2}$$

$$R_1 \approx 250\ \Omega$$

Übung 3.2 – 4

Lastkreis:
Steuerung eines fremderregten G-Motors über eine Wechselstrombrücke mit 2 Thyristoren und 2 Dioden (halbgesteuerte Brückenschaltung).

Zündkreis:
Phasenschieberbrücke, deren Ausgangsspannungshalbwellen über V5 und V6 entkoppelt sind, so daß V3 und V4 abwechselnd in „ihren" Halbwellen Zündstrom erhalten.

Übung 3.3 – 1

Schutzdioden

Übung 3.3 – 2

Lastkreis:
Steuerung eines Universalmotors über eine Thyristor-Antiparallelschaltung (Wechselstromsteller).

Zündkreis:
Nach dem Löschen einer Motorstrom-Halbwelle lädt sich C_1, je nach Einstellung von R2, mehr oder weniger schnell auf. Die Grätzbrücke sorgt für in jeder Halbwelle positiven Spannungsanstieg auf Leitung W1 gegenüber W2. Bei einem bestimmten Schwellwert von U_{W1-W2} beginnt V2 durchzusteuern, erzeugt dadurch Steuerspannung für V1, der wiederum den Basisstrom für V2 verstärkt. V1 und V2 wirken zusammen wie eine Thyristorersatzschaltung, d. h. sie bewirken ein sehr schnelles Durchschalten; sind sie einmal eingeschaltet, können sie erst beim nächsten Nulldurchgang der Speisespannung wieder hochohmig werden.

Wenn also V1 und V2 schalten, entlädt sich C1 über R5 und T1, in beiden Sekundärwicklungen entsteht ein Impuls, jedoch zündet natürlich nur der Thyristor, der gerade positive Anodenspannung führt.

Übung 3.3 – 3

In der gegebenen Schaltung kann $\alpha < \varphi$ nicht eintreten, da C1 sich erst wieder aufladen kann, wenn der Motorstrom Null geworden ist.

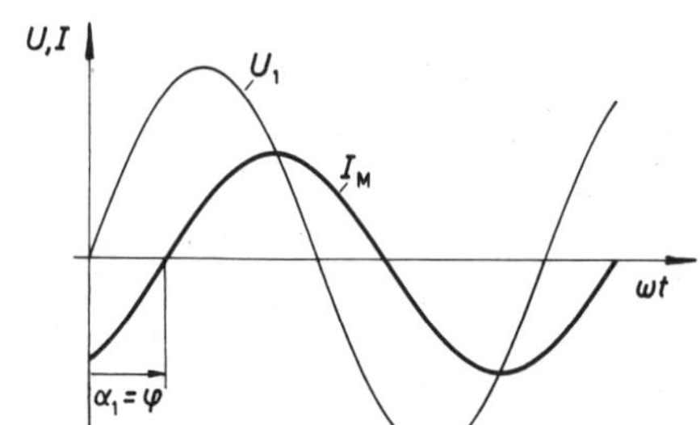

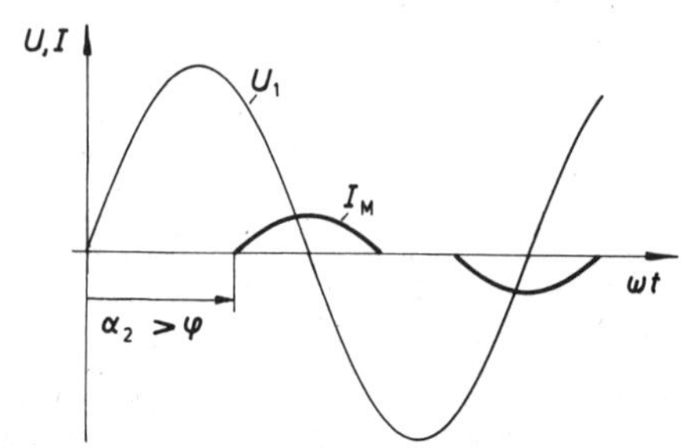

Sollte bei einer anderen Steuerschaltung $\alpha < \varphi$ möglich sein, würde der Motor nur einen Halbwellenstrom erhalten, da der Impuls für z. B. V5 „schon weg" wäre, wenn V4 noch Strom führt. Die auf diese Weise auftretende Gleichstrommagnetisierung der Motorwicklung wäre für den Wechselstrommotor sehr ungünstig.

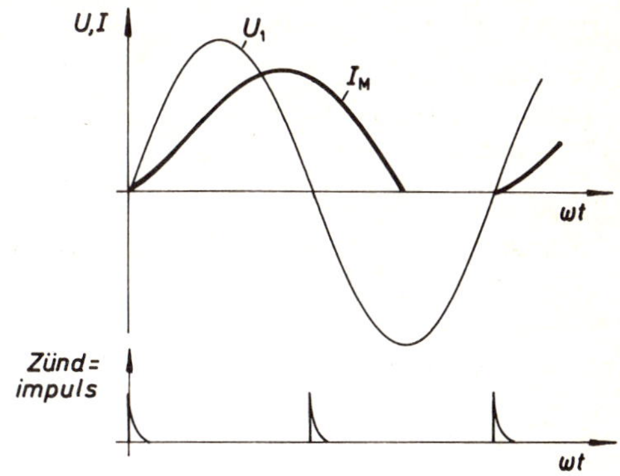

Übung 3.3 – 4

Für den ersten Teil der Ladung nach der e-Funktion kann näherungsweise so gerechnet werden, als ob der Ladestrom nur durch R_4 bestimmt wird:

$$C \cdot \Delta U = I \cdot \Delta t \qquad (1)$$

$$I = \frac{U_B}{R_4} \qquad (2)$$

(2) → (1)

$$R_4 \approx \frac{U_B \cdot \Delta t}{C \cdot \Delta U}$$

$$\approx \frac{48\,\text{V} \cdot 10\,\text{ms}}{470\,\text{nF} \cdot 10\,\text{V}}$$

$$\underline{\underline{R_4 \approx 100\,\text{k}\Omega}}$$

Übung 3.3 – 5

Näherungsweise gilt, daß V5 so lange gesperrt ist, wie der Entladevorgang des R – C-Gliedes dauert:

$$5\tau \approx 0{,}5\,\text{ms}$$

$$5C_2R_7 \approx 0{,}5\,\text{ms}$$

$$C_2 \approx \frac{0{,}5\,\text{ms}}{5R_7}$$

$$\underline{\underline{C_2 \approx 45\,\text{nF}}}$$

Übung 3.3 – 6

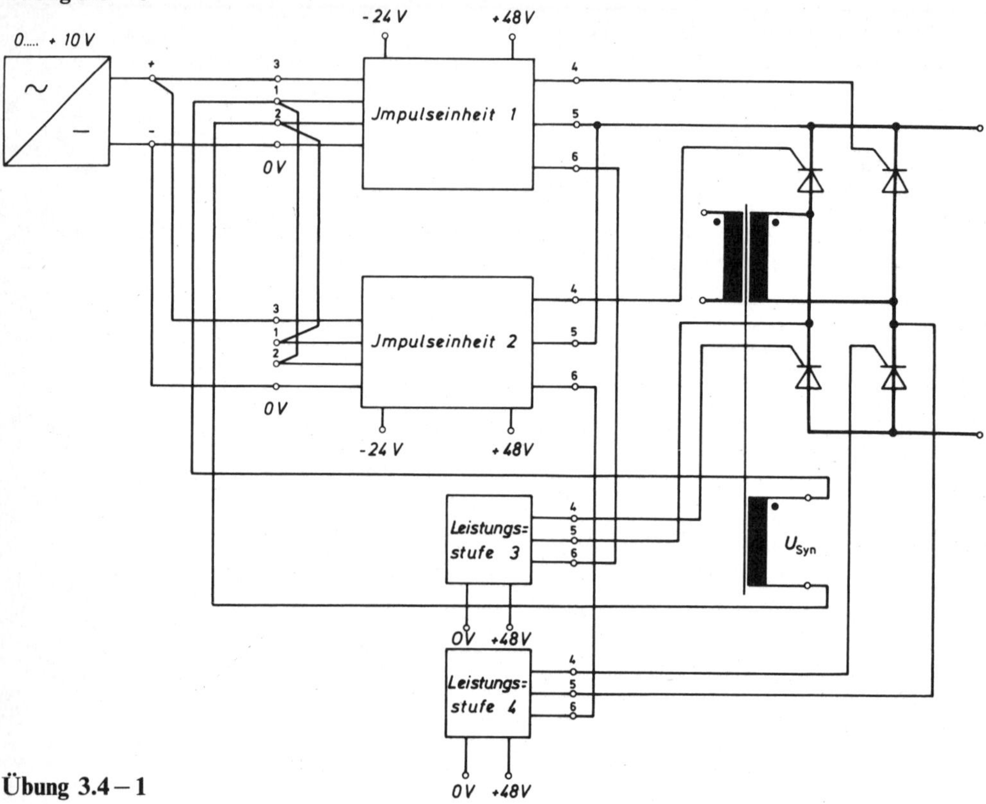

Übung 3.4 – 1

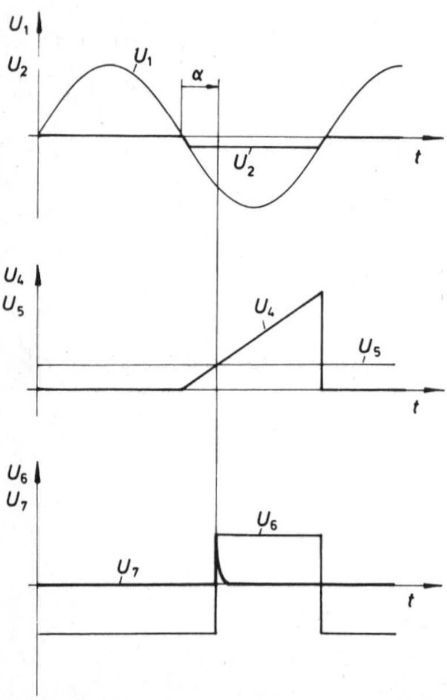

Übung 3.4 – 2

Für den Ladestrom von C1 des Integrators gelten die Gleichungen:

$$C_1 \cdot \Delta U = I \cdot \Delta t \qquad (1)$$

$$I = \frac{U_Z}{R_3} \qquad (2)$$

(2) → (1):

$$C_1 = \frac{U_Z \cdot \Delta t}{R_3 \cdot \Delta U}$$

Der Integrator soll eine Ausgangsspannung liefern, die in einer Halbperiode von 0 bis +10 V ansteigt:

$$= \frac{10\,\text{V} \cdot 10\,\text{ms}}{10\,\text{k}\Omega \cdot 10\,\text{V}}$$

$$\underline{\underline{C_1 = 1\,\mu\text{F}}}$$

Übung 3.4 – 3

$$\tau = R \cdot C$$

$$= 15\,\text{k}\Omega \cdot 1\,\mu\text{F}$$

$$\underline{\tau = 15\,\text{ms}}$$

Die Spannung U_{5-16} kann maximal $\frac{1}{2}\,U_{11-16}$ werden.

U_{6-16} soll diesen Wert nach 10 ms erreichen:

$$U_{6-16} = U_{11-16}\left(1 - e^{-\frac{t}{\tau}}\right)$$

$$0{,}5 = e^{-\frac{t}{\tau}}$$

$$t = -\ln 0{,}5 \cdot \tau$$

$$\underline{\underline{t = 10{,}4\,\text{ms}}}$$

Das Ergebnis ist eine Bestätigung der richtigen Wahl des R – C-Gliedes. Ausgenutzt wird die Ladekurve des Kondensators spannungsmäßig zu 50%, zeitmäßig etwa zu $\frac{10\,\text{ms}}{75\,\text{ms}}$, d. h. etwa zu 13%.

Übung 3.4 – 4

Durch das R – C-Glied mit 1 M Ω und 680 pF zwischen den Klemmen 7, 14 und 16.

Übung 3.5 – 1

Das R – C-Glied ist die Schutzbeschaltung für den Triac.
Der zwischen L1 und L2 liegende Kondensator soll die Oberschwingungen kurzschließen (Entstörkondensator).

Übung 3.5 – 2

$$\alpha = 0°$$

Übung 3.5 – 3

Es wird ideale Glättung des Gleichrichters V4 angenommen:

$$U_B = \hat{u} \approx 10\,\text{V} \cdot \sqrt{2}$$

$$\underline{U_B \approx 14\,\text{V}}$$

$$I_G \approx \frac{U_B - 2U_{(TO)}}{R}$$

$$\approx \frac{14\,V - 1{,}4\,V}{120\,\Omega}$$

$$\underline{\underline{I_G \approx 100\,mA}}$$

Übung 3.6 – 1

Hauptstromkreis:
Der Lastwiderstand erhält mit Hilfe der Brücke und dem in Reihe liegenden Thyristor in beiden Netzspannungshalbwellen Spannung (Sparschaltung).

Zündstromkreis:
Der Thyristor erhält Dauerzündstrom über S1. Der Zündstrom ist so bemessen, daß der Thyristor schon bei kleinen Anodenspannungen durchschaltet (z. B. 5 V). Wird S1 jedoch gerade geschlossen, wenn die Anodenspannung schon höhere Werte hat (z. B. 100 V), kann V2 nicht zünden, da dann V3 leitet und so der Gate-Kreis kurzgeschlossen ist.

Übung 3.6 – 2

Annahme: Der Thyristor schaltet bei $U_{BE} = 0{,}6\,V$:

$$\frac{0{,}6\,V}{R_2} = \frac{u_1}{R_1 + R_2}$$

$$u_1 = 0{,}6\,V\,\frac{R_1 + R_2}{R_2}$$

$$\underline{u_1 = 6{,}6\,V}$$

$$\alpha_{max} = \arcsin \frac{u_1}{\hat{u}}$$

$$= \arcsin \frac{6{,}6\,V}{311\,V}$$

$$\underline{\underline{\alpha_{max} = 1{,}2^\circ}}$$

Lernzielorientierter Test zu Kapitel 3

1. Möglichkeit für Anschnittsteuerungen.
   Die Größe des Zündstromes wird verändert.
2. $R = 1{,}44\ k\Omega$.
3. Es handelt sich um einen Wechselstromsteller.
   Es handelt sich um eine Anschnittsteuerung.
4. V1 kann zum ersten Mal nur in der positiven Halbwelle der Netzspannung gezündet werden ($U_{L1-N} > 0$).
   In der negativen Halbwelle wird V1 durch den Entladestrom von C1 gezündet.
   C1 lädt sich während der positiven Netzspannungshalbwelle auf den Scheitelwert derselben auf.
   V6 und V7 stellen eine Thyristorersatzschaltung dar.
   V6 und V7 verhindern ein Zünden des Triacs, falls die Netzspannung bereits einen bestimmten Momentanwert überschritten hat. Es wird ein Phasenschnitt vermieden.

5. Mit der Schaltung wird beabsichtigt, einen gesteuerten Zweiweggleichrichter zu realisieren. Das Bild zeigt allerdings, daß so eine Anschnittsteuerung nicht möglich ist. Die Thyristoren zünden jeweils bei $\alpha = 0°$, da dort jedenfalls genug Zündspannung vorhanden ist.

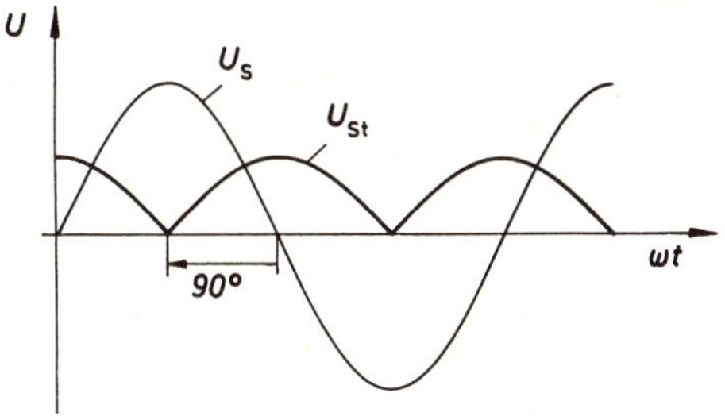

6. V1 kann zünden, wenn S1 geschlossen ist. Wenn V4 leitet, kann V3 nicht durchschalten.
7. Je größer I_2 wird, desto niederohmiger wird R_3.
   Die Schaltung stellt eine Strombegrenzer- bzw. Kurzschlußsicherungsschaltung dar.
   Die Ausgangsseite ist wegen des Transformators und wegen des Optokopplers erdfrei.

Übung 4.1 – 1

$$\hat{i}_V = \frac{\hat{u}_S}{R}$$

$$= \frac{180\,V \cdot \sqrt{2}}{10\,\Omega}$$

$$\underline{\underline{\hat{i}_V = 26{,}6\,A}}$$

Übung 4.1 – 2

Die Transformatorströme sind mit den Ventilströmen identisch:

$$\bar{i}_S = \bar{i}_V = \frac{I_d}{3}$$

$$\underline{\underline{\bar{i}_S = 7{,}33\,A}}$$

Übung 4.1 – 3

$$U_{di} = \frac{380\,V}{\sqrt{3}} \cdot 1{,}17$$

$$\underline{\underline{U_{di} = 257\,V}}$$

Übung 4.1 – 4

Die angegebene Spannung hat ihren positiven Nulldurchgang 30° nach $\omega t = 0$, also bei $\alpha = 0°$.

$$\underline{U}_{syn} = \underline{U}_{S1} - \underline{U}_{S3}$$

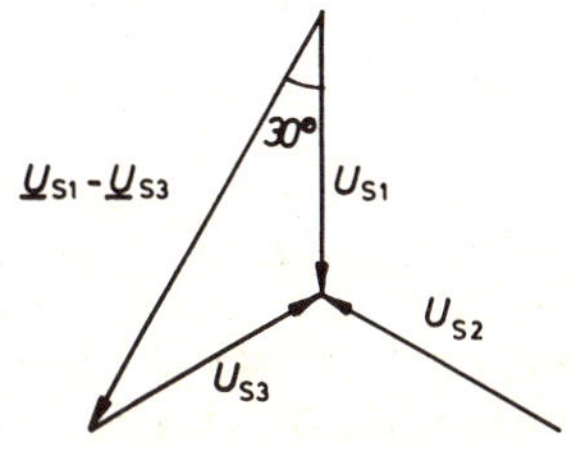

Übung 4.1 – 5

Bei $\alpha > 30°$ treten Stromlücken auf.

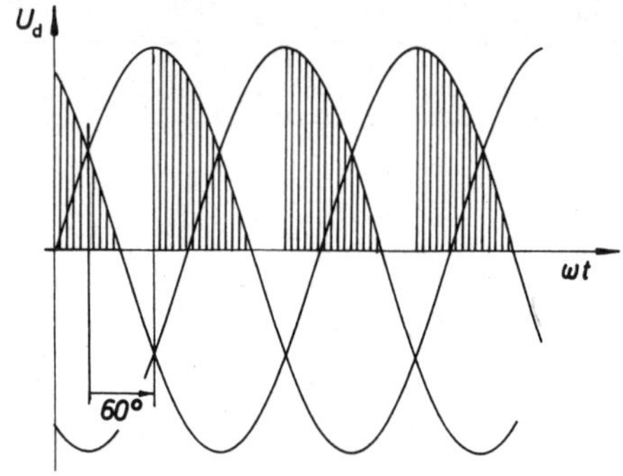

Übung 4.1 – 6

Die Gleichung ergibt sich auch für die B2-Schaltung im nichtlückenden Betrieb, Gl. (1.3 – 19). Sie gilt allgemein für alle Gleichrichter im nichtlückenden Betrieb außer Schaltungen mit Freilaufdiode bzw. halbgesteuerte Brücken.

Übung 4.1 – 7

$\alpha_1 = 30°$, es muß sich der gleiche Wert ergeben wie mit Gl. (4.1 – 7):

$$U_{di\alpha} = \frac{U_{di}}{\sqrt{3}} [1 + \cos(30° + 30°)]$$

$$\underline{\underline{U_{di\alpha} = \frac{1}{2} \sqrt{3}\, U_{di}}}$$

$$U_{di\alpha} = U_{di} \cdot \cos 30°$$

$$\underline{\underline{U_{di\alpha} = \frac{1}{2} \sqrt{3}\, U_{di}}}$$

$\alpha_2 = 150°$, es muß sich $U_{di\alpha} = 0$ ergeben (siehe Liniendiagramm):

$$U_{di\alpha} = \frac{U_{di}}{\sqrt{3}} [1 + \cos(30° + 150°)]$$

$$\underline{\underline{U_{di\alpha} = 0}}$$

Übung 4.1 – 8

$$I_d = \overline{i_V} \cdot 3$$

$$= 16\,\text{A} \cdot 3$$

$$\underline{\underline{I_d = 48\,\text{A}}}$$

$$R = \frac{U_{di\alpha}}{I_d}$$

$$= \frac{126\,\text{V}}{48\,\text{A}}$$

$$\underline{\underline{R = 2{,}63\,\Omega}}$$

Übung 4.1 – 9

Bei kleinen Anschnittwinkeln und geringer Belastung tritt Lückbetrieb auf. Die Maschine „pumpt“ und hat bei Belastung einen starken Drehzahlabfall (siehe 1.7).

Übung 4.1 – 10

$$U_{di\alpha} = U_{di} \cdot \cos\alpha$$
$$= 220\,\text{V} \cdot \cos 60°$$
$$\underline{U_{di\alpha} = 110\,\text{V}}$$

$$U_{02} = U_{di\alpha} - I_{A2} \cdot R_A$$
$$= 110\,\text{V} - 31{,}5\,\text{A} \cdot 0{,}179\,\Omega$$
$$\underline{U_{02} = 104{,}4\,\text{V}}$$

$$n_2 = n_N \frac{U_{02}}{U_{0N}}$$
$$= 1400\,\text{min}^{-1} \cdot \frac{104{,}4\,\text{V}}{208{,}7\,\text{V}}$$
$$\underline{\underline{n_2 = 700\,\text{min}^{-1}}}$$

Übung 4.1 – 11

$$U_{RRM} > 1{,}1 \cdot k \cdot \hat{u}_S$$
$$> 1{,}1 \cdot 2{,}5 \frac{220\,\text{V}}{1{,}17} \cdot \sqrt{2} \cdot \sqrt{3}$$
$$\underline{\underline{U_{RRM} > 1267\,\text{V}}}$$

$$I_{TAVM} > \frac{I_d}{3}$$
$$\underline{\underline{I_{TAVM} > 21\,\text{A}}}$$

Übung 4.1 – 12

$$\frac{P_2}{P_N} = \frac{n_2 \cdot M_2}{n_N \cdot M_N}$$
$$= \frac{0{,}5\,n_N \cdot 0{,}5\,M_N}{n_N \cdot M_N}$$
$$\underline{\underline{\frac{P_2}{P_N} = 25\%}}$$

Übung 4.1 – 13

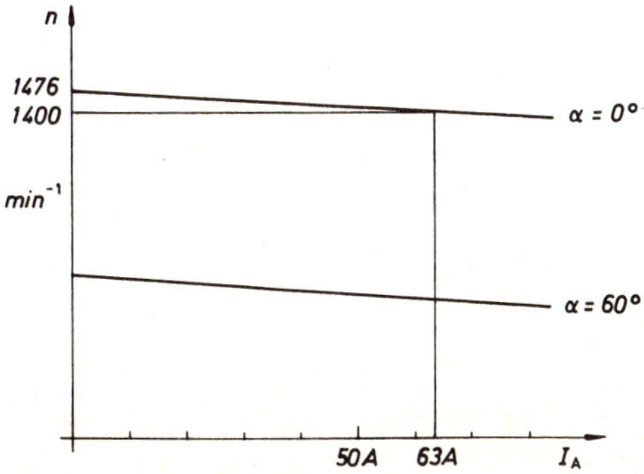

$$n_0 = n_N \cdot \frac{U}{U_{0N}}$$
$$= 1400\,\text{min}^{-1} \cdot \frac{220\,\text{V}}{208{,}7\,\text{V}}$$
$$\underline{\underline{n_0 = 1476\,\text{min}^{-1}}}$$

Übung 4.1 – 14

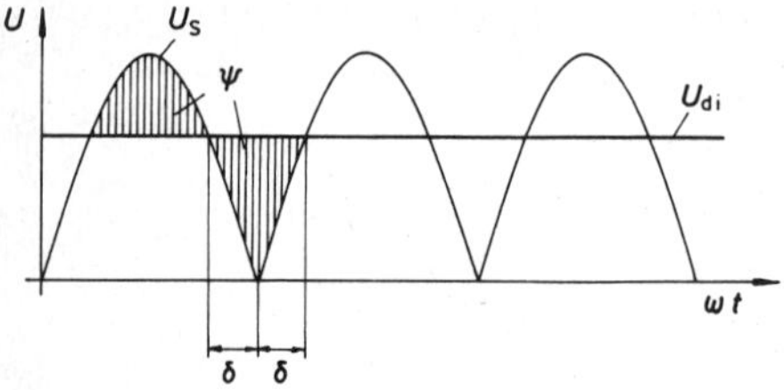

$$\delta = \arcsin \frac{U_{di}}{\hat{u}_S}$$

$$= \arcsin \frac{2\,\frac{\hat{u}_S}{\pi}}{\hat{u}_S}$$

$$\underline{\delta = 39{,}5°}$$

$$\underline{\delta = 0{,}69 \quad \text{(Bogenmaß)}}$$

$$\psi = \frac{2\delta}{\omega} \cdot U_{di} \cdot \frac{1}{2}$$

$$= \frac{2 \cdot 0{,}69}{314\,\text{s}^{-1}} \cdot 220\,\text{V} \cdot \frac{1}{2}$$

$$\underline{\psi = 0{,}48\,\text{Vs}}$$

$$L = \frac{\psi}{\Delta I_d}$$

$$= \frac{0{,}48\,\text{Vs}}{9{,}6\,\text{A}}$$

$$\underline{\underline{L = 50\,\text{mH}}}$$

Übung 4.1 – 15

Ab $\omega t = 30°$ wird u_V positiv. Ab hier kann der Thyristor also erst gezündet werden.

Übung 4.1 – 16

Die Ventilspannung verläuft auf Leiterspannungen. Zum Scheitelwert hinzu kommen noch die durch die Sicherheitsfaktoren bedingten Zuschläge: $U_{RRM} > 1{,}1 \cdot k \cdot \sqrt{2} \cdot \sqrt{3} \cdot U_S$

Übung 4.1 – 17

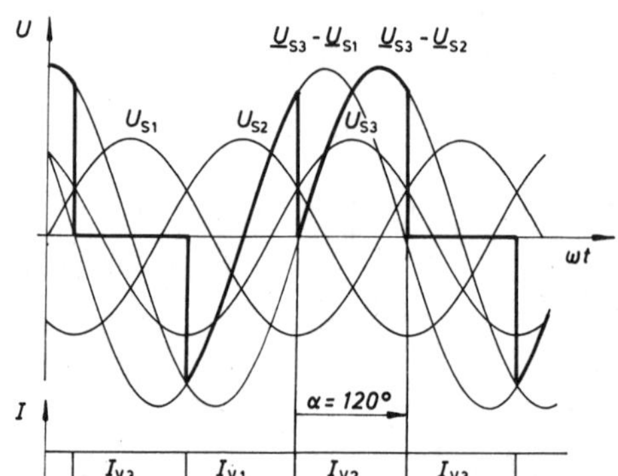

Übung 4.1 – 18

Bei $\alpha = 120°$ liegen zwischen Nulldurchgang des Ventilstromes und wiederkehrender positiver Ventilspannung noch 60°, bei $\alpha = 150°$ wären es noch 30° usw. Da eine Freiwerdezeit eingehalten werden muß, darf α nicht 180° werden (Hinzu kommt noch der Überlappungswinkel, s. 4.1.6).

Übung 4.1 – 19

$$U_{di\alpha} = U_{di} \cdot \cos\alpha$$

$$= 220\,\text{V} \cdot \cos 150°$$

$$U_{di\alpha} = -190{,}5\,\text{V}$$

$$I_{A3} = \frac{1}{2} I_{AN} = 31{,}5\,\text{A}$$

Generatorbetrieb!

$$U_{03} = U_{di\alpha} + I_{A3} R_A$$

$$U_{03} = 225{,}6\,\text{V}$$

$$n_3 = n_N \frac{U_{03}}{U_{0N}}$$

$$= 1400\,\text{min}^{-1} \frac{225{,}6\,\text{V}}{208{,}7\,\text{V}}$$

$$n_3 = 1513\,\text{min}^{-1}$$

Übung 4.1 – 20

Im Bereich $0 \leqslant \alpha \leqslant 180°$ ist die Kommutierungsspannung positiv, der Kommutierungsstrom hat die zum Löschen notwendige Richtung.

Übung 4.1 – 21

Der Kurvenverlauf entspricht Übung 1.2 – 13

Übung 4.1 – 22

1. $u = f(\alpha)$: u ist bei $\alpha = 0°$ groß, da I_K langsam ansteigt, bei $\alpha = 90°$ am geringsten, bei $\alpha > 90°$ wieder geringer.

2. $u = f(U_K)$: Bei größerer Kommutierungsspannung ist u kleiner, da I_K dann schneller ansteigt.

3. $u = f(X_K)$ Je größer X'_K, desto größer u, da I_K dann langsamer ansteigt.

4. $u = f(I_d)$ Je größer I_d, desto größer u, da es dann länger dauert, bis $i_K = I_d$ ist.

Übung 4.1 – 23

$$\cos(\alpha + u) = \cos\alpha - \frac{\sqrt{2} I_d X'_K}{U_K}$$

$$\alpha = 0 \rightarrow u = u_0$$

$$\cos u_0 = 1 - \frac{\sqrt{2} I_d X'_K}{U_K}$$

Übung 4.1 – 24

$\alpha_1 = 0°$

$$\cos u_0 = 1 - \frac{\sqrt{2} \cdot 300\,\text{A} \cdot 0{,}14\,\Omega}{651\,\text{V}}$$

$$\underline{\underline{u_0 = 24{,}7°}}$$

$\alpha_2 = 90°$

$$\cos(u_2 + 90°) = \cos 90° - \frac{\sqrt{2} \cdot 300\,\text{A} \cdot 0{,}14\,\Omega}{651\,\text{V}}$$

$$= -0{,}0912$$

$$u_2 + 90° = 95{,}2°$$

$$\underline{\underline{u_2 = 5{,}2°}}$$

$\alpha_3 = 150°$

$$\cos(u_3 + 150°) = \cos 150° - 0{,}0912$$

$$u_3 + 150° = 163°$$

$$\underline{\underline{u_3 = 13°}}$$

Übung 4.1 – 25

Der steilste Stromanstieg ergibt sich bei $\alpha = 90°$, da dann u_K am größten ist.

Der Wert liegt unterhalb der erlaubten Werte für $\left.\frac{di}{dt}\right|_{krit}$.

$$\hat{u}_K = \frac{2X'_K}{\omega} \cdot \left.\frac{\Delta I_K}{\Delta t}\right|_{max}$$

$$\left.\frac{\Delta I_K}{\Delta t}\right|_{max} = \frac{\hat{u}_K \cdot \omega}{2X'_K}$$

$$= \frac{651\,\text{V}\,\sqrt{2} \cdot 314\,\text{s}^{-1}}{2 \cdot 0{,}14\,\Omega}$$

$$\underline{\underline{\left.\frac{\Delta I_K}{\Delta t}\right|_{max} \approx 1\,\frac{\text{A}}{\mu\text{s}}}}$$

Übung 4.1 – 26

$$I_K = \frac{U_K}{2X'_K}$$

$$= \frac{651\,\text{V}}{2 \cdot 0{,}14\,\Omega}$$

$$\underline{\underline{I_K = 2325\,\text{A}}}$$

$$D_X = \frac{3X'_K \cdot I_d}{2\pi}$$

$$\underline{\underline{D_X = 20\,\text{V}}}$$

$$d_X = \frac{D_X}{U_{di}}$$

$$= \frac{20\,\text{V}}{440\,\text{V}}$$

$$\underline{\underline{d_X = 4{,}5\,\%}}$$

Die Thyristoren brauchen den Strom $I_K = 2325\,\text{A}$ nicht zu führen. I_K ist reine Rechengröße. Der Kurzschlußkreis wird dann unterbrochen, wenn $i_V = I_d$ wird, also bei $i_V = 300\,\text{A}$.

Übung 4.1 – 27

Die Spannungszeitfläche in Bild 4.1 – 26 wird gebildet durch die Spannung:

$$\underline{U}_{S1} - \frac{\underline{U}_{S1} + \underline{U}_{S2}}{2}$$

Dies ist nach Gl. (4.1 – 18) gleich der halben Kommutierungsspannung.

$$= \frac{\underline{U}_{S1}}{2} - \frac{\underline{U}_{S2}}{2}$$

Übung 4.1 – 28

$$U_{d60°} = U_{di\alpha} - D_X$$

$$= 239\,\text{V} \cdot \cos 60° - 19\,\text{V}$$

$$U_{d60°} = 100\,\text{V}$$

Übung 4.1 – 29

Gl. (4.1 – 48):

$$I_{S1} = \frac{U_{di} \cdot I_d}{3\,U_S}$$

$$= \frac{440\,\text{V} \cdot 300\,\text{A}}{3 \cdot 376\,\text{V}}$$

$$I_{S1} = 117\,\text{A}$$

Übung 4.1 – 30

Bei idealer Glättung ergibt sich in der B2-Schaltung der dargestellte Strom- und Spannungsverlauf.

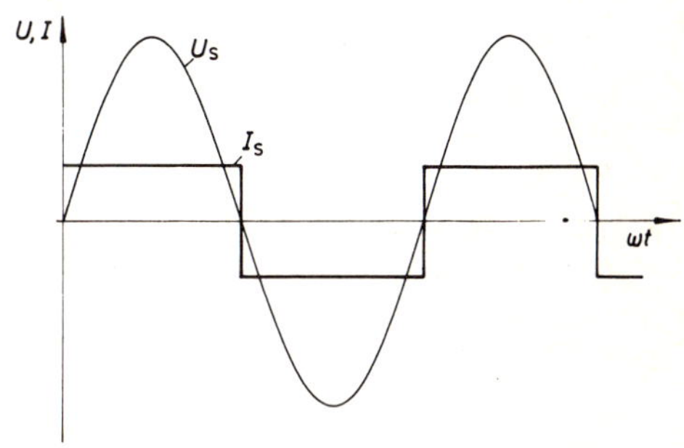

Der Effektivwert des Stromes I_S beträgt:

$$I_S = I_d$$

Mit $U_S = \frac{\pi}{2 \cdot \sqrt{2}} \cdot U_{di}$ folgt:

$$S_{2\,Tr} = U_S \cdot I_S$$

$$S_{2\,Tr} = 1{,}11 \cdot U_{di} \cdot I_d$$

Da der Strom ein Wechselstrom ist, ergibt sich $S_{1\,Tr}$, die gleiche Beziehung; also ist auch:

$$S_{Tr} = 1{,}11\,U_{di} \cdot I_d$$

Bei der B2-Schaltung ist die Baugröße des Transformators also günstiger als bei der M3-Schaltung.

Übung 4.1 – 31

$\alpha_1 = 0°$

$$S_{Netz} = \sqrt{3}\, U_1 \cdot I_1$$
$$= \sqrt{3} \cdot 380\,V \cdot 898\,A$$
$$S_{Netz} = 53{,}2\,kVA$$

$$\lambda_{Netz} = \frac{P}{S}$$
$$= \frac{220\,V \cdot 200\,A}{53{,}2\,kVA}$$
$$\lambda_{Netz} = 0{,}83$$

$\alpha_2 = 60°$

$$\lambda_{Netz} = \frac{220\,V \cdot 200\,A \cdot \cos 60°}{53{,}2\,kVA}$$
$$\lambda_{Netz} = 0{,}415$$

Lernzielorientierter Test zu Kapitel 4.1

1. M3-Schaltung.
   Dreipulsige Mittelpunktschaltung.
2. Bild 2.
3. $U_{di\alpha} = \frac{U_{di}}{\sqrt{3}}\,[1 + \cos(\alpha + 30°)],\ \alpha \geqslant 30°.$
4. Bild 1.
5. $U_{di} = 220\,V \cdot 1{,}17$
   $U_{di} = 257\,V$

   $\alpha_N = \arccos \frac{220\,V}{257\,V}$

   $\alpha_N = 31°$

6. a) $U_{di} = \frac{U_{di\alpha}}{\cos\alpha_N}$
   $= \frac{220\,V}{\cos 25{,}8°}$
   $U_{di} = 244\,V$

   $U_S = \frac{U_{di}}{1{,}17}$
   $U_S = 209\,V$

   $ü = \frac{500\,V}{\sqrt{3} \cdot 209\,A}$
   $ü = 1{,}38$

   b) $U_{RRM} > 1{,}1 \cdot 2{,}5 \cdot \sqrt{2} \cdot \sqrt{3} \cdot U_S$
   $U_{RRM} > 1410\,V$

   $I_{TAVM} > \frac{I_{dN} \cdot 1{,}5}{3}$
   $I_{TAVM} > 31{,}5\,A$

   siehe Gl. (2.4 – 3)
   $P_T = U_{(TO)} \cdot I_{TAV} + r_T i^2_{Teff}$
   $= 1\,V \cdot \frac{63\,A}{3} + 3{,}6\,m\Omega \left(\frac{63\,A}{\sqrt{3}}\right)^2$
   $= 21\,W + 4{,}8\,W$
   $P_T = 25{,}8\,W$

c) $U_{0N} = U_N - I_{AN} R_A$
$= 220\,V - 63\,A \cdot 146\,m\,\Omega$
$U_{0N} = 210{,}8\,V$

$U_{di\alpha 1} = U_{di} \cdot \cos\alpha$
$= 244\,V \cdot \cos 60°$
$U_{di\alpha 1} = 122\,V$

$U_{01} = U_{di\alpha 1} - \frac{1}{2} I_{AN} R_A$
$= 122\,V - 31{,}5\,A \cdot 146\,m\,\Omega$
$U_{01} = 117{,}4\,V$

$n_1 = n_N \frac{U_{01}}{U_{0N}}$
$= 980\,min^{-1} \frac{117{,}4\,V}{210{,}8\,V}$
$n_1 = 546\,min^{-1}$

d) $U_{02} = U_{0N}$
$U_{02} = 210{,}8\,V$

$U_{di\alpha 2} = U_{02} - I_{AN} \cdot R_A$
$= 210{,}8\,V - 63\,A \cdot 146\,m\,\Omega$
$U_{di\alpha 2} = 201{,}6\,V$

$\alpha_2 = \arccos \frac{-210{,}6\,V}{244\,V}$
$\alpha_2 = 146°$

7. durch die Transformatorersatzblindwiderstände X'_K
durch die Belastung des Stromrichters

8.

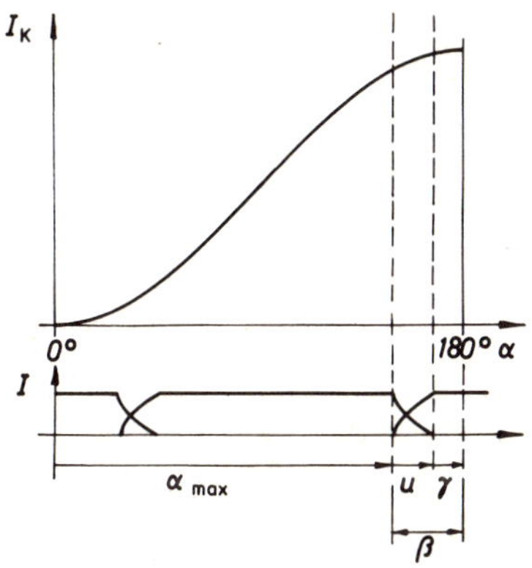

9. a) Die größte Kommutierungsspannung tritt bei $\alpha = 90°$ auf:

$\hat{u}_K = U_K \cdot \sqrt{2}$
$= 500\,V \cdot \sqrt{2}$
$\hat{u}_K = 707\,V$

b)

$\left.\frac{\Delta I_K}{\Delta t}\right|_{max} = \frac{\hat{u}_K}{2 L'_{K\,Netz}}$
$= \frac{707\,V}{2 \cdot 2{,}2\,\mu H}$
$\left.\frac{\Delta I_K}{\Delta t}\right|_{max} = 160\,\frac{A}{\mu s}$

c) Vor die Thyristoren müssen Kommutierungsdrosseln geschaltet werden:

$$L_{min} = \frac{\hat{u}_K}{2 \left.\frac{di}{dt}\right|_{krit.}} = \frac{707\,V}{2 \cdot 60\,\frac{A}{\mu s}}$$

$L_K = L_{min} - L'_{KNetz}$:

$$\underline{L_{min} = 5{,}89\,\mu H}$$

$$\underline{\underline{L_K = 3{,}7\,\mu H}}$$

10. Durch die halbe Kommutierungsspannung.
Durch den Spannungsabfall an den Kurzschlußblindwiderständen des Transformators.

11.

$$D_X = \frac{3 \cdot X'_K \cdot I_d}{2\pi} = \frac{3 \cdot 314\,\frac{1}{s} \cdot 5{,}89\,\mu H \cdot 1000\,A}{2\pi}$$

$$\underline{D_X = 0{,}88\,V}$$

$$d_X = \frac{0{,}88\,V}{338\,V}$$

$$\underline{\underline{d_X = 0{,}26\%}}$$

12.

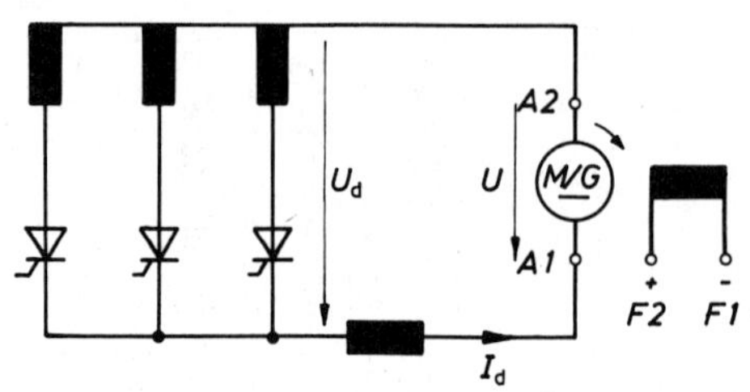

13.

$$U_{di} = \frac{U_1 \cdot 1{,}17}{\sqrt{3} \cdot ü} = \frac{380\,V \cdot 1{,}17}{\sqrt{3} \cdot 2{,}5}$$

$$\underline{\underline{U_{di} = 102{,}7\,V}}$$

$$I_{1N} = \frac{S}{\sqrt{3}\,U_{1N}} = \frac{30\,kVA}{\sqrt{3} \cdot 380\,V}$$

$$\underline{I_{1N} = 45{,}6\,A}$$

Gl. (4.1 – 55):

$$I_{d\max} = \frac{I_1}{\sqrt{3} \cdot \frac{\sqrt{2}}{3}} \cdot \frac{N_1}{N_2}$$

$$= \frac{45{,}6\,\text{A}}{\sqrt{3} \cdot \frac{\sqrt{2}}{3}} \cdot 2{,}5\,\sqrt{3}$$

$$\underline{\underline{I_{d\max} = 242\,\text{A}}}$$

$$A_2 = \frac{I_S}{S_{zul}}$$

$$= \frac{242\,\text{A}}{10\,\frac{\text{A}}{\text{mm}^2} \cdot \sqrt{3}}$$

$$\underline{\underline{A_2 = 14\,\text{mm}^2}}$$

$$A_1 = \frac{I_{1\,\text{Str}}}{S_{zul}}$$

$$= \frac{45{,}6\,\text{A}}{\sqrt{3} \cdot 10\,\frac{\text{A}}{\text{mm}^2}}$$

$$\underline{\underline{A_1 = 2{,}63\,\text{mm}^2}}$$

$$\lambda_1 = \frac{P}{S_1}$$

$$= \frac{U_{di} \cdot I_d}{U_{di} \cdot I_d}$$

$$\underline{\underline{\lambda_1 = 1}}$$

$$\lambda_{\text{Netz}} = \frac{U_{di} \cdot I_d}{\sqrt{3}\,U_1 \cdot I_1}$$

$$= \frac{102{,}7\,\text{V} \cdot 242\,\text{A}}{\sqrt{3} \cdot 380\,\text{V} \cdot 45{,}6\,\text{A}}$$

$$\underline{\underline{\lambda_{\text{Netz}} = 0{,}83}}$$

Übung 4.2 – 1

Die Primärwicklung ist nicht gezeichnet.

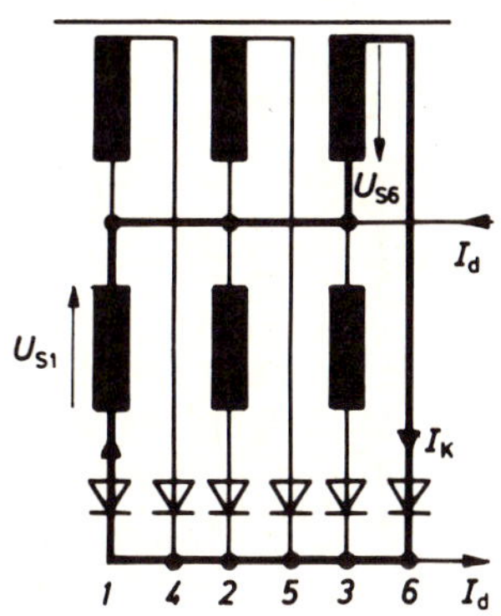

$\underline{U}_K = \underline{U}_{S6} - \underline{U}_{S1}$

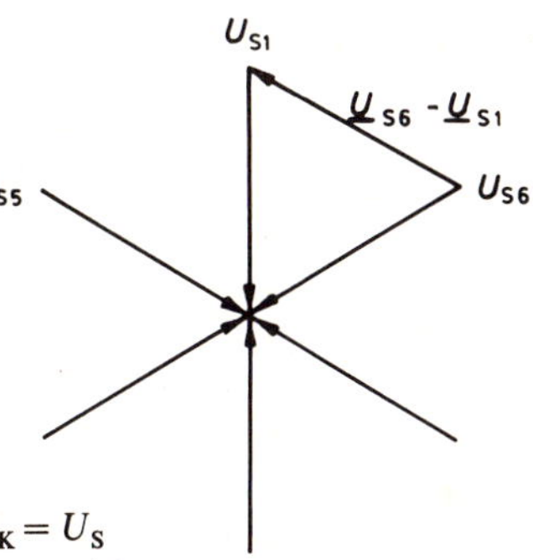

$$U_K = U_S$$

$$\hat{u}_K = \sqrt{2}\,U_K$$

$$= \sqrt{2} \cdot 88{,}9\,\text{V}$$

$$\underline{\underline{u_K = 126\,\text{V}}}$$

Übung 4.2 – 2

(siehe Kap. 2)

$$P_T = U_{(T0)} \cdot \overline{i_V} + r_F \cdot i_{V\text{eff}}$$

$$= 0{,}84\,\text{V} \cdot 920\,\text{A}$$

$$+ 0{,}185\,\text{m}\Omega \left(\frac{5\,500\,\text{A}}{\sqrt{6}}\right)^2$$

$$= 773\,\text{W} + 933\,\text{W}$$

$$\underline{\underline{P_T = 1\,706\,\text{W}}}$$

Übung 4.2 – 3

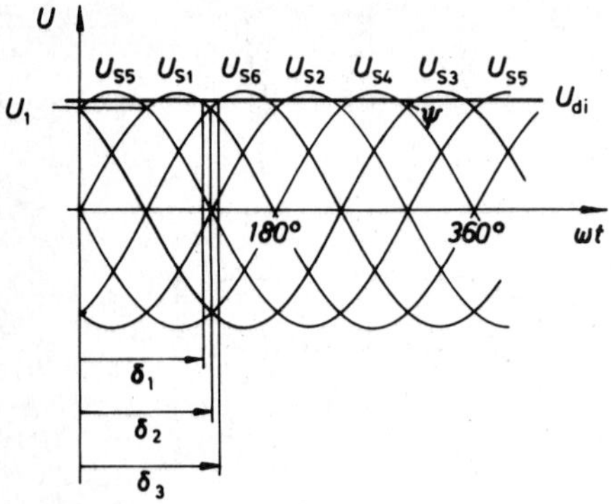

$$f_{U_d \sim} = 6 f_{Netz}$$
$$f_{U_d \sim} = 300\,\text{Hz}$$

$$\hat{u}_S = \frac{U_{di}}{1{,}35} \cdot \sqrt{2} = \frac{400\,\text{V}}{1{,}35} \cdot \sqrt{2}$$
$$\underline{\hat{u}_S = 419\,\text{V}}$$

$$\delta_1 = \arcsin \frac{U_{di}}{\hat{u}_S} = \arcsin \frac{400\,\text{V}}{419\,\text{V}}$$
$$\underline{\delta_1 = 107{,}3^\circ}$$

$$\underline{\delta_2 = 120^\circ}$$

$$\underline{\delta_3 = 132{,}7^\circ}$$

$$U_1 = \hat{u}_S \cdot \sin 120^\circ$$
$$\underline{U_1 = 0{,}866\,\hat{u}_S}$$

Die „Grundseite" der Drossel-Spannungszeitfläche beträgt:

$$\frac{132{,}7^\circ - 107{,}3^\circ}{360^\circ} \cdot 20\,\text{ms} = \underline{1{,}41\,\text{ms}}$$

Die „Höhe" des Dreiecks beträgt:

$$U_{di} - 0{,}866\,\hat{u}_S = 400\,\text{V} - 0{,}866 \cdot 419\,\text{V} = \underline{37{,}1\,\text{V}}$$

Die Spannungszeitfläche ist dann:

$$\psi = \frac{1}{2} \cdot 37{,}1\,\text{V} \cdot 1{,}41\,\text{ms}$$
$$\underline{\psi = 26{,}2\,\text{mVs}}$$

$$L = \frac{\psi}{\Delta I_d} = \frac{26{,}2\,\text{mVs}}{0{,}04 \cdot 100\,\text{A}}$$
$$\underline{\underline{L = 6{,}55\,\text{mH}}}$$

Übung 4.2 – 4

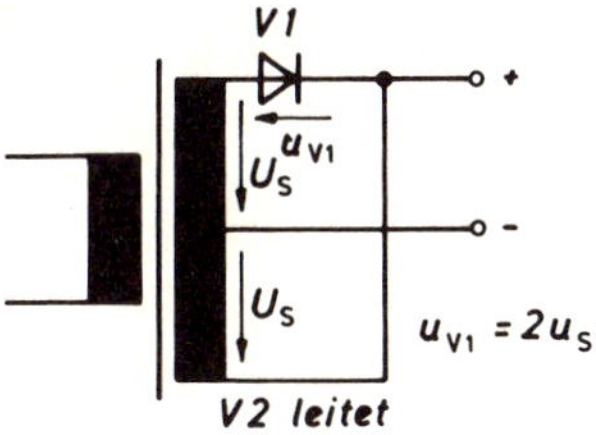

Übung 4.2 – 5

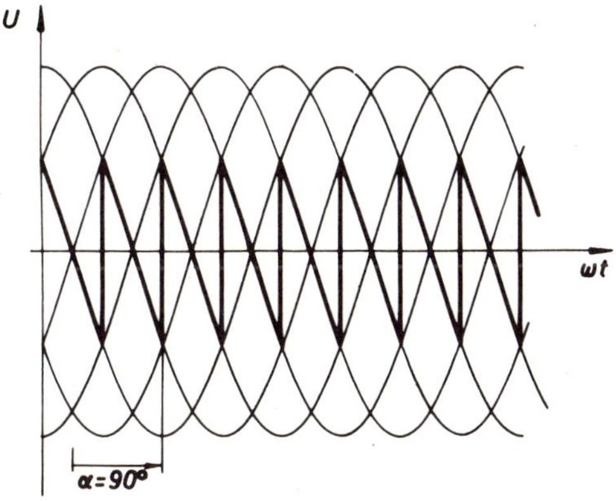

Übung 4.2 – 6

siehe Bild 4.2 – 10

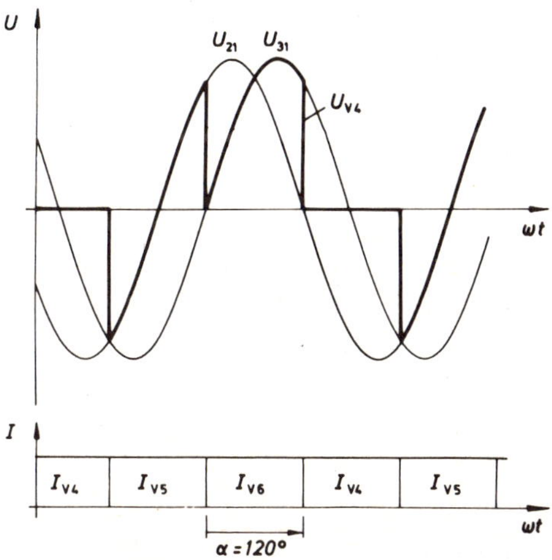

V5 leitet: $\underline{U}_{V4} = \underline{U}_{S2} - \underline{U}_{S1} = \underline{U}_{21}$

V6 leitet: $\underline{U}_{V4} = \underline{U}_{S3} - \underline{U}_{S1} = \underline{U}_{31}$

Übung 4.2 – 7

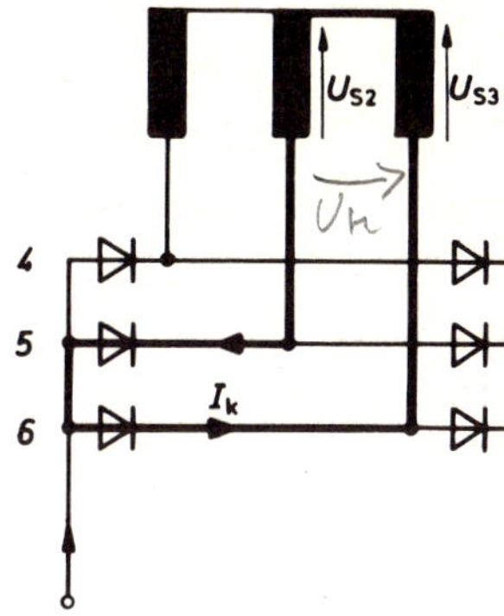

$\underline{U}_K = \underline{U}_{S2} - \underline{U}_{S3} = \underline{U}_{23}$

$u_K = \sqrt{2}\,\sqrt{3}\,U_S \sin(\omega t - 90°)$

(bezogen auf Bild 4.2 – 10)

Übung 4.2 – 8

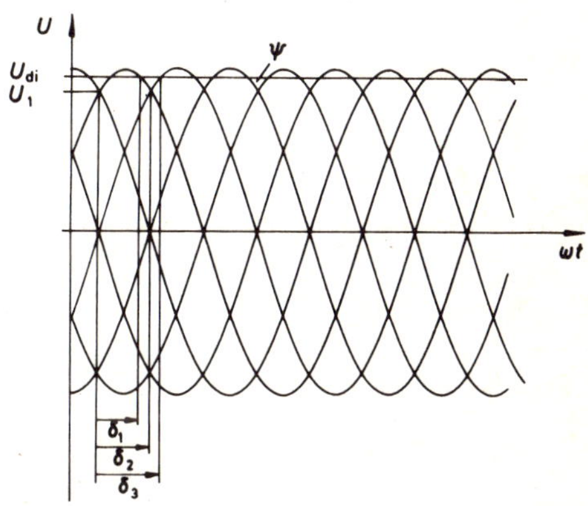

Da die Problemstellung nach Bild 4.2 – 34 völlig mit Übung 4.2 – 3 übereinstimmt, ergibt sich die gleiche Lösung.

Übung 4.2 – 9

B2-Schaltung: $S_{Tr} = 1{,}11\ P_{di}$

M2-Schaltung: $S_{Tr} = 1{,}34\ P_{di}$

$$\frac{1{,}11 - 1{,}34}{1{,}34} \cdot 100\% = -17{,}8\%$$

Übung 4.2 – 10

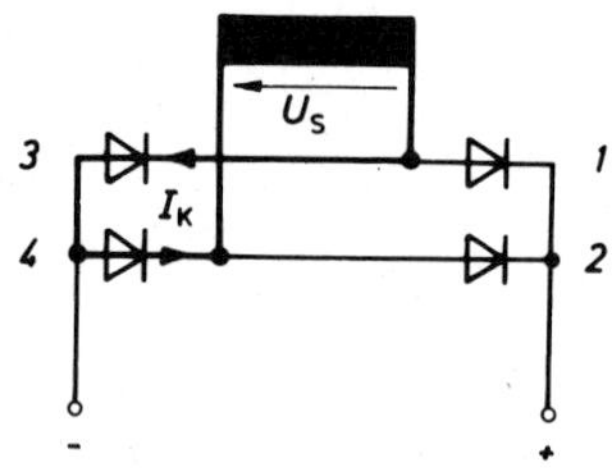

$\hat{u}_K = \hat{u}_S$

tritt bei $\alpha = 90°$ auf.

$U_d(\omega t) = 0$ während der Kommutierung, da alle Dioden leiten.

Übung 4.2 – 11

Man legt am besten zuerst die Stromblöcke fest, wobei die Ströme I_{V1}, I_{V2} und I_{V3} entsprechend dem Anschnittwinkel verschoben sind, die Ströme I_{V4}, I_{V5} und I_{V6} durch die festen Kommutierungszeitpunkte der Dioden-Gruppe gegenüber beispielsweise Bild 4.2 – 17 unverändert sind.

Beginnt dann V1 zu leiten, leitet gleichzeitig V6, die Ausgangsspannung ist also u_{13}. Leiten V1 und V4 gleichzeitig, ist der Freilaufkreis in Betrieb und $u_d = 0$.

Der Transformatorstrom I_{S2} wird durch die Ventilströme von V2 und V5 gebildet, jedoch ist $i_{S2} = 0$, wenn der Freilauf arbeitet.

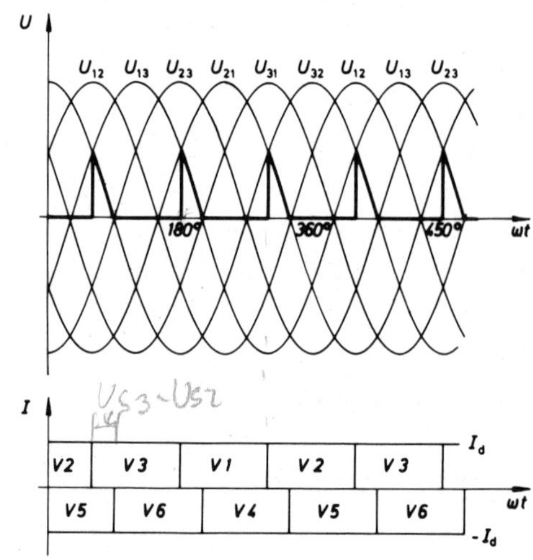

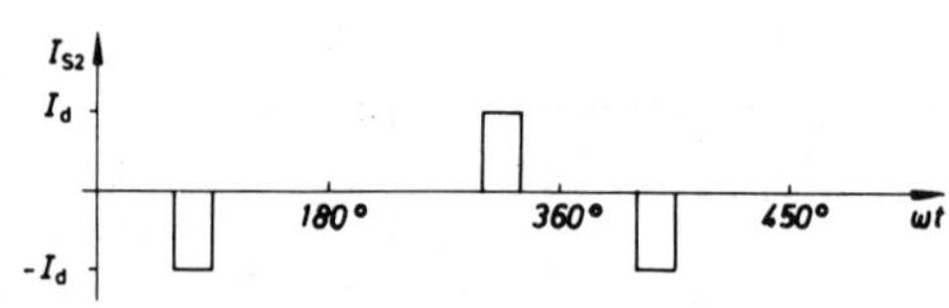

Nutzbremsung ist nicht möglich, da $U_{di\alpha}$ offensichtlich immer noch > 0.

Übung 4.2 – 12

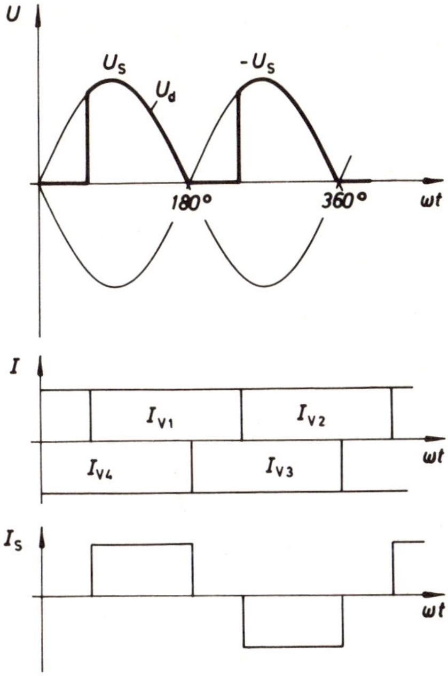

Übung 4.2 – 15

Während die eine Brücke von der Leiterspannung gespeist wird, ist es im anderen Falle die Strangspannung. U_{12} ist z. B. gleich groß mit $U_{Str\,1}$.

Leiten in beiden Brücken entsprechende Thyristoren, z. B. 1 und 5 bzw. 1′ und 5′, so erzeugt die eine Brücke u_{12}, die andere $-u_{Str2}$. $-U_{Str2}$ eilt U_{12} 30° voraus.

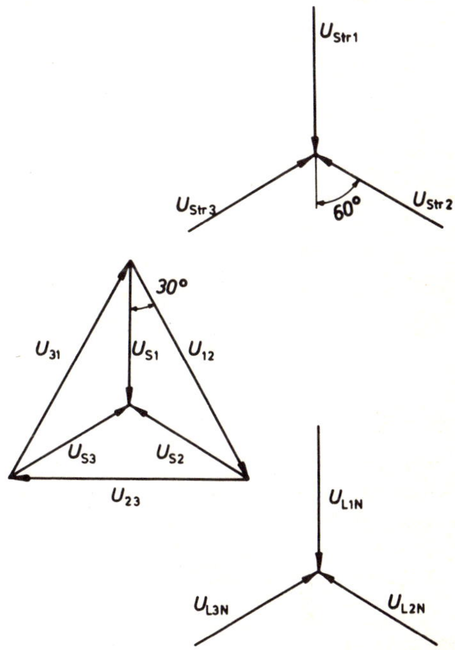

Übung 4.2 – 13

Vollgesteuerte Brücke: $Q_{1\,max} = P_{di}$, tritt bei $\alpha = 90°$, bzw. $U_{di\alpha} = 0$ auf.

Halbgesteuerte Brücke: $Q_{1\,max} = \frac{1}{2}\,P_{di}$, tritt bei $\alpha = 90°$, bzw. $U_{di\alpha} = \frac{1}{2}\,U_{di}$ auf.

Übung 4.2 – 14

Im Wechselbetrieb ist $\alpha_1 = 180°$ (ideal);
Gl. (4.2 – 40):

$$-0{,}8\,U_{di} = \frac{U_{di}}{2}\,(-1 + \cos\alpha_2)$$

$$\alpha_2 = \arccos\,(-0{,}6)$$

$$\alpha_2 = 127°$$

Lernzielorientierter Test zu Kapitel 4.2

1. Die Strombelastung der Thyristoren ist relativ gering.
   Die Gleichspannung berechnet sich bei lückfreiem Betrieb mit $U_{di} \cdot \cos\alpha$.
   Der Transformatoraufwand ist gegenüber Brückenschaltungen relativ groß.

2. 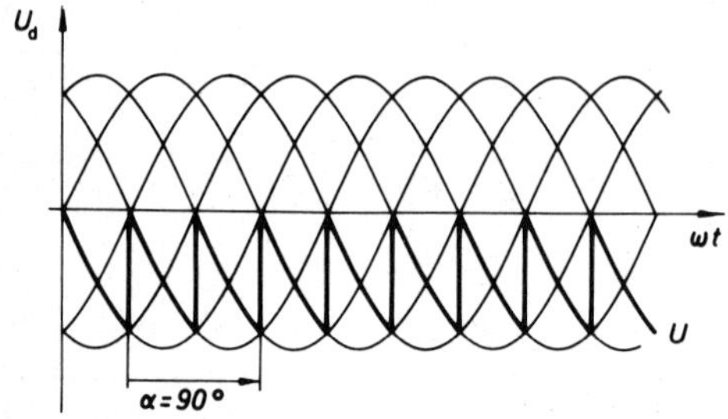

3. 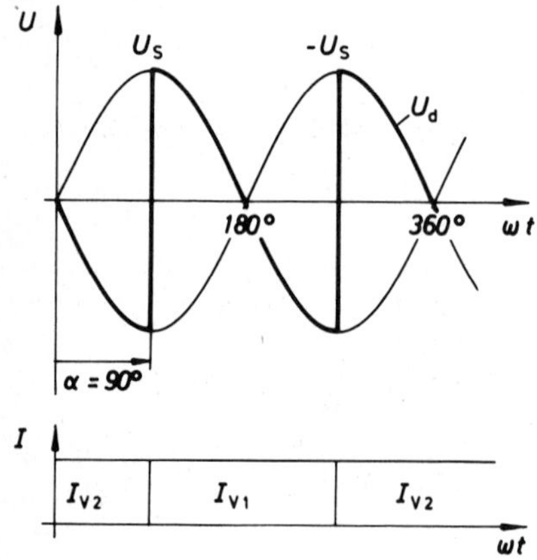

4. $\hat{u}_K = 2\,\hat{u}_S$

5. Alle Antworten sind falsch.

6. $I_S = \sqrt{\dfrac{I_d^2 \cdot 30° + (-I_d)^2 \cdot 30°}{360°}}$

   $I_S = \dfrac{I_d}{\sqrt{6}}$

7. Vollgesteuerte Brücke: $\alpha = 72{,}5°$
   Halbgesteuerte Brücke: $\alpha = 113{,}5°$

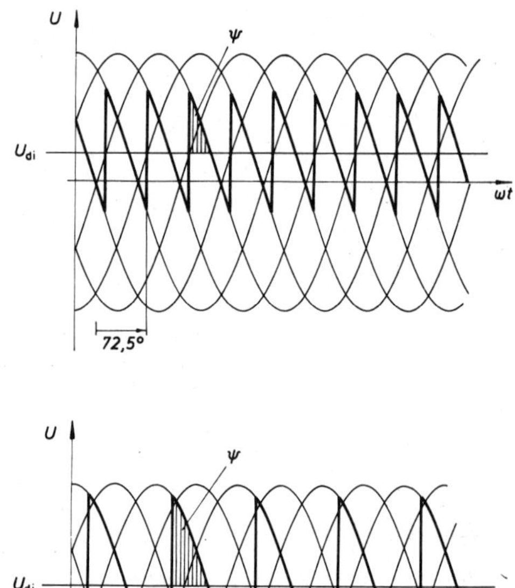

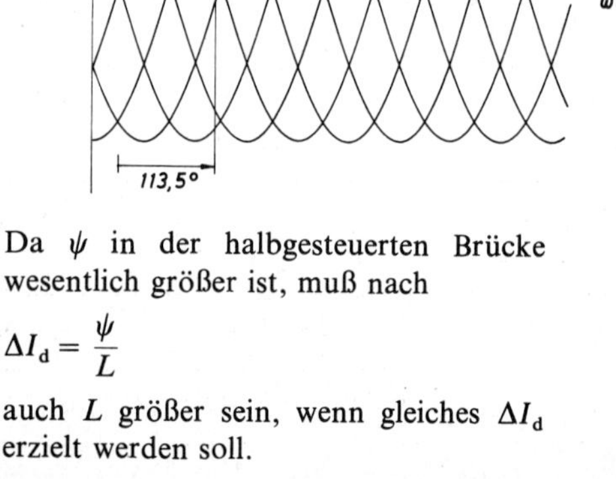

Da ψ in der halbgesteuerten Brücke wesentlich größer ist, muß nach

$$\Delta I_d = \frac{\psi}{L}$$

auch L größer sein, wenn gleiches ΔI_d erzielt werden soll.

8. 150 Hz; die B6-Schaltung erzeugt mit $\alpha > 60°$ eine dreipulsige Spannung!

9.

$$U_S = \frac{U_{di}}{2 \cdot 2{,}34}$$

$$\underline{U_S = 214\,\text{V}}$$

$$N_2 = \frac{U_S}{4{,}44 \cdot f \cdot \phi}$$

$$= \frac{214\,\text{V}}{4{,}44 \cdot 50\,\text{s}^{-1} \cdot 0{,}015\,\text{Vs}}$$

$$\underline{\underline{N_2 = 64}}$$

Siehe Bild in Lösung zur Übung 4.2 – 15.

$$N_3 = \sqrt{3} \cdot N_2$$

$$\underline{\underline{N_3 = 111}}$$

$$N_1 = \frac{500\,\text{V}}{\sqrt{3} \cdot 4{,}44 \cdot 50\,\text{s}^{-1} \cdot 0{,}015\,\text{Vs}}$$

$$\underline{\underline{N_1 = 87}}$$

10.

$$U_{di\alpha} = \frac{U_{di}}{2}(\cos\alpha_1 + \cos\alpha_2)$$

$$\alpha_2 = \arccos\left(\frac{2\,U_{di\alpha}}{U_{di}} - \cos\alpha_1\right)$$

$$= \arccos\left(\frac{-200\,\text{V}}{400\,\text{V}} - \cos 155°\right)$$

$$\underline{\underline{\alpha_2 = 66°}}$$

Übung 4.3 – 1

Generatorbetrieb-Rechtslauf = Quadrant II
Generatorbetrieb-Linkslauf = Quadrant IV

Übung 4.3 – 2

Quadrant	α	Ankerstrom	Schalter-stellung	Anker-spannung
III	0 bis 90°	A1 → A2	2	A1 → A2
IV	90° bis 180°	A1 → A2	1	A2 → A1

Übung 4.3 – 3

(siehe Berechnung einer Glättungsdrossel)

aus Bild 4.3 – 9 folgt:

$$\psi = L \Delta I$$

$$\hat{u}_{Kr} = \hat{u}_S \cdot 1{,}5$$

$$= 217\,V \cdot \sqrt{2} \cdot 1{,}5$$

$$\hat{u}_{Kr} = 460\,V$$

Die Spannung-Zeit-Fläche der Kreisspannung wird dreieckförmig angenommen.

$$\psi = 460\,V \cdot 5\,ms \cdot \frac{1}{2}$$

$$\psi = 1{,}15\,Vs$$

$$L_{Kr} = \frac{\psi}{\hat{i}_{Kr}} = \frac{1{,}15\,Vs}{50\,A}$$

$$L_{Kr} = 23\,mH$$

Übung 4.3 – 4

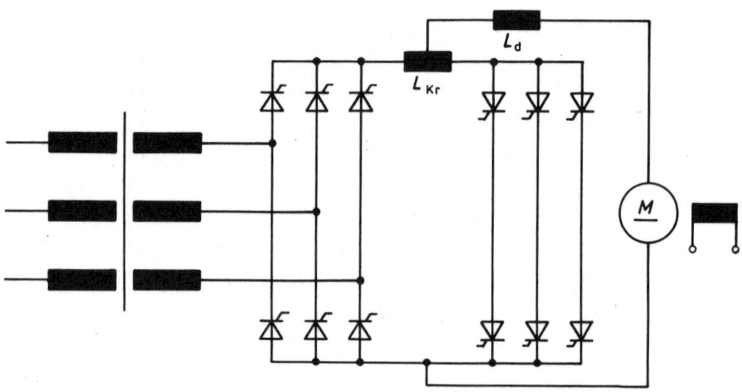

Übung 4.3 – 5

Die Kreiswechselspannungen in der (B6) A (B6)-Schaltung sind geringer, da die Welligkeit der Einzel-Mischspannungen geringer sind als in der (M3) A (M3)-Schaltung.

Übung 4.3 – 6

	α_I	α_{II}	I_d	U_d	$U_{dI} = U_{dII}$
Motor, Rechtsl.	0 bis 90°	90° bis 180°	$= I_{dI}$	1B1 → 2B2	A → B
Generator, R.	0 bis 90°	90° bis 180°	$= I_{dII}$	1B1 → 2B2	A → B
Motor, Linksl.	90° bis 180°	0 bis 90°	$= I_{dII}$	2B2 → 1B1	B → A
Generator, L.	90° bis 180°	0 bis 90°	$= I_{dI}$	2B2 → 1B1	B → A

Lernzielorientierter Test zu Kapitel 4.3

1. Generatorbetrieb-Rechtslauf

2.

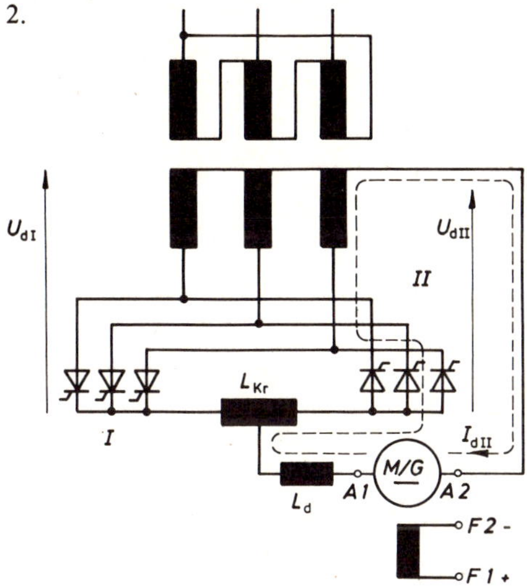

3.

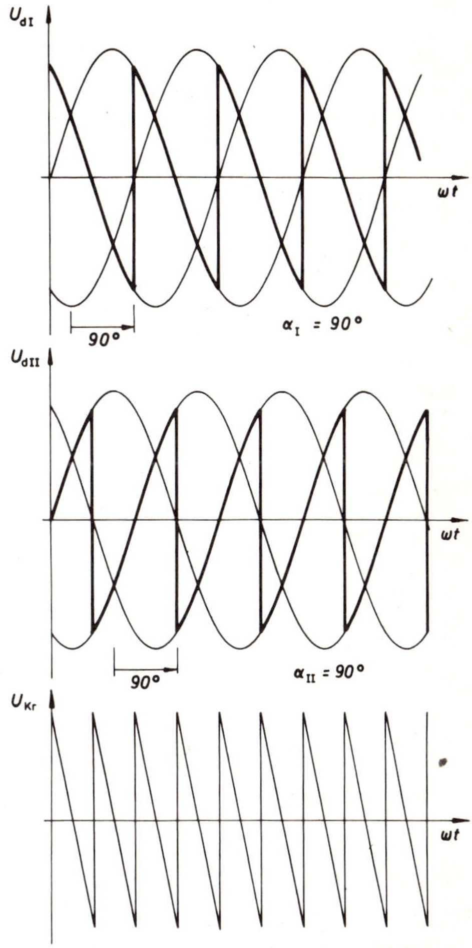

Gegenüber Bild 4.3 – 9 hat sich die Pulsfrequenz verdoppelt und die Amplitude von U_{Kr} ist geringer. Aus beiden Gründen ist der Kreisstrom also bei $\alpha_I = 90°$ geringer als bei $\alpha_I = 60°$.

4. Verschleißfrei.
   Schnelle Drehrichtungsumkehr.

5. Eine Kreis-Gleichspannung ist nicht erlaubt.
   Die Steuerbedingung lautet $\alpha_{II} = (180° - \alpha_I)$.

6. Da beide Stromrichter in Betrieb sind, muß auch jeweils für den Gleichrichter der Voreilwinkel des Wechselrichters berücksichtigt werden.

$$U_{dmax} = U_S \cdot 2{,}34 \cdot \cos\beta$$

$$= 211\ \text{V} \cdot 2{,}34 \cdot \cos 27°$$

$$\underline{\underline{U_{dmax} = 440\ \text{V}}}$$

Übung 4.4 – 1

$$f_1 = n_1 p_1$$
$$= \frac{6\,000}{60} \frac{1}{s} \cdot 2$$
$$f_1 = 200 \text{ Hz}$$

Übung 4.4 – 2

$$\frac{U_1}{f_1} = \text{konst.}$$
$$U_{1N} = \frac{f_{1N}}{f_1} \cdot U_{11}$$
$$= \frac{50 \text{ Hz}}{21{,}4 \text{ Hz}} \cdot 94 \text{ V}$$
$$U_{1N} = 220 \text{ V}$$

Übung 4.4 – 3

Kuppenzahl:

$$f_1 = n_1 \cdot p_1$$
$$= \frac{56{,}25}{60} \frac{1}{s} \cdot 8$$
$$f_1 = 7{,}5 \text{ Hz}$$

Gl. (4.4 – 6):

$$n = \frac{p}{2}\left(\frac{f_S}{f_1} - 1\right) + 1$$
$$= \frac{6}{2}\left(\frac{50 \text{ Hz}}{7{,}5 \text{ Hz}} - 1\right) + 1$$
$$n = 18$$

Spannungsgrundschwingung:

$$U_{11} = \frac{7{,}5 \text{ Hz}}{50 \text{ Hz}} \cdot 380 \text{ V}$$
$$U_{11} = 57 \text{ V}$$

ü:

$$U_{di} = U_{11} \frac{\pi \cdot \sqrt{2}}{4}$$
$$= 57 \text{ V} \frac{\pi \cdot \sqrt{2}}{4}$$
$$U_{di} = 63 \text{ V}$$
$$U_S = \frac{U_{di}}{2{,}34}$$
$$U_S = 27 \text{ V}$$
$$ü = \frac{U_{Netz}}{\sqrt{3}\, U_S}$$
$$ü = 8{,}1$$

Übung 4.4 – 4

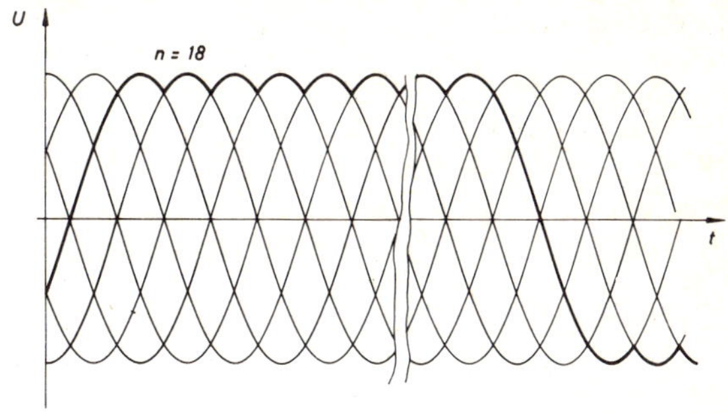

Übung 4.4 – 5

Im Nennbetrieb arbeitet der Läufer als Kurzschlußläufer. Es folgt:

$$U_2 = 0 \rightarrow U_{\mathrm{di}\alpha} = 0 \rightarrow \alpha = 90°.$$

Übung 4.4 – 6

Je kleinere Drehzahlen man noch steuern will, desto größer wird U_2 und damit U_{RRM} und die zu installierende Transformatorbauleistung. Bei Auslegung für $n < 0{,}5\, n_1$ wird die USK unwirtschaftlich.

Übung 4.4 – 7

$$s = \frac{1\,500\ \mathrm{min}^{-1} - 1\,275\ \mathrm{min}^{-1}}{1\,500\ \mathrm{min}^{-1}}$$

$$\underline{s = 0{,}15}$$

$$U_2 = U_{20} \cdot s = 405\ \mathrm{V} \cdot 0{,}15$$

$$\underline{U_2 = 60{,}75\ \mathrm{V}}$$

$$U_{\mathrm{di}\alpha} = U_2 \cdot 2{,}34 = 60{,}75\ \mathrm{V} \cdot 2{,}34$$

$$\underline{U_{\mathrm{di}\alpha} = 142\ \mathrm{V}}$$

Da Stromrichter II als Wechselrichter arbeitet, muß $U_{\mathrm{di}\alpha}$ negativ eingesetzt werden.

$$\alpha = \arccos \frac{-142\ \mathrm{V}}{2{,}34 \cdot 140\ \mathrm{V}}$$

$$\underline{\underline{\alpha = 116°}}$$

Übung 4.4 – 8

I_2 stellt den Gesamteffektivwert dar. Dieser ist größer als der Grundschwingungsstrom $I_{2\mathrm{N}}$ aus Beispiel 4.4 – 2, der notwendig war, um das 1,6-fache Moment zu erzeugen.

$$I_2 = I_{\mathrm{dN}} \sqrt{\frac{2}{3}} = \frac{975\ \mathrm{A}}{1{,}6} \sqrt{\frac{2}{3}}$$

$$\underline{\underline{I_2 = 498\ \mathrm{A}}}$$

Die Maschine darf entweder nicht dauernd mit dem Nennmoment belastet werden, oder es ist Zusatzkühlung vorzusehen.

Lernzielorientierter Test zu Kapitel 4.4

1. Antiparallelschaltung zweier Teilstromrichter.
   Kreuzschaltung zweier Teilstromrichter.
   Trapezumrichter.
   Formt Wechselspannung in Wechselspannung anderer Frequenz um.
2. In den Nulldurchgängen der Spannungsgrundschwingung.
3. Steuerumrichter bei Frequenzregelung.
   Zur Drehzahlverstellung von Synchron- und Asynchronmaschinen.
   Für Antriebe mit kleinen Drehzahlen.
   Bahnstromspeisung mit Umrichtung 50 Hz auf $16\frac{2}{3}$ Hz.
4. Der Teilstromrichter, der die positive (negative) Stromhalbwelle führen kann.
   Der Teilstromrichter, der gerade die zur Stromrichtung passende Ventilrichtung hat.
5. Beim Steuerumrichter ist die Ausgangsspannung ziemlich sinusförmig.
   $$U_{11} = \frac{U_{di}}{\sqrt{2}}$$
   $$\underline{\underline{U_{11} = 48\,\text{V}}}$$
6. Bei großen Leistungen über 100 kW, wegen der dann durchgreifenden Ersparnis gegenüber der G-Maschine.
7. Ein Stromrichter arbeitet immer als Gleichrichter, der andere immer als Wechselrichter.
   Der Umrichter ist notwendig, da die Läuferfrequenz von der Drehzahl abhängt.
   Die Zwischenkreisspannung wird durch Anschnittsteuerung beeinflußt.
8. Die Zwischenkreisspannung steigt.
   Der Motorstrom sinkt kurzzeitig.
   Der Antrieb wird durch die Last abgebremst.
   Die Drehzahl sinkt.

Übung 4.5 – 1

$$U_{di\alpha} = 2{,}34 \cdot U_S \cdot \cos\alpha$$
$$= 2{,}34 \cdot 500\,\text{V} \cdot \cos 155°$$
$$\underline{\underline{U_{di\alpha} = 1060\,\text{V}}}$$

Übung 4.5 – 2

$M = M_{max}$, wenn $\beta = 90°$

$M = 0$, wenn $\beta = 0°$

Übung 4.5 – 3

V2

Übung 4.5 – 4

Wicklung W1 + W2 eingeschaltet.

Stellung von Anker- und Läuferflußdichte im Einschaltzeitpunkt

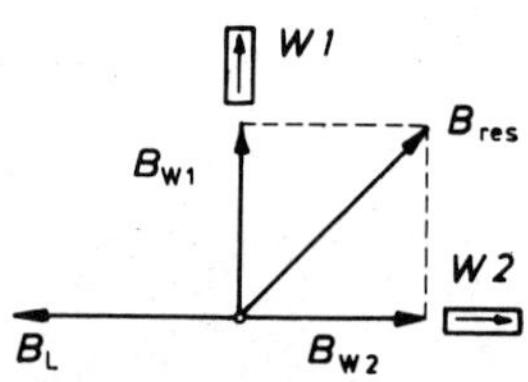

Wicklung W2 + W3
Stellung im Einschaltzeitpunkt

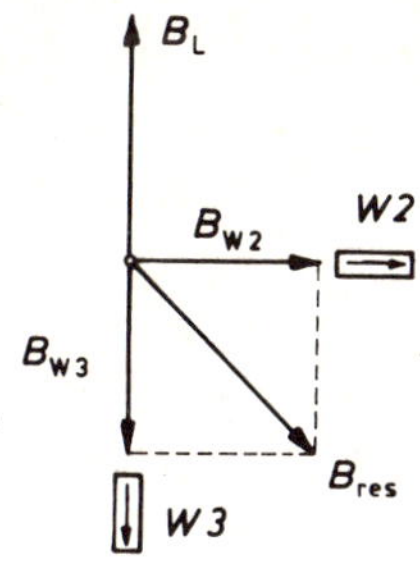

Wicklung W3 + W4
Stellung im Einschaltzeitpunkt

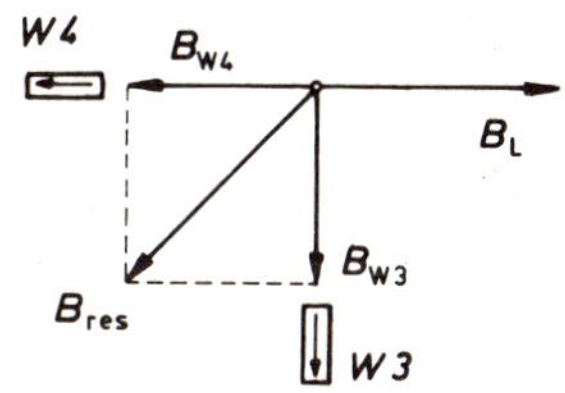

Wicklung W4 + W1
Stellung im Einschaltzeitpunkt

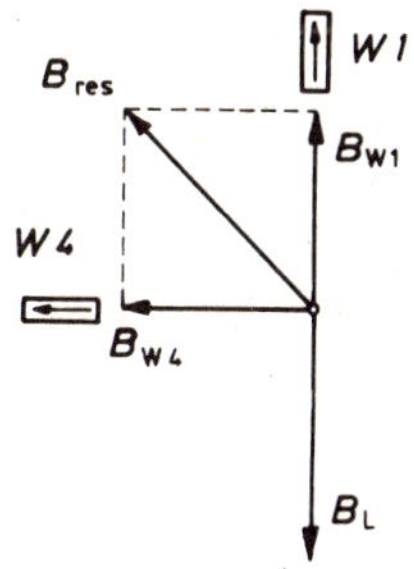

Das Moment ist gegenüber einer eingeschalteten Wicklung $\sqrt{2}$fach größer.

Übung 4.5 – 5

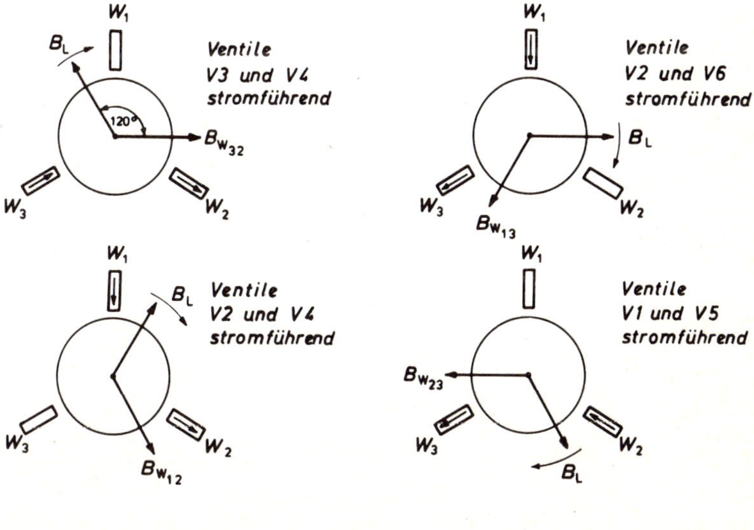

Übung 4.5 – 6

Die Winkel, die zwischen Läuferflußdichte und Ständerflußdichte eingeschlossen werden, schwanken zwischen 60° und 120°. Das Moment ist abhängig vom Produkt aus den Absolutwerten der Flußdichtevektoren und dem Sinus des eingeschlossenen Winkels. Setzt man die Beträge der Flußdichten = 1, so ist der Momentanverlauf

$M \sim \sin\alpha \Big|_{60^\circ}^{120^\circ}$. Das ist 0,86 – 1 – 0,86.

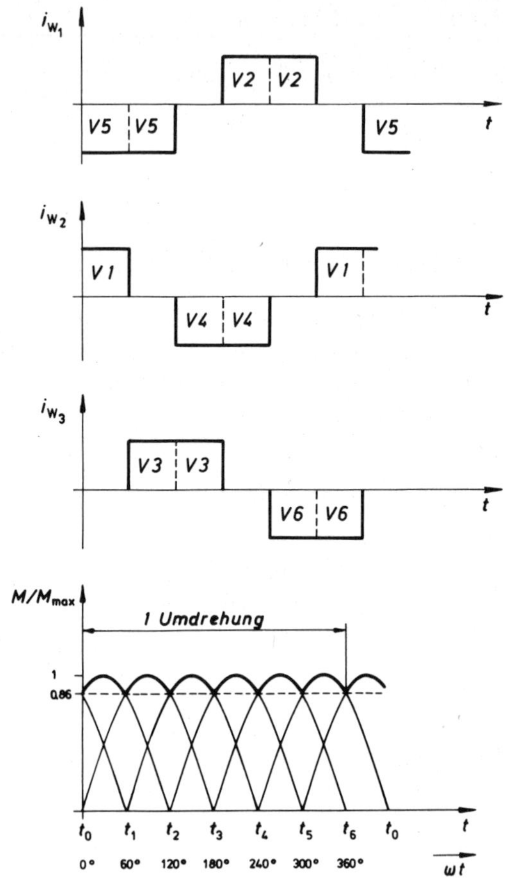

Übung 4.5 – 7

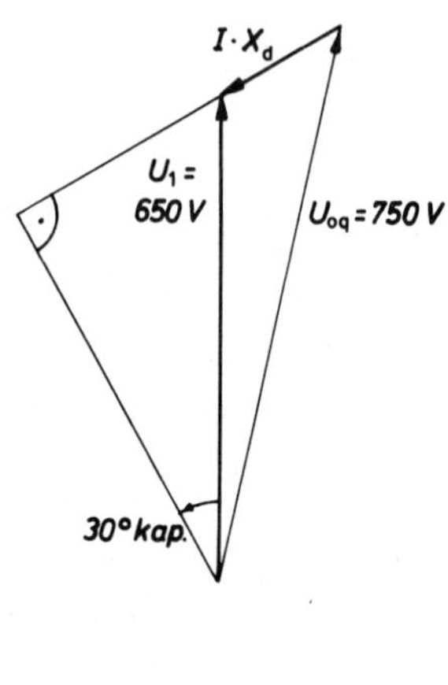

Aus der Konstruktion folgt:

$$I \cdot X_d = 185\text{ V}$$
$$I = \frac{185\text{ V}}{0{,}23\ \Omega}$$
$$I = 804\text{ A}$$

Übung 4.5 – 8

Bei 10% Unterspannung im Netz wird $U_{d90\%} = U_{d100\%} \cdot 0{,}9 = 655\text{ V} \cdot 0{,}9 = 590\text{ V}$

Strom bei gleicher Wellenleistung $I_d = \frac{554\text{ kW}}{590\text{ V}} = 939\text{ A}$

Spannung an der Maschine

$$U_{1\,90\%} = U_{1\,100\%} \cdot 0{,}9 = 523\,\text{V} \cdot 0{,}9 = 471\,\text{V}$$

Steuerwinkel α des Gleichrichters bei voller Netzspannung

$$U_{d\alpha} = U_d \cdot \cos\alpha$$
$$U_{d\alpha} = 0{,}9 \cdot U_d$$
$$\cos\alpha = 0{,}9$$
$$\alpha = 25{,}8°$$

Lernzielorientierter Test zu Kapitel 4.5

1. Die Erregerwicklung ist bei der Gleichstrommaschine im Ständer, bei der Synchronmaschine im Läufer untergebracht.
2. Ersatz des Kommutators durch eine elektronische Schalteinrichtung.
3. Die Synchronmaschine.
4. Schrittweise.
5. Das Moment verläuft nach Sinuskuppen.
6. 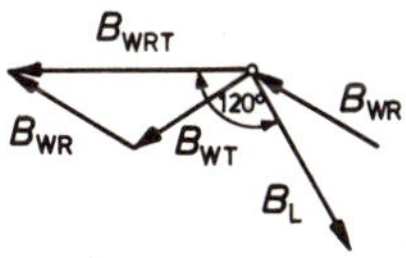

7. 0,71fache.
8. Der Strom eilt der Spannung vor.
9. < 180°.
10. Um die Kommutierung zu gewährleisten.
11. Drehzahlgeber.
    Meldung der Läuferstellung.

Übung 4.6 – 1

$$\hat{u}_{25} = \frac{4}{5\pi}\, U_d$$
$$= \frac{4}{5\pi} \cdot 400\,\text{V}$$
$$\underline{\hat{u}_{25} = 102\,\text{V}}$$
$$\underline{U_{25} = 72\,\text{V}}$$
$$Z_5 = \sqrt{R^2 + \left(5\omega_0 L - \frac{1}{5\omega_0 C}\right)^2}$$
$$\underline{Z_5 = 21{,}5\,\Omega}$$
$$I_{25} = \frac{U_{25}}{Z_5}$$
$$= \frac{72\,\text{V}}{21{,}5\,\Omega}$$
$$\underline{\underline{I_{25} = 3{,}35\,\text{A}}}$$

$$\varphi_5 = \arctan \frac{22{,}4\,\Omega - 0{,}89\,\Omega}{1{,}2\,\Omega}$$
$$\underline{\underline{\varphi_5 = 87°}}$$

Übung 4.6 – 2

$$f_0 = \frac{1}{2\pi\sqrt{LC}}$$

Kennfrequenz: $f_0 = 712\,\text{Hz}$

$$f_d = \frac{1}{2\pi}\sqrt{\frac{1}{LC} - \left(\frac{R}{2L}\right)^2}$$

$$= \frac{1}{2\pi}\sqrt{\frac{1}{1\,\text{mH} \cdot 50\,\mu\text{F}} - \left(\frac{1{,}2\,\Omega}{2 \cdot 1\,\text{mH}}\right)^2}$$

$$= \frac{1}{2\pi}\sqrt{2 \cdot 10^7\,\frac{1}{s^2} - 3{,}6 \cdot 10^5\,\frac{1}{s^2}}$$

Eigenfrequenz: $f_d = 705\,\text{Hz}$

$$\frac{\Delta f}{f_0} = -0{,}9\%$$

Übung 4.6 – 3

$$f_d \cdot 2\pi = \sqrt{\frac{1}{LC} - \left(\frac{R}{2L}\right)^2}$$

$$f_d^2 \cdot 4 \cdot \pi^2 = \frac{1}{LC} - \left(\frac{R}{2L}\right)^2$$

$$C = \frac{1}{L\left[f_d^2 \cdot 4\pi^2 + \left(\frac{R}{2L}\right)^2\right]}$$

$$C = 15{,}6\,\mu\text{F}$$

Übung 4.6 – 4

$$\varphi = \omega t_\varphi$$

$$t_\varphi = \frac{\varphi}{\omega}$$

$20° \mathrel{\hat{=}} 0{,}35$ (Bogenmaß): $= \frac{0{,}35}{2\pi \cdot 678\,\text{Hz}}$

$$t_\varphi = 82\,\mu\text{s}$$

Übung 4.6 – 5

Der Strom fließt über V2 und V3. Der Kreis ist Verbraucher. Der Kondensator lädt sich auf. In t_4 schalten die Thyristoren ab.

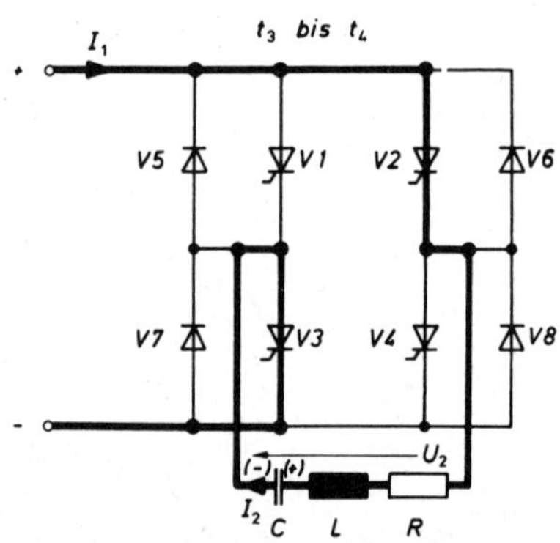

Der Kondensator wirkt als Generator und treibt einen Strom über die Rückspeisedioden V6 und V7. Die Gleichspannungsquelle ist Verbraucher. Die Dioden sperren, wenn in t_5 erneut V1 und V4 gezündet werden.

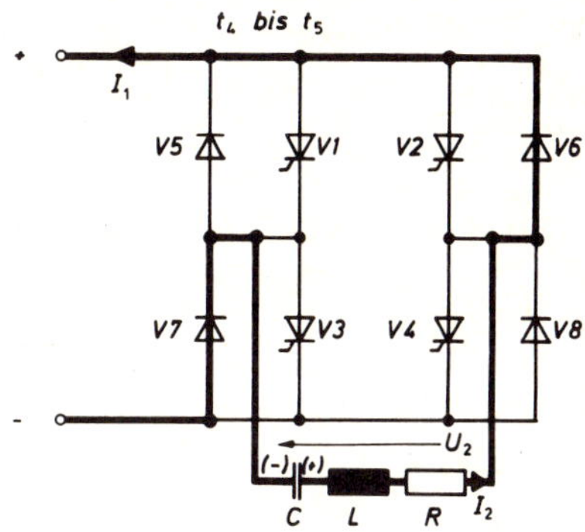

Übung 4.6 – 6

$$L_K = \frac{U_K}{\hat{i} \cdot \omega}$$

$$= \frac{20\,V}{500\,A \cdot 2\pi \cdot 10^3\,\frac{1}{s}}$$

$$\underline{\underline{L_K = 6{,}4\,\mu H}}$$

Übung 4.6 – 7

$$P = \frac{8 \cdot U_d^2 \cdot \cos^2\gamma}{\pi^2 \cdot R}$$

$$= \frac{8 \cdot (400\,V)^2 \cdot \cos^2 20°}{\pi^2 \cdot 1{,}2\,\Omega}$$

$$\underline{\underline{P = 95\,kW}}$$

Übung 4.6 – 8

Solange ein kontinuierlicher Stromfluß vorhanden ist, entsteht in der Induktivität ebenfalls eine große Spannung. U_L und U_C wirken beim Reihenschwingkreis gegeneinander.

Übung 4.6 – 9

Durch Verkleinern der Schaltfrequenz wird der Kreis kapazitiver und damit der Löschwinkel größer.

Übung 4.6 – 10

$$f_0 = \frac{1}{2\pi\sqrt{LC}}, \; L_p \approx L_r$$

$$= \frac{1}{2\pi\sqrt{0{,}1\,mH \cdot 29\,\mu F}}$$

$$\underline{f_0 = 2{,}96\,kHz}$$

$$Z = \sqrt{R_r^2 + (\omega_0 L_r)^2}$$

$$= \sqrt{(0{,}5\,\Omega)^2 + \left(2\pi \cdot 2{,}96 \cdot 10^3\,\frac{1}{s} \cdot 0{,}1\,mH\right)^2}$$

$$\underline{Z = 1{,}93\,\Omega}$$

$$R_p = \frac{Z^2}{R_r}$$

$$= \frac{(1{,}93\ \Omega)^2}{0{,}5\ \Omega}$$

$$R_p = 7{,}42\ \Omega$$

$$G_p = 0{,}135\ \mathrm{S}$$

Das Zeigerbild zeigt den Rechengang zur Bestimmung der Frequenz.

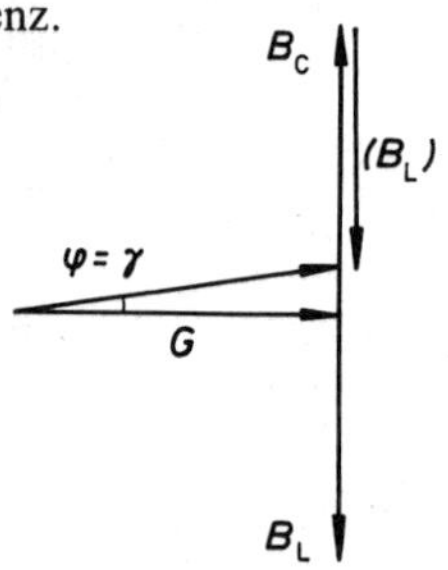

$$\tan\varphi = \frac{B_C - B_L}{G_p}$$

$$\tan\omega t_c = \frac{\omega C - \dfrac{1}{\omega L}}{G_p}$$

$$\tan\omega t_c = \omega t_c$$

$$\omega^2 t_c = \frac{\omega^2 C - \dfrac{1}{L}}{G_p}$$

$$\omega^2 = \frac{\dfrac{1}{L G_p}}{\dfrac{C}{G_p} - t_c}$$

$$= \frac{7{,}4 \cdot 10^4\ \dfrac{1}{s}}{2{,}15 \cdot 10^{-4}\,\mathrm{s} - 30 \cdot 10^{-6}\,\mathrm{s}}$$

$$\omega^2 = 4 \cdot 10^8\ \frac{1}{\mathrm{s}^2}$$

$$\omega = 2 \cdot 10^4\ \frac{1}{\mathrm{s}}$$

$$f = 3{,}18\ \mathrm{kHz}$$

$$T = \frac{1}{\mathrm{f}}$$

$$T = 314\ \mu\mathrm{s}$$

$$\varphi = \frac{30\ \mu\mathrm{s}}{314\ \mu\mathrm{s}} \cdot 360°$$

$$\varphi = 34°$$

Lernzielorientierter Test zu Kapitel 4.6

1. Der Laststrom muß vor der Lastspannung durch Null gehen.
2. So, daß die Kreise kapazitive Blindleistung aufnehmen.

3. siehe Bild 4.6. – 5.
4. Induktionsöfen zum Erwärmen und Schmelzen.
5. Auf die Rechteckspannung kommt man nur dann, wenn man zur Berechnung von U_L, U_C und U_R auch die Oberschwingungen berücksichtigt.
6. 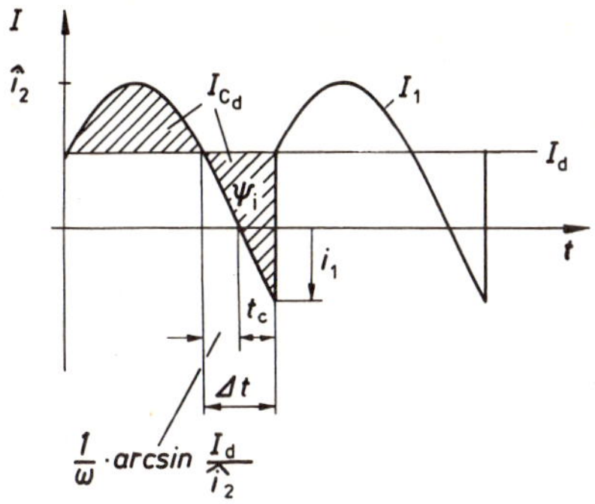

Gl. (4.6 – 19)

$$I_2 = I_d \cdot \frac{\pi \sqrt{2}}{4 \cos \gamma}$$

$$I_2 = 250\,\text{A} \, \frac{\pi \cdot \sqrt{2}}{4 \cdot \cos 25^\circ}$$

$$\underline{I_2 = 306\,\text{A}}$$

$$\hat{i}_2 = I_2 \cdot \sqrt{2}$$

$$\underline{\hat{i}_2 = 433\,\text{A}}$$

$$i_1 = \hat{i}_2 \cdot \sin \omega t_c$$

$$= 433\,\text{A} \cdot \sin 25^\circ$$

$$\underline{i_1 = 183\,\text{A}}$$

$$\Delta t = \frac{\arcsin \frac{I_d}{\hat{i}_2}}{\omega} + t_c$$

$$= \frac{\arcsin \frac{250\,\text{A}}{433\,\text{A}}}{2\pi \cdot 1{,}5\,\text{kHz}} + 46\,\mu\text{s}$$

$$\underline{\underline{\Delta t = 111\,\mu\text{s}}}$$

Die Stromzeitfläche ψ_i beträgt:

$$\psi_i = (I_d + i_1) \cdot \Delta t \cdot \frac{1}{2}$$

$$= (250\,\text{A} + 183\,\text{A}) \cdot 111\,\mu\text{s} \cdot \frac{1}{2}$$

$$\underline{\psi_i = 24\,\text{mAs}}$$

Mit Hilfe der Ladungsgleichung des Kondensators kann nun ΔU_d ermittelt werden:

$$C \cdot \Delta U_d = I \cdot \Delta t$$

$$C \cdot \Delta U_d = \psi_i$$

$$C = \frac{\psi_i}{\Delta U_d}$$

$$= \frac{24\,\text{mAs}}{40\,\text{V}}$$

$$\underline{\underline{C = 600\,\mu\text{F}}}$$

7. Bei kleinerer Frequenz wird γ größer und die Leistung kleiner.

8.

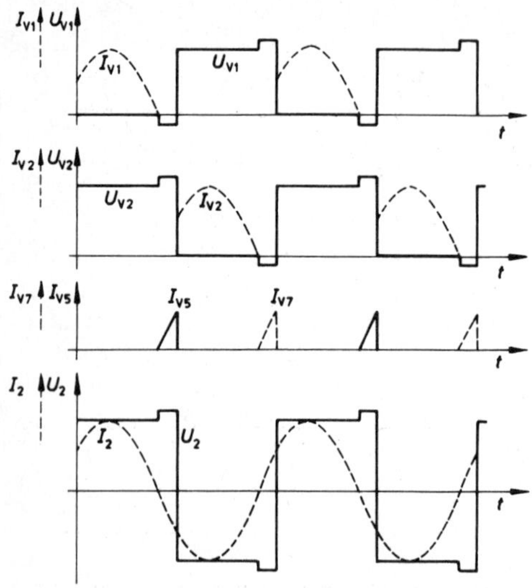

9. Vom Laststrom.

10. Beim RSW Reihendrossel und Parallelkondensator.

11. Beim ersten Einschalten wirkt der Kondensator des PSW wie ein Kurzschluß. Zunächst ist beim PSW ohne Anlaufschaltung die Kommutierungsspannung zu gering. Der RSW bildet nach dem Zünden eines Stromweges sofort einen annähernd sinusförmigen Strom aus, der also „selbsttätig" durch Null geht. Dadurch können die Thyristoren sperren.

12. $Z = \sqrt{R_r^2 + X_{Lr}^2}$

$= \sqrt{(0{,}3\ \Omega)^2 + (1{,}88\ \Omega)^2}$

$Z = 1{,}9\ \Omega$

$R_p = \frac{Z^2}{R_r}$

$R_p = 12\ \Omega$

$G_p = 0{,}083\ \text{S}$

$B_C = \omega C$

$B_C = 0{,}63\ \text{S}$

$B_L = \frac{1}{\omega L}$

$B_L = 0{,}53\ \text{S}$

$\varphi = \arctan \frac{B_C - B_L}{G_p}$

$\varphi = 50°$

$t_c = \frac{\varphi}{\omega}$

$= \frac{0{,}873}{2\pi \cdot 2\text{kHz}}$

$t_c = 69\ \mu\text{s}$

13. *e) Zündimpulse:*

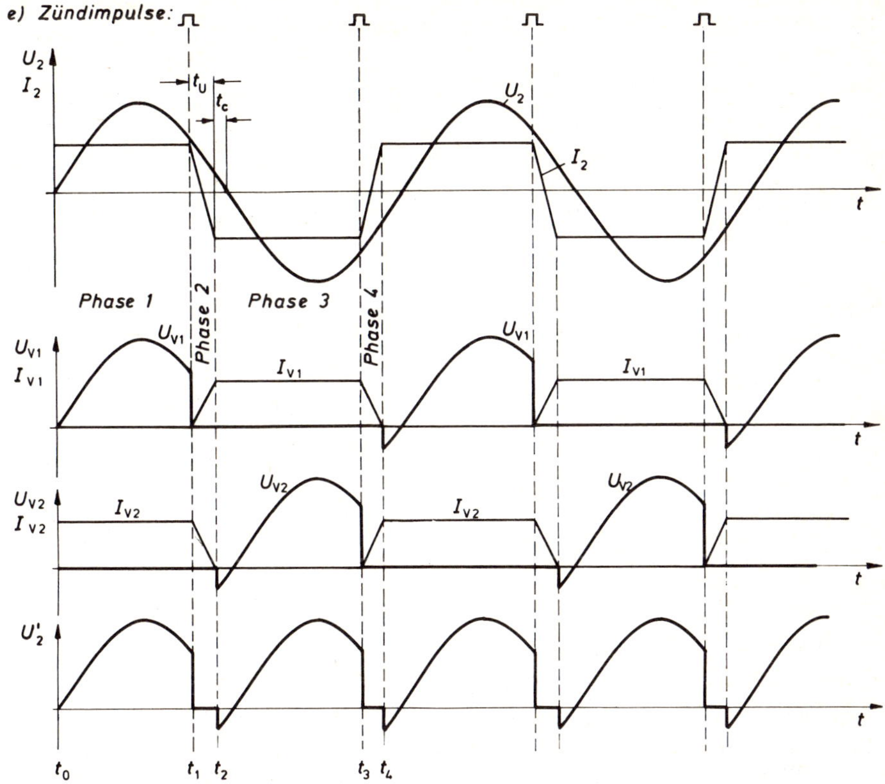

Übung 5.1 – 1 Gl. (5.1 – 3):

$$I_2 = \frac{C \cdot U_C}{t_c}$$

$$= \frac{4 \cdot 10^{-6}\,\text{F} \cdot 200\,\text{V}}{16 \cdot 10^{-6}\,\text{s}}$$

$$\underline{\underline{I_2 = 50\,\text{A}}}$$

Übung 5.1 – 2

$$U_C = \frac{I_2 \cdot t_c}{C}$$

$$= \frac{50\,\text{A} \cdot 10\,\mu\text{s}}{4 \cdot 10^{-6}\,\text{F}}$$

$$\underline{\underline{U_C = 125\,\text{V}}}$$

Übung 5.1 – 3 Gl. (5.1 – 4):

$$\hat{i}_{LC} = \sqrt{\frac{C \cdot U_{C0}^2}{L}}$$

$$= \sqrt{\frac{4 \cdot 10^{-6}\,\text{F} \cdot (200\,\text{V})^2}{10 \cdot 10^{-6}\,\text{H}}}$$

$$\underline{\underline{\hat{i}_{LC} = 126\,\text{A}}}$$

Übung 5.1 – 4

$$T = \frac{1}{f_p} = \frac{1}{500\,\frac{1}{s}}$$

$$\underline{\underline{T = 2\,\text{ms}}}$$

$$T_e = \lambda \cdot T = 0{,}62 \cdot 2\,\text{ms}$$

$$\underline{\underline{T_e = 1{,}24\,\text{ms}}}$$

Übung 5.1 – 5

$$\bar{u}_2 = \lambda \cdot U_1 = 0{,}34 \cdot 500\,\text{V}$$

$$\underline{\underline{\bar{u}_2 = 170\,\text{V}}}$$

Übung 5.1 – 6

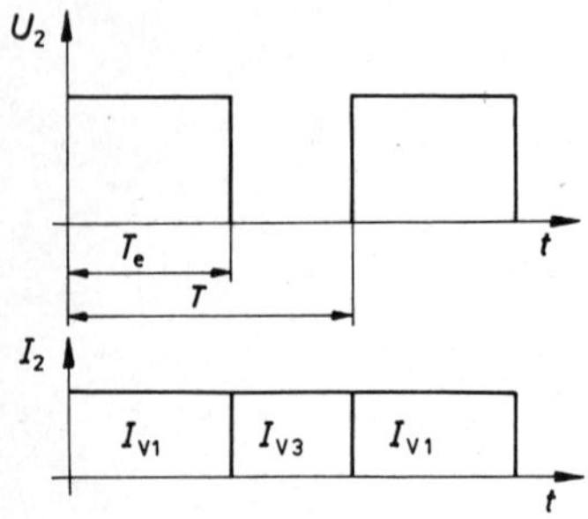

$$\lambda = \frac{\bar{u}_2}{U_1} = \frac{85\,\text{V}}{150\,\text{V}}$$

$$\underline{\underline{\lambda = 0{,}567}}$$

$$\bar{i}_1 = \lambda \cdot I_2 = 0{,}567 \cdot 250\,\text{A}$$

$$\underline{\underline{\bar{i}_1 = 142\,\text{A}}}$$

$$\bar{i}_{V3} = (1 - \lambda) \cdot I_2 = I_2 - \bar{i}_1$$

$$\underline{\underline{\bar{i}_{V3} = 108\,\text{A}}}$$

Übung 5.1 – 7

Gl. (5.1 – 10):

$$L = \frac{U_1}{4 f_p \cdot \Delta I_2}$$

nach Aufgabenstellung:

$$\Delta I_2 = 0{,}1 \cdot I_2$$

$$\Delta I_2 = 25\,\text{A}$$

$$L = \frac{150\,\text{V}}{4 \cdot 800\,\frac{1}{\text{s}} \cdot 25\,\text{A}}$$

$$\underline{\underline{L = 1{,}88\,\text{mH}}}$$

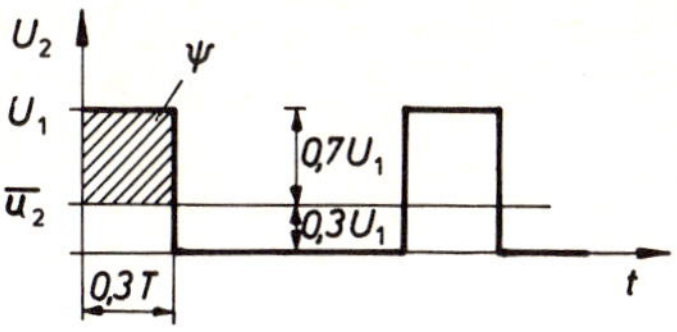

$$\psi = 0{,}3 \cdot T \cdot 0{,}7\,U_1$$

$$\psi = 0{,}21\,\frac{U_1}{f_p}$$

$$\Delta I_2 = \frac{0{,}21 \cdot U_1}{L \cdot f_p}$$

$$= \frac{0{,}21 \cdot 150\,\text{V}}{1{,}88\,\text{mH} \cdot 800\,\frac{1}{s}}$$

$$\Delta I_2 = 21\,\text{A}$$

$$\frac{\Delta I_2}{I_2} = \frac{21\,\text{A}}{250\,\text{A}} \cdot 100\%$$

$$\frac{\Delta I_2}{I_2} = 8{,}4\%$$

Übung 5.1 – 8

$$\frac{T_{amin}}{T} = \frac{30\,\mu\text{s}}{500\,\mu\text{s}}$$

$$\frac{T_{amin}}{T} = 0{,}06$$

$$\lambda_{max} = 1 - 0{,}06$$

$$\lambda_{max} = 0{,}94$$

$$\bar{u}_{2max} = \lambda_{max} \cdot U_1$$

$$= 0{,}94 \cdot 500\,\text{V}$$

$$\bar{u}_{2max} = 470\,\text{V}$$

Übung 5.1 – 9

Impulsbreitensteuerung:

$$T = \frac{1}{f_p}$$

$$= \frac{1}{250\,\frac{1}{\text{s}}}$$

$$T = 4\,\text{ms}$$

$$T_e = \frac{\bar{u}_2}{U_1} \cdot T$$

$$= \frac{320\,\text{V}}{500\,\text{V}} \cdot 4\,\text{ms}$$

$$T_e = 2{,}56\,\text{ms}$$

Impulsfolgesteuerung:

$$\lambda = \frac{320\,\text{V}}{500\,\text{V}}$$

$$\lambda = 0{,}64$$

$$\lambda = \frac{T_e}{T}$$

$$T = \frac{T_e}{\lambda} = \frac{2\,\text{ms}}{0{,}64} \qquad f_p = \frac{1}{T}$$

$$\underline{T = 3{,}13\,\text{ms}} \qquad \underline{\underline{f_p = 320\,\text{Hz}}}$$

Übung 5.1 – 10

3. Motorbetrieb Linkslauf (3. Quadrant)
   Energie zuführen.
   U_2 und I_2 sind gleichgerichtet. Der Ausgangskreis ist Verbraucher.

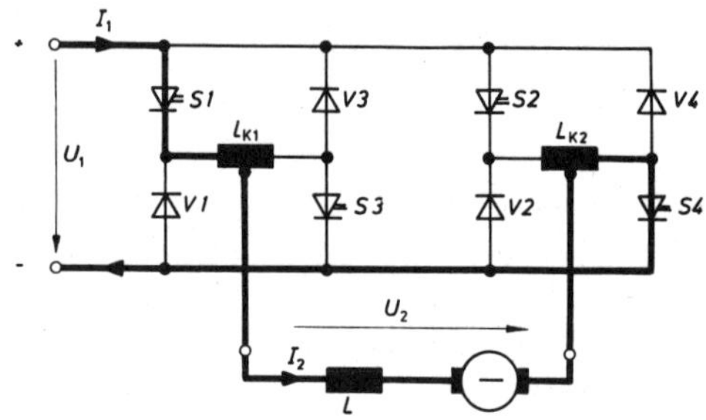

Energie rückspeisen. Die Induktionsspannung der Drossel schaltet V1 und V4 durch. U_2 und I_2 sind entgegengesetzt. Der Ausgangskreis ist Erzeuger.

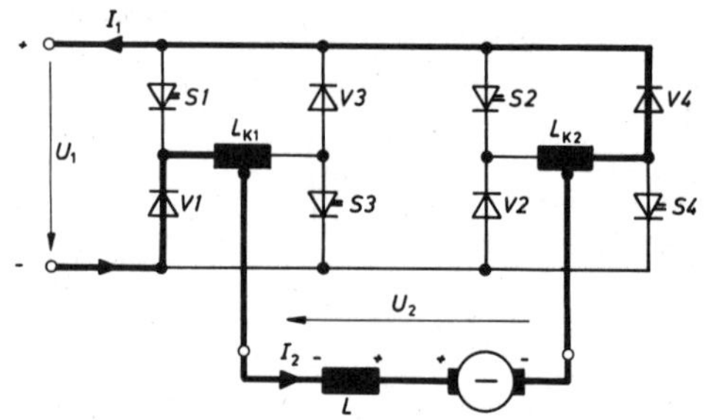

4. Bremsbetrieb Linkslauf (4. Quadrant)
   Energie rückspeisen. S1 bis S4 offen. Der Ausgangskreis ist Erzeuger.

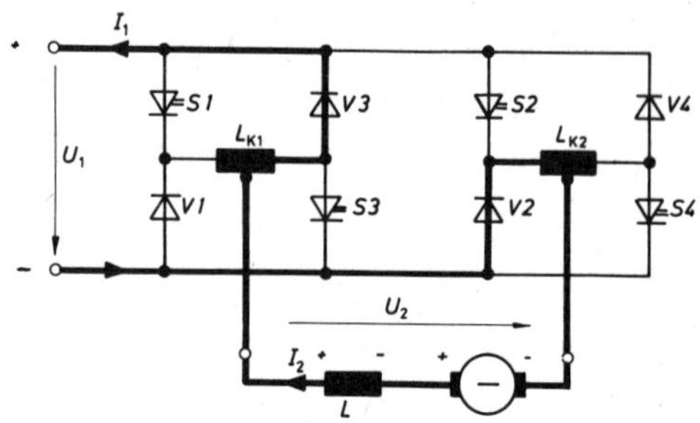

Energie in Drossel speichern. S2 und S3 sind leitend. Ausgangskreis wirkt als Verbraucher.

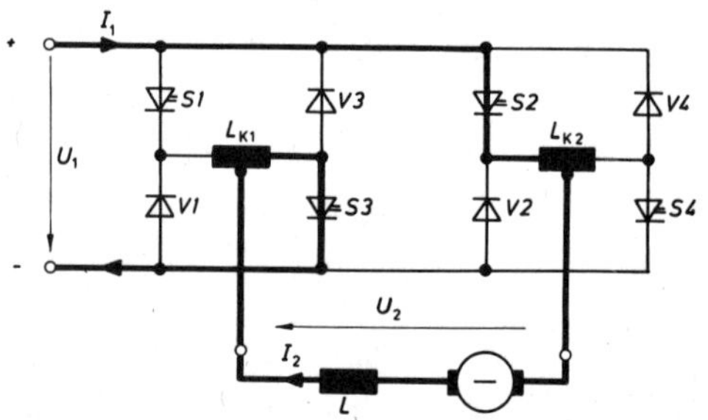

Lernzielorientierter Test zu Kapitel 5.1

1. Selbstgeführte Stromrichter.
   Gleichstromrumrichter.
2. Aus einem Kondensator.
3. Kleine Freiwerdezeit.
   Große kritische Stromanstiegsgeschwindigkeit.
4. Verhältnis Einschaltdauer zu Periodendauer.
5. Um einen kontinuierlichen Laststrom zu ermöglichen.
   Vermeidung von Abschaltüberspannungen.
6. Bei konstanter Pulsperiodendauer wird die Einschaltdauer verändert.
7. Einschaltdauer.
8. Von I_2.
   Vom Drehmoment der Maschine.
   Von ΔI_2.
9. Die minimale Einschaltdauer ist durch die Halbperiode des Umschwingvorgangs und den Umladevorgang des Löschkondensators bestimmt.
10. Löschbares Thyristorventil. Im Falle großer Ströme wird eine ganze Baugruppe symbolisiert; im Falle sehr kleiner Ströme kann es sich auch um einen abschaltbaren Kleinthyristor handeln.
11. Vier.
12. Sie benötigen keine Löscheinrichtung.
    Sie sind für höhere Schaltfrequenzen geeignet.
13. 50 kW
14. a) $\lambda = 0{,}2$

$$\Delta U_2 = \frac{0{,}2\,T \cdot 0{,}8\,U_1}{L}$$

$$\Delta U_2 = \frac{U_1}{6{,}25 f_p \cdot L}$$

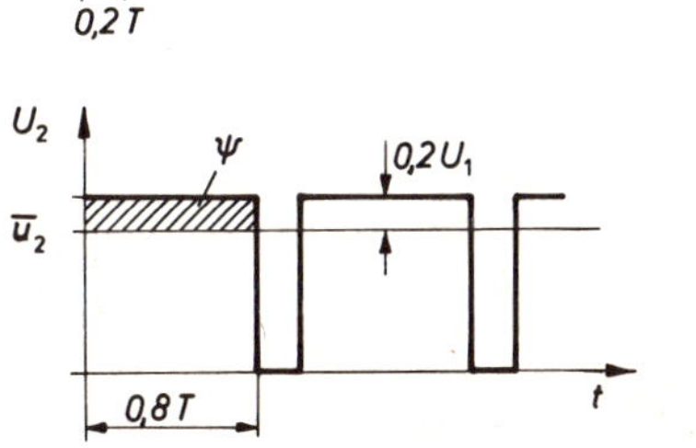

b) $\lambda = 0{,}8$

$$\Delta U_2 = \frac{0{,}8\,T \cdot 0{,}2\,U_1}{L}$$

$$\Delta U_2 = \frac{U_1}{6{,}25 \cdot f_p \cdot L}$$

Vergleichen Sie beide Ergebnisse mit Gl. (5.1 – 9).

15. a) Gl. (5.1 − 3):

U_{C0} wird U_1 gleichgesetzt. U_1 wird vorläufig $\bar{u}_2$ gleichgesetzt. Wenn $\lambda = 1$ möglich wäre, wäre $\bar{u}_2 = U_1$.

$$C = \frac{I_2 \cdot t_c}{U_1} = \frac{80\,\text{A} \cdot 25\,\mu\text{s}}{220\,\text{V}}$$

$$C = 9\,\mu\text{F}$$

gewählt wird: $C = 10\,\mu\text{F}$

Gl. (5.1 − 4)
Umschwingdrossel

$$L_2 = \frac{C \cdot U_1^2}{\hat{i}_{LC}^2} = \frac{10\,\mu\text{F} \cdot (220\,\text{V})^2}{(70\,\text{A})^2}$$

$$L_2 = 99\,\mu\text{H}$$

gewählt wird: $L_2 = 120\,\mu\text{H}$

Gl. (5.1 − 10):
Glättungsdrossel

$$L = \frac{U_1}{4 f_p \cdot \Delta I_2} = \frac{220\,\text{V}}{4 \cdot 800\,\frac{1}{\text{s}} \cdot 4\,\text{A}}$$

$$L = 17\,\text{mH}$$

gewählt wird: $L = 20\,\text{mH}$

b) Die Spannungsanstiegsgeschwindigkeit an V1 ist gleich der des Löschkondensators. Gl. (5.1 − 3)

$$\frac{\Delta U}{\Delta t} = \frac{I_2}{C} = \frac{80\,\text{A}}{10\,\mu\text{F}}$$

$$\frac{\Delta U}{\Delta t} = 8\,\frac{\text{V}}{\mu\text{s}}$$

Der Wert ist ohne weiteres beherrschbar.

c) Induktionsgesetz:

Im ersten Moment des Leitens des Thyristors V2 liegt $U_{C0} = U_1$ an L_1 an.

$$L_1 = \frac{U_1}{\left.\frac{di}{dt}\right|_{\text{krit}}} = \frac{220\,\text{V}}{40\,\frac{\text{A}}{\mu\text{s}}}$$

$$L_1 = 5{,}5\,\mu\text{H}$$

gewählt wird: $L_1 = 6\,\mu\text{H}$

Übung 5.2 – 1

$$\frac{\Delta U_V}{\Delta t} = \frac{I_2}{C}$$

$$= \frac{80\,A}{10\,\mu F}$$

$$\frac{\Delta U_V}{\Delta t} = 8\,\frac{V}{\mu s}$$

Übung 5.2 – 2

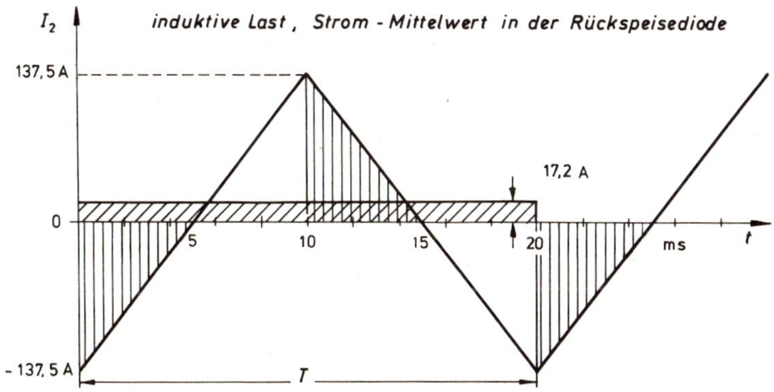

Aus der Zeichnung kann man entnehmen, daß die Rückspeisediode einen dreieckförmigen Strom führt.

Der Strommittelwert der Thyristoren ist genau so groß.

$$\overline{i_V} = \frac{5\,ms \cdot 137{,}5\,A}{2} \cdot \frac{1}{20\,ms}$$

$$\overline{i_V} = 17{,}2\,A$$

Übung 5.2 – 3

$$T = \frac{1}{f}$$

$$T = 20\,ms$$

$$\tau = \frac{L}{R}$$

$$= \frac{20\,mH}{5\,\Omega}$$

$$\tau = 4\,ms$$

Einsetzen der Parameter in Gl. (5.2 – 7) ergibt:

$$i_2(t) = 110\,A \left(1 - \frac{2e^{-\frac{t}{4\,ms}}}{1 + e^{-2{,}5}}\right)$$

Wertetabelle:

t	ms	0	2	4	6	8	10	2,46
i_2	A	–93,3	–13,3	35,2	64,6	82,5	93,3	0

Berechnung der Zeit t_0 des Stromnulldurchgangs.

$$0 = 110\,\mathrm{A}\left(1 - \frac{2e^{-\frac{t_0}{4\,\mathrm{ms}}}}{1+e^{-2,5}}\right)$$

$$1 + e^{-2,5} = 2 \cdot e^{-\frac{t_0}{4\,\mathrm{ms}}}$$

$$0{,}541 = e^{-\frac{t_0}{4\,\mathrm{ms}}}$$

$$t_0 = -4\,\mathrm{ms} \cdot \ln 0{,}541$$

$$\underline{t_0 = 2{,}46\,\mathrm{ms}}$$

Die Rückspeisedioden führen den Strom im Intervall $0 \leqslant t \leqslant 2{,}46$ ms bzw. $10\ \mathrm{ms} \leqslant t \leqslant 12{,}46$ ms.

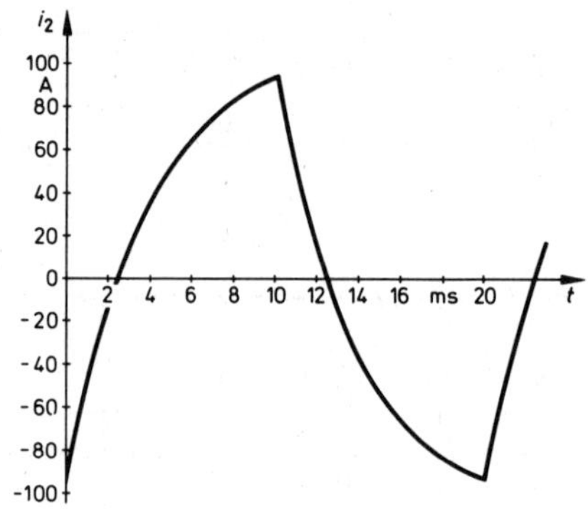

Übung 5.2 – 4

Die Stromzeitfläche der Rückspeisedioden kann näherungsweise dreieckförmig angenommen werden.

$$\overline{i_{V5}} = \frac{2{,}46\,\mathrm{ms} \cdot 93{,}3\,\mathrm{A}}{2 \cdot 20\,\mathrm{ms}}$$

$$\underline{\underline{\overline{i_{V5}} = 5{,}74\,\mathrm{A}}}$$

Die Stromzeitfläche der Thyristoren ergibt sich durch Auszählen. Bei den vorgegebenen Maßstäben gilt:

$$1\,\mathrm{mm}^2 \mathrel{\hat{=}} 0{,}2\,\mathrm{ms} \cdot 2\,\mathrm{A}$$

$$\underline{1\,\mathrm{mm}^2 \mathrel{\hat{=}} 0{,}4\,\mathrm{mAs}}$$

Die Fläche beträgt etwa:

$$\psi_i = 1395\,\mathrm{mm}^2 \cdot 0{,}4\,\frac{\mathrm{mAs}}{\mathrm{mm}^2}$$

$$\underline{\psi_i = 558\,\mathrm{mAs}}$$

$$\overline{i_{V1}} = \frac{558\,\mathrm{mAs}}{20\,\mathrm{ms}}$$

$$\underline{\underline{\overline{i_{V1}} = 27{,}9\,\mathrm{A}}}$$

Übung 5.2 – 5

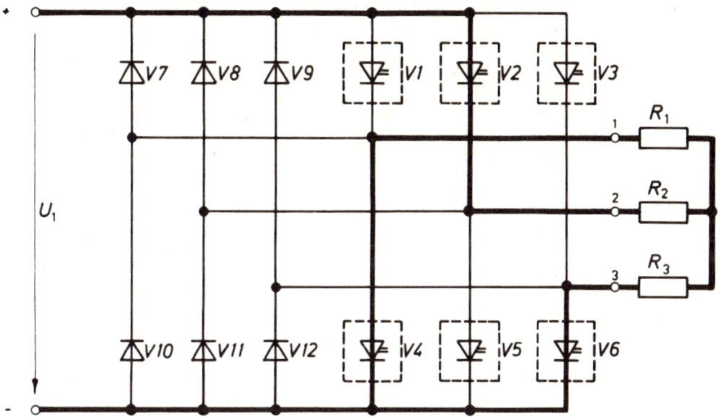

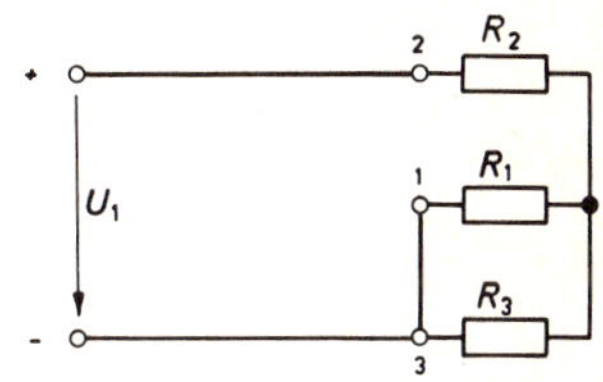

180° bis 240°

$U_{12} = -U_1$
$U_{23} = U_1$
$U_{31} = 0$

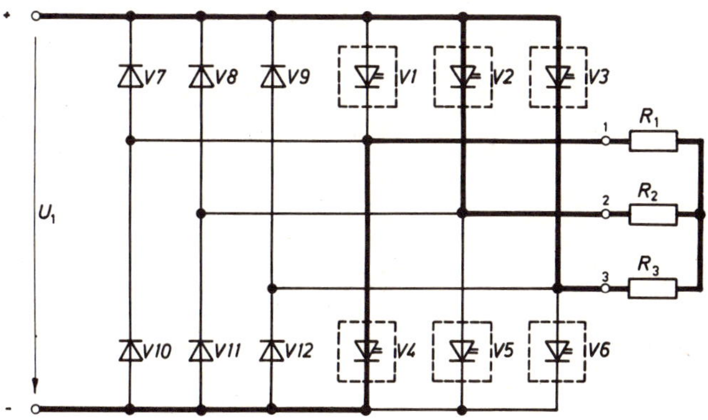

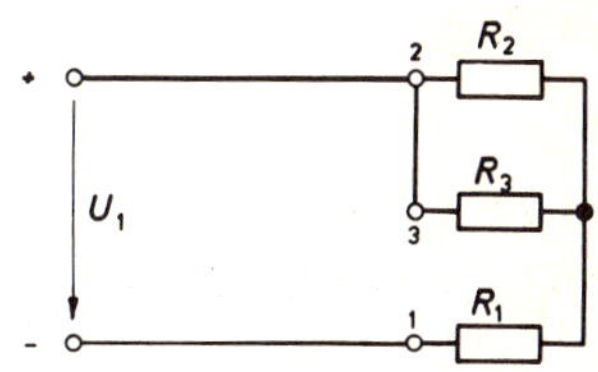

240° bis 300°

$U_{12} = -U_1$
$U_{23} = 0$
$U_{31} = U_1$

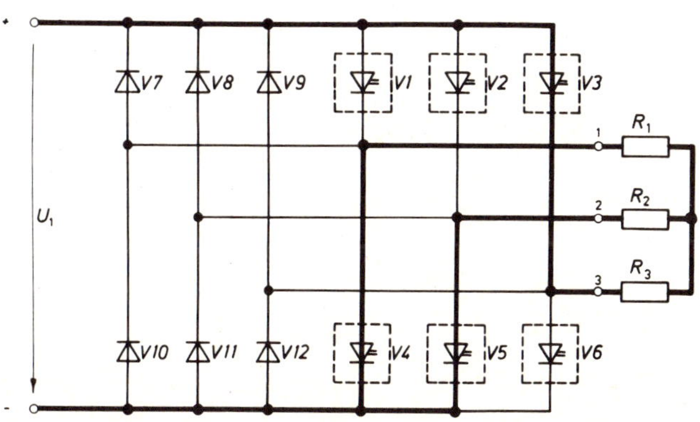

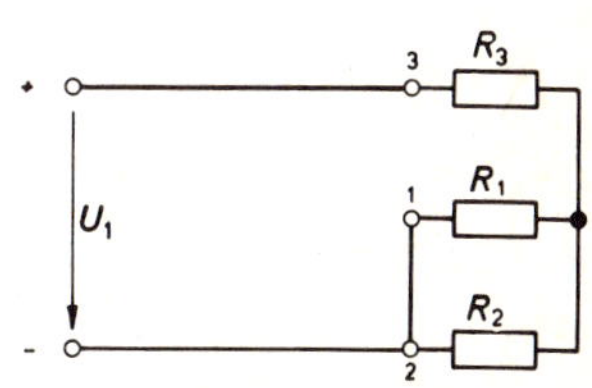

300° bis 360°

$U_{12} = 0$
$U_{23} = -U_1$
$U_{31} = U_1$

Übung 5.2 – 6

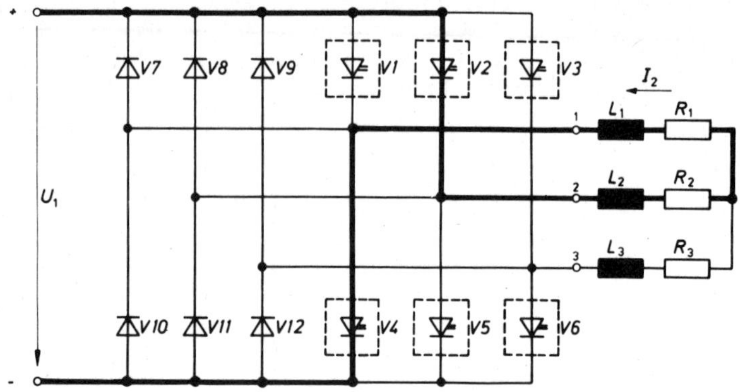

ωt_1 bis 240°

V2 und V4 sind durchgeschaltet. Der Strom wird in negativer Richtung aufgebaut. Der Ausgangskreis ist Verbraucher.

$$U_{12} = -U_1$$

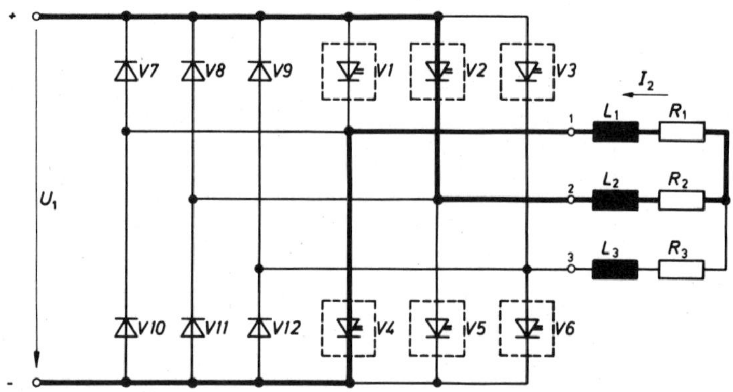

240° bis 300°

V2 und V4 sind durchgeschaltet. I_2 steigt in negativer Richtung weiter an.

$$U_{12} = -U_1$$

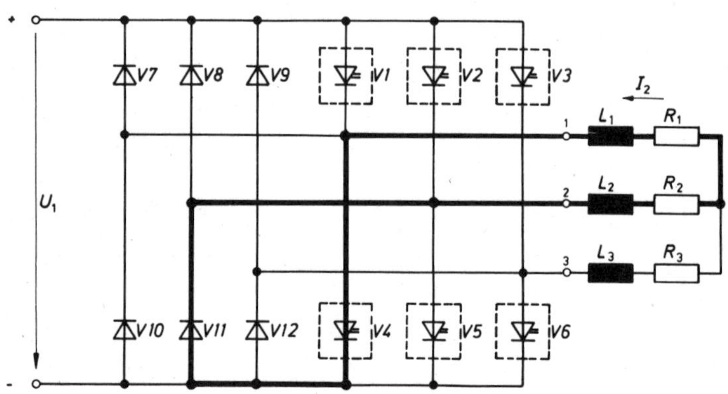

300° bis 360°

V2 wird gesperrt. Es bildet sich, da der Laststrom in der alten Richtung weiterfließen will, der Freilaufkreis über V11 und V4. Der Ausgangskreis ist Erzeuger.

$$U_{12} = 0$$

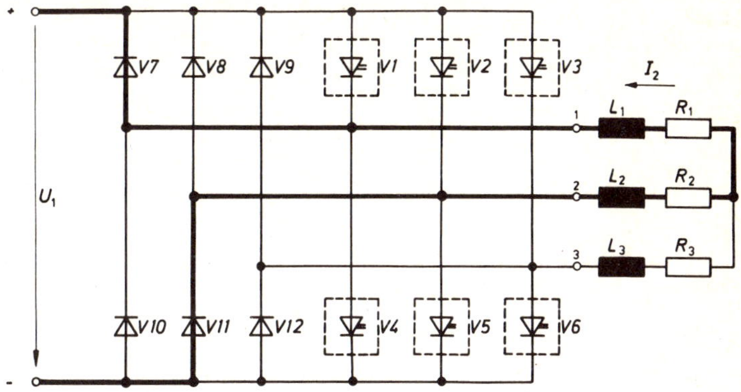

0° bis ωt_0

V4 wird abgeschaltet. Durch die Induktionsspannung in der Last wird der Rückspeisekreis über V11 und V7 geschaltet. Der Betrag des Stromes nimmt ab.

Übung 5.2 – 7

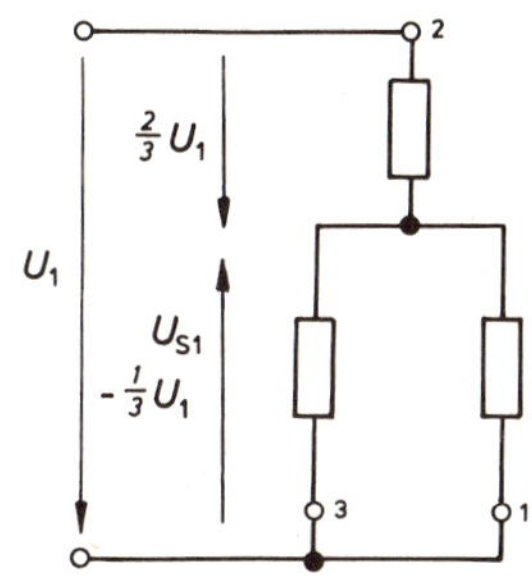

$$u_{S1} = -\frac{1}{3}U_1$$

Übung 5.2 – 8

a) aus Bild 5.2 – 46 folgt:

Wenn die Stromamplitude verringert wird, bleibt für die Schonzeit weniger Zeit übrig.

b) $\hat{i}_K$ hängt von U_{C0} ab.

Je kleiner U_{C0}, desto kleiner $\hat{i}_K$, daraus folgt wieder a).

c)

Bei kleinerer Umschwingfrequenz wird $\frac{T_K}{4}$ größer. Dadurch wird die Schonzeit größer.

Aus Gl. (5.2 – 11) folgt:

$$L_K = \frac{T_K^2}{4\pi^2 C_K} = \frac{(120\,\mu s)^2}{4\pi^2 \cdot 10\,\mu F}$$

$$\underline{\underline{L_K = 36{,}5\,\mu H}}$$

Gl. (5.2 – 13): $\hat{i}_K = \dfrac{700\,\text{V}}{\sqrt{\dfrac{36{,}5\,\mu\text{H}}{10\,\mu\text{F}}}}$

$\hat{i}_K = 367\,\text{A}$

Gl. (5.2 – 12): $\omega_K = \dfrac{2\pi}{T_K}$

$\omega_K = 52{,}4 \cdot 10^3\,\dfrac{1}{\text{s}}$

Gl. (5.2 – 11): $t_1 = \dfrac{1}{52{,}4 \cdot 10^3\,\dfrac{1}{\text{s}}} \cdot \arcsin\dfrac{100\,\text{A}}{367\,\text{A}}$

$t_1 = 5{,}26\,\mu\text{s}$

$\dfrac{T_K}{4} = 30\,\mu\text{s}$ (Aufgabenstellung)

$t_c = 30\,\mu\text{s} - 5{,}26\,\mu\text{s}$

$t_c = 24{,}7\,\mu\text{s}$

Lernzielorientierter Test zu Kapitel 5.2

1. Aus einem Gleichstromzwischenkreis.
   Aus einer Batterie.
2. Lieferung von Energie aus dem Lastkreis in die Spannungsquelle.
3. 180° Einschaltdauer.
4. Die Kondensatoren sind zwischen den Phasen angeordnet.
   Die Kommutierungsspannung ist laststromabhängig.
5. 120° Einschaltdauer.
6. 6 mal.
7. Zwei.
8. Schwankend je nach Laststrom (bei der einfachen Steuerung).
9. Flughafenbefeuerung.
   Unterbrechungsfreie Stromversorgung.
   EDV-Anlagen.
10. Als nächstes Ventil wird V5 gezündet (Bild 5.2 – 32, $\omega t = 300°$)

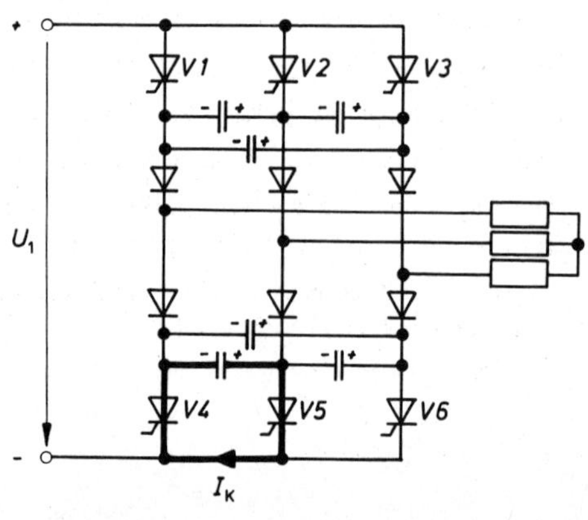

11. Gl. (5.2 – 11):

$$\omega_K = \frac{1}{\sqrt{L_K C_K}}$$

$$\omega_K = 31 \cdot 10^3 \, \frac{1}{s}$$

$$\underline{\underline{f_K = 4{,}94\,\text{kHz}}}$$

Gl. (5.2 – 13):

$$\hat{i}_K = \frac{300\,\text{V}}{\sqrt{\dfrac{130\,\mu\text{H}}{8\,\mu\text{F}}}}$$

$$\underline{\underline{i_K = 74\,\text{A}}}$$

Induktionsgesetz:

$$\frac{\Delta i}{\Delta t} = \frac{u}{L}$$

$$= \frac{300\,\text{V}}{130\,\mu\text{H}}$$

$$\underline{\underline{\frac{\Delta i}{\Delta t} = 2{,}3\,\frac{\text{A}}{\mu\text{s}}}}$$

Lernzielorientierter Test zu Kapitel 5.3

1. Umrichter mit gesteuertem Gleichrichter und Stromzwischenkreis.
   Umrichter mit Spannungszwischenkreis und antiparallelem Stromrichter an der Netzseite.
   Umrichter mit Umkehrstromrichter.
2. Anschnittsteuerung.
   Pulswechselrichter.
   Gleichstromsteller im Zwischenkreis.
   Gesteuerter Gleichrichter an der Netzseite.
3. Umrichter mit Spannungszwischenkreis.
4. Umrichter mit variabler Zwischenkreisspannung.
5. Von Widerständen parallel zum Zwischenkreiskondensator.
6. Stromabhängige Aufladung der Kommutierungskondensatoren.
7. Das richtige Verhältnis zwischen Ausgangsspannung und Ausgangsfrequenz sicherzustellen.
8. Aufnahme der in den Streuinduktivitäten der Last gespeicherten Energie.
   Verhinderung von Last-Überspannungen.
9. Umrichter mit konstanter Zwischenkreisspannung.
   Umrichter mit Pulswechselrichtern.

Literatur

Fischer, R.: Formeln und Übungen zur elektrischen Energietechnik, 2. Aufl. Carl Hanser Verlag, München-Wien 1980.
Fischer, R.: Elektrische Maschinen, 4. Aufl. Carl Hanser Verlag München-Wien 1981.
BBC: Silizium-Stromrichter-Handbuch.
Heumann, K., Stumpe, A. C.: Thyristoren. B. G. Teubner, Stuttgart 1974.
Bystron, K.: Technische Elektronik, Band II. Carl Hanser Verlag, München-Wien 1979.
Richter, W.: Leistungselektronik in der Antriebstechnik Band 1, Gleichstromantriebe.
Reinhardt, D., Richter, W.: Leistungselektronik in der Antriebstechnik, Band 2, Drehstromantriebe.
v. Schlotheim, G.: Leistungselektronik. Vogel-Verlag, Würzburg 1980.
Siemens: Leistungshalbleiter, Datenbücher.
AEG: Leistungshalbleiter-Datenbücher, Applikationsschriften.
Thomson-CSF: Handbuch Schalttransistoren.

Einige DIN-Vorschriften

DIN 41 750 Begriffe für Halbleiter-Stromrichter, Blatt 1, 2, 3, 4, 5, 6, 7.
DIN 41 761 Stromrichterschaltungen.
DIN 41 786 Thyristoren.

Stichwortverzeichnis